AF339813

E. BLUTEL

ANCIEN PROFESSEUR DE MATHÉMATIQUES SPÉCIALES AU LYCÉE SAINT-LOUIS
INSPECTEUR GÉNÉRAL DE L'INSTRUCTION PUBLIQUE

Leçons

de

MATHÉMATIQUES

SPÉCIALES

A L'USAGE

DES CANDIDATS A L'ÉCOLE POLYTECHNIQUE ET A L'ÉCOLE NORMALE SUPÉRIEURE

ET DES ÉTUDIANTS DES FACULTÉS DES SCIENCES

II

GÉOMÉTRIE ANALYTIQUE : COURBES ET SURFACES

PARIS

LIBRAIRIE HACHETTE ET Cie

79, BOULEVARD SAINT-GERMAIN, 79

1924

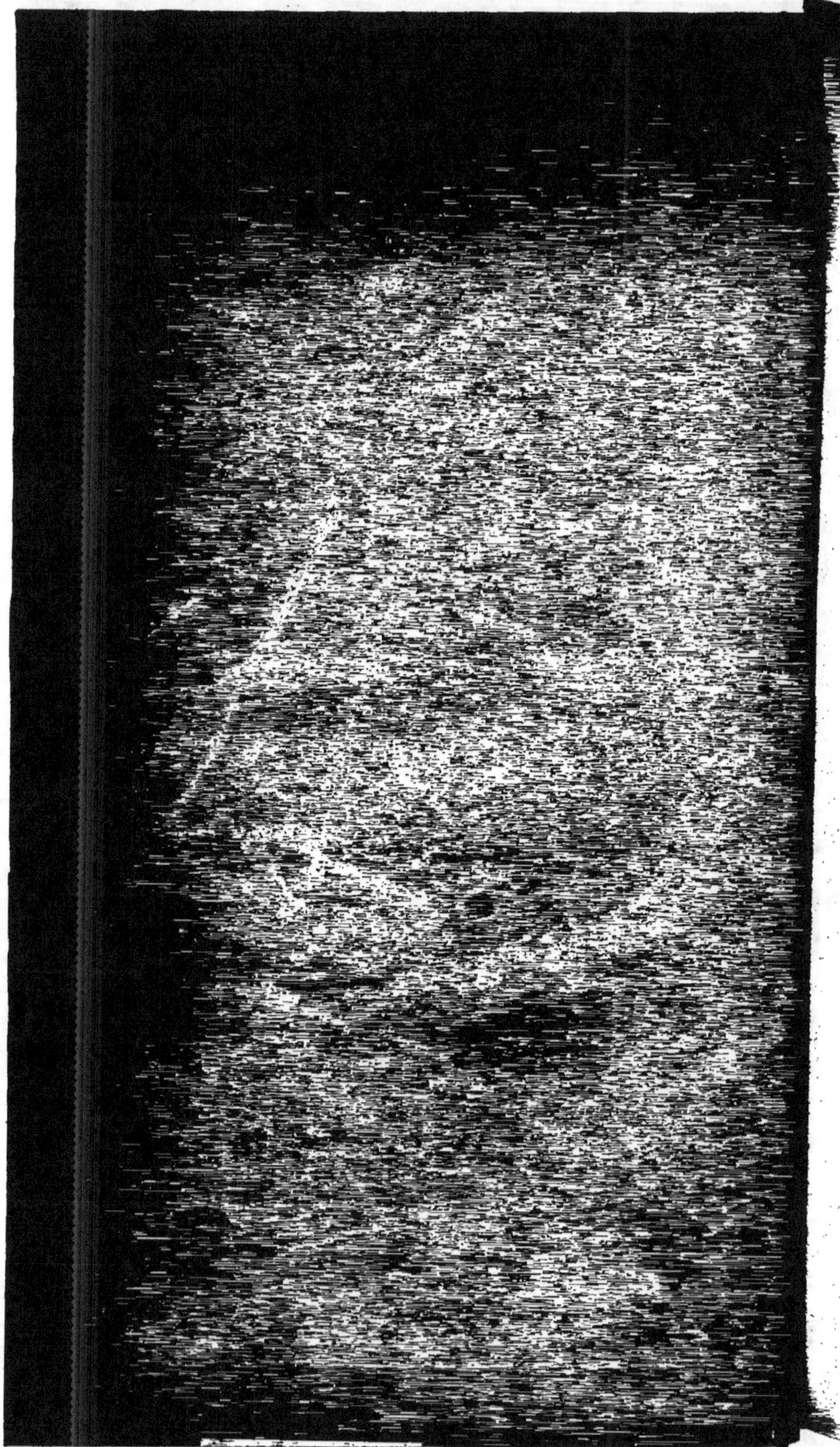

BIBLIOTHÈQUE NATIONALE
R.F.
IMPRIMÉS

LEÇONS

DE

MATHÉMATIQUES SPÉCIALES

8°
V
37899

E. BLUTEL

ANCIEN PROFESSEUR DE MATHÉMATIQUES SPÉCIALES AU LYCÉE SAINT-LOUIS
INSPECTEUR GÉNÉRAL DE L'INSTRUCTION PUBLIQUE

Leçons

de

MATHÉMATIQUES

SPÉCIALES

A L'USAGE

DES CANDIDATS A L'ÉCOLE POLYTECHNIQUE ET A L'ÉCOLE NORMALE SUPÉRIEURE

ET DES ÉTUDIANTS DES FACULTÉS DES SCIENCES

II

GÉOMÉTRIE ANALYTIQUE : COURBES ET SURFACES

PARIS

LIBRAIRIE HACHETTE ET Cie

79, BOULEVARD SAINT-GERMAIN, 79

1914

Tous droits de traduction, de reproduction
et d'adaptation réservés pour tous pays.
= Copyright by Hachette et Cⁱᵉ, 1914 =

LEÇONS

DE

MATHÉMATIQUES SPÉCIALES

BIBLIOTHÈQUE NATIONALE R.F. PARIS

72ᵉ LEÇON

COORDONNÉES HOMOGÈNES

Plan. — Imaginons une courbe algébrique qui présente des branches infinies, et un point N qui s'éloigne indéfiniment sur cette courbe.

Les coordonnées x, y de ce point tendent vers l'infini, tout en vérifiant l'équation de la courbe $f(x, y) = 0$; on peut donc dire que cette équation possède des solutions infinies. On peut en faire l'étude, sans employer l'infini, en associant à tout point $M(x, y)$ du plan trois nombres X, Y, Z, tels que l'on ait :

$$x = \frac{X}{Z}, \qquad y = \frac{Y}{Z}.$$

Ces trois nombres s'appellent coordonnées homogènes du point M et ils ne sont définis qu'à un facteur près quand le point M est donné : deux points, dont les coordonnées homogènes sont proportionnelles, sont confondus.

Écrivons que le point M se trouve sur la droite définie par l'équation

$$ax + by + c = 0.$$

Nous obtenons une nouvelle équation

$$aX + bY + cZ = 0,$$

qui est dite l'équation de la droite en coordonnées homogènes.

Si nous faisons tendre Z vers zéro, les coordonnées X, Y, relatives au point qui s'éloigne indéfiniment sur cette droite, vérifient à la limite l'équation

$$aX + bY = 0.$$

Cette équation définit leur rapport, qui ne dépend que de la direction de la droite. Nous dirons que les trois nombres $X = b$, $Y = -a$, $Z = 0$

sont les coordonnées du point à l'infini de la droite ; on pourrait prendre aussi bien $X = 1$, $Y = -\dfrac{a}{b} = m$, $Z = 0$. Toutes les droites parallèles ont même point à l'infini.

Supposons maintenant que, c restant fixe, a et b tendent vers zéro. L'abscisse $\left(-\dfrac{c}{a}\right)$ et l'ordonnée $\left(-\dfrac{c}{b}\right)$ de la droite à l'origine tendent vers l'infini et cette droite s'éloigne indéfiniment dans le plan. Son équation se réduit à $Z = 0$. Nous dirons que c'est l'équation de la droite à l'infini du plan.

D'après cela, le point à l'infini d'une droite est le point de rencontre de cette droite avec la droite à l'infini.

Plus généralement, les points à l'infini d'une courbe algébrique sont les points de rencontre de cette courbe avec la droite à l'infini de son plan. L'équation de la courbe étant, en coordonnées cartésiennes, $f(x, y) = 0$, son équation est, en coordonnées homogènes, sous forme entière et homogène,

$$F(X, Y, Z) = Z^m f\left(\frac{X}{Z}, \frac{Y}{Z}\right) = 0,$$

m désignant son degré. L'équation qui détermine ses points à l'infini est $F(X, Y, 0) = 0$; on reconnaît facilement dans l'équation

$$F\left(1, \frac{Y}{X}, 0\right) = 0,$$

l'équation aux coefficients angulaires des directions asymptotiques.

Deux points distincts à distance finie ou infinie déterminent une droite à distance finie ou infinie ; on le voit de suite en écrivant que la droite générale passe par ces deux points.

Si trois points $M_0(X_0, Y_0, Z_0)$, $M_1(X_1, Y_1, Z_1)$, $M_2(X_2, Y_2, Z_2)$, sont alignés, on peut déterminer trois nombres u, v, w, non tous nuls, tels que l'on ait :

$$uX_0 + vY_0 + wZ_0 = 0, \quad uX_1 + vY_1 + wZ_1 = 0, \quad uX_2 + vY_2 + wZ_2 = 0.$$

Par suite, les deux points M_0 et M_1 étant supposés distincts, la forme $uX_2 + vY_2 + wZ_2$, linéaire et homogène par rapport aux variables u, v, w, est une fonction linéaire et homogène des deux premières et on peut écrire

$$X_2 = \alpha X_0 + \beta X_1, \qquad Y_2 = \alpha Y_0 + \beta Y_1, \qquad Z_2 = \alpha Z_0 + \beta Z_1.$$

Ces équations, où l'on regarde α et β comme des variables, définissent tous les points de la droite $M_0 M_1$. Rien n'empêche d'ailleurs de diviser les trois coordonnées par α, en supposant α non nul, et d'écrire

$$X_2 = X_0 + \lambda X_1, \qquad Y_2 = Y_0 + \lambda Y_1, \qquad Z_2 = Z_0 + \lambda Z_1.$$

En donnant à λ toutes les valeurs possibles, on obtient tous les points de la droite $M_0 M_1$. Le point M_1 qui correspond à $\alpha = 0$, s'obtient pour λ infini.

Deux droites distinctes se coupent en un seul point à distance finie ou infinie.

Si trois droites distinctes P_0, P_1, P_2, définies en coordonnées homogènes par les équations

$$P_0 \equiv u_0 X + v_0 Y + w_0 Z = o, \qquad P_1 \equiv u_1 X + v_1 Y + w_1 Z = o,$$
$$P_2 \equiv u_2 X + v_2 Y + w_2 Z = o,$$

ont un point commun à distance finie ou infinie, leurs équations ont une solution non nulle en X, Y, Z, et la forme linéaire $P_2(X, Y, Z)$ est une fonction linéaire et homogène des deux formes P_0 et P_1. On peut donc écrire

$$P_2 \equiv \alpha P_0 + \beta P_1,$$

de sorte que l'équation générale des droites passant par le point commun à P_0 et P_1 est

$$\alpha P_0 + \beta P_1 = o, \quad \text{ou} \quad P_0 + \lambda P_1 = o.$$

La droite P_1 correspond à $\alpha = o$ ou λ infini.

Un changement d'axes de coordonnées quelconques s'exprime par les formules

$$x = ax' + a'y' + x_0, \qquad y = bx' + b'y' + y_0,$$

en coordonnées cartésiennes. Si l'on passe aux coordonnées homogènes en posant :

$$x = \frac{X}{Z}, \quad y = \frac{Y}{Z}, \quad x' = \frac{X'}{Z'}, \quad y' = \frac{Y'}{Z'},$$

ces formules deviennent :

$$\frac{X}{aX' + a'Y' + x_0 Z'} = \frac{Y}{bX' + b'Y' + y_0 Z'} = \frac{Z}{Z'}.$$

Il n'y a aucun inconvénient à prendre $Z' = Z$, puisque les coordonnées homogènes ne sont définies qu'à un facteur près et que, de plus, Z et Z' s'annulent simultanément quand le point correspondant s'en va à l'infini. Nous emploierons donc, dorénavant, les formules

$$X = aX' + a'Y' + x_0 Z', \qquad Y = bX' + b'Y' + y_0 Z', \qquad Z = Z'.$$

Un point étant déterminé par trois coordonnées homogènes X, Y, Z, et une droite par trois coordonnées homogènes u, v, w, on peut regarder toute équation *homogène* $f(\alpha, \beta, \gamma) = o$, à trois inconnues, comme traduisant une propriété géométrique d'un point ou une propriété géométrique d'une droite. Ces deux propriétés géométriques d'énoncés différents sont dites *corrélatives*.

Par exemple, l'équation

$$a\alpha + b\beta + c\gamma = o,$$

interprétée en langage ponctuel, exprime que le point de coordonnées homogènes (α, β, γ) se trouve sur la droite dont l'équation est

$$aX + bY + cZ = o.$$

Si on l'interprète en langage tangentiel, on voit que la droite de coordonnées homogènes α, β, γ, passe par le point de coordonnées homogènes a, b, c.

L'équation donnée est donc, à volonté, l'équation ponctuelle d'une droite ou l'équation tangentielle d'un point.

Espace. — Des considérations analogues aux précédentes ont conduit à associer à tout point M dont les coordonnées cartésiennes sont x, y, z, quatre nombres X, Y, Z, T, tels que l'on ait :

$$x = \frac{X}{T}, \qquad y = \frac{Y}{T}, \qquad z = \frac{Z}{T}.$$

Ces quatre nombres s'appellent les coordonnées homogènes du point M, et ils ne sont définis qu'à un facteur près quand M est donné : deux points dont les coordonnées homogènes sont proportionnelles, sont confondus.

Si X, Y, Z, T dépendent d'un paramètre, et si T tend vers zéro en même temps que X, Y, Z tendent vers des limites X_0, Y_0, Z_0 non toutes nulles, le point M correspondant décrit une courbe et s'éloigne indéfiniment. On dit que X_0, Y_0, Z_0, o sont les coordonnées homogènes d'un point à l'infini.

Deux points à l'infini (X_0, Y_0, Z_0, o) et (X_1, Y_1, Z_1, o) sont confondus si leurs coordonnées sont proportionnelles.

En particulier, supposons que le point M se déplace sur la droite définie en coordonnées cartésiennes par les équations

$$\frac{x - x_0}{a} = \frac{y - y_0}{b} = \frac{z - z_0}{c},$$

et, en coordonnées homogènes, par les suivantes :

$$\frac{X - x_0 T}{a} = \frac{Y - y_0 T}{b} = \frac{Z - z_0 T}{c}.$$

Si l'on fait tendre T vers zéro, on voit que les valeurs limites de X, Y, Z sont proportionnelles à a, b, c; on peut donc dire que la droite admet un point à l'infini et que les coordonnées de ce point sont (a, b, c, o).

On voit de suite que deux droites parallèles ont même point à l'infini et réciproquement.

L'équation d'un plan quelconque, en coordonnées homogènes, est

$$aX + bY + cZ + dT = o,$$

Supposons que l'on fasse tendre a, b, c vers zéro, d restant fixe et non nul. Les points de rencontre du plan et des axes de coordonnées s'éloignent indéfiniment : il en est de même de tous les points du plan.

L'équation se réduisant à $T = o$, on est amené à dire que cette dernière définit un plan à l'infini.

Il résulte de ce qui précède que le point à l'infini d'une droite est l'intersection de la droite avec le plan à l'infini.

Une droite déterminée comme intersection de deux plans est définie en coordonnées homogènes, par les équations

$$P \equiv aX + bY + cZ + dT = o, \qquad Q \equiv a'X + b'Y + c'Z + d'T = o.$$

Supposons que le plan Q soit le plan de l'infini, nous dirons que les deux équations $P = 0$, $T = 0$ définissent la droite à l'infini du plan P; on peut les remplacer par

$$a X + b Y + c Z = 0, \qquad T = 0.$$

Les solutions de ces dernières ne dépendent que des rapports de a, b, c entre eux; nous pouvons donc dire que deux plans parallèles ont même droite à l'infini et réciproquement.

Plus généralement, l'équation d'une surface algébrique en coordonnées cartésiennes étant $f(x, y, z) = 0$, son équation en coordonnées homogènes est, sous forme entière et homogène,

$$F(X, Y, Z, T) \equiv T^m f\left(\frac{X}{T}, \frac{Y}{T}, \frac{Z}{T}\right) = 0,$$

m désignant son degré. Les deux équations

$$F(X, Y, Z, 0) = 0, \qquad T = 0$$

définissent la courbe à l'infini de la surface ou sa section par le plan de l'infini.

Les points à l'infini d'une courbe algébrique, intersection de deux surfaces algébriques données par les équations

$$F(X, Y, Z, T) = 0, \qquad G(X, Y, Z, T) = 0,$$

ont des coordonnées vérifiant les trois équations

$$F(X, Y, Z, 0) = 0, \qquad G(X, Y, Z, 0) = 0, \qquad T = 0.$$

On peut dire que ce sont les points communs aux courbes planes à l'infini des deux surfaces.

Trois plans quelconques définis par les équations

$$P_0 \equiv u_0 X + v_0 Y + w_0 Z + h_0 T = 0, \qquad P_1 \equiv u_1 X + \ldots + h_1 T = 0,$$
$$P_2 \equiv u_2 X + \ldots + h_2 T = 0,$$

ont toujours un point commun à distance finie ou infinie. Ils n'en ont qu'un si les trois formes linéaires P_0, P_1, P_2 aux variables X, Y, Z, T, sont indépendantes. S'ils ont deux points communs, ils en ont une infinité. Supposons les plans P_0 et P_1 distincts. Si le plan P_2 a deux points communs avec leur intersection, il la contient tout entière et la forme P_2 est une fonction linéaire et homogène de P_0 et P_1. On a alors :

$$P_2 \equiv \alpha P_0 + \beta P_1.$$

L'équation générale des plans passant par la droite commune aux deux plans P_0 et P_1 est donc $P_0 + \lambda P_1 = 0$.

Il résulte de ce qui précède que, par deux points distincts M_0 et M_1, à distance finie ou infinie, on peut faire passer une infinité de plans contenant la droite commune à deux d'entre eux : on peut donc dire que deux points distincts définissent une droite. Appelons (X_0, Y_0, Z_0, T_0), (X_1, Y_1, Z_1, T_1), (X_2, Y_2, Z_2, T_2), les coordonnées de trois points M_0, M_1, M_2, alignés, c'est-à-dire tels que tout plan passant par deux d'entre eux passe par le troisième. Les trois équations

$$Q_0 \equiv u X_0 + v Y_0 + w Z_0 + h T_0 = 0, \quad Q_1 \equiv u X_1 + v Y_1 + w Z_1 + h T_1 = 0,$$
$$Q_2 \equiv u X_2 + v Y_2 + w Z_2 + h T_2 = 0,$$

aux inconnues u, v, w, h, doivent se réduire aux deux premières, et la forme linéaire Q_2 en u, v, w, h, est une fonction linéaire et homogène des deux premières Q_0 et Q_1. On peut donc écrire

$$X_2 = \alpha X_0 + \beta X_1, \quad Y_2 = \alpha Y_0 + \beta Y_1, \quad Z_2 = \alpha Z_0 + \beta Z_1, \quad T_2 = \alpha T_0 + \beta T_1.$$

Telles sont les expressions des coordonnées homogènes du point courant sur la droite M_0, M_1, quelles que soient les positions des deux points M_0 et M_1 supposés distincts. On peut aussi les diviser par α et écrire

$$X_2 = X_0 + \lambda X_1, \qquad Y_2 = Y_0 + \lambda Y_1, \qquad Z_2 = Z_0 + \lambda Z_1, \qquad T_2 = T_0 + \lambda T_1.$$

Le point M_1 correspond à $\alpha = 0$ ou λ infini.

Quatre plans quelconques définis par les équations

$$P_0 \equiv u_0 X + v_0 Y + w_0 Z + h_0 T = 0, \qquad P_1 \equiv u_1 X + \ldots = 0,$$
$$P_2 \equiv u_2 X + \ldots = 0, \qquad P_3 \equiv u_3 X + \ldots = 0,$$

n'ont pas en général de point commun à distance finie ou infinie. Pour qu'ils en aient un et un seul, il faut que ces équations se réduisent à trois, aux trois premières, par exemple, en les supposant indépendantes. Il faut alors que la forme linéaire P_4 aux variables X, Y, Z, T, soit une fonction linéaire et homogène des trois premières. On peut donc dire que l'équation générale des plans passant par le point commun aux trois plans P_0, P_1, P_2, est

$$\alpha P_0 + \beta P_1 + \gamma P_2 = 0.$$

Quatre points quelconques M_0, M_1, M_2, M_3, de coordonnées homogènes (X_0, Y_0, Z_0, T_0), etc. ne sont pas en général dans un même plan. Pour qu'il existe un plan et un seul passant par ces quatre points, il faut et il suffit que les quatre équations

$$Q_0 \equiv u X_0 + v Y_0 + w Z_0 + h T_0 = 0, \qquad Q_1 \equiv u X_1 + \ldots = 0,$$
$$Q_2 \equiv u X_2 + \ldots = 0, \qquad Q_3 \equiv u X_3 + \ldots = 0,$$

aux quatre inconnues u, v, w, h, se réduisent à trois d'entre elles supposées distinctes. Si les trois premières formes Q_0, Q_1, Q_2, aux variables u, v, w, h, sont indépendantes, il faut et il suffit que Q_3 en soit une fonction linéaire et homogène.

Les coordonnées homogènes du point courant dans le plan M_0, M_1, M_2 sont donc

$$X_2 = \alpha X_0 + \beta X_1 + \gamma X_2, \ldots, T_2 = \alpha T_0 + \beta T_1 + \gamma T_2,$$

où α, β, γ sont arbitraires. On peut aussi écrire

$$X_2 = X_0 + \lambda X_1 + \mu X_2, \ldots, \quad T_2 = T_0 + \lambda T_1 + \mu T_2.$$

Un raisonnement analogue à celui du plan montre que les formules de transformation, en coordonnées homogènes, dans l'espace, sont

$$X = a X' + a_1 Y' + a_2 Z' + x_0 T', \qquad Y = b X' + b_1 Y' + b_2 Z' + y_0 T',$$
$$Z = c X' + c_1 Y' + c_2 Z' + z_0 T', \qquad T = T'.$$

Un point et un plan ayant chacun quatre coordonnées homogènes, on peut regarder toute équation *homogène* $f(\alpha, \beta, \gamma, \delta) = 0$, à quatre inconnues, comme traduisant une propriété géométrique d'un point ou une propriété géométrique d'un plan, suivant que l'on regarde α, β, γ, δ, comme les coordonnées homogènes d'un point ou d'un plan. Ces deux propriétés géométriques sont dites *corrélatives*. Par exemple, l'équation

$$a\alpha + b\beta + c\gamma + d\delta = 0$$

où a, b, c, d sont donnés, exprime que le point $(\alpha, \beta, \gamma, \delta)$ est dans le plan dont l'équation est $a\,X + b\,Y + c\,Z + d\,T = 0$, ou bien que le plan $(\alpha, \beta, \gamma, \delta)$ passe par le point (a, b, c, d). C'est donc à volonté l'équation ponctuelle d'un plan ou l'équation tangentielle d'un point.

Nous avons vu que, si une surface algébrique est définie par l'équation entière $f(x, y, z) = 0$, de degré m, et si l'on pose :

$$F(X, Y, Z, T) \equiv T^{m} f\left(\frac{X}{T}, \frac{Y}{T}, \frac{Z}{T}\right),$$

l'équation du plan tangent à cette surface en un point (x_0, y_0, z_0) peut s'écrire

$$x\frac{\partial f}{\partial x_0} + y\frac{\partial f}{\partial y_0} + z\frac{\partial f}{\partial z_0} + \frac{\partial f}{\partial t_0} = 0,$$

$\dfrac{\partial f}{\partial t_0}$ désignant ce que devient $\dfrac{\partial F}{\partial T}$, quand on y remplace X, Y, Z, T respectivement par $x_0, y_0, z_0, 1$. Substituons à x, y, z les rapports $\dfrac{X}{T}, \dfrac{Y}{T}, \dfrac{Z}{T}$, et à x_0, y_0, z_0 les rapports $\dfrac{X_0}{T_0}, \dfrac{Y_0}{T_0}, \dfrac{Z_0}{T_0}$, en introduisant les coordonnées homogènes courantes et les coordonnées homogènes du point de contact. Le premier membre de l'équation du plan tangent contient alors TT_0^{m-1} en dénominateur, et, en se débarrassant de ce facteur, on obtient l'équation du plan tangent sous la forme

$$X\frac{\partial F}{\partial X_0} + Y\frac{\partial F}{\partial Y_0} + Z\frac{\partial F}{\partial Z_0} + T\frac{\partial F}{\partial T_0} = 0.$$

Le même raisonnement montre que, si l'équation d'une courbe algébrique est $F(X, Y, Z) = 0$, en coordonnées homogènes, l'équation de la tangente au point (X_0, Y_0, Z_0) de cette courbe est

$$X\frac{\partial F}{\partial X_0} + Y\frac{\partial F}{\partial Y_0} + Z\frac{\partial F}{\partial Z_0} = 0.$$

75e LEÇON

ÉLÉMENTS IMAGINAIRES

Plan. — L'équation $f(x, y) = 0$ d'une courbe algébrique admet des solutions imaginaires en nombre illimité; on peut, en effet se donner arbitrairement $x = x_0 + ix_1$, et y en résulte par une équation algébrique entière qui admet des solutions de la forme $y_0 + iy_1$.

On dit que $x_0 + ix_1$, $y_0 + iy_1$ sont les coordonnées d'un point imaginaire de la courbe. On appelle point imaginaire conjugué du précédent, celui dont les coordonnées sont $x_0 - ix_1$, $y_0 - iy_1$.

Si l'équation $f(x, y) = 0$ est à coefficients réels, ses solutions sont imaginaires conjuguées deux à deux. La courbe correspondante peut être réelle ou imaginaire, mais ses points imaginaires sont conjugués deux à deux.

L'ensemble des points dont les coordonnées vérifient l'équation

$$P + iQ \equiv (a + ia')x + (b + ib')y + c + ic' = 0,$$

constitue, en général, une droite imaginaire. Cette droite D possède en général un point réel qui est à l'intersection des deux droites réelles

$$P \equiv ax + by + c = 0, \qquad Q \equiv a'x + b'y + c' = 0.$$

Lorsque les deux droites P et Q sont confondues, les coefficients du polynome $P + iQ$ sont des produits de nombres réels par un même nombre complexe de sorte que l'on a :

$$P + iQ \equiv (1 + ik) P,$$

et la droite D est réelle.

Si P et Q sont distinctes, la droite D′ définie par l'équation $P - iQ = 0$ est dite droite imaginaire conjuguée de D; ces deux droites D et D′ se coupent en général en un point réel.

Plus généralement, une équation $f(x, y) + ig(x, y) = 0$, où f et g désignent deux polynomes entiers qui n'ont pas de facteur réel commun, définit une courbe algébrique C imaginaire, ou mieux d'équation imaginaire. L'équation $f(x, y) - ig(x, y) = 0$ définit la courbe C′ imaginaire conjuguée. Les deux courbes C et C′ se coupent aux points de rencontre des deux courbes

$$f(x, y) = 0, \qquad g(x, y) = 0.$$

Certains de ces points peuvent être réels.

Une droite imaginaire est définie par deux points. Un raisonnement purement algébrique et qui, par suite, ne suppose rien sur la réalité des éléments employés, montre que les coordonnées du point courant M de la droite définie par les deux points $M_0(x_0, y_0)$, $M_1(x_1 . y_1)$, sont

$$x = \frac{x_0 + \lambda x_1}{1 + \lambda}, \qquad y = \frac{y_0 + \lambda y_1}{1 + \lambda}.$$

Le coefficient angulaire de cette droite est, par définition, $\dfrac{y_1 - y_0}{x_1 - x_0}$.

Deux droites sont dites parallèles lorsque leurs équations n'ont pas de solutions communes finies : on vérifie aisément qu'elles ont même coefficient angulaire.

Les axes étant supposés rectangulaires, le carré de la distance des deux points M_0 et M_1 est, par définition,

$$\overline{M_0 M_1}^2 = (x_1 - x_0)^2 + (y_1 - y_0)^2.$$

Il peut être nul : 1° si les deux points sont confondus; 2° si $\dfrac{y_1 - y_0}{x_1 - x_0}$ vaut $\pm i$. On appelle droites *isotropes* celles qui ont $\pm i$ pour coefficient angulaire.

Cherchons en général, sur la droite $M_0 M_1$, un point M tel que l'on ait :

$$\frac{\overline{MM_0}^2}{\overline{MM_1}^2} = k^2,$$

k désignant un nombre donné réel ou complexe. Un calcul simple donne :

$$\overline{MM_0}^2 = \frac{\lambda^2}{(1 + \lambda)^2} \left[(x_1 - x_0)^2 + (y_1 - y_0)^2 \right],$$

$$\overline{MM_1}^2 = \frac{1}{(1 + \lambda)^2} \left[(x_1 - x_0)^2 + (y_1 - y_0)^2 \right].$$

Si la droite $M_0 M_1$ est isotrope, tous les points de cette droite satisfont au problème posé. Mais si la droite n'est pas isotrope, le rapport $\dfrac{\overline{MM_0}^2}{\overline{MM_1}^2}$ vaut λ^2 et il faut prendre $\lambda = \pm k$. Il y a donc deux points M et M' répondant à la question; ils ont pour coordonnées

$$\frac{x_0 + kx_1}{1 + k}, \qquad \frac{y_0 + ky_1}{1 + k} \quad \text{et} \quad \frac{x_0 - kx_1}{1 - k}, \qquad \frac{y_0 - ky_1}{1 - k}.$$

En particulier, si l'on prend $k^2 = 1$, on trouve un point $\dfrac{x_0 + x_1}{2}, \dfrac{y_0 + y_1}{2}$, qui est dit *milieu* de $M_0 M_1$, et le point à l'infini de $M_0 M_1$.

Par exemple, si M_0 et M_1 sont imaginaires conjugués, le milieu du segment $M_0 M_1$ est réel ainsi que le coefficient angulaire de la droite $M_0 M_1$, qui est alors réelle.

On appelle tangente de l'angle de deux droites imaginaires D et D' le nombre $\operatorname{tg}(D, D') = \dfrac{m' - m}{1 + mm'}$, m et m' désignant les coefficients angulaires des deux droites. Ce nombre est indéterminé si l'on a :

$$m = m' = \pm$$

Les deux droites sont dites rectangulaires lorsque m et m' vérifient la relation

$$mm' = -1.$$

Il résulte de cette définition que l'équation de la perpendiculaire menée par un point imaginaire à une droite imaginaire, a la même forme que si les éléments utilisés étaient réels. La distance d'un point (x_0, y_0) à une droite $ax + by + c = 0$ étant définie comme longueur de la perpendiculaire menée de ce point à la droite, cette distance est donnée par la formule

$$d^2 = \frac{(ax_0 + by_0 + c)^2}{a^2 + b^2},$$

lors même que le point et la droite sont imaginaires. Cette expression est infinie si la droite est isotrope; elle est indéterminée lorsque la droite est isotrope et que le point est pris sur la droite.

L'emploi de coordonnées homogènes complexes permet aussi de définir des points imaginaires à l'infini. Ainsi, les points de rencontre d'un cercle quelconque dont l'équation est

$$X^2 + Y^2 + 2aXZ + 2bYZ + cZ^2 = 0,$$

avec la droite de l'infini, ont des coordonnées homogènes vérifiant les deux équations

$$X^2 + Y^2 = 0, \qquad Z = 0.$$

Comme $\dfrac{Y}{X}$ vaut $\pm i$, on voit que ce sont les points à l'infini des droites isotropes. On les appelle aussi *points cycliques* ou *ombilics* du plan.

Les éléments complexes, points, droites, angles, distances, que nous venons de définir, exigent le choix d'un système d'axes.

Supposons que l'on change d'axes de coordonnées. Les formules de transformation font correspondre à un point imaginaire (x, y) du premier système, un point imaginaire (x', y') du second. A une droite imaginaire du premier système, définie par une équation $ax + by + c = 0$, elles font correspondre une droite imaginaire définie par l'équation transformée $a'x' + b'y' + c' = 0$, dans le second; etc. La distance de deux points, la tangente de l'angle de deux droites, etc., ne sont pas altérées.

Le raisonnement suivant appliqué à la tangente de l'angle de deux droites en rend compte : appelons m et m' les coefficients angulaires des deux droites dans le premier système, m_1 et m'_1 les coefficients angulaires des droites correspondantes dans le second. Il faut vérifier l'égalité

$$\frac{m' - m}{1 + mm'} = \frac{m'_1 - m_1}{1 + m_1 m'_1}.$$

m_1 et m'_1 sont des fonctions bien définies de m et m' et des coefficients des formules de transformation; l'égalité à vérifier contient donc m, m' et les coefficients en question. Or, lorsque m et m' sont réels, la vérification se fait, puisque l'égalité traduit une propriété géométrique évidente; la vérification se fait donc encore lorsque m et m' sont complexes.

Un raisonnement semblable démontre la conservation de tous les éléments métriques définis précédemment. L'idée qui sert de base dans ce raisonnement est invoquée quelquefois sous le nom de *principe de continuité*.

On peut aller plus loin : étant donnée une courbe algébrique définie par l'équation $f(x, y) = 0$, les symboles $\dfrac{\partial f}{\partial x}$, $\dfrac{\partial f}{\partial y}$ conservent un sens lorsque x et y sont imaginaires. Si les valeurs de ces symboles ne sont pas nulles toutes deux en un point imaginaire (x_0, y_0) de la courbe, on peut appeler tangente en ce point la droite d'équation

$$(x - x_0) \frac{\partial f}{\partial x_0} + (y - y_0) \frac{\partial f}{\partial y_0} = 0.$$

Si les axes sont rectangulaires, la droite définie par l'équation

$$\frac{x - x_0}{\dfrac{\partial f}{\partial x_0}} = \frac{y - y_0}{\dfrac{\partial f}{\partial y_0}},$$

est perpendiculaire à la précédente et l'on peut dire que c'est la normale à la courbe au point considéré.

On peut même appliquer l'identité d'Euler à la simplification de l'équation de la tangente.

Espace. — L'équation d'une surface algébrique $f(x, y, z) = 0$ admet des solutions imaginaires en nombre illimité; on peut se donner $x = x_0 + ix_1$, $y = y_0 + iy_1$ arbitrairement, et z est déterminé par une équation entière à coefficients complexes qui fournit une ou plusieurs solutions de la forme $z_0 + iz_1$. On dit que $x_0 + ix_1$, $y_0 + iy_1$, $z_0 + iz_1$ sont les coordonnées d'un point imaginaire de la surface; on appelle point imaginaire conjugué celui dont les coordonnées sont $x_0 - ix_1$, $y_0 - iy_1$, $z_0 - iz_1$.

Si l'équation $f(x, y, z) = 0$ est à coefficients réels, les points imaginaires de la surface correspondante sont conjugués deux à deux.

L'ensemble des points imaginaires ou réels dont les coordonnées vérifient l'équation

$$P + iQ \equiv (a + ia')x + (b + ib')y + (c + ic')z + d + id' = 0,$$

constitue un plan imaginaire en général. Ce plan possède une droite de points réels, c'est l'intersection des deux plans

$$P \equiv ax + by + cz + d, \qquad Q \equiv a'x + b'y + c'z + d' = 0.$$

Lorsque ces deux plans réels sont confondus, $P + iQ$ est de la forme $(1 + ik)P$, et le plan donné est réel.

Les plans définis par les deux équations

$$P + iQ = 0, \qquad P - iQ = 0$$

sont dits imaginaires conjugués; à tout point imaginaire de l'un correspond un point imaginaire conjugué situé sur l'autre; ils se coupent en général suivant une droite réelle.

Plus généralement, une équation $f(x, y, z) + ig(x, y, z) = 0$, où f et g désignent deux polynomes entiers qui n'ont pas de facteur commun entier et réel en x, y, z, définit une surface algébrique S imaginaire, ou mieux dont l'équation est à coefficients imaginaires.

L'équation $f(x, y, z) - ig(x, y, z) = 0$ définit la surface S' imaginaire conjuguée de la première. Les coordonnées des points communs à ces deux surfaces vérifient les deux équations $f = 0$, $g = 0$; certains de ces points peuvent être réels.

Deux plans imaginaires sont dits parallèles lorsque leurs équations n'ont pas de solutions communes finies; les conditions de parallélisme des deux plans imaginaires

$$ax + by + cz + d = 0, \qquad a'x + b'y + c'z + d' = 0,$$

sont

$$\frac{a'}{a} = \frac{b'}{b} = \frac{c'}{c}.$$

Une droite imaginaire est définie comme intersection de deux plans imaginaires. Or, par deux points imaginaires donnés, on peut mener une infinité de plans qui ont en commun tous les points communs à deux d'entre eux. On voit donc que tous les plans imaginaires passant par deux points imaginaires contiennent une droite imaginaire et, par suite, que deux points imaginaires définissent une droite.

Un raisonnement purement algébrique, montre que, si les deux points donnés M_0 et M_1 ont pour coordonnées (x_0, y_0, z_0) et (x_1, y_1, z_1), les coordonnées d'un point quelconque de la droite $M_0 M_1$ sont

$$x = \frac{x_0 + \lambda x_1}{1 + \lambda}, \qquad y = \frac{y_0 + \lambda y_1}{1 + \lambda}, \qquad z = \frac{z_0 + \lambda z_1}{1 + \lambda}.$$

Les paramètres directeurs de cette droite sont $x_1 - x_0$, $y_1 - y_0$, $z_1 - z_0$, par définition.

Deux droites sont dites parallèles lorsqu'elles sont dans un même plan et qu'elles n'ont pas de point commun; on vérifie aisément que cela est lorsque leurs paramètres directeurs sont proportionnels.

On dit qu'un plan et une droite sont parallèles lorsqu'ils n'ont pas de point commun; la condition de parallélisme a la même forme que lorsque le plan et la droite sont réels.

Les axes étant rectangulaires, le carré de la distance de deux points est, par définition,

$$\overline{M_0 M_1}^2 = (x_1 - x_0)^2 + (y_1 - y_0)^2 + (z_1 - z_0)^2.$$

Il est nul : 1° lorsque les deux points sont confondus; 2° lorsque la somme des carrés des paramètres directeurs de la droite qu'ils définissent, est nulle : on dit alors que la droite est *isotrope*.

Lorsque la droite $M_0 M_1$ n'est pas isotrope, on démontre comme précédemment, qu'il existe sur cette droite deux points M et M′ tels que l'on ait $\dfrac{\overline{\mathrm{MM}_0}^2}{\overline{\mathrm{MM}_1}^2} = k^2$.

Les coordonnées de ces points sont

$$\frac{x_0 + kx_1}{1 + k},\quad \frac{y_0 + ky_1}{1 + k},\quad \frac{z_0 + kz_1}{1 + k} \quad \text{et} \quad \frac{x_0 - kx_1}{1 - k},\quad \frac{y_0 - ky_1}{1 - k},\quad \frac{z_0 - kz_1}{1 - k}.$$

Si $k^2 = 1$, on retrouve le milieu du segment $M_0 M_1$ et le point à l'infini de la droite. Par exemple, si M_0 et M_1 sont imaginaires conjugués, le milieu de $M_0 M_1$ est réel et les paramètres directeurs de la droite sont proportionnels à des nombres réels : la droite $M_0 M_1$ est donc réelle.

Une droite D étant définie comme intersection de deux plans imaginaires

$$P + iQ = 0, \qquad R + iS = 0,$$

la droite D′ imaginaire conjuguée est définie comme intersection des plans

$$P - iQ = 0, \qquad R - iS = 0$$

imaginaires conjugués des précédents ; on vérifie aisément qu'une droite définie par deux points imaginaires et la droite définie par les points imaginaires conjugués sont deux droites imaginaires conjuguées.

Deux droites imaginaires conjuguées quelconques n'ont pas en général de point commun et ne sont pas dans un même plan. Elles ne sont dans un même plan que si les quatre plans

$$P = 0, \qquad Q = 0, \qquad R = 0, \qquad S = 0$$

ont un point commun à distance finie ou infinie ; ce point, lorsqu'il existe, est d'ailleurs réel ainsi que le plan qui contient les deux droites. En général, les deux droites imaginaires conjuguées sont situées sur la quadrique définie par l'équation $PS - QR = 0$.

Plus généralement, une courbe algébrique imaginaire étant définie comme intersection des deux surfaces

$$f + ig = 0, \qquad f_1 + ig_1 = 0,$$

on appelle courbe imaginaire conjuguée celle dont les équations sont

$$f - ig = 0, \qquad f_1 - ig_1 = 0.$$

On appelle cosinus de l'angle de deux droites D et D′ dont les paramètres directeurs sont a, b, c et a', b', c', l'expression

$$\cos(D, D') = \frac{aa' + bb' + cc'}{\sqrt{(a^2 + b^2 + c^2)(a'^2 + b'^2 + c'^2)}}. \qquad \text{(axes rectangulaires)}$$

Elle est infinie lorsque l'une des directions est isotrope.

Elle est nulle lorsque l'on a $aa' + bb' + cc' = 0$; on dit alors que les deux droites sont rectangulaires.

L'équation $ax + by + cz = 0$ d'un plan mené par l'origine, montre que la droite de paramètres directeurs a, b, c est perpendiculaire à toutes les directions parallèles au plan : on dit que c'est l'axe du plan.

Tout plan, dont l'axe est isotrope, est dit isotrope. L'expression de $\cos(D, D')$ est indéterminée lorsque l'une des directions est isotrope et que l'autre est parallèle au plan isotrope ayant pour axe la première.

Il résulte de ces définitions que les équations de la perpendiculaire menée d'un point à un plan, et du plan perpendiculaire mené par un point à une droite, ont la même forme que si les éléments utilisés sont réels.

Par suite, les formules qui donnent le carré de la distance d'un point à un plan ou d'un point à une droite ont également la même forme. Par exemple, le carré de la distance du point $M_0(x_0, y_0, z_0)$ au plan $ux + vy + wz + h = 0$ est

$$d^2 = \frac{(ux_0 + vy_0 + wz_0 + h)^2}{u^2 + v^2 + w^2}.$$

Cette distance est infinie si le plan est isotrope, et elle est indéterminée si de plus le point est pris dans le plan isotrope.

L'emploi de coordonnées homogènes complexes permet aussi de définir des points imaginaires à l'infini. Ainsi, les points communs à une sphère quelconque dont l'équation est

$$X^2 + Y^2 + Z^2 + 2aXT + 2bYT + 2cZT + dT^2 = 0$$

et au plan de l'infini, ont des coordonnées vérifiant les deux équations

$$X^2 + Y^2 + Z^2 = 0, \qquad T = 0.$$

Ils sont sur une courbe imaginaire qui est le lieu des points à l'infini des droites isotropes; on lui donne le nom d'*ombilicale* ou de *cercle imaginaire à l'infini*.

Les éléments complexes ainsi définis, points, plans, droites, distances, etc. sont liés à un système d'axes. Mais un raisonnement analogue à celui qui a été fait à propos du plan montrerait que leurs propriétés relatives ne sont pas altérées par un changement des axes de coordonnées; en particulier, les distances sont conservées.

Enfin, une surface algébrique étant définie par l'équation entière $f(x, y, z) = 0$, on pourra appeler plan tangent à la surface en un point imaginaire (x_0, y_0, z_0), tel que $\dfrac{\partial f}{\partial x_0}$, $\dfrac{\partial f}{\partial y_0}$, $\dfrac{\partial f}{\partial z_0}$ ne soient pas tous nuls, le plan défini par l'équation

$$(x - x_0)\frac{\partial f}{\partial x_0} + (y - y_0)\frac{\partial f}{\partial y_0} + (z - z_0)\frac{\partial f}{\partial z_0} = 0.$$

Si les axes sont rectangulaires, la normale a pour équations

$$\frac{x - x_0}{\dfrac{\partial f}{\partial x_0}} = \frac{y - y_0}{\dfrac{\partial f}{\partial y_0}} = \frac{z - z_0}{\dfrac{\partial f}{\partial z_0}}.$$

74e LEÇON

RAPPORT ANHARMONIQUE, HOMOGRAPHIE, INVOLUTION

On appelle rapport anharmonique de quatre nombres quelconques ou réels complexes x_1, x_2, x_3, x_4, rangés dans cet ordre, le quotient

$$\frac{x_1 - x_3}{x_1 - x_4} : \frac{x_2 - x_3}{x_2 - x_4}.$$

On le représente par la notation

$$(x_1, x_2, x_3, x_4) = \frac{(x_1 - x_3)(x_2 - x_4)}{(x_1 - x_4)(x_2 - x_3)}$$

On voit qu'il est infini si les nombres extrêmes sont égaux ou si les moyens sont égaux; il est nul lorsque deux nombres non consécutifs sont égaux; il est égal à 1 lorsqu'on a :

$$(x_1 - x_3)(x_2 - x_4) = (x_1 - x_4)(x_2 - x_3), \quad \text{ou} \quad (x_1 - x_2)(x_3 - x_4) = 0,$$

c'est-à-dire si les deux premiers nombres ou les deux derniers sont égaux. Enfin, il est indéterminé si trois quelconques des nombres sont égaux.

L'échange des deux premiers ou des deux derniers remplace ce rapport par l'inverse. L'échange de deux nombres quelconques accompagné de l'échange des autres n'en altère pas la valeur. Il résulte de là que l'on peut toujours donner le premier rang à l'un quelconque de ces nombres sans changer la valeur du rapport.

Le nombre des valeurs du rapport anharmonique de quatre nombres donnés est donc égal ou inférieur au nombre des permutations de trois nombres, ou 6; de plus, ces valeurs sont inverses deux à deux.

On peut supposer infini l'un des quatre nombres, en regardant ce cas comme un cas limite; par exemple

$$(\infty, x_2, x_3, x_4) = \frac{x_2 - x_4}{x_2 - x_3}.$$

On peut aussi écrire

$$(x_1, x_2, x_3, x_4) = \frac{x_1 x_2 + x_3 x_4 - (x_1 x_4 + x_2 x_3)}{x_1 x_2 + x_3 x_4 - (x_1 x_3 + x_2 x_4)} = \frac{\mu_1 - \mu_3}{\mu_1 - \mu_2},$$

en posant :

$$\mu_1 = x_1 x_2 + x_3 x_4, \qquad \mu_2 = x_1 x_3 + x_2 x_4; \qquad \mu_3 = x_1 x_4 + x_2 x_3.$$

Cette dernière expression du rapport anharmonique montre aussi qu'il n'a pas plus de 6 valeurs distinctes.

On appelle relation homographique, toute équation de la forme

$$(1) \qquad axx' + bx + cx' + d = 0,$$

qui fait correspondre à un nombre arbitraire x, un seul nombre x' donné par la formule $x' = -\dfrac{bx + d}{ax + c}$ et inversement.

La correspondance n'est effective que si x' varie en même temps que x, c'est-à-dire si $ad - bc$ n'est pas nul.

Dans le cas contraire, l'équation (1) peut s'écrire

$$(ax + c)(ax' + b) = 0,$$

et donne pour x ou pour x' une valeur fixe; nous laisserons de côté ce cas singulier.

A quatre nombres quelconques x_1, x_2, x_3, x_4, une homographie fait correspondre quatre nombres x'_1, x'_2, x'_3, x'_4, et un calcul simple montre que l'on a :

$$(x'_1, x'_2, x'_3, x'_4) = (x_1, x_2, x_3, x_4).$$

Réciproquement, si une correspondance entre deux nombres variables x et x' est telle que l'on ait :

$$(2) \qquad (x_1, x_2, x_3, x) = (x'_1, x'_2, x'_3, x'),$$

cette correspondance est homographique, car la relation (2) est linéaire en x et en x'. On voit, d'après cela, que l'on peut toujours choisir les coefficients de la relation (1) pour qu'à trois nombres distincts x_1, x_2, x_3 donnés, correspondent trois autres nombres x'_1, x'_2, x'_3 également donnés et distincts. Il suffit de prendre la relation (2), car l'égalité

$$\frac{x_1 - x_3}{x_1 - x} \; \frac{x_2 - x}{x_2 - x_3} = \frac{x'_1 - x'_3}{x'_1 - x'} \; \frac{x'_2 - x'}{x'_2 - x'_3}$$

montre que si l'on fait $x = x_1$, le premier rapport est infini et, comme $x'_2 - x'_3$ n'est pas nul, on a forcément $x' = x'_1$; de même, $x = x_2$ annule le premier rapport et, comme $x'_1 - x'_3$ n'est pas nul, on a $x' = x'_2$; enfin $x = x_3$ donne au premier rapport la valeur 1 et, comme $x'_1 - x'_2$ n'est pas nul, on a $x' = x'_3$.

Par exemple, la transformation homographique définie par l'équation

$$(x_1, x_2, x_3, x) = (\infty, 0, 1, x'),$$

fait correspondre à un nombre arbitraire x_4, un nombre a et, au lieu de chercher les valeurs du rapport anharmonique des quatre nombres x_1, x_2, x_3, x_4 rangés dans un ordre quelconque, on peut se borner à calculer celles du rapport anharmonique de ∞, 0, 1, a, en plaçant ∞ au premier rang. On trouve ainsi :

$$(\infty, 0, a, 1) = a, \qquad (\infty, 0, 1, a) = \frac{1}{a}, \qquad (\infty, 1, a, 0) = 1 - a,$$

$$(\infty, 1, 0, a) = \frac{1}{1 - a}, \qquad (\infty, a, 0, 1) = \frac{a}{a - 1}, \qquad (\infty, a, 1, 0) = \frac{a - 1}{a}.$$

On voit donc que le rapport a bien en général 6 valeurs deux à deux inverses et ayant deux à deux pour somme 1. L'une des valeurs étant donnée, toutes en résultent en tenant compte de ces deux propriétés.

En égalant le premier nombre successivement aux cinq autres, on trouve que a vérifie l'une des équations suivantes :

$$a^2 = 1, \qquad a = \frac{1}{2}, \qquad a^2 - a + 1 = 0, \qquad a(a-2) = 0.$$

L'examen de ces divers cas particuliers montre qu'ils se ramènent à trois :

1° Deux des valeurs du rapport anharmonique sont égales à 1, deux autres sont nulles et les deux dernières sont infinies : ceci exige que deux des quatre nombres x_1, x_2, x_3, x_4, soient égaux.

2° Les 6 valeurs du rapport anharmonique sont égales 3 à 3 aux deux racines de l'équation $a^2 - a + 1 = 0$; on dit que le rapport est *équianharmonique* : ce cas ne peut se présenter avec des nombres tous réels.

3° Deux valeurs du rapport anharmonique sont égales à -1, deux autres sont égales à 2 et les deux dernières sont égales à $\frac{1}{2}$. On dit que le rapport est *harmonique* lorsqu'il vaut -1. Lorsqu'on a :

$$(3) \qquad (x_1, x_2, x_3, x_4) = -1,$$

on dit que x_1 et x_2 sont *conjugués harmoniques* par rapport à x_3 et x_4 de sorte que x_3 et x_4 sont aussi conjugués harmoniques par rapport à x_1 et x_2, à cause de l'égalité $(x_3, x_4, x_1, x_2) = (x_1, x_2, x_3, x_4)$.

On peut d'ailleurs, dans ce cas, échanger x_1 et x_2 ou x_3 et x_4 puisque -1 est son propre inverse.

La relation (3) s'écrit aussi

$$(3)' \qquad 2(x_1 x_2 + x_3 x_4) = (x_1 + x_2)(x_3 + x_4).$$

Elle permet d'écrire que les racines x_1, x_2 d'une équation du second degré $ax^2 + 2bx + c = 0$, sont conjuguées harmoniques par rapport aux racines x_3, x_4 d'une autre équation du second degré $a'x^2 + 2b'x + c' = 0$; on trouve facilement la relation

$$(4) \qquad ac' + ca' = 2bb'.$$

La relation (3)' peut encore s'écrire

$$(3)'' \qquad 3(x_1 x_2 + x_3 x_4) = x_1 x_2 + x_1 x_3 + x_1 x_4 + x_2 x_3 + x_2 x_4 + x_3 x_4$$
$$= \Sigma x_i x_j.$$

Cette dernière forme est particulièrement commode lorsqu'on veut écrire que les quatre racines d'une équation du 4° degré sont en proportion harmonique. Nous avons vu comment on forme l'équation transformée en $\mu = x_1 x_2 + x_3 x_4$ et il suffit d'écrire que cette équation transformée admet la racine $\frac{1}{3} \Sigma x_i x_j$.

La relation (3)′ se simplifie dans un certain nombre de cas particuliers qu'il faut savoir reconnaître à l'occasion ; ainsi

$$x_1 = \infty \qquad \text{donne} \qquad x_2 = \frac{x_3 + x_4}{2};$$

$$x_1 = 0 \qquad \text{donne} \qquad \frac{2}{x_2} = \frac{1}{x_3} + \frac{1}{x_4};$$

$$x_2 = -x_1 \qquad \text{donne} \qquad x_1^2 = x_3.x_4.$$

Considérons maintenant la relation homographique générale (1), où a n'est pas nul. Nous dirons quelquefois que l'ensemble des nombres x forme une première division et que l'ensemble des nombres x' correspondants forme une seconde division.

À x infini, l'homographie fait correspondre $x' = -\dfrac{b}{a} = f'$; à x' infini,

elle fait correspondre $x = -\dfrac{c}{a} = f$. Les deux nombres f et f' qui correspondent à l'infini, suivant qu'on les regarde comme faisant partie de la première ou de la seconde division, s'appellent les *éléments focaux* de l'homographie.

La substitution de $-af$ à c et de $-af'$ à b dans (1) donne :

$$(1)' \qquad (x - f)(x' - f') = \frac{bc - ad}{a^2} = ff' - \frac{d}{a}.$$

Cette nouvelle équation montre que, si la correspondance homographique porte sur des éléments réels, les deux nombres $x - f$ et $x' - f'$ sont toujours de même signe ou toujours de signes différents suivant que $bc - ad$ est positif ou négatif.

On appelle *éléments doubles* les valeurs de x telles que $x' = x$; ces valeurs sont racines de l'équation

$$(5) \qquad\qquad ax^2 + (b + c)x + d = 0.$$

Les éléments doubles peuvent être réels ou complexes, distincts ou confondus. Leur moyenne arithmétique $-\dfrac{b + c}{2a}$ est la même que celle des éléments focaux.

L'homographie générale dépendant de 3 paramètres (rapports de 3 des nombres a, b, c, d, à l'un d'eux), 3 couples d'éléments conjugués sont nécessaires à sa détermination : nous avons déjà indiqué plus haut l'équation (2) qui caractérise l'homographie définie par les trois couples (x_1, x_1'), (x_2, x_2'), (x_3, x_3').

Si deux des couples sont (f, ∞), (∞, f'), le 3ᵉ couple étant (x_1, x_1'), l'équation caractéristique est

$$(x - f)(x' - f') = (x_1 - f)(x_1' - f')$$

Enfin, si deux des couples sont constitués par les éléments doubles α et β (supposés distincts), le 3ᵉ couple étant encore (x_1, x_1'), l'équation caractéristique est

$$(\alpha, \beta, x_1, x) = (\alpha, \beta, x_1', x').$$

On constate rapidement qu'elle peut s'écrire

$$\frac{(\alpha - x)(\beta - x')}{(\alpha - x')(\beta - x)} = \frac{(\alpha - x_1)(\beta - x'_1)}{(\alpha - x'_1)(\beta - x_1)},$$

ou bien

$$(\alpha, \beta, x, x') = (\alpha, \beta, x_1, x'_1).$$

Le rapport anharmonique des éléments doubles (supposés distincts) et d'un couple quelconque d'éléments conjugués a donc une valeur constante.

On en conclut que la relation homographique générale dont les éléments doubles sont distincts peut s'écrire

$$(\alpha, \beta, x, x') = k,$$

où α, β, k sont arbitraires.

Lorsque les éléments doubles sont confondus, l'homographie ne dépend plus que de deux paramètres. Dans ce cas, on a :

$$b + c = -2a\alpha, \qquad d = a\alpha^2,$$

α désignant l'unique élément double; on constate facilement que l'équation (1) peut s'écrire alors

$$\frac{1}{x - a} - \frac{1}{x' - a} = \frac{1}{\alpha + \dfrac{b}{a}} = C^{te}.$$

On en déduit aisément l'équation caractéristique d'une homographie dont on connaît l'unique élément double et un couple d'éléments conjugués.

Lorsque a est nul, l'équation

(6)
$$bx + cx' + d = 0,$$

qui définit l'homographie, montre que l'infini se correspond à lui-même; on peut donc dire que l'infini est l'un des éléments doubles. L'autre élément double est donné par l'équation

$$\alpha = -\frac{d}{b + c},$$

en supposant $b + c$ non nul. L'équation (6) peut se mettre sous la forme

$$\frac{x' - \alpha}{x - \alpha} = -\frac{b}{c}.$$

Pour cette raison, on dit que la correspondance est une *similitude*. Si $b + c$ est nul, l'équation (6) devient :

$$x - x' = -\frac{d}{b}.$$

On peut appeler *translation* l'homographie qui résulte de là; les éléments doubles de cette homographie sont tous deux infinis.

Deux homographies distinctes définies par les équations

$$axx' + bx + cx' + d = 0, \qquad a_1 xx' + b_1 x + c_1 x' + d_1 = 0,$$

ont en commun, en général, deux couples d'éléments; la résolution des deux équations le montre de suite.

Lorsque l'équation (1) est symétrique en x et x', on dit que la correspondance est involutive ou que l'homographie est une involution.

Dans ce cas, un nombre λ a même correspondant λ' soit qu'on le prenne dans la première division, soit qu'on le prenne dans la seconde. Il suffit d'ailleurs que deux nombres particuliers distincts x_0 et x_0' se correspondent quelle que soit la division où l'on range l'un d'eux, pour que l'homographie soit une involution, car des deux égalités

$$ax_0 x_0' + bx_0 + cx_0' + d = 0, \qquad ax_0' x_0 + bx_0' + cx_0 + d = 0$$

qui traduisent ce fait, on déduit, par soustraction :

$$(b - c)(x_0 - x_0') = 0,$$

c'est-à-dire $b = c$.

L'équation caractéristique d'une involution étant

$$(7) \qquad axx' + b(x + x') + c = 0,$$

le seul élément focal est $f = -\dfrac{b}{a}$; on l'appelle aussi *élément central*.

En l'utilisant, on peut mettre l'équation (7) sous la forme

$$(7)' \qquad (x - f)(x' - f) = \frac{b^2 - ac}{a^2} = f^2 - \frac{c}{a}.$$

La correspondance n'est effective que si $b^2 - ac$ n'est pas nul.
Les éléments doubles sont les solutions de l'équation

$$(8) \qquad ax^2 + 2bx + c = 0.$$

Ils sont distincts si l'involution est effective, mais ils peuvent être réels ou complexes. Leur moyenne arithmétique est l'élément central.

L'involution générale dépendant de deux paramètres, deux couples distincts de points conjugués (x_1, x_1'), (x_2, x_2') sont nécessaires à sa détermination; la connaissance de ces couples entraîne la connaissance des deux autres couples (x_1', x_1), et (x_2', x_2). Cela permet d'écrire l'équation caractéristique

$$(x_1, x_1', x_2, x) = (x_1', x_1, x_2', x').$$

Si l'on se donne l'élément central f et un couple quelconque (x_1, x_1'), la relation involutive est

$$(x - f)(x' - f) = (x_1 - f)(x_1' - f).$$

Enfin, si l'on se donne les deux éléments doubles distincts α et β, l'équation caractéristique est

$$(\alpha, \beta, x, x') = (\alpha, \beta, x', x).$$

Or ces deux rapports anharmoniques sont inverses l'un de l'autre à cause de l'échange de x et x'; leur valeur commune n'est pas 1, car $x - x'$ n'est pas nul. C'est donc que cette valeur est -1, et il reste :

$$(\alpha, \beta, x, x') = -1.$$

Cette équation montre qu'un couple quelconque d'éléments correspondants est conjugué harmonique par rapport au couple des éléments doubles.

Lorsque a est nul, l'équation (7) devient :

$$(9) \qquad x + x' = -\frac{c}{b}.$$

On dit que la correspondance est une *symétrie*. L'un des éléments doubles est infini. Un couple d'éléments conjugués suffit à déterminer une symétrie.

Deux involutions distinctes I et I_1 définies par les deux équations

$$(10) \qquad \begin{cases} axx' + b\,(x + x') + c = 0, \\ a_1 xx' + b_1 (x + x') + c_1 = 0, \end{cases}$$

ont en commun un couple d'éléments conjugués, car ces équations définissent $x + x'$ et xx', de sorte que les éléments communs sont racines de l'équation

$$(11) \qquad (ab_1 - ba_1)x^2 + (ac_1 - ca_1)\,x + bc_1 - cb_1 = 0.$$

On vérifie sans difficultés que ces racines sont imaginaires lorsque les éléments doubles de I et I_1 sont réels et s'enchevêtrent. Dans tous les autres cas, les éléments communs à I et I_1 sont réels.

On peut encore remarquer que ces éléments communs sont conjugués harmoniques par rapport aux éléments doubles de I d'une part et par rapport à ceux de I_1 d'autre part. Ce sont donc les éléments doubles d'une involution dont deux couples d'éléments conjugués sont constitués par les éléments doubles de I et par ceux de I_1. On en conclut que si une involution est définie par deux couples d'éléments conjugués qui sont réels et s'enchevêtrent, les éléments doubles de cette involution sont imaginaires; lorsque l'involution est définie par deux couples d'éléments conjugués réels qui ne s'enchevêtrent pas, ou lorsque l'un des couples est composé de nombres imaginaires conjugués, l'autre couple étant réel, ou enfin, lorsque les deux couples sont formés de nombres imaginaires conjugués, les éléments doubles de l'involution sont réels.

Puisque deux couples d'éléments conjugués suffisent à définir une involution, trois couples donnés n'appartiennent à une involution que s'ils satisfont à une condition; cette condition peut s'écrire

$$(x_1, x'_1, x_2, x_3) = (x'_1, x_1, x'_2, x'_3).$$

On pourrait en déduire la relation qui doit exister entre les coefficients des équations du second degré

$$P \equiv A x^2 + 2 B x + C = 0, \quad P_1 \equiv A_1 x^2 + 2 B_1 x + C_1 = 0,$$
$$P_2 \equiv A_2 x^2 + B_2 x + C_2 = 0,$$

pour que les trois couples de racines appartiennent à une même involution.

On peut procéder autrement ; soit

$$axx' + b(x + x') + c = 0$$

l'équation caractéristique de l'involution inconnue. Les zéros du polynome P devant être conjugués harmoniques par rapport aux éléments doubles de cette involution, on doit avoir [voir (4)] :

$$aC + cA = 2bB.$$

On aura de même :
$$aC_1 + cA_1 = 2bB_1,$$
$$aC_2 + cA_2 = 2bB_2.$$

Pour que ces équations en a, b, c admettent d'autres solutions que la solution o, il faut et il suffit que le déterminant $\begin{vmatrix} A, & B, & C \\ A_1, & B_1, & C_1 \\ A_2, & B_2, & C_2 \end{vmatrix}$ soit nul. On en conclut que l'on peut déterminer les nombres λ et μ de façon à vérifier l'identité

$$P_2 \equiv \lambda P + \mu P_1.$$

L'équation générale du second degré dont les racines sont conjuguées dans l'involution I définie par les zéros de P et par ceux de P_1 est donc $P + \nu P_1 = 0$, ν désignant une constante arbitraire.

La recherche des éléments doubles de I s'effectue aisément en partant de là. L'un quelconque de ces éléments doubles est donné par l'équation $P + \nu P_1 = 0$ où ν est choisi de telle sorte que les racines de cette équation soient égales ; par suite, x et ν vérifient les deux équations

$$Ax + B + \nu(A_1 x + B_1) = 0, \quad Bx + C + \nu(B_1 x + C_1) = 0.$$

L'élimination de ν entre ces relations donne l'équation

$$(Ax + B)(B_1 x + C_1) - (A_1 x + B_1)(Bx + C) = 0$$

qui définit les éléments doubles. On comparera utilement cette équation à l'équation (11).

EXERCICES

1º a, b désignant deux nombres réels et k un nombre complexe, quelle condition doit vérifier k pour que l'homographie définie par l'équation
$$(a + ib, a - ib, x, x') = k,$$
soit à coefficients réels ?

2º La correspondance homographique $x' = x$ est dite identique. A quelle condition le produit de deux correspondances homographiques ayant les mêmes éléments doubles est-il une identité ? Traiter la même question pour un produit d'un nombre quelconque d'homographies ayant les mêmes éléments doubles. A quelle condition ce produit d'homographies est-il une involution ?

3º A quelle condition le produit des homographies
$$(\alpha, \beta, x_1, x_2) = k, \quad (\alpha, \beta, x_2, x_3) = k, \ldots, (\alpha, \beta, x_n, x_{n+1}) = k,$$
est-il une identité ?

4º A quelle condition le produit de deux involutions est-il une involution ?

$5°$ On suppose que la fraction $\dfrac{P}{Q} = \dfrac{ax^2 + 2bx + c}{a'x^2 + 2b'x + c'}$ prend les mêmes valeurs quand on y substitue les zéros du polynome $R \equiv \alpha x^2 + 2\beta x + \gamma$. Qu'en peut-on conclure pour les zéros des polynomes P, Q, R ?

$6°$ Soient x_0 et x_1 les valeurs de la variable pour lesquelles la fraction $y = \dfrac{ax^2 + 2bx + c}{a'x^2 + 2b'x + c'}$ atteint son maximum ou son minimum ; montrer que x_0 et x_1 sont conjugués harmoniques par rapport aux valeurs de x qui correspondent à une même valeur de y.

$7°$ a désignant l'un des rapports anharmoniques de 4 nombres, montrer que la somme Σ_2 des produits deux à deux des 6 rapports anharmoniques vaut

$$- \frac{a^6 - 3a^5 + 5a^3 - 3a + 1}{a^2(a-1)^2}.$$

Déduire de là l'égalité

$$6 - \Sigma_2 = \frac{(a^2 - a + 1)^3}{a^2(a-1)^2}.$$

Montrer que si y désigne l'un quelconque des rapports anharmoniques des racines de l'équation

$$a_0 x^4 + 4a_1 x^3 + 6a_2 x^2 + 4a_3 x + a_4 = 0,$$

y est racine d'une équation de la forme

$$\frac{(y^2 - y + 1)^3}{y^2(y-1)^2} = R,$$

R désignant une fonction rationnelle des coefficients a_i. Vérifier l'égalité

$$\frac{(y^2 - y + 1)^3}{y^2(y-1)^3} = \frac{(\mu_1^2 + \mu_2^2 + \mu_3^2 - \mu_2\mu_3 - \mu_3\mu_1 - \mu_1\mu_2)^3}{(\mu_2 - \mu_3)^2(\mu_3 - \mu_1)^2(\mu_1 - \mu_2)^2}.$$

Déduire de là le calcul de R en fonction des coefficients a_i.

$8°$ Trouver la relation qui doit exister entre les coefficients de l'équation du 4e degré de l'exercice précédent, pour que ses racines soient en proportion harmonique.

$9°$ Si l'un des rapports anharmoniques des racines d'une équation du 4e degré est égal à l'un des rapports anharmoniques des racines d'une autre équation du 4e degré, on peut passer de l'une à l'autre par une transformation homographique.

Démontrer que les racines d'une équation binôme, du 4e degré, sont en proportion harmonique. Trouver la condition nécessaire et suffisante pour qu'un polynome du 4e degré donné puisse se mettre sous la forme

$$(ax + b)^4 + (a'x + b')^4.$$

$10°$ Quelle condition doivent vérifier les coefficients d'une équation du 4e degré pour qu'une transformation homographique lui fasse correspondre une autre équation dont les racines sont en progression arithmétique ?

75e LEÇON

APPLICATIONS GÉOMÉTRIQUES DU RAPPORT ANHARMONIQUE

On appelle rapport anharmonique de quatre points A, B, C, D placés sur une droite, le nombre $\dfrac{\overline{AC}}{\overline{AD}} : \dfrac{\overline{BC}}{\overline{BD}}$; on le représente par la notation (A, B, C, D).

L'un des points, A, par exemple, peut s'éloigner indéfiniment sur le support et ce rapport tend vers $\dfrac{\overline{BD}}{\overline{BC}}$.

Appelons a, b, c, d, les abscisses des quatre points par rapport à une origine arbitraire O choisie sur la droite orientée; en tenant compte des égalités $\overline{AC} = c - a$, etc., on voit que ce rapport anharmonique est égal à (a, b, c, d).

Les deux points C et D sont dits conjugués harmoniques par rapport à A et B lorsque ce rapport vaut -1 ; l'échange de C et D ne modifie pas la propriété, pas plus que l'échange des points A et B avec C et D : on peut donc dire que les deux couples de points (A, B) et (C, D) sont conjugués harmoniques ou que les deux segments AB et CD se partagent harmoniquement.

Si A est à l'infini, B est le milieu de CD.

Si l'origine O est placée en A, l'équation qui exprime cette propriété est

$$\frac{2}{\overline{AB}} = \frac{1}{\overline{AC}} + \frac{1}{\overline{AD}}.$$

Si O est placée au milieu de AB, l'équation est

$$\overline{OA}^2 = \overline{OC} \cdot \overline{OD}.$$

Elle montre que C et D sont d'un même côté de O et que les deux segments AB et CD empiètent l'un sur l'autre, car si OC est inférieur à OA, OD est supérieur à OA et inversement.

Trois points A, B, C étant donnés, la construction d'un point D tel que (A, B, C, D) ait une valeur donnée k, s'effectue en remarquant que l'on a :

$$\frac{\overline{BD}}{\overline{AD}} = k\,\frac{\overline{BC}}{\overline{AC}}.$$

Menons par A et B deux droites parallèles Az, Bz' et par C une sécante quelconque qui les coupe en M et M'; la droite DM' coupe Az en N.

Les deux égalités

$$\frac{\overline{BC}}{\overline{AC}} = \frac{\overline{BM'}}{\overline{AM}}, \qquad \frac{\overline{BD}}{\overline{AD}} = \frac{\overline{BM'}}{\overline{AN}}$$

comparées à la précédente, montrent que l'on a :

$$\frac{\overline{BM'}}{\overline{AN}} = k\,\frac{\overline{BM'}}{\overline{AM}}, \qquad \text{ou} \qquad \overline{AN} = \frac{\overline{AM}}{k}.$$

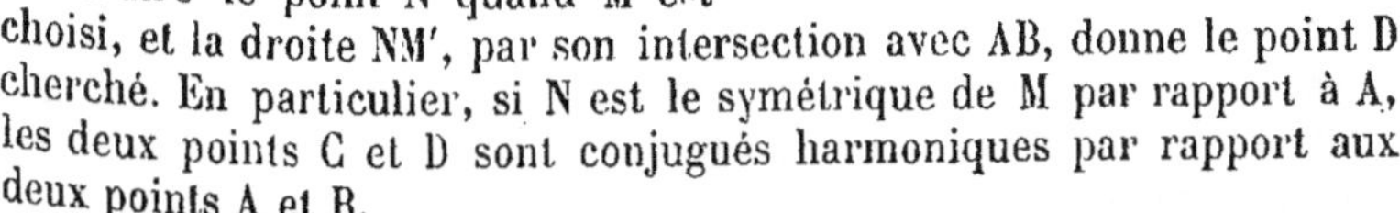

Cette dernière égalité permet de construire le point N quand M est choisi, et la droite NM', par son intersection avec AB, donne le point D cherché. En particulier, si N est le symétrique de M par rapport à A, les deux points C et D sont conjugués harmoniques par rapport aux deux points A et B.

Considérons quatre points alignés M_1, M_2, M_3, M_4 définis par rapport à trois axes de coordonnées Ox, Oy, Oz, et soient M'_1, M'_2, M'_3, M'_4, les projections de ces points sur Ox parallèlement au plan yOz. Les équivalents algébriques des vecteurs M_1M_3, M_1M_4, etc., étant respectivement proportionnels à ceux des vecteurs $M'_1M'_3$, $M'_1M'_4$, etc., on voit que (M_1, M_2, M_3, M_4) et (M'_1, M'_2, M'_3, M'_4) sont égaux. La valeur du dernier est (x_1, x_2, x_3, x_4), en appelant x_1, x_2, x_3, x_4, les abscisses des points M_1, M_2, M_3, M_4. Lorsque les quatre points alignés ne sont pas tous réels, mais que leur support réel ou imaginaire est à distance finie, on peut définir le rapport anharmonique des quatre points comme étant celui de leurs abscisses dans un système d'axes donné. Toutefois, il est utile de montrer que le nombre ainsi défini a une valeur indépendante du choix des axes. On pourrait l'établir en utilisant le principe de continuité. Nous allons employer un autre raisonnement qui nous donnera une expression nouvelle du rapport anharmonique.

Le support des quatre points étant défini par deux points $A_0(X_0, Y_0, Z_0, T_0)$ et $A_1(X_1, Y_1, Z_1, T_1)$, les coordonnées homogènes du point courant sur cette droite sont $X_0 + \lambda X_1$, $Y_0 + \lambda Y_1$, $Z_0 + \lambda Z_1$, $T_0 + \lambda T_1$; son abscisse est $x = \dfrac{X_0 + \lambda X_1}{T_0 + \lambda T_1}$.

Le rapport anharmonique des points M_1, M_2, M_3, M_4, qui correspondent aux valeurs $\lambda_1, \lambda_2, \lambda_3, \lambda_4$, du paramètre λ, est égal à celui de leurs abscisses et par suite à $(\lambda_1, \lambda_2, \lambda_3, \lambda_4)$, puisque x et λ se correspondent homographiquement. Or, un changement de coordonnées homogènes, dans lequel on prend $T' = T$, conserve la valeur de λ associée à un point; il n'altère donc pas la valeur du rapport anharmonique de ces quatre points.

En particulier, si $\lambda_1 = o$ et $\lambda_2 = \infty$, le rapport anharmonique des quatre points vaut $\dfrac{\lambda_3}{\lambda_4}$; ils sont conjugués harmoniques si l'on a, en même temps, $\lambda_4 = -\lambda_3$.

Si la droite qui porte les quatre points est à l'infini, T_0 et T_1 sont nuls; rien n'empêche de prendre encore $(\lambda_1, \lambda_2, \lambda_3, \lambda_4)$ comme rapport anharmonique de ces points.

Considérons maintenant quatre droites situées dans un même plan à distance finie (le plan xOy, par exemple), ces droites faisant partie d'un faisceau linéaire et ayant, par suite, un point commun à distance finie ou infinie; ces droites peuvent être réelles ou imaginaires. Leurs équations sont de la forme $P + \lambda Q = 0$, en posant :

$$P \equiv ax + by + c, \qquad Q \equiv a'x + b'y + c',$$

et les quatre droites correspondent aux quatre valeurs $\lambda_1, \lambda_2, \lambda_3, \lambda_4$ du paramètre.

Cherchons les abscisses x_1, x_2, x_3, x_4 de leurs points de rencontre avec une droite arbitraire dont l'équation est $y = mx + n$. L'une quelconque de ces abscisses est liée à la valeur correspondante de λ par la relation homographique

$$(a + \lambda a')x + (b + \lambda b')(mx + n) + c + \lambda c' = 0.$$

On a donc : $\qquad (x_1, x_2, x_3, x_4) = (\lambda_1, \lambda_2, \lambda_3, \lambda_4),$

et le rapport anharmonique des points de rencontre de quatre droites du faisceau avec une sécante arbitraire est indépendant de cette sécante : on l'appelle rapport anharmonique des quatre droites. Par exemple, le rapport anharmonique de quatre droites passant par l'origine est celui de leurs coefficients angulaires.

Ce rapport restant le même quand la sécante s'éloigne indéfiniment, on est conduit aussi à appeler rapport anharmonique de quatre points à l'infini d'un plan le rapport anharmonique des droites qui joignent ces points à un point à distance finie de ce plan; on vérifie aisément l'identité de cette définition et de celle qui a été donnée plus haut.

Un raisonnement analogue au précédent montre que le rapport anharmonique des points de rencontre de quatre plans d'un faisceau linéaire

$$P(x, y, z) + \lambda Q(x, y, z) = 0,$$

avec une sécante quelconque, est égal au rapport anharmonique des valeurs correspondantes de λ : on l'appelle rapport anharmonique des quatre plans. Si la sécante s'éloigne à l'infini, ce rapport reste le même : il peut être pris comme définition du rapport anharmonique des droites à l'infini de ces plans.

En particulier, les quatre plans définis par les équations

$$P = 0, \qquad Q = 0, \qquad P + \lambda Q = 0, \qquad P + \mu Q = 0,$$

ont un rapport anharmonique égal à $\dfrac{\lambda}{\mu}$; les deux derniers sont conjugués harmoniques par rapport aux deux premiers si l'on a : $\mu = -\lambda$.

On dit que deux points M_0 et M_1 sont conjugués par rapport aux deux plans P et Q lorsque les deux points N_0 et N_1, où la droite M_0M_1

rencontre ces deux plans, sont conjugués harmoniques par rapport à M_0 et M_1. Soit Δ la droite d'intersection de P et Q (à distance finie ou infinie). Les deux plans $M_0\Delta$ et $M_1\Delta$ sont conjugués harmoniques par rapport à P et Q. On en conclut que, M_0 étant fixe, le lieu de ses conjugués par rapport aux deux plans P et Q est le plan $M_1\Delta$ qu'on appelle *plan polaire* de M_0 par rapport à P et Q.

Soient
$$P(x,\ y,\ z) \equiv ax + by + cz + d,$$
$$Q(x,\ y,\ z) \equiv a'x + b'y + c'z + d'.$$

Les coordonnées de M_0 étant x_0, y_0, z_0, l'équation du plan ΔM_0 est

$$\frac{P}{P_0} = \frac{Q}{Q_0},$$

P_0 et Q_0 désignant les résultats de substitution de x_0, y_0, z_0 à x, y, z, dans P et Q. L'équation du plan ΔM_1 est donc $\dfrac{P}{P_0} + \dfrac{Q}{Q_0} = 0$.

On peut définir d'une façon analogue deux points conjugués par rapport à deux droites dans un même plan et la polaire d'un point par rapport à ces droites.

Homographie. — Nous sommes maintenant en mesure de définir toute une série de correspondances homographiques entre des ensembles de points alignés, de droites passant par un point dans un plan, de plans passant par une droite : nous dirons que deux ensembles de cette nature se correspondent homographiquement quand à un élément de l'un correspond un élément de l'autre et inversement, et que le rapport anharmonique de quatre éléments quelconques de l'un des ensembles est égal au rapport anharmonique des quatre éléments correspondants de l'autre ensemble.

1° Ces deux ensembles peuvent être constitués par les points de deux droites D et D'; on dit alors que deux points correspondants M et M' décrivent sur les bases des *divisions* homographiques.

Trois couples de points homologues suffisent, d'après ce qui précède, pour définir la correspondance; soient (A, A'), (B, B'), (C, C'), ces trois couples. Cherchons sur D' l'homologue M' d'un point quelconque M pris sur D.

Déplaçons D' par une translation rectiligne qui amène A' en A, et soient B_1', C_1' les positions nouvelles de B' et C'.

Les deux droites BB_1' et CC_1' se coupent en un point O. La droite OM coupe D_1' en un point M_1' tel que l'on ait :

$$(A_1',\ B_1',\ C_1',\ M_1') = (A,\ B,\ C,\ M),$$

la valeur commune à ces rapports étant celle du rapport anharmonique des quatre droites OA, OB, OC, OM. Par suite

$$(A'_1, B'_1, C'_1, M'_1) = (A', B', C', M').$$

La translation inverse amène donc M'_1 au point M' cherché.

Cette construction donne, en particulier, les homologues des points à l'infini sur D et sur D'.

Dans le cas particulier où les deux bases D et D'_1, par exemple, se coupent en un point A qui est son propre homologue dans les deux divisions, les droites MM'_1 passent par un point fixe O et l'une des divisions se déduit de l'autre par une simple projection effectuée de ce point O comme centre.

Dans le cas où les deux bases D et D' coïncident, on peut répéter la construction précédente en la faisant précéder d'une rotation de D' autour de l'un de ses points; on pourra déterminer de cette façon les homologues du point à l'infini dans chaque division, c'est-à-dire les *foyers* de l'homographie. La connaissance des deux foyers, F et F', et d'un couple de points homologues, A et A', de deux divisions homographiques de même base, détermine la correspondance; cherchons-en les points doubles.

Deux points homologues quelconques M et M' sont tels que l'on a :

$$\overline{FM} \cdot \overline{F'M'} = \overline{FA} \cdot \overline{F'A'}.$$

Supposons d'abord les deux vecteurs FA et F'A' de même sens. Un point double I est nécessairement extérieur au segment FF' et ses distances aux foyers vérifient les deux relations

$$FI \cdot F'I = FA \cdot F'A', \qquad |FI - F'I| = |FF'|.$$

La recherche des points doubles revient à la construction de deux longueurs dont on connaît la différence et le produit; les points doubles sont toujours réels dans ce cas et ils sont symétriques par rapport au milieu de FF'.

Supposons au contraire que les deux vecteurs FA et F'A' soient de sens différents; il en est de même de FI et F'I. Les points doubles, s'ils sont réels, sont donc entre F et F' et leurs distances à ces points vérifient les deux relations

$$FI + F'I = FF', \qquad FI \cdot F'I = FA \cdot F'A'.$$

La recherche des points doubles conduit à la construction de deux longueurs dont on connaît la somme et le produit; les deux points doubles peuvent être réels ou imaginaires, distincts ou confondus.

2° Les deux ensembles qui se correspondent peuvent être constitués par deux faisceaux linéaires de droites situés ou non dans un même plan : on dit que ces deux faisceaux de droites sont homographiques. La connaissance de trois couples de rayons homologues détermine la correspondance. Les points de rencontre des rayons homologues et de droites fixes D et D' forment sur ces droites deux divisions homographiques.

Réciproquement, les droites OM, O'M', joignant les points homologues M et M' de deux divisions homographiques à deux points fixes O et O' situés en dehors des bases correspondantes, engendrent deux faisceaux homographiques.

Lorsque les deux faisceaux sont dans un même plan, et que, de plus, la droite OO' qui joint leurs sommets se correspond à elle-même dans l'homographie, le point de rencontre de deux rayons homologues quelconques se déplace sur une droite.

Soient, en effet, A et B deux positions de ce point et C le point de rencontre de AB avec OO'; les deux divisions homographiques déterminées sur AB par les rayons homologues des deux faisceaux admettent A, B, C comme points doubles, de sorte qu'elles coïncident.

Lorsque deux faisceaux homographiques ont même sommet O et même plan P, on appelle rayons doubles ceux qui se correspondent à eux-mêmes dans les deux faisceaux; on peut les déterminer en cherchant les points doubles des divisions homographiques définies sur une droite quelconque du plan P par les rayons homologues des deux faisceaux et en joignant ces points doubles au point O.

Un exemple simple de faisceaux homographiques de même sommet et de même plan est fourni par la rotation d'un angle de grandeur constante autour de son sommet dans son plan. Les coefficients angulaires des côtés, par rapport à deux axes rectangulaires du plan de l'angle, étant m et m', l'équation qui définit l'homographie est

$$\operatorname{tg} V = \frac{m' - m}{1 + mm'}.$$

On vérifie aisément que les rayons doubles sont les droites isotropes passant par le sommet.

Réciproquement, si les rayons doubles sont les droites isotropes du sommet, l'homographie est engendrée par les côtés d'un angle de grandeur constante; on le voit de suite en écrivant que les éléments doubles de la relation homographique

$$amm' + bm + cm' + d = 0,$$

sont i et $-i$. L'équation qui donne ces éléments doubles étant

$$am^2 + (b + c)m + d = 0,$$

on a $b + c = 0$ et $a + d = 0$, de sorte que l'équation caractéristique de l'homographie est

$$a(1 + mm') + b(m - m') = 0 \qquad \text{ou} \quad \frac{m' - m}{1 + mm'} = \frac{a}{b}.$$

D'ailleurs, les rayons doubles étant les droites isotropes, $(i, -i, m, m')$ a une valeur constante; on trouve aisément que cette valeur est

$$\frac{1 + mm' - i(m' - m)}{1 + mm' + i(m' - m)} = \frac{1 - i\operatorname{tg} V}{1 + i\operatorname{tg} V} = \cos 2V - i\sin 2V = e^{-2iV}.$$

Telle est l'équation qui relie l'angle de deux droites au rapport anharmonique de ces droites et des droites isotropes passant par leur point de rencontre, ou encore au rapport anharmonique des points à l'infini de ces droites et des points cycliques.

3° Les deux ensembles peuvent être constitués par les points d'une droite et par les plans d'un faisceau linéaire; un exemple nous est donné par les points d'une génératrice d'une surface réglée et par les plans tangents à la surface en ces points. Nous avons vu en effet (leç. 59) que l'équation du plan tangent au point de cote z, sur la génératrice

$$X = aZ + p, \qquad Y = bZ + q,$$

est

$$\frac{Y - bZ - q}{X - aZ - p} = \frac{b'z + q'}{a'z + p'} = \lambda.$$

Ce plan fait partie d'un faisceau linéaire et le rapport anharmonique de quatre de ses positions est égal au rapport anharmonique des valeurs de λ et, par suite, au rapport anharmonique des valeurs de z correspondantes. Il y a donc correspondance homographique entre les points de la génératrice et les plans tangents en ces points. Soient P' le plan tangent au point à l'infini sur la génératrice, Π le plan tangent perpendiculaire, I le point de contact de Π, P_0 et P deux autres plans tangents quelconques, M_0 et M leurs points de contact. On a :

$$(\Pi, P', P, P_0) = (I, \infty, M, M_0) = \frac{\overline{IM}}{\overline{IM_0}}.$$

Coupons les plans tangents par un plan quelconque perpendiculaire à la génératrice; soient Ox, Oy, Od, Od_0 les droites de section. On a également :

$$(\Pi, P', P, P_0) = (Ox, Oy, Od, Od_0) = \big(o, \infty, \operatorname{tg}(Ox, Od), \operatorname{tg}(Ox, Od_0)\big).$$

Le dernier rapport vaut $\dfrac{\operatorname{tg}(Ox, Od)}{\operatorname{tg}(Ox, Od_0)}$. On en déduit :

$$\operatorname{tg}(Ox, Od) = \overline{IM}\, \frac{\operatorname{tg}(Ox, Od_0)}{\overline{IM_0}},$$

c'est-à-dire que la tangente de l'angle des plans Π et P est proportionnelle à la distance de leurs points de contact (voir leç. 59).

4° Enfin, les deux ensembles peuvent être constitués par les plans de deux faisceaux linéaires : on dit que ces deux faisceaux de plans sont homographiques.

La connaissance de trois couples de plans homologues détermine la correspondance. Les points de rencontre des plans homologues avec deux droites fixes D et D' décrivent sur ces droites deux divisions homographiques. Réciproquement, les plans ΔM et $\Delta'M'$ définis par deux droites fixes Δ et Δ' et les points correspondants de deux divisions homographiques engendrent deux faisceaux homographiques. Étant donnés trois couples de points homologues (A, A'), (B, B'), (C, C') de deux divisions homographiques sur deux bases D et D' non situées dans un même plan, imaginons une droite Δ qui s'appuie sur AA', BB', CC'; il existe une infinité de droites Δ et on peut choisir arbitrairement le point où Δ rencontre AA' par exemple. M et M' étant deux points homologues quelconques de l'homographie en question, les deux plans ΔM, $\Delta M'$ engendrent deux faisceaux homographiques; or ces faisceaux ont en commun les trois plans doubles ΔA, ΔB, ΔC : ils coïncident donc et la droite MM' est dans un même plan avec Δ. Cette propriété pourrait servir à la construction du point M′ homologue d'un point quelconque M.

Remarquons encore que toute droite MM′ est dans un même plan avec toute droite Δ : ces droites sont situées sur une surface doublement réglée (voir leç. 100).

Lorsque les arêtes Δ et Δ′ de deux faisceaux homographiques de plans sont dans un même plan, et que ce plan est son propre homologue dans les deux faisceaux, la droite D d'intersection de deux plans homologues quelconques se déplace dans un plan fixe. Soit en effet O le point de rencontre de Δ et Δ′; D passe par O. Soient A et B deux positions quelconques de D; le plan AB coupe le plan ΔΔ′ suivant une droite C. Les plans homologues des deux faisceaux coupent le plan ABC suivant deux faisceaux homographiques de droites qui ont en commun les droites doubles A, B, C. Par suite, ces deux faisceaux de droites coïncident et la proposition est démontrée.

Lorsque deux faisceaux homographiques de plans ont même arête, on appelle plans doubles ceux qui se correspondent à eux-mêmes : on peut les déterminer en cherchant les points doubles des deux divisions homographiques définies sur une droite quelconque par les points où cette droite rencontre les plans homologues des deux faisceaux.

Un exemple simple de faisceaux de plans homographiques de même arête est donné par les faces d'un dièdre de grandeur constante qui tourne autour de son arête fixe; les plans doubles sont les plans isotropes menés par cette arête.

Involution. — 1° Deux divisions homographiques *de même base* peuvent être réciproques : on dit qu'elles sont en involution. La correspondance est définie par deux couples de points homologues (A, A′), (B, B′). La construction du point central ou homologue du point à l'infini est immédiate ; ce point O est tel que l'on a :

$$\overline{OA} \cdot \overline{OA'} = \overline{OB} \cdot \overline{OB'} = \overline{OM} \cdot \overline{OM'}.$$

Il a donc même puissance par rapport à tous les cercles passant par un couple quelconque de points ho-

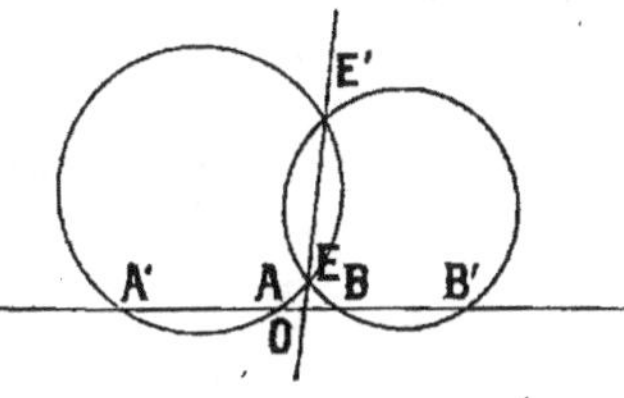

mologues. On l'obtient en menant par deux couples distincts (A, A′) et (B, B′), deux cercles qui se coupent en E et E′; la droite EE′ rencontre la base au point O cherché. Ceci suppose que EE′ n'est pas parallèle à la base, c'est-à-dire que les segments AA′ et BB′ n'ont pas même milieu : dans ce cas particulier, l'involution serait une symétrie par rapport au milieu en question.

Les points doubles J et J′ sont tels que l'on ait :

$$\overline{OJ}^2 = \overline{OA} \cdot \overline{OA'}.$$

Ils ne sont réels que si les vecteurs OA et OA′ sont de même sens. Lorsque les deux segments AA′ et BB′ sont extérieurs l'un à l'autre, les deux produits $\overline{OA} \cdot \overline{OA'}$, $\overline{OB} \cdot \overline{OB'}$ ne peuvent avoir le même signe que si O est à l'extérieur des deux segments; on voit aisément qu'ils ne peuvent avoir même grandeur que si O est placé entre les deux. En tout cas $\overline{OA} \cdot \overline{OA'}$ est positif et les points doubles sont réels : ce sont les points de contact de la base avec des cercles tangents à cette base menés par E et E'.

Lorsque le segment BB' est à l'intérieur du segment AA', on voit encore que les deux produits $\overline{OA} \cdot \overline{OA'}$, $\overline{OB} \cdot \overline{OB'}$, ne peuvent avoir le même signe que si le point O est extérieur à AA' ou intérieur à BB'; dans ce dernier cas, OB · OB' serait inférieur à OA · OA'. Donc O est à l'extérieur de AA' et les points doubles sont réels.

Enfin si les deux segments AA' et BB' empiètent l'un sur l'autre, on constate, par un raisonnement semblable au précédent, que le point O est sur la partie commune à ces deux segments; dans ce cas, $\overline{OA} \cdot \overline{OA'}$ est négatif et les points doubles sont imaginaires.

Les résultats de cette discussion coïncident avec ceux qui ont été obtenus, dans la leçon précédente, lors de l'étude algébrique de la question. Cette étude algébrique nous a montré que si l'un des couples (A, A') ou (B, B') est constitué par des points imaginaires conjugués, les points doubles de l'involution sont réels. Par exemple, étant donné deux cercles Γ et Γ' et une droite réelle D qui rencontre Γ en des points imaginaires conjugués, l'involution définie sur D par les couples de points où elle coupe les deux cercles est à points doubles réels; le point central est le point où l'axe radical de Γ et Γ' rencontre D et les points doubles sont à l'intersection de D et du cercle qui a O pour centre et qui est orthogonal à Γ. Cette involution est d'ailleurs celle des points de rencontre de D avec les cercles du faisceau linéaire Γ, Γ'.

Remarquons encore que le segment MM' défini par deux points homologues quelconques d'une involution, divise harmoniquement le segment JJ' qui a pour extrémités les points doubles.

2° Deux faisceaux homographiques de droites ayant *même sommet et même plan* peuvent être réciproques : on dit qu'ils sont en involution. Leurs points de rencontre avec une droite D décrivent deux divisions en involution. Réciproquement, lorsque deux points M et M' décrivent sur une droite deux divisions en involution, les droites OM et OM' qui joignent ces points à un point fixe O engendrent deux faisceaux en involution; les rayons doubles des deux faisceaux correspondent aux points doubles des deux divisions.

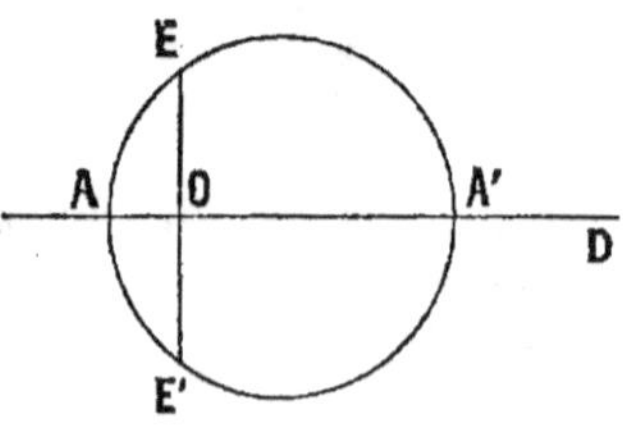

Un exemple simple est donné par la rotation d'un angle droit autour de son sommet O, dans son plan; les rayons doubles sont les droites isotropes menées par O. Les points de rencontre des côtés de cet angle droit avec une droite fixe D engendrent deux divisions en involution dont les points doubles sont imaginaires. Réciproquement, considérons une droite D sur laquelle deux points M et M' décrivent deux divisions en involution dont les points doubles sont imaginaires; le point central O est à l'intérieur du segment AA' limité à deux points homologues. Le cercle décrit sur AA' comme diamètre rencontre la perpendiculaire à la base menée par O, en deux points E et E' qui sont fixes, puisque l'on a $\overline{OE}^2 = OA \cdot OA'$. Un angle droit tournant autour de E découpe sur D deux divisions en involution, dont le point central est O, et dont un couple de points homologues est (A, A'); cette involution coïncide donc avec la proposée.

3° Deux faisceaux homographiques de plans *ayant même arête* peuvent être réciproques : on dit alors qu'ils sont en involution. Leurs points de rencontre avec une droite quelconque D décrivent deux divisions en involution. Réciproquement, si deux points M et M' décrivent sur une droite deux divisions en involution, les plans ΔM et $\Delta M'$ qui passent par ces points et par une droite fixe Δ engendrent deux faisceaux en involution; aux points doubles des deux divisions correspondent les plans doubles des deux faisceaux.

Un exemple simple est donné par un dièdre droit qui tourne autour de son arête supposée fixe.

Une étude algébrique nous a montré que deux involutions I et I_1 ont, en général, un couple d'éléments communs. Proposons-nous de construire les points communs à deux involutions données sur une droite. La génération de ces involutions différant suivant que les points doubles sont réels ou imaginaires, nous distinguerons 3 cas :

I° Les points doubles J et J' de I sont réels ainsi que les points doubles J_1 et J'_1 de I_1. Le segment MM' ayant pour extrémités les points communs aux deux involutions partage harmoniquement les segments JJ' et $J_1 J'_1$; M et M' sont donc les points doubles d'une involution définie par les couples de points JJ' et $J_1 J'_1$. Nous avons vu comment on les construit; ils ne sont réels que si les deux segments JJ' et $J_1 J'_1$ n'empiètent pas l'un sur l'autre.

II° Les points doubles J et J' de I sont réels; ceux de I_1 sont imaginaires et cette dernière involution est définie par la rotation d'un angle droit autour du point E. Les points M et M' cherchés étant conjugués harmoniques par rapport à J et J' et

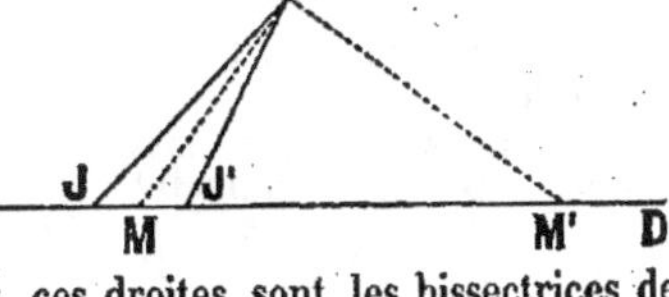

les deux droites EM, EM' étant rectangulaires, ces droites sont les bissectrices de l'angle $\widehat{JEJ'}$.

III° Les points doubles des deux involutions sont imaginaires. L'une est engendrée par la rotation d'un angle droit autour du sommet E et l'autre par la rotation d'un angle droit de sommet E_1. Les deux points M et M' cherchés sont donc tels que le cercle décrit sur MM' comme diamètre passe par E et E_1. Le centre de ce cercle est à l'intersection de la base et de la perpendiculaire au milieu de EE_1. Dans le cas où EE_1 est perpendiculaire à D, le cercle se réduit à la droite EE_1 et l'un des points M, M' est à

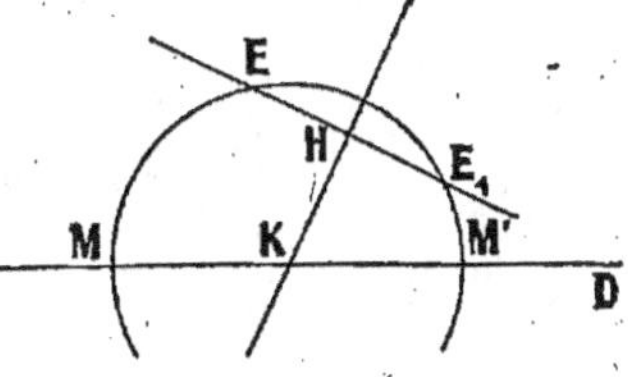

l'infini, tandis que l'autre est le point central commun aux deux involutions.

Ces constructions permettent également de déterminer les rayons communs à deux involutions de faisceaux de droites qui ont le même sommet, ou les plans communs à deux involutions de faisceaux de plans qui ont la même arête.

EXERCICES

1º Démontrer que toute homographie à points doubles imaginaires sur une droite peut être engendrée par les points de rencontre de cette droite avec les côtés d'un angle de grandeur constante qui tourne autour de son sommet dans son plan.

2º Démontrer que deux surfaces réglées qui ont une génératrice commune sont tangentes en deux points de cette génératrice.

3º On donne, sur une droite D, n correspondances homographiques ayant les mêmes points doubles. A un point A d'une première division on fait correspondre un point A_1 dans une seconde division au moyen de la première homographie; au point A_1 de la seconde division, on fait correspondre un point A_2 dans une troisième division au moyen de la seconde homographie, et ainsi de suite. A quelle condition le point A_n coïncide-t-il avec A?

Examiner plus spécialement le cas où les diverses correspondances sont les mêmes. Appliquer les résultats obtenus au cas où chacune de ces correspondances est engendrée par l'intersection de D avec les côtés d'un angle de grandeur constante qui tourne autour de son sommet.

4º On donne deux surfaces réglées qui ont une génératrice commune; en un point A de cette droite, on mène à la première le plan tangent P qui touche la seconde en A_1; en A_1 on mène à la première le plan tangent P_1 qui touche la seconde en A_2, et ainsi de suite. A quelle condition retombera-t-on sur le point A?

5º Deux faisceaux homographiques de droites ont même sommet, mais leurs plans sont différents. On suppose que la droite d'intersection de ces plans est sa propre homologue dans les deux faisceaux. Que peut-on dire du plan déterminé par deux rayons homologues quelconques?

6º On dit que deux divisions homographiques sont semblables lorsque les points à l'infini de leurs bases se correspondent. Démontrer que, si deux divisions de bases différentes sont semblables, la droite qui joint deux points homologues quelconques est parallèle à un plan fixe.

7º Utiliser le fait que la polaire d'un point par rapport à deux droites passe par leur point de rencontre pour construire cette polaire. Montrer que deux diagonales d'un quadrilatère complet divisent harmoniquement la troisième.

8º La condition nécessaire et suffisante pour que deux cercles soient orthogonaux est qu'un diamètre quelconque de l'un soit divisé harmoniquement par l'autre.

9º Construire un cercle divisant harmoniquement trois segments donnés dans un même plan.

10º Déterminer les rayons rectangulaires de deux faisceaux de droites en involution.

11º Lorsque les points doubles de deux divisions en involution sur une droite D sont imaginaires, ces points doubles sont les points d'intersection de D avec le cercle de rayon nul ayant pour centre le sommet E de l'angle droit qui sert à engendrer cette involution. Utiliser cette remarque pour construire les points communs à deux involutions dont l'une au moins a ses points doubles imaginaires.

12º On appelle rapport anharmonique de quatre cercles du faisceau linéaire dont l'équation est $\Gamma(x, y) + \lambda \Gamma_1(x, y) = 0$, le rapport anharmonique des valeurs de λ qui correspondent à ces cercles. Démontrer que c'est aussi le rapport anharmonique de leurs centres.

13º $f(X, Y, Z)$ et $g(X, Y, Z)$ étant deux polynomes entiers de degré m, homogènes en X, Y, Z, on dit que les courbes définies par l'équation $f(X, Y, Z) + \lambda g(X, Y, Z) = 0$ forment un faisceau linéaire. On appelle rapport anharmonique de quatre courbes de ce faisceau le rapport anharmonique des valeurs correspondantes de λ.

On appelle première polaire d'un point P (X_0, Y_0, Z_0), par rapport à une courbe C définie par l'équation $F(X, Y, Z) = 0$ de degré m, la courbe C_1, de degré $m - 1$, définie par l'équation

$$F_1(X, Y, Z) \equiv X_0 F'_X + Y_0 F'_Y + Z_0 F'_Z = 0;$$

la seconde polaire de P_0 par rapport à C est la première polaire de ce point par rapport à C_1, et ainsi de suite.

Démontrer que le rapport anharmonique de quatre courbes d'un faisceau linéaire est égal à celui de leurs polaires d'ordre $m - 1$, ce qui en donne une interprétation géométrique, car ces polaires sont des droites.

76e LEÇON

APPLICATION DE LA DÉCOMPOSITION EN CARRÉS
A LA CLASSIFICATION DES CONIQUES

Soit

$$f(x, y) \equiv Ax^2 + 2Bxy + Cy^2 + 2Dx + 2Ey + F = 0$$

l'équation la plus générale à coefficients réels d'une conique.

Nous avons vu (leç. 11) que toute forme quadratique non homogène peut être décomposée, soit en une somme de carrés de fonctions linéaires indépendantes et d'une constante, soit en une somme de carrés et d'une fonction linéaire également indépendants. Rappelons la marche à suivre, en appliquant la méthode de Gauss à la fonction $f(x, y)$.

Supposons que $f(x, y)$ contienne au moins un carré, et que A, par exemple, ne soit pas nul. On peut faire entrer tous les termes en x dans un carré et écrire

$$Af(x, y) \equiv (Ax + By + D)^2 + A(Cy^2 + 2Ey + F) - (By + D)^2,$$

d'où

$$f(x, y) \equiv \frac{1}{A}\left(\frac{1}{2}f'_x\right)^2 + g(y).$$

$$g(y) \equiv \frac{1}{A}\left[(AC - B^2)y^2 + 2(AE - BD)y + AF - D^2\right].$$

Si $\delta = AC - B^2$ n'est pas nul, $g(y)$ est un trinôme du second degré en y et, en le décomposant en carrés, on a :

$$A\delta g(y) \equiv \delta^2 y^2 + 2\delta(AE - BD)y + \delta(AF - D^2)$$
$$\equiv (\delta y + AE - BD)^2 + \delta(AF - D^2) - (AE - BD)^2.$$

Soit Δ le discriminant de la forme quadratique homogène

$$F(x, y, z) \equiv z^2 f\left(\frac{x}{z}, \frac{y}{z}\right).$$

On sait que l'on a :

$$\Delta = \begin{vmatrix} A, & B, & D \\ B, & C, & E \\ D, & E, & F \end{vmatrix} = F(AC - B^2) + 2BDE - AE^2 - CD^2.$$

L'expression $(AF - D^2)(AC - B^2) - (AE - BD)^2$ est un mineur du déterminant adjoint de Δ, c'est-à-dire de $\begin{vmatrix} a, & b, & d \\ b, & c, & e \\ d, & e, & f \end{vmatrix}$; ce mineur est

$cf - e^2$ (car $\delta = f$) et vaut $A\Delta$; par suite

$$g(y) \equiv \frac{1}{A\delta}(\delta y + AE - BD)^2 + \frac{\Delta}{\delta},$$

d'où $\qquad f(x, y) \equiv \frac{1}{A}\left(\frac{1}{2}f'_x\right)^2 + \frac{1}{A\delta}(\delta y + AE - BD)^2 + \frac{\Delta}{\delta}.$

On peut écrire sous forme abrégée :

$$(1) \qquad f(x, y) \equiv \frac{1}{A}P^2 + \frac{1}{A\delta}Q^2 + \frac{\Delta}{\delta},$$

P et Q désignant deux fonctions linéaires indépendantes par rapport à x et y.

Si δ est nul, on a :

$$f(x, y) \equiv \frac{1}{A}P^2 + \frac{1}{A}\left[2(AE - BD)y + AF - D^2\right].$$

De l'identité $A\Delta \equiv c\delta - e^2$, on conclut alors $A\Delta = -(AE - BD)^2$
Si Δ n'est pas nul, $AE - BD$ ne l'est pas non plus et l'on a :

$$(2) \qquad f(x, y) \equiv \frac{1}{A}P^2 + Q,$$

P et Q désignant encore deux fonctions linéaires indépendantes par rapport à x et y.

Si Δ est nul, $AE - BD$ l'est aussi et l'on a :

$$(3) \qquad f(x, y) \equiv \frac{1}{A}P^2 + \frac{AF - D^2}{A}.$$

Supposons maintenant que $f(x, y)$ ne contienne pas de termes carrés, c'est-à-dire que A et C soient nuls. Alors on a :

$$f(x, y) \equiv 2Bxy + 2Dx + 2Ey + F, \quad \text{avec } B \neq 0.$$
$$\delta = -B^2, \qquad \Delta = 2BDE - FB^2 = B(2DE - BF),$$
$$Bf(x, y) \equiv 2(Bx + E)(By + D) + BF - 2DE.$$

Par suite

$$Bf(x, y) \equiv 2\left(\frac{B(x + y) + D + E}{2}\right)^2 - 2\left(\frac{B(x - y) + E - D}{2}\right)^2 - \frac{\Delta}{B}$$

et

$$f(x, y) \equiv \frac{1}{2B}\left[B(x + y) + D + E\right]^2 - \frac{1}{2B}\left[B(x - y) + E - D\right]^2 + \frac{\Delta}{\delta},$$

ou, sous forme abrégée,

$$(1)' \qquad f(x, y) \equiv \frac{1}{2B}(P^2 - Q^2) + \frac{\Delta}{\delta},$$

P et Q désignant toujours deux fonctions linéaires indépendantes par rapport à x et y.

La comparaison des diverses formes de décomposition montre qu'elles rentrent toutes dans l'un des trois types suivants :

$$
\begin{array}{ll}
\text{(I)} & f(x, y) \equiv \alpha P^2 + \beta Q^2 + \gamma = 0, \\
\text{(II)} & f(x, y) \equiv \alpha P^2 + Q = 0, \\
\text{(III)} & f(x, y) \equiv \alpha P^2 + \beta = 0,
\end{array}
$$

P et Q désignant des fonctions linéaires indépendantes à coefficients réels par rapport à x et y, et α, β, γ des constantes réelles.

δ est différent de zéro pour la forme (I) et il est nul pour les deux autres.

La forme des courbes définies par l'équation $f(x, y) = 0$ s'en déduit aisément.

Les deux droites réelles $P = 0$, $Q = 0$ se rencontrent et peuvent être prises comme nouveaux axes de coordonnées $O'Y$, $O'X$, dans les cas (I) et (II). Dans le cas (III), on adjoindra à la droite $P = 0$ une droite quelconque $Q = 0$, qui la coupe.

La droite $P = 0$ étant prise comme axe des Y (soit $X = 0$), le changement d'axes transforme identiquement P en lX; de même, il transforme identiquement Q en mY, de sorte que les équations (I), (II) et (III) se transforment en :

$$
\begin{array}{ll}
\text{(I)}' & \alpha l^2 X^2 + \beta m^2 Y^2 + \gamma = 0, \\
\text{(II)}' & \alpha l^2 X^2 + m Y = 0, \\
\text{(III)}' & \alpha l^2 X^2 + \beta = 0.
\end{array}
$$

Forme I. — La conique définie par l'équation (I)′ n'est réelle que si α, β, γ n'ont pas tous le même signe.

Supposons d'abord $\alpha\beta > 0$, il faut que $\alpha\gamma$ soit < 0 pour que la conique soit réelle. Ses points de rencontre avec les nouveaux axes ont des abscisses $(\pm a')$ et des ordonnées $(\pm b')$ données par les équations

$$
a'^2 = -\frac{\gamma}{\alpha l^2}, \qquad b'^2 = -\frac{\gamma}{\beta m^2}
$$

En tirant de là les valeurs de αl^2 et βm^2 et portant dans (I)′, on obtient l'équation réduite

$$
\frac{X^2}{a'^2} + \frac{Y^2}{b'^2} - 1 = 0.
$$

On en tire :

$$
Y = \pm \frac{b'}{a'}\sqrt{a'^2 - X^2}.
$$

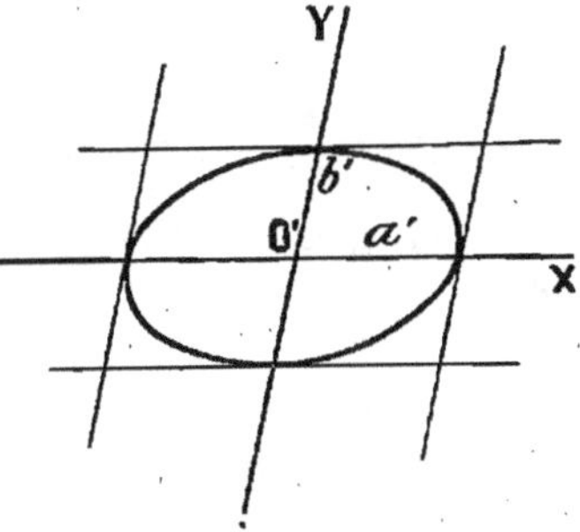

La construction de la courbe résulte immédiatement de là ; on trouve une ellipse qui a $O'X$, $O'Y$ comme diamètres conjugués, O' pour centre, et qui est tangente aux quatre droites

$$
X = \pm a', \qquad Y = \pm b',
$$

aux extrémités des diamètres.

Si $\alpha\gamma$ est > 0, l'équation (I) définit une ellipse imaginaire.

Si γ est nul, elle définit une ellipse point ou deux droites imaginaires conjuguées.

Supposons maintenant $\alpha\beta < 0$. Quel que soit le signe de γ, la conique coupe l'un des nouveaux axes en deux points réels et l'autre en deux points imaginaires conjugués. Supposons, par exemple, $\alpha\gamma < 0$ et, par suite, $\beta\gamma > 0$. Posons :

$$a'^2 = -\frac{\gamma}{\alpha\,l^2}, \qquad b'^2 = \frac{\gamma}{\beta\,m^2}.$$

L'équation (I)′ devient :

$$\frac{X^2}{a'^2} - \frac{Y^2}{b'^2} - 1 = 0.$$

On en tire :

$$Y = \pm\frac{b'}{a'}\sqrt{X^2 - a'^2}.$$

La construction de la courbe et de ses asymptotes $Y = \pm\dfrac{b'}{a'}X$, résulte immédiatement de là. C'est une hyperbole dont O′X et O′Y sont

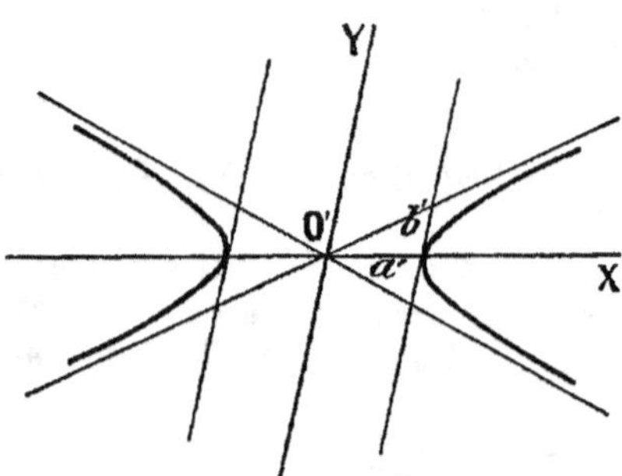

deux diamètres conjugués ; elle est tangente aux deux droites $X = \pm a'$, aux extrémités du diamètre transverse O′X. Les quatre points de coordonnées $(\pm a', \pm b')$ sont sur les asymptotes.

Si γ est nul, l'équation (I) définit deux droites réelles $Q = \pm P\sqrt{-\dfrac{\alpha}{\beta}}$; l'hyperbole se réduit à ses asymptotes.

Remarquons que l'équation du couple d'asymptotes est

$$\alpha P^2 + \beta Q^2 = 0,$$

c'est-à-dire $f(x, y) - \dfrac{\Delta}{\delta} = 0$, puisque $\gamma = \dfrac{\Delta}{\delta}$.

Ce sont les deux formes (1) et (1)′ qui conduisent à (I). La première donne :

$$\alpha = \frac{1}{A}, \qquad \beta = \frac{1}{A\,\delta},$$

et $\alpha\beta$ a le signe de δ.

La seconde donne :

$$\alpha = \frac{1}{2\,B}, \qquad \beta = -\frac{1}{2\,B},$$

et $\alpha\beta$ a le signe de $-B^2$ ou de δ.

Enfin, dans les deux cas, γ vaut $\dfrac{\Delta}{\delta}$.

En rapprochant ces constatations, on est conduit aux résultats suivants :

$$\delta > 0 \quad \begin{cases} A\Delta < 0 & \text{ellipse réelle,} \\ \Delta = 0 & \text{2 droites imaginaires conjuguées,} \\ A\Delta > 0 & \text{ellipse imaginaire.} \end{cases}$$

$$\delta < 0 \quad \begin{cases} \Delta \neq 0 & \text{hyperbole,} \\ \Delta = 0 & \text{2 droites réelles.} \end{cases}$$

Forme (II). — Dans l'équation (II)$'$, on peut toujours supposer $\alpha\,l^2$ et m de signes différents; s'ils étaient de même signe, il suffirait de changer le sens positif sur O$'$Y. Posons : $\dfrac{-m}{\alpha\,l^2} = 2p'$, p' désignant un nombre positif. L'équation (II)$'$ devient :

$$X^2 = 2p'Y.$$

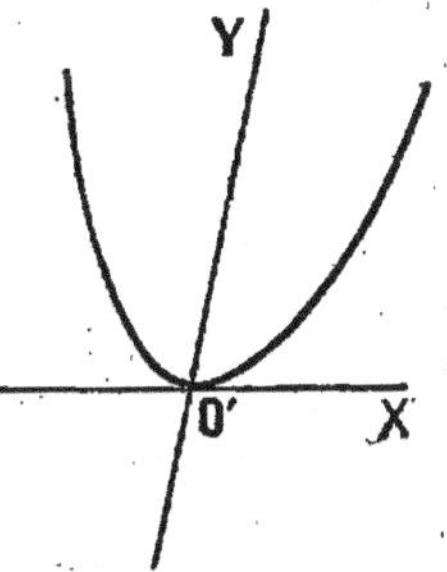

Elle définit une parabole tangente à O$'$X à l'origine, et O$'$Y est le diamètre conjugué des cordes parallèles à O$'$X.

La forme (II) provenant de (2), Δ n'est pas nul.

Forme (III). — L'équation (III)$'$ n'a de solutions réelles que si α et β sont de signes différents. Or, on a [voir (3)] :

$$\alpha = \frac{1}{A}, \qquad \beta = \frac{AF - D^2}{A}.$$

Donc, si $AF - D^2$ est < 0, l'équation (III) définit deux droites parallèles réelles. La condition $AF - D^2 < 0$ exprime d'ailleurs que les points d'intersection de la conique et de O$'$X sont réels.

Si $AF - D^2$ est > 0, les deux droites parallèles sont imaginaires.

Si $AF - D^2$ est nul, les deux droites sont confondues suivant une droite réelle.

Dans tous ces cas, Δ est nul.

En rapprochant ces divers résultats, on retrouve la condition nécessaire et suffisante pour que l'équation $f(x, y) = 0$ représente deux droites réelles ou imaginaires, distinctes ou confondues : c'est $\Delta = 0$. Le cas de deux droites confondues est caractérisé par les deux conditions $\delta = 0$, $\Delta = 0$.

Remarquons encore que la méthode employée pour décomposer en carrés la forme $f(x, y)$, conduit également à la décomposition en carrés de la forme homogène associée

$$F(x, y, z) \equiv z^2 f\left(\frac{x}{z}, \frac{y}{z}\right) \equiv Ax^2 + 2Bxy + Cy^2 + 2Dxz + 2Eyz + Fz^2,$$

ainsi qu'à la décomposition de la forme

$$\varphi(x, y) \equiv A x^2 + 2 B xy + C y^2,$$

qui se déduit de la précédente en y faisant $z = 0$.

En partant de (1), on trouve en effet :

$$(1)_1 \quad F(x, y, z) \equiv \frac{1}{A}(A x + B y + D z)^2 + \frac{1}{A\delta}\left(\delta y + (AE - BD) z\right)^2 + \frac{\Delta}{\delta} z^2$$

et

$$\varphi(x, y) \equiv \frac{1}{A}(A x + B y)^2 + \frac{\delta}{A} y^2.$$

En partant de (1)′ on trouve de même :

$$(1)_1' \quad F(x, y, z) \equiv \frac{1}{2B}\left[B(x + y) + (D + E) z\right]^2$$

$$- \frac{1}{2B}\left[B(x - y) + (E - D) z\right]^2 + \frac{\Delta}{\delta} z^2$$

et

$$\varphi(x, y) \equiv \frac{B}{2}(x + y)^2 - \frac{B}{2}(x - y)^2.$$

En partant de (2), on obtient :

$$(2)_1 \quad F(x, y, z) \equiv \frac{1}{A}(A x + B y + D z)^2$$

$$+ \frac{z}{A}\left[2(AE - BD) y + (AF - D^2) z\right]$$

et l'on peut remplacer par une différence de deux carrés le produit

$$z\left[2(AE - BD) y + (AF - D^2) z\right].$$

En même temps, on a :

$$\varphi(x, y) \equiv \frac{1}{A}(A x + B y)^2.$$

En partant de (3) on obtient :

$$(3)_1 \quad F(x, y, z) \equiv \frac{1}{A}(A x + B y + D z)^2 + \frac{AF - D^2}{A} z^2$$

et

$$\varphi(x, y) \equiv \frac{1}{A}(A x + B y)^2.$$

On peut résumer les résultats de la discussion en utilisant les nombres de carrés obtenus dans ces diverses décompositions et les signes de ces carrés, car ces signes sont ceux des coefficients α, β, γ.

On peut même oublier l'origine des carrés d'une décomposition donnée, en se souvenant que les nombres de carrés positifs et de carrés négatifs ne dépendent pas du procédé qui les a fournis, pourvu que les carrés soient indépendants.

On est alors conduit au tableau suivant :

$\varphi(x, y)$ a deux carrés de même signe : *ellipse*
$\begin{cases} F(x, y, z) \text{ a 3 carrés de même signe :} & \text{ellipse imaginaire.} \\ F(x, y, z) \text{ a 3 carrés de signes différents :} & \text{ellipse réelle.} \\ F(x, y, z) \text{ a 2 carrés :} & \text{2 droites imaginaires conjuguées.} \end{cases}$

$\varphi(x, y)$ a deux carrés de signes différents : *hyperbole*
$\begin{cases} F(x, y, z) \text{ a 3 carrés :} & \text{hyperbole véritable.} \\ F(x, y, z) \text{ a 2 carrés :} & \text{2 droites réelles.} \end{cases}$

$\varphi(x, y)$ a un carré : *parabole*
$\begin{cases} F(x, y, z) \text{ a 3 carrés :} & \text{parabole véritable.} \\ F(x, y, z) \text{ a 2 carrés} \begin{cases} \text{même signe :} & \text{2 droites parallèles imaginaires.} \\ \text{signe différent :} & \text{2 droites parallèles réelles.} \end{cases} \\ F(x, y, z) \text{ a 1 carré :} & \text{2 droites confondues.} \end{cases}$

Dans certains cas, les formes (I), (II) sont données *à priori*. Si les droites $P = o$, $Q = o$, mises en évidence, sont rectangulaires, on peut en déduire des résultats intéressants.

La forme (I)′ montre en effet que les axes rectangulaires O′X, O′Y sont des axes de symétrie de la conique, et si l'on pose :

$$P \equiv ux + vy + w, \qquad Q \equiv u'x + v'y + w',$$

avec la condition $uu' + vv' = o$, les coordonnées nouvelles X, Y représentant les distances d'un point aux nouveaux axes, on peut prendre :

$$X = \frac{ux + vy + w}{\sqrt{u^2 + v^2}} = \frac{P}{\sqrt{u^2 + v^2}}, \qquad Y = \frac{u'x + v'y + w'}{\sqrt{u'^2 + v'^2}} = \frac{Q}{\sqrt{u'^2 + v'^2}}.$$

Dans ces conditions, l'équation (I) devient :

$$\alpha (u^2 + v^2) X^2 + \beta (u'^2 + v'^2) Y^2 + \gamma = o.$$

Elle donne de suite les carrés des longueurs des demi-axes de symétrie de la conique.

La forme (II)′, dans les mêmes conditions, montre que O′Y est l'axe de symétrie de la parabole, que O′ en est le sommet et que O′X est la tangente au sommet. Cette équation est alors

$$\alpha (u^2 + v^2) X + \sqrt{u'^2 + v'^2}\, Y = o,$$

et le paramètre de la parabole vaut $\dfrac{\sqrt{u'^2 + v'^2}}{2 (u^2 + v^2) |\alpha|}$.

On peut appliquer cette remarque à la recherche de l'axe, de la tangente au sommet et du paramètre d'une parabole définie par l'équation

$$(4) \qquad\qquad P^2 + Q = o,$$

où P et Q désignent deux fonctions linéaires quelconques à coefficients réels, mais indépendantes par rapport à x et y. Cette forme (4) s'obtient immédiatement en partant de l'équation générale d'une parabole [voir (2)].

λ désignant un nombre arbitraire, l'équation (4) est équivalente à

$$(P + \lambda)^2 + Q - 2\lambda P - \lambda^2 = 0.$$

On peut déterminer λ par la condition que les droites

$$P + \lambda = 0, \qquad Q - 2\lambda P - \lambda^2 = 0$$

soient rectangulaires ; soit λ_0 la valeur correspondante de λ.

L'axe de symétrie de la parabole a alors pour équation $P + \lambda_0 = 0$.

La tangente au sommet a pour équation $Q - 2\lambda_0 P - \lambda_0^2 = 0$.

Le sommet est l'intersection de ces deux droites. Le paramètre s'obtient en appliquant les transformations précédentes.

EXERCICES

1^0 Discuter la nature de la conique définie par l'équation

$$P^2 + Q^2 - (aP + bQ + c)^2 = 0,$$

P et Q désignant des fonctions linéaires, indépendantes, à coefficients réels, de x et y, et a, b, c désignant des constantes réelles arbitraires.

2^0 Trouver les longueurs des axes de symétrie des coniques

$$\frac{1}{a^2}(x\cos\alpha + y\sin\alpha - p)^2 \pm \frac{1}{b^2}(x\sin\alpha - y\cos\alpha - q)^2 - 1 = 0,$$

en supposant les axes de coordonnées rectangulaires.

3^0 Trouver le paramètre de la parabole

$$(x\cos\alpha + y\sin\alpha - p)^2 + 2h(x\sin\alpha - y\cos\alpha - q) = 0,$$

les axes de coordonnées étant rectangulaires.

4^0 Trouver le paramètre de la parabole définie par l'équation générale

$$f(x, y) = 0 \qquad \text{(axes rectangulaires)}.$$

5^0 Trouver la distance des deux droites parallèles définies par l'équation

$$f(x, y) = 0 \qquad \text{(axes rectangulaires)}.$$

6^0 L'équation $P^2 + Q^2 - k^2 = 0$, où P et Q désignent deux fonctions linéaires, indépendantes, à coefficients réels, de x et y, définit une ellipse. Elle est équivalente à l'équation

$$(P\cos\varphi + Q\sin\varphi)^2 + (P\sin\varphi - Q\cos\varphi)^2 - k^2 = 0.$$

Utiliser cette remarque pour déterminer les axes de symétrie de l'ellipse (axes rectangulaires).

7^0 L'équation $PQ + k = 0$, où P et Q désignent deux fonctions linéaires indépendantes à coefficients réels de x et y, définit une hyperbole. Elle est équivalente à l'équation

$$\frac{1}{4}\left(\lambda P + \frac{Q}{\lambda}\right)^2 - \frac{1}{4}\left(\lambda P - \frac{Q}{\lambda}\right)^2 + k = 0,$$

λ désignant un nombre arbitraire. Utiliser cette remarque pour déterminer les axes de symétrie de l'hyperbole (axes rectangulaires).

On peut aussi regarder ces axes comme les bissectrices des angles des deux asymptotes $P = 0$, $Q = 0$.

77ᵉ LEÇON

CLASSIFICATION DES QUADRIQUES

L'équation générale d'une surface du second degré ou quadrique étant

$$F(x, y, z) \equiv A x^2 + A' y^2 + A'' z^2 + 2 B yz + 2 B' zx + 2 B'' xy + 2 C x + 2 C' y + 2 C'' z + D = 0,$$

nous représenterons par $f(x, y, z, t)$ la forme quadratique homogène $t^2 F\left(\dfrac{x}{t}, \dfrac{y}{t}, \dfrac{z}{t}\right)$, et par $\varphi(x, y, z)$ la forme quadratique homogène $f(x, y, z, o)$.

L'application de la méthode de Gauss à la forme $F(x, y, z)$ permet de la ramener à l'un des cinq types suivants :

(I)	$\alpha P^2 + \beta Q^2 + \gamma R^2 + \delta,$
(II)	$\alpha P^2 + \beta Q^2 + R,$
(III)	$\alpha P^2 + \beta Q^2 + \gamma,$
(IV)	$\alpha P^2 + Q,$
(V)	$\alpha P^2 + \beta,$

P, Q, R désignant des formes linéaires indépendantes à coefficients réels par rapport à x, y, z et $\alpha, \beta, \gamma, \delta$ désignant des nombres réels.

La forme générale des surfaces correspondantes s'en déduit aisément.

Lorsque le type obtenu est (III) ou (IV), nous adjoindrons aux formes P et Q une troisième forme R ; lorsque c'est (V), nous adjoindrons à P deux nouvelles formes Q et R, de sorte que, dans tous les cas, les trois formes linéaires P, Q, R soient indépendantes. Nous prendrons comme nouveaux plans de coordonnées les plans

$$P = o \text{ (plan YO'Z)}, \qquad Q = o \text{ (plan ZO'X)}, \qquad R = o \text{ (plan XO'Y)},$$

ce qui est possible, puisque ces trois plans se coupent en un seul point.

En vertu des formules de transformation dont l'écriture est sans intérêt, P se transformera identiquement en lX, Q en mY et R en nZ, et les équations réduites seront

(I)'	$\alpha l^2 X^2 + \beta m^2 Y^2 + \gamma n^2 Z^2 + \delta = 0,$
(II)'	$\alpha l^2 X^2 + \beta m^2 Y^2 + n Z = 0,$
(III)'	$\alpha l^2 X^2 + \beta m^2 Y^2 + \gamma = 0,$
(IV)'	$\alpha l^2 X^2 + m Y = 0,$
(V)'	$\alpha l^2 X^2 + \beta = 0.$

Étude de la forme (I). — Toute parallèle à O'X rencontre la surface en deux points réels ou imaginaires dont les abscisses sont des nombres symétriques; les milieux des cordes parallèles à OX sont donc dans le plan YO'Z, auquel on donne le nom de plan diamétral conjugué de O'X. Chacun des nouveaux plans de coordonnées est le plan diamétral conjugué de l'intersection des deux autres : ces trois plans sont dits diamétraux conjugués. Nous verrons aussi que le lieu des centres des sections parallèles à YO'Z est O'X : chaque axe est le diamètre conjugué du plan des deux autres, et les trois axes sont dits diamètres conjugués.

On constate aisément qu'une droite quelconque, passant par O', rencontre la quadrique en deux points symétriques par rapport à O' : ce point est centre de la quadrique.

L'équation (I) n'a de solutions réelles que si les nombres α, β, γ, δ n'ont pas tous le même signe.

1° Supposons que α, β, γ aient le même signe et que δ ait un signe différent. La quadrique coupe les nouveaux axes en des points réels; les abscisses ($\pm a'$), les ordonnées ($\pm b'$), les cotes ($\pm c'$) de ces points sont donnés par

$$a'^2 = -\frac{\delta}{\alpha \, l^2}, \qquad b'^2 = -\frac{\delta}{\beta \, m^2}, \qquad c'^2 = -\frac{\delta}{\gamma \, n^2}.$$

En tirant de là les valeurs de α, β, γ et portant ces valeurs dans (I)', on obtient l'équation réduite

$$\frac{X^2}{a'^2} + \frac{Y^2}{b'^2} + \frac{Z^2}{c'^2} - 1 = 0.$$

Les sections de cette surface par les trois plans de coordonnées sont les ellipses définies par les équations

$$(e) \quad \frac{Y^2}{b'^2} + \frac{Z^2}{c'^2} = 1; \qquad (e_1) \quad \frac{Z^2}{c'^2} + \frac{X^2}{a'^2} = 1; \qquad (e_2) \quad \frac{X^2}{a'^2} + \frac{Y^2}{b'^2} = 1.$$

Ces ellipses ont été figurées en trait plein dans le trièdre positif des nouveaux axes, en points dans les autres trièdres. Elles se coupent deux à deux aux points A, A', B, B', C, C' où la quadrique rencontre les axes.

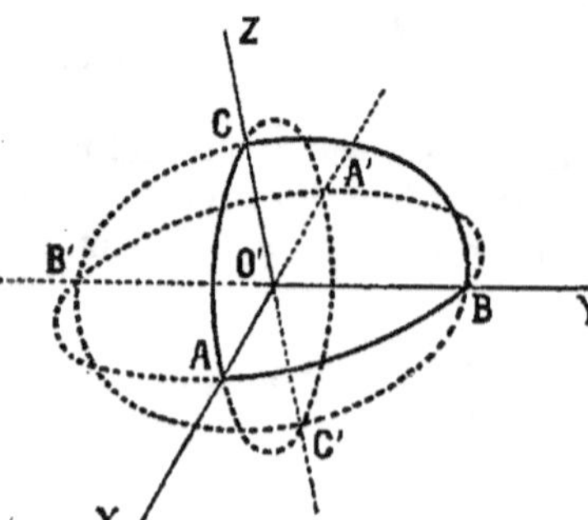

La section faite dans la quadrique par le plan $Z = Z_0$, se projette sur le plan XO'Y suivant l'ellipse

$$(e'_2) \quad \frac{X^2}{a'^2} + \frac{Y^2}{b'^2} = 1 - \frac{Z_0^2}{c'^2}.$$

Elle n'est réelle que si $|Z_0|$ est inférieur à c', de sorte que la surface est tout entière comprise entre les deux plans $Z = \pm c'$ qui lui sont tangents, l'un en C, l'autre en C'. L'ellipse (e'_2) est homothétique et concentrique à l'ellipse (e_2) et elle est placée à l'intérieur de cette dernière, car le rapport de similitude de (e'_2) et (e_2) vaut $\sqrt{1 - \dfrac{Z_0^2}{c'^2}}$ et est inférieur à 1. Quand Z_0 croît de 0 à c', le rapport de similitude de (e'_2) et de (e_2) décroît de 1 à 0. L'ellipse de la quadrique, projetée suivant (e'_2), s'appuie naturellement sur les ellipses (e) et (e_1).

Des observations analogues s'appliquent aux sections contenues dans des plans parallèles aux autres plans de coordonnées. D'ailleurs, nous verrons, dans la suite, que toutes les sections de cette quadrique sont des ellipses : de là vient le nom d'*ellipsoïde* que l'on donne à cette surface.

Si α, β, γ ont le même signe et que δ ait ce signe commun, la surface est imaginaire : on l'appelle *ellipsoïde imaginaire*.

Si α, β, γ ont le même signe et que δ soit nul, l'équation (I), homogène en P, Q, R, définit un *cône imaginaire*, lieu de la droite imaginaire

$$P = \lambda R, \qquad Q = \mu R,$$

les paramètres λ et μ vérifiant la relation $\alpha \lambda^2 + \beta \mu^2 + \gamma = 0$. Le sommet de ce cône est le point O'.

$2°$ Supposons maintenant que α, β, γ n'aient pas tous le même signe. Par exemple, $\alpha\beta > 0$, $\alpha\gamma < 0$, de sorte que γ est seul de son signe.

δ peut avoir le signe de γ ou un signe différent. Dans le premier cas, on a :

$$\alpha\delta < 0, \qquad \beta\delta < 0, \qquad \gamma\delta > 0.$$

En cherchant les points de rencontre de la surface avec les nouveaux axes, on est conduit à poser :

$$a'^2 = \frac{-\delta}{\alpha\, l^2}, \qquad b'^2 = \frac{-\delta}{\beta\, m^2}, \qquad c'^2 = \frac{\delta}{\gamma\, n^2},$$

et l'équation réduite correspondante devient :

$$(1) \qquad \frac{X^2}{a'^2} + \frac{Y^2}{b'^2} - \frac{Z^2}{c'^2} - 1 = 0.$$

Dans le second cas, on a :

$$\alpha\delta > 0, \qquad \beta\delta > 0, \qquad \gamma\delta < 0.$$

On pose, cette fois :

$$a'^2 = \frac{\delta}{\alpha\, l^2}, \qquad b'^2 = \frac{\delta}{\beta\, m^2}, \qquad c'^2 = \frac{-\delta}{\gamma\, n^2},$$

et l'équation réduite devient :

$$(2) \qquad \frac{X^2}{a'^2} + \frac{Y^2}{b'^2} - \frac{Z^2}{c'^2} + 1 = 0.$$

Enfin, si δ est nul, et si l'on détermine a', b', c' par les équations

$$a'^2\alpha\,l^2 = b'^2\beta\,m^2 = -\,c'^2\gamma\,n^2,$$

l'équation réduite prend la forme

$$(3) \qquad \frac{X^2}{a'^2} + \frac{Y^2}{b'^2} - \frac{Z^2}{c'^2} = 0.$$

Nous supposerons que a', b', c' ont les mêmes valeurs respectives dans (1), (2) et (3) et nous allons étudier les formes des surfaces correspondantes ainsi que leurs relations de position. Nous nous bornerons aux portions situées du côté des Z positifs.

La surface (3) est un cône ayant son sommet en O'. Elle est coupée par le plan $Z = c'$ suivant une ellipse dont la projection sur le plan XO'Y, est

$$(e_0) \qquad \frac{X^2}{a'^2} + \frac{Y^2}{b'^2} - 1 = 0.$$

Cette dernière est précisément la section faite dans (1) par le plan XO'Y.

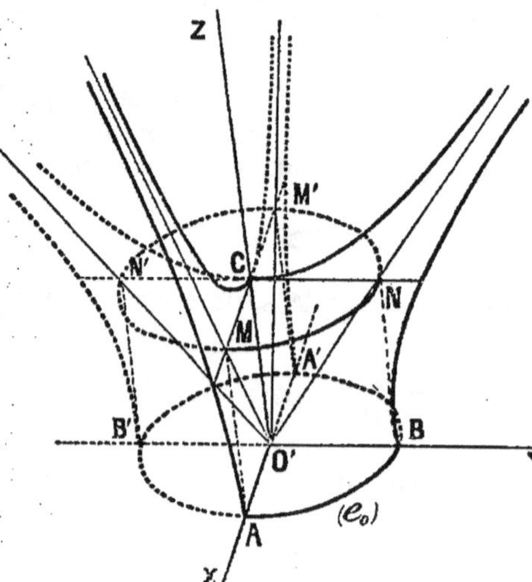

Le cône (3) est coupé par le plan ZO'X suivant les deux droites O'M et O'M', et par le plan YO'Z suivant les deux droites O'N et O'N'.

La surface (1) est coupée par le plan XO'Z suivant l'hyperbole

$$(h'_0) \qquad \frac{X^2}{a'^2} - \frac{Z^2}{c'^2} = 1,$$

qui admet O'M et O'M' comme asymptotes, O'X étant un diamètre transverse.

Cette même surface est coupée par le plan YO'Z suivant l'hyperbole

$$(h'_1) \qquad \frac{X^2}{b'^2} - \frac{Z^2}{c'^2} = 1,$$

qui admet O'N et O'N' comme asymptotes, O'Y étant un diamètre transverse.

Un plan quelconque $Z = Z_0$ coupe (1) et (3) suivant deux ellipses projetées en

$$(e') \qquad \frac{X^2}{a'^2} + \frac{Y^2}{b'^2} = 1 + \frac{Z_0^2}{c'^2}, \qquad\qquad (e''') \qquad \frac{X^2}{a'^2} + \frac{Y^2}{b'^2} = \frac{Z_0^2}{c'^2}.$$

Ce sont deux ellipses homothétiques et concentriques; le rapport de similitude vaut $\sqrt{1 + \dfrac{Z_0^2}{c'^2}} : \dfrac{Z_0}{c'}$ et, comme il est supérieur à 1, l'ellipse (e') est à l'extérieur de l'ellipse (e''').

L'ellipse (e'), dans son déplacement, engendre une surface à une seule nappe extérieure au cône (3).

Un plan quelconque $Y = Y_0$ coupe (1) et (3) suivant deux hyperboles projetées en

$$(h') \qquad \frac{X^2}{a'^2} - \frac{Z^2}{c'^2} = 1 - \frac{Y_0^2}{b'^2}, \qquad\qquad (h''') \qquad \frac{X^2}{a'^2} - \frac{Z^2}{c'^2} = - \frac{Y_0^2}{b'^2}.$$

Ces hyperboles ont comme asymptotes $O'M$ et $O'M'$; mais, tandis que (h''') est toujours dans l'angle $\widehat{MO'M'}$ et dans l'angle opposé, (h') est tantôt dans ces mêmes angles, tantôt dans les angles adjacents, suivant que $|Y_0|$ est supérieur ou inférieur à b'.

Lorsque $Y_0 = \pm b'$, la section faite dans (1) se compose de deux droites réelles; les plans $Y = \pm b'$ sont tangents à (1) aux points B et B'.

Nous verrons dans la suite qu'un plan qui coupe (1) suivant une hyperbole, coupe (3) suivant une hyperbole qui a les mêmes asymptotes que la première, et qu'un plan qui coupe (1) suivant une parabole coupe (3) suivant une parabole égale. La surface (1) s'appelle *hyperboloïde à une nappe* (H_1) et le cône (3) est dit *cône asymptote* de cet hyperboloïde.

La surface (2) est coupée par le plan XO'Z suivant l'hyperbole

$$(h_0'') \qquad \frac{X^2}{a'^2} - \frac{Z^2}{c'^2} = - 1$$

qui admet les mêmes asymptotes que (h_0'). Si l'on coupe (h_0') et (h_0'') par une droite passant par O' et dont les paramètres directeurs principaux sont λ, o, ν, les points de rencontre de cette droite avec les deux hyperboles sont à des distances de O' données par les formules

$$\rho'^2 = \frac{1}{\dfrac{\lambda^2}{a'^2} - \dfrac{\nu^2}{c'^2}}, \qquad \rho''^2 = \frac{-1}{\dfrac{\lambda^2}{a'^2} - \dfrac{\nu^2}{c'^2}},$$

suivant qu'il s'agit de (h_0') ou de (h_0'').

À cause de l'égalité $\rho''^2 = - \rho'^2$, on dit que ces deux hyperboles sont conjuguées.

De même, les deux hyperboles (h_1') et (h_1'') sont conjuguées, (h_1'') étant la section de la surface (2) par le plan YO'Z.

Plus généralement, toute droite passant par O' rencontre les surfaces (1) et (2) en des points dont les distances au point O' sont données par les formules

$$\rho'^2 = \frac{1}{\dfrac{\lambda^2}{a'^2} + \dfrac{\mu^2}{b'^2} - \dfrac{\nu^2}{c'^2}}, \qquad \rho''^2 = \frac{-1}{\dfrac{\lambda^2}{a'^2} + \dfrac{\mu^2}{b'^2} - \dfrac{\nu^2}{c'^2}}.$$

On dit que les surfaces (1) et (2) sont conjuguées.

Un plan quelconque $Z = Z_0$ coupe (2) suivant une ellipse projetée en

$$(e'') \qquad \frac{X^2}{a'^2} + \frac{Y^2}{b'^2} = -1 + \frac{Z_0^2}{c'^2}.$$

Cette ellipse n'est réelle que si $|Z_0|$ est supérieur à c'; la surface (2) n'a donc pas de points entre les deux plans $Z = \pm c'$ qui lui sont tangents. Supposons $Z_0 > c'$. L'ellipse (e'') est homothétique et concentrique à (e''') et le rapport de similitude, qui vaut $\sqrt{\frac{Z_0^2}{c'^2} - 1} : \frac{Z_0}{c'}$, est inférieur à 1; l'ellipse (e'') est donc intérieure à (e'''). Quand Z_0 croît de c' à $+\infty$, (e'') engendre une nappe de surface intérieure à la nappe correspondante du cône (3). La surface (2) a donc deux nappes symétriques l'une de l'autre par rapport au point O'.

Un plan quelconque $Y = Y_0$ coupe (2) suivant une hyperbole projetée en

$$(h'') \qquad \frac{X^2}{a'^2} - \frac{Z^2}{c'^2} = -1 - \frac{Y_0^2}{b'^2}.$$

(h'') et (h''') sont homothétiques et concentriques, et le rapport de similitude, qui vaut $\sqrt{1 + \frac{Y_0^2}{b'^2}} : \frac{|Y_0|}{b'}$, est supérieur à 1. Elles ont naturellement les mêmes asymptotes.

On démontrera dans la suite qu'un plan qui coupe (2) suivant une hyperbole coupe (3) suivant une hyperbole qui a les mêmes asymptotes, et qu'un plan qui coupe (2) suivant une parabole coupe (3) suivant une parabole égale. La surface (2) s'appelle *hyperboloïde à deux nappes* (H_2). Le cône (3) en est le cône asymptote.

L'existence de deux nappes séparées par le plan $XO'Y$ fait que l'hyperboloïde à deux nappes n'a pas de droites réelles, car une telle droite, ne perçant pas le plan $XO'Y$, devrait lui être parallèle et nous avons vu que toute section faite par un plan parallèle à $XO'Y$ est une ellipse.

Étude de la forme (II). — Toute parallèle à $O'X$ rencontre la surface en deux points réels ou imaginaires dont les abscisses sont symétriques; le plan $YO'Z$ est plan diamétral des cordes parallèles à $O'X$.

De même le plan $XO'Z$ est diamétral des cordes parallèles à $O'Y$.

Ces deux plans diamétraux sont encore dits conjugués parce que chacun d'eux partage en deux parties égales des cordes parallèles à l'autre.

Le lieu des centres des sections faites par des plans parallèles à $XO'Y$ est $O'Z$: cet axe est le diamètre conjugué du plan $XO'Y$. Les sections en question sont des ellipses ou des hyperboles suivant que $\alpha\beta$ est > 0 ou < 0.

Toute parallèle à $O'Z$ rencontre la surface en un seul point à distance finie et on a de suite une représentation paramétrique uniforme de cette surface puisque Z s'exprime par un polynome entier en X et Y.

$1°$ Supposons $\alpha\beta > 0$. Nous pouvons toujours supposer $\alpha n < 0$: en changeant la direction positive de $O'Z$, on remplace n par $-n$.

Les sections faites dans la surface par les plans $XO'Z$ et $YO'Z$ sont les paraboles

$$(P_0) \quad \alpha\, l^2 X^2 + nZ = 0, \qquad (Q_0) \quad \beta\, m^2 Y^2 + nZ = 0.$$

Posons :

$$-\frac{n}{\alpha\, l^2} = 2\,p', \qquad -\frac{n}{\beta\, m^2} = 2\,q';$$

p' et q' sont positifs. L'équation $(\mathrm{II})'$ devient alors :

$$\frac{X^2}{p'} + \frac{Y^2}{q'} = 2Z$$

et la surface est tout entière placée du côté des Z positifs.

Un plan quelconque $X = X_0$, parallèle à $YO'Z$, coupe cette surface suivant une parabole projetée en Q :

$$\frac{Y^2}{q'} = 2Z - \frac{X_0^2}{p'} = 2\left(Z - \frac{X_0^2}{2\,p'}\right).$$

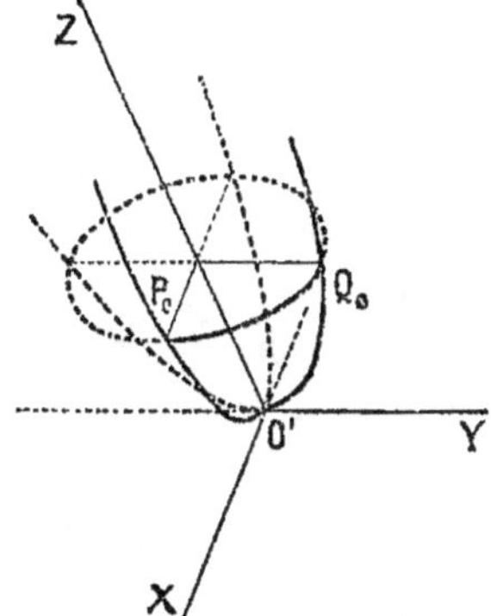

Q se déduisant de Q_0 par une translation le long de $O'Z$, la section projetée en Q résulte également de P_0 par une translation convenable.

On verrait de même que les sections faites par des plans parallèles à $XO'Z$ se déduisent de P_0 par une translation convenable.

Un plan $Z = Z_0$ coupe la surface suivant une ellipse projetée en

$$(e) \qquad \frac{X^2}{p'} + \frac{Y^2}{q'} = 2Z_0.$$

Quand Z_0 varie de 0 à $+\infty$, l'ellipse (e) se déforme en restant homothétique et concentrique à l'une de ses positions et sa grandeur croît avec Z_0. L'ellipse de la surface, projetée en (e), s'appuie naturellement sur P_0 et Q_0.

Nous verrons plus loin que toutes les sections planes de la surface sont des ellipses réelles ou imaginaires, ou des paraboles : de là vient le nom de *paraboloïde elliptique* (P_e) donné à cette surface.

$2°$ Supposons $\alpha\beta < 0$ et $\alpha n < 0$. Posons :

$$-\frac{n}{\alpha\, l^2} = 2\,p', \qquad \frac{n}{\beta\, m^2} = 2\,q'.$$

L'équation $(\mathrm{II})'$ devient :

$$\frac{X^2}{p'} - \frac{Y^2}{q'} = 2Z.$$

Les deux paraboles

$$(P_0) \quad X^2 = 2p'Z, \qquad (Q_0) \quad Y^2 = -2q'Z$$

tournent leurs concavités en sens contraires et la surface s'étend de part et d'autre du plan XO'Y.

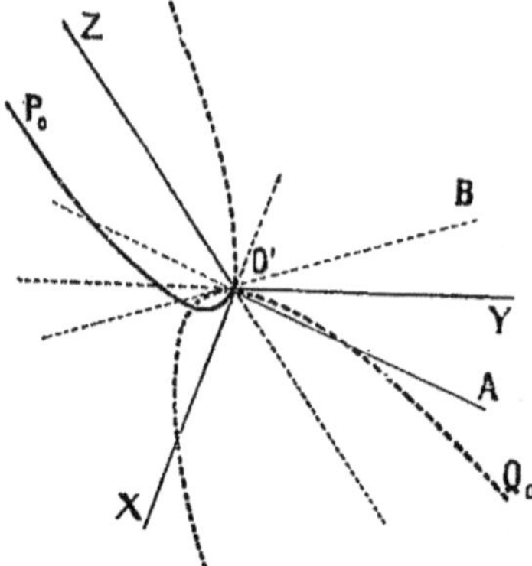

Un plan parallèle au plan YOZ coupe la surface suivant une parabole qui se déduit de Q_0 par une translation.

Un plan parallèle au plan ZOX la coupe suivant une parabole qui se déduit de P_0 de la même façon.

Un plan $Z = Z_0$ donne une hyperbole projetée en

$$(h) \qquad \frac{X^2}{p'} - \frac{Y^2}{q'} = 2Z_0.$$

Les asymptotes de (h) sont fixes : ce sont les deux droites O'A et O'B suivant lesquelles le plan XO'Y coupe la surface.

Quand Z_0 est négatif, l'hyperbole (h) est placée dans l'angle $\widehat{AO'B}$ et dans l'angle opposé ; la section correspondante admet comme diamètre transverse une corde de Q_0.

Quand Z_0 est positif, l'hyperbole (h) est placée dans les angles adjacents à $\widehat{AO'B}$; la section correspondante admet comme diamètre transverse une corde de P_0.

Nous verrons dans la suite que toutes les sections planes de la surface sont des paraboles ou des hyperboles qui peuvent dégénérer en droites : de là vient le nom de *paraboloïde hyperbolique* (P_h) que l'on donne à cette surface. C'est une surface réglée.

Étude de la forme (III). — L'équation (III)' ne contenant que X et Y définit un cylindre dont les génératrices sont parallèles à O'Z. La base de ce cylindre, dans le plan XO'Y, est une conique dont l'équation est l'équation même du cylindre. Le genre de cette conique dépend du signe de $\alpha\beta$. Les nouveaux axes O'X, O'Y sont deux diamètres conjugués de la conique de base : le plan XO'Z partage en deux parties égales toute corde parallèle à YO'Z, et toute corde parallèle au premier plan a son milieu dans le second.

$1°$ Supposons $\alpha\beta > 0$. Si $\alpha\gamma$ est positif, l'équation (III) définit, dans le plan XO'Y, une ellipse imaginaire, et le cylindre correspondant est un *cylindre elliptique* (C_e) imaginaire.

Si $\alpha\gamma$ est négatif, $\beta\gamma$ l'est aussi et on peut poser :

$$-\frac{\gamma}{\alpha l^2} = a'^2, \qquad -\frac{\gamma}{\beta m^2} = b'^2.$$

L'équation réduite devient :

$$\frac{X^2}{a'^2}+\frac{Y^2}{b'^2}-1=0.$$

Elle définit un cylindre elliptique réel.

Si γ est nul, l'équation (III) définit un couple de plans imaginaires conjugués $\dfrac{P}{Q}=\pm i\sqrt{\dfrac{\beta}{\alpha}}.$ L'intersection de ces deux plans est la droite

$$P=0,\qquad Q=0.$$

$2°$ Supposons $\alpha\beta<0$. γ est de signe différent de α ou β; supposons $\alpha\gamma<0$, et posons :

$$-\frac{\gamma}{\alpha.l^2}=a'^2,\qquad \frac{\gamma}{\beta m^2}=b'^2.$$

L'équation réduite devient :

$$\frac{X^2}{a'^2}-\frac{Y^2}{b'^2}-1=0.$$

Elle définit un *cylindre hyperbolique* (C_h).

Si γ est nul, l'équation (III) définit un couple de plans réels :

$$\frac{P}{Q}=\pm\sqrt{\frac{\beta}{\alpha}}.$$

Étude de la forme (IV) — L'équation (IV)' définit encore un cylindre dont les génératrices sont parallèles à O'Z. Le plan YO'Z partage en deux parties égales toutes les cordes parallèles au plan XO'Z; ce dernier plan est tangent au cylindre le long de O'Z.

On peut supposer $\alpha m<0$, le changement de sens de O'Y remplaçant m par $-m$. En posant : $-\dfrac{m}{\alpha.l^2}=2p'$, on ramène l'équation réduite du cylindre à la forme

$$X^2=2p'Y,$$

qui définit un *cylindre parabolique* (C_p).

Étude de la forme (V). — L'équation (V) définit un couple de plans parallèles réels si $\alpha\beta$ est <0; ces plans sont imaginaires conjugués si $\alpha\beta$ est >0 et confondus si β est nul.

Nous pouvons observer que les angles des axes primitifs, pas plus que les angles des nouveaux axes, ne sont intervenus au cours de cette discussion; par suite, le genre d'une quadrique ne dépend que de son équation et nullement des axes auxquels cette équation est rapportée.

Les résultats obtenus ne dépendent que des signes relatifs des coefficients α, β, γ, δ.

On pourrait, en reprenant le calcul de ces coefficients dans chaque cas particulier, arriver à relier les signes de α, β, γ, δ à ceux de certains mineurs du discriminant de la forme homogène $f(x, y, z, t)$. Mais ce calcul est pénible sur les formes générales. Dans la pratique, si $F(x, y, z)$ est quelconque, on effectue la décomposition en carrés en appliquant la méthode de Gauss et l'on étudie les signes des carrés obtenus; c'est particulièrement facile si les coefficients de $F(x, y, z)$ sont des nombres.

Mais il peut se faire que l'on connaisse *a priori* des décompositions en carrés de fonctions linéaires à coefficients réels et indépendantes, relativement aux deux formes $\varphi(x, y, z)$ et $f(x, y, z, t)$. Comme les 5 formules types conduisent à de semblables décompositions, soit en formant $f(x, y, z, t)$ qui vaut $t^2 F\left(\dfrac{x}{t}, \dfrac{y}{t}, \dfrac{z}{t}\right)$, soit en déduisant $\varphi(x, y, z)$ de $f(x, y, z, t)$ où l'on fait $t = o$, et que les nombres de carrés positifs et de carrés négatifs sont indépendants du mode employé, on peut tout résumer dans le tableau suivant :

$\varphi \equiv 3$ carrés de même signe : genre *ellipsoïde*	$f \equiv 4$ carrés de même signe :	ellipsoïde imaginaire.
	$f \equiv 4$ carrés non de même signe :	ellipsoïde réel.
	$f \equiv 3$ carrés :	cône imaginaire.
$\varphi \equiv 3$ carrés de signes différents : genre *hyperboloïde*	$f \equiv 4$ carrés dont 3 de même signe :	hyperboloïde à 2 nappes.
	$f \equiv 4$ carrés dont 2 de même signe :	hyperboloïde à 1 nappe.
	$f \equiv 3$ carrés :	cône réel.
$\varphi \equiv 2$ carrés de même signe : genre *paraboloïde elliptique*	$f \equiv 4$ carrés :	paraboloïde elliptique.
	$f \equiv 3$ carrés de même signe :	cylindre elliptique imaginaire.
	$f \equiv 3$ carrés de signes différents :	cylindre elliptique réel.
	$f \equiv 2$ carrés :	2 plans imaginaires conjugués.
$\varphi \equiv 2$ carrés de signes différents : genre *paraboloïde hyperbolique*	$f \equiv 4$ carrés :	paraboloïde hyperbolique.
	$f \equiv 3$ carrés :	cylindre hyperbolique.
	$f \equiv 2$ carrés :	2 plans réels distincts.
$\varphi \equiv 1$ carré : genre *cylindre parabolique*	$f \equiv 3$ carrés :	cylindre parabolique.
	$f \equiv 2$ carrés de même signe :	2 plans parallèles imaginaires conjugués.
	$f \equiv 2$ carrés de signes différents :	2 plans parallèles réels.
	$f \equiv 1$ carré :	2 plans confondus.

Remarquons encore que si, dans la forme (I), les plans $P = o$, $Q = o$, $R = o$ sont rectangulaires, ces plans sont des plans de symétrie de la quadrique; si les axes primitifs sont aussi rectangulaires, les formules de changements d'axes sont

$$X = \frac{P}{\sqrt{u^2 + v^2 + w^2}}, \qquad Y = \frac{Q}{\sqrt{u_1^2 + v_1^2 + w_1^2}}, \qquad Z = \frac{R}{\sqrt{u_2^2 + v_2^2 + w_2^2}},$$

ce qui permet d'obtenir de suite l'équation réduite en axes rectangulaires.

On peut faire des observations analogues sur les formes (II), (III) et (IV) en supposant rectangulaires les trois plans $P = 0$, $Q = 0$, $R = 0$, quand il s'agit de la première, et les deux plans $P = 0$, $Q = 0$, quand il s'agit des deux dernières. Par exemple, si les deux plans $P = 0$, $Q = 0$ sont rectangulaires, l'équation (IV) définit un cylindre parabolique dont le plan de symétrie a pour équation $P = 0$, le plan tangent suivant la génératrice de ce plan étant $Q = 0$. En outre, le changement d'axes défini par les formules

$$X = \frac{P}{\sqrt{u^2 + v^2 + w^2}}, \qquad Y = \frac{Q}{\sqrt{u_1^2 + v_1^2 + w_1^2}},$$

donne rapidement le paramètre d'une section droite de ce cylindre.

EXERCICES

1º Discuter la nature de la quadrique définie par l'équation
$$P^2 + Q^2 + R^2 - (aP + bQ + cR + d)^2 = 0,$$

P, Q, R désignant des fonctions linéaires de x, y, z, indépendantes et à coefficients réels; a, b, c, d sont des constantes réelles quelconques.

2º Traiter la même question, l'équation donnée étant
$$P^2 + Q^2 - R^2 - (aP + bQ + cR + d)^2 = 0,$$

3º Traiter la même question, l'équation donnée étant
$$PQ + R(aP + bQ + cR + d) = 0.$$

4º Trouver la distance de deux plans parallèles définis par l'équation
$$(Fx, y, z) = 0 \qquad \text{(axes rectangulaires)}.$$

5º Trouver l'angle de deux plans définis par l'équation
$$F(x, y, z) = 0 \qquad \text{(axes rectangulaires)}.$$

6º L'équation $PQ + k = 0$, définit un cylindre hyperbolique dont les plans asymptotes sont $P = 0$, $Q = 0$. Déterminer les plans principaux de ce cylindre (axes rectangulaires).

7º L'équation $F(x, y, z) = 0$ définit un cylindre parabolique. Trouver le plan de symétrie, le plan tangent le long de la droite lieu des sommets, et le paramètre d'une section droite de ce cylindre.

78e LEÇON

ÉTUDE D'UNE COURBE ALGÉBRIQUE
AU VOISINAGE D'UN POINT

Ordre d'un point d'une courbe algébrique ; tangentes en ce point. — Supposons d'abord le point réel et à distance finie ; prenons-le comme origine des axes et ordonnons l'équation de la courbe en groupant les termes d'après leurs degrés supposés croissants ; l'équation ne contient pas de terme constant, soit

$$(1) \quad f(x, y) \equiv \varphi_k(x, y) + \varphi_{k+1}(x, y) + \varphi_{k+2}(x, y) + \ldots = 0.$$

Coupons la courbe C par une droite OM de paramètres directeurs α, β ; les coordonnées du point courant de cette droite sont $\rho\alpha$ et $\rho\beta$. On obtient l'équation donnant les valeurs de ρ qui correspondent aux points où la droite rencontre la courbe, en substituant $\rho\alpha$ et $\rho\beta$ dans $f(x, y)$; on trouve ainsi :

$$(2) \quad \Phi(\rho) \equiv f(\alpha\rho, \beta\rho) \equiv \rho^k \varphi_k(\alpha, \beta) + \rho^{k+1} \varphi_{k+1}(\alpha, \beta) + \ldots = 0.$$

Cette équation admet k racines nulles au moins quels que soient α et β. Toute sécante passant par O, rencontrant la courbe en k points au moins confondus en ce point, O est dit *point multiple d'ordre k* de la courbe.

L'équation (2) admet au moins $k+1$ racines nulles, si α et β vérifient la relation $\varphi_k(\alpha, \beta) = 0$; on en déduit que l'équation

$$(3) \quad \varphi_k(x, y) = 0,$$

définit des droites dont chacune rencontre C en $k+1$ points au moins confondus en O ; ces droites, au nombre de k, sont réelles ou imaginaires, distinctes ou confondues.

D'autre part, cherchons la limite du coefficient angulaire $t = \dfrac{y}{x}$ de la droite joignant O à un point M(x, y) de la courbe quand ce point se rapproche de O. L'équation qui relie t et x est

$$(4) \quad \varphi_k(1, t) + x\varphi_{k+1}(1, t) + x^{k+1}\varphi_{k+1}(1, t) + \ldots = 0.$$

Elle se réduit à $\varphi_k(1, t) = 0$ quand on y fait $x = 0$; les limites de k de ses racines (si l'on suppose que $\varphi_k(x, y)$ contienne un terme en y^k), sont les racines de l'équation de degré k :

$$(5) \quad \varphi_k(1, \mu) = 0.$$

Cette dernière définit donc les coefficients angulaires des tangentes à C en O.

Si le terme en y^k manque dans $\varphi_k(x, y)$, qui est seulement de degré

$h < k$ en y, c'est que $\varphi_k(x, y)$ contient le facteur x^{k-h}. Or, si l'on cherche la limite μ' de $t' = \dfrac{x}{y}$, quand M se rapproche de O, on trouve que cette limite est racine de l'équation $\varphi_k(\mu', 1) = 0$ qui admet $k - h$ racines nulles. Dans ce cas, $k - h$ tangentes de C sont confondues avec Oy et la courbe admet encore k tangentes distinctes ou non. L'ensemble de ces tangentes est toujours défini par l'équation (3).

Étude de la forme d'une courbe algébrique au voisinage d'un point. — Le point étant supposé réel et pris comme origine, examinons d'abord le cas où c'est un point simple. L'équation de la courbe est

$$f(x, y) \equiv ax + by + \varphi_2(x, y) + \varphi_3(x, y) + \ldots = 0.$$

Supposons $b \neq 0$. Quand x est nul, l'équation se réduit à :

$$by + \varphi_2(0, y) + \varphi_3(0, y) + \ldots = 0,$$

et admet une seule racine nulle. Quand x tend vers zéro à droite et à gauche, une seule racine de l'équation en y tend vers zéro; elle est donc réelle (leç. 50). La courbe a donc une branche réelle aboutissant en O à droite de Oy et une autre à gauche; ces deux branches sont tangentes à la droite $ax + by = 0$. Nous dirons qu'elles la longent.

Cherchons à placer la courbe par rapport à sa tangente. Prenons d'abord un exemple. Soit

$$x - y + x^2 - y^2 + x^3 + y^3 + x^4 + y^4 = 0$$

l'équation ordonnée. Le coefficient angulaire de la tangente en O est 1, de sorte que $\dfrac{y}{x}$ tend vers 1 quand le point M(x, y) se déplace sur chacune des branches qui aboutissent à l'origine. Mettons $x - y$ en facteur dans tous les groupes homogènes qui le contiennent à partir du premier jusqu'au groupe $x^3 + y^3$ qui ne le contient pas, et mettons x^3 en facteur dans tous les autres groupes. L'équation s'écrit alors

$$(x - y)[1 + x + y] + x^3 \left[1 + \left(\frac{y}{x} \right)^2 + x - \frac{y^3}{x^3} y \right] = 0.$$

Quand M tend vers O, le coefficient de $x - y$ tend vers 1 et celui de x^3 vers 2, de sorte que l'on a :

$$(x - y)(1 + \varepsilon) + x^3(2 + \varepsilon') = 0,$$

ε et ε' étant infiniment petits. Il en résulte que $x - y$ et x^3 sont de signes contraires, c'est-à-dire que $y - x$ et x sont de même signe : la branche qui correspond à $x > 0$ est au-dessus de la tangente, l'autre est au-dessous et l'on obtient la disposition figurée ci-contre. Le point O est donc un point d'inflexion.

Revenons au cas général où l'origine est un point simple; soit m le coefficient angulaire de la tangente : $y - mx$ est alors en facteur dans

$ax + by$. Supposons que ce facteur existe aussi dans $\varphi_2(x, y)$, $\varphi_3(x, y)$, ..., $\varphi_p(x, y)$, mais n'existe pas dans $\varphi_{x+1}(x, y)$, de sorte que $\varphi_{p+1}(1, m)$ n'est pas nul. On a :

$$f(x, y) \equiv (y - mx)\left[b + \psi_1(x, y) + \ldots + \psi_{p-1}(x, y)\right]$$
$$+ x^{p+1}\varphi_{p+1}\left(1, \frac{y}{x}\right) + x^{p+2}\varphi_{p+2}\left(1, \frac{y}{x}\right) + \ldots = 0.$$

Le point $M(x, y)$ étant supposé voisin de l'origine, le coefficient de $y - mx$ est voisin de b, celui de x^{p+1} est voisin de $\varphi_{p+1}(1, m)$ et on peut écrire

$$(y - mx)[b + \varepsilon] + x^{p+1}[\varphi_{p+1}(1, m) + \varepsilon'] = 0.$$

Cette équation montre que $b(y - mx)$ et $x^{p+1}\varphi_{p+1}(1, m)$ sont de signes contraires.

Si p est impair, x^{p+1} est positif quel que soit le signe de x, et $y - mx$ a un signe bien déterminé au voisinage de l'origine : la courbe ne traverse pas sa tangente en O.

Si p est pair, x^{p+1} est négatif ou positif en même temps que x et la courbe traverse sa tangente : l'origine est un point d'inflexion.

D'ailleurs, l'équation aux abscisses des points de rencontre de la courbe et de sa tangente est

$$x^{p+1}\varphi_{p+1}(1, m) + x^{p+2}\varphi_{p+2}(1, m) + \ldots = 0.$$

Elle admet $p + 1$ racines nulles; on voit donc que, si la tangente rencontre la courbe en un nombre pair de points confondus au point de contact, la tangente ne traverse pas la courbe, et que, si ce nombre est impair, le point est d'inflexion.

Nous avons supposé $b \neq 0$. Si b est nul, a ne l'étant pas, on peut reprendre le raisonnement en échangeant le rôle de x et y.

Cette manière de faire s'applique encore lorsque le point est multiple, pourvu que la tangente soit simple. Supposons en effet que m soit racine simple de l'équation $\varphi_k(1, \mu) = 0$, qui définit les coefficients angulaires des tangentes à l'origine. Posons : $y = tx$.

L'équation (4) qui relie t et x se réduisant à $\varphi_k(1, t) = 0$, quand on y fait $x = 0$, et ayant alors une seule racine t égale à m, n'a qu'une racine voisine de m quand x tend vers 0 à droite ou à gauche; cette valeur de t est donc réelle, ainsi que la valeur de y correspondante. Il y a une branche de courbe réelle tangente à la droite $y = mx$ à droite de Oy et une branche à gauche de Oy. Pour placer ces deux branches, on met $y - mx$ en facteur dans $\varphi_k(x, y)$ et dans toutes les fonctions suivantes jusqu'à la fonction φ_{k+p+1} qui ne la contient pas. Cela permet d'écrire l'équation de la courbe

$$f(x, y) \equiv (y - mx)\left[\psi_{k-1}(x, y) + \psi_k(x, y) + \ldots + \psi_{k+p-1}(x, y)\right]$$
$$+ \varphi_{k+p+1}(x, y) + \ldots = 0.$$

ou bien

$$(y - mx)\left[x^{k-1}\psi_{k-1}\left(1, \frac{y}{x}\right) + x^k\psi_k\left(1, \frac{y}{x}\right) + \ldots\right]$$
$$+ x^{k+p+1}\psi_{k+x+1})\left(1, \frac{y}{x}\right) + \ldots = 0.$$

En divisant les deux membres par x^{k-1}, on obtient :

$$(y-mx)\left[\psi_{k-1}\left(1, \frac{y}{x}\right) + x\psi_k\left(1, \frac{y}{x}\right) + \ldots\right]$$
$$+ x^{p+2}\left[\varphi_{k+p+1}\left(1, \frac{y}{x}\right) + x\varphi_{k+p+2}\left(1, \frac{y}{x}\right) + \ldots\right] = 0.$$

Quand $M(x, y)$ est voisin de O, sur les branches étudiées, $\frac{y}{x}$ est voisin de m, et l'on a :

$$(y-mx)\left[\psi_{k-1}(1, m) + \varepsilon\right] + x^{p+2}\left[\varphi_{k+p+1}(1, m) + \varepsilon'\right] = 0.$$

Cette équation donne le signe de $y - mx$ selon le signe de x : les deux branches sont d'un même côté de la tangente si p est pair, et de côtés différents si p est impair.

Appliquons cette méthode à la courbe

$$x(x^2 - y^2) + x^4 - y^4 + y^5 = 0$$

qui a un point triple à l'origine, mais dont les tangentes

$$x = 0, \qquad x - y = 0, \qquad x + y = 0,$$

sont réelles et distinctes. Il y a deux branches réelles longeant chacune de ces droites.

Pour placer les branches longeant Oy, remarquons que $\frac{x}{y}$ tend vers zéro sur chacune d'elles, et écrivons l'équation

$$xy^2\left(-1 + \frac{x^2}{y^2}\right) + y^4\left[-1 + \left(\frac{x}{y}\right)^4 + y\right] = 0,$$

ou bien

$$x(-1 + \varepsilon) + y^2(-1 + \varepsilon') = 0.$$

Cette dernière montre que x est < 0, quel que soit le signe de y. Sur les branches qui longent la première bissectrice, $\frac{y}{x}$ tend vers 1.

En écrivant l'équation

$$(x-y)\left[1 + \frac{y}{x} + x\left(1 + \frac{y}{x}\right)\left(1 + \frac{y^2}{x^2}\right)\right] + x^3\left(\frac{y}{x}\right)^5 = 0,$$

on voit que le coefficient de $x - y$ est voisin de 2 et celui de x^3 voisin de 1. On a donc :

$$(x-y)(2 + \varepsilon) + x^3(1 + \varepsilon') = 0,$$

qui montre que $y - x$ et x^3 ont le même signe : la branche placée à droite de Oy est au-dessus de la tangente et celle qui est à gauche de Oy est au-dessous de la tangente.

Sur les branches qui longent la seconde bissectrice, $\dfrac{y}{x}$ tend vers -1 ;
on voit aisément que l'on a :

$$(x+y)\left[1-\frac{y}{x}+x\left(1-\frac{y}{x}\right)\left(1+\frac{y^2}{x^2}\right)\right]+x^5\left(\frac{y}{x}\right)^5=0$$

ou bien

$$(x+y)(2+\varepsilon)-x^3(1+\varepsilon')=0.$$

$y+x$ a le signe de x, c'est-à-dire que la branche à droite de Oy est au-dessus de la tangente et la branche à gauche de Oy est au-dessous de la tangente.

En réunissant ces divers résultats, l'on obtient le tracé ci-contre

Si le point O est double, diverses circonstances peuvent se produire.

1° Les tangentes en ce point sont imaginaires : les branches correspondantes sont imaginaires et le point double est isolé.

2° Les tangentes sont réelles et distinctes : 4 branches réelles de courbe partent de O ; il y en a deux tangentes à chaque droite.

3° Les tangentes sont confondues : le point est dit de *rebroussement*.

La forme de la courbe correspondante sera étudiée plus loin.

Si le point O est triple, on a les divers cas particuliers suivants :

1° Une seule tangente est réelle : la courbe offre l'aspect habituel au voisinage d'un point simple.

2° Les trois tangentes sont réelles et distinctes : 6 branches réelles de courbe partent de O ; il y en a deux tangentes à chaque droite.

3° Deux des tangentes sont confondues : il y a deux branches de courbe partant de O et longeant la tangente simple ; quant aux branches longeant la tangente double, elles présentent les mêmes particularités que celles qui correspondent à un point de rebroussement.

4° Les trois tangentes sont confondues. L'étude de ce cas se ferait en suivant la voie que nous allons indiquer dans le cas d'une tangente double. Nous l'exposerons en prenant une courbe qui a un point de rebroussement à l'origine.

m étant le coefficient angulaire de la tangente en O, l'équation peut se ramener à la forme

$$(6) \qquad (y-mx)^2+\varphi_3(x,y)+\varphi_4(x,y)+\ldots=0.$$

Posons $y=tx$. L'équation qui relie t et x est

$$(t-m)^2+x\varphi_3(1,t)+x^2\varphi_4(1,t)+\ldots=0.$$

Cette équation en t admet 2 racines égales à m quand x est nul ; quand x tend vers zéro, deux racines t tendent vers m et on ne peut rien dire de leur réalité. Mais faisons tendre t vers m soit à droite, soit à gauche. Le coefficient de x tendant vers $\varphi_3(1, m)$, si ce dernier nombre n'est pas nul, une seule racine x tend vers zéro : elle est réelle; il y a une branche correspondante de la courbe donnée C pour $t > m$, et une branche pour $t < m$. Le point M se déplaçant sur ces branches, on a :

$$(t - m)^2 + x\left[\varphi_5(1, m) + \varepsilon\right] = 0.$$

On en déduit que $x\varphi_5(1, m)$ est < 0, de sorte que x a un signe bien déterminé, $+$, par exemple : les deux branches sont donc à droite de Oy.

La branche qui correspond à $t > m$ est au-dessus de la tangente et l'autre est au-dessous.

On a la disposition ci-contre ; le point de rebroussement est dit de *première espèce*.

Si $\varphi_3(1, m)$ est nul, on ne peut conclure de suite. Posons : $t = m + \theta$.

L'équation qui relie θ et x est alors

$$(7) \qquad \theta^2 + x\varphi_3(1, m + \theta) + x^2\varphi_4(1, m + \theta) + \ldots = 0.$$

A tout point M (x, y) réel qui décrit une branche de C tangente en 0 à la droite $D(y = mx)$, correspondent des valeurs réelles de θ et x, infiniment petites, solutions de (7), et réciproquement. Regardons θ et x comme les coordonnées d'un point M' par rapport à des axes Ox, $O\theta$. Nous sommes donc amenés à voir si la courbe C' définie par l'équation (7) a des branches réelles au voisinage de l'origine. Écrivons cette équation en groupant toujours les termes d'après leurs degrés croissants; c'est :

$$(8) \qquad \theta^2 + A\theta x + Bx^2 + \psi_3(x, \theta) + \psi_4(x, \theta) + \ldots = 0.$$

L'origine est un point double de C'. Si ce point double est isolé, c'est-à-dire si $A^2 - 4B$ est < 0, le point 0 est aussi un point isolé de C.

Si $A^2 - 4B$ est > 0, la courbe C' a 4 branches voisines de 0 et il en est de même de C. x ayant un signe quelconque sur C' a aussi un signe quelconque sur C : il y a donc deux branches à droite de Oy et deux branches à gauche.

Pour étudier la position de ces branches par rapport à la tangente, il faut apprécier le signe de $y - mx = (t - m)x = \theta x$, c'est-à-dire les signes relatifs de θ et x; cette comparaison se fait sans difficulté sur la courbe C'. Le point 0 est dit d'*embrassement* et la courbe peut présenter les différents aspects ci-contre.

Si $A^2 - 4B$ est nul, $\theta^2 + A\theta x + Bx^2$ est de la forme $(\theta - m_1 x)^2$, et C' présente un point de rebroussement à l'origine.

Supposons que $\psi_3(1, m_1)$ ne soit pas nul; ce point de rebroussement est de première espèce : la courbe C′ a deux branches réelles aboutissant en O, et sur ces deux branches x a le même signe, —, par exemple. Il y a donc deux branches réelles de C tangentes à D en O. La position de ces branches par rapport à D dépend du signe de θx, c'est-à-dire encore des signes relatifs de θ et x : l'appréciation de ces signes se fait aisément. En général, $\dfrac{\theta}{x}$ tendant vers m_1, θx a le signe de $m_1 x^2$, c'est-à-dire le signe de m_1, si m_1 n'est pas nul ; les deux branches de C

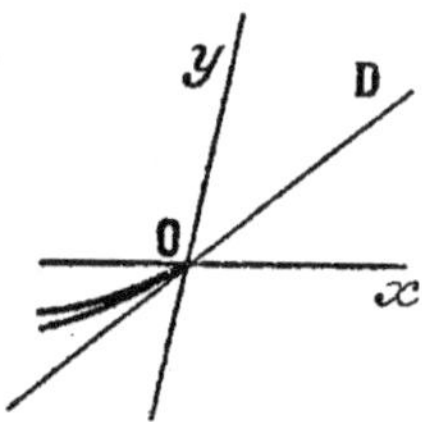

sont d'un même côté de D : le point de rebroussement est dit de *seconde espèce* et présente l'aspect ci-contre.

Le raisonnement est en défaut si $\psi_3(1, m_1)$ est nul. Dans ce cas, la courbe C′ présente en O un point de rebroussement d'espèce supérieure et on est amené à étudier la réalité des branches qui aboutissent en O. C'est une étude analogue à celle qui s'est présentée pour C et elle s'effectue par les mêmes procédés. On pose $\theta = x(m_1 + \omega)$ et, en regardant ω et x comme des coordonnées, on est conduit à l'étude de la courbe C″ définie par une équation de la forme

$$(9) \qquad \omega^2 + A_1 \omega x + B_1 x^2 + \gamma_3(x, \omega) + \chi_4(x, \omega) + \ldots = o,$$

au voisinage de l'origine.

Si $A_1^2 - 4 B_1$ est $< o$, les branches de C″ sont imaginaires, celles de C′ et de C aussi.

Si $A_1^2 - 4 B_1$ est $> o$, C″ possède 4 branches réelles partant de O, deux à droite de Oy, et deux à gauche ; il en est de même de C′ et de C. Les quatre branches de C sont tangentes à D et leurs positions, par rapport à D, dépendent du signe de $\theta x = (m_1 + \omega)x^2$; ce signe est celui de m_1 si m_1 n'est pas nul.

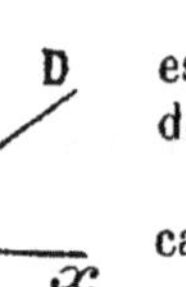

Donc, en général, la forme de C est celle qui est figurée ci-contre et qui rappelle une forme déjà rencontrée, etc.

On doit se demander, si, en répétant l'application du procédé, on trouvera finalement une courbe $C^{(n+1)}$ pour laquelle $A_n^2 - 4 B_n$ ne soit pas nul, de sorte qu'on puisse conclure à coup sûr ? La réponse est affirmative, mais nous l'admettrons.

Nous allons montrer sur un exemple comment on applique la méthode. Soit

$$(y - x)^2 + y^3 - x^5 + \lambda x^4 + y^5 = o,$$

l'équation d'une courbe C du 5e degré qui possède à l'origine, quel que soit λ, un point de rebroussement dont la tangente est la première bissectrice.

Posons $y = x(1 + \theta)$. Nous obtenons l'équation d'une courbe C′ :

$$(\theta^2 + 3 \theta x + \lambda x^2) + (3 \theta^2 x + x^3) + (\theta^3 x + 5 \theta x^5) + \ldots = o,$$

les termes étant groupés d'après leurs degrés croissants.

Si λ est supérieur à $\dfrac{9}{4}$, l'origine est point double isolé de C'; C n'a pas de branches réelles au voisinage de O.

Si λ est inférieur à $\dfrac{9}{4}$, C' a 4 branches réelles voisines de O, deux à droite de Oy et deux à gauche. Sur chacune de ces branches, $y - x$ a le signe de θ. Or $\dfrac{\theta}{x}$ a pour limite une racine de l'équation

$$m_1^2 + 3\,m_1 + \lambda = 0.$$

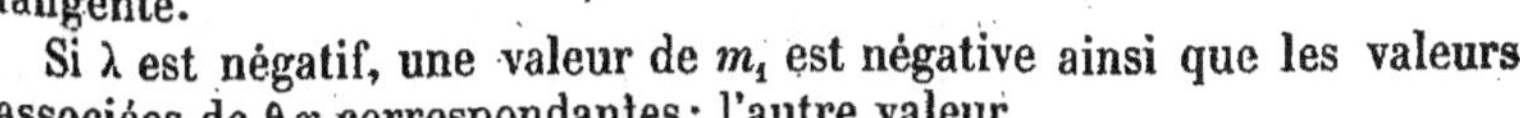

Si λ est compris entre 0 et $\dfrac{9}{4}$, les deux valeurs de m_1 sont négatives et θx est négatif sur les quatre branches de C qui sont au-dessous de la tangente.

Si λ est négatif, une valeur de m_1 est négative ainsi que les valeurs associées de θx correspondantes; l'autre valeur de m_1 est positive ainsi que les valeurs associées de θx : la courbe a 2 branches au-dessus de sa tangente et 2 branches au-dessous.

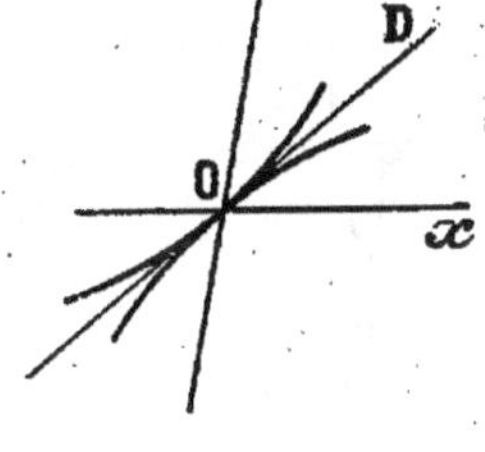

Si λ est nul, une valeur de m_1 vaut -3 et les deux branches correspondantes de C sont au-dessous de la tangente, l'une à droite de Oy, l'autre à gauche. L'autre valeur de m_1 étant nulle, on ne peut conclure *a priori*, mais l'équation de C' étant alors

$$(\theta^2 + \theta x) + (3\,\theta^2 x + x^3) + (\theta^5 x + 5\,\theta x^3) + \ldots + (\theta^5 x^3) = 0,$$

l'étude des branches tangentes à Ox, branches sur lesquelles $\dfrac{\theta}{x}$ tend vers 0, se fait en écrivant

$$\theta(x + \theta + \ldots) + x^3 = 0, \quad \text{ou} \quad \theta(1 + \varepsilon) + x^2 = 0.$$

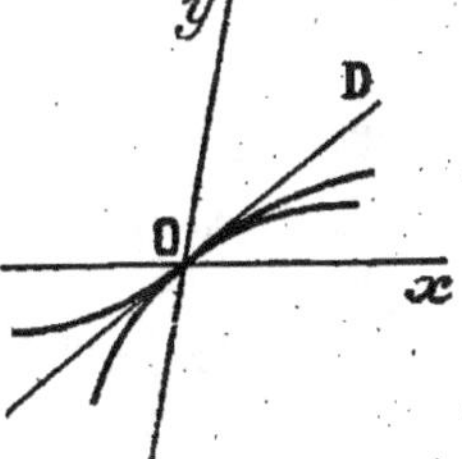

Cette dernière équation montre que θ est négatif et que θx est de signe contraire à x. La courbe est figurée ci-contre.

Reste le cas où l'on a $\lambda = \dfrac{9}{4}$. L'équation de C' est alors :

$$\left(\theta + \frac{3}{2}x\right)^2 + (3\,\theta^2 x + x^3) + \ldots = 0.$$

Posons $\theta = \left(-\dfrac{3}{2} + \omega\right)x$. L'équation de C'' est

$$\omega^2 + \frac{31}{4}x + \ldots = 0.$$

Cette nouvelle courbe présente en O un point de rebroussement de première espèce; sur les deux branches partant de O, x est négatif,

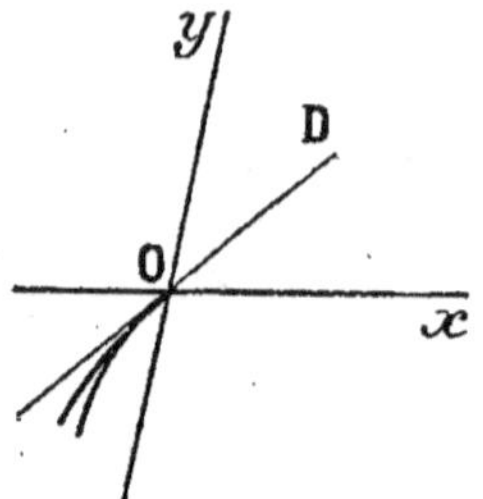

$y - x$ a le signe de θx ou de $\left(-\dfrac{3}{2} + \omega\right) x^2$, c'est-à-dire est négatif. Les deux branches de C sont donc à gauche de Oy et au-dessous de la tangente.

On peut essayer de suivre les déformations de C au voisinage de O, quand λ varie de $-\infty$ à $+\infty$, en comparant les divers résultats obtenus dans cette discussion.

Les différents cas possibles conduisant à des conséquences analogues à celles que nous venons de développer pour la tangente simple et la tangente double, nous sommes en droit d'énoncer le résultat général suivant : *en tout point réel d'une courbe algébrique aboutissent un nombre pair de branches réelles de la courbe; ces branches se répartissent par couples le long d'une même tangente.*

Nous avons vu (leç. 51) que l'étude complète des branches infinies d'une courbe algébrique se ramène, par des substitutions diverses, à l'étude d'une autre courbe algébrique au voisinage de l'origine. Nous sommes donc en mesure de traiter aussi ce problème. En lui appliquant les résultats précédents, nous pouvons affirmer que *les branches infinies d'une courbe algébrique sont toujours en nombre pair et qu'elles se répartissent par couples longeant une même asymptote ou par couples de branches paraboliques.*

D'ailleurs, la transformation

$$x = \frac{1}{X}, \qquad y = \frac{Y}{X}, \qquad \text{qui équivaut à} \qquad X = \frac{1}{x}, \qquad Y = \frac{y}{x},$$

fait correspondre à tout point M (x, y) de C, un point M'(X, Y) d'une courbe C' algébrique comme C et du même degré. On déduit de ces formules :

$$y - cx = \frac{Y - c}{X}.$$

Si M s'éloigne indéfiniment sur une branche infinie B de la courbe C, dans une direction de coefficient angulaire c, $\dfrac{y}{x}$ tend vers c, X tend vers zéro et Y vers c. Soit I le point d'ordonnée c sur OY. Le point M' décrit donc sur C' une branche B' qui aboutit en I.

Supposons que B soit asymptote à la droite $y = cx + d$, $y - cx$ tend vers d et $\dfrac{Y - c}{X}$ aussi; d est donc le coefficient angulaire de la tangente en I à la branche B'.

La position de B, par rapport à son asymptote, est donnée par l'étude des signes de x et de $y - cx - d$, c'est-à-dire de X et de $\dfrac{Y - c}{X} - d$ ou $t' - d$, t' désignant le coefficient angulaire de IM'. Les signes de

X et de $t' - d$ dépendent de la position de la branche B' par rapport à OY et par rapport à la tangente à cette branche en I.

On voit, d'après cela, que l'étude de B', au voisinage de I, donne l'asymptote de B et la position de cette branche par rapport à son asymptote.

Supposons, par exemple, que I soit un point simple de C' et que la tangente en ce point ne la traverse pas et soit distincte de OY ; aux deux branches B' et B'_1, qui longent cette tangente d'un même côté et de part et d'autre de OY, correspondent deux branches infinies B et B_1 qui sont asymptotes à une même droite, de part et d'autre de cette droite et aux deux extrémités.

Si le point simple I est un point d'inflexion de C', la tangente en I étant toujours distincte de OY, les deux branches B et B_1 sont d'un même côté de l'asymptote et aux deux extrémités ; l'asymptote est dite d'inflexion.

Si la tangente en I à C' est OY, $\dfrac{Y - c}{X}$ tend vers l'infini, ainsi que $y - cx$ et les deux branches B et B_1 sont paraboliques ; la situation de ces branches dépend encore de la position de B' et B'_1 par rapport à la tangente OY. Nous ne développerons pas davantage ces conséquences.

En particulier, si c est nul, le point I correspondant est à l'origine et si c est infini, le point I est à l'infini sur OY. Dans ce dernier cas, on pourra étudier les branches infinies correspondantes en utilisant la transformation

$$X = \frac{x}{y}, \qquad Y = \frac{1}{y},$$

qui se déduit de la première par l'échange de x et y, X et Y.

EXERCICES

1º Étudier la forme de la courbe
$$x^3 + y^4 + x^5 - y^6 = 0,$$
au voisinage de l'origine.

2º Même question pour la courbe
$$xy^2 + x^2y^3 + x^6 + y^7 = 0.$$

3º Étudier les branches infinies de la courbe
$$(x^2 - y^2)^2 + x^3 - y^3 + \lambda(x^2 - y^2) + x = 0.$$

4º Combien impose-t-on de conditions à une courbe algébrique, définie par l'équation $f(x, y) = 0$, lorsqu'on l'astreint à avoir un point multiple d'ordre p ?

INTERSECTION D'UNE DROITE ET D'UNE COURBE ALGÉBRIQUE

Soit $f(x, y) = 0$ l'équation de la courbe algébrique donnée C, $f(x, y)$ désignant un polynome entier de degré m en x et y. En mettant en évidence les groupes homogènes de termes d'après leurs degrés, on a :

$$f(x, y) \equiv \varphi_m(x, y) + \varphi_{m-1}(x, y) + \varphi_{m-2}(x, y) + \ldots + \varphi_0 = 0.$$

Donnons-nous une droite par un point $M_0(x_0, y_0)$ et par ses paramètres directeurs (α, β). Les coordonnées du point courant M sur cette droite sont $x_0 + \alpha\rho$, $y_0 + \beta\rho$, ρ pouvant prendre toutes les valeurs possibles réelles ou imaginaires. En écrivant que ce point est sur la courbe, on trouve une équation qui détermine les valeurs correspondantes de ρ; c'est :

$$(1) \qquad \Phi(\rho) \equiv f(x_0 + \alpha\rho, y_0 + \beta\rho) = 0.$$

L'étude de cette équation peut se faire à différents points de vue.

On pourrait chercher, par exemple, le nombre de ses racines réelles dans le cas où x_0, y_0, α, β, sont supposés réels; ce nombre est au plus égal à m, car $\Phi(\rho)$ est de degré m au plus.

Un cas limite est celui où cette équation admet des racines multiples; soient ρ_1 une racine multiple, x_1, y_1 les coordonnées du point M_1 correspondant de la courbe. On a :

$$\Phi'(\rho_1) = \alpha f'_{x_1}(x_1, y_1) + \beta f'_{y_1}(x_1, y_1) = 0.$$

Si f'_{x_1} et f'_{y_1} ne sont pas nuls tous deux, cette relation montre que la droite considérée est tangente en M_1 à la courbe donnée, puisque l'équation de la tangente en ce point est

$$(x - x_1) f'_{x_1} + (y - y_1) f'_{y_1} = 0,$$

que le point soit réel ou imaginaire.

Si f'_{x_1} et f'_{y_1} sont nuls, M_1 est un point singulier et l'on ne peut plus dire que la droite $M_0 M_1$ est tangente à C en M_1.

Lorsqu'on annule le discriminant de $\Phi(\rho)$, on obtient une équation entre x_0, y_0, α, β, que l'on peut interpréter géométriquement de différentes façons. Soit

$$(2) \qquad R(x_0, y_0, \alpha, \beta) = 0,$$

cette équation.

1° Supposons α, β fixes; ce sont les paramètres directeurs d'une direction donnée D. L'équation (2) exprime que le point M_0 se trouve, soit sur une droite tangente à C et parallèle à D, soit sur une droite passant par un point singulier de C et parallèle à D. L'équation $R(x, y, \alpha, \beta) = o$ représente donc le faisceau des droites parallèles à D et qui sont tangentes à C ou passent par les points singuliers de C. Les coordonnées des points de contact ainsi que les coordonnées des points singuliers de C vérifient l'équation

$$\alpha f'_x + \beta f'_y = o,$$

c'est-à-dire que ces points sont à l'intersection de C et d'une courbe de degré $m - 1$ en général.

2° Supposons x_0, y_0 fixes. L'équation (2), homogène en α, β, donne les paramètres directeurs des droites qui passent par M_0 et qui sont en outre tangentes à C, ou passent par les points singuliers de C. En y remplaçant α et β respectivement par $x - x_0$, $y - y_0$, on obtient l'équation

$$R(x_0, y_0, x - x_0, y - y_0) = o,$$

qui représente le faisceau des droites menées par M_0 tangentes à C, ou passant par les points singuliers de C.

Les points de contact de ces tangentes et les points singuliers de C se trouvent sur la courbe C' définie par l'équation

$$(x_0 - x) f'_x + (y_0 - y) f'_y = o.$$

On obtient cette équation en écrivant que la tangente à C au point (x, y) passe par le point (x_0, y_0).

Cette courbe C' est de degré m comme C; on peut lui substituer une autre courbe C'' en prenant l'équation de la tangente à C au point (x, y) sous la forme

$$X f'_x + Y f'_y + f'_z = o.$$

En écrivant que cette droite passe par M_0, on obtient l'équation

$$(3) \qquad x_0 f'_x + y_0 f'_y + f'_z = o$$

qui définit, lorsqu'on y regarde x et y comme des coordonnées courantes, une courbe C'' de degré $m - 1$ au plus. Les points singuliers de C sont d'ailleurs aussi sur cette courbe C'' à cause de l'identité

$$m f(x, y) \equiv x f'_x + y f'_y + f'_z,$$

qui montre que les coordonnées d'un point singulier annulent f'_x, f'_y, f'_z et réciproquement. Les deux courbes C et C'' ayant $m(m-1)$ points communs au plus, et ces points étant des points de contact de tangentes issues de M_0 à C ou des points singuliers de C, le nombre des tangentes menées d'un point quelconque est au plus égal à $m(m-1)$. Ce nombre, qu'on appelle *classe* de C, est certainement inférieur à $m(m-1)$ si C a des points singuliers.

Le calcul de R s'effectue sans difficulté lorsque $f(x, y)$ est du second degré. Posons :

$$f(x, y) \equiv \varphi(x, y) + 2 D x + 2 E y + F.$$

On trouve :

$$\Phi(\rho) \equiv \rho^2 \varphi(\alpha, \beta) + \rho(\alpha f'_{x_0} + \beta f'_{y_0}) + f(x_0, y_0)$$

En écrivant que cette équation a une racine double, on obtient :

$$(\alpha f'_{x_0} + \beta f'_{y_0})^2 - 4\varphi(\alpha, \beta) f(x_0, y_0) = 0.$$

On en conclut que l'équation des tangentes parallèles à la direction (α, β) est

$$(\alpha f'_x + \beta f'_y)^2 - 4\varphi(\alpha, \beta) f(x, y) = 0,$$

et que l'équation des tangentes passant par le point (x_0, y_0) est

$$[(x - x_0) f'_x + (y - y_0) f'_y]^2 - 4\varphi(x - x_0, y - y_0) f(x_0, y_0) = 0.$$

On peut, dans le cas général, ordonner l'équation $\Phi(\rho) = 0$ par rapport aux puissances décroissantes de ρ, en mettant chaque polynome $\varphi_k(x_0 + \alpha\rho, y_0 + \beta\rho)$ sous la forme $\rho^k \varphi_k\left(\alpha + \dfrac{x_0}{\rho}, \beta + \dfrac{y_0}{\rho}\right)$ et appliquant la formule de Taylor à chaque nouveau polynome entier en $\dfrac{1}{\rho}$. On trouve ainsi :

$$\varphi_k(x_0 + \alpha\rho, y_0 + \beta\rho) \equiv \rho^k \varphi_k(\alpha, \beta) + \frac{\rho^{k-1}}{1}\left(x_0 \frac{\partial \varphi_k}{\partial \alpha} + y_0 \frac{\partial \varphi_k}{\partial \beta}\right)$$
$$+ \frac{\rho^{k-2}}{2!}\left(x_0 \frac{\partial \varphi_k}{\partial \alpha} + y_0 \frac{\partial \varphi_k}{\partial \beta}\right)^{(2)} + \cdots$$

et, finalement,

$$(4) \qquad \Phi(\rho) \equiv \rho^m \varphi_m(\alpha, \beta)$$
$$+ \rho^{m-1}\left[x_0 \frac{\partial \varphi_m}{\partial \alpha} + y_0 \frac{\partial \varphi_m}{\partial \beta} + \varphi_{m-1}(\alpha, \beta)\right]$$
$$+ \rho^{m-2}\left[\frac{1}{2!}\left(x_0 \frac{\partial \varphi_m}{\partial \alpha} + y_0 \frac{\partial \varphi_m}{\partial \beta}\right)^{(2)}\right.$$
$$\left. + \frac{1}{1}\left(x_0 \frac{\partial \varphi_{m-1}}{\partial \alpha} + y_0 \frac{\partial \varphi_{m-1}}{\partial \beta}\right) + \varphi_{m-2}(\alpha, \beta)\right]$$
$$+ \cdots = 0.$$

Cette équation permet d'étudier ce qui se passe quand la direction de la sécante utilisée vérifie la relation $\varphi_m(\alpha, \beta) = 0$, c'est-à-dire quand cette sécante D est parallèle à une direction asymptotique Δ de C.

L'équation (4) a alors une racine infinie, quelle que soit la sécante parallèle à Δ.

Supposons que $\dfrac{\partial \varphi_m}{\partial \alpha}$ et $\dfrac{\partial \varphi_m}{\partial \beta}$ ne soient pas nuls tous deux, ce qui revient à supposer que la direction asymptotique est simple. Prenons un point M_0 sur la droite d'équation

$$(5) \qquad x \frac{\partial \varphi_m}{\partial \alpha} + y \frac{\partial \varphi_m}{\partial \beta} + \varphi_{m-1}(\alpha, \beta) = 0.$$

La droite D_0 menée par M_0 parallèlement à Δ, rencontre alors C en deux points au moins rejetés à l'infini puisque le coefficient de ρ^{m-1} est nul, comme celui de ρ^m, dans l'équation (4). Tout point M de D_0 possède la même propriété que M_0, puisque la parallèle à Δ menée par M est précisément D_0; on en conclut que l'équation (5) définit précisément D_0.

D'ailleurs, la relation $\varphi_m(\alpha, \beta) = o$ peut s'écrire $\alpha \dfrac{\partial \varphi_m}{\partial \alpha} + \beta \dfrac{\partial \varphi_m}{\partial \beta} = o$, ce qui permet de mettre l'équation (5) sous la forme

$$\left(y - \frac{\beta}{\alpha} x\right) \frac{\partial \varphi_m}{\partial \beta} + \varphi_{m-1}(\alpha, \beta) = o.$$

En posant $\dfrac{\beta}{\alpha} = c$ et substituant αc à β dans l'équation précédente, on trouve :

$$(y - cx) \varphi'_m(1, c) + \varphi_{m-1}(1, c) = o.$$

On reconnaît l'équation d'une asymptote de coefficient angulaire c (leç. 51).

Supposons que $\dfrac{\partial \varphi_m}{\partial \alpha}$ et $\dfrac{\partial \varphi_m}{\partial \beta}$ soient nuls et que $\varphi_{m-1}(\alpha, \beta)$ ne soit pas nul. L'équation (4) est toujours de degré $m - 1$ en ρ : toute parallèle à Δ rencontre la courbe en $m - 1$ points à distance finie.

Si $\varphi_{m-1}(\alpha, \beta)$ est nul aussi, l'équation (4) a au moins deux racines infinies. Elle en a au moins trois si le coefficient de ρ^{m-2} est nul, c'est-à-dire si les coordonnées du point M_0 vérifient l'équation

$$(6) \quad \frac{1}{2!}\left(x \frac{\partial \varphi_m}{\partial \alpha} + y \frac{\partial \varphi_m}{\partial \beta}\right)^{(2)} + \frac{1}{1}\left(x \frac{\partial \varphi_{m-1}}{\partial \alpha} + y \frac{\partial \varphi_{m-1}}{\partial \beta}\right) + \varphi_{m-2}(\alpha, \beta) = o.$$

Si, par exemple, $\dfrac{\partial^2 \varphi_m}{\partial \alpha^2}$ n'est pas nul, cette équation définit une conique lieu des points M_0 tels que la parallèle D_0, menée par l'un de ces points à Δ, rencontre la courbe C en trois points au moins rejetés à l'infini; tout point M de D_0 possédant la même propriété que M_0, toute droite D_0 fait partie de la conique en question. L'équation (6) définit donc, dans ce cas, deux droites parallèles à Δ. On montrerait aisément que ce sont les asymptotes qui correspondent à cette direction asymptotique, etc.

Étude de l'ordre d'un point d'une courbe algébrique, des tangentes en ce point, des points à l'infini et des asymptotes en coordonnées homogènes. — Soit $F(x, y, z) = o$, l'équation de la courbe donnée C de degré m, les axes de coordonnées étant quelconques. Cherchons les points où la droite définie par les deux points $M_0(x_0, y_0, z_0)$, $M_1(x_1, y_1, z_1)$ rencontre C. Les coordonnées du point courant M sur cette droite sont $x_0 + \lambda x_1$, $y_0 + \lambda y_1$, $z_0 + \lambda z_1$, λ pouvant prendre une valeur arbitraire. En écrivant que ce point M est sur C, on trouve que λ vérifie l'équation

$$(7) \quad \Phi(\lambda) \equiv F(x_0 + \lambda x_1, y_0 + \lambda y_1, z_0 + \lambda z_1)$$
$$\equiv F(x_0, y_0, z_0) + \frac{\lambda}{1}[x_1 F'_{x_0} + y_1 F'_{y_0} + z_1 F'_{z_0}]$$
$$+ \frac{\lambda^2}{2!}(x_1 F'_{x_0} + y_1 F'_{y_0} + z_1 F'_{z_0})^{(2)} + \ldots$$
$$+ \frac{\lambda^{m-1}}{(m-1)!}(x_1 F'_{x_0} + y_1 F'_{y_0} + z_1 F'_{z_0})^{(m-1)}$$
$$+ \frac{\lambda^m}{m!}(x_1 F'_{x_0} + \ldots)^{(m)} = 0.$$

Le coefficient de λ^m est aussi bien $F(x_1, y_1, z_1)$, comme le montre un calcul direct; ce coefficient peut toujours être supposé non nul si la droite $M_0 M_1$ ne fait pas partie de C, ce que nous supposerons. Remarquons d'ailleurs que si l'on substitue au point M_1, pour définir la droite $M_0 M_1$, un autre point $M'(x', y' z')$ de cette droite, λ' étant la valeur de λ qui correspond à M', les coordonnées du point courant M sur la droite sont encore $x_0 + \mu x'$, $y_0 + \mu y'$, $z_0 + \mu z'$; λ et μ sont liés par la relation homographique $\mu = \dfrac{\lambda}{\lambda' - \lambda}$ et s'annulent en même temps.

L'équation (7) est de degré m; à chacune de ses racines correspond un point de rencontre de la droite et de la courbe : toute droite rencontre donc une courbe algébrique de degré m en m points réels ou imaginaires, distincts ou non, à distance finie ou infinie.

Supposons maintenant que M_0 soit un point de C; $F(x_0, y_0, z_0)$ étant nul, l'équation (7) a au moins une racine nulle à laquelle correspond le point M_0.

1° Supposons que F'_{x_0}, F'_{y_0}, F'_{z_0} ne soient pas nuls tous trois. Si le point M_1 est pris au hasard, le coefficient de λ n'est pas nul et l'équation (7) n'ayant qu'une racine nulle, les $m - 1$ autres points de rencontre de $M_0 M_1$ et de C sont distincts de M_0. Le point M_0 est dit point simple de C.

Prenons maintenant le point M_1 sur la droite T définie par l'équation

$$(8) \qquad\qquad x F'_{x_0} + y F'_{y_0} + z F'_{z_0} = 0.$$

L'équation (7) correspondante a au moins 2 racines nulles, puisque le coefficient de λ est nul aussi, et la droite $M_0 M_1$ rencontre C en deux points au moins confondus en M_0. Nous dirons que $M_0 M_1$ est tangente à C en M_0; cette droite n'est autre que T puisqu'elles ont deux points communs.

Cette définition n'est valable que si la tangente ainsi caractérisée coïncide avec la tangente définie antérieurement, quand M_0, réel ou imaginaire, est à distance finie. On le vérifie de suite, car en faisant $z_0 = z = 1$, dans l'équation (8), on retrouve l'une des formes usuelles de l'équation de la tangente en un point à distance finie.

Si le point $M_0(\alpha, \beta, o)$ est à l'infini, la justification n'a pas de raison d'être puisque la tangente en un tel point n'a pas été définie jusqu'ici. Toutefois, on peut montrer que la tangente en question n'est autre que l'asymptote correspondante. On a en effet :

$$\dot{F}(x, y, z) \equiv \varphi_m(x, y) + z\,\varphi_{m-1}(x, y) + z^2 \varphi_{m-2}(x, y) + \ldots + z^m \varphi_0.$$

Un calcul rapide montre que l'on a :

$$\frac{\partial F}{\partial x}(\alpha, \beta, o) = \frac{\partial \varphi_m}{\partial \alpha}, \qquad \frac{\partial F}{\partial y}(\alpha, \beta, o) = \frac{\partial \varphi_m}{\partial \beta}, \qquad \frac{\partial F}{\partial z}(\alpha, \beta, o) = \varphi_{m-1}(\alpha, \beta).$$

L'équation de la tangente au point M_0 à l'infini est donc

$$(9) \qquad x\frac{\partial \varphi_m}{\partial \alpha} + y\frac{\partial \varphi_m}{\partial \beta} + z\,\varphi_{m-1}(\alpha, \beta) = o,$$

et nous avons montré plus haut que cette droite est l'asymptote de paramètres directeurs (α, β).

Appliquons ces résultats à la conique générale définie par l'équation

$$(10) \qquad F(x, y, z) \equiv \varphi(x, y) + 2z(Dx + Ey) + Fz^2 = o$$

D'abord, d'après une proposition connue, l'équation (8) correspondante peut s'écrire aussi bien

$$(8)' \qquad x_0 F'_x + y_0 F'_y + z_0 F'_z = o.$$

Si le point M_0 est à l'infini, ses coordonnées étant α, β, o, l'équation (8)' devient :

$$(9)' \quad \alpha F'_x + \beta F'_y = o \qquad \text{ou} \qquad x\frac{\partial \varphi}{\partial \alpha} + y\frac{\partial \varphi}{\partial \beta} + 2z(D\alpha + E\beta) = o\,;$$

α et β sont solutions de l'équation

$$\varphi(\alpha, \beta) \equiv A\alpha^2 + 2B\alpha\beta + C\beta^2 = o.$$

Si $AC - B^2$ est $> o$, cette équation n'a pas de solutions réelles et les asymptotes sont imaginaires : c'est le cas de l'ellipse.

Si $AC - B^2$ est $< o$, cette équation donne deux points à l'infini réels et distincts, et la conique a deux asymptotes réelles représentées par l'équation (9)' où l'on a remplacé α et β par leurs valeurs.

Si $AC - B^2$ est nul, les coefficients de x, y étant nuls dans (9)' mais le coefficient de z n'étant pas nul (car on suppose que F'_{x_0}, F'_{y_0}, F'_{z_0} ne sont pas nuls tous trois), la tangente au seul point à l'infini de la conique est la droite de l'infini. Ainsi, la parabole est tangente à la droite de l'infini.

2° Supposons que F'_{x_0}, F'_{y_0}, F'_{z_0} soient nuls, mais supposons aussi que les 6 coefficients $F''_{x_0^2}$, $F''_{y_0^2}$, $F''_{z_0^2}$, F''_{y_0, z_0}, F''_{z_0, x_0}, F''_{x_0, y_0} ne soient pas tous nuls. Remarquons d'ailleurs que l'hypothèse faite sur F'_{x_0}, F'_{y_0}, F'_{z_0} entraîne l'annulation de $F(x_0, y_0, z_0)$. Le terme indépendant de λ et le coefficient de λ sont nuls quel que soit le point M_1; d'ailleurs, si M_1 est pris au hasard, le coefficient de λ^2 n'est pas nul et l'équation (7) n'a que deux racines nulles. Une droite quelconque passant par M_0 rencontre donc C en deux points confondus en M_0 et en $m-2$ autres points distincts de M_0. Ce point est dit point double de C.

Il est à peine besoin de remarquer que si l'on pose $f(x, y) \equiv F(x, y, 1)$, les coordonnées de M_0 (supposé à distance finie) annulent f'_x, f'_y, f'_z qui se déduisent de F'_x, F'_y, F'_z, en y faisant $z = 1$; par suite M_0 est un point singulier au sens défini antérieurement. Si M_0 est à l'infini, il n'y a pas de rapprochement à faire.

Prenons maintenant M_1 sur la conique définie par l'équation

$$(11) \quad \left[x\frac{\partial F}{\partial x_0} + y\frac{\partial F}{\partial y_0} + z\frac{\partial F}{\partial z_0} \right]^{(2)} \equiv x^2\frac{\partial^2 F}{\partial x_0^2} + y^2\frac{\partial^2 F}{\partial y_0^2} + z^2\frac{\partial^2 F}{\partial z_0^2} + 2yz\frac{\partial^2 F}{\partial y_0 \partial z_0}$$
$$+ 2zx\frac{\partial^2 F}{\partial z_0 \partial x_0} + 2xy\frac{\partial^2 F}{\partial x_0 \partial y_0} = 0.$$

L'équation (7) correspondante a au moins 3 racines nulles, puisque le coefficient de λ^2 est nul aussi, et la droite $M_0 M_1$ rencontre C en trois points au moins confondus en M_0. Nous dirons que $M_0 M_1$ est tangente à C en M_0. Si l'on remplace M_1 par un autre point quelconque de $M_0 M_1$, ce qui ne change pas cette droite, la nouvelle équation en λ a encore 3 racines nulles ; tout point de $M_0 M_1$ appartient donc à la conique (11) qui se compose de deux droites passant par M_0. Il y a donc, en un point double, deux tangentes réelles ou imaginaires, distinctes ou non.

Toutefois, cette définition n'est valable que si elle conduit aux mêmes droites que la définition usuelle de la tangente en un point double réel à distance finie : la vérification se fait sans difficulté en prenant le point M_0 comme origine des axes.

Si le point M_0 est à l'infini, on peut montrer que les tangentes ainsi définies coïncident avec les asymptotes lorsque celles-ci sont à distance finie. Un calcul rapide montre que si les coordonnées de M_0 sont $(\alpha, \beta, 0)$, l'équation du couple des tangentes correspondantes est

$$(12) \quad x^2\frac{\partial^2 \varphi_m}{\partial \alpha^2} + 2xy\frac{\partial^2 \varphi_m}{\partial \alpha \partial \beta} + y^2\frac{\partial^2 \varphi_m}{\partial \beta^2} + 2xz\frac{\partial^2 \varphi_{m-1}}{\partial \alpha} + 2yz\frac{\partial \varphi_{m-1}}{\partial \beta}$$
$$+ 2z^2\varphi_{m-2}(\alpha, \beta) = 0.$$

On retrouve l'équation (6) déjà signalée. Le rapprochement avec les asymptotes correspondantes se fera à l'aide des résultats obtenus précédemment (leç. 51).

Appliquons cette théorie à la conique définie par l'équation (10).

Cette conique admet des points doubles si les équations

$$(13) \quad \begin{cases} \dfrac{1}{2}F'_x \equiv Ax + By + Dz = 0, \\[2mm] \dfrac{1}{2}F'_y \equiv Bx + Cy + Ez = 0, \\[2mm] \dfrac{1}{2}F'_z \equiv Dx + Ey + Fz = 0, \end{cases}$$

ont d'autres solutions que la valeur zéro attribuée à toutes les inconnues. Or ce problème a été étudié en détail et la nature de ses solutions dépend du rang de la forme quadratique $F(x, y, z)$ (leç. 10).

Si $F(x, y, z)$ est de rang 3, c'est-à-dire si son discriminant Δ n'est pas nul, les équations (13) n'ont pas de solution autre que zéro, et la conique n'a pas de point double : c'est le cas général.

Si $F(x, y, z)$ est de rang 2, c'est-à-dire si Δ est nul, et si un mineur principal du second degré, $CF - E^2$ par exemple, n'est pas nul, les équations (13) se réduisent aux deux dernières et la conique possède un point double. Une droite joignant ce point double à un point quelconque de la conique a trois points communs avec cette courbe; elle en fait donc partie : la conique se compose de deux droites distinctes.

Ce fait est d'ailleurs évident sur la décomposition en carrés de $F(x, y, z)$. En particulier, si $AC - B^2$ est nul, ce point double est à l'infini et, si l'on cherche les tangentes en ce point, on retrouve comme asymptotes les droites elles-mêmes.

Si $F(x, y, z)$ est de rang 1, c'est-à-dire si tous les mineurs de Δ sont nuls, et si un élément principal, A par exemple, n'est pas nul, les équations (13) se réduisent à la première et la conique possède une droite de points doubles : la conique se compose uniquement de cette droite comptée deux fois.

3° Supposons que $F''_{x_0^2}$, $F''_{y_0^2}$, $F''_{z_0^2}$, $F''_{y_0 z_0}$, $F''_{z_0 x_0}$, $F''_{x_0 y_0}$, soient nuls, ce qui entraîne l'annulation de F'_{x_0}, F'_{y_0}, F'_{z_0}, et de $F(x_0, y_0, z_0)$; supposons en même temps que les 10 coefficients $F'''_{x_0^3}$, ..., $F'''_{x_0^2 y_0}$, ..., $F'''_{x_0 y_0 z_0}$, ne soient pas tous nuls. Les coefficients de λ^0, λ, λ^2 sont nuls, quel que soit le point M_1, et, si M_1 est pris au hasard, le coefficient de λ^3 n'est pas nul. Une droite quelconque passant par M_0 y rencontre la courbe en 3 points confondus : ce point est dit triple.

Les tangentes en ce point sont définies par l'équation

$$\left[x \frac{\partial F}{\partial x_0} + y \frac{\partial F}{\partial y_0} + z \frac{\partial F}{\partial z_0} \right]^{(3)} = 0, \quad \text{etc.}$$

Condition de contact d'une droite et d'une courbe algébrique. — On peut l'obtenir de diverses manières. Supposons la droite définie par deux points M_0 et M_1. On formera l'équation (7) et l'on écrira que cette équation admet une racine double. On trouvera ainsi une équation

$$R(x_0, y_0, z_0, x_1, y_1, z_1) = 0,$$

qui exprime, soit que $M_0 M_1$ est tangente à C, soit que $M_0 M_1$ passe par un point singulier de C. Si l'on fixe x_0, y_0, z_0, dans cette équation, et si l'on y remplace x_1, y_1, z_1 par x, y, z, on obtient l'équation du faisceau de droites issues de M_0 et qui sont tangentes à C ou passent par un de ses points singuliers. Les points de contact de ces tangentes et les points singuliers de C sont situés sur la courbe C_1 définie par l'équation

$$x_0 F'_x + y_0 F'_y + z_0 F'_z = 0,$$

courbe d'ordre $m - 1$. En particulier, si l'on suppose z_0 nul, on retrouve les tangentes parallèles à une direction donnée.

L'application aux coniques est particulièrement simple; on a, dans ce cas :

$$\Phi(\lambda) \equiv F(x_0, y_0, z_0) + \lambda(x_1 F'_{x_0} + y_1 F'_{y_0} + z_1 F'_{z_0}) + \lambda^2 F(x_1, y_1, z_1) = 0.$$

Cette équation a une racine double si l'on a :

$$(x_1 F'_{x_0} + y_1 F'_{y_0} + z_1 F'_{z_0})^2 - 4 F(x_0, y_0, z_0) F(x_1, y_1, z_1) = 0.$$

Supposons la forme F de rang 3; la conique n'a pas de point double, les deux tangentes issues de M_0 à cette conique sont définies par l'équation

$$(14) \qquad (x F'_{x_0} + y F'_{y_0} + z F'_{z_0})^2 - 4 F(x_0, y_0, z_0) F(x, y, z) = 0.$$

Les points de contact de ces tangentes sont situés sur la droite

$$(15) \qquad x_0 F'_x + y_0 F'_y + z_0 F'_z \equiv x F'_{x_0} + y F'_{y_0} + z F'_{z_0} = 0,$$

que nous retrouverons plus loin.

Si F est de rang 2, la conique a un point double et l'équation (14) représente deux fois la droite qui joint M_0 à ce point double; la droite (15) passe par le point double.

Si F est de rang 1, la conique a une droite de points doubles, et l'équation (14), étant vérifiée par les coordonnées de tout point du plan, est une identité.

L'équation (15) définit la droite de points doubles.

Supposons maintenant que la droite soit définie par son équation

$$ux + vx + wz = 0.$$

1° On peut encore écrire que la droite rencontre la courbe en deux points confondus. Pour cela, on forme, par exemple, l'équation du faisceau de droites joignant l'origine aux points de rencontre de la droite et de la courbe (il suffit d'éliminer z entre les équations de la droite et de la courbe), et l'on écrit que deux droites de ce faisceau sont confondues. La condition $\psi(u, v, w) = 0$ ainsi obtenue exprime, soit que la droite est tangente à la courbe, soit qu'elle passe par un de ses points singuliers. Quand on aura débarrassé ψ de ses facteurs linéaires, on obtiendra vraiment la condition de contact ou équation tangentielle de C.

Ce premier procédé s'applique assez bien dans des cas particuliers où l'équation de C contient un petit nombre de termes; il donne lieu en général à des calculs compliqués : on peut vérifier ce fait en prenant pour C la conique générale.

2° On peut écrire que la droite donnée est confondue avec la tangente à C en un point $M_0(x_0, y_0, z_0)$, convenablement choisi sur cette courbe. Pour que cela soit, il faut et il suffit que l'on puisse déterminer des nombres x_0, y_0, z_0 non tous nuls et un nombre K non nul tels que l'on ait :

$$x F'_{x_0} + y F'_{y_0} + z F'_{z_0} \equiv K(ux + vy + wz),$$

c'est-à-dire

$$F'_{x_0} = Ku, \qquad F'_{y_0} = Kv, \qquad F'_{z_0} = Kw.$$

avec $F(x_0, y_0, z_0) = 0$. D'ailleurs, x_0, y_0, z_0 n'étant déterminés qu'à un facteur près, on peut toujours attribuer à K telle valeur non nulle que l'on préfère.

On peut substituer à la dernière équation une équation plus simple; on peut l'écrire en effet $x_0 F'_{x_0} + y_0 F'_{y_0} + z_0 F'_{z_0} = 0$ et, en tenant compte des précédentes, on obtient :

$$ux_0 + vy_0 + wz_0 = 0.$$

Cette dernière équation exprime que le point de contact est sur la droite; on peut donc l'écrire *a priori*.

En résumé, on est amené à écrire que les équations

$$F'_x = Ku, \qquad F'_y = Kv, \qquad F'_z = Kw, \qquad ux + vy + wz = 0,$$

ont une solution constituée par des nombres x, y, z, non tous nuls et un nombre K non nul.

L'application aux coniques est immédiate.

Supposons la conique sans point double et, par suite, le discriminant de $F(x, y, z)$ non nul. (Le cas d'un point double est sans intérêt.)

En prenant $K = 2$, nous voyons que la méthode conduit à construire la forme adjointe de $F(x, y, z)$ (leç. 11), en prenant comme nouvelles variables les coordonnées de la droite, et à annuler cette forme adjointe. On obtient ainsi l'équation

$$\begin{vmatrix} A, & B, & D, & u \\ B, & C, & E, & v \\ D, & E, & F, & w \\ u, & v, & w, & 0 \end{vmatrix} = 0,$$

ou

$$(16) \qquad au^2 + 2buv + cv^2 + 2duw + 2evw + fw^2 = 0.$$

Lorsqu'on connaît l'équation tangentielle $\psi(u, v, w) = 0$ d'une courbe algébrique, la recherche des tangentes menées d'un point $M_0(x_0, y_0, z_0)$ à cette courbe est simple. Il suffit de trouver les solutions communes aux deux équations

$$\psi(u, v, w) = 0, \qquad ux_0 + vy_0 + wz_0 = 0.$$

Si n est le degré de ψ, le nombre des solutions est n : on le voit en regardant u, v, w, par exemple, comme les coordonnées homogènes d'un point. La courbe est donc de classe n.

Si le point M_0 est défini comme intersection des deux droites particulières

$$D_0, \quad u_0 x + v_0 y + w_0 z = 0, \qquad D_1, \quad u_1 x + v_1 y + w_1 z = 0,$$

toute droite D passant par ce point a des coordonnées de la forme

$$u_0 + \lambda u_1, \qquad v_0 + \lambda v_1, \qquad w_0 + \lambda w_1;$$

on exprime que cette droite est une tangente en écrivant que λ vérifie l'équation

$$\psi(u_0 + \lambda u_1, v_0 + \lambda v_1, w_0 + \lambda w_1) = 0$$

analogue à l'équation (7).

Nous ne développerons pas davantage la solution de ce problème, qui est le corrélatif du problème de l'intersection d'une droite et d'une courbe. Nous nous bornerons à dire que toute droite dont les coordonnées annulent ψ'_u, ψ'_v, ψ'_w, est une droite singulière de l'enveloppe considérée, et, en particulier, que c'est une droite double si ses coordonnées n'annulent pas ψ''_{u^2}, ψ''_{v^2}, ..., ψ''_{uv}.

EXERCICES

1° Soit $M_0(x_0, y_0, z_0)$, un point simple de la courbe algébrique C dont l'équation est $F(x, y, z) = 0$. Soit T la tangente en M_0 à C. Soit Γ la conique définie par l'équation

$$x^2 F''_{x_0^2} + y^2 F''_{y_0^2} + z^2 F''_{z_0^2} + 2yz\, F''_{y_0 z_0} + 2zx\, F''_{x_0 y_0} + 2xy\, F''_{x_0 y_0} = 0.$$

Montrer que si T et Γ ont un point commun autre que M_0, la droite fait partie de la conique et M_0 est un point d'inflexion de C. Vérifier que T est, en général, tangente à Γ en M_0. En déduire que si Γ admet un point double autre que M_0, Γ contient T, et M_0 est un point d'inflexion. Démontrer que les points d'inflexion de C sont sur la courbe dont l'équation est :

$$H(x, y, z) \equiv \begin{vmatrix} F''_{x^2}, & F''_{xy}, & F''_{xz} \\ F''_{yx}, & F''_{y^2}, & F''_{y^2} \\ F''_{zx}, & F''_{zy}, & F''_{z^2} \end{vmatrix} = 0.$$

Cette courbe, d'ordre $3m - 6$, s'appelle *Hessienne* de C. Démontrer que tout point double de C est aussi un point double de sa Hessienne et que les deux courbes ont les mêmes tangentes en ce point.

2° Trouver la condition de contact de la droite $ux + vy + w = 0$ et de la courbe $y = x^3 + px + q$.

3° Indiquer la marche à suivre pour écrire que deux courbes sont tangentes. Appliquer la méthode à deux cercles.

4° Indiquer la marche à suivre pour écrire que deux courbes sont orthogonales en un de leurs points de rencontre (axes rectangulaires). Appliquer la méthode à deux cercles. Vérifier que les coniques

$$\frac{x^2}{A + \lambda} + \frac{y^2}{B + \lambda} - 1 = 0, \qquad \frac{x^2}{A + \mu} + \frac{y^2}{B + \mu} - 1 = 0,$$

sont orthogonales en tous leurs points communs.

5° Indiquer la marche à suivre pour trouver les pieds des normales menées d'un point $M_0(x_0, y_0)$, à la courbe $f(x, y) = 0$ (axes rectangulaires). Dire le nombre maximum de solutions lorsque la courbe est algébrique.

ORDRE D'UN POINT D'UNE SURFACE ALGÉBRIQUE
INTERSECTION AVEC UNE DROITE QUELCONQUE

Supposons d'abord le point réel et à distance finie; prenons-le comme origine des axes et ordonnons l'équation de la surface en groupant les termes d'après leurs degrés supposés croissants; l'équation ne contient pas de terme constant. Soit

$$(1) \qquad f(x, y, z) = \varphi_k(x, y, z) + \varphi_{k+1}(x, y, z) + \ldots = 0.$$

Coupons la surface S par une droite OM de paramètres directeurs α, β, γ; les coordonnées du point courant de cette droite sont $\rho\alpha$, $\rho\beta$, $\rho\gamma$. En écrivant que ce point est sur S, on trouve une équation qui détermine les valeurs de ρ correspondant aux points de rencontre. C'est :

$$(2) \qquad \Phi(\rho) \equiv \rho^k \varphi_k(\alpha, \beta, \gamma) + \rho^{k+1} \varphi_{k+1}(\alpha, \beta, \gamma) + \ldots = 0.$$

Cette équation admet k racines nulles au moins, quels que soient α, β, γ. Toute sécante passant par O rencontrant la surface en k points au moins confondus en ce point, O est dit *point multiple d'ordre k* de la surface; si k vaut 1, le point est simple.

L'équation (2) admet au moins $k+1$ racines nulles, si α, β, γ vérifient la relation $\varphi_k(\alpha, \beta, \gamma) = 0$; on en déduit que l'équation

$$(3) \qquad \varphi_k(x, y, z) = 0$$

définit un cône lieu de droites rencontrant S en $k+1$ points au moins confondus en O; ce cône est de degré k.

D'autre part, imaginons sur S une courbe quelconque C passant par O. Soit $M(x, y, z)$ un point de cette courbe. Si l'on pose $x = \lambda z$, $y = \mu z$, on voit que λ, μ, z vérifient l'équation

$$\varphi_k(\lambda, \mu, 1) + z \varphi_{k+1}(\lambda, \mu, 1) + \ldots = 0.$$

Cette équation montre que les valeurs limites de λ et μ, quand M tend vers o, sont solutions de l'équation $\varphi_k(\lambda, \mu, 1) = 0$. Il en résulte que toute tangente en O à la surface est une génératrice du cône (3).

Réciproquement, soient λ, μ, 1, les paramètres directeurs d'une génératrice fixe du cône (3). Considérons sur S tous les points M dont les coordonnées sont de la forme λz, y, z, c'est-à-dire les points de la courbe d'intersection de S avec le plan $x = \lambda z$. Quand z tend vers zéro, il y a, sur cette courbe, des points M dont l'ordonnée tend vers une racine quelconque de l'équation

$$\varphi_k(o, y, o) + \varphi_{k+1}(o, y, o) + \ldots = 0.$$

Cette équation a des racines nulles et les points correspondants tendent vers o. La valeur de $t = \dfrac{y}{z}$, associée à l'un deux, étant racine de l'équation

$$\varphi_k(\lambda, t, 1) + z\,\varphi_{k+1}(\lambda, t, 1) + \ldots = 0,$$

a pour limite une racine de l'équation $\varphi_k(\lambda, t, 1) = 0$; parmi ces racines figure μ et quand z est voisin de o, il y a une valeur de t voisine de μ et par suite un point M qui se déplace sur une branche dont la tangente en O est la génératrice considérée sur le cône. Nous avons donc démontré que *le cône* (3) *est le lieu des tangentes en O à la surface.*

Les génératrices communes au cône (3) et au cône

$$(4) \qquad \varphi_{k+1}(x, y, z) = 0,$$

sont telles que l'équation (2) correspondante a au moins $k + 2$ racines nulles.

Supposons d'abord $k = 1$. Le lieu des tangentes au point simple est un plan. Toute droite passant par O et située dans ce plan rencontre la courbe C, suivant laquelle il coupe la surface, en deux points au moins confondus en O; le point O est donc en général un point double de la section. Les tangentes en ce point double sont les droites d'intersection du plan $\varphi_1(x, y, z) = 0$ et du cône du second degré $\varphi_2(x, y, z) = 0$. Si la surface est une quadrique, ces droites en font partie.

Supposons maintenant $k = 2$. Le cône des tangentes est du second degré; ce cône peut d'ailleurs dégénérer en deux plans réels ou imaginaires, distincts ou non.

Nous ne poursuivrons pas cette étude. On vérifierait sans difficulté que les points multiples ainsi définis sont des points singuliers de S, car leurs coordonnées annulent f'_x, f'_y, f'_z.

Intersection d'une surface algébrique et d'une droite. — Soit $f(x, y, z) = 0$ l'équation d'une surface algébrique S, $f(x, y, z)$ désignant un polynome entier donné de degré m. En mettant en évidence les groupes homogènes de termes d'après leurs degrés, on a :

$$f(x, y, z) \equiv \varphi_m(x, y, z) + \varphi_{m-1}(x, y, z) + \varphi_{m-2}(x, y, z) + \ldots + \varphi_0 = 0.$$

Donnons-nous une droite par un point $M_0(x_0, y_0, z_0)$ et par ses paramètres directeurs α, β, γ. Les coordonnées du point courant M, sur cette droite, sont $x_0 + \alpha\rho$, $y_0 + \beta\rho$, $z_0 + \gamma\rho$, ρ prenant une valeur arbitraire. En écrivant que M est sur S, on trouve que la valeur correspondante de ρ est racine de l'équation

$$(5) \qquad \Phi(\rho) \equiv f(x_0 + \alpha\rho, y_0 + \beta\rho, z_0 + \gamma\rho) = 0.$$

On pourrait chercher le nombre de ses racines réelles quand $x_0, y_0, z_0, \alpha, \beta, \gamma$ sont réels : ce nombre est au plus égal à m, comme le degré de $\Phi(\rho)$.

Un cas limite est celui où l'équation (5) admet des racines multiples;

soit ρ_1 une semblable racine, soit $M_1(x_1, y_1, z_1)$ le point correspondant commun à la droite et à la surface. On a :

$$\Phi'(\rho_1) = \alpha f'_{x_1} + \beta f'_{y_1} + \gamma f'_{z_1} = 0,$$

puisque ρ_1 est une racine multiple. Si $f'_{x_1}, f'_{y_1}, f'_{z_1}$ ne sont pas tous nuls, cette relation montre que la droite $M_0 M_1$ est dans le plan tangent en M_1 à la surface. Si $f'_{x_1}, f'_{y_1}, f'_{z_1}$ sont tous nuls, M_1 est un point singulier de S et il n'y a pas de raison pour que $M_0 M_1$ soit tangente à S en M_1.

Lorsqu'on annule le discriminant de $\Phi(\rho)$, on obtient une équation que l'on peut interpréter de différentes manières. Soit

$$(6) \qquad R(x_0, y_0, z_0, \alpha, \beta, \gamma) = 0$$

cette équation.

1° Supposons α, β, γ fixes; soit D la direction qui a ces paramètres directeurs. L'équation (6) exprime que M_0 est sur une droite qui est parallèle à D et qui est tangente à S ou passe par un point singulier de S. L'équation

$$R(x, y, z, \alpha, \beta, \gamma) = 0$$

définit donc un cylindre dont les génératrices sont parallèles à D et qui est circonscrit à S (leç. 58). Dans le cas particulier où S possède une ligne de points singuliers, cette équation définit en même temps un cylindre dont les génératrices sont parallèles à D et qui admet comme directrice la ligne de points singuliers.

Les coordonnées des points de la courbe de contact et celles des points singuliers de S vérifient l'équation

$$\alpha f'_x + \beta f'_y + \gamma f'_z = 0.$$

2° Supposons x_0, y_0, z_0 fixes. Les solutions de l'équation (6), homogène en α, β, γ, sont les paramètres directeurs des droites qui passent par M et qui sont tangentes à S ou passent par les points singuliers de cette surface. L'équation

$$R(x_0, y_0, z_0, x - x_0, y - y_0, z - z_0) = 0$$

représente le cône qui a pour sommet M_0 et qui est circonscrit à S (leç. 58), ou qui admet comme directrice une ligne de points singuliers de S.

Les coordonnées des points de la courbe de contact et celles des points singuliers de S vérifient l'équation

$$(x_0 - x) f'_x + (y_0 - y) f'_y + (z_0 - z) f'_z = 0$$

ou mieux, l'équation

$$x_0 f'_x + y_0 f'_y + z_0 f'_z + f'_t = 0.$$

Le calcul de R s'effectue sans difficulté lorsque $f(x, y, z)$ est du second degré. Posons :

$$f(x, y, z) = \varphi(x, y, z) + 2Cx + 2C'y + 2C''z + D = 0.$$

On trouve :

$$(7) \quad \Phi(\rho) \equiv \rho^2 \varphi(\alpha, \beta, \gamma) + \rho(\alpha f'_{x_0} + \beta f'_{y_0} + \gamma f'_{z_0}) + f(x_0, y_0, z_0) = 0.$$

En écrivant que cette équation a une racine double, on obtient :

$$(\alpha f'_{x_0} + \beta f'_{y_0} + \gamma f'_{z_0})^2 - 4\varphi(\alpha, \beta, \gamma) f(x_0, y_0, z_0) = 0.$$

On en déduit que l'équation du cylindre circonscrit à la quadrique donnée et dont les génératrices ont comme paramètres directeurs α, β, γ, est

$$(\alpha f'_x + \beta f'_y + \gamma f'_z)^2 - 4\varphi(\alpha, \beta, \gamma) f(x, y, z) = 0.$$

Les points de la courbe de contact sont dans le plan

$$\alpha f'_x + \beta f'_y + \gamma f'_z = 0.$$

De même, le cône circonscrit ayant M_0 pour sommet a pour équation

$$\big[(x - x_0) f'_{x_0} + (y - y_0) f'_{y_0} + (z - z_0) f'_{z_0}\big]^2$$
$$- 4\varphi(x - x_0, y - y_0, z - z_0) f(x_0, y_0, z_0) = 0.$$

Les points de la courbe de contact sont dans le plan

$$x_0 f'_x + y_0 f'_y + z_0 f'_z + f'_t = 0.$$

On peut, dans le cas général, développer $\Phi(\rho)$ suivant les puissances décroissantes de ρ, en suivant la marche indiquée (leç. 79); on trouve finalement :

$$
\begin{aligned}
(8) \quad \Phi(\rho) \equiv{} & \rho^m \varphi_m(\alpha, \beta, \gamma) \\
& + \rho^{m-1}\left[x_0 \frac{\partial \varphi_m}{\partial \alpha} + y_0 \frac{\partial \varphi_m}{\partial \beta} + z_0 \frac{\partial \varphi_m}{\partial \gamma} + \varphi_{m-1}(\alpha, \beta, \gamma) \right] \\
& + \rho^{m-2}\left[\frac{1}{2!}\left(x_0 \frac{\partial \varphi_m}{\partial \alpha} + y_0 \frac{\partial \varphi_m}{\partial \beta} + z_0 \frac{\partial \varphi_m}{\partial \gamma} \right)^{(2)} \right. \\
& \left. \quad + \frac{1}{1}\left(x_0 \frac{\partial \varphi_{m-1}}{\partial \alpha} + y_0 \frac{\partial \varphi_{m-1}}{\partial \beta} + z_0 \frac{\partial \varphi_{m-1}}{\partial \gamma} \right) + \varphi_{m-2}(\alpha, \beta, \gamma) \right] \\
& + \ldots = 0.
\end{aligned}
$$

Cette équation permet d'établir ce qui se passe quand la direction de la sécante utilisée vérifie la relation $\varphi_m(\alpha, \beta, \gamma) = 0$, c'est-à-dire lorsque cette sécante est parallèle à une génératrice G du cône

$$(9) \qquad \varphi_m(x, y, z) = 0.$$

Toute parallèle à G rencontre S en un point au moins rejeté à l'infini, car l'équation (8) a au moins une racine infinie, quels que soient x_0, y_0, z_0. Nous dirons que G est une direction asymptotique de S : le cône (9) est le cône de directions asymptotiques ou cône directeur de S.

Supposons que $\dfrac{\partial \varphi_m}{\partial \alpha}$, $\dfrac{\partial \varphi_m}{\partial \beta}$, $\dfrac{\partial \varphi_m}{\partial \gamma}$ ne soient pas tous nuls : nous dirons que la direction asymptotique considérée est simple. Prenons un point M_0 dans le plan d'équation

$$(10) \qquad x \frac{\partial \varphi_m}{\partial \alpha} + y \frac{\partial \varphi_m}{\partial \beta} + z \frac{\partial \varphi_m}{\partial \gamma} + \varphi_{m-1}(\alpha, \beta, \gamma) = 0.$$

La droite D_0 menée par M_0 parallèlement à G, rencontre alors S en deux points au moins rejetés à l'infini, puisque le coefficient de ρ^{m-1} est nul, comme celui de ρ^m, dans l'équation (8). Tout point M de D_0 possède la même propriété que M_0 et se trouve, par suite, dans le plan (10). Cette droite D_0 s'appelle asymptote de la surface, et le lieu des asymptotes parallèles à une direction asymptotique G est un plan auquel on donne le nom de plan asymptote : c'est le plan (10).

Dans le cas particulier où la surface donnée est une quadrique Q, l'équation en ρ peut être prise sous la forme (7). L'équation du cône directeur est $\varphi(x, y, z) = 0$. Un plan asymptote correspondant à une génératrice $G(\alpha, \beta, \gamma)$ de ce cône a pour équation

$$\alpha f'_x + \beta f'_y + \gamma f'_z = 0$$

ou
$$x \frac{\partial \varphi}{\partial \alpha} + y \frac{\partial \varphi}{\partial \beta} + z \frac{\partial \varphi}{\partial \gamma} + 2(C\alpha + C'\beta + C''\gamma) = 0,$$

selon qu'on part de l'équation (7) ou de l'équation (8).

La droite D_0, menée parallèlement à G par un point M_0 de l'intersection de ce plan et de la quadrique, est tout entière sur la surface puisque l'équation (7) correspondante est vérifiée identiquement. On en conclut que la section de Q par un plan asymptote quelconque se compose de droites parallèles à la direction asymptotique correspondante.

Supposons maintenant que $\dfrac{\partial \varphi_m}{\partial \alpha}$, $\dfrac{\partial \varphi_m}{\partial \beta}$, $\dfrac{\partial \varphi_m}{\partial \gamma}$ soient nuls; la direction de G est dite direction asymptotique singulière de S. Toute section plane du cône directeur admet comme point singulier le point où son plan rencontre G. Si $\varphi_{m-1}(\alpha, \beta, \gamma)$ n'est pas nul, l'équation (8) correspondante est toujours de degré $m - 1$: il n'y a pas, dans ce cas, d'asymptotes parallèles à G.

Si $\varphi_{m-1}(\alpha, \beta, \gamma)$ est nul aussi, l'équation (8) a au moins 2 racines infinies quel que soit le point M_0 choisi. Si, par exemple, $\dfrac{\partial^2 \varphi_m}{\partial \alpha^2}$ n'est pas nul, et si M_0 est pris au hasard, l'équation (8) n'a que deux racines infinies : le point à l'infini sur G est un point double de S, par définition. Mais si l'on prend M_0 sur la quadrique Q' définie par l'équation

$$(11) \qquad \frac{1}{2!}\left(x \frac{\partial \varphi_m}{\partial \alpha} + y \frac{\partial \varphi_m}{\partial \beta} + z \frac{\partial \varphi_m}{\partial \gamma} \right)^{(2)}$$
$$+ \frac{1}{1}\left(x \frac{\partial \varphi_{m-1}}{\partial \alpha} + y \frac{\partial \varphi_{m-1}}{\partial \beta} + z \frac{\partial \varphi_{m-1}}{\partial \gamma} \right) + \varphi_{m-2}(\alpha, \beta, \gamma) = 0,$$

l'équation (8) a au moins 3 racines infinies. Tout point de la parallèle à G, menée par M_0, possédant la même propriété que M_0, cette parallèle est sur Q'. La quadrique Q' est donc un cylindre dont les génératrices sont parallèles à G; ces génératrices sont, par définition, les asymptotes de la surface, correspondantes à G. Dans le cas où S est une quadrique, le cylindre en question est confondu avec cette quadrique, etc.

Étude de l'ordre d'un point d'une surface algébrique, des tangentes en ce point, des points à l'infini et des plans asymptotes en coordonnées homogènes. — Les études antérieures sur les courbes algébriques vont nous permettre d'énoncer rapidement les résultats relatifs aux surfaces.

Soit $F(x, y, z, t) = 0$ l'équation de la surface donnée S de degré m, les axes étant quelconques. Cherchons les points d'intersection de cette surface et de la droite définie par les deux points $M_0(x_0, y_0, z_0, t_0)$ et $M_1(x_1, y_1, z_1, t_1)$.

Les coordonnées du point courant M, sur cette droite, sont $x_0 + \lambda x_1$, $y_0 + \lambda y_1$, $z_0 + \lambda z_1$, $t_0 + \lambda t_1$. Les valeurs de λ qui correspondent aux points communs à S et à $M_0 M_1$, sont racines de l'équation

$$(12) \quad \Phi(\lambda) \equiv F(x_0, y_0, z_0, t_0) + \frac{\lambda}{1}(x_1 F'_{x_0} + y_1 F'_{y_0} + z_1 F'_{z_0} + t_1 F'_{t_0})$$

$$+ \frac{\lambda^2}{2!}(x_1 F'_{x_0} + y_1 F'_{y_0} + z_1 F'_{z_0} + t_1 F'_{t_0})^{(2)} + \dots$$

$$+ \lambda^m F(x_1, y_1, z_1, t_1) = 0.$$

Si la droite $M_0 M_1$ n'est pas tout entière sur la surface S, on peut supposer que le coefficient de λ^m n'est pas nul. Il y a donc m points de rencontre de la droite et de la surface.

Supposons que M_0 soit pris sur S; l'équation (12) a au moins une racine nulle à laquelle correspond le point M_0.

1° Supposons que F'_{x_0}, F'_{y_0}, F'_{z_0}, F'_{t_0} ne soient pas tous nuls. Si M_1 est pris au hasard, la droite $M_0 M_1$ rencontre S en un seul point confondu en M_0. Ce point est un point simple de la surface.

Si M_1 est pris dans le plan défini par l'équation

$$(13) \qquad x F'_{x_0} + y F'_{y_0} + z F'_{z_0} + t F'_{t_0} = 0,$$

la droite $M_0 M_1$ rencontre S en deux points confondus en M_0. Cette droite est dite tangente à S en M_0. Cette définition a été justifiée dans le cas où M_0 est un point réel à distance finie; nous l'étendons au cas où M_0 est quelconque. Toutes les tangentes en M_0 à S sont dans le plan (13) qui est dit tangent à S en M_0.

S M_1 est pris en outre sur la quadrique définie par l'équation

$$(x F'_{x_0} + y F'_{y_0} + z F'_{z_0} + t F'_{t_0})^{(2)} = 0$$

la droite $M_0 M_1$ rencontre S en 3 points au moins confondus en M_0; cette droite est tangente en M_0 à la section de S par son plan tangent : M_0 est un point double de cette section et le plan (13) est tangent en M_0 à la quadrique qu'il coupe suivant deux droites.

Dans le cas où le point M_0 est à l'infini, le plan (13) n'est autre que le plan asymptote précédemment défini.

Remarquons encore que si S est une quadrique, l'équation (13) peut s'écrire aussi bien

$$x_0 F'_x + y_0 F'_y + z_0 F'_z + t_0 F'_t = 0,$$

et, si M_0 est à l'infini, ses coordonnées étant α, β, γ, o, l'équation du plan asymptote est

$$(14) \qquad \alpha F'_x + \beta F'_y + \gamma F'_z = o.$$

2° Supposons que $F'_{x_0}, F'_{y_0}, F'_{z_0}, F'_{t_0}$ soient nuls et que les 10 coefficients $F''_{x_0^2}, F''_{y_0^2}, \ldots F''_{z_0 t_0}$ ne soient pas tous nuls. $F(x_0, y_0, z_0, t_0)$ est nul aussi, et si M_1 est pris au hasard, la droite $M_0 M_1$ rencontre S en deux points confondus en M_0. Ce point est un point double de la surface. Tous les points doubles à distance finie sont des points singuliers au sens employé plus haut, puisque leurs coordonnées, annulant F'_x, F'_y, F'_z, F'_t, annulent f, f'_x, f'_y, f'_z.

Si M_1 est pris sur la quadrique

$$(15) \qquad x^2 F''_{x_0^2} + y^2 F''_{y_0^2} + \ldots + 2 zt F''_{z_0 t_0} = o,$$

la droite $M_0 M_1$ est tangente à S en M_0; dans ces conditions, le lieu de $M_0 M_1$ est précisément cette quadrique, qui est alors un cône de sommet M_0. Dans le cas où M_0 est à l'infini, ce cône devient un cylindre lieu des asymptotes correspondantes.

3° Supposons que $F''_{x_0^2}, \ldots, F''_{z_0 t_0}$ soient tous nuls, ce qui entraîne l'annulation de $F'_{x_0}, F'_{y_0}, F'_{z_0}, F'_{t_0}$ et de $F(x_0, y_0, z_0, t_0)$. Supposons en outre qu'un des coefficients $F'''_{x_0^3}, \ldots, F'''_{y_0 z_0 t_0}$, ne soit pas nul. Si M_1 est pris au hasard, $M_0 M_1$ rencontre S en 3 points confondus en M_0. Ce point est un point triple de S. Si M_1 est pris sur le cône du 3e degré

$$(16) \qquad x^3 F'''_{x_0^3} + \ldots + 3 x^2 y F'''_{x_0^2 y_0} + \ldots + 6 yzt F'''_{y_0 z_0 t_0} = o,$$

la droite $M_0 M_1$ est tangente à S en M_1 et son lieu est le cône (16), etc.

Appliquons ces définitions et ces résultats aux quadriques.

Points doubles dans les quadriques. — 1° Supposons que $F(x, y, z, t)$ soit de rang 4. Les équations

$$(17) \quad \begin{cases} \dfrac{1}{2}F'_x \equiv A x + B'' y + B' z + C t = o, \\[2mm] \dfrac{1}{2}F'_y \equiv B'' x + A' y + B z + C' t = o, \\[2mm] \dfrac{1}{2}F'_z \equiv B' x + B y + A'' z + C'' t = o, \\[2mm] \dfrac{1}{2}F'_t \equiv C x + C' y + C'' z + D t = o, \end{cases}$$

qui définissent les points doubles, n'ont pas d'autre solution que celle qui est constituée par $x = y = z = t = o$. Il n'y a donc pas de point double.

2° Supposons que $F(x, y, z, t)$ soit de rang 3. Les équations (17) se réduisent à trois qui déterminent les rapports de x, y, z, t à l'une de ces inconnues; il y a donc un point double.

Si le discriminant de $\varphi(x, y, z)$ n'est pas nul, les équations (17) se réduisent aux trois premières et l'on peut donner à t une valeur arbitraire non nulle : le point double est donc à distance finie. Toute droite joignant ce point à un point de la quadrique est située sur cette quadrique : la surface est un cône ayant pour sommet le point double. L'équation réduite correspondante le montre d'ailleurs immédiatement.

Si le discriminant de $\varphi(x, y, z)$ est nul, une discussion facile montre que le point double est à l'infini, et la surface est un cylindre. L'équation réduite correspondante le montre encore.

3° $F(x, y, z, t)$ est de rang 2. Les équations (17) se réduisent à deux, qui définissent une droite de points doubles. Toute droite qui joint un point de la quadrique à l'un de ces points doubles étant située sur cette quadrique, on en conclut que la surface est un couple de plans dont l'intersection est la droite des points doubles. Ici encore, la décomposition de F en carrés permet de vérifier ce résultat.

4° $F(x, y, z, t)$ est de rang 1. Les équations (17) se réduisent à l'une d'elles. Il y a un plan de points doubles; la surface se réduit à ce plan compté deux fois.

EXERCICES

1° Démontrer que la surface définie par l'équation

$$0 = ax + by + cz + (ax + by + cz)(a'x + b'y + c'z) + \varphi_3(x, y, z) + \dots$$

est coupée par son plan tangent à l'origine suivant une courbe présentant un point triple.

2° Soit S une surface réglée, algébrique, non développable, d'ordre m. Un plan quelconque passant par une génératrice G, la coupe en outre suivant une courbe d'ordre $m - 1$ qui rencontre G en $m - 1$ points. Démontrer que l'un de ces points est un point de contact du plan et de S et que les $m - 2$ autres sont des points singuliers de S. Déduire de là que toute surface réglée, non développable, du 3ᵉ degré, possède une droite de points doubles. Réciproque.

3° Trouver l'équation générale des surfaces du 3ᵉ degré pour lesquelles tous les points de Oz sont des points doubles. Etudier la variation des plans tangents à l'une de ces surfaces, au point courant sur Oz. Ces surfaces ont-elles d'autres droites que leurs génératrices et la droite des points doubles?

DISTRIBUTION DES PLANS TANGENTS A L'INFINI DANS LES QUADRIQUES

L'étude de cette distribution est particulièrement facile sur les formes réduites.

1° *Ellipsoïdes et cône imaginaire.* — Les équation réduites sont

$$(E_i) \qquad \frac{x^2}{a'^2} + \frac{y^2}{b'^2} + \frac{z^2}{c'^2} + t^2 = 0,$$

$$(E_r) \quad \frac{x^2}{a'^2} + \frac{y^2}{b'^2} + \frac{z^2}{c'^2} - t^2 = 0, \qquad\qquad (C_i) \quad \frac{x^2}{a'^2} + \frac{y^2}{b'^2} + \frac{z^2}{c'^2} = 0.$$

Les sections de ces trois surfaces par le plan de l'infini sont confondues avec la conique imaginaire définie par les équations

$$\frac{x^2}{a'^2} + \frac{y^2}{b'^2} + \frac{z^2}{c'^2} = 0, \qquad t = 0.$$

Ces surfaces n'ont pas de points réels à l'infini. Un plan réel quelconque coupant cette conique en deux points imaginaires conjugués, toutes les sections planes des surfaces considérées sont des ellipses.

2° *Hyperboloïdes et cône réel.* — Les équations réduites sont

$$(H_1) \qquad \frac{x^2}{a'^2} + \frac{y^2}{b'^2} - \frac{z^2}{c'^2} - t^2 = 0,$$

$$(H_2) \qquad \frac{x^2}{a'^2} + \frac{y^2}{b'^2} - \frac{z^2}{c'^2} + t^2 = 0, \qquad\qquad (C_r) \quad \frac{x^2}{a'^2} + \frac{y^2}{b'^2} - \frac{z^2}{c'^2} = 0.$$

Les sections de ces trois surfaces par le plan de l'infini sont confondues avec la conique réelle Γ définie par les équations

$$\frac{x^2}{a'^2} + \frac{y^2}{b'^2} - \frac{z^2}{c'^2} = 0, \qquad t = 0.$$

Les coordonnées homogènes d'un point de cette section étant α, β, γ, 0, l'équation du plan tangent en ce point peut être mise sous la forme

$$\alpha F'_x + \beta F'_y + \gamma F'_z = 0.$$

En appliquant cette forme aux trois surfaces, on trouve le même plan tangent

$$\frac{\alpha x}{a'^2} + \frac{\beta y}{b'^2} - \frac{\gamma z}{c'^2} = 0.$$

Ce plan est tangent au cône (C_r) tout le long de la génératrice de paramètres directeurs α, β, γ. Les plans asymptotes de (H_1) et de (H_2) sont donc les mêmes, et ces plans enveloppent le cône (C_r) qui est circonscrit aux hyperboloïdes le long de leur section commune par le plan de l'infini. Ce résultat justifie le nom de cône asymptote donné à (C_r) (leç. 77).

Un plan asymptote réel coupe l'ellipse située sur (H_1), dans le plan xOy, en deux points réels : ce plan coupe donc (H_1) suivant deux droites parallèles réelles ; il coupe (H_2) suivant deux droites parallèles imaginaires conjuguées.

Il est à peine besoin de remarquer que tous les hyperboloïdes définis par l'équation

$$(H) \qquad \frac{x^2}{a'^2} + \frac{y^2}{b'^2} - \frac{z^2}{c'^2} + \lambda t^2 = 0,$$

sont circonscrits les uns aux autres le long de leur section commune par le plan de l'infini.

Un plan réel quelconque P peut couper Γ en deux points réels et distincts, ou être tangent à Γ, ou la couper en deux points imaginaires conjugués. Dans le premier cas, le plan P′, parallèle à P et mené par le sommet du cône directeur, coupe le cône suivant deux génératrices réelles ; P coupe toutes les surfaces (H) suivant des hyperboles qui ont les mêmes asymptotes. Dans le second cas, P′ est tangent au cône directeur ; P coupe toutes les surfaces (H) suivant des paraboles dont les propriétés seront établies dans la suite : ces paraboles résultent les unes des autres par une translation le long de leur axe de symétrie commun. Dans le troisième cas, P′ coupe le cône directeur suivant deux droites imaginaires conjuguées ; P coupe toutes les surfaces (H) suivant des ellipses réelles ou imaginaires ; nous verrons que ces ellipses sont homothétiques et concentriques.

3° *Paraboloïde elliptique*. — L'équation réduite étant

$$(P_e) \qquad \frac{x^2}{p'} + \frac{y^2}{q'} - 2 z t = 0,$$

la section de (P_e) par le plan de l'infini se compose de deux droites imaginaires conjuguées

$$(G_1) \qquad \frac{x}{\sqrt{p'}} - \frac{iy}{\sqrt{q'}} = 0, \quad t = 0 ; \qquad (G_2) \qquad \frac{x}{\sqrt{p'}} - \frac{iy}{\sqrt{q'}} = 0, \quad t = 0.$$

Ces deux droites n'ont qu'un point réel ; c'est le point $x = y = t = 0$, c'est-à-dire le point à l'infini sur Oz. Le plan tangent en ce point a pour équation $F'_z = 0$, c'est-à-dire $t = 0$. C'est le plan de l'infini.

Un plan réel quelconque P, non parallèle à Oz, coupe (G_1) et (G_2) en deux points imaginaires conjugués ; ce plan coupe donc (P_e) suivant une ellipse réelle ou imaginaire. Si le plan P est parallèle à Oz, les deux points à l'infini de la conique suivant laquelle il coupe (P_e), sont confondus, et la section est une parabole.

$4°$ *Paraboloïde hyperbolique.* — L'équation réduite étant

$$(P_h) \qquad \frac{x^2}{p'} - \frac{y^2}{q'} - 2zt = 0,$$

la section de (P_h) par le plan de l'infini est formée de deux droites réelles

$$(G_1) \qquad \frac{x}{\sqrt{p'}} - \frac{y}{\sqrt{q'}} = 0, \quad t = 0; \qquad (G_2) \qquad \frac{x}{\sqrt{p'}} + \frac{y}{\sqrt{q'}} = 0, \qquad t = 0.$$

Ces droites se coupent aussi au point à l'infini sur Oz, et le plan tangent en ce point à (P_h) est encore le plan de l'infini.

Les deux plans

$$(\Pi_1) \qquad \frac{x}{\sqrt{p'}} - \frac{y}{\sqrt{q'}} = 0, \qquad\qquad (\Pi_2) \qquad \frac{x}{\sqrt{p'}} + \frac{y}{\sqrt{q'}} = 0,$$

sont les plans directeurs du paraboloïde.

Prenons sur (G_1) un point quelconque $(\sqrt{p'}, \sqrt{q'}, \gamma, 0)$, γ étant arbitraire. L'équation du plan tangent correspondant est, après réductions,

$$\frac{x}{\sqrt{p'}} - \frac{y}{\sqrt{q'}} - \gamma t = 0.$$

On reconnaît l'équation générale des plans passant par (G_1) ou des plans parallèles à (Π_1). Chacun de ces plans asymptotes coupe le paraboloïde suivant (G_1) et suivant une droite à distance finie; on trouve aisément les équations de cette dernière

$$\frac{x}{\sqrt{p'}} - \frac{y}{\sqrt{q'}} - \gamma t = 0, \qquad\qquad \frac{x}{\sqrt{p'}} + \frac{y}{\sqrt{q'}} - \frac{2z}{\gamma} = 0.$$

On fera des constatations analogues en prenant les points de (G_2).

Un plan réel quelconque P non parallèle à Oz coupe (G_1) et (G_2) en deux points réels et distincts; ce plan coupe donc (P_h) suivant une hyperbole.

Un plan P parallèle à Oz coupe (P_h) suivant une parabole.

$5°$ *Cylindres elliptiques et couple de plans imaginaires conjugués.* — Les équations réduites de ces surfaces sont

$$\frac{x^2}{a'^2} + \frac{y^2}{b'^2} + t^2 = 0, \qquad \frac{x^2}{a'^2} + \frac{y^2}{b'^2} - t^2 = 0, \qquad \frac{x^2}{a'^2} + \frac{y^2}{b'^2} = 0.$$

Les sections par le plan de l'infini sont les droites imaginaires conjuguées

$$(G_1) \qquad \frac{x}{a'} - \frac{iy}{b'} = 0, \quad t = 0; \qquad (G_2) \qquad \frac{x}{a'} + \frac{iy}{b'} = 0, \quad t = 0.$$

Ces droites n'ont qu'un point réel : c'est le point à l'infini sur Oz.

Ce point étant point double de la quadrique, les asymptotes correspondantes sont les droites de la quadrique; elles sont parallèles à Oz.

Un plan réel quelconque P non parallèle à Oz coupe la quadrique suivant une ellipse réelle ou imaginaire, ou suivant deux droites imaginaires conjuguées lorsque la quadrique est un couple de plans. Un plan P parallèle à Oz coupe la quadrique suivant deux droites réelles ou imaginaires parallèles à Oz.

6° *Cylindre hyperbolique et couple de plans réels.* — Les équations réduites sont

$$\frac{x^2}{a'^2} - \frac{y^2}{b'^2} - t^2 = 0, \qquad \frac{x^2}{a'^2} - \frac{y^2}{b'^2} = 0.$$

Les sections de ces surfaces par le plan de l'infini sont les droites réelles

$$(G_1) \quad \frac{x}{a'} - \frac{y}{b'} = 0, \quad t = 0; \qquad\qquad (G_2) \quad \frac{x}{a'} + \frac{y}{b'} = 0, \quad t = 0.$$

Ces droites se coupent au point à l'infini sur Oz; ce point étant un point double de la quadrique, la remarque faite plus haut s'applique encore.

Prenons sur (G_1) un point quelconque de coordonnées $(a', b', \gamma, 0)$, γ étant arbitraire.

On trouve de suite que le plan tangent en ce point a pour équation

$$(\Pi_1) \quad \frac{x}{a'} - \frac{y}{b'} = 0.$$

Il est donc indépendant de γ. On constate de même que les plans asymptotes relatifs aux points de (G_2) sont confondus avec le plan

$$(\Pi_2) \quad \frac{x}{a'} + \frac{y}{b'} = 0.$$

Le cylindre hyperbolique a donc deux plans asymptotes (Π_1) et (Π_2).

Un plan réel quelconque P non parallèle à Oz coupe la quadrique suivant une hyperbole, ou un couple de droites réelles lorsque la quadrique est un couple de plans. Un plan P parallèle à Oz coupe la quadrique suivant deux droites parallèles à Oz.

7° *Cylindre parabolique.* — L'équation réduite est

$$x^2 - 2\,p'yt = 0.$$

La section par le plan de l'infini est la droite

$$(G) \quad x = 0, \qquad t = 0,$$

comptant pour deux. Prenons sur (G) un point quelconque $(0, \beta, \gamma, 0)$.

L'équation du plan tangent en ce point se réduit à $\beta F'_y + \gamma F'_z = 0$, c'est-à-dire à

$$\beta t = 0.$$

Si β n'est pas nul, ce plan est le plan de l'infini. Si β est nul, il n'y a plus d'équation; d'ailleurs, le point à l'infini sur Az est encore un point double de la quadrique et les asymptotes correspondantes sont les génératrices du cylindre.

Un plan réel quelconque P non parallèle à Oz coupe la quadrique suivant une parabole, puisque les deux points à l'infini de la section sont confondues. Un plan P parallèle à Oz coupe la quadrique suivant deux droites parallèles à Oz.

8° *Deux plans parallèles*. — Les équations réduites sont

$$\frac{x^2}{a'^2} + t^2 = 0, \qquad \frac{x^2}{a'^2} - t^2 = 0, \qquad x^2 = 0.$$

Les sections par le plan de l'infini sont constituées par la droite

$$(G) \qquad x = 0, \qquad t = 0,$$

comptant pour deux. Mais tous les points de cette droite sont des points doubles et il n'y a pas lieu de chercher de plans asymptotes correspondants.

Un plan réel quelconque non parallèle à yOz coupe la quadrique suivant deux droites parallèles, imaginaires conjuguées ou réelles et distinctes, ou confondues.

Toutefois un plan parallèle à yOz coupe uniquement la quadrique suivant (G) ou appartient à cette quadrique.

Condition de contact d'un plan et d'une surface algébrique. — Soit S la surface définie par l'équation $F(u, y, z, t) = 0$. Le plan P dont l'équation est

$$ux + vy + wz + ht = 0,$$

est tangent à S si l'on peut trouver, sur la surface, un point simple $M_0(x_0, y_0, z_0, t_0)$ tel que le plan tangent en ce point soit confondu avec le plan P.

On doit pouvoir déterminer x_0, y_0, z_0, t_0, non tous nuls, et k non nul, tels que l'on ait :

$$x F'_{x_0} + y F'_{y_0} + z F'_{z_0} + t F'_{t_0} = k(ux + vy + wz + ht),$$

c'est-à-dire

$$F'_{x_0} = ku, \quad F'_{y_0} = kv, \quad F'_{z_0} = kw, \quad F'_{t_0} = kh, \quad \text{avec } F(x_0, y_0, z_0, t_0) = 0.$$

On peut encore remplacer cette dernière par l'équation

$$ux_0 + vy_0 + wz_0 + ht_0 = 0,$$

et on est amené à écrire que les cinq équations

$$F'_x = ku, \quad F'_y = kv, \quad F'_z = kw, \quad F'_t = kh, \quad ux + vy + wz + ht = 0,$$

sont compatibles dans les conditions précitées.

Supposons que S soit une quadrique; on peut toujours attribuer à k la valeur 2, puisque les équations sont linéaires et homogènes en

x, y, z, t, k et que k ne peut être nul. Les équations sont alors

$$\frac{1}{2}F'_x \equiv A x + B'' y + B' z + C t = u, \tag{1}$$

$$\frac{1}{2}F'_y \equiv B'' x + A' y + B z + C' t = v, \tag{2}$$

$$\frac{1}{2}F'_z \equiv B' x + B y + A'' z + C'' t = w, \tag{3}$$

$$\frac{1}{2}F'_t \equiv C x + C' y + C'' z + D t = h, \tag{4}$$

$$u x + v y + w z + h t = 0. \tag{5}$$

Si le discriminant H de $F(x, y, z, t)$ n'est pas nul, on voit que la condition s'obtient en annulant la forme adjointe de F, les nouvelles variables étant précisément les coordonnées du plan P (leç. 11). L'équation tangentielle de la quadrique est, dans ce cas,

$$\begin{vmatrix} A, & B'', & B', & C, & u \\ B'', & A', & B, & C', & v \\ B', & B, & A'', & C'', & w \\ C, & C', & C'', & D, & h \\ u, & v, & w, & h, & 0 \end{vmatrix} = 0,$$

ou

$$a u^2 + a' v^2 + a'' w^2 + 2 b v w + \ldots + 2 c u h + \ldots + d t^2 = 0.$$

Si le discriminant de F est nul, il y a lieu de discuter. Écartons les deux cas où F serait de rang 1 ou 2; ces cas sont sans intérêt puisque la quadrique se compose alors de plans. Si F est de rang 3, un mineur principal de 3ᵉ ordre de H n'est pas nul; supposons $H'_A \neq 0$, par exemple. Ce déterminant étant formé avec les coefficients de y, z, t, dans (2), (3) et (4), ces trois équations peuvent être prises comme équations principales. En écrivant que (1), (2), (3), (4) sont compatibles, on obtient la condition

$$(6) \qquad \begin{vmatrix} B'', & B', & C, & u \\ A', & B, & C', & v \\ B, & A'', & C'', & w \\ C', & C'', & D, & h \end{vmatrix} = 0,$$

qui est l'équation tangentielle du point double de la quadrique.

Cette condition étant réalisée, on voit que le déterminant du 4ᵉ ordre formé avec les coefficients de x, y, z, t dans (2), (3), (4) et (5), est nul, car ce déterminant n'est autre que le premier membre de l'équation (6). Pour écrire que ces équations sont compatibles, il suffit d'annuler le caractéristique et l'on trouve la condition

$$(7) \qquad \begin{vmatrix} A', & B, & C', & v \\ B, & A'', & C'', & w \\ C', & C'', & D, & h \\ v, & w, & h, & 0 \end{vmatrix} = 0,$$

c'est-à-dire l'équation tangentielle d'une conique du plan yOz.

On reconnaît d'ailleurs de suite l'équation tangentielle de la trace de la quadrique sur ce plan. La surface étant une développable, on devait bien trouver deux conditions.

Condition de contact d'une droite et d'une surface algébrique. — Nous avons déjà indiqué (leç. 80) une solution de ce problème; on écrit que la droite rencontre la surface en deux points confondus. La même méthode s'applique quand S est donnée en coordonnées homogènes par l'équation $F(x, y, z, t) = 0$, et que la droite est définie par deux points $M_0(x_0, y_0, z_0, t_0)$ et $M_1(x_1, y_1, z_1, t_1)$.

Il faut écrire que l'équation

$$\Phi(\lambda) \equiv F(x_0 + \lambda x_1, y_0 + \lambda y_1, z_0 + \lambda z_1, t_0 + \lambda t_1) = 0$$

a une racine double. Supposons que S soit une quadrique. L'équation devient :

$$(8) \qquad F(x_0, y_0, z_0, t_0) + \lambda(x_1 F'_{x_0} + y_1 F'_{y_0} + z_1 F'_{z_0} + t_1 F'_{t_0})$$
$$+ \lambda^2 F(x_1, y_1, z_1, t_1) = 0.$$

Pour qu'elle ait une racine double, il faut que l'on ait :

$$(9) \qquad (x_1 F'_{x_0} + y_1 F'_{y_0} + z_1 F'_{z_0} + t_1 F'_{t_0})^2$$
$$- 4 F(x_0, y_0, z_0, t_0) F(x_1, y_1, z_1, t_1) = 0.$$

Si l'on regarde x_0, y_0, z_0, t_0 comme fixes et x_1, y_1, z_1, t_1 comme variables, l'équation (9) définit le cône de sommet M_0 circonscrit à S.

Si M_0 est sur la quadrique, on trouve un plan double qui est le plan tangent en M_0.

Si F est de rang 3, l'équation (9) définit deux plans.

Si F est de rang 2, l'équation (9) définit un plan double.

Si F est de rang 1, l'équation (9) est satisfaite quel que soit le point M_1; c'est donc une identité.

Supposons maintenant que la droite soit définie comme intersection des deux plans

$$(P_0) \quad u_0 x + v_0 y + w_0 z + h_0 t = 0, \quad (P_1) \quad u_1 x + v_1 y + w_1 z = h_1 t = 0.$$

Supposons donnée l'équation tangentielle de la quadrique S non développable, savoir

$$\psi(u, v, w, h) = 0.$$

Il est aisé de montrer que l'on peut mener, par une droite, deux plans tangents à une quadrique non développable, et que ces deux plans sont confondus quand la droite est tangente à la quadrique; admettons cette proposition et la réciproque.

Les coordonnées d'un plan quelconque passant par la droite donnée sont

$$u_0 + \lambda u_1, \qquad v_0 + \lambda v_1, \qquad w_0 + \lambda w_1, \qquad h_0 + \lambda h_1.$$

Ce plan est tangent à S si λ est une racine de l'équation

$$(10) \quad \psi(u_0, v_0, w_0, h_0) + \lambda(u_1 \psi'_{u_0} + v_1 \psi'_{v_0} + w_1 \psi'_{w_0} + h_1 \psi'_{h_0})$$
$$+ \lambda^2 \psi(u_1, v_1, w_1, h_1) = 0.$$

La droite est tangente si l'on a :

$$(\mathrm{I}4) \qquad (u_1 \psi'_{u_0} + v_1 \psi'_{v_0} + w_1 \psi'_{w_0} + h_1 \psi'_{h_0})^2$$
$$- 4\psi(u_0, v_0, w_0, h_0)\,\psi(u_1, v_1, w_1, h_1) = 0.$$

Si l'on regarde u_0, v_0, w_0, h_0 comme fixes et u_1, v_1, w_1, h_1 comme variables, cette équation exprime que le plan P_1 coupe P_0 suivant une droite tangente à S et par suite tangente à la conique d'intersection de S et de P_0. C'est donc l'équation tangentielle de cette conique, etc.

Dans le cas où la quadrique S est une développable, c'est-à-dire un cône ou un cylindre, on écrira que le plan passant par la droite d'intersection de P_0 et P_1 et par le point double de S, est tangent à la conique de section de S par l'un des plans de coordonnées.

EXERCICES

1° Indiquer la marche à suivre pour écrire que deux surfaces données par leurs équations en coordonnées cartésiennes ou homogènes, sont tangentes. Appliquer la méthode à deux sphères.

2° Indiquer la marche à suivre pour trouver les points où deux surfaces sont orthogonales (axes rectangulaires). Cas de deux sphères.
Vérifier que les deux surfaces

$$\frac{x^2}{A+\lambda} + \frac{y^2}{B+\lambda} + \frac{z^2}{C+\lambda} - 1 = 0, \qquad \frac{x^2}{A+\mu} + \frac{y^2}{B+\mu} + \frac{z^2}{C+\mu} - 1 = 0,$$

sont orthogonales en tous leurs points de rencontre.

3° Indiquer la marche à suivre pour trouver les pieds des normales menées d'un point à une surface (axes rectangulaires).

4° Indiquer la marche à suivre pour trouver les normales communes à deux courbes, ou à une courbe et une surface, ou à deux surfaces (axes rectangulaires). Nombre des normales communes à deux cercles placés d'une façon quelconque dans l'espace.

82e LEÇON

DES ENVELOPPES DE SECONDE CLASSE
DANS LE PLAN

Considérons l'ensemble des droites dont les coordonnées homogènes u, v, w vérifient une équation algébrique, entière, homogène et de degré m

$$(1) \qquad \psi(u, v, w) = 0.$$

Les coordonnées des droites qui passent par un point donné $M_0(x_0, y_0, z_0)$ vérifient, en outre, l'équation

$$(2) \qquad ux_0 + vy_0 + wz_0 = 0.$$

Les équations (1) et (2) définissent m systèmes de valeurs proportionnelles pour u, v, w, de sorte que m droites de l'enveloppe passent par un point du plan. L'enveloppe est dite de classe m.

Supposons le point M_0 donné comme intersection des deux droites $D_0(u_0, v_0, w_0)$ et $D_1(u_1, v_1, w_1)$. Les coordonnées d'une droite quelconque passant par M_0 sont $u_0 + \lambda u_1$, $v_0 + \lambda v_1$, $w_0 + \lambda w_1$; cette droite appartient à l'enveloppe si λ est racine de l'équation

$$(3) \qquad \psi(u_0, v_0, w_0) + \frac{\lambda}{1}(u_1 \psi'_{u_0} + v_1 \psi'_{v_0} + w_1 \psi'_{w_0})$$

$$+ \frac{\lambda^2}{2!}(u_1 \psi'_{u_0} + v_1 \psi'_{v_0} + w_1 \psi'_{w_0})^{(2)} + \ldots + \lambda^m \psi(u_1, v_1, w_1) = 0.$$

Supposons que D_0 soit une droite de l'enveloppe, ses cordonnées n'annulant pas ψ'_{u_0}, ψ'_{v_0}, ψ'_{w_0}; prenons D_1 au hasard, ce qui revient à choisir M_0 quelconque sur D_0.

L'équation (3) admet une racine nulle, c'est-à-dire que, parmi les droites de l'enveloppe passant par M_0, il n'y en a qu'une confondue avec D_0. D_0 est dite *droite simple* de l'enveloppe. Si D_1 est telle que l'on ait :

$$u_1 \psi'_{u_0} + v_1 \psi'_{v_0} + w_1 \psi'_{w_0} = 0,$$

c'est-à-dire si D_1 passe par le point $M_0(\psi'_{u_0}, \psi'_{v_0}, \psi'_{w_0})$ qui est sur D_0, l'équation en λ a au moins deux racines nulles : deux au moins des droites de l'enveloppe passant par M_0 sont confondues avec D_0. On reconnaît dans ce point M_0 le point caractéristique de D_0 (leç. 57) et l'équation

$$(4) \qquad u \psi'_{u_0} + v \psi'_{v_0} + w \psi'_{w_0} = 0$$

est l'équation tangentielle de ce point.

Supposons que les coordonnées de D_0 annulent ψ'_u, ψ'_v, ψ'_w et, par suite, $\psi(u, v, w)$, sans annuler $\psi''_{u^2}, \ldots, \ldots \psi''_{uv}$; prenons D_1 au hasard.

L'équation (3) admet deux racines nulles quelle que soit D_1. D_0 est dite *droite double* de l'enveloppe. Si les coordonnées de D_1 vérifient l'équation

$$(5) \qquad u^2\psi''^2_{v_0} + v^2\psi''^2_{v_0} + \psi''^2_{w_0} + 2\,vw\,\psi''_{v_0w_0} + 2\,uw\,\psi''_{u_0w_0} + 2\,uv\,\psi''_{v_0u_0} = 0,$$

trois racines au moins de l'équation (3) sont nulles, c'est-à-dire que parmi les droites de l'enveloppe passant par le point de rencontre M_0 de D_0 et de D_1, il y en a au moins trois confondues avec D_0; ce fait subsiste si l'on fait varier D_1 en conservant M_0.

On en conclut que l'équation (5) se décompose en deux équations linéaires et qu'elle définit deux points situés sur D_0 : ce sont les deux points caractéristiques de cette droite double, etc.

Examinons plus particulièrement le cas où l'enveloppe est de seconde classe. Soit donc

$$(6) \qquad \psi(u,\, v,\, w) \equiv au^2 + 2\,buv + cv^2 + 2\,duw + 2\,cvw + fw^2 = 0.$$

Les coordonnées des droites doubles annulant ψ'_u, ψ'_v, ψ'_w, ces droites doubles n'existent que si le rang de ψ est inférieur à 3.

Supposons que ψ soit de rang 1. Les trois équations

$$(7) \qquad \psi'_u = 0, \qquad \psi'_v = 0, \qquad \psi'_w = 0$$

se réduisent à l'une d'elles, la première par exemple. L'équation (6) se réduit également à celle-là; toutes les droites de l'enveloppe sont des droites doubles; ce sont les droites qui passent par le point (a, b, d).

Supposons que ψ soit de rang 2. Les équations (7) se réduisent à deux d'entre elles, les deux premières par exemple; elles définissent une seule droite double qui passe par les deux points (a, b, d), (b, c, e). ψ étant alors un produit de deux facteurs linéaires, l'équation (6) est l'équation tangentielle de deux points. Toutes les droites de l'enveloppe passent par l'un ou l'autre de ces points; la droite double passe par tous deux.

Supposons que ψ soit de rang 3, ce qui est le cas général; il n'y a pas de droite double. Associons à une droite quelconque (u, v, w) de l'enveloppe le point dont les coordonnées homogènes sont

$$(8) \qquad x = \frac{1}{2}\psi'_u, \qquad y = \frac{1}{2}\psi'_v, \qquad z = \frac{1}{2}\psi'_w.$$

Nous avons vu que x, y, z vérifient l'équation

$$(9) \qquad F(x,\, y,\, z) = 0,$$

F désignant la forme adjointe de ψ (leç. 11). Le lieu de ce point est donc une conique. Nous avons vu aussi (leç. 79) que l'équation tangentielle de cette conique s'obtient en annulant la forme adjointe de F; or cette adjointe n'est autre que ψ. Nous démontrons ainsi que la conique définie par l'équation (9) admet comme équation tangentielle l'équation (6) : ce fait était à prévoir, puisque les équations (8) définissent le point caractéristique d'une droite de l'enveloppe (6).

Points conjugués par rapport à une conique; polaire d'un point; triangle conjugué. — On dit que deux points M_0 et M_1 sont *conjugués* par rapport à une conique lorsque ces points sont conjugués harmoniques par rapport aux deux points A_0 et A_1 où la droite $M_0 M_1$ rencontre cette conique.

Soient (x_0, y_0, z_0), (x_1, y_1, z_1) les coordonnées homogènes de M_0 et M_1, et soit

$$(10) \quad F(x, y, z) \equiv A x^2 + 2 B x y + C y^2 + 2 D x z + 2 E y z + F z^2 = 0$$

l'équation de la conique donnée.

Les coordonnées du point courant sur $M_0 M_1$ sont $x_0 + \lambda x_1$, $y_0 + \lambda y_1$, $z_0 + \lambda z_1$, et les valeurs λ_0, λ_1 du paramètre correspondant aux points de rencontre de la droite et de la conique sont les racines de l'équation

$$(11) \quad F(x_0 + \lambda x_1, y_0 + \lambda y_1, z_0 + \lambda z_1)$$
$$\equiv F(x_0, y_0, z_0) + \lambda(x_1 F'_{x_0} + y_1 F'_{y_0} + z_1 F'_{z_0}) + \lambda^2 F(x_1, y_1, z_1) = 0.$$

Si M_1 n'est pas sur la conique, cette équation est du second degré. La condition nécessaire et suffisante pour que A_0 et A_1 soient conjugués harmoniques par rapport à M_0 et M_1 étant $\lambda_0 + \lambda_1 = 0$, cette condition se traduit par la relation

$$(12) \quad x_1 F'_{x_0} + y_1 F'_{y_0} + z_1 F'_{z_0} \equiv x_0 F'_{x_1} + y_0 F'_{y_1} + z_0 F'_{z_1} = 0.$$

Cette relation est symétrique par rapport aux coordonnées des deux points, comme on pouvait le prévoir.

Si M_1 est sur la conique, le point A_0, par exemple, étant confondu avec lui, il faut, soit que M_0 soit confondu avec M_1, soit que A_1 soit confondu avec A_0 et par suite avec M_1.

Dans le premier cas, l'équation (12) est encore vérifiée, car elle se réduit à $F(x_1, y_1, z_1) = 0$.

Dans le second cas, l'équation (11) doit avoir ses deux racines infinies, ce qui entraîne encore la relation (12). Ainsi, dans tous les cas possibles, l'équation (12) caractérise deux points conjugués.

Les deux cas particuliers mentionnés ci-dessus montrent que tout point M_1 de la conique est son propre conjugué et qu'il a aussi comme conjugués tous les points de la tangente à la conique en M_1.

Toutefois, l'équation (12) n'établit une liaison entre les deux points M_0 et M_1 que si aucun de ces points n'est point double de la conique. Dans le cas où M_0, par exemple, est un point double, l'équation est vérifiée quel que soit M_1.

Supposons que M_0 ne soit pas un point double; l'équation (12) montre que le lieu géométrique de ses conjugués est la droite définie par l'équation

$$(13) \quad x F'_{x_0} + y F'_{y_0} + z F'_{z_0} \equiv x_0 F'_x + y_0 F'_y + z_0 F'_z = 0.$$

En particulier, chaque fois que l'une des coordonnées homogènes de M_0 est nulle, il y a intérêt à utiliser la seconde forme de cette équation. En faisant $z = z_0 = 1$, on trouve l'équation de la droite en coordonnées cartésiennes ordinaires.

La droite ainsi obtenue s'appelle la *polaire* du point M_0 par rapport à la conique.

La polaire d'un point d'une conique est la tangente à la conique en ce point.

La polaire de tout point passe par tout point double de la conique.

Si la polaire d'un point M_0 passe par un point M_1, ces deux points sont conjugués et la polaire de M_1 passe par M_0.

Tout point non double ayant une polaire, il semble que cette polaire dépende de deux paramètres comme le point. Une droite quelconque étant donnée, on est donc amené à se demander s'il existe un point dont elle est la polaire; la réponse à cette question est évidemment négative lorsque la conique a un ou plusieurs points doubles, puisque la polaire de tout point passe par tout point double.

Supposons d'abord que la conique n'ait pas de point double. Soit D une droite quelconque. Prenons les polaires de deux points M_0 et M_1 de cette droite; ces polaires sont distinctes, sans quoi on aurait identiquement :

$$x_0 F'_x + y_0 F'_y + z_0 F'_z = K (x_1 F'_x + y_1 F'_y + z_1 F'_z),$$

K désignant une constante convenablement choisie. Le polaire du point $(x_0 - K x_1)$, $(y_0 - K y_1)$, $(z_0 - K z_1)$ serait donc indéterminée, c'est-à-dire que ce point serait un point double de la conique. Les polaires de M_0 et M_1 se coupent donc en un point P. La polaire de P, passant par M_0 et M_1, n'est autre que D.

Supposons maintenant que la conique ait un point double O. La polaire de tout point passant par O, le problème se pose seulement pour toute droite D menée par O. Soit A un point autre que O sur cette droite; soit D′ la polaire de A. A′ étant un point quelconque de D′, sa polaire passe par A et par O; cette polaire est D. Ainsi tous les points de D′ ont D pour polaire et inversement. Les deux droites D et D′ sont conjuguées harmoniques par rapport aux deux droites dont se compose la conique; nous retrouvons une notion déjà rencontrée (leç. 75).

Supposons enfin que la conique soit une droite double D. La polaire de tout point du plan, non situé sur D, est confondue avec D; inversement D est la polaire de tout point du plan.

Plaçons-nous dans le cas général et cherchons le point (x, y, z) qui a pour polaire la droite

$$(14) \qquad ux + vy + wz = 0.$$

On doit pouvoir déterminer X, Y, Z et un nombre K non nul, tels que l'on ait identiquement :

$$x F'_X + y F'_Y + z F'_Z = K (ux + vy + wz),$$

c'est-à-dire

$$F'_X = K u, \qquad F'_Y = K v, \qquad F'_Z = K w.$$

Nous avons déjà rencontré ces équations et nous avons trouvé comme solution

$$X = \frac{K}{4} \psi'_u, \qquad Y = \frac{K}{4} \psi'_v, \qquad Z = \frac{K}{4} \psi'_w,$$

$\psi(u, v, w)$ étant la forme adjointe de $F(x, y, z)$. On peut donc prendre $\frac{1}{2}\psi'_u$, $\frac{1}{2}\psi'_v$, $\frac{1}{2}\psi'_w$ comme coordonnées homogènes du point dont la polaire est la droite (14).

La polaire d'un point P se construit sans difficulté dès l'instant qu'on connaît les points A, B et C, D où la conique est coupée par deux sécantes issues de P. Cette polaire passe par le conjugué harmonique M_0 de P dans le segment AB et par le conjugué harmonique M_1 du même point dans le segment CD. M_0 et M_1 ne changent pas si l'on remplace la conique donnée par toute autre conique passant aussi par A, B, C, D, et, en particulier, par le

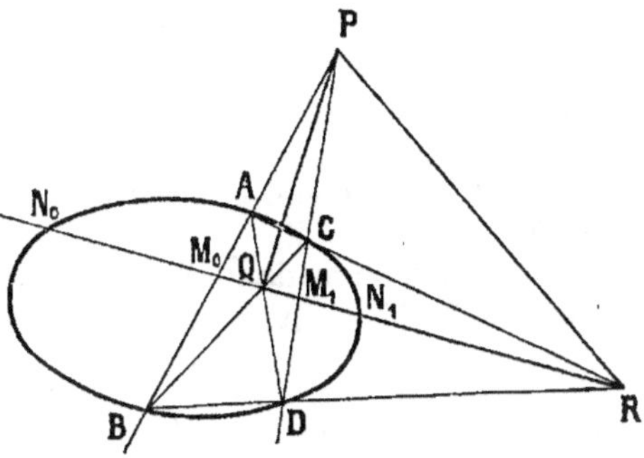

couple de droites AD, BC ou par le couple de droites AC, BD. La polaire de P par rapport au premier couple passe par le point double Q de ce couple; elle passe de même par le point double R du second couple. Ainsi la polaire de P est QR. Les polaires de tous les points de QR passant par P, les tangentes à la conique, aux points N_0, N_1 où cette droite rencontre la conique, passent aussi par P, et la polaire de P n'est autre que la droite qui joint les points de contact des tangentes menées de P à la conique.

Les mêmes raisons montrent que la polaire de Q passe par P et R et que la polaire de R passe par P et Q.

Le triangle PQR, tel que la polaire de chaque sommet est le côté opposé, est dit *conjugué* ou *autopolaire* par rapport à la conique donnée; il est également autopolaire par rapport à toutes les coniques passant par A, B, C, D.

On peut choisir arbitrairement un sommet P de ce triangle; les deux autres Q et R sont situés sur la polaire de P par rapport à la conique donnée et l'un d'eux peut être choisi arbitrairement sur cette polaire. On en conclut que les triangles autopolaires par rapport à une conique donnée dépendent de trois paramètres.

Droites conjuguées par rapport à une enveloppe de seconde classe; pôle d'une droite; triangle conjugué. — On dit que deux droites Δ_0 et Δ_1 sont conjuguées par rapport à une enveloppe de seconde classe lorsque ces droites sont conjuguées harmoniques par rapport aux deux droites D_0 et D_1 de l'enveloppe, passant par le point M commun aux deux premières.

Soient (u_0, v_0, w_0), (u_1, v_1, w_1) les coordonnées homogènes de Δ_0 et Δ_1, et soit

$$(15) \quad \psi(u, v, w) \equiv au^2 + 2buv + cv^2 + 2duw + 2evw + fw^2 = 0,$$

l'équation tangentielle de l'enveloppe donnée.

Les coordonnées d'une droite quelconque, passant par M, sont

$u_0 + \lambda u_1$, $v_0 + \lambda v_1$, $w_0 + \lambda w_1$, et les valeurs λ_0 et λ_1 du paramètre correspondant à D_0 et D_1 sont les racines de l'équation

$$(16) \quad \psi(u_0, v_0, w_0) + \lambda(u_1 \psi'_{u_0} + v_1 \psi'_{v_0} + w_1 \psi'_{w_0}) + \lambda^2 \psi(u_1, v_1, w_1) = 0.$$

La condition cherchée équivaut à $\lambda_0 + \lambda_1 = 0$ et se traduit dans tous les cas par

$$(17) \quad u_1 \psi'_{u_0} + v_1 \psi'_{v_0} + w_1 \psi'_{w_0} \equiv u_0 \psi'_{u_1} + v_0 \psi'_{v_1} + w_0 \psi'_{w_1} = 0.$$

Toute droite de l'enveloppe est sa propre conjuguée, et toutes les droites conjuguées d'une droite de l'enveloppe passent par son point caractéristique.

Si Δ_0 ou Δ_1 est une droite double de l'enveloppe, l'équation (17) est vérifiée identiquement.

Si Δ_0 n'est pas une droite double de l'enveloppe, les coordonnées de toutes les droites conjuguées de Δ_0 vérifient l'équation

$$(18) \quad u \psi'_{u_0} + v \psi'_{v_0} + w \psi'_{w_0} \equiv u_0 \psi'_u + v_0 \psi'_v + w_0 \psi'_w = 0,$$

qui est l'équation tangentielle du point $(\psi'_{u_0}, \psi'_{v_0}, \psi'_{w_0})$. Ce point s'appelle le *pôle* de la droite Δ_0.

Le pôle de toute droite de l'enveloppe est son point caractéristique.

Le pôle de toute droite est sur toute droite double de l'enveloppe.

Si le pôle de Δ_0 est sur Δ_1, ces deux droites sont conjuguées et le pôle de Δ_1 est sur Δ_0.

Toute droite non double ayant un pôle, il semble que ce pôle dépende de deux paramètres comme la droite. Une discussion analogue à celle qui a été faite à propos de la polaire d'un point, conduit à l'examen de trois cas.

Supposons que l'enveloppe n'ait pas de droite double : tout point A est le pôle d'une droite dont on obtient deux points en cherchant les pôles de deux droites distinctes passant par A. Un calcul analogue au calcul fait plus haut donne, comme coordonnées de la droite ayant pour pôle le point (x_0, y_0, z_0), les nombres F'_{x_0}, F'_{y_0}, F'_{z_0}, de sorte que l'équation de la droite dont ce point est le pôle, est

$$x F'_{x_0} + y F'_{y_0} + z F'_{z_0} = 0,$$

$F(x, y, z)$ désignant la forme adjointe de $\psi(u, v, w)$, c'est-à-dire le premier membre de l'équation ponctuelle de la conique dont les tangentes constituent toutes les droites de l'enveloppe considérée.

Supposons maintenant que l'enveloppe ait une droite double D_0; le pôle de toute droite se trouvant sur D_0, tout point M_0 de D_0 est le pôle de toutes les droites qui passent par le point M_1 conjugué harmonique de M_0 dans le segment limité aux deux points en lesquels l'enveloppe dégénère.

Supposons enfin que l'enveloppe admette comme droites doubles, toutes les droites passant par le point O en lequel l'enveloppe dégénère. Le pôle de toute droite, se trouvant sur toute droite double, est en O ; inversement O est le pôle de toutes les droites du plan.

La comparaison des résultats obtenus dans les études corrélatives de la polaire d'un point et du pôle d'une droite, impose un rapprochement.

Considérons un conique Γ sans point double ; l'ensemble de ses tan-

gentes constitue une enveloppe de seconde classe sans droite double.
En vertu de la première étude, tout point Γ du plan admet une polaire D. En vertu de la seconde, toute droite D admet un pôle. Le calcul montre que les coordonnées de ce pôle sont les mêmes que celles de P, c'est-à-dire que le pôle de D n'est autre que P. On établit ce fait sans calcul : M étant un point quelconque de la polaire D du point P, cherchons la droite qui est conjuguée de D et qui passe par M. Les tangentes à Γ, issues de M, ont leurs points de contact A et B sur la polaire de M, polaire qui passe par P.

Les points P et Q étant conjugués harmoniques par rapport à A et B, la droite MP est conjuguée harmonique de D par rapport à MA et MB. C'est donc une conjuguée de D et on voit que toutes ces conjuguées passent par P. P est donc le pôle de D.

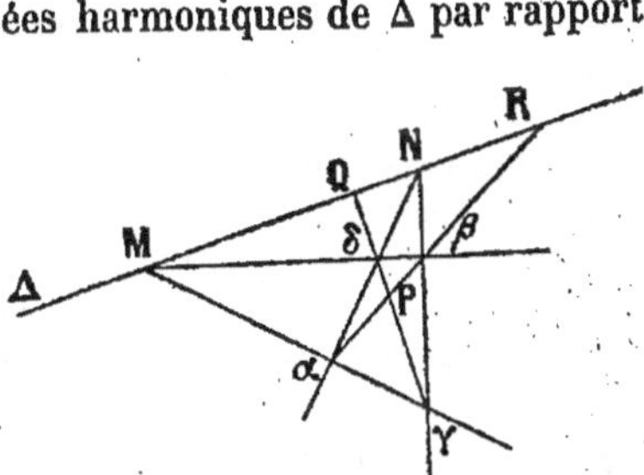

Dorénavant, quand il s'agira de coniques sans point double ou d'enveloppes de seconde classe sans droite double, nous pourrons donc prendre, comme pôle d'une droite, le point dont elle est la polaire et, comme polaire d'un point, la droite dont ce point est le pôle. Il n'en est plus de même lorsque la conique ou l'enveloppe de seconde classe admet des éléments doubles et il faut alors remonter aux définitions primitives de polaire et de pôle.

Le pôle d'une droite Δ se construit sans difficulté dès l'instant qu'on connaît les droites Mα, Mβ, Nγ, Nδ de l'enveloppe passant par deux points M et N choisis sur la droite donnée.

Ce pôle se trouve sur les conjuguées harmoniques de Δ par rapport à Mα et Mβ d'une part, par rapport à Nγ et Nδ d'autre part. Ces conjuguées ne sont pas altérées si l'on remplace l'enveloppe de seconde classe donnée par une autre contenant les mêmes droites Mα, Mβ, Nγ, Nδ. Le pôle de Δ reste le même dans ces conditions.

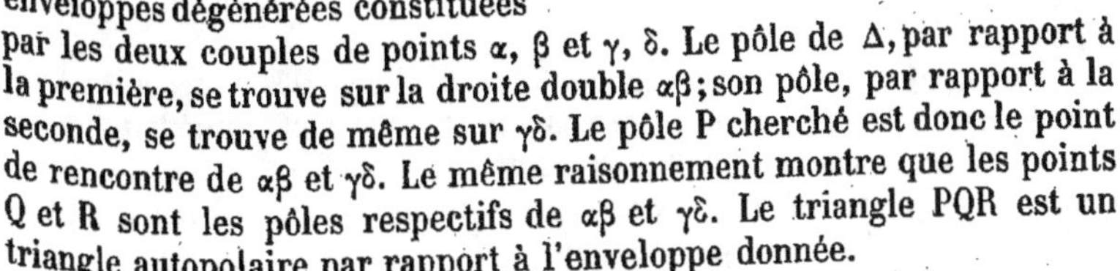

Considérons en particulier les enveloppes dégénérées constituées par les deux couples de points α, β et γ, δ. Le pôle de Δ, par rapport à la première, se trouve sur la droite double $\alpha\beta$; son pôle, par rapport à la seconde, se trouve de même sur $\gamma\delta$. Le pôle P cherché est donc le point de rencontre de $\alpha\beta$ et $\gamma\delta$. Le même raisonnement montre que les points Q et R sont les pôles respectifs de $\alpha\beta$ et $\gamma\delta$. Le triangle PQR est un triangle autopolaire par rapport à l'enveloppe donnée.

Nous verrons dans la suite que deux coniques ont, en général, un triangle autopolaire commun. Supposons que ces coniques n'aient pas de point double.
Les sommets de ce triangle sont les points doubles des coniques passant par les

quatre points communs aux coniques données, et les côtés de ce triangle sont les droites doubles des enveloppes de seconde classe admettant les quatre tangentes communes aux coniques données. Une série de propriétés géométriques découlent de là. En particulier les points de rencontre des tangentes communes à deux coniques, ou ombilics de ces coniques, sont deux à deux sur les droites joignant les points de rencontre de leurs sécantes communes; etc.

Transformation par polaires réciproques. — Considérons une conique Γ sans point double et une figure F composée de points M et de droites D. A tout point M correspond une droite D′ qui est la polaire de M par rapport à Γ. A toute droite D correspond un point M′ qui est le pôle de D par rapport à Γ. L'ensemble des droites D′ et des points M′ constitue une nouvelle figure F′. Inversement, la transformation fait correspondre à tout point M′ une droite D qui en est la polaire, et à toute droite D′ un point M qui en est le pôle. Pour cette raison on dit que F et F′ sont polaires réciproques par rapport à la conique directrice Γ.

A des points en ligne droite dans F correspondent des droites concourantes dans F′. Les coordonnées de quatre points alignés dans F, sont de la forme $x_0 + \lambda x_1,\ y_0 + \lambda y_1,\ z_0 + \lambda z_1$, où λ prend les valeurs $\lambda_1, \lambda_2, \lambda_3, \lambda_4$; le rapport anharmonique de ces quatre points est $(\lambda_1, \lambda_2, \lambda_3, \lambda_4)$. Les polaires de ces points, par rapport à la conique directrice

$$\Gamma(x,\ y,\ z) = 0,$$

ont des équations de la forme

$$(x_0 + \lambda x_1)\Gamma'_x + (y_0 + \lambda y_1)\Gamma'_y + (z_0 + \lambda z_1)\Gamma'_z = 0.$$

Ce sont des droites faisant partie d'un faisceau linéaire, et leur rapport anharmonique étant aussi égal à $(\lambda_1, \lambda_2, \lambda_3, \lambda_4)$ vaut celui des quatre points.

Prenons dans F l'ensemble des points M d'une courbe C; à ces points correspond, dans F′, l'ensemble de leurs polaires, c'est-à-dire une enveloppe. Si C est une courbe algébrique de degré m, c'est-à-dire si m points de cette courbe sont situés sur une droite, il y a m droites de l'enveloppe passant par un point : l'enveloppe est donc de classe m.

Supposons que C ne contienne pas de droites; alors l'enveloppe polaire réciproque ne contient pas de points et toutes les droites de cette enveloppe sont tangentes à une courbe C′ qui est dite la polaire réciproque de C. A la droite joignant deux points voisins sur C correspond le point de rencontre de deux tangentes voisines à C′; on en conclut, en passant à la limite, que les points de C′ sont les pôles des tangentes à C. Deux courbes polaires réciproques sont donc telles que chacune est le lieu des pôles des tangentes à l'autre, et l'enveloppe des polaires des points de l'autre.

Le passage de l'équation tangentielle de l'une des courbes à l'équation ponctuelle de l'autre et le passage inverse sont immédiats.

Soit $\psi(u, v, w) = 0$ l'équation tangentielle de C, et soit $\Gamma(x, y, z) = 0$ l'équation ponctuelle de la conique directrice. La polaire d'un point (X, Y, Z) de C′ a donc pour équation

$$x\Gamma'_X + y\Gamma'_Y + z\Gamma'_Z = 0.$$

En écrivant que cette droite est tangente à C, on obtient l'équation

$$\psi(\Gamma'_X, \Gamma'_Y, \Gamma'_Z) = 0.$$

Si l'on y regarde X, Y, Z comme des coordonnées courantes, cette dernière équation est l'équation ponctuelle de C'.

Soit $F(x, y, z) = 0$ l'équation ponctuelle de C et soit $\gamma(u, v, w) = 0$ l'équation tangentielle de la conique directrice. Le pôle d'une tangente quelconque $ux + vy + wz = 0$ à C' a pour coordonnées $\gamma'_u, \gamma'_v, \gamma'_w$. En écrivant que ce point est sur C, on obtient l'équation

$$F(\gamma'_u, \gamma'_v, \gamma'_w) = 0,$$

qui est l'équation tangentielle de C'.

On voit immédiatement sur ces équations que le degré de l'une des courbes est égal à la classe de l'autre.

Supposons en particulier que la conique directrice ait pour équation ponctuelle $x^2 + y^2 + z^2 = 0$ et, par suite, pour équation tangentielle

$$u^2 + v^2 + w^2 = 0.$$

La polaire réciproque de la courbe dont l'équation tangentielle est $\psi(u, v, w) = 0$ a pour équation ponctuelle $\psi(x, y, z) = 0$, et la polaire réciproque de la courbe dont l'équation ponctuelle est $F(x, y, z) = 0$ a pour équation tangentielle $F(u, v, w) = 0$.

Coordonnées trilinéaires. — Considérons trois fonctions linéaires, homogènes, indépendantes, par rapport aux variables x, y, z. Soient

$$P = ax + by + cz, \quad Q = a'x + b'y + c'z, \quad R = a''x + b''y + c''z.$$

On en déduit inversement :

$$x = AP + A'Q + A''R, \quad y = BP + B'Q + B''R, \quad z = CP + C'Q + C''R.$$

A tout point $M(x, y, z)$, ces formules font correspondre trois nombres P, Q, R définis à un facteur près comme x, y, z. Ces nombres s'appellent *coordonnées trilinéaires* du point M.

Le triangle dont les côtés ont pour équations respectives

$$P = 0, \quad Q = 0, \quad R = 0$$

s'appelle *triangle de référence*. Un de ses côtés peut être à l'infini : c'est ce qui arrive avec les coordonnées homogènes habituelles. Si l'on écarte ce cas, et si l'on fait $z = 1$, P, Q, R sont, à des facteurs près, les distances du point M aux côtés du triangle de référence. Si les équations des côtés sont mis sous forme normale, P, Q, R représentent exactement ces distances affectées de signes.

Nous allons énoncer, relativement à ces coordonnées, une série de propositions dont la démonstration est immédiate en faisant appel à ce que nous avons vu.

Les coordonnées trilinéaires du point courant sur une droite sont $P_0 + \lambda P_1$, $Q_0 + \lambda Q_1$, $R_0 + \lambda R_1$, λ désignant un paramètre; le rpaport anharmonique de 4 de ces points vaut $(\lambda_1, \lambda_2, \lambda_3, \lambda_4)$.

L'équation d'une droite en coordonnées trilinéaires est de la forme

$$uP + vQ + wR = 0.$$

Les nombres u, v, w s'appellent les coordonnées de la droite dans le système considéré.

Les coordonnées des droites passant par un point sont $u_0 + \lambda u_1$, $v_0 + \lambda v_1$, $w_0 + \lambda w_1$, λ étant un paramètre; le rapport anharmonique de 4 de ces droites vaut $(\lambda_1, \lambda_2, \lambda_3, \lambda_4)$.

L'équation d'une courbe algébrique Γ de degré m, en coordonnées trilinéaires, est $F(P, Q, R) = 0$, F désignant un polynome entier homogène de degré m. L'équation de la tangente en un point (P_0, Q_0, R_0) de cette courbe est

$$PF'_{P_0} + QF'_{Q_0} + RF'_{R_0} = 0.$$

L'équation $F(0, Q, R) = 0$ représente m droites passant par le sommet A opposé au côté P dans le triangle de référence : ce sont les droites joignant A aux points de rencontre de Γ avec ce côté.

L'équation d'une enveloppe algébrique γ de classe m, en coordonnées trilinéaires, est $\psi(u, v, w) = o$, ψ désignant un polynome entier homogène de degré m. L'équation du point caractéristique sur une droite (u_0, v_0, w_0) de l'enveloppe est

$$u\,\psi'_{u_0} + v\,\psi'_{v_0} + w\,\psi'_{w_0} = o.$$

L'équation $\psi(o, v, w) = o$ définit m points situés sur le côté P du triangle de référence : ce sont les points de rencontre de ce côté avec les m droites de l'enveloppe qui passent par le sommet opposé A du triangle.

La conique la plus générale est définie par l'équation

$$F(P, Q, R) \equiv AP^2 + A'Q^2 + A''R^2 + 2BQR + 2B'PR + 2B''PQ = o.$$

Les droites joignant les points de rencontre de cette conique et du côté P au sommet opposé sont définies par l'équation

$$A'Q^2 + A''R^2 + 2BQR = o.$$

Une seconde conique définie par l'équation

$$F_1(P, Q, R) \equiv A_1P^2 + A'_1Q^2 + \ldots + 2B''_1PQ = o,$$

coupe le côté P aux mêmes points que la précédente, si l'on a :

$$\frac{A'}{A'_1} = \frac{A''}{A''_1} = \frac{B_1}{B}.$$

On déduit rapidement de là que les deux coniques rencontrent les 3 côtés du triangle de référence aux mêmes points si l'on peut déterminer un nombre k tel que l'on ait :

$$F_1(P, Q, R) \equiv kF(P, Q, R).$$

C'est une forme des conditions nécessaires et suffisantes pour que deux coniques soient confondues. Ce résultat s'étend à deux courbes algébriques quelconques.

La condition pour que deux points (P_0, Q_0, R_0), (P_1, Q_1, R_1) soient conjugués par rapport à la conique d'équation $F(P, Q, R) = o$ est

$$P_1 F'_{P_0} + Q_1 F'_{Q_0} + R_1 F'_{R_0} = o.$$

L'équation de la polaire d'un point en résulte.

L'enveloppe de seconde classe la plus générale est définie par l'équation

$$\psi(u, v, w) \equiv au^2 + a'v^2 + a''w^2 + 2bvw + 2b'uw + 2b''uv = o.$$

Les conditions nécessaires et suffisantes pour que deux enveloppes de seconde classe soient confondues se traduisent par la proportionnalité des coefficients de leurs équations.

Cette proposition s'étend à deux enveloppes algébriques quelconques.

La condition pour que les deux droites (u_0, v_0, w_0), (u_1, v_1, w_1) soient conjuguées par rapport à l'enveloppe de seconde classe d'équation $\psi(u, v, w) = o$ est

$$u_1 \psi'_{u_0} + v_1 \psi'_{v_0} + w_1 \psi'_{w_0} = o.$$

L'équation du pôle d'une droite en résulte.

Si la conique $F(P, Q, R) = o$, sans point double, et l'enveloppe de seconde classe $\psi(u, v, w) = o$, sans droite double, coïncident, on peut supposer que F et ψ sont deux formes adjointes.

EXERCICES

1° Démontrer que l'équation générale d'une enveloppe de 3e classe admettant la droite de l'infini comme droite double est

$$A u^3 + 3B u^2 v + 3C uv^2 + D v^3 + + w(au^2 + 2buv + cv^2) = o.$$

Faire voir que les points caractéristiques, sur la droite de l'infini, sont fournis par l'équation

$$au^2 + 2buv + cv^2 = o.$$

On suppose que ces points soient les points cycliques (axes rectangulaires); cela entraîne $b = 0$ et $a = c$. On peut toujours supposer $a = 1$. L'équation générale d'une droite de l'enveloppe en fonction du coefficient angulaire est alors

$$y = mx - \frac{A m^3 - 3 B m^2 + 3 C m - D}{1 + m^2}.$$

Démontrer que le lieu des points par où passent deux droites rectangulaires de l'enveloppe, est le cercle d'équation

$$2(x^2 + y^2) - 3(A + C)x - 3(B + D)y + A^2 + D^2 + 3AC + 3BD = 0.$$

On prend comme origine le centre de ce cercle; démontrer que les trois droites de l'enveloppe passant par ce point font entre elles des angles de 60°. On prend comme axe des x l'une de ces droites; trouver l'équation générale des droites de l'enveloppe sous forme normale et montrer que ce sont les tangentes à une hypocycloïde à 3 rebroussements.

2° Indiquer une construction géométrique de la polaire d'un point par rapport au cercle imaginaire d'équation

$$x^2 + y^2 + 1 = 0 \qquad \text{(axes rectangulaires)}.$$

3° On appelle *podaire* d'un point O par rapport à une courbe C, le lieu géométrique des projections orthogonales du point sur les tangentes à la courbe.

Démontrer que la polaire réciproque de C, par rapport à un cercle Γ de centre O, est la courbe inverse de la podaire de O relative à C, le cercle d'inversion étant Γ.

4° Trouver la polaire réciproque d'un cercle par rapport à un autre cercle.

5° Vérifier, en prenant comme conique directrice un cercle, qu'à tout point d'inflexion d'une courbe correspond une tangente de rebroussement de la courbe polaire réciproque.

6° Étudier la polaire réciproque d'une hypocycloïde à 3 rebroussements par rapport au cercle passant par les trois points de rebroussement.

7° Trouver l'équation générale ponctuelle des coniques circonscrites au triangle de référence. En déduire l'équation du cercle circonscrit à ce triangle, en supposant les coordonnées trilinéaires normales.

8° Trouver l'équation générale tangentielle des enveloppes de seconde classe inscrites au triangle de référence. En déduire l'équation ponctuelle correspondante.

9° Trouver la condition pour que deux sommets du triangle de référence soient conjugués par rapport à une conique définie par son équation ponctuelle. En déduire l'équation générale des coniques qui admettent le triangle de référence comme triangle conjugué. Relier l'ensemble des décompositions d'une forme quadratique homogène à 3 variables, de rang 3, à l'ensemble des triangles conjugués par rapport à une conique. Montrer, *a priori*, que l'on peut déterminer λ de telle sorte que la forme quadratique homogène $F(P, Q, R) - \lambda(u_0 P + v_0 Q + w_0 R)^2$ soit une somme de deux carrés (u_0, v_0, w_0 sont donnés); calculer λ. Montrer que si les deux droites $u_0 P + v_0 Q + w_0 R = 0$, $u_1 P + v_1 Q + w_1 R = 0$ sont conjuguées par rapport à la conique d'équation $F(P, Q, R) = 0$, on peut déterminer λ et μ tels que la forme

$$F(P, Q, R) - \lambda (u_0 P + v_0 Q + w_0 R)^2 - \mu (u_1 P + v_1 Q + w_1 R)^2$$

soit un carré parfait.

10° Trouver la condition pour que deux côtés du triangle de référence soient conjugués par rapport à une enveloppe de seconde classe définie par son équation tangentielle.

Déduire de là l'équation générale des enveloppes de seconde classe qui admettent le triangle de référence comme triangle conjugué.

11° Trouver l'équation de la polaire réciproque de la conique d'équation

$$AP^2 + BQ^2 + CR^2 = 0,$$

par rapport à la conique d'équation

$$\alpha P^2 + \beta Q^2 + \gamma R^2 = 0.$$

En déduire que deux coniques données sont, en général, polaires réciproques l'une de l'autre par rapport à 4 coniques convenablement choisies.

83ᵉ LEÇON

DES ENVELOPPES DE SECONDE CLASSE
DANS L'ESPACE

Considérons l'ensemble des plans dont les coordonnées homogènes u, v, w, h vérifient une équation algébrique entière, homogène et de degré m :

$$(1) \qquad \psi(u, v, w, h) = 0.$$

Les coordonnées des plans qui passent en outre par les deux points $M_0(x_0, y_0, z_0, t_0)$, $M_1(x_1, y_1, z_1, t_1)$, vérifient également les équations

$$(2) \qquad ux_0 + vy_0 + wz_0 + ht_0 = 0, \qquad ux_1 + vy_1 + wz_1 + ht_1 = 0.$$

Les équations (1) et (2) définissent les coordonnées de m plans ; m plans de l'enveloppe passent par une droite quelconque $M_0 M_1$, cette enveloppe est dite de classe m.

Supposons que la droite soit définie comme intersection des deux plans $P_0(u_0, v_0, w_0, h_0)$, $P_1(u_1, v_1, w_1, h_1)$. Les coordonnées d'un plan quelconque passant par cette droite sont $u_0 + \lambda u_1, v_0 + \lambda v_1, w_0 + \lambda w_1$, $h_0 + \lambda h_1$; on obtient les valeurs de λ relatives aux plans de l'enveloppe en résolvant l'équation

$$(3) \qquad \psi(u_0, v_0, w_0, h_0) + \frac{\lambda}{1}(u_1 \psi'_{u_0} + v_1 \psi'_{v_0} + w_1 \psi'_{w_0} + h_1 \psi'_{h_0})$$
$$+ \frac{\lambda^2}{2\,!}(u_1 \psi'_{u_0} + v_1 \psi'_{v_0} + w_1 \psi'_{w_0} + h_1 \psi'_{h_0})^{(2)} + \ldots$$
$$+ \lambda^m \psi(u_1, v_1, w_1, h_1) = 0.$$

Supposons que P_0 soit un plan de l'enveloppe et que ses coordonnées n'annulent pas $\psi'_u, \psi'_v, \psi'_w, \psi'_h$; prenons P_1 au hasard, ce qui revient à choisir arbitrairement la trace de ce plan sur P_0. L'équation (3) admet une racine nulle, c'est-à-dire que, parmi les plans de l'enveloppe passant par cette trace, il n'y en a qu'un confondu avec P_0. P_0 est dit *plan simple* de l'enveloppe. Si P_1 est tel que l'on ait :

$$u_1 \psi'_{u_0} + v_1 \psi'_{v_0} + w_1 \psi'_{w_0} + h_1 \psi'_{h_0} = 0,$$

c'est-à-dire si P_1 passe par le point $M_0(\psi'_{u_0}, \psi'_{v_0}, \psi'_{w_0}, \psi'_{h_0})$ du plan P_0, deux au moins des plans de l'enveloppe passant par l'intersection de P_0 et P_1 sont confondus avec P_0. On reconnaît dans M_0 le point caractéristique du plan P_0 (leç. 90). L'équation tangentielle de ce point est

$$(4) \qquad u \psi'_{u_0} + v \psi'_{v_0} + w \psi'_{w_0} + h \psi'_{h_0} = 0.$$

Supposons que les coordonnées de P_0 annulent $\psi'_u, \psi'_v, \psi'_w, \psi'_h$, et, par suite, $\psi(u, v, w, h)$, sans annuler $\psi''_{u^2}, \ldots, \psi''_{ur}, \ldots, \psi''_{h^2}$; prenons P_1 au hasard. L'équation (12) admet deux racines nulles quelle que soit la trace de P_1 sur P_0; P_0 est dit *plan double* de l'enveloppe. Si les coordonnées de P_1 vérifient l'équation

$$(5) \qquad u^2 \psi''_{u_0^2} + v^2 \psi''_{v_0^2} + \ldots + 2uv\, \psi''_{u_0 v_0} + 2uh\, \psi''_{u_0 h_0} + \ldots + h^2 \psi''_{h_0^2} = 0,$$

trois racines au moins de l'équation (3) sont nulles, c'est-à-dire que, parmi les plans de l'enveloppe passant par l'intersection D de P_0 et P_1, il y en a au moins trois confondus avec P_0; ce fait subsiste si l'on fait varier P_1 en conservant D. Par toute droite D on peut mener un plan parallèle à Oz. La trace de ce plan, sur le plan xOy, a des coordonnées u, v, h qui vérifient l'équation

$$(6) \qquad u^2 \psi''_{u_0^2} + v^2 \psi''_{v_0^2} + 2uv\, \psi''_{u_0 v_0} + 2uh\, \psi''_{u_0 h_0} + 2vh\, \psi''_{v_0 h_0} + h^2 \psi''_{h_0^2} = 0$$

obtenue en faisant $w = 0$ dans l'équation (5). En général, cette trace enveloppe une conique qui est la projection, sur xOy, de l'enveloppe de D dans le plan P_0; cette dernière enveloppe est donc elle-même une conique et l'équation (5) est l'équation tangentielle de cette conique, etc. Examinons plus particulièrement le cas où l'enveloppe donnée est de seconde classe. Soit donc

$$(7) \qquad \psi(u, v, w, h) = au^2 + a'v^2 + a''w^2 + 2buw + 2b'uw + 2b''uv$$
$$+ 2cuh + 2c'vh + 2c''wh + dh^2 = 0.$$

Les coordonnées des plans doubles vérifient les équations

$$(8) \qquad \psi'_u = 0, \quad \psi'_v = 0, \quad \psi'_w = 0, \quad \psi'_h = 0.$$

Ces équations n'ont de solutions acceptables que si le rang de ψ est inférieur à 4.

Supposons que ψ soit de rang 1. Les équations (8) se réduisent à l'une d'elles, la première par exemple; l'équation (7) se réduit aussi à celle-là. Tous les plans de l'enveloppe sont des plans doubles; ce sont les plans qui passent par le point (a, b'', b', c).

Supposons que ψ soit de rang 2. Les équations (8) se réduisent à deux, les deux premières par exemple; elles définissent une infinité de plans doubles : ce sont tous les plans passant par les deux points (a, b'', b', c), (b'', a', b, c'). ψ étant alors un produit de deux facteurs linéaires, l'équation (7) est l'équation tangentielle de deux points distincts. Tous les plans de l'enveloppe passent par l'un ou par l'autre de ces points; les plans doubles passent par tous deux.

Supposons que ψ soit de rang 3. Les équations (8) se réduisent à trois, les trois premières par exemple, et l'enveloppe admet un plan double P_0 qui passe par les trois points (a, b'', b', c), (b'', a', b, c'), (b', b, a'', c''). Si P_1 est un plan quelconque de l'enveloppe, tout plan passant par l'intersection D de P_0 et de P_1 est un plan de l'enveloppe, car l'équation (3) correspondante est vérifiée identiquement. Définissons D par l'intersection de P_0 et d'un plan P'_1 de l'enveloppe parallèle à Ox. Les coordonnées de la trace D' de P'_1, sur le plan yOz, vérifient l'équation

$$\psi_1(v, w, h) = \psi(0, v, w, h) = 0.$$

Si le plan P_0 n'est pas le plan de l'infini, il n'est pas parallèle aux trois axes, et, si l'on suppose en particulier qu'il n'est pas parallèle à Ox, la forme $\psi_1(v, w, h)$ est de rang 3, de sorte que D' enveloppe une conique Γ'; D_1, dont elle est la projection, enveloppe donc aussi une conique Γ du plan P_0.

L'équation ponctuelle de Γ' s'obtient en annulant la forme adjointe $F_1(y, z, t)$ de la forme $\psi_1(v, w, h)$. On trouverait d'une façon analogue les projections de Γ sur les autres plans de coordonnées. On vérifie sans difficulté que l'équation ponctuelle du cône de sommet O et de directrice Γ s'obtient en annulant la forme adjointe $F_1(x, y, z)$, de la forme $\psi_1(u, v, w) \equiv \psi(u, v, w, o)$.

Le plan P_0 ne peut être le plan de l'infini que si c, c', c'', d, sont tous nuls. L'équation proposée se réduit alors à $\psi_1(u, v, w) = o$ et les plans P_1 enveloppent une conique à l'infini; l'équation ponctuelle du cône qui a le point O pour sommet et cette conique pour directrce est encore

$$F_1(x, y, z) = o.$$

Supposons enfin que ψ soit de rang 4, ce qui est le cas général; il n'y a pas de plan double. Associons à un plan quelconque (u, v, w, h) de l'enveloppe le point dont les coordonnées homogènes sont

$$(9) \qquad x = \frac{1}{2}\psi'_u, \quad y = \frac{1}{2}\psi'_v, \quad z = \frac{1}{2}\psi'_w, \quad t = \frac{1}{2}\psi'_h.$$

Nous avons vu que x, y, z, t vérifient l'équation

$$(10) \qquad F(x, y, z, t) = o,$$

F désignant la forme adjointe de ψ. Le lieu de ce point est donc une quadrique. Nous avons vu aussi que l'équation tangentielle de cette quadrique s'obtient en annulant la forme adjointe de F, c'est-à-dire ψ. Nous démontrons ainsi que la quadrique définie par l'équation (10) admet comme équation tangentielle l'équation (7) : ce fait était à prévoir puisque les équations (9) définissent le point caractéristique d'un plan de l'enveloppe (7).

Points conjugués par rapport à une quadrique; plan polaire d'un point; droites conjuguées; tétraèdre conjugué. — On dit que deux points M_0 et M_1 sont conjugués par rapport à une quadrique lorsque ces points sont conjugués harmoniques par rapport aux points A_0 et A_1 où la droite $M_0 M_1$ rencontre cette quadrique.

Soient (x_0, y_0, z_0, t_0), (x_1, y_1, z_1, t_1) les coordonnées homogènes de M_0 et M_1, et soit

$$(11) \qquad F(x, y, z, t) = o$$

l'équation de la quadrique donnée.

Les coordonnées du point courant sur $M_0 M_1$ sont $x_0 + \lambda x_1, y_0 + \lambda y_1, z_0 + \lambda z_1, t_0 + \lambda t_1$, et les valeurs λ_0, λ_1 du paramètre correspondant aux points A_0 et A_1 sont racines de l'équation

$$(12) \qquad F(x_0, y_0, z_0, t_0) + \lambda(x_1 F'_{x_0} + y_1 F'_{y_0} + z_1 F'_{z_0} + t_1 F'_{t_0})$$
$$+ \lambda^2 F(x_1, y_1, z_1, t_1) = o.$$

On vérifie sans difficulté, comme dans le cas d'une conique, que la condition nécessaire et suffisante pour que M_0 et M_1 soient conjugués est, dans tous les cas,

$$(13) \qquad x_1 F'_{x_0} + y_1 F'_{y_0} + z_1 F'_{z_0} + t_1 F'_{t_0} = 0.$$

Un point M_0 de la quadrique est son propre conjugué; tous ses conjugués sont dans le plan tangent en ce point à la quadrique.

L'équation (13) est vérifiée identiquement si l'un des points est un point double de la quadrique.

Le lieu des points conjugués d'un point quelconque M_0 est le plan d'équation

$$(14) \quad x F'_{x_0} + y F'_{y_0} + z F'_{z_0} + t F'_{t_0} \equiv x_0 F'_x + y_0 F'_y + z_0 F'_z + t_0 F'_t = 0.$$

En faisant $t = t_0 = 1$, on trouve l'équation en coordonnées cartésiennes.

Le plan (14) s'appelle *plan polaire* du point M_0.

Le plan polaire d'un point de la quadrique est le plan tangent en ce point.

Le plan polaire de tout point passe par tout point double de la quadrique. Si le plan polaire de M_0 passe par M_1, le plan polaire de M_1 passe par M_0.

Une quadrique sans point double étant donnée, ainsi qu'un plan, il existe un point dont ce plan est le plan polaire. D'abord, deux points quelconques M_0 et M_1 ont des plans polaires distincts, car si l'on avait :

$$x_0 F'_x + y_0 F'_y + z_0 F'_z + t_0 F'_t \equiv k(x_1 F'_x + y_1 F'_y + z_1 F'_z + t_1 F'_t)$$

k désignant une constante, le plan polaire du point $x_0 - kx_1,\ y_0 - ky_1,\ z_0 - kz_1,\ t_0 - kt_1$, serait indéterminé et ce point serait point double de la quadrique. En outre, les plans polaires de 3 points M_0, M_1, M_2, non en ligne droite, ne se coupent pas suivant une droite, car si l'on avait, par exemple :

$$x_0 F'_x + y_0 F'_y + z_0 F'_z + t_0 F'_t \equiv k(x_1 F'_x + y_1 F'_y + z_1 F'_z + t_1 F'_t)$$
$$+ k'(x_2 F'_x + y_2 F'_y + z_2 F'_z + t_2 F'_t),$$

le plan polaire du point

$$(x_0 - kx_1 - k' x_2,\ y_0 - ky_1 - k' y_2,\ z_0 - kz_1 - k' z_2,\ t_0 - kt_1 - k' t_2)$$

serait indéterminé, et ce point serait point double de la quadrique.

Soit donc Π un plan quelconque; prenons dans ce plan 3 points M_0, M_1, M_2 non en ligne droite. Les plans polaires de ces trois points se coupent en un point A; le plan polaire de A passe par M_0, M_1 et M_2 : c'est donc le plan Π.

Soit $ux + vy + wz + ht = 0$, l'équation de Π.

Le point (X, Y, Z, T) dont il est le plan polaire est tel que l'on ait :

$$x F'_X + y F'_Y + z F'_Z + t F'_T \equiv k(ux + vx + wz + ht),$$

k désignant une constante non nulle que l'on peut supposer égale à 2; on trouve alors, comme coordonnées du point, $\frac{1}{2} \psi'_u,\ \frac{1}{2} \psi'_v,\ \frac{1}{2} \psi'_w,\ \frac{1}{2} \psi'_h$, $\psi(u, v, w, h)$ désignant la forme adjointe de $F(x, y, z, t)$.

Supposons que la quadrique ait un point double O. Le plan polaire de tout point passant par O, considérons un plan Π mené par O et cherchons un point dont il est le plan polaire. Prenons dans Π deux points M_0 et M_1 non alignés sur O ; les plans polaires de ces points sont distincts, comme on le vérifie aisément. Ces plans se coupent suivant une droite Δ qui passe par O. Le plan polaire d'un point quelconque de Δ passe par O, M_1, M_2 : c'est donc le plan Π.

Supposons que la quadrique ait une droite double D. Le plan polaire de tout point passant par D, considérons un plan Π mené par D et cherchons s'il existe un point dont il est le plan polaire. Prenons le plan polaire Π' d'un point quelconque M_0 situé dans Π, mais non sur D. Le plan polaire d'un point quelconque de Π' passe par D et par M_0 : c'est donc le plan Π. Ainsi, un point quelconque de Π est conjugué d'un point quelconque de Π'. Les deux plans Π et Π' forment un faisceau harmonique avec les deux plans P et P' qui constituent la quadrique : nous retrouvons une notion déjà rencontrée.

Supposons enfin que la quadrique ait un plan double P. Le plan polaire de tout point pris en dehors de P est confondu avec P ; inversement, P est le plan polaire de tout point.

Reprenons le cas général où la quadrique n'a pas de point double ; les plans polaires P_0 et P_1 de deux points M_0 et M_1 d'une droite arbitraire D se coupent suivant une droite D' dont tous les points sont conjugués de M_0 et M_1. Les plans polaires de tous les points de D' passent donc par M_0 et M_1, c'est-à-dire par D. Ces deux droites D et D', telles que tout point de l'une est conjugué de tout point de l'autre, sont dites *droites conjuguées* ou mieux *droites polaires* par rapport à la quadrique en réservant la dénomination de droites *conjuguées* à deux droites telles que le plan polaire d'un point de l'une passe par l'autre. Si D touche la quadrique en un point A, ce point A étant conjugué de tous les points de D appartient à D' ; en outre D' est dans le plan polaire de A, c'est-à-dire dans le plan tangent en A : D' est donc aussi tangente en A à la quadrique. Si D est sur la quadrique, D' est confondue avec D ; les droites d'une quadrique sont donc *autopolaires*.

Lorsque la quadrique présente un point double, les plans polaires de tous les points d'une droite qui ne passe pas par le point double, passent eux-mêmes par une droite contenant le point double ; les plans polaires des points d'une droite menée par le point double sont confondus. La notion de droite polaire se trouve donc modifiée dans ce cas.

Nous n'examinerons pas les cas, sans intérêt, où la quadrique a plusieurs points doubles.

La construction du plan polaire Π d'un point P s'effectue sans difficulté, dès l'instant qu'on connaît les points de rencontre A et A', B et B', C et C' de la quadrique avec trois droites quelconques menées par P et non situées dans un même plan. Le plan Π passe en effet par les conjugués harmoniques de P dans les trois segments AA', BB', CC' ; ce plan reste donc le même si l'on remplace la quadrique par une autre qui contienne les six points A, A', B, B', C, C'. Prenons, en particulier, la quadrique constituée par le couple de plans ABC, A'B'C', le plan Π passe par la droite double intersection de ces deux plans. En prenant le couple de plans ABC', A'B'C, on obtient une seconde droite du plan II.

Considérons une quadrique sans point double et un point A quelconque non situé sur cette quadrique. Le plan polaire de ce point n'est pas tangent à la quadrique; il la coupe suivant une conique sans point double. Soient B, C, D les sommets d'un triangle conjugué quelconque par rapport à cette conique. Les points A, B, C, D sont conjugués deux à deux par rapport à la quadrique; le plan de trois quelconques d'entre eux est donc le plan polaire du quatrième. Le tétraèdre ABCD, dont chaque face est le plan polaire du sommet opposé, est dit *conjugué* ou *autopolaire* par rapport à la quadrique. Deux arêtes opposées de ce tétraèdre sont des droites polaires par rapport à cette quadrique.

La quadrique étant donnée, les tétraèdres conjugués par rapport à cette quadrique dépendent de 6 paramètres : on peut choisir arbitrairement un sommet A, prendre pour B un point quelconque du plan polaire de A et pour C un point quelconque de l'intersection des plans polaires de A et B.

La notion de tétraèdre conjugué subsiste pour les quadriques à points doubles. Elle présente encore quelque intérêt dans le cône : un sommet d'un tétraèdre conjugué par rapport à un cône est le sommet du cône; les trois autres sont les sommets d'un triangle conjugué par rapport à une conique quelconque du cône.

Plans conjugués par rapport à une enveloppe de seconde classe; pôle d'un plan; droites conjuguées; tétraèdre conjugué. — On dit que deux plans Π_0 et Π_1 sont conjugués par rapport à une enveloppe de seconde classe, lorsque ces plans sont conjugués harmoniques par rapport aux deux plans P_0 et P_1 de l'enveloppe passant par la droite Δ commune aux deux premiers.

Soient (u_0, v_0, w_0, h_0), (u_1, v_1, w_1, h_1) les coordonnées homogènes de Π_0 et Π_1 et soit

$$(15) \qquad \psi(u, v, w, h) = 0$$

l'équation tangentielle de l'enveloppe donnée. Les plans P_0 et P_1 ont des coodonnées de la forme $u_0 + \lambda u_1$, $v_0 + \lambda v_1$, $w_0 + \lambda w_1$, $h_0 + \lambda h_1$, λ vérifiant l'équation

$$(16) \quad \psi(u_0, v_0, w_0, h_0) + \lambda(u_1 \psi'_{u_0} + v_1 \psi'_{v_0} + w_1 \psi'_{w_0} + h_1 \psi'_{h_0})$$
$$+ \lambda^2 \psi(u_1, v_1, w_1, h_1) = 0.$$

La condition imposée à Π_0 et Π_1 se traduit, en vertu d'un raisonnement analogue à celui qui a été fait pour les points conjugués, par la relation

$$(17) \qquad u_1 \psi'_{u_0} + v_1 \psi'_{v_0} + w_1 \psi'_{w_0} + h_1 \psi'_{h_0} = 0.$$

Tout plan de l'enveloppe est son propre conjugué, et tous les plans conjugués d'un plan de l'enveloppe passent par le point caractéristique de ce dernier.

Si Π_0 ou Π_1 est un plan double de l'enveloppe, l'équation (17) est vérifiée identiquement.

Les plans conjugués d'un plan quelconque Π_0 passent par un point dont l'équation est

$$(18) \quad u\psi'_{u_0} + v\psi'_{v_0} + w\psi'_{w_0} + h\psi'_{h_0} \equiv u_0\psi'_u + v_0\psi'_v + w_0\psi'_w + h_0\psi'_h = 0.$$

Ce point s'appelle le *pôle* du plan Π_0.

Le pôle de tout plan de l'enveloppe est son point caractéristique.

Le pôle de tout plan est sur tout plan double de l'enveloppe.

Si le pôle de Π_0 est sur Π_1, le pôle de Π_1 est sur Π_0.

Supposons que l'enveloppe n'ait pas de plan double; tout point est le pôle d'un plan dont on obtient trois points en cherchant les pôles de trois plans qui passent par le point donné et n'ont pas d'autre point commun. Un calcul analogue à des calculs antérieurs donne comme équation du plan dont le pôle est (x_0, y_0, z_0, t_0),

$$x F'_{x_0} + y F'_{y_0} + z F'_{z_0} + t F'_{t_0} = 0,$$

$F(x, y, z, t)$ désignant la forme adjointe de $\psi(u, v, w, h)$.

Supposons que l'enveloppe ait un plan double P_0; le pôle de tout plan se trouve sur P_0; tout point M_0 de P_0 est le pôle de tous les plans qui passent par la polaire de M_0 par rapport à la conique dont les plans tangents constituent l'enveloppe donnée.

Supposons que l'enveloppe ait une infinité de plans doubles passant par les deux points A_0, A_1 en lesquels l'enveloppe dégénère; le pôle de tout plan est sur $A_0 A_1$, et tout point M_0 de la droite $A_0 A_1$ est le pôle de tous les plans qui passent par le point M_1 conjugué harmonique de M_0 dans le segment $A_0 A_1$.

Supposons enfin que l'enveloppe ait une infinité de plans doubles passant par le point unique O en lequel l'enveloppe dégénère; le pôle de tout plan est en O.

Reprenons le cas général où l'enveloppe n'a pas de plan double. Les pôles M_0 et M_1 de deux plans P_0 et P_1 menés par une droite quelconque D définissent une droite D'; tous les plans passant par D' sont conjugués de P_0 et P_1, et, par suite, leurs pôles sont sur D. On en conclut que tous les plans passant par l'une des droites sont conjugués de tous les plans passant par l'autre, et les deux droites sont dites *polaires*. Deux droites *conjuguées* sont telles que le pôle d'un plan passant par l'une se trouve sur l'autre.

Toute droite a donc une polaire dans le cas général. Cette notion se modifie dans le cas des enveloppes à plan double.

Le pôle d'un plan quelconque se construit sans difficulté, dès l'instant qu'on connaît les plans de l'enveloppe passant par trois droites non concourantes du plan donné. On fera le raisonnement corrélatif de celui qui a été fait plus haut, à propos de la construction du plan polaire d'un point.

Considérons une enveloppe de seconde classe sans plan double, c'est-à-dire l'ensemble des plans tangents à une quadrique sans point double. Prenons un plan quelconque P qui n'appartient pas à l'enveloppe; son pôle n'est pas sur la quadrique. Menons par ce pôle trois plans quelconques conjugués deux à deux; ces trois plans et le plan P définissent un tétraèdre tel que chaque face a pour pôle le sommet opposé : ce tétraèdre est dit *conjugué* ou *autopolaire* par rapport à l'enveloppe donnée.

La comparaison des résultats obtenus dans l'étude du plan polaire d'un point et du pôle d'un plan impose un rapprochement.

Considérons une quadrique Σ sans point double; l'ensemble de ses plans tangents constitue une enveloppe de seconde classe sans plan double. En vertu de la première étude, tout point M admet un plan polaire P. En vertu de la seconde, tout plan P admet un pôle. Le calcul montre que les coordonnées de ce pôle sont les mêmes que celles de M, c'est-à-dire que le pôle de P est M. On établit ce fait sans calcul : D étant une droite quelconque du plan polaire P de M, cherchons le plan qui est conjugué de P et qui passe par D. Les plans tangents à Σ passant par D ont leurs points de contact A et B sur la droite D', polaire de D par rapport à Σ; D' passe par M, puisque le plan polaire de M passe par D. La droite D' perce Σ en A et B et le plan P en M', et, comme M et M' sont conjugués harmoniques par rapport à A et B, le plan MD est conjugué de P par rapport aux deux plans de l'enveloppe passant par D. Tous les plans conjugués de P passent donc par M, qui est le pôle de P.

Dorénavant, quand il s'agira de quadriques sans point double ou d'enveloppes de seconde classe sans plan double, nous pourrons donc prendre comme pôle d'un plan le point dont il est le plan polaire, et comme plan polaire d'un point le plan dont ce point est le pôle. Les deux définitions de droites polaires deviennent alors identiques; il en est de même des deux définitions des droites conjuguées et du tétraèdre autopolaire.

Il n'en est plus ainsi lorsque la quadrique ou l'enveloppe de seconde classe admet des éléments doubles : il faut alors remonter aux définitions distinctes du plan polaire d'un point et du pôle d'un plan.

Transformation par polaires réciproques. — Considérons une quadrique Σ sans point double, et une figure F composée de points M et de plans P. A tout point M correspond un plan P' qui est le plan polaire de M par rapport à Σ. A tout plan P correspond un point M' qui est le pôle de P par rapport à Σ. L'ensemble des plans P' et des points M' constitue une figure F' à laquelle la même transformation fait correspondre la figure F : on dit que F et F' sont polaires réciproques par rapport à la quadrique directrice Σ.

A des points en ligne droite dans F correspondent des plans passant par une même droite dans F', et le rapport anharmonique de 4 points alignés est le même que celui des 4 plans correspondants (voir leç. 82).

Prenons dans F l'ensemble des points M d'une courbe C non plane. Les plans polaires des points M dépendent d'un paramètre et ne passent pas par un point fixe, puisque les points M ne sont pas dans un même plan. Ces plans polaires sont donc les plans osculateurs d'une courbe C', ou les plans tangents à une développable Δ' dont C' est l'arête de rebroussement. A deux points voisins M et M_1 sur C correspondent deux plans tangents voisins à Δ′. En passant à la limite, on voit que la droite polaire de la tangente en M à C est une génératrice de Δ′ ou une tangente à C′. Les deux courbes C et C′ sont telles que chacune est le lieu des pôles des plans osculateurs à l'autre, ou l'enveloppe des droites polaires des tangentes à l'autre. Aux points de C situés dans un plan correspondent les plans tangents à Δ′ menés par un point. Si C est une courbe algébrique, Δ′ est une développable dont la classe (nombre de plans tangents menés par un point) est égale à l'ordre de C.

Si C est une courbe plane, les plans polaires de ses points passent par un point fixe; ils enveloppent donc un cône dont la classe est encore égale à l'ordre de C.

On voit d'ailleurs aisément que la classe d'une développable est la même que celle d'une section plane quelconque de cette développable. En particulier, la polaire réciproque d'une conique est un cône dont une section plane est de seconde classe; cette section est donc une conique et le cône est du second degré.

Prenons dans F l'ensemble des points M d'une surface S. Les plans polaires de ces points dépendent de deux paramètres : ils enveloppent donc une surface S′ ou une courbe C′.

Dans le second cas, tous les plans tangents à C′ en un même point passent par la tangente à la courbe en ce point; leurs pôles sont situés sur la droite polaire de cette tangente. Cette droite conjuguée enveloppe la courbe polaire réciproque de C′ et décrit S ; S serait donc une déve-

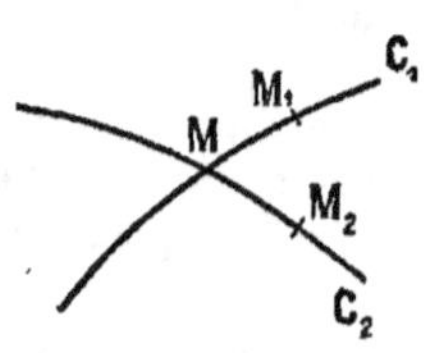

loppable : écartons ce cas. Prenons sur S un point fixe M et deux courbes C_1 et C_2, non tangentes, passant par ce point; prenons un point M_1 sur C_1 et un point M_2 sur C_2. Quand M_1 et M_2 tendent simultanément vers M, suivant une loi quelconque, le plan MM_1M_2 tend vers le plan tangent en M à S. Les plans polaires P', P'_1, P'_2 des points M, M_1, M_2 sont tangents à S′, et leur point de rencontre, qui est le pôle du plan MM_1M_2, tend, dans les conditions précitées, vers le point caractéristique du plan P', c'est-à-dire vers le point M′ où ce plan touche S′. La surface S′ est donc à la fois l'enveloppe des plans polaires des points de S et le lieu des pôles des plans tangents à S. De même, S est le lieu des pôles des plans tangents à S′ et l'enveloppe des plans polaires des points de S′.

Aux points de rencontre de S avec une droite correspondent les plans tangents menés à S′ par une droite, de sorte que l'ordre d'une surface algébrique et la classe de sa polaire réciproque sont deux nombres égaux.

Le passage de l'équation tangentielle de l'une des surfaces à l'équation ponctuelle de l'autre et le passage inverse sont immédiats.

Ainsi, l'équation tangentielle de S étant $\psi(u, v, w, h) = 0$, et l'équation ponctuelle de la quadrique directrice étant $\Sigma(x, y, z, t) = 0$, l'équation ponctuelle de S′ est

$$\psi(\Sigma'_x, \Sigma'_y, \Sigma'_z, \Sigma'_t) = 0.$$

De même, l'équation ponctuelle de S étant $F(x, y, z, t) = 0$ et l'équation tangentielle de la quadrique directrice étant $\sigma(u, v, w, h) = 0$, l'équation tangentielle de S′ est

$$F\left(\sigma'_u, \sigma'_v, \sigma'_w, \sigma'_h\right) = 0.$$

Coordonnées tétraédriques. — Considérons 4 fonctions linéaires, homogènes, indépendantes, par rapport aux variables x, y, z, t.
Soient

$$P = ax + by + cz + dt, \qquad Q = a_1 x + b_1 y + c_1 z + d_1 t,$$
$$R = a_2 x + b_2 y + c_2 z + d_2 t, \qquad S = a_3 x + b_3 y + c_3 z + d_3 t.$$

On en déduit inversement :

$$x = AP + A_1 Q + A_2 R + A_3 S, \qquad y = BP + B_1 Q + B_2 R + B_3 S,$$
$$z = CP + C_1 Q + C_2 R + C_3 S, \qquad t = DP + D_1 Q + D_2 R + D_3 S.$$

A tout point $M(x, y, z, t)$ ces formules font correspondre 4 nombres P, Q, R, S, définis à un facteur près, comme x, y, z, t. Ces nombres s'appellent coordonnées *tétraédriques* du point M. Le tétraèdre dont les faces sont les plans définis par les équations

$$P = 0, \qquad Q = 0, \qquad R = 0, \qquad S = 0,$$

est le *tétraèdre de référence*. Il peut avoir 1, 2 ou 3 sommets à l'infini. Si l'on écarte le dernier cas particulier et si l'on fait $t = 1$, P, Q, R, S sont, à des facteurs constants près, les distances du point M aux faces du tétraèdre de référence. Si les équations des faces sont mises sous forme normale, P, Q, R, S représentent exactement ces distances affectées de signes.

L'équation d'un plan, en coordonnées tétraédriques quelconques, est $uP + vQ + wR + hS = 0$; les nombres u, v, w, h sont les coordonnées du plan dans le système considéré.

L'équation d'une surface algébrique Σ de degré m, en coordonnées tétraédriques, est $F(P, Q, R, S) = 0$, F désignant un polynome entier, homogène, de degré m.

L'équation du plan tangent en un point (P_0, Q_0, R_0, S_0) de cette surface est

$$PF'_{P_0} + QF'_{Q_0} + RF'_{R_0} + SF'_{S_0} = 0.$$

L'équation $F(0, R, S, T) = 0$ définit le cône qui a pour sommet le point A opposé à la face P, dans le tétraèdre de référence, et pour base la section faite par P dans Σ.

L'équation d'une enveloppe algébrique σ de classe m, en coordonnées tétraédriques, est $\psi(u, v, w, h) = 0$, ψ désignant un polynome entier, homogène, de degré m.

L'équation $\psi(0, v, w, h) = 0$ définit une enveloppe située dans le plan P : c'est l'enveloppe des traces sur P des plans de l'enveloppe donnée passant par A.

La quadrique la plus générale est définie par l'équation

$$F(P, Q, R, S) \equiv AP^2 + A'Q^2 + A''R^2 + 2BQR + 2B'PR + 2B''PQ$$
$$+ 2CPS + 2C'QS + 2C''RS + DS^2 = 0.$$

Deux quadriques sont confondues si les coefficients de leurs équations sont proportionnels.

La condition pour que deux points (P_0, Q_0, R_0, S_0), (P_1, Q_1, R_1, S_1) soient conjugués, est

$$P_1 F'_{P_0} + Q_1 F'_{Q_0} + R_1 F'_{R_0} + S_1 F'_{S_0} = 0.$$

L'équation du plan polaire d'un point en résulte.

On peut présenter des considérations analogues au sujet des enveloppes de seconde classe.

EXERCICES

1º Indiquer une construction géométrique du plan polaire d'un point par rapport à la sphère imaginaire d'équation

$$x^2 + y^2 + z^2 + 1 = 0 \qquad \text{(axes rectangulaires).}$$

2º On appelle *podaire* d'un point O, par rapport à une surface S, le lieu des projections orthogonales de ce point sur les plans tangents à S. Ce lieu est une courbe si S est développable ; c'est une surface si S n'est pas développable.

Démontrer que la polaire réciproque de S par rapport à une sphère Σ de centre O est la figure inverse de la podaire de O, la sphère d'inversion étant Σ.

3º Trouver la polaire réciproque d'une sphère par rapport à une autre sphère.

4º Trouver la polaire réciproque d'un cercle par rapport à une sphère.

5º Ecrire que les deux plans de l'enveloppe de seconde classe $\psi(u, v, w, h) = 0$, passant par l'intersection D de deux plans

$$u_0 x + v_0 y + w_0 z + h_0 t = 0, \quad u_1 x + v_1 y + w_1 z + h_1 t = 0,$$

sont rectangulaires. Les droites D appartiennent à un complexe du second ordre et de seconde classe ; trouver l'enveloppe des droites D situées dans un plan donné.

6º Trouver l'équation ponctuelle générale des quadriques circonscrites au tétraèdre de référence.

7º Trouver l'équation tangentielle générale des enveloppes de seconde classe inscrites au tétraèdre de référence. En déduire l'équation ponctuelle correspondante.

8º Trouver l'équation ponctuelle générale des quadriques tangentes aux 6 arêtes du tétraèdre de référence. Trouver l'équation tangentielle de ces mêmes quadriques.

9º Trouver la condition pour que deux sommets du tétraèdre de référence soient conjugués par rapport à une quadrique définie par son équation ponctuelle. En déduire l'équation générale des quadriques qui admettent le tétraèdre de référence comme tétraèdre conjugué.

10º Traiter les problèmes corrélatifs des précédents.

11º Trouver l'équation ponctuelle de la polaire réciproque de la quadrique d'équation

$$AP^2 + BQ^2 + CR^2 + DS^2 = 0,$$

par rapport à la quadrique d'équation

$$\alpha P^2 + \beta Q^2 + \gamma R^2 + \delta S^2 = 0.$$

En admettant que deux quadriques données ont, en général, un tétraèdre conjugué commun, démontrer que ces deux quadriques sont polaires réciproques l'une de l'autre par rapport à 8 quadriques convenablement choisies.

12º Relier l'ensemble des décompositions d'une forme quadratique homogène à 4 variables, de rang 4, en carrés indépendants, à l'ensemble des tétraèdres conjugués par rapport à une quadrique sans point double.

84ᵉ LEÇON

CENTRES DES CONIQUES

Un point O est centre d'une figure lorsqu'à tout point M de cette figure on peut en faire correspondre un autre M' symétrique de M par rapport à O.

Supposons que O soit l'origine des axes. Si les coordonnées de M sont x et y, celles de M' sont $-x$ et $-y$. L'équation d'une courbe étant $f(x, y) = 0$, l'origine est centre de cette courbe chaque fois qu'à toute solution (x, y) de son équation on peut en associer une autre $(-x, -y)$. Par exemple, l'origine est centre de la courbe d'équation $y = \sin x$; elle est centre de toute courbe algébrique dont l'équation contient des termes qui sont de degrés tous pairs ou tous impairs. On peut établir, réciproquement, que si l'origine est centre d'une courbe algébrique, l'équation de cette courbe ne contient que des termes dont les degrés sont des nombres de même parité. Soit

$$f(x, y) \equiv \varphi_m(x, y) + \varphi_{m-1}(x, y) + \varphi_{m-2}(x, y) + \ldots = 0,$$

l'équation de cette courbe où les termes sont groupés d'après leurs degrés décroissants.

Les paramètres directeurs d'une sécante quelconque menée par O étant α, β, les coordonnées du point courant sur cette sécante sont $\rho\alpha$ et $\rho\beta$, ρ désignant un paramètre qui prend des valeurs symétriques en deux points symétriques par rapport à l'origine. Les valeurs de ce paramètre correspondant aux points de rencontre de la sécante et de la courbe sont racines de l'équation

$$\rho^m \varphi_m(\alpha, \beta) + \rho^{m-1} \varphi_{m-1}(\alpha, \beta) + \rho^{m-2} \varphi_{m-2}(\alpha, \beta) + \ldots = 0.$$

Pour une sécante déterminée, cette équation ne doit avoir que des racines deux à deux symétriques ou des racines nulles. On en conclut aisément que les coefficients de ρ^{m-1}, ρ^{m-3}, ... sont nuls, et, comme cela doit avoir lieu quelle que soit la sécante choisie, il faut que $\varphi_{m-1}(x, y)$, $\varphi_{m-3}(x, y)$, ... soient nuls identiquement.

Par exemple, l'origine est centre d'une conique lorsque les termes du premier degré en x et en y manquent dans son équation.

Une méthode de recherche des centres des courbes algébriques résulte de là; un point (x_0, y_0) est centre d'une courbe algébrique définie par l'équation $f(x, y) = 0$ de degré m, si l'équation obtenue en transportant l'origine en ce point ne contient que des termes dont les degrés sont de même parité que m.

Appliquons cette méthode à la recherche des centres de la conique définie par l'équation

$$f(x, y) \equiv \varphi(x, y) + 2\,\mathrm{D}x + 2\,\mathrm{E}y + \mathrm{F} = 0,$$
$$\varphi(x, y) \equiv \mathrm{A}x^2 + 2\,\mathrm{B}xy + \mathrm{C}y^2.$$

Transportons l'origine au point (x_0, y_0) ; en vertu des formules de transformation

$$x = x_0 + \mathrm{X}, \qquad y = y_0 + \mathrm{Y},$$

l'équation nouvelle est

$$f(x_0 + \mathrm{X}, y_0 + \mathrm{Y}) \equiv f(x_0, y_0) + \mathrm{X}f'_{x_0} + \mathrm{Y}f'_{y_0} + \varphi(\mathrm{X}, \mathrm{Y}) = 0.$$

Le point (x_0, y_0) est un centre si les coefficients de X et Y sont nuls, c'est-à-dire si x_0, y_0 vérifient les deux équations

$$(1) \qquad \begin{cases} \dfrac{1}{2} f'_x \equiv \mathrm{A}x + \mathrm{B}y + \mathrm{D} = 0, \\[2mm] \dfrac{1}{2} f'_y \equiv \mathrm{B}x + \mathrm{C}y + \mathrm{E} = 0, \end{cases}$$

que nous appellerons *équations du centre.*

La nouvelle équation de la conique est d'ailleurs

$$\varphi(\mathrm{X}, \mathrm{Y}) + \mathrm{F}_1 = 0, \qquad \text{en posant} \qquad \mathrm{F}_1 = f(x_0, y_0).$$

Si l'on tient compte de l'identité

$$2 f(x, y) \equiv x f'_x + y f'_y + f'_z$$

et qu'on y remplace x et y par les coordonnées du centre, on trouve :

$$(2) \qquad \mathrm{F}_1 = \frac{1}{2} f'_{z_0} = \mathrm{D}x_0 + \mathrm{E}y_0 + \mathrm{F}.$$

Le déterminant des équations du centre étant $\delta = \mathrm{AC} - \mathrm{B}^2$, on est amené à distinguer 3 cas dans la discussion de ces équations.

1° $\delta \neq 0$. Les équations (1) ont une solution et la conique a un centre. On trouve la valeur de F_1 correspondant à ce centre, en écrivant que les équations (1) et l'équation

$$(3) \qquad \mathrm{D}x + \mathrm{E}y + \mathrm{F} - \mathrm{F}_1 = 0$$

sont compatibles. Il suffit d'annuler le caractéristique formé en bordant le principal δ. On trouve ainsi :

$$\begin{vmatrix} \mathrm{A}, & \mathrm{B}, & \mathrm{D} + 0 \\ \mathrm{B}, & \mathrm{C}, & \mathrm{E} + 0 \\ \mathrm{D}, & \mathrm{E}, & \mathrm{F} - \mathrm{F}_1 \end{vmatrix} = 0.$$

On peut décomposer ce déterminant en deux autres de même ordre, en regardant les éléments de la dernière colonne comme des sommes d'éléments et l'on trouve :

$$\Delta - \delta \mathrm{F}_1 = 0 \qquad \text{ou} \qquad \mathrm{F}_1 = \frac{\Delta}{\delta},$$

Δ désignant le discriminant de la forme quadratique homogène

$$z^2 f\left(\frac{x}{z}, \frac{y}{z}\right).$$

$2°\ \delta = 0.$ Supposons $A \neq 0$. Supposons que le caractéristique $AE - BD$ ne soit pas nul. Il n'existe pas de centre. La conique est une parabole.

$3°\ \delta = 0.\ A \neq 0.$ Supposons que le caractéristique $AE - BD$ soit nul. Les équations du centre se réduisent à la première ; la conique admet comme centres tous les points d'une droite. Cette conique se compose de deux droites parallèles. On s'en rend compte de suite sur l'équation

$$\varphi(X, Y) + F_1 = 0,$$

où $\varphi(X, Y)$ est un carré parfait. Pour obtenir la valeur de F_1, il suffit d'écrire que la première des équations (1) et l'équation (3) sont compatibles ; en annulant le caractéristique, on trouve :

$$A(F - F_1) - D^2 = 0 \qquad \text{ou} \qquad F_1 = F - \frac{D^2}{A}.$$

Cette valeur de F_1 est indépendante du centre que l'on a pris comme nouvelle origine.

D'une façon générale, toute figure qui admet comme centres tous les points d'une droite est constituée par des droites parallèles, car le lieu des symétriques d'un point de cette figure, par rapport aux centres en ligne droite, est une droite parallèle à la droite des centres.

Diamètres des coniques. — On appelle *diamètre conjugué* des cordes d'une courbe parallèles à une direction fixe, le lieu des milieux de ces cordes. Nous allons montrer que ce lieu, dans une conique, est en général une droite.

Les coordonnées du point courant sur une droite de paramètres directeurs donnés α, β, passant par le point (x_0, y_0), sont $x_0 + \alpha\rho$, $y_0 + \beta\rho$; deux points symétriques par rapport au point (x_0, y_0) correspondent à deux valeurs symétriques de ρ.

Les valeurs de ρ relatives aux points de rencontre de cette droite et de la conique sont racines de l'équation

$$(4)\quad f(x_0 + \alpha\rho,\ y_0 + \beta\rho) \equiv f(x_0, y_0) + \rho(\alpha f'_{x_0} + \beta f'_{y_0}) + \rho^2 \varphi(\alpha, \beta) = 0.$$

Le point (x_0, y_0) est milieu de la corde si l'on a :

$$\alpha f'_{x_0} + \beta f'_{y_0} = 0.$$

Cela montre que le lieu du milieu est la droite d'équation

$$(5)\quad \alpha f'_x + \beta f'_y = 0 \qquad \text{ou} \qquad (5)'\quad x\varphi'_\alpha + y\varphi'_\beta + 2(D\alpha + E\beta) = 0.$$

Le raisonnement suppose, il est vrai, que l'équation (4) est du second degré en ρ, c'est-à-dire que la direction des cordes considérées n'est pas une direction asymptotique de la conique. Dans le cas contraire, l'équation (5) définit le lieu des points du plan tels que la parallèle à la direction asymptotique considérée menée par l'un d'eux ne rencontre plus la courbe à distance finie, ou fasse partie de la courbe; ce lieu est la tangente au point correspondant à l'infini. Les asymptotes peuvent donc être regardées comme des diamètres singuliers.

Nous allons étudier la distribution des diamètres en nous servant des équations réduites des coniques obtenues au moyen de la décomposition en carrés.

1° L'équation réduite est de la forme

$$A x^2 + C y^2 + F = 0.$$

L'équation du diamètre conjugué de la direction de paramètres directeurs α, β est

$$A \alpha x + C \beta y = 0.$$

Tous les diamètres passent par l'origine, c'est-à-dire par le centre unique de la conique, et, réciproquement, toute droite d'équation

$$u x + v y = 0,$$

passant par le centre, est le diamètre conjugué de la direction de paramètres directeurs Cu et Av; ce diamètre peut d'ailleurs être une asymptote de la conique.

Remarquons que, si l'on modifie la valeur de F en conservant A et C, les diamètres ne sont pas modifiés; en particulier, si l'on donne à F la valeur 0, ce qui revient à substituer à la conique le système de ses asymptotes, le diamètre conjugué d'une direction donnée n'est pas altéré.

2° L'équation réduite est de la forme

$$C y^2 + 2 D x = 0.$$

L'équation du diamètre conjugué de la direction de paramètres directeurs α, β est

$$\alpha D + \beta C y = 0.$$

Tous les diamètres sont parallèles à la direction asymptotique double de la conique qui est une parabole et, réciproquement, toute droite parallèle à cette direction est un diamètre. Remarquons encore que le diamètre conjugué de la direction asymptotique est rejeté à l'infini, et que tout diamètre rencontre la parabole en un point à distance finie.

3° L'équation réduite est de la forme

$$C y^2 + F = 0.$$

L'équation générale des diamètres est

$$\beta C y = 0.$$

Tous les diamètres sont confondus avec la droite des centres de la conique qui est un couple de droites parallèles. Le diamètre conjugué de la direction de ces droites est indéterminé.

Directions conjuguées. — On dit que deux directions de droites sont conjuguées, par rapport à une conique, lorsque le diamètre conjugué de l'une est parallèle à l'autre. Les paramètres directeurs de ces directions étant α, β et α', β', l'équation qui exprime que le diamètre conjugué (5)' de la première est parallèle à la seconde, est

$$(6) \qquad \alpha' \varphi'_\alpha + \beta' \varphi'_\beta = 0.$$

Cette relation étant symétrique en α, β et α', β', le diamètre conjugué de la seconde direction est aussi parallèle à la première.

On vérifie sans difficulté que la direction d'une tangente à la conique et la direction du diamètre qui passe par son point de contact sont conjuguées.

La distribution de ces directions conjuguées diffère suivant les coniques.

Si l'on pose $\quad m = \dfrac{\beta}{\alpha}, \quad m' = \dfrac{\beta'}{\alpha'}, \quad$ la condition (6) prend la forme

$$(6)' \qquad C mm' + B(m + m') + A = 0.$$

C'est donc une relation involutive. Les éléments doubles sont les racines de l'équation

$$(7) \qquad C m^2 + 2 B m + A = 0;$$

ce sont les coefficients angulaires des directions asymptotiques. Si ces éléments doubles sont distincts, l'involution est effective. Mais si $AC - B^2$ est nul, l'involution est singulière et m ou m' vaut $\quad -\dfrac{B}{C} = -\dfrac{A}{B}.$

Diamètres conjugués. — Ce sont deux diamètres tels que l'un quelconque est conjugué de la direction des cordes parallèles à l'autre. Une direction de cordes et la direction du diamètre conjugué étant deux directions conjuguées, on voit que deux diamètres conjugués sont les diamètres conjugués de deux directions conjuguées.

Si $AC - B^2$ est nul, l'une des directions conjuguées est la direction asymptotique unique de la conique et le diamètre conjugué correspondant est rejeté à l'infini ou indéterminé suivant que la conique est une parabole ou un couple de droites parallèles; les diamètres conjugués n'existent pas ou sont sans intérêt.

Si $AC - B^2$ n'est pas nul, on peut choisir arbitrairement l'une des directions de cordes, l'autre en résulte et chacune admet un diamètre conjugué; toutefois, si l'on veut avoir deux diamètres conjugués distincts, il faut éviter de prendre les directions asymptotiques. L'équation d'une conique rapportée à deux diamètres conjugués quelconques est de la forme

$$A x^2 + C y^2 + F = 0,$$

puisqu'elle doit rester vérifiée quand on remplace x par $-x$ ou y par $-y$.

L'équation d'une parabole rapportée à un diamètre Ox et à la tangente au point O où ce diamètre la rencontre est de la forme

$$C y^2 + 2 D x = 0,$$

car l'ensemble des termes du second degré, égalé à zéro, doit donner la seule direction asymptotique Ox; en outre, l'équation doit rester vérifiée si l'on change y en $-y$, et elle ne doit pas contenir de terme constant.

Enfin l'équation d'un couple de droites parallèles rapportées au diamètre unique Ox et à une droite quelconque est

$$C y^2 + F = 0.$$

Nous retrouvons ces trois formes d'une infinité de manières.

On peut rattacher les résultats relatifs aux centres et aux diamètres aux propriétés des pôles et des polaires.

Considérons une conique qui n'a pas de point double et qui n'est pas tangente à la droite de l'infini. Le centre de cette conique est le milieu de toutes les cordes passant par ce point; il admet comme conjugués, par rapport à la conique, tous les points de la droite de l'infini; le centre est donc le pôle de la droite de l'infini.

La polaire d'un point à l'infini est le lieu des milieux des cordes passant par ce point, c'est-à-dire un diamètre; les polaires de tous les points à l'infini passent par le pôle de la droite de l'infini, c'est-à-dire par le centre. Un couple de diamètres conjugués est constitué par les polaires de deux points à l'infini conjugués par rapport à la conique; un pareil couple et la droite de l'infini forment un triangle conjugué par rapport à cette conique.

Une parabole touche la droite de l'infini en un point qui est le pôle de cette droite; les polaires de tous les points à l'infini passent par le point à l'infini de la parabole. Etc.

Supposons donnée l'équation tangentielle d'une enveloppe de seconde classe, soit

$$\psi(u, v, w) \equiv a u^2 + a' v^2 + a'' w^2 + 2 d u w + 2 c v w + f w^2 = 0.$$

L'équation du pôle d'une droite quelconque (u_0, v_0, w_0) étant $u_0 \psi'_u + v_0 \psi'_v + w_0 \psi'_w = 0$, celle du pôle de la droite de l'infini est $\psi'_w = 0$, ou

$$d u + e v + f w = 0.$$

Si f n'est pas nul, l'enveloppe a un centre dont les coordonnées homogènes sont d, e, f et les coordonnées cartésiennes $\dfrac{d}{f}$, $\dfrac{e}{f}$.

Si f est nul, le point caractéristique de la droite de l'infini a pour coordonnées homogènes d, e, 0.

Axes de symétrie dans les coniques. — Un axe de symétrie d'une conique peut être regardé comme le diamètre conjugué des cordes qui lui sont perpendiculaires; sa direction et celle de ces cordes sont deux directions conjuguées rectangulaires. On appelle *directions principales* deux directions quelconques qui possèdent ces deux propriétés. La recherche des directions principales est facile. Les axes étant supposés rectangulaires, les coefficients angulaires m et m' de deux directions principales vérifient les équations

$$\mathrm{C}mm' + \mathrm{B}(m+m') + \mathrm{A} = 0, \qquad mm' = -1.$$

On en tire aisément :

$$m + m' = \frac{\mathrm{C} - \mathrm{A}}{\mathrm{B}}.$$

m et m' sont donc racines de l'équation

$$(8) \qquad \mathrm{B}\mu^2 + (\mathrm{A} - \mathrm{C})\mu - \mathrm{B} = 0.$$

Ces racines sont toujours réelles puisque leur produit est négatif.

Quand B est nul, ces deux directions sont les directions des axes de coordonnées.

Quand A et C sont égaux, ces deux directions sont celles des bissectrices des axes.

Quand on a à la fois $\mathrm{B} = 0$ et $\mathrm{A} = \mathrm{C}$, deux directions rectangulaires quelconques sont deux directions principales. La conique est un cercle dans ce cas et ce résultat est évident *à priori*.

Connaissant une racine m de l'équation (8), on a de suite l'axe de symétrie correspondant; son équation est

$$f'_x + mf'_y = 0.$$

Toutefois, si $\mathrm{AC} - \mathrm{B}^2$ est nul, et si l'on donne à m la valeur $\dfrac{-\mathrm{B}}{\mathrm{C}} = \dfrac{-\mathrm{A}}{\mathrm{B}}$, qui est l'une des racines de (8), l'axe conjugué de la direction correspondante est rejeté à l'infini ou indéterminé. Le seul axe intéressant est celui qui est conjugué de la direction perpendiculaire à la précédente; le coefficient angulaire de cette nouvelle direction vaut $\dfrac{\mathrm{C}}{\mathrm{B}}$ ou $\dfrac{\mathrm{B}}{\mathrm{A}}$. L'équation de l'axe de symétrie d'une parabole est donc

$$\mathrm{A}f'_x + \mathrm{B}f'_y = 0 \quad \text{ou} \quad \mathrm{B}f'_x + \mathrm{C}f'_y = 0.$$

Lorsque la conique est un couple de droites parallèles, il est préférable de regarder l'axe de symétrie comme étant la droite des centres.

Réduction de l'équation d'une conique en axes rectangulaires. — La réalisation de l'une des trois formes réduites signalées plus haut est possible en imposant aux nouveaux axes la condition d'être rectangulaires, et nous pouvons dire dès maintenant ce que sont les nouveaux axes.

Si la forme réduite est la première, les nouveaux axes sont deux axes de symétrie de la conique; si c'est la seconde, le nouvel axe des x est l'axe de symétrie de la parabole et le nouvel axe des y est la tangente au sommet; si c'est la troisième, le nouvel axe des x est la ligne des centres du couple de droites parallèles et le nouvel axe Oy est une droite quelconque perpendiculaire à cette ligne.

On peut, en utilisant de simples changements d'axes de coordonnées rectangulaires, ramener l'équation générale d'une conique, $f(x, y) = 0$, à l'une des formes réduites précitées.

$1°$ Supposons $\delta \gtrless 0$. Un transport de l'origine au centre (x_0, y_0) de la conique donne lieu aux formules de transformation

$$x = x_0 + X, \qquad y = y_0 + Y,$$

et transforme $f(x, y)$ identiquement en $\varphi(X, Y) + \dfrac{\Delta}{\delta}$.

Une rotation des axes correspondant aux formules

$$X = x' \cos\alpha - y' \sin\alpha, \qquad Y = x' \sin\alpha + y' \cos\alpha,$$

transforme le polynome précédent en

$$(A \cos^2\alpha + 2B \sin\alpha \cos\alpha + C \sin^2\alpha) x'^2$$
$$+ 2\left(- A \sin\alpha \cos\alpha + B (\cos^2\alpha - \sin^2\alpha) + C \sin\alpha \cos\alpha\right) x'y'$$
$$+ (A \sin^2\alpha - 2B \sin\alpha \cos\alpha + C \cos^2\alpha) y'^2 + \dfrac{\Delta}{\delta}.$$

On peut déterminer α par la condition que le coefficient de $x'y'$ soit nul. On trouve ainsi :

$$B (\cos^2\alpha - \sin^2\alpha) + (C - A) \sin\alpha \cos\alpha = 0.$$

Cette équation peut se mettre sous deux formes également intéressantes :

$$(9) \qquad B (\operatorname{tg}^2\alpha - 1) + (A - C) \operatorname{tg}\alpha = 0,$$
$$(9)' \qquad 2B \cos 2\alpha + (C - A) \sin 2\alpha = 0.$$

La première, où l'on regarde $\operatorname{tg}\alpha$ comme l'inconnue, est l'équation aux coefficients angulaires des axes de symétrie de la conique. La seconde peut s'écrire

$$\frac{\sin 2\alpha}{2B} = \frac{\cos 2\alpha}{A - C} = \frac{\varepsilon}{\sqrt{4B^2 + (A - C)^2}},$$

et permet de calculer les nouveaux coefficients des carrés dans l'équation réduite, savoir

$$A_1 = A \cos^2\alpha + 2B \sin\alpha \cos\alpha + C \sin^2\alpha,$$
$$C_1 = A \sin^2\alpha - 2B \sin\alpha \cos\alpha + C \cos^2\alpha.$$

On a en effet :

$$A_1 + C_1 = A + C,$$
$$A_1 - C_1 = (A - C) \cos 2\alpha + 2B \sin 2\alpha = \varepsilon \sqrt{4B^2 + (A - C)^2},$$

d'où

$$A_1 = \frac{1}{2}\left[A + C + \varepsilon \sqrt{4B^2 + (A - C)^2}\right],$$

$$C_1 = \frac{1}{2}\left[A + C - \varepsilon \sqrt{4B^2 + (A - C)^2}\right].$$

On trouve aisément :

$$A_1 C_1 = AC - B^2,$$

de sorte que A_1 et C_1 sont racines de l'équation

$$(10) \qquad S^2 - (A + C)S + AC - B^2 = 0.$$

S_1 et S_2 étant les deux racines de cette équation, l'équation réduite de la conique est

$$S_1 x'^2 + S_2 y'^2 + \frac{\Delta}{\delta} = 0.$$

Supposons d'abord S_1 et S_2 de même signe; si $\dfrac{\Delta}{\delta}$ a ce signe, la conique est une ellipse imaginaire et l'on peut poser :

$$a^2 = \frac{\Delta}{\delta S_1}, \qquad b^2 = \frac{\Delta}{\delta S_2}.$$

L'équation réduite prend la forme

$$\frac{x'^2}{a^2} + \frac{y'^2}{b^2} + 1 = 0.$$

Si $\dfrac{\Delta}{\delta}$ a le signe contraire, la conique est une ellipse réelle et l'on peut poser :

$$a^2 = \frac{-\Delta}{\delta S_1}, \qquad b^2 = \frac{-\Delta}{\delta S_2}.$$

L'équation réduite est alors

$$\frac{x'^2}{a^2} + \frac{y'^2}{b^2} - 1 = 0.$$

On peut toujours supposer $a^2 \geqq b^2$; a est la longueur du demi grand axe et b la longueur du demi petit axe de l'ellipse.

Supposons maintenant S_1 et S_2 de signes contraires; on peut toujours supposer que $\dfrac{\Delta}{\delta}$ a un signe différent de celui de S_1. On peut alors poser :

$$a^2 = \frac{-\Delta}{\delta S_1}, \qquad b^2 = \frac{\Delta}{\delta S_2},$$

et l'équation réduite est

$$\frac{x'^2}{a^2} - \frac{y'^2}{b^2} - 1 = 0.$$

a est la longueur du demi-axe transverse de l'hyperbole; b est, par définition, la longueur du demi-axe non transverse.

2° Supposons $AC - B^2 = o$ et $A \neq o$. L'équation de la conique peut s'écrire

$$f(x, y) \equiv \frac{1}{A}(Ax + By)^2 + 2Dx + 2Ey + F = o.$$

Une rotation des axes correspondant aux formules

$$x = X \cos\alpha - Y \sin\alpha, \qquad y = X \sin\alpha + Y \cos\alpha$$

transforme $f(x, y)$ en

$$\frac{1}{A}\left[(A \cos\alpha + B \sin\alpha)X + (- A \sin\alpha + B \cos\alpha)Y\right]^2 + 2D_1 X + 2E_1 Y + F,$$

avec

$$D_1 = D \cos\alpha + E \sin\alpha, \qquad E_1 = - D \sin\alpha + E \cos\alpha.$$

Déterminons α par la condition

$$A \cos\alpha + B \sin\alpha = o, \quad \text{ou bien} \quad \frac{\sin\alpha}{A} = \frac{\cos\alpha}{-B} = \frac{\varepsilon}{\sqrt{A^2 + B^2}},$$

d'où

$$- A \sin\alpha + B \cos\alpha = - \varepsilon \sqrt{A^2 + B^2},$$
$$D_1 = \varepsilon \frac{AE - BD}{\sqrt{A^2 + B^2}}, \qquad E_1 = - \varepsilon \frac{AD + BE}{\sqrt{A^2 + B^2}}.$$

L'ensemble des termes du second degré se réduit alors à $C_1 Y^2$, avec

$$C_1 = \frac{A^2 + B^2}{A} = A + C.$$

Si D_1 n'est pas nul, la conique dont l'équation est

$$C_1 Y^2 + 2D_1 X + 2E_1 Y + F = o$$

est une parabole. Transportons les axes en un point (X_0, Y_0); en vertu des formules

$$X = X_0 + x', \qquad Y = Y_0 + y',$$

l'équation devient :

$$C_1 y'^2 + 2D_1 x' + 2y'(C_1 Y_0 + E_1) + C_1 Y_0^2 + 2D_1 X_0 + 2E_1 Y_0 + F = o.$$

Déterminons Y_0 et X_0 par les deux équations

$$C_1 Y_0 + E_1 = o, \qquad C_1 Y_0^2 + 2D_1 X_0 + 2E_1 Y_0 + F = o;$$

la première donne Y_0 et la seconde X_0. L'équation réduite est alors

$$C_1 y'^2 + 2D_1 x' = o.$$

En choisissant convenablement le sens positif sur le nouvel axe des x', on peut supposer C_1 et D_1 de signes différents et poser $\frac{-D_1}{C_1} = p$. La longueur p est le *paramètre* de la parabole dont l'équation devient :

$$y^2 - 2px = o.$$

Le carré du paramètre est donné par la formule

$$p^2 = \frac{D_1^2}{C_1^2} = \frac{(AE - BD)^2}{(A + C)^2(A^2 + B^2)} = \frac{(AE - BD)^2}{A(A + C)^3}.$$

3° Supposons $AC - B^2 = 0$, $A \neq 0$ et $AE - BD = 0$. Après la rotation des axes effectuée dans la question précédente, l'équation de la conique prend la forme

$$C_1 Y^2 + 2E_1 Y + F = 0.$$

Un simple transport de l'origine au point de coordonnées

$$X_0 = 0, \qquad Y_0 = -\frac{E_1}{C_1},$$

ramène l'équation à la forme définitive

$$C_1 y'^2 + F - \frac{E_1^2}{C_1} = 0.$$

On peut aussi effectuer les changements d'axes dans l'ordre inverse. Un transport de l'origine au centre de coordonnées $\left(0, -\dfrac{D}{A}\right)$ transforme $f(x, y)$ en $\varphi(X, Y) + F - \dfrac{D^2}{A}$. La rotation des nouveaux axes, en prenant comme axe des x' la droite des centres, transforme $\varphi(X, Y)$ en $(A + C)y'^2$, et l'équation réduite est

$$(A + C)y'^2 + F - \frac{D^2}{A} = 0.$$

Le carré de la demi-distance des droites parallèles est $\dfrac{D^2 - AF}{A(A + C)}$.

Emploi des invariants. — On peut former trois fonctions des coefficients de l'équation d'une conique et de l'angle des axes de coordonnées, fonctions qui ne changent pas de valeur dans un changement d'axes quelconque.

Considérons d'abord les deux fonctions

$$Ax^2 + 2Bxy + Cy^2 \quad \text{et} \quad x^2 + 2xy \cos\theta + y^2,$$

θ désignant l'angle des axes. Substituons aux axes Ox, Oy deux nouveaux axes quelconques Ox', Oy', faisant entre eux un angle θ'. Les formules de transformation

$$(11) \qquad x = ax' + a'y', \qquad y = bx' + b'y',$$

transforment $Ax^2 + 2Bxy + Cy^2$ en $A_1 x'^2 + 2B_1 x'y' + C_1 y'^2$
et $\qquad x^2 + 2xy \cos\theta + y^2$ en $x'^2 + 2x'y' \cos\theta' + y'^2$,

puisque ces deux dernières expressions représentent le carré de la distance du même point à l'origine.

La forme quadratique

$$Ax^2 + 2Bxy + Cy^2 - S(x^2 + 2xy \cos\theta + y^2),$$

où S désigne un nombre arbitraire, est donc transformée en

$$A_1 x'^2 + 2B_1 x'y' + C_1 y'^2 - S(x'^2 + 2x'y' \cos\theta' + y'^2).$$

Soit $\mu = ab' - ba'$ le module de la substitution effectuée ; le discriminant de la nouvelle forme est égal au produit du discriminant de la forme primitive par μ^2 (leç. 10). On a donc l'égalité

$$(A_1 - S)(C_1 - S) - (B_1 - S \cos\theta')^2 = \mu^2[(A - S)(C - S) - (B - S \cos\theta)^2],$$

ou bien

$$S^2 \sin^2\theta' - S(A_1 + C_1 - 2 B_1 \cos\theta') + A_1 C_1 - B_1^2$$
$$= \mu^2[S^2 \sin^2\theta - S(A + C - 2 B \cos\theta) + AC - B^2].$$

Cette égalité doit avoir lieu quel que soit S, de sorte que l'on a :

$$\sin^2\theta' = \mu^2 \sin^2\theta, \qquad A_1 + C_1 - 2 B_1 \cos\theta' = \mu^2(A + C - 2 B \cos\theta),$$
$$A_1 C_1 - B_1^2 = \mu^2(AC - B^2).$$

Ainsi, μ vaut $\pm \dfrac{\sin\theta'}{\sin\theta}$, et les deux fonctions $\dfrac{A + C - 2 B \cos\theta}{\sin^2\theta}$, $\dfrac{AC - B^2}{\sin^2\theta}$, conservent la même valeur quand on y remplace les coefficients A, B, C par A_1, B_1, C_1, et θ par θ'.

Un changement d'axes sans changement d'origine n'altère donc pas les valeurs de ces fonctions. Une translation des axes n'altérant pas les coefficients des termes du second degré dans l'équation d'une conique, on conclut que les valeurs des deux fonctions

$$\frac{A + C - 2 B \cos\theta}{\sin^2\theta}, \qquad \frac{AC - B^2}{\sin^2\theta}$$

des coefficients de cette équation et de l'angle des axes ne sont pas altérées par un changement d'axes quelconque.

Imaginons maintenant le changement d'axes général en coordonnées homogènes ; les formules étant

$$x = ax' + a'y' + x_0 z', \qquad y = bx' + b'y' + y_0 z', \qquad z = z',$$

le module de la substitution vaut encore $ab' - ba'$, c'est-à-dire $\pm \dfrac{\sin\theta'}{\sin\theta}$.

Ce changement transforme le premier membre

$$A x^2 + 2 B xy + C y^2 + 2 D xz + 2 E yz + F z^2$$

de l'équation d'une conique, en une nouvelle forme

$$A_1 x'^2 + 2 B_1 x'y' + C_1 y'^2 + 2 D_1 x'z' + 2 E_1 y'z' + F_1 z'^2,$$

et le discriminant Δ_1 de la seconde forme est égal au produit du discriminant Δ de la première par μ^2. On en conclut l'égalité $\dfrac{\Delta}{\sin^2\theta} = \dfrac{\Delta_1}{\sin^2\theta'}$. Par suite, la fonction $\dfrac{\Delta}{\sin^2\theta}$ des coefficients de l'équation de la conique et de l'angle des axes n'est pas altérée par un changement d'axes quelconque.

Considérons le changement d'axes qui transforme le premier membre, $f(x, y)$, de l'équation d'une conique à centre unique, rapportée à des axes quelconques d'angle θ, en $S_1 x'^2 + S_2 y'^2 + F_1$, les nouveaux axes étant les axes de symétrie de cette conique. En utilisant les trois fonctions précédentes, on obtient :

$$\frac{A + C - 2 B \cos\theta}{\sin^2\theta} = S_1 + S_2,$$
$$\frac{AC - B^2}{\sin^2\theta} = S_1 S_2,$$
$$\frac{\Delta}{\sin^2\theta} = S_1 S_2 F_1.$$

On en déduit de suite que S_1 et S_2 sont racines de l'équation

$$S^2 \sin^2 \theta - (A + C - 2B \cos \theta) S + AC - B^2 = 0,$$

et que F_1 vaut $\dfrac{\Delta}{\delta}$. En faisant $\theta = \dfrac{\pi}{2}$, on retrouve des résultats connus.

Considérons maintenant le changement d'axes qui transforme le premier membre, $f(x, y)$, de l'équation d'une parabole rapportée à des axes quelconques d'angle θ, en $S_2 y'^2 + 2D_1 x'$, lorsqu'on prend comme nouveaux axes l'axe de symétrie et la tangente au sommet de la parabole. La fonction $\dfrac{AC - B^2}{\sin^2 \theta}$ étant nulle ne donne plus de condition. Les deux autres donnent :

$$\frac{A + C - 2B \cos \theta}{\sin^2 \theta} = S_2, \qquad \frac{\Delta}{\sin^2 \theta} = - S_2 D_1^2.$$

On en tire S_2 et D_1. Le carré du paramètre est fourni par l'équation

$$p^2 = \frac{D_1^2}{S_2^2} = \frac{S_2 D_1^2}{S_2^3} = - \frac{\Delta \sin^4 \theta}{(A + C - 2B \cos \theta)^3}.$$

Cette méthode est en défaut lorsque la conique est un couple de droites parallèles; $f(x, y)$ se transformant identiquement en $S_2 y'^2 + F_1$, on obtient S_2 comme dans le cas de la parabole. Pour obtenir F_1 on remarque que la forme $f(x, y) - F_1$ se transforme en $S_2 y'^2$ et, par suite, que la forme homogène $z^2 f\left(\dfrac{x}{z}, \dfrac{y}{z}\right) - F_1 z^2$ est un carré parfait; on prend, parmi les mineurs de son discriminant, ceux qui contiennent F_1 et, en annulant l'un d'eux, on obtient une équation qui donne F_1.

EXERCICES

1° Combien impose-t-on de conditions à une courbe du 3e degré en lui donnant un centre de symétrie?

2° Trouver le lieu des milieux des cordes d'une courbe du 3e degré parallèles à une direction donnée. Que devient ce lieu lorsque la direction des cordes est parallèle à une direction asymptotique de la cubique.

3° Montrer que le lieu des milieux des cordes d'une courbe de degré m, parallèles à une direction donnée, est une courbe de degré $\dfrac{m(m - 1)}{2}$ en général; cas où la direction donnée est une direction asymptotique.

4° Trouver le lieu du centre de gravité des m points de rencontre d'une droite de direction fixe avec une courbe de degré m.

5° Lieu des milieux des cordes d'une conique passant par un point fixe.

6° Exprimer que la droite d'équation $ux + vy + w = 0$ est un diamètre, une asymptote ou un axe de symétrie de la conique générale.

7° Un diamètre de la conique à centre définie par l'équation

$$A x^2 + 2B xy + C y^2 + F = 0,$$

rencontre cette conique en deux points réels ou imaginaires; le carré de la distance de l'un d'eux au centre est le carré algébrique de la demi-longueur de ce diamètre. Trouver l'expression de ce carré en fonction du coefficient angulaire m du diamètre; étudier sa variation et en déduire les coefficients angulaires des axes de symétrie ainsi que les carrés algébriques de leurs demi-longueurs.

8° Par un point A du plan d'une conique on mène une sécante qui rencontre cette conique en deux points M et M'; on demande de calculer le produit $\overline{AM} \cdot \overline{AM'}$ en fonction du coefficient angulaire de la sécante et de trouver le maximum et le minimum du produit, ainsi que les positions correspondantes de la sécante.

9° L'équation qui exprime que le diamètre conjugué de la direction (α, β) est perpendiculaire à cette direction, est, en axes rectangulaires,

$$\frac{\varphi'_\alpha}{\alpha} = \frac{\varphi'_\alpha}{\beta} \quad \text{ou} \quad \begin{vmatrix} \alpha, & \beta \\ \varphi'_\alpha, & \varphi'_\beta \end{vmatrix} = 0.$$

Cette équation définit les paramètres directeurs des directions principales de la conique générale. Montrer que, si l'on y remplace α et β respectivement par f'_x et f'_y, on obtient, en général, l'équation quadratique des axes de symétrie de la conique.

10° L'équation d'une ellipse donnée par rapport à des axes d'angle θ, étant $f(x, y) = 0$, on demande de calculer les coefficients de l'équation de la même courbe rapportée à deux diamètres conjugués d'angle θ'. Discuter. Traiter le même problème pour une hyperbole.

11° Une ellipse étant donnée comme dans l'exercice 10, on demande de montrer qu'un changement d'axes convenable permet de transformer $f(x, y)$ en $A_1(x'^2 + y'^2) + F_1$. Calculer les coefficients A_1, F_1 et l'angle des nouveaux axes.
Traiter le problème correspondant pour une hyperbole, la forme réduite étant $A_1(x'^2 - y'^2) + F_1$.

12° L'équation d'une hyperbole rapportée à des axes d'angle θ étant $f(x, y) = 0$, on demande de calculer les coefficients de l'équation de la même courbe rapportée à ses asymptotes, et de trouver l'angle de ces asymptotes.

13° Calculer les coefficients de l'équation réduite de la conique générale, quand on prend comme nouveaux axes un axe de symétrie de cette conique et la tangente en un sommet situé sur cet axe.

14° L'équation tangentielle d'une conique à centre, sans point double, étant

$$\psi(u, v, w) \equiv au^2 + 2buv + cv^2 + 2duw + 2evw + fw^2 = 0,$$

celle d'un cercle concentrique et de rayon R est

$$(du + ev + fw)^2 = R^2 f^2(u^2 + v^2).$$

La première peut s'écrire

$$(du + ev + fw)^2 + f(au^2 + 2buv + cv^2) - (du + ev)^2 = 0.$$

En déduire l'équation tangentielle des points à l'infini des tangentes communes à ces deux courbes; déterminer R par la condition que ces points soient confondus. Trouver les longueurs des axes de la conique et les directions de ces axes. Etudier le cas limite où l'équation $\psi(u, v, w) = 0$ définit deux points.

15° L'équation tangentielle d'une parabole étant donnée, trouver les coordonnées de la tangente au sommet, celles du sommet et l'équation de l'axe de symétrie.

85e LEÇON

CENTRES DES QUADRIQUES

Les coordonnées d'un point M étant x, y, z, celles du point M' symétrique de M, par rapport à l'origine des axes, sont $-x, -y, -z$. L'équation d'une surface étant $f(x, y, z) = 0$, l'origine est centre de cette surface, chaque fois qu'à toute solution (x, y, z) de son équation on peut en associer une autre $(-x, -y, -z)$. Par exemple, l'origine est centre de la surface d'équation $z = \sin x + \sin y$; elle est centre de toute surface algébrique dont l'équation contient des termes qui sont de degrés tous pairs ou tous impairs. Réciproquement, si l'origine est centre d'une surface algébrique, l'équation de cette surface ne contient que des termes dont les degrés sont de même parité. Soit

$$f(x, y, z) \equiv \varphi_m(x, y, z) + \varphi_{m-1}(x, y, z) + \varphi_{m-2}(x, y, z) + \ldots = 0,$$

l'équation de cette surface où les termes sont rangés d'après leurs degrés décroissants.

Les paramètres directeurs d'une sécante quelconque menée par O étant α, β, γ, les coordonnées du point courant sur cette sécante sont $\rho\alpha, \rho\beta, \rho\gamma$, ρ désignant un paramètre qui prend des valeurs symétriques en deux points symétriques par rapport à l'origine. Les valeurs de ce paramètre correspondant aux points de rencontre de la sécante et de la surface sont racines de l'équation

$$\rho^m \varphi_m(\alpha, \beta, \gamma) + \rho^{m-1} \varphi_{m-1}(\alpha, \beta, \gamma) + \rho^{m-2} \varphi_{m-2}(\alpha, \beta, \gamma) + \ldots = 0.$$

Pour une sécante déterminée, cette équation ne doit avoir que des racines symétriques deux à deux ou des racines nulles. On en conclut aisément que les coefficients de $\rho^{m-1}, \rho^{m-3}, \ldots$ sont nuls, et comme cela doit avoir lieu quelle que soit la sécante choisie, il faut que $\varphi_{m-1}(x, y, z), \varphi_{m-3}(x, y, z), \ldots$ soient nuls identiquement.

Par exemple, l'origine est centre d'une quadrique lorsque les termes du premier degré en x, y, z manquent dans son équation.

Une méthode de recherche des centres des surfaces algébriques résulte de là; un point (x_0, y_0, z_0) est centre de la surface algébrique définie par l'équation $f(x, y, z) = 0$ de degré m, si l'équation obtenue en transportant l'origine en ce point ne contient que des termes dont les degrés sont de même parité que m.

Appliquons cette méthode à la recherche des centres de la quadrique définie par l'équation

$$f(x, y, z) \equiv \varphi(x, y, z) + 2Cx + 2C'y + 2C''z + D = 0,$$
$$\varphi(x, y, z) \equiv Ax^2 + A'y^2 + A''z^2 + 2Byz + 2B'zx + 2B''xy.$$

En vertu des formules de transformation

$$x = x_0 + X, \qquad y = y_0 + Y, \qquad z = z_0 + Z,$$

l'équation nouvelle est

$$f(x_0 + X, y_0 + Y, z_0 + Z) \equiv f(x_0, y_0, z_0) + X f'_{x_0} + Y f'_{y_0} + Z f'_{z_0}$$
$$+ \varphi(X, Y, Z) = o.$$

Le point (x_0, y_0, z_0) est un centre si les coefficients de X, Y, Z sont nuls, c'est à-dire si x_0, y_0, z_0 vérifient les trois équations

$$(1) \quad \begin{cases} \dfrac{1}{2} f'_x \equiv A x + B'' y + B' z + C = o, \\[2mm] \dfrac{1}{2} f'_y \equiv B'' x + A' y + B z + C' = o, \\[2mm] \dfrac{1}{2} f'_z \equiv B' x + B y + A'' z + C'' = o, \end{cases}$$

que nous appellerons *équations du centre*.

La nouvelle équation de la quadrique est d'ailleurs

$$\varphi(X, Y, Z) + D_1 = o, \quad \text{en posant} \quad D_1 = f(x_0, y_0, z_0).$$

Si l'on tient compte de l'identité

$$2 f(x, y, z) \equiv x f'_x + y f'_y + z f'_z + f'_t,$$

et qu'on y remplace x, y, z par les coordonnées du centre, on trouve :

$$(2) \qquad D_1 = \frac{1}{2} f'_{t_0} = C x_0 + C' y_0 + C'' z_0 + D.$$

Le déterminant des équations du centre étant le discriminant Δ de la forme quadratique $\varphi(x, y, z)$, on est amené à distinguer 5 cas dans la discussion de ces équations.

1° φ est de rang 3. Δ n'est pas nul et les équations (1) ont une solution; la quadrique a un centre. On trouve la valeur correspondante de D_1 en écrivant que les équations (1) et l'équation

$$(3) \qquad C x + C' y + C'' z + D - D_1 = o$$

sont compatibles. Il suffit d'annuler le caractéristique formé en bordant Δ ; on trouve ainsi :

$$\begin{vmatrix} A, & B'', & B', & C + o \\ B'', & A', & B, & C' + o \\ B', & B, & A'', & C'' + o \\ C, & C', & C'', & D - D_1 \end{vmatrix} = o = H - D_1 \Delta,$$

H désignant le discriminant de la forme $t^2 f\left(\dfrac{x}{t}, \dfrac{y}{t}, \dfrac{z}{t}\right)$.

On en déduit :

$$D_1 = \frac{H}{D}$$

2° φ est de rang 2. Δ est nul ; supposons, par exemple,

$$\Delta'_{A''} = AA' - B''^2 \neq 0.$$

Supposons en outre que le caractéristique déduit de ce principal dans

les équations (1), c'est-à-dire $\begin{vmatrix} A, & B'', & C \\ B'', & A', & C' \\ B', & B, & C'' \end{vmatrix}$ ou $-\dfrac{1}{2} H'_{C''}$, ne soit pas nul.

Les équations (1) n'ont pas de solution (les plans du centre sont parallèles à une même droite) et la surface n'a pas de centre.

3° φ est de rang 2. Δ est nul, $\Delta'_{A''}$ ne l'est pas, mais le caractéristique qui s'en déduit dans les équations du centre est nul. Les équations (1) se réduisent aux deux premières, et la quadrique admet comme centres tous les points d'une droite

Pour obtenir la valeur correspondante de D_1, il suffit d'écrire que les deux premières équations (1) et l'équation (3) sont compatibles. On voit de suite que le principal de ces équations est précisément $\Delta'_{A''}$; en annulant le caractéristique, on obtient l'équation

$$\begin{vmatrix} A, & B'', & C+o \\ B'', & A', & C'+o \\ C, & C', & D-D_1 \end{vmatrix} = o = H'_{A''} - D_1 \Delta'_{A''},$$

d'où

$$D_1 = \frac{H'_{A''}}{\Delta'_{A''}}.$$

Cette valeur de D_1 est indépendante du centre que l'on a pris comme nouvelle origine.

D'une façon générale, toute figure qui admet comme centres tous les points d'une droite est constituée par des droites parallèles. La quadrique correspondante est donc un cylindre.

4° φ est de rang 1. Δ est nul ainsi que tous ses mineurs ; un élément principal, A, par exemple, n'est pas nul. Le principal des équations (1) étant A, il y a, dans ce cas, deux caractéristiques $\begin{vmatrix} A, & C \\ B'', & C' \end{vmatrix}$ et $\begin{vmatrix} A, & C \\ B, & C'' \end{vmatrix}$. Supposons que ces caractéristiques ne soient pas tous deux nuls. Les équations du centre n'ont pas de solution (les plans du centre sont parallèles) et la surface n'a pas de centre.

5° φ est de rang 1. Δ est nul ainsi que tous ses mineurs ; A n'est pas nul et les deux caractéristiques qui s'en déduisent dans les équations du centre sont nuls. Les équations (1) se réduisent à la première et la quadrique admet comme centres tous les points d'un plan.

Pour obtenir la valeur correspondante de D_1, il suffit d'écrire que la première des équations (1) et l'équation (2) sont compatibles, en annulant le caractéristique $\begin{vmatrix} A, & C \\ C, & D-D_1 \end{vmatrix}$, ce qui donne :

$$D_1 = D - \frac{C^2}{A}.$$

Cette valeur de D_4 est indépendante du centre que l'on a pris comme nouvelle origine.

D'une façon générale, toute figure qui admet un plan P de centres est constituée par des plans parallèles à ce plan, car le lieu des symétriques d'un point de cette figure par rapport à tous les points de P est un plan parallèle à P. La quadrique correspondante est donc un *couple de plans parallèles*.

L'étude des centres permet donc de ranger les quadriques en cinq classes. Il est aisé de voir ce que sont les quadriques de chacune de ces classes, en remarquant que les rangs des deux formes $\varphi(x, y, z)$ et

$$F(x, y, z, t) \equiv t^2 f\left(\frac{x}{t}, \frac{y}{t}, \frac{z}{t}\right)$$ résultent immédiatement de cette étude.

1re *classe*. — φ est de rang 3, et F, se transformant identiquement en

$$\varphi(X, Y, Z) + D_4 T^2,$$

par la substitution

$$x = X + x_0 T, \qquad y = Y + y_0 T, \qquad z = Z + z_0 T, \qquad t = T,$$

est de rang 4 ou 3 suivant que D_4 est différent de zéro ou nul, c'est-à-dire suivant que H est différent de zéro ou nul. Les quadriques correspondantes sont des ellipsoïdes ou des cônes imaginaires, des hyperboloïdes ou des cônes réels.

2e *classe*. — φ étant de rang 2 est décomposable en 2 carrés de fonctions linéaires indépendantes $P(x, y, z)$, $Q(x, y, z)$. Sous les réserves faites plus haut, P et Q sont des fonctions linéaires et homogènes de φ'_x et φ'_y. Par suite, P, Q et la fonction $R \equiv Cx + C'y + C''z$ sont indépendantes, sans quoi φ'_x, φ'_y et R seraient dépendantes et $H'_{A''}$ serait nul. On en conclut que F, qui vaut $\varphi(x, y, z) + t(2R + Dt)$, est réductible à 4 carrés indépendants; F est donc de rang 4. Les quadriques correspondantes sont des paraboloïdes.

3e *classe*. — φ est de rang 2 et F, qui se transforme identiquement en $\varphi(X, Y, Z) + D_4 T^2$, est de rang 3 ou 2 suivant que D_4 ou $H'_{C''}$ est différent de zéro ou nul. Les quadriques correspondantes sont des cylindres elliptiques ou des couples de plans imaginaires conjugués, des cylindres hyperboliques ou des couples de plans réels.

4e *classe*. — φ étant de rang 1 est le carré d'une fonction linéaire $P(x, y, z)$. Sous les réserves faites plus haut, P ne diffère de φ'_x que par un facteur constant. Par suite P et la fonction $R \equiv Cx + C'y + C''z$ sont indépendantes, sans quoi les deux déterminants $\begin{vmatrix} A, & C \\ B'', & C' \end{vmatrix}, \begin{vmatrix} A, & C \\ B', & C'' \end{vmatrix}$ seraient nuls. On en conclut que F est réductible à 3 carrés indépendants; F est donc de rang 3. Les quadriques correspondantes sont des cylindres paraboliques.

5e *classe*. — φ est de rang 1 et F, qui se transforme identiquement en $\varphi(X, Y, Z) + D_1 T^2$, est de rang 2 ou 1 suivant que D_1 ou $D - \dfrac{C^2}{A}$ est différent de zéro ou nul.

Les quadriques correspondantes sont des couples de plans parallèles réels ou imaginaires, distincts ou confondus.

Tous ces résultats se vérifient sans difficulté sur les formes réduites obtenues au moyen de la décomposition en carrés (leç. 77).

Plans diamétraux des quadriques. — On appelle surface diamétrale des cordes d'une surface, parallèles à une direction fixe, le lieu des milieux de ces cordes. Nous allons montrer que ce lieu, dans une quadrique, est en général un plan.

Les coordonnées du point courant sur une droite de paramètres directeurs α, β, γ, passant par le point (x_0, y_0, z_0), sont

$$x_0 + \rho\alpha, \qquad y_0 + \rho\beta, \qquad z_0 + \rho\gamma;$$

deux points symétriques par rapport au point (x_0, y_0, z_0) correspondent à des valeurs symétriques de ρ.

Les valeurs de ρ relatives aux points de rencontre de cette droite et de la quadrique sont les racines de l'équation

$$(4) \qquad \begin{aligned} & f(x_0 + \alpha\rho, y_0 + \beta\rho, z_0 + \gamma\rho) \\ &\equiv f(x_0, y_0, z_0) + \rho[\alpha f'_{x_0} + \beta f'_{y_0} + \gamma f'_{z_0}] + \rho^2 \varphi(\alpha, \beta, \gamma) = 0. \end{aligned}$$

Le point (x_0, y_0, z_0) est le milieu de la corde si l'on a :

$$\alpha f'_{x_0} + \beta f'_{y_0} + \gamma f'_{z_0} = 0.$$

Cela montre que le lieu du milieu, quand α, β, γ sont fixes, est le plan d'équation

$$\begin{aligned} (5) \qquad & \alpha f'_x + \beta f'_y + \gamma f'_z = 0 \\ \text{ou} \quad (5)' \qquad & x\varphi'_\alpha + y\varphi'_\beta + z\varphi'_\gamma + 2(C\alpha + C'\beta + C''\gamma) = 0. \end{aligned}$$

Le raisonnement suppose, il est vrai, que l'équation (4) est du second degré en ρ, c'est-à-dire que la direction des cordes considérées n'est pas une direction asymptotique de la quadrique. Dans le cas contraire, l'équation (5) définit le lieu des points tels que la parallèle menée par l'un d'eux à la direction asymptotique considérée ne rencontre plus la quadrique à distance finie, ou fasse partie de la quadrique; ce lieu est le plan tangent ou point correspondant à l'infini. Les plans asymptotes d'une quadrique peuvent donc être regardés comme des plans diamétraux singuliers.

Nous allons étudier la distribution des plans diamétraux en nous servant des équations réduites des quadriques, équations qui correspondent aux différentes classes.

1re *classe.* — L'équation réduite est de la forme

$$A x^2 + A' y^2 + A'' z^2 + D = 0.$$

L'origine est le seul centre de cette quadrique.

L'équation du plan diamétral conjugué de la direction (α, β, γ) est

$$A\alpha x + A'\beta y + A''\gamma c = 0.$$

Tous les plans diamétraux passent par le centre. Réciproquement, tout plan d'équation

$$ux + vy + wz = 0,$$

passant par le centre, est le plan diamétral conjugué de la direction de paramètres directeurs $\dfrac{u}{A}, \dfrac{v}{A'}, \dfrac{w}{A''}$; c'est un plan asymptote si la direction de cordes conjuguées de ce plan lui est parallèle.

Si l'on modifie la valeur de D en conservant A, A', A'', les plans diamétraux ne sont pas altérés; en particulier, si l'on donne à D la valeur zéro, ce qui revient à remplacer la quadrique par son cône asymptote, le plan diamétral conjugué d'une direction donnée n'est pas modifié.

2e *classe*. — L'équation réduite est de la forme

$$A x^2 + A' y^2 + 2 C'' z = 0.$$

L'équation du plan diamétral conjugué de la direction (α, β, γ) est

$$A\alpha x + A'\beta y + C''\gamma = 0.$$

Tous les plans diamétraux sont parallèles à Oz, c'est-à-dire à la direction de l'intersection des plans directeurs du paraboloïde; le plan diamétral conjugué de cette dernière direction est à l'infini. Réciproquement, tout plan d'équation

$$ux + vy + h = 0,$$

parallèle à l'intersection des plans directeurs, est le plan diamétral conjugué de la direction de paramètres directeurs $\dfrac{u}{A}, \dfrac{v}{A'}, \dfrac{h}{C''}$; ce plan peut être un plan asymptote.

On vérifie aisément que, si l'on ajoute une constante arbitraire au premier membre de l'équation de la quadrique, les plans asymptotes ne sont pas modifiés; cette remarque est générale.

3e *classe*. — L'équation réduite est de la forme

$$A x^2 + A' y^2 + D = 0.$$

L'axe Oz est le lieu des centres de la quadrique correspondante. L'équation du plan diamétral conjugué de la direction (α, β, γ) est

$$A\alpha x + A'\beta y = 0.$$

Tous les plans diamétraux passent par la droite des centres; le plan diamétral conjugué de la direction des génératrices du cylindre est indéterminé. Réciproquement, tout plan d'équation

$$ux + vy = 0,$$

passant par la droite des centres, est le plan diamétral conjugué d'une infinité de directions de cordes pour lesquelles on a $\dfrac{\beta}{\alpha}=\dfrac{Av}{A'u}$; toutes ces cordes sont parallèles à un même plan.

4e *classe*. — L'équation réduite est de la forme

$$A'y^2 + 2Cx = o.$$

L'équation du plan diamétral conjugué de la direction (α, β, γ) est :

$$\alpha C + \beta A'y = o.$$

Tous les plans diamétraux sont parallèles au plan directeur du cylindre parabolique; le plan diamétral conjugué d'une direction de cordes, parallèle au plan directeur, est à l'infini, sauf le plan diamétral conjugué de la direction des génératrices, lequel est indéterminé. Réciproquement, tout plan d'équation

$$vy + h = o,$$

parallèle au plan directeur, est le plan diamétral conjugué d'une infinité de directions de cordes pour lesquelles on a $\dfrac{\beta}{\alpha}=\dfrac{Cv}{A'h}$; toutes ces cordes sont parallèles à un même plan.

5e *classe*. — L'équation réduite est de la forme

$$A'y^2 + D = o.$$

L'équation du plan diamétral conjugué de la direction (α, β, γ) est

$$\beta A'y = o.$$

Le plan diamétral conjugué de toute direction est confondu avec le plan des centres; le plan diamétral conjugué d'une direction parallèle au plan des centres est indéterminé.

Des raisonnements élémentaires permettent d'établir les propriétés des plans diamétraux des cylindres en partant des propriétés des diamètres des coniques; il suffit de remarquer que le milieu d'une corde d'un cylindre se projette parallèlement à la direction des génératrices, au milieu d'une corde de la base de ce cylindre.

Directions conjuguées. — On dit que deux directions de cordes (α, β, γ) et $(\alpha', \beta', \gamma')$ sont conjuguées, lorsque le plan diamétral conjugué de l'une est parallèle à l'autre. L'équation qui traduit cette propriété est

$$\alpha'\varphi'_\alpha + \beta'\varphi'_\beta + \gamma'\varphi'_\gamma = o.$$

Elle est symétrique par rapport aux deux systèmes de paramètres directeurs : la propriété est donc réciproque.

Les plans diamétraux conjugués de deux directions conjuguées sont dits conjugués.

Diamètres dans les quadriques. — On appelle diamètre conjugué d'un plan P dans une quadrique le lieu des centres des sections faites dans la quadrique par les plans parallèles à P. Nous allons montrer que ce lieu est en général une droite.

Les équations de la quadrique et du plan étant respectivement

$$f(x, y, z) = 0, \qquad ux + vy + wz = 0,$$

un point $M(x_0, y_0, z_0)$ appartient au diamètre conjugué du plan si toute corde de la quadrique, passant par M et parallèle au plan, a son milieu en ce point.

Les paramètres directeurs de la corde étant α, β, γ, la relation $\alpha f'_{x_0} + \beta f'_{y_0} + \gamma f'_{z_0} = 0$, qui exprime que le milieu de la corde est en M, doit être satisfaite pour toutes les valeurs de α, β, γ qui vérifient la relation $u\alpha + v\beta + w\gamma = 0$, caractéristique du parallélisme de la corde et du plan. Cela signifie que ces deux équations aux inconnues α, β, γ ont les mêmes solutions, ce qui exige que l'on ait :

$$\frac{f'_{x_0}}{u} = \frac{f'_{y_0}}{v} = \frac{f'_{z_0}}{w}.$$

Le diamètre est donc défini par les équations

$$(6) \qquad \frac{f'_x}{u} = \frac{f'_y}{v} = \frac{f'_z}{w}.$$

L'une quelconque de ces équations définit le plan diamétral conjugué d'une direction de cordes particulière du plan P. Inversement, si nous prenons dans un plan deux directions de cordes distinctes (α, β, γ) et $(\alpha', \beta', \gamma')$, l'intersection des plans diamétraux conjugués de ces deux directions est définie par les deux équations

$$\alpha f'_x + \beta f'_y + \gamma f'_z = 0, \qquad \alpha' f'_x + \beta' f'_y + \gamma' f'_z = 0.$$

Ces équations sont équivalentes aux suivantes :

$$\frac{f'_x}{\beta\gamma' - \gamma\beta'} = \frac{f'_y}{\gamma\alpha' - \alpha\gamma'} = \frac{f'_z}{\alpha\beta' - \beta\alpha'},$$

qui définissent le diamètre conjugué du plan d'équation

$$(\beta\gamma' - \gamma\beta')x + (\gamma\alpha' - \alpha\gamma')y + (\alpha\beta' - \beta\alpha')z = 0,$$

c'est-à-dire du plan parallèle aux deux directions de cordes. Lorsque le diamètre est une droite, les plans diamétraux conjugués de toutes les directions de cordes du plan passent par cette droite.

Cette remarque va nous donner de suite la distribution des diamètres dans les différentes classes de quadriques.

1re *classe*. — Les plans diamétraux conjugués de deux directions de cordes distinctes sont distincts et passent par le centre; le diamètre conjugué d'un plan est donc une droite passant par le centre. Réciproquement, toute droite passant par le centre peut être regardée comme l'intersection de deux plans passant par le centre, c'est-à-dire de deux plans diamétraux : c'est donc un diamètre.

2ᵉ *classe.* — Les plans diamétraux conjugués de toute direction non parallèle à l'intersection D des plans directeurs sont parallèles à cette intersection ; le plan diamétral conjugué des cordes parallèles à cette intersection est rejeté à l'infini.

Prenons dans un plan P, non parallèle à D, deux directions de cordes distinctes ; leurs plans diamétraux conjugués sont parallèles à D et ne sont pas parallèles entre eux ; leur intersection est une droite parallèle à D.

Si le plan P est parallèle à D, on peut prendre comme direction de cordes, dans ce plan, la direction D dont le plan diamétral est à l'infini ; le diamètre conjugué de ce plan P est donc à l'infini. Ainsi, tous les diamètres sont parallèles à P ou rejetés à l'infini. On démontre aisément la réciproque.

3ᵉ *classe.* — Les plans diamétraux conjugués de toute direction non parallèle aux génératrices du cylindre passent par la droite D, lieu des centres de la quadrique ; le plan diamétral conjugué de la direction des génératrices est indéterminé.

Prenons dans un plan P, non parallèle aux génératrices, deux directions de cordes distinctes ; leurs plans diamétraux sont distincts et se coupent suivant D qui est le diamètre conjugué de P.

Si le plan P est parallèle aux génératrices, on peut prendre l'une des deux directions de cordes du plan, parallèle aux génératrices, et le diamètre est constitué cette fois par le plan diamétral conjugué de la seconde direction.

4ᵉ *classe.* — Le plan diamétral conjugué de toute direction parallèle au plan directeur du cylindre parabolique est rejeté à l'infini, et le plan diamétral conjugué des génératrices est indéterminé.

Prenons dans un plan P, non parallèle aux génératrices, deux directions de cordes dont l'une soit parallèle au plan directeur ; le plan diamétral conjugué de cette direction étant à l'infini, le diamètre conjugué de P est à l'infini.

Si le plan P est parallèle aux génératrices du cylindre, on peut prendre l'une des deux directions de cordes de ce plan, parallèle aux génératrices, et le diamètre est constitué cette fois par le plan diamétral conjugué de la seconde direction.

5ᵉ *classe.* — Le plan diamétral conjugué de toute direction parallèle aux plans qui constituent la quadrique est indéterminé.

Si le plan P n'est pas parallèle aux deux plans donnés, son diamètre est constitué par le plan diamétral conjugué d'une direction quelconque de cordes de P, c'est-à-dire par le plan des centres. Si P est parallèle aux deux plans, son diamètre est indéterminé.

Application à la réduction de l'équation d'une quadrique. — Appliquons aux deux axes Ox, Oy, la condition qui exprime que deux directions sont conjuguées; nous trouvons $B'' = 0$. Par suite, si les directions des axes de coordonnées sont conjuguées deux à deux, les termes rectangles manquent dans l'équation de la quadrique.

On peut, d'une infinité de façons, choisir trois directions conjuguées deux à deux par rapport à une quadrique donnée, et non parallèles à un même plan. Prenons en effet une direction de cordes D quelconque, non asymptotique, et son plan diamétral conjugué P. Toute direction D′ de P est conjuguée de D. Choisissons dans P deux directions quelconques D′ et D″ conjuguées par rapport à la conique suivant laquelle P coupe la quadrique; D′ et D″ sont aussi conjuguées par rapport à la quadrique, et les trois directions D, D′, D″ sont conjuguées deux à deux et non parallèles à un même plan. Le choix de ces directions dépend évidemment de 3 paramètres, en général, et peut dépendre d'un plus grand nombre.

Si l'on prend 3 axes parallèles à 3 directions conjuguées deux à deux, l'équation de la quadrique prend donc la forme

$$A x^2 + A' y^2 + A'' z^2 + 2 C x + 2 C' y + 2 C'' z + D = 0.$$

Les équations du centre sont :

$$A x + C = 0, \qquad A' y + C' = 0, \qquad A'' z + C'' = 0.$$

Si $A A' A''$ n'est pas nul, ces équations ont une solution; la quadrique a un centre et le transport de l'origine en ce centre fait disparaître les termes du premier degré. On obtient ainsi l'équation réduite

$$A x'^2 + A' y'^2 + A'' z'^2 + D_1 = 0,$$

qui convient aux quadriques de la 1ʳᵉ classe. Chaque plan de coordonnées est le plan diamétral conjugué de l'axe opposé; chaque axe de coordonnées est le diamètre conjugué du plan opposé. On a ainsi mis en évidence l'existence d'une infinité de systèmes de trois plans diamétraux conjugués et de trois diamètres conjugués.

Supposons $A'' = 0$ et $C'' \neq 0$. Les plans du centre sont parallèles à une même droite et la surface est un paraboloïde. Le transport de l'origine au centre de la section par le plan xOy permet de faire disparaître les termes du premier degré en x et y, sans altérer les termes du second degré ni le terme en z. L'équation prend alors la forme

$$A x^2 + A' y^2 + 2 C'' z + D_1 = 0.$$

Un nouveau déplacement de l'origine, sur l'axe des z, permet de faire disparaître le terme constant et d'obtenir la forme réduite

$$A x'^2 + A' y'^2 + 2 C'' z' = 0.$$

L'axe des z' est le diamètre conjugué du plan des $x' y'$, et les deux plans $x'O'z'$, $y'O'z'$ sont deux plans diamétraux conjugués; l'origine est sur la surface.

Supposons $A'' = 0$, $C'' = 0$. Les plans du centre passent par une même droite et la surface est un cylindre à centres. Le transport de l'origine en un centre permet de faire disparaître les termes du premier degré, et l'on obtient la forme réduite

$$A x'^2 + A' y'^2 + D_1 = 0.$$

Supposons nuls deux des coefficients A, A', A''; prenons, par exemple, $A = A'' = 0$. L'équation étant

$$A' y^2 + 2 C x + 2 C' y + 2 C'' z + D = 0,$$

définit un cylindre parabolique si C et C'' ne sont pas nuls tous deux.

Conservons les axes Ox et Oy et changeons l'axe Oz en prenant un axe OZ parallèle aux génératrices du cylindre; la nouvelle équation ne contient pas Z et définit, dans le plan xOy, une parabole dont les diamètres sont parallèles à Ox. En rapportant cette parabole à un diamètre et à la tangente à l'extrémité de ce diamètre, on obtient l'équation réduite du cylindre sous la forme

$$A' y'^2 + 2 C_1 x' = 0.$$

Si C et C'' sont nuls en même temps que A et A'', l'équation de la quadrique est

$$A' y^2 + 2 C' y + D = 0.$$

Le transport de l'origine en un centre la ramène à la forme

$$A' y'^2 + D_1 = 0.$$

On peut rattacher aux propriétés des pôles et des plans polaires les résultats relatifs aux centres, aux plans diamétraux et aux diamètres.

Considérons une quadrique qui n'a pas de point double et qui n'est pas tangente au plan de l'infini (quadriques de 1re classe, sauf les cônes).

Le centre de cette quadrique est le pôle du plan de l'infini par rapport à la quadrique. Le plan diamétral conjugué d'une direction de cordes est le plan polaire du point à l'infini de cette direction; il passe donc par le pôle du plan de l'infini, c'est-à-dire par le centre. Le diamètre conjugué d'un plan P est le lieu des pôles de la droite à l'infini du plan P par rapport à toutes les coniques suivant lesquelles la quadrique est coupée par les plans parallèles à P; c'est aussi l'intersection des plans polaires des points à l'infini de tous ces plans, c'est-à-dire la droite polaire de la droite à l'infini du plan donné. Etc.

Il faudrait modifier un peu les énoncés de ces diverses propriétés lorsque la quadrique est tangente au plan de l'infini (2e classe); il faudrait les modifier profondément lorsque la quadrique possède un ou plusieurs points doubles.

Supposons donnée l'équation tangentielle d'une enveloppe de seconde classe, dans l'espace, soit

$$\psi(u, v, w, h) \equiv au^2 + a'v^2 + a''w^2 + 2 bvw + 2 b'uw + 2 b''uv$$
$$+ 2 cuh + 2 c'vh + 2 c''wh + dh^2 = 0.$$

L'équation du pôle du plan de l'infini est $\psi'_h = 0$, ou

$$cu + c'v + c''w + dh = 0.$$

Si d n'est pas nul, l'enveloppe a un centre dont les coordonnées homogènes sont c, c', c'', d, et les coordonnées cartésiennes $\dfrac{c}{d}, \dfrac{c'}{d}, \dfrac{c''}{d}$.

Si d est nul, le point caractéristique du plan de l'infini a pour coordonnées homogènes $c, c', c'', 0$. C'est le point à l'infini commun à tous les diamètres du paraboloïde.

EXERCICES

1º Combien impose-t-on de conditions à une surface du 3ᶜ degré en supposant qu'elle a un centre de symétrie?

2º Trouver le lieu des milieux des cordes d'une surface du 3ᵉ degré, parallèles à une direction donnée. Que devient ce lieu quand la direction des cordes est parallèle à une direction asymptotique de la surface cubique.

3º Trouver le lieu du centre de gravité des m points de rencontre d'une droite de direction fixe et d'une surface de degré m.

4º Lieu des milieux des cordes d'une quadrique passant par un point fixe.

5º Exprimer que le plan d'équation $ux + vy + wz + h = 0$ est un plan diamétral ou un plan asymptote de la quadrique générale.

86ᵉ LEÇON

RECHERCHE DES DIRECTIONS PRINCIPALES DANS LES QUADRIQUES

Nous avons vu, dans la leçon précédente, l'intérêt qui s'attache à la connaissance d'un système de trois directions conjuguées. Le nombre des paramètres dont dépendent ces systèmes permet de croire qu'il en existe où les directions sont rectangulaires. Chacune des directions, étant perpendiculaire aux deux autres, est perpendiculaire à son plan diamétral conjugué; on appelle *direction principale* toute direction perpendiculaire au plan diamétral conjugué.

Soient α, β, γ les paramètres directeurs d'une direction principale de la quadrique d'équation $f(x, y, z) = 0$, les axes de coordonnées étant rectangulaires. Le plan diamétral conjugué ayant pour équation

$$x \varphi'_\alpha + y \varphi'_\beta + z \varphi'_\gamma + 2 (C\alpha + C'\beta + C''\gamma) = 0,$$

on doit avoir :

$$\frac{\varphi'_\alpha}{\alpha} = \frac{\varphi'_\beta}{\beta} = \frac{\varphi'_\gamma}{\gamma}.$$

Pour résoudre et discuter ces équations, prenons comme inconnue auxiliaire la valeur commune aux trois rapports; représentons-la par $2S$. Nous sommes amenés à l'étude du système

$$(1) \quad \begin{cases} \dfrac{1}{2} \varphi'_\alpha - S\alpha \equiv (A - S)\alpha + B''\beta + B'\gamma = 0, \\[2mm] \dfrac{1}{2} \varphi'_\beta - S\beta \equiv B''\alpha + (A' - S)\beta + B\gamma = 0, \\[2mm] \dfrac{1}{2} \varphi'_\gamma - S\gamma \equiv B'\alpha + B\beta + (A'' - S)\gamma = 0. \end{cases}$$

Pour que ces équations aient en α, β, γ d'autres solutions que la solution zéro, il faut que S soit une racine de l'équation

$$(2) \quad \Delta(S) \equiv \begin{vmatrix} A - S, & B'', & B' \\ B'', & A' - S, & B \\ B', & B, & A'' - S \end{vmatrix} = 0.$$

Nous représenterons, dans ce qui va suivre, les éléments du déterminant adjoint de Δ respectivement par a, a', a'', b, b', b'', et ceux du déterminant adjoint de $\Delta(S)$ par $a_s, a'_s, a''_s, b_s, b'_s, b''_s$; on passe des seconds aux premiers en donnant à S la valeur o. Un calcul facile montre que l'on a :

$$(3) \qquad \Delta(S) \equiv -S^3 + (A + A' + A'')S^2 - (a + a' + a'')S + \Delta,$$

$$(4) \qquad \Delta'(S) \equiv -a_S - a'_S - a''_S,$$

$$(5) \qquad \frac{1}{2}\Delta''(S) \equiv A - S + A' - S + A'' - S.$$

Une combinaison simple de (4) et (5) donne aussi l'identité

$$(6) \qquad \frac{1}{4}\big[\Delta''(S)\big]^2 + 2\,\Delta'(S) \equiv (A - S)^2 + (A' - S)^2 + (A'' - S)^2$$
$$+ 2\,B^2 + 2\,B'^2 + 2\,B''^2$$

que nous utiliserons plus loin.

Si l'on donne à S la valeur d'une racine réelle de l'équation (2), les équations (1) correspondantes se réduisent à moins de 3 et définissent au moins une direction principale réelle. Il y a donc lieu de voir si les racines de (2) sont réelles et distinctes. Nous allons montrer qu'elles sont réelles en établissant une propriété des directions principales, qui nous servira encore pour un autre objet.

Théorème. — *Deux directions principales correspondant à deux racines distinctes de l'équation en S sont rectangulaires et conjuguées.*

Soient S_0 et S_1 les deux racines distinctes, $\alpha_0, \beta_0, \gamma_0$ et $\alpha_1, \beta_1, \gamma_1$ les paramètres directeurs de deux directions principales correspondantes. On a :

$$\frac{1}{2}\varphi'_{\alpha_0} = S_0\alpha_0, \qquad \frac{1}{2}\varphi'_{\beta_0} = S_0\beta_0, \qquad \frac{1}{2}\varphi'_{\gamma_0} = S_0\gamma_0.$$

Par suite

$$\frac{1}{2}\big(\alpha_1\varphi'_{\alpha_0} + \beta_1\varphi'_{\beta_0} + \gamma_1\varphi'_{\gamma_0}\big) = S_0\big(\alpha_0\alpha_1 + \beta_0\beta_1 + \gamma_0\gamma_1\big).$$

On obtient de même :

$$\frac{1}{2}\big(\alpha_0\varphi'_{\alpha_1} + \beta_0\varphi'_{\beta_1} + \gamma_0\varphi'_{\gamma_1}\big) = S_1\big(\alpha_0\alpha_1 + \beta_0\beta_1 + \gamma_0\gamma_1\big).$$

Les premiers membres de ces deux égalités ayant la même valeur, on conclut l'égalité des seconds membres et, comme $S_0 - S_1$ n'est pas nul, on a :

$$\alpha_0\alpha_1 + \beta_0\beta_1 + \gamma_0\gamma_1 = o$$

et, par suite,

$$\alpha_0\varphi'_{\alpha_1} + \beta_0\varphi'_{\beta_1} + \gamma_0\varphi'_{\gamma_1} = o.$$

Les deux directions principales sont donc bien rectangulaires et conjuguées. Remarquons encore que l'orthogonalité de deux directions principales fait qu'elles sont conjuguées, lors même qu'elles correspondraient à la même racine de l'équation en S.

Supposons maintenant que l'équation en S ait une racine imaginaire $s + is'$; soient $\alpha + i\alpha'$, $\beta + i\beta'$, $\gamma + i\gamma'$ les paramètres directeurs d'une direction principale correspondante.

L'équation (2) à coefficients réels admet aussi la racine imaginaire conjuguée $s - is'$, et les équations (1) correspondantes ont la solution $\alpha - i\alpha'$, $\beta - i\beta'$, $\gamma - i\gamma'$. En écrivant que les deux directions principales ainsi définies sont rectangulaires, on obtient :

$$\alpha^2 + \alpha'^2 + \beta^2 + \beta'^2 + \gamma^2 + \gamma'^2 = 0,$$

ce qui n'est pas, puisque les paramètres directeurs utilisés ne sont pas tous nuls. Les racines de l'équation en S sont donc toutes réelles.

Cherchons dans quelles conditions il y en a de multiples et ce que sont les équations (1) correspondantes.

Un zéro simple de $\Delta(S)$ n'annule pas $\Delta'(S)$ et, par suite, n'annule pas à la fois a_S, a'_S, a''_S, à cause de l'identité (4); les équations (1) correspondantes se réduisent donc à deux et définissent une direction principale.

En vertu des propriétés des déterminants adjoints, on a :

$$a'_S a''_S - b_S^2 \equiv (\mathrm{A} - \mathrm{S})\Delta(\mathrm{S}), \qquad a''_S a_S - b'^2_S \equiv (\mathrm{A}' - \mathrm{S})\Delta(\mathrm{S}),$$
$$a_S a'_S - b''^2_S \equiv (\mathrm{A}'' - \mathrm{S})\Delta(\mathrm{S}).$$

Si nous remplaçons la variable S, dans ces identités, par une racine S_0 de l'équation en S, nous obtenons les égalités

$$(7) \qquad a'_{S_0} a''_{S_0} = b_{S_0}^2, \qquad a''_{S_0} a_{S_0} = b'^2_{S_0}, \qquad a_{S_0} a'_{S_0} = b''^2_{S_0},$$

d'après lesquelles a_{S_0}, a'_{S_0}, a''_{S_0} sont des nombres de même signe ou nuls.

Un zéro double S_0 de $\Delta(S)$ ne peut donner à a_S, a'_S, a''_S des valeurs de même signe, sans quoi leur somme ne serait pas nulle et $\Delta'(S_0)$ ne serait pas nul; par suite a_{S_0}, a'_{S_0}, a''_{S_0} sont nuls ainsi que b_{S_0}, b'_{S_0}, b''_{S_0}, à cause des égalités (7). En outre, ce zéro double n'annule pas à la fois $\mathrm{A} - \mathrm{S}$, $\mathrm{A}' - \mathrm{S}$, $\mathrm{A}'' - \mathrm{S}$, B, B', B'', sans quoi $\Delta''(S_0)$ serait nul à cause de (6). Les équations (1), qui correspondent à un zéro double, se réduisent donc à l'une d'elles, et elles définissent une infinité de directions principales qui sont toutes les directions parallèles à un plan.

Un zéro triple de $\Delta(S)$ annulant $\Delta'(S)$ et $\Delta''(S)$ annule aussi $\mathrm{A} - \mathrm{S}$, $\mathrm{A}' - \mathrm{S}$, $\mathrm{A}'' - \mathrm{S}$, B, B', B'', à cause de l'identité (6). Les équations (1) correspondantes sont donc des identités, et toutes les directions de l'espace sont donc des directions principales.

On peut en conclure qu'il existe toujours au moins un système de trois directions principales rectangulaires et conjuguées.

1° Supposons que les racines de l'équation en S soient distinctes. A chacune correspond une direction principale. Il y a, dans ce cas, un système de trois directions principales rectangulaires et conjuguées.

2° Supposons que l'équation en S ait une racine double; il y a une infinité de directions principales correspondantes toutes parallèles à un plan P. A la racine simple correspond une direction principale perpendiculaire à toutes les précédentes et par suite au plan P. En prenant deux directions rectangulaires parallèles à P et la direction perpendiculaire à P, on obtient un système de trois directions principales rectangulaires et conjuguées.

Ce fait se produit quand il existe un nombre S annulant tous les mineurs de $\Delta(S)$, c'est-à-dire vérifiant les 6 équations

$$(A' - S)(A'' - S) - B^2 = o, \qquad (A'' - S)(A - S) - B'^2 = o,$$
$$(A - S)(A' - S) - B''^2 = o,$$
$$(A - S)B - B'B'' = o, \quad (A' - S)B' - BB'' = o, \quad (A'' - S)B'' - BB' = o.$$

Supposons d'abord $BB'B'' \neq o$. Les trois dernières équations donnent :

$$S = A - \frac{B'B''}{B} = A' - \frac{BB''}{B'} = A'' - \frac{BB'}{B''}.$$

On constate aisément que cette valeur de S vérifie les trois premières, de sorte que, sous la réserve faite, les deux conditions précédentes sont caractéristiques de l'existence d'une racine double.

Supposons $B'' = o$; la dernière équation exige que BB' soit nul. Si B' est nul, la 5ᵉ équation est vérifiée et la 4ᵉ donne ou ne donne pas S suivant que B est différent de zéro ou nul. Supposons d'abord $B \neq o$; on trouve alors $S = A$ et, en substituant dans la 1ʳᵉ équation qui subsiste seule, on obtient la nouvelle condition

$$(A' - A)(A'' - A) - B^2 = o.$$

Enfin, si B, B' et B'' sont nuls, les trois premières équations subsistent seules ; elles exigent que deux des nombres A, A', A'' soient égaux, la racine double S ayant leur valeur commune.

Dans chacun de ces cas, la forme quadratique

$$\varphi(x, y, z) - S'(x^2 + y^2 + z^2),$$

où S' est la racine double, est de rang 1, car son discriminant est $\Delta(S')$. On a donc :

$$\varphi(x, y, z) \equiv S'(x^2, y^2, z^2) + Q^2$$

Q désignant une fonction linéaire et homogène de x, y, z. Par suite

$$f(x, y, z) \equiv S'(x^2 + y^2 + z^2) + 2Cx + 2C'y + 2C''z + D + Q^2.$$

La quadrique considérée est de révolution si S' est $\neq o$, et c'est une quadrique de 4ᵉ ou de 5ᵉ classe si S' est nul.

Ce fait s'établit aussi aisément par la géométrie. Si l'équation en S a une racine double, la quadrique a un plan P de directions principales. La section de cette quadrique par un plan parallèle à P admet une infinité de directions principales : c'est donc un cercle ou une seule droite à distance finie.

Le lieu du centre de ce cercle est le diamètre conjugué de P, c'est-à-dire l'intersection des plans diamétraux conjugués de deux directions de cordes de P ; ces directions étant principales, leurs plans diamétraux leur sont respectivement perpendiculaires et sont perpendiculaires à P. Le diamètre conjugué de P est donc perpendiculaire à ce plan et le lieu du cercle de section est une surface de révolution autour de ce diamètre.

Le cas où la section se compose d'une seule droite à distance finie correspond au cas du cylindre parabolique.

Réciproquement, si une surface du second ordre est de révolution ou si c'est un cylindre parabolique, on peut mettre son équation sous la forme

$$k(x^2 + y^2 + z^2) + 2Cx + 2C'y + 2C''z + Q^2 = 0,$$

Q désignant une fonction linéaire et homogène de x, y, z (leç. 59), et k étant nul pour un cylindre parabolique.

$\varphi(x, y, z)$ est alors identique à

$$k(x^2 + y^2 + z^2) + Q^2,$$

et $\varphi(x, y, z) - S(x^2 + y^2 + z^2)$, où l'on donne à S la valeur k, est un carré parfait, de sorte que tous les mineurs de son discriminant sont nuls. L'équation en S admet la racine double k.

On peut, dans chacun des cas signalés plus haut, obtenir les équations de l'axe de révolution.

Supposons d'abord $BB'B'' \neq 0$ et $A - \dfrac{B'B''}{B} = A' - \dfrac{BB''}{B'} = A'' - \dfrac{BB'}{B''}$.

S' désignant la valeur commune à ces binômes, on a :

$$\varphi(x, y, z) - S'(x^2 + y^2 + z^2) \equiv \frac{B'B''}{B}x^2 + \frac{B''B}{B'}y^2 + \frac{BB'}{B''}z^2$$
$$+ 2Byz + 2B'zx + 2B''xy.$$
$$\equiv BB'B''\left(\frac{x}{B} + \frac{y}{B'} + \frac{z}{B''}\right)^2,$$

et

$$f(x, y, z) \equiv S'(x^2 + y^2 + z^2) + 2Cx + 2C'y + 2C''z + D$$
$$+ BB'B''\left(\frac{x}{B} + \frac{y}{B'} + \frac{z}{B''}\right)^2.$$

L'axe de révolution est la perpendiculaire menée, par le centre de la sphère inscrite, au plan du parallèle de contact mis en évidence; ses équations sont :

$$B(S'x + C) = B'(S'y + C') = B''(S'z + C'').$$

Un raisonnement analogue s'applique aux deux autres cas.

3° Supposons que l'équation en S ait une racine triple. Toutes les directions étant principales, il suffit d'en prendre trois rectangulaires pour obtenir un système de trois directions principales conjuguées et rectangulaires. Dans ce cas, la racine triple, annulant tous les éléments de $\Delta(S)$, a pour valeur $A = A' = A''$, et B, B', B'' sont nuls; la surface est une sphère.

Réduction de l'équation d'une quadrique en axes rectangulaires. — Prenons comme nouveaux axes OX, OY, OZ, des parallèles menées par l'origine primitive à trois directions principales rectangulaires et conjuguées. Soient S_1, S_2, S_3 les trois racines distinctes ou non de l'équation en S, correspondant à ces directions; soient

$(\alpha_1, \beta_1, \gamma_1)$, $(\alpha_2, \beta_2, \gamma_2)$, $(\alpha_3, \beta_3, \gamma_3)$, leurs cosinus directeurs par rapport aux axes primitifs.

Les formules

$$x = \alpha_1 X + \alpha_2 Y + \alpha_3 Z, \qquad y = \beta_1 X + \beta_2 Y + \beta_3 Z, \qquad z = \gamma_1 X + \gamma_2 Y + \gamma_3 Z$$

transforment $\varphi(x, y, z)$ en $\varphi_1(X, Y, Z)$. Le coefficient de X^2 vaut $\varphi(\alpha_1, \beta_1, \gamma_1)$ ou $\alpha_1 \frac{1}{2} \varphi'_{\alpha_1} + \beta_1 \frac{1}{2} \varphi'_{\beta_1} + \gamma_1 \frac{1}{2} \varphi'_{\gamma_1}$ et, à cause des relations

$$\frac{1}{2} \varphi'_{\alpha_1} = S_1 \alpha_1, \qquad \frac{1}{2} \varphi'_{\beta_1} = S_1 \beta_1, \qquad \frac{1}{2} \varphi'_{\gamma_1} = S_1 \gamma_1, \qquad \alpha_1^2 + \beta_1^2 + \gamma_1^2 = 1,$$

ce coefficient vaut S_1. De même le coefficient de Y^2 vaut S_2 et celui de Z^2 vaut S_3.

Le coefficient de XY vaut $\alpha_1 \varphi'_{\alpha_2} + \beta_1 \varphi'_{\beta_2} + \gamma_1 \varphi'_{\gamma_2}$, c'est-à-dire zéro, puisque les deux directions OX et OY sont conjuguées ; les rectangles disparaissent et $\varphi(x, y, z)$ se transforme identiquement en

$$S_1 X^2 + S_2 Y^2 + S_3 Z^2.$$

On a donc :

$$f(x, y, z) \equiv S_1 X^2 + S_2 Y^2 + S_3 Z^2 + 2 C_1 X + 2 C'_1 Y + 2 C''_1 Z + D,$$

avec

$$C_1 = C \alpha_1 + C' \beta_1 + C'' \gamma_1, \qquad C'_1 = C \alpha_2 + C' \beta_2 + C'' \gamma_2,$$
$$C''_1 = C \alpha_3 + C' \beta_3 + C'' \gamma_3.$$

Pour poursuivre la réduction, nous n'avons qu'à suivre la voie indiquée dans la leçon précédente. Les équations du centre, dans le nouveau système d'axes, sont

$$S_1 X + C_1 = 0, \qquad S_2 Y + C'_1 = 0, \qquad S_3 Z + C''_1 = 0.$$

$1°$ Supposons $S_1 S_2 S_3 \neq 0$, c'est-à-dire $\Delta \neq 0$; il y a un centre et le transport de l'origine en ce centre ramène $f(x, y, z)$ à la forme $S_1 x'^2 + S_2 y'^2 + S_3 z'^2 + D_1$. Un calcul antérieur nous a donné la valeur $\frac{H}{\Delta}$ de D_1, de sorte que tous les coefficients sont connus.

Les nouveaux plans de coordonnées sont des plans de symétrie de la quadrique ; les nouveaux axes sont des axes de symétrie. Le carré algébrique de la moitié de l'un d'eux est donné par la formule $\rho^2 = - \frac{H}{\Delta S}$, où l'on remplace S par l'une quelconque des racines de l'équation en S. Les signes des racines de cette équation influent sur les signes des valeurs de ρ^2 ; ils sont faciles à apprécier, car l'équation en S, ayant toutes ses racines réelles, a autant de racines positives que de variations.

Supposons que S_1, S_2, S_3 aient le même signe ; la surface est du genre ellipsoïde.

Si $\frac{H}{\Delta}$ a le même signe que les valeurs de S, on peut poser :

$$\frac{H}{\Delta S_1} = a^2, \qquad \frac{H}{\Delta S_2} = b^2, \qquad \frac{H}{\Delta S_3} = c^2,$$

et l'équation réduite de l'ellipsoïde imaginaire correspondant est

$$\frac{x'^2}{a^2}+\frac{y'^2}{b^2}+\frac{z'^2}{c^2}+1=0.$$

Si $\dfrac{H}{\Delta}$ a un signe autre que celui des valeurs de S, on pose :

$$-\frac{H}{\Delta S_1}=a^2,\qquad-\frac{H}{\Delta S_2}=b^2,\qquad-\frac{H}{\Delta S_3}=c^2,$$

et l'équation réduite de l'ellipsoïde réel correspondant est

$$\frac{x'^2}{a^2}+\frac{y'^2}{b^2}+\frac{z'^2}{c^2}-1=0.$$

Si H est nul, on peut déterminer a, b, c au moyen des équations $a^2 S_1 = b^2 S_2 = c^2 S_3$, et l'équation réduite du cône imaginaire correspondant est

$$\frac{x'^2}{a^2}+\frac{y'^2}{b^2}+\frac{z'^2}{c^2}=0.$$

Supposons que S_1 et S_2 aient le même signe et S_3 le signe opposé. Si $\dfrac{H}{\Delta}$ a le même signe que S_3, on peut poser :

$$-\frac{H}{\Delta S_1}=a^2,\qquad-\frac{H}{\Delta S_2}=b^2,\qquad-\frac{H}{\Delta S_3}=c^2,$$

et l'équation réduite de l'hyperboloïde à une nappe correspondant est

$$\frac{x'^2}{a^2}+\frac{y'^2}{b^2}-\frac{z'^2}{c^2}-1=0.$$

Si $\dfrac{H}{\Delta}$ a un signe autre que celui de S_3, on pose :

$$\frac{H}{\Delta S_1}=a^2,\qquad\frac{H}{\Delta S_2}=b^2,\qquad-\frac{H}{\Delta S_3}=c^2,$$

et l'équation réduite de l'hyperboloïde à deux nappes correspondant est

$$\frac{x'^2}{a^2}+\frac{y'^2}{b^2}-\frac{z'^2}{c^2}+1=0.$$

Si H est nul, on peut déterminer a, b, c au moyen des équations $a^2 S_1 = b^2 S_2 = -c^2 S_3$, et l'équation réduite du cône réel correspondant est

$$\frac{x'^2}{a^2}+\frac{y'^2}{b^2}-\frac{z'^2}{c^2}=0.$$

2° Supposons $S_3 = 0$ et $S_1 S_2 \neq 0$, c'est-à-dire $\Delta = 0$, $a + a' + a'' \neq 0$ (a, a', a'' sont d'ailleurs de même signe ou nuls, dans ce cas).

Si $C_1'' \neq 0$, la surface est un paraboloïde; un transport de l'origine en un point convenablement choisi transforme $f(x, y, z)$ en

$$S_1 x'^2 + S_2 y'^2 + 2 C_1'' z'.$$

Les plans $x'O'z'$ et $y'O'z'$ sont des plans de symétrie, $O'z'$ est un axe de symétrie, O' est un sommet de la surface.

Supposons que S_1 et S_2 soient de même signe; on peut toujours supposer C_1'' de signe contraire, car le changement de sens de l'axe $O'z'$ remplace C_1'' par $-C_1''$. On peut alors poser :

$$-\frac{C_1''}{S_1}=p, \qquad -\frac{C_1''}{S_2}=q,$$

p et q étant positifs.

L'équation réduite du paraboloïde elliptique correspondant est

$$\frac{x'^2}{p}+\frac{y'^2}{q}-2z'=0.$$

Supposons que S_1 et S_2 soient de signes différents; on peut toujours supposer que C_1'' a le signe de S_2. On pose alors :

$$-\frac{C_1''}{S_1}=p, \qquad \frac{C_1''}{S_2}=q,$$

p et q étant positifs.

L'équation réduite du paraboloïde hyperbolique correspondant est

$$\frac{x'^2}{p}-\frac{y'^2}{q}-2z'=0.$$

Dans ces deux cas, p et q désignent les paramètres des paraboles principales du paraboloïde. Le calcul de leurs grandeurs dépend du calcul de C_1'', puisque S_1 et S_2 sont connus. Or la direction principale OZ correspondant à la racine nulle de l'équation en S_1, ses cosinus directeurs vérifient les équations $\varphi'_\alpha=0$, $\psi'_\beta=0$, $\varphi'_\gamma=0$, et, si l'on suppose $a''\neq 0$, on peut prendre :

$$A\alpha_3+B''\beta_3+B'\gamma_3=0, \qquad B''\alpha_3+A'\beta_3+B\gamma_3=0,$$

d'où

$$\frac{\alpha_3}{b'}=\frac{\beta_3}{b}=\frac{\gamma_3}{a''}=\frac{\varepsilon}{\sqrt{b'^2+b^2+a''^2}}.$$

Par suite, on a :

$$C_1''=\varepsilon\,\frac{Cb'+C'b+C''a''}{\sqrt{b'^2+b^2+a''^2}}.$$

Le numérateur est, au signe près, le mineur de H relatif à l'élément C'', et l'on a :

$$C_1''=\pm\frac{\frac{1}{2}H'_{C''}}{\sqrt{b'^2+b^2+a''^2}}.$$

3º Supposons $S_3=0$, $S_1 S_2\neq 0$ et $C_1''=0$. La surface est un cylindre à centres.

Le transport de l'origine en l'un de ces centres transforme finalement

$f(x, y, z)$ en $S_1 x'^2 + S_2 y'^2 + D_1$. Nous connaissons S_1 et S_2 et nous avons appris à calculer D_1 dans la leçon précédente.

Supposons S_1 et S_2 de même signe; si D_1 a ce signe, on peut poser :

$$\frac{D_1}{S_1} = a^2, \qquad \frac{D_1}{S_1} = b^2,$$

et l'équation réduite du cylindre imaginaire correspondant est

$$\frac{x'^2}{a^2} + \frac{y'^2}{b^2} + 1 = 0.$$

Si D_1 a le signe opposé à celui de S_1 et S_2, on pose :

$$-\frac{D_1}{S_1} = a^2, \qquad -\frac{D_1}{S_2} = b^2,$$

et l'équation réduite du cylindre elliptique réel correspondant est

$$\frac{x'^2}{a^2} + \frac{y'^2}{b^2} - 1 = 0.$$

Si D_1 est nul, on peut déterminer a^2 et b^2 par l'équation $a^2 S_1 = b^2 S_2$, et l'équation réduite du couple de plans imaginaires est

$$\frac{x'^2}{a^2} + \frac{y'^2}{b^2} = 0.$$

Supposons S_1 et S_2 de signes contraires; D_1 a, par exemple, le signe de S_2. Posons :

$$-\frac{D_1}{S_1} = a^2, \qquad \frac{D_1}{S_1} = b^2.$$

L'équation réduite du cylindre hyperbolique correspondant est

$$\frac{x'^2}{a^2} - \frac{y'^2}{b^2} - 1 = 0.$$

Si D_1 est nul, on peut déterminer a^2 et b^2 par l'équation $a^2 S_1 = -b^2 S_2$, et l'équation réduite du couple de plans réels est

$$\frac{x'^2}{a^2} - \frac{y'^2}{b^2} = 0.$$

4° Supposons $S_1 = S_3 = 0$, $S_2 \neq 0$, c'est-à-dire

$$\Delta = 0, \qquad a + a' + a'' = 0, \qquad A + A' + A'' \neq 0.$$

Remarquons d'ailleurs que les deux hypothèses $a + a' + a'' = 0$, $A + A' + A'' = 0$ entraîneraient l'annulation des coefficients A, A', A'', B, B', B'', d'après ce qu'on a vu dans l'étude d'une racine triple de l'équation en S.

Si C_1 et C_1'' ne sont pas nuls tous deux, la surface est un cylindre parabolique. On peut supposer que les deux directions principales choisies pour OZ et OX, et qui correspondent à la racine double nulle de l'équation en S, sont la direction des génératrices du cylindre et la direction perpendiculaire à celle-là dans le plan directeur; alors C_1'' est nul et le premier changement d'axes a transformé $f(x, y, z)$ en $S_2 Y^2 + 2 C_1 X + 2 C_1' Y + D$.

Une translation convenable dans le plan XOY permet de transformer finalement $f(x, y, z)$ en $S_2 y'^2 + 2 C_1 x'$. On peut supposer que S_2 et C_1 sont de signes contraires en choisissant un sens convenable sur $O' x'$; si l'on pose :

$$- \frac{C_1}{S_2} = p,$$

p est positif.

L'équation réduite du cylindre parabolique correspondant est

$$y'^2 - 2 p x' = 0.$$

Le calcul du paramètre de la section droite du cylindre exige celui de C_1 dont la valeur dépend de $\alpha_1, \beta_1, \gamma_1$. Ces cosinus directeurs valent respectivement

$$\varepsilon(\beta_2 \gamma_3 - \gamma_2 \beta_3), \qquad \varepsilon(\gamma_2 \alpha_3 - \alpha_2 \gamma_3), \qquad \varepsilon(\alpha_2 \beta_3 - \beta_2 \alpha_3).$$

$\alpha_2, \beta_2, \gamma_2$ sont les cosinus directeurs de la direction principale perpendiculaire au plan directeur et peuvent être calculés; $\alpha_3, \beta_3, \gamma_3$ sont les cosinus directeurs de la direction des génératrices et vérifient, par exemple, les équations

$$\varphi_\alpha' = 0, \qquad C \alpha + C' \beta + C'' \gamma = 0.$$

On peut donc les calculer aussi et en déduire finalement $\alpha_1, \beta_1, \gamma_1$ et $C_1 = C \alpha_1 + C' \beta_1 + C'' \gamma_1$.

Nous avons indiqué précédemment (leç. 76 et exerc. leç. 77), un calcul plus rapide de p.

5° Supposons $S_1 = S_3 = 0$, $C_1 = C_1'' = 0$. Le premier changement d'axes a transformé $f(x, y, z)$ en $S_2 Y^2 + 2 C_1' Y + D$. Une translation le long de OY permet de transformer finalement f en $S_2 y'^2 + D_1$. Nous connaissons S_2 et nous avons indiqué le calcul de D_1 dans la leçon précédente.

Si S_2 et D_1 sont de même signe, on peut poser :

$$\frac{D_1}{S_2} = b^2,$$

et l'équation réduite du couple de plans parallèles imaginaires est

$$\frac{y'^2}{b^2} + 1 = 0.$$

Si S_2 et D_1 sont de signes différents, on pose :

$$- \frac{D_1}{S_2} = b^2,$$

et l'équation réduite du couple de plans parallèles réels est

$$\frac{y'^2}{b^2} - 1 = 0.$$

Si D_1 est nul, l'équation réduite du couple de plans confondus est $y'^2 = 0$.

Remarque. — La connaissance des signes relatifs de S_1, S_2, S_3 et de D_1, s'il y a lieu, permet de dire la nature des surfaces correspondantes; cette exposition donne donc un moyen d'apprécier la nature d'une quadrique définie par son équation en axes rectangulaires. On peut même se débarrasser de la restriction relative à l'orthogonalité des axes. La décomposition en carrés nous a appris en effet que la nature d'une quadrique définie par une équation $f(x, y, z) = 0$ ne dépend que du nombre et des signes des carrés, sans faire intervenir les angles des axes; on peut donc supposer ceux-ci rectangulaires sans altérer la nature de la quadrique.

EXERCICES

1° Soient $f(x_1, x_2, \ldots, x_n)$ et $\varphi(x_1, x_2, \ldots, x_n)$, deux formes quadratiques homogènes, à coefficients réels, la seconde étant définie et ne pouvant, par suite, s'annuler que si l'on donne à toutes les variables la valeur zéro. Soit $S_0 + i S_0'$ une racine de l'équation en S obtenue en annulant le discriminant de la forme $f - S\varphi$. Comme $f - (S_0 + i S_0')\varphi$ est réductible à moins de n carrés, on peut poser :

$$f - (S_0 + i S_0')\varphi \equiv (P_1 + i Q_1)^2 + (P_2 + i Q_2)^2 + \ldots + (P_{n'} + i Q_{n'})^2,$$

n' étant inférieur à n et les formes linéaires et homogènes P_i, Q_i étant à coefficients réels. Donnons à $x_1, x_2 \ldots, x_n$, des valeurs réelles non toutes nulles annulant $Q_1, Q_2 \ldots, Q_{n'}$, ce qui est possible. Le second membre prend alors une valeur réelle et le premier une valeur imaginaire à moins que S_0' ne soit nul. Par suite, les zéros du discriminant de $f - S\varphi$ sont tous réels.

Cette démonstration s'applique à l'équation en S de la leçon précédente. Montrer qu'elle s'applique à l'équation analogue obtenue dans la recherche des directions conjuguées communes à une quadrique quelconque et à un ellipsoïde; en remplaçant l'ellipsoïde par une sphère, on retrouve le problème des directions principales d'une quadrique.

2° L'équation $a(S) \equiv (A' - S)(A'' - S) - B^2 = 0$ a deux racines réelles et distinctes S_0 et S_1 séparées par A'', si l'on n'a pas $A' = A''$ avec $B = 0$. Soient $S_0 < A'' < S_1$. Utiliser l'identité

$$a_2 a_3' - b_3''^2 \equiv (A'' - S) \Delta(S)$$

pour démontrer que $\Delta(S)$ a trois zéros séparés en général par S_0 et S_1. Retrouver par ce procédé les résultats obtenus plus haut.

3° Une sécante menée par un point A donné rencontre une quadrique donnée en deux points M et M'. Calculer la valeur du produit $\overline{AM \cdot AM'}$ en fonction des cosinus directeurs de la sécante. Trouver le maximum et le minimum de ce produit ainsi que les positions correspondantes de la sécante.

4° La quadrique définie par l'équation

$$A(x^2 + y^2 + z^2) + 2B(yz + zx + xy) + 2Cx + 2C'y + 2C''z + D = 0,$$

est de révolution. Trouver les équations de l'axe de révolution et les coefficients de l'équation réduite de cette quadrique.

5° Discuter la nature de la quadrique définie par l'équation

$$x^2 + y^2 + z^2 + 2ax + 2by + 2cz + d \pm (ux + vy + wz + h)^2 = 0.$$

PLANS DE SYMÉTRIE — AXES DE SYMÉTRIE
PLANS CYCLIQUES DES QUADRIQUES

Un plan de symétrie d'une quadrique partage en deux parties égales les cordes qui lui sont perpendiculaires ; c'est donc le plan diamétral conjugué de ces cordes dont la direction est principale. Inversement, tout plan diamétral conjugué d'une direction principale est (s'il existe) un plan de symétrie. Pour cette raison, nous l'appellerons aussi *plan principal*. La recherche des plans de symétrie résulte de là.

Soit S une racine de l'équation en S, et soient α, β, γ les paramètres directeurs d'une direction principale correspondante. L'équation du plan diamétral conjugué de cette direction est

$$x\,\varphi'_\alpha + y\,\varphi'_\beta + z\,\varphi'_\gamma + 2(C\alpha + C'\beta + C''\gamma) = 0.$$

En tenant compte des relations

$$\varphi'_\alpha = 2\,S\alpha, \qquad \varphi'_\beta = 2\,S\beta, \qquad \varphi'_\gamma = 2\,S\gamma,$$

on peut l'écrire aussi

$$(1) \qquad S(\alpha x + \beta y + \gamma z) + C\alpha + C'\beta + C''\gamma = 0.$$

On voit que si S est nul, ce plan principal est rejeté à l'infini ou indéterminé.

Ainsi, dans le paraboloïde, la direction principale qui correspond à la racine nulle est la direction de l'intersection des plans directeurs, et le plan principal correspondant est rejeté à l'infini.

Dans le cylindre à centres, cette direction est celle des génératrices, et tout plan perpendiculaire à cette direction est un plan de symétrie.

Dans le cylindre parabolique, la racine nulle est double ; les directions principales correspondantes sont les parallèles au plan directeur : les plans principaux correspondants sont rejetés à l'infini, sauf celui qui correspond à la direction des génératrices. Il y a en outre un plan principal qui correspond à la racine non nulle $A + A' + A''$, et, comme les paramètres directeurs de la direction principale associée sont ceux d'une perpendiculaire au plan directeur (A, B'', B', par exemple), l'équation du plan de symétrie déduite de (1) est

$$(A + A' + A'')(Ax + B''y + B'z) + CA + C'B'' + C''B' = 0.$$

Une quadrique de révolution de 1ʳᵉ classe a une infinité de plans principaux qui sont tous les plans passant par l'axe de révolution, et un plan principal isolé qui est le plan de l'équateur.

Une quadrique de révolution de 2ᵉ classe a une infinité de plans principaux qui sont tous les plans passant par l'axe de révolution. Etc.

Axes de symétrie des quadriques. — Une droite D étant axe de symétrie d'une quadrique, une section faite dans cette surface par un plan quelconque perpendiculaire à D a son centre sur D.

Si cette section est constituée par une seule droite à distance finie, cette droite s'appuie sur D et la quadrique est un conoïde droit dont D est une directrice; nous verrons que ce mode de génération est réalisé dans le paraboloïde hyperbolique équilatère qui admet comme axes de symétrie les deux génératrices passant par son sommet.

Si la section est une courbe du second ordre dont le centre décrit D, c'est que D est le diamètre conjugué du plan qui lui est perpendiculaire. La direction de D est donc une direction principale. D est l'intersection des plans diamétraux conjugués de deux directions de cordes distinctes du plan perpendiculaire. On peut prendre, en particulier, deux directions principales dans ce plan : les plans diamétraux conjugués de ces directions sont des plans principaux et l'axe de symétrie D est l'intersection de deux plans principaux.

La recherche des axes de symétrie d'une quadrique résulte de là et le dénombrement de ces axes s'effectue aisément.

Une quadrique de la 1re classe admet en général trois axes de symétrie qui sont les intersections de ses trois plans principaux; ce sont aussi les parallèles aux directions principales menées par le centre. Si cette surface est de révolution, elle possède un axe de symétrie qui est l'axe de révolution, et une infinité d'autres axes qui sont les diamètres situés dans le plan de l'équateur. Si la surface est une sphère, tous ses diamètres sont des axes de symétrie.

Une quadrique de la seconde classe n'admet qu'un axe de symétrie, lors même qu'elle est de révolution; on trouve aisément les équations de cet axe en remarquant que c'est le diamètre conjugué du plan perpendiculaire à l'intersection des plans directeurs.

Les paramètres directeurs de cette intersection vérifiant les équations

$$\varphi'_\alpha = 0, \qquad \varphi'_\beta = 0$$

supposées distinctes, les équations de l'axe sont

$$\frac{f'_x}{\alpha} = \frac{f'_y}{\beta} = \frac{f'_z}{\gamma}.$$

On peut donc les écrire sous la forme symbolique

$$\varphi'_{f'_x} = 0, \qquad \varphi_{f'_x} = 0,$$

obtenue en éliminant α, β, γ entre les équations précédentes.

Une quadrique de la troisième classe admet une infinité d'axes de symétrie qui sont la ligne des centres et toutes les droites perpendiculaires à cette ligne dans les plans principaux.

Les directions principales ayant des paramètres directeurs solutions des équations

$$\frac{\varphi'_\alpha}{\alpha} = \frac{\varphi'_\beta}{\beta} = \frac{\varphi'_\gamma}{\gamma},.$$

les équations de l'axe correspondant à l'une d'elles sont, dans le cas général

$$\frac{f'_x}{\alpha} = \frac{f'_y}{\beta} = \frac{f'_z}{\gamma}.$$

L'élimination de α, β, γ entre ces équations, donne les deux équations

$$(2) \qquad \frac{\varphi'_{f'_x}}{f'_x} = \frac{\varphi'_{f'_y}}{f'_y} = \frac{\varphi'_{f'_z}}{f'_z},$$

qui sont vérifiées par les coordonnées de tout point d'un axe de symétrie; l'une de ces équations, étant du second degré, définit une quadrique (un cône en général) qui contient tous les axes : lorsque la surface donnée est un cylindre, cette quadrique est nécessairement le couple de plans principaux passant par la ligne des centres; si le cylindre est de révolution, l'équation considérée est une identité, etc.

Plans cycliques des quadriques. — La recherche des plans coupant une quadrique suivant un cercle, ou plans cycliques, repose, comme nous allons le montrer, sur la connaissance des racines de l'équation en S correspondante. Nous ferons usage d'une proposition qui a une portée très générale.

Théorème. — *Deux quadriques qui ont une conique commune se coupent suivant une seconde conique.*

Soient

$$f(x, y, z) = 0, \qquad f_1(x, y, z) = 0$$

les équations des deux quadriques coupées suivant la même conique C par le plan d'équation

$$z + ax + by + c = 0,$$

non parallèle à Oz, par exemple.

Cherchons l'équation de la projection de C sur le plan xOy en utilisant l'une ou l'autre des quadriques. Nous pouvons, pour cela, remplacer z par $-ax - by - c$ soit dans f, soit dans f_1; nous pouvons aussi chercher les restes des divisions de f et de f_1 regardés comme polynomes en z, par $z + ax + by + c$, en effectuant les divisions en question.

Nous aurons ainsi :

$$f(x, y, z) \equiv (z + ax + by + c)\,\mathrm{P}(x, y, z) + \mathrm{R}(x, y),$$
$$f_1(x, y, z) \equiv (z + ax + by + c)\,\mathrm{P}_1(x, y, z) + \mathrm{R}_1(x, y),$$

P et P_1 désignant deux fonctions linéaires de x, y, z, R et R_1 deux polynomes entiers du second degré en général par rapport à x et y.

La projection de C sur le plan xOy a pour équation $\mathrm{R} = 0$, ou $\mathrm{R}_1 = 0$. On en conclut que R_1 ne diffère de R que par un facteur constant et l'on a :

$$\mathrm{R}_1(x, y) \equiv k\mathrm{R}(x, y).$$

Par suite

$$f_1(x, y, z) - kf(x, y, z) \equiv (z + ax + by + c)(P_1 - kP).$$

Les points communs aux deux quadriques ont des coordonnées vérifiant l'une des deux équations

$$z + ax + by + c = 0, \qquad P_1(x, y, z) - kP(x, y, z) = 0,$$

c'est-à-dire qu'ils sont situés dans deux plans; la proposition est donc établie.

De plus, on voit que l'on peut alors déterminer un nombre k tel que $f_1 - kf$ soit un produit de deux facteurs linéaires par rapport à x, y, z.

Soit Γ un cercle placé sur la quadrique d'équation $f(x, y, z) = 0$.

Faisons passer par ce cercle une sphère Σ d'équation

$$\Sigma(x, y, z) \equiv x^2 + y^2 + z^2 + 2ax + 2by + 2cz + d = 0$$

(axes rectangulaires).

Cette sphère coupe la quadrique suivant Γ et suivant une seconde conique qui est aussi un cercle. En outre, on peut déterminer un nombre k tel que $f - k\Sigma$ soit un produit de deux facteurs linéaires. On peut en dire autant de l'ensemble des termes du second degré

$$\varphi(x, y, z) - k(x^2 + y^2 + z^2);$$

cette dernière forme quadratique est donc de rang 2 au plus, et k est une racine de l'équation en S relative à la quadrique.

Inversement, soit k une racine de l'équation en S. La forme

$$\varphi(x, y, z) - k(x^2 + y^2 + z^2)$$

est de rang 2 au plus; c'est donc un produit de deux facteurs linéaires et homogènes P, Q distincts ou non, et l'on a :

$$\varphi(x, y, z) \equiv k(x^2 + y^2 + z^2) + P \cdot Q.$$

Par suite

$$(3) \quad f(x, y, z) \equiv k(x^2 + y^2 + z^2) + 2Cx + 2C'y + 2C''z + D + P \cdot Q.$$

Un plan quelconque parallèle au plan P a pour équation $P = \gamma$; les coordonnées des points communs à ce plan et à la quadrique vérifient l'équation

$$k(x^2 + y^2 + z^2) + 2Cx + 2C'y + 2C''z + D + \lambda Q = 0,$$

obtenue en annulant f et en remplaçant P par λ dans l'identité précédente.

Si k n'est pas nul, ce sont les points d'une section plane de sphère, c'est-à-dire d'un cercle. Ainsi, tous les plans parallèles au plan P coupent la quadrique suivant un cercle, et il en est de même des plans parallèles au plan Q.

A toute racine non nulle de l'équation en S correspondent donc deux séries de plans cycliques parallèles à deux plans fixes.

λ et μ désignant deux nombres arbitraires, on peut mettre l'identité (3) sous la forme

$$(3)' \quad f(x, y, z) \equiv k(x^2 + y^2 + z^2) + 2Cx + 2C'y + 2C''z + D$$
$$+ \lambda Q + \mu P - \lambda\mu + (P - \lambda)(Q - \mu).$$

On en déduit que les deux cercles d'intersection de la quadrique et des deux plans définis par les équations $P = \lambda$, $Q = \mu$, sont sur la sphère d'équation

$$k(x^2 + y^2 + z^2) + 2\,C\,x + 2\,C'y + 2\,C''z + D + \lambda Q + \mu P - \lambda\mu = 0.$$

En faisant varier λ et μ, l'on obtient un réseau de sphères coupant la quadrique suivant deux cercles.

Si k est nul, les plans P et Q sont des plans directeurs de la surface et les sections correspondantes sont des droites; nous laisserons ce cas de côté.

Faisons un changement d'axes en prenant les nouveaux axes OX, OY, OZ parallèles à trois directions principales rectangulaires de la quadrique; $\varphi(x, y, z)$ se transforme en $S_1 X^2 + S_2 Y^2 + S_3 Z^2$ et $\varphi - k(x^2 + y^2 + z^2)$ en $(S_1 - k)X^2 + (S_2 - k)Y^2 + (S_3 - k)Z^2$. En donnant à k successivement les valeurs S_1, S_2, S_3, on trouve comme équations des couples de plans cycliques passant par l'origine :

$$(S_2 - S_1)Y^2 + (S_3 - S_1)Z^2 = 0$$
$$(S_1 - S_2)X^2 + (S_3 - S_2)Z^2 = 0$$
$$(S_1 - S_3)X^2 + (S_2 - S_3)Y^2 = 0.$$

Supposons $S_1 < S_2 < S_3$, par exemple. Les seuls plans réels sont ceux qui correspondent à $k = S_2$, et leurs équations séparées sont

$$\frac{X}{Z} = \pm\sqrt{\frac{S_3 - S_2}{S_2 - S_1}}.$$

Ainsi, toute quadrique admet deux séries de plans cycliques réels correspondant à la racine moyenne de l'équation en S, pourvu que cette racine moyenne ne soit pas nulle.

On voit de plus que tous ces plans, réels ou imaginaires, sont parallèles à une direction principale de la quadrique.

Quand la quadrique est de révolution, les deux séries de plans cycliques réels sont confondues et il n'y a plus que deux séries de plans cycliques imaginaires.

Quelques-uns de ces résultats peuvent s'établir par la géométrie.

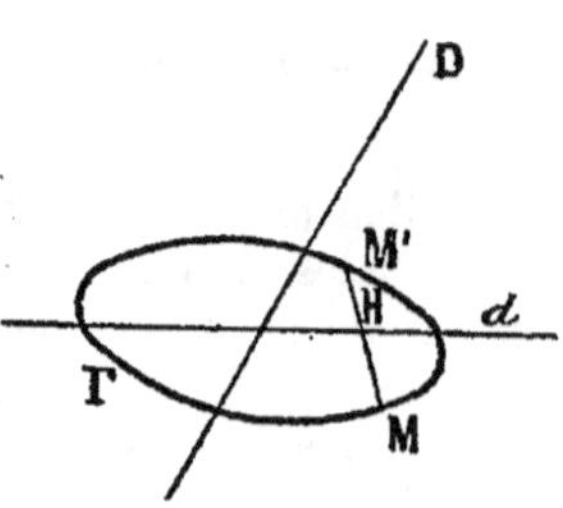

Soit Γ un cercle d'une quadrique et soit D le diamètre conjugué de son plan. Si D n'est pas perpendiculaire au plan de Γ, D se projette orthogonalement sur ce plan suivant un diamètre d de Γ. Soit MM' une corde du cercle perpendiculaire à d; elle a son milieu H sur d et son plan diamétral conjugué est le plan Dd qui est perpendiculaire à la corde. La direction de MM' est donc une direction principale et le plan Dd est un plan de symétrie de la quadrique. Si D est perpendiculaire au plan de Γ, le même raisonnement montre que la quadrique admet comme plans de symétrie tous les plans passant par D. Dans tous les cas, le plan de Γ est perpendiculaire à un plan principal.

La méthode que nous venons d'exposer s'applique chaque fois qu'on connaît une racine de l'équation en S ; ce fait se produit quand on connaît les paramètres directeurs α, β, γ d'une direction parallèle à un plan cyclique. Soit en effet

$$ux + vy + wz = 0$$

l'équation de ce plan cyclique. On peut trouver un nombre k tel que l'on ait :

$$\varphi(x, y, z) - k(x^2 + y^2 + z^2) \equiv (ux + vy + wz)(u'x + v'y + w'z).$$

En remplaçant x, y, z, respectivement par α, β, γ, dans cette identité, l'on obtient :

$$\varphi(\alpha, \beta, \gamma) - k(\alpha^2 + \beta^2 + \gamma^2) = 0,$$

et cette équation détermine k.

En particulier, si l'on connaît un plan cyclique, on trouve sans difficulté le plan cyclique associé.

Lorsqu'on connaît l'équation réduite d'une quadrique en axes rectangulaires, on a de suite les racines de l'équation en S correspondante et, par suite, les plans cycliques.

Nous ne ferons pas cette étude en détail maintenant; nous en retrouverons les résultats plus loin, en suivant une autre voie.

Invariants des quadriques. — On peut former, au moyen des coefficients de l'équation d'une quadrique et des angles des axes de coordonnées, plusieurs fonctions qui ne sont pas altérées dans un changement d'axes. La marche à suivre, pour en montrer l'existence, est celle que nous avons suivie dans le plan pour une conique; nous nous bornerons à l'exposer en supposant les axes rectangulaires, pour simplifier l'écriture.

Un changement d'axes rectangulaires, sans changement d'origine, se traduit par les formules

$$x = ax' + a'y' + a''z', \quad y = bx' + b'y' + b''z', \quad z = cx' + c'y' + c''z'.$$

Soit

$$M = \begin{vmatrix} a, & a', & a'' \\ b, & b', & b'' \\ c, & c', & c'' \end{vmatrix}$$

le module de cette substitution.

La forme quadratique

$$\varphi(x, y, z) \equiv Ax^2 + A'y^2 + A''z^2 + 2Byz + 2B'zx + 2B''xy$$

est transformée identiquement en

$$\varphi_1(x', y', z') \equiv A_1 x'^2 + A_1' y'^2 + A_1'' z'^2 + 2B_1 y'z' + 2B_1' z'x' + 2B_1'' x'y',$$

et $x^2 + y^2 + z^2$ est transformé en $x'^2 + y'^2 + z'^2$.

La forme $\varphi - S(x^2 + y^2 + z^2)$, où S désigne un nombre arbitraire, est donc transformée en $\varphi_1 - S(x'^2 + y'^2 + z'^2)$. Le discriminant de la nouvelle forme est égal au produit du discriminant de la forme primitive par M^2. On a donc :

$$-S^3 + (A_1 + A_1' + A_1'')S^2 - (a_1 + a_1' + a_1'')S + \Delta_1$$
$$= M^2[-S^3 + (A + A' + A'')S^2 - (a + a' + a'')S + \Delta],$$

quel que soit S. On retrouve ainsi l'égalité connue $M^2 = 1$, et l'on constate que les valeurs des trois fonctions $A + A' + A''$, $a + a' + a''$, Δ des coefficients de $\varphi(x, y, z)$, ne sont pas altérées dans un changement d'axes rectangulaires sans changement d'origine. Une translation des axes n'altérant pas les coefficients des termes du second degré dans l'équation d'une quadrique, la proposition précédente subsiste lorsqu'on déplace l'origine.

Imaginons maintenant le changement d'axes général en coordonnées homogènes ; les formules étant

$$x = ax' + a'y' + a''z' + x_0 t', \qquad y = bx' + b'y' + b''z' + y_0 t',$$
$$z = cx' + c'y' + c''z' + z_0 t, \qquad\qquad\qquad\qquad t = t',$$

le module de la substitution est le même que plus haut ; soit M ce module. Ce changement transforme le premier membre $A x^2 + A' y^2 + \ldots + D t^2$ de l'équation d'une quadrique en une nouvelle forme $A_1 x'^2 + \ldots + D_1 t'^2$, et le discriminant H_1 de la seconde forme est égal au produit du discriminant H de la première par M^2. Comme M^2 vaut 1, on a $H_1 = H$.

Le même raisonnement appliqué à des axes obliques dont les angles sont respectivement λ, μ, ν montre que M^2 vaut $\dfrac{\omega'}{\omega}$, en désignant par ω le discriminant de la forme $x^2 + y^2 + z^2 + 2yz\cos\lambda + 2zx\cos\mu + 2xy\cos\nu$, c'est-à-dire le déterminant

$$\begin{vmatrix} 1, & \cos\nu, & \cos\mu \\ \cos\nu, & 1, & \cos\lambda \\ \cos\mu, & \cos\lambda, & 1 \end{vmatrix},$$

et par ω' celui de la forme correspondante

$$x'^2 + y'^2 + z'^2 + 2y'z'\cos\lambda' + 2z'x'\cos\mu' + 2x'y'\cos\nu'.$$

Il montre en outre que les valeurs des quatre fonctions

$$\frac{1}{\omega}\left[A\sin^2\lambda + A'\sin^2\mu + A''\sin^2\nu + 2B(\cos\mu\cos\nu - \cos\lambda) \right.$$
$$\left. + 2B'(\cos\nu\cos\lambda - \cos\mu) + 2B''(\cos\lambda\cos\mu - \cos\nu)\right],$$

$$\frac{1}{\omega}\left[a + a' + a'' + 2b\cos\lambda + 2b'\cos\mu + 2b''\cos\nu\right], \qquad \frac{\Delta}{\omega}, \qquad \frac{H}{\omega},$$

des coefficients de $f(x, y, z)$ et des angles des axes restent les mêmes dans un changement d'axes quelconque.

La valeur de $\sqrt{\omega}$ mesure le volume du parallélipipède dont trois arêtes sont portées sur les axes de coordonnées à partir de l'origine et sont égales à l'unité de longueur.

EXERCICES

1º Exprimer que le plan d'équation $ux + vy + wz + h = 0$ est un plan principal de la quadrique générale.

2º Trouver l'équation de la quadrique symétrique de la quadrique d'équation $f(x, y, z) = 0$, par rapport au plan $ux + vy + wz + h = 0$. Exprimer que cette nouvelle quadrique est confondue avec la première et déduire de là un mode de recherche des plans de symétrie d'une quadrique donnée.

3º On pose :

$$X = f'_x, \quad Y = f'_y, \quad Z = f'_z,$$
$$X_1 = \varphi'_X, \quad Y_1 = \varphi'_Y, \quad Z_1 = \varphi'_Z,$$
$$X_2 = \varphi'_{X_1}, \quad Y_2 = \varphi'_{Y_1}, \quad Z_2 = \varphi'_{Z_1}.$$

α, β, γ désignant les paramètres directeurs d'une direction principale, on a :

$$\frac{\varphi'_\alpha}{\alpha} = \frac{\varphi'_\beta}{\beta} = \frac{\varphi'_\gamma}{\gamma}.$$

et l'équation du plan principal conjugué est

$$\alpha X + \beta Y + \gamma Z = o,$$

qui peut s'écrire

$$X \varphi'_\alpha + Y \varphi'_\beta + Z \varphi'_\gamma = o \quad \text{ou} \quad \alpha X_1 + \beta Y_1 + \gamma Z_1 = o,$$

en tenant compte des égalités précédentes. En répétant la même transformation, on trouve de même :

$$\alpha X_2 + \beta Y_2 + \gamma Z_2 = o.$$

L'élimination de α, β, γ entre les trois équations linéaires qui les lient, montre que les coordonnées x, y, z d'un point quelconque d'un plan principal, vérifient l'équation

$$D \equiv \begin{vmatrix} X, & Y, & Z \\ X_1, & Y_1, & Z_1 \\ X_2, & Y_2, & Z_2 \end{vmatrix} = o.$$

Cette équation est une identité si la quadrique admet une infinité de plans principaux. Vérifier que l'on obtient l'équation des plans principaux des quadriques de 2e, 3e, 4e et 5e classe en annulant soit un mineur, soit un élément convenablement choisi du déterminant D.

4° Trouver l'équation de la quadrique symétrique de la quadrique d'équation $f(x, y, z) = o$, par rapport à la droite

$$\frac{x - x_0}{\alpha} = \frac{y - y_0}{\beta} = \frac{z - z_0}{\gamma}.$$

Exprimer que la nouvelle quadrique est confondue avec la première, et déduire de là un mode de recherche des axes de symétrie d'une quadrique.

5° Exprimer que le plan d'équation $ux + vy + wz + h = o$ est un plan cyclique de la quadrique générale. On est amené à écrire que le cône d'équation $\varphi(x, y, z) - k(x^2 + y^2 + z^2) = o$, où k est convenablement choisi, contient le plan d'équation $ux + vy + wz = o$: on écrit qu'il en contient trois droites distinctes, menées par l'origine.

6° Ecrire qu'un point donné est un ombilic (centre d'un cercle de rayon nul) d'une quadrique.

7° L'équation tangentielle d'une quadrique de la première classe, sans point double, étant

$$\psi(u, v, w, h) \equiv au^2 + a'v^2 + a''w^2 + 2bvw + 2b'wu + 2b''uv + 2cuh + 2c'vh$$
$$+ 2c''wh + dh^2 = o,$$

et celle d'une sphère concentrique, de rayon R, étant

$$(cu + c'v + c''w + dh)^2 = R^2 d^2 (u^2 + v^2 + w^2),$$

on demande de former l'équation tangentielle de la trace sur le plan de l'infini de la développable circonscrite à ces deux quadriques. Cette trace est une enveloppe de seconde classe. Déterminer R par la condition que cette enveloppe dégénère. Trouver les longueurs des axes de la quadrique donnée et les directions de ces axes. Etudier le cas limite où l'équation $\psi(u, v, w, h) = o$ définit une conique, ou deux points.

8° L'équation tangentielle d'un paraboloïde étant

$$\psi_1(u, v, w, h) \equiv au^2 + a'v^2 + \dots + 2c''wh = o,$$

on demande de calculer les coordonnées du plan tangent au sommet, celles du sommet et les équations de l'axe de symétrie.

Etudier le cas limite où l'équation $\psi_1(u, v, w, h) = o$ définit une parabole.

88e LEÇON

APPLICATIONS DES INVARIANTS DES QUADRIQUES

On peut présenter la recherche des invariants sous une forme un peu différente et donner des résultats nouveaux, en montrant que les coefficients des carrés de la forme réduite ont des valeurs indépendantes du choix des axes primitifs, pourvu que ces axes et les nouveaux soient rectangulaires; la restriction relative à l'orthogonalité des axes est même inutile en ce qui touche le terme constant de l'équation réduite.

La forme $\varphi(x, y, z) - S(x^2 + y^2 + z^2)$, où S désigne un nombre quelconque, est de rang 3, en général, car son discriminant $\Delta(S)$ n'est pas nul.

Si l'on donne à S la valeur d'un zéro de $\Delta(S)$, le rang de cette forme diminue.

Il en est de même pour la forme $\varphi_1(x', y', z') - S(x'^2 + y'^2 + z'^2)$, qui résulte de la première par un changement d'axes rectangulaires quelconque sans changement d'origine. On en conclut que les zéros du discriminant $\Delta_1(S)$ de la seconde forme sont les mêmes que ceux de $\Delta(S)$.

Toute fonction de ces zéros a la même valeur pour les deux formes; en appliquant cette remarque aux fonctions symétriques élémentaires $S_1 + S_2 + S_3$, $S_2 S_3 + S_3 S_1 + S_1 S_2$, $S_1 S_2 S_3$, on voit que les trois fonctions $A + A' + A''$, $a + a' + a''$, Δ des coefficients de $f(x, y, z)$ conservent les mêmes valeurs dans un changement d'axes rectangulaires sans changement d'origine. La translation des axes n'altérant pas les coefficients qui figurent dans ces fonctions, l'invariance de leurs valeurs est établie pour un changement quelconque d'axes rectangulaires.

Un raisonnement analogue, en axes obliques, redonnerait les invariants généraux signalés (leç. 8₇).

Lorsque la quadrique possède un centre, c'est-à-dire est de la 1re, la 3e ou la 5e classe, n désignant le rang de la forme $t^2 f\left(\dfrac{x}{t}, \dfrac{y}{t}, \dfrac{z}{t}\right)$ et D_1 le terme constant de l'équation réduite obtenue en transportant l'origine en un centre, la forme $t^2 f\left(\dfrac{x}{t}, \dfrac{y}{t}, \dfrac{z}{t}\right) - D_1 t^2$ est de rang $n - 1$. On en conclut, comme plus haut, que D_1 conserve la même valeur dans un changement d'axes quelconque.

Parmi les mineurs de degré n de la forme $t^2 f\left(\dfrac{x}{t}, \dfrac{y}{t}, \dfrac{z}{t}\right) - D_1 t^2$, il y en a qui contiennent D_4; en annulant l'un d'eux, on obtient l'expression de D_4 en fonction des coefficients de f.

Par exemple, si la quadrique est de la 1re classe, n vaut 4 et l'on a $D_4 = \dfrac{H}{\Delta}$.

Δ conservant la même valeur dans un changement d'axes rectangulaires quelconque, il en est de même de H. Cette proposition s'étend au cas où Δ s'annule et où la quadrique devient de la 2e classe.

Si la quadrique est de la 3e classe, n vaut 3 et l'on a :

$$D_4 = \frac{H'_A}{\Delta'_A} = \frac{H'_{A'}}{\Delta'_{A'}} = \frac{H'_{A''}}{\Delta'_{A''}} = \frac{H'_B}{\Delta_B} = \frac{H'_{B'}}{\Delta_{B'}} = \frac{H'_{B''}}{\Delta'_{B''}}.$$

En particulier, on peut prendre :

$$D_4 = \frac{H'_A}{a} = \frac{H'_{A'}}{a'} = \frac{H'_{A''}}{a''} = \frac{H'_A + H'_{A'} + H'_{A''}}{a + a' + a''}.$$

La fonction $a + a' + a''$ conservant la même valeur dans un changement d'axes rectangulaires quelconque, il en est de même de $H'_A + H'_{A'} + H'_{A''}$. Cette proposition s'étend au cas où de nouvelles conditions viennent s'ajouter à celles qui sont déjà remplies du fait que la quadrique est un cylindre ; on en conclut que $H'_A + H'_{A'} + H'_{A''}$ conserve aussi la même valeur dans un changement d'axes rectangulaires quelconque, lorsque la quadrique est un cylindre parabolique.

Appliquons ces propriétés aux recherches des coefficients des équations réduites des quadriques en axes rectangulaires. Soit $f(x, y, z) = 0$ l'équation donnée.

1re *classe*. — $f(x, y, z)$ se transforme identiquement en

$$S_4 x'^2 + S_2 y'^2 + S_3 z'^2 + D_4.$$

Utilisons les quatre fonctions

$$A + A' + A'', \qquad a + a' + a'', \qquad \Delta, \qquad H.$$

Nous avons :

$$A + A' + A'' = S_4 + S_2 + S_3,$$
$$a + a' + a'' = S_2 S_3 + S_3 S_4 + S_4 S_2,$$
$$\Delta = S_4 S_2 S_3,$$
$$H = S_4 S_2 S_3 D_4.$$

Les trois premières conditions montrent naturellement que S_4, S_2, S_3 sont les racines de l'équation en S, et les deux dernières redonnent l'égalité $D_4 = \dfrac{H}{\Delta}$.

2e *classe*. — $f(x, y, z)$ se transforme identiquement en

$$S_4 x'^2 + S_2 y'^2 + 2 C''_1 z'.$$

La fonction Δ étant nulle, utilisons $A + A' + A''$, $a + a' + a''$ et H. Nous avons :

$$A + A' + A'' = S_1 + S_2,$$
$$a + a' + a'' = S_1 S_2,$$
$$H = - C_1''^2 S_1 S_2.$$

Les deux premières conditions donnent S_1 et S_2 et les deux dernières donnent :

$$C_1''^2 = - \frac{H}{a + a' + a''}.$$

3ᵉ *classe.* — $f(x, y, z)$ se transforme identiquement en

$$S_1 x'^2 + S_2 y'^2 + D_1.$$

Δ et H étant nulles, utilisons $A + A' + A''$, $a + a' + a''$, et l'une des valeurs de D_1 relatives aux cylindres. Nous avons :

$$A + A' + A'' = S_1 + S_2,$$
$$a + a' + a'' = S_1 S_2,$$
$$\frac{H'_A}{\Delta'_A} = D_1.$$

Ces trois conditions déterminent parfaitement les trois coefficients inconnus.

4ᵉ *classe.* — $f(x, y, z)$ se transforme identiquement en

$$S_2 y'^2 + 2 C'_1 y'.$$

Δ, H et $a + a' + a''$ étant nulles, utilisons $A + A' + A''$ et

$$H'_A + H'_{A'} + H'_{A''}.$$

Nous avons :

$$A + A' + A'' = S_2,$$
$$H'_A + H'_{A'} + H'_{A''} = - S_2 C_1'^2.$$

Le paramètre p d'une section droite du cylindre parabolique est donné par l'équation

$$p^2 = \frac{C_1'^2}{S_2^2} = - \frac{H'_A + H'_{A'} + H'_{A''}}{(A + A' + A'')^3}.$$

5ᵉ *classe.* — $f(x, y, z)$ se transforme identiquement en

$$S_2 y'^2 + D_1.$$

Δ, H, $a + a' + a''$, $H'_A + H'_{A'} + H'_{A''}$ sont nulles dans ce cas. Utilisons $A + A' + A''$ et l'une des valeurs de D_1 relatives aux couples de plans parallèles. Nous avons :

$$A + A' + A'' = S_2,$$
$$A - \frac{C^2}{A} = D_1.$$

Le problème posé est donc résolu complètement et nous savons trouver ainsi les éléments dont dépend la grandeur d'une quadrique :

longueur d'axes, paramètres de paraboles principales, angles de plans, distances de plans.

Interprétation géométrique de l'annulation des invariants. — Nous nous bornerons aux fonctions $A + A' + A''$, $a + a' + a''$, Δ et H.

La condition $H = o$ est la condition nécessaire et suffisante pour que la quadrique ait un point double au moins à distance finie ou infinie (axes quelconques).

La condition $\Delta = o$ est la condition nécessaire et suffisante pour que la section de la quadrique par le plan de l'infini ait au moins un point double, ou pour que le cône directeur de la quadrique dégénère (axes quelconques).

Nous allons interpréter les conditions $A + A' + A'' = o$ et $a + a' + a'' = o$, en supposant les axes rectangulaires.

$1°$ $A + A' + A'' = o$. Cette condition est réalisée, en particulier, lorsque A, A' et A'' sont nuls. Le cône directeur, d'équation $\varphi(x, y, z) = o$, contient alors les trois axes de coordonnées, c'est-à-dire qu'il a trois génératrices rectangulaires.

Supposons que ce cône ait trois génératrices rectangulaires quelconques; faisons un changement d'axes en prenant comme nouveaux axes ces trois génératrices. $\varphi(x, y, z)$ se transforme identiquement en $2B_1 y' z' + 2B_1' z' x' + 2B_1'' x' y'$, car A_1, A_1', A_1'' sont nuls, du moment que le cône contient les nouveaux axes. De l'égalité

$$A + A' + A'' = A_1 + A_1' + A_1'',$$

on conclut que $A + A' + A''$ est nul.

Inversement, supposons que $A + A' + A''$ soit nul. Ou bien les coefficients A, A', A'' sont tous nuls et le cône contient les trois axes, c'est-à-dire qu'il a trois génératrices rectangulaires, ou bien deux de ces coefficients, A et A' par exemple, sont de signes contraires. La section du cône par le plan xOy a pour équation

$$A x^2 + A' y^2 + 2B'' xy = o.$$

Les coefficients A et A' étant de signes différents, cette section est réelle ainsi que le cône.

Choisissons sur ce cône une génératrice réelle quelconque, et faisons un changement d'axes rectangulaires en prenant cette génératrice comme axe Oz'. $\varphi(x, y, z)$ se transforme identiquement en

$$A_1 x'^2 + A_1' y'^2 + 2B_1 y' z' + 2B_1' z' x' + 2B_1'' x' y',$$

puisque le cône contient Oz'. On a donc :

$$A_1 + A_1' = A + A' + A'' = o.$$

L'équation $A_1 + A_1' = o$ indique que les deux génératrices de section du cône par le plan $x'Oy'$ sont rectangulaires; comme elles sont perpendiculaires à la génératrice Oz', nous avons établi qu'il y a sur le cône trois génératrices rectangulaires. La génératrice Oz' étant quelconque sur le cône, nous avons montré qu'il y a une infinité de systèmes de trois génératrices rectangulaires.

Cette proposition peut s'énoncer de la façon suivante : s'il existe sur un cône du second degré un trièdre trirectangle inscrit, il y en a une infinité, et l'on peut prendre arbitrairement une arête d'un tel trièdre sur le cône.

Si le cône est un couple de plans et qu'on choisisse comme arête du trièdre l'intersection des deux plans, les deux autres arêtes sont les côtés du rectiligne du dièdre formé par les plans, et ce dièdre est droit. On voit d'ailleurs de suite que, dans ce cas, on a l'identité

$$\varphi(x, y, z) \equiv A x^2 + A' y^2 + A'' z^2 + 2 B yz + 2 B' zx + 2 B'' xy$$
$$\equiv (ux + vy + wz)(u'x + v'y + w'z),$$

et, par suite,

$$A + A' + A'' = uu' + vv' + ww'.$$

La condition nécessaire et suffisante pour que les deux plans qui constituent le cône soient rectangulaires, est donc bien

$$A + A' + A'' = 0.$$

On peut déduire de ce qui précède la condition nécessaire et suffisante pour qu'un plan P d'équation $ux + vy + wz = 0$ coupe le cône Γ d'équation $\varphi(x, y, z) = 0$ suivant deux génératrices rectangulaires.

Le cône Γ′ défini par l'équation

$$(1) \qquad \varphi(x, y, z) + (ux + vy + wz)(\alpha x + \beta y + \gamma z) = 0,$$

où α, β, γ sont des nombres quelconques, contient les deux génératrices OA et OB d'intersection de P et de Γ. Nous pouvons faire en sorte que Γ′ contienne la droite OC perpendiculaire au plan P; il faut et il suffit que le point (u, v, w) de OC soit sur Γ′, c'est-à-dire que l'on ait :

$$(2) \qquad \varphi(u, v, w) + (u^2 + v^2 + w^2)(\alpha u + \beta v + \gamma w) = 0.$$

Le cône Γ′, contenant OA, OB, OC, est capable d'un trièdre trirectangle inscrit si OA et OB sont rectangulaires. La somme des coefficients de x^2, y^2, z^2 dans (1) est donc nulle et l'on a :

$$(3) \qquad A + A' + A'' + u\alpha + v\beta + w\gamma = 0.$$

Réciproquement, si cette condition est remplie, on peut placer sur Γ′ une infinité de trièdres trirectangles; en prenant OC comme arête de l'un d'eux, on conclut que les deux autres OA et OB sont rectangulaires.

La condition qui traduit cette propriété s'obtient en éliminant α, β, γ entre (2) et (3). C'est donc :

$$(4) \qquad \varphi(u, v, w) - (A + A' + A'')(u^2 + v^2 + w^2) = 0.$$

$2°$ $a + a' + a'' = 0$. La condition $a = 0$ exprime que les deux génératrices d'intersection du cône d'équation $\varphi(x, y, z) = 0$ avec le plan yOz sont confondues, c'est-à-dire que ce plan est tangent au cône. Si le cône est tangent aux trois plans de coordonnées, a, a' et a'' sont nuls ainsi que $a + a' + a''$; le cône possède alors trois plans tangents rectangulaires.

Supposons que ce cône ait trois plans tangents rectangulaires quelconques; faisons un changement d'axes en prenant comme nouveaux plans de coordonnées ces plans tangents. $\varphi(x, y, z)$ se transforme en $\varphi_1(x', y', z')$ et a_1, a_1', a_1'' sont nuls du moment que le cône est tangent aux nouveaux plans de coordonnées; on en conclut que $a + a' + a''$, qui a même valeur que $a_1 + a_1' + a_1''$, est nul.

Inversement, supposons que $a + a' + a''$ soit nul. Ou bien a, a' et a'' sont nuls et le cône, étant tangent aux trois plans de coordonnées, a trois plans tangents rectangulaires; ou bien ces trois nombres n'ont pas le même signe et l'un d'eux, a par exemple, est négatif. Les deux génératrices d'intersection du cône et du plan yOz, ayant pour équation, dans ce plan,

$$A'y^2 + A''z^2 + 2Byz = 0,$$

ces deux génératrices sont réelles à cause de l'inégalité $A'A'' - B^2 < 0$; le cône est donc réel. Soit P un plan tangent réel quelconque à ce cône. Faisons un changement d'axes en prenant comme nouveaux plans de coordonnées le plan P et deux plans rectangulaires quelconques, menés par la perpendiculaire Ox' au plan P.

$\varphi(x, y, z)$ se transforme en $\varphi_1(x', y', z')$ et, le plan $y'Oz'$ étant tangent au cône, a_1 est nul. Par suite $a_1' + a_1''$ vaut $a + a' + a''$, c'est-à-dire zéro.

Cherchons l'équation du système des plans tangents au cône menés par Ox'. C'est l'équation du cylindre circonscrit au cône parallèlement à Ox'; on l'obtient en écrivant que l'équation du cône regardée comme équation en x' a une racine double. C'est :

$$A_1(A_1'y'^2 + A_1''z'^2 + 2B_1y'z') - (B_1''y + B_1'z)^2 = 0,$$

ou
$$a_1'y'^2 + a_1''z'^2 + 2b_1y'z' = 0.$$

La relation $a_1' + a_1'' = 0$ exprime que ces deux plans sont rectangulaires. Ces plans et le plan $y'Oz'$ sont les faces d'un trièdre trirectangle circonscrit au cône. Il existe alors une infinité de semblables trièdres, et l'on peut choisir comme face de l'un d'eux un plan tangent quelconque au cône.

Au lieu de définir le cône par son équation ponctuelle, on aurait pu le définir par l'équation tangentielle

$$\psi(u, v, w) \equiv au^2 + a'v^2 + a''w^2 + 2bvw + 2b'wu + 2b''uv = 0,$$

qui se déduit de l'équation ponctuelle $\varphi(x, y, z) = 0$ en annulant la forme adjointe de $\varphi(x, y, z)$, les nouvelles variables étant les coordonnées u, v, w d'un plan tangent quelconque $ux + vy + wz = 0$.

On peut donc supposer que a, a', a'', b, b', b'' sont les éléments du déterminant adjoint de Δ, c'est-à-dire qu'ils conservent les valeurs utilisées dans tout ce qui précède.

On voit de suite que le plan yOz appartient à l'enveloppe ainsi définie si a est nul, et l'on peut reprendre les raisonnements précédents avec ces données, pour arriver à la condition d'existence de trois plans tangents rectangulaires sous la forme $a + a' + a'' = 0$.

Mais on peut supposer aussi que la forme $\psi(u, v, w)$ soit donnée *a priori* indépendamment de l'équation ponctuelle d'un cône; si l'on suppose que $\psi(u, v, w)$ soit un produit de deux facteurs linéaires, l'équation $\psi = 0$ définit deux droites D et D', et un plan quelconque de l'enveloppe passe par l'une ou l'autre de ces droites. La relation $a + a' + a'' = 0$ exprime que ces deux droites sont rectangulaires; on le voit en prenant le plan DD' et les plans perpendiculaires au précédent menés par D ou D' comme faces du trièdre trirectangle circonscrit.

On peut rattacher l'une à l'autre les conditions pour qu'un cône soit capable d'un trièdre trirectangle inscrit ou circonscrit, par la considération des cônes supplémentaires.

On appelle *cône supplémentaire* d'un cône Γ de sommet O, le cône Γ' lieu des perpendiculaires menées par O aux plans tangents à Γ. Soient P et P' deux plans tangents à Γ voisins l'un de l'autre, G et G' les génératrices suivant lesquelles ils touchent Γ. Les perpendiculaires D et D' menées par O à ces plans sont deux génératrices voisines du cône Γ'. La droite d'intersection de P et P' tend vers G, lorsqu'on fait tendre G' vers G. Le plan DOD', qui est perpendiculaire à cette intersection, tend vers le plan perpendiculaire à G. Mais il tend aussi vers le plan tangent II à Γ' le long de D, puisque D' tend vers D. Le cône Γ, étant le lieu des droites G perpendiculaires aux plans II tangents à Γ', est le cône supplémentaire de Γ'. La définition des cônes supplémentaires est donc réciproque.

Considérons les génératrices de Γ situées dans un plan Q mené par le sommet O. Les plans menés par O, perpendiculaires à ces génératrices, passent par la perpendiculaire OA élevée en O au plan Q. Aux génératrices de Γ situées dans le plan Q correspondent donc les plans tangents à Γ' menés par un point A; le degré de Γ est donc égal à la classe de Γ'. De même, le degré de Γ' est égal à la classe de Γ.

En particulier, si Γ est de second ordre et, par suite, de seconde classe, Γ' est de seconde classe et de second ordre.

La réciprocité des cônes supplémentaires du second ordre peut aussi s'établir au moyen des propriétés des formes adjointes.

L'équation ponctuelle de Γ étant

$$(5) \qquad \varphi(x, y, z) \equiv A x^2 + A' y^2 + A'' z^2 + 2 B y z + 2 B' z x + 2 B'' x y = 0,$$

son équation tangentielle peut s'écrire

$$(6) \qquad \psi(u, v, w) \equiv \frac{1}{\Delta}\left(a u^2 + a' v^2 + a'' w^2 + 2 b v w + 2 b' w u + 2 b'' u v \right) = 0.$$

La perpendiculaire menée de O au plan tangent d'équation $u x + v y + w z = 0$ est définie par les équations

$$(7) \qquad \frac{x}{u} = \frac{y}{v} = \frac{z}{w}.$$

L'équation du lieu Γ' de cette perpendiculaire s'obtient en éliminant u, v, w entre les équations (6) et (7); c'est donc :

$$(8) \qquad \psi(x, y, z) = 0,$$

ψ désignant la forme adjointe de φ.

De même, l'équation du cône supplémentaire de Γ' peut s'écrire $\varphi_1(x, y, z) = 0$, φ_1 désignant la forme adjointe de ψ. Or, on a vu que φ_1 est identique à φ. Le cône supplémentaire de Γ' est donc Γ.

A trois plans tangents rectangulaires du cône Γ correspondent trois génératrices rectangulaires du cône Γ' et réciproquement; or, si l'on écrit que le cône Γ' est capable d'un trièdre trirectangle inscrit, on trouve la condition

$$a + a' + a'' = 0.$$

Telle est donc la condition nécessaire et suffisante pour que Γ possède un trièdre trirectangle circonscrit.

EXERCICES

1° L'équation de toute quadrique peut, par un changement d'axes rectangulaires, se ramener à la forme

$$A_1 x'^2 + A_1' y'^2 + A_1'' z'^2 + 2 C_1 x' = 0.$$

Calculer les coefficients de la forme réduite en fonction des coefficients de la forme primitive.

2° Trouver la relation qui doit exister entre les racines de l'équation en S pour que les plans cycliques réels d'une quadrique soient rectangulaires.

3° On suppose que les trois racines de l'équation en S relative à une quadrique donnée vérifient la relation $S_3 = S_1 + S_2$. Interpréter géométriquement cette relation en supposant que la quadrique soit un ellipsoïde. Montrer que si la quadrique est un cône, les plans cycliques de ce cône sont perpendiculaires à deux génératrices.

4° L'équation tangentielle d'un cône de sommet O étant $\psi(u, v, w) = 0$, trouver l'équation du lieu des points d'où l'on peut mener à ce cône deux plans tangents rectangulaires.

5° L'équation tangentielle du cône Γ_1 dont les plans tangents coupent le cône Γ d'équation $\varphi(y, x, z) = 0$, suivant deux droites rectangulaires, est (voir plus haut)

$$\varphi(u, v, w) - (A + A' + A'')(u^2 + v^2 + w^2) = 0.$$

Trouver les génératrices communes au cône réciproque de Γ_1 et au cône Γ. Rapprocher les résultats obtenus de la condition d'existence d'un trièdre trirectangle inscrit dans Γ. Vérifier qu'on peut mener au cône Γ_1 trois plans tangents rectangulaires.

6° Démontrer que les 6 arêtes de deux trièdres trirectangles de même sommet sont sur un même cône du second degré et que les 6 faces de ces trièdres sont tangentes à un même cône du second degré.

7° Etant données l'équation d'une quadrique et celle d'un plan, trouver les longueurs des axes de la conique d'intersection, en cherchant les longueurs des axes d'un cylindre qui admet cette conique comme section droite.

8° Traiter le même problème en substituant à la conique donnée la conique symétrique par rapport à l'un des plans bissecteurs du plan donné et de l'un des plans de coordonnées.

PROPRIÉTÉS FOCALES DES CONIQUES

D'après une définition élémentaire, l'ellipse est le lieu des points d'un plan dont la somme des distances à deux points fixes F et F′ de ce plan est constante; F et F′ s'appellent les foyers de l'ellipse. Pour l'hyperbole, c'est la différence des distances aux foyers qui est constante. Quant à la parabole, c'est le lieu des points d'un plan équidistants d'un point fixe (foyer) et d'une droite fixe (directrice) de ce plan.

Nous allons montrer tout d'abord que l'ellipse, l'hyperbole et la parabole définies en géométrie élémentaire sont les mêmes que les coniques définies sous ces différents noms en géométrie analytique.

Soient F et F′ les deux foyers d'une ellipse ou d'une hyperbole; prenons comme axe Ox la droite F′F et comme axe Oy la perpendiculaire menée à F′F en son milieu.

Soit $2c$ la longueur F′F et soit $2a$ la somme ou la différence des distances d'un point M du lieu aux foyers. Représentons ces distances par ρ et ρ'; x et y étant les coordonnées de M, on a :

$$\rho = \sqrt{(x-c)^2 + y^2}, \qquad \rho' = \sqrt{(x+c)^2 + y^2}.$$

L'équation de l'ellipse est

$$(1) \qquad \rho + \rho' = 2a.$$

Celle de l'hyperbole est

$$(1)' \qquad |\rho - \rho'| = 2a.$$

Pour obtenir les équations de ces courbes sous forme rationnelle, il faut former une relation ne contenant que ρ^2 et ρ'^2. L'élévation au carré des deux membres de (1) donne :

$$(2) \qquad \rho^2 + \rho'^2 - 4a^2 = -2\rho\rho'.$$

Les solutions positives de (2) sont les mêmes que celles de (1).
La même opération substitue à l'équation (1)′ l'équation équivalente

$$(2)' \qquad \rho^2 + \rho'^2 - 4a^2 = 2\rho\rho'.$$

Enfin, en élevant au carré les deux membres des équations (2) et (2)′, on obtient :

$$(\rho^2 + \rho'^2 - 4a^2)^2 = 4\rho^2\rho'^2$$

ou

$$-(\rho'^2 - \rho^2)^2 + 8a^2(\rho^2 + \rho'^2) - 16a^4 = 0.$$

Si l'on remplace, dans cette équation, $\rho'^2 - \rho^2$ par sa valeur $4cx$ et $\rho^2 + \rho'^2$ par $2(x^2 + y^2 + c^2)$, on trouve, en divisant par 16 :

$$-c^2 x^2 + a^2(x^2 + y^2 + c^2) - a^4 = 0,$$

c'est-à-dire

$$(a^2 - c^2)x^2 + a^2 y^2 - a^2(a^2 - c^2) = 0,$$

ou finalement

$$(3) \qquad \frac{x^2}{a^2} + \frac{y^2}{a^2 - c^2} - 1 = 0,$$

c'est-à-dire que le lieu est une ellipse ou une hyperbole, au sens analytique, suivant que a est $> c$ ou $< c$.

Cette équation (3) a toujours des solutions réelles; ces solutions vérifient soit l'équation (2), soit l'équation (2)′ et, par suite, soit l'équation (1), soit l'équation (1)′.

Supposons $a > c$; la conique définie par l'équation (3) est, au sens analytique, une ellipse. Dans le triangle MFF′, on a :

$$|\rho - \rho'| < 2c < 2a.$$

L'équation (1)′ n'étant pas vérifiée, c'est l'équation (1) qui l'est et la conique (3) est, au sens géométrique, une ellipse.

Supposons $a < c$; la conique (3) est, au sens analytique, une hyperbole. Dans le triangle MFF′, on a :

$$\rho + \rho' > 2c > 2a.$$

L'équation (1) n'étant pas vérifiée, c'est l'équation (1)′ qui l'est et la conique (3) est, au sens géométrique, une hyperbole.

De plus, l'équation (3), où l'on donne à a et c toutes les valeurs possibles, représente toutes les ellipses et toutes les hyperboles définies analytiquement; il y a donc bien identité entre les éléments résultant des deux définitions.

Pour la parabole, prenons comme axe des x la perpendiculaire menée du foyer F à la directrice, et comme axe des y une droite qui est parallèle à la directrice et équidistante de cette directrice et du foyer. Soit p la distance du foyer à la directrice; on a :

$$\mathrm{MF} = \sqrt{\left(x - \frac{p}{2}\right)^2 + y^2}, \qquad \mathrm{MH} = \left|x + \frac{p}{2}\right|,$$

MH désignant la distance d'un point du lieu à la directrice.

On en déduit $\overline{\mathrm{MF}}^2 = \overline{\mathrm{MH}}^2$, c'est-à-dire

$$\left(x - \frac{p}{2}\right)^2 + y^2 = \left(x + \frac{p}{2}\right)^2 \quad \text{ou} \quad y^2 - 2px = 0. \qquad (4)$$

On retrouve l'équation de la parabole définie analytiquement, lorsqu'on rapporte cette courbe à son axe et à la tangente au sommet.

On peut présenter ces définitions élémentaires sous une forme un peu différente, mais particulièrement propre à l'étude des propriétés des tangentes.

M étant un point quelconque d'une ellipse, prolongeons le rayon vecteur F'M d'une longueur $M\Phi = MF$. Alors

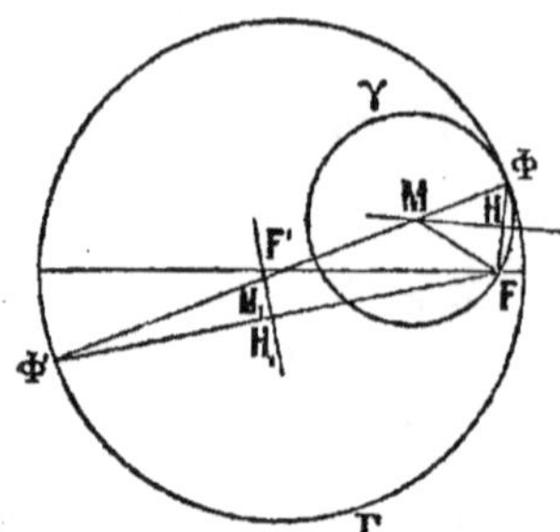

$$F'\Phi = F'M + MF = 2a,$$

et le lieu du point Φ est un cercle Γ décrit de F' comme centre avec $2a$ pour rayon; on l'appelle *cercle directeur* de l'ellipse relatif à F'. Puisque FF' est inférieur à $F'\Phi$, ce cercle laisse F à son intérieur. M est le centre d'un cercle γ tangent à Γ et passant par le point F intérieur à Γ.

Inversement, si un point M est le centre d'un cercle γ tangent à Γ et passant par F, ce cercle γ est à l'intérieur de Γ; le centre M de γ est entre le centre F' de Γ et le point de contact Φ des deux cercles; on a donc :

$$2a = F'\Phi = F'M + M\Phi = F'M + MF$$

et M est sur l'ellipse définie primitivement. Toute ellipse est donc le lieu des centres des cercles tangents à un cercle Γ et passant par un point F intérieur à Γ. Il y a un second mode de génération analogue avec un second cercle directeur Γ' de centre F. La construction de l'ellipse par points se fait très simplement en utilisant cette génération : menons un diamètre quelconque $\Phi\Phi_1$ du cercle Γ, joignons $F\Phi$ et $F\Phi_1$; les perpendiculaires à ces droites, menées par leurs milieux respectifs H et H_1, rencontrent $\Phi\Phi_1$ aux deux points de l'ellipse placés sur ce diamètre. Nous verrons plus loin que HM et H_1M_1 sont les tangentes à la courbe en M et en M_1, de sorte que nous obtenons en même temps une génération tangentielle.

Supposons que la courbe étudiée soit une hyperbole et que MF' soit supérieur à MF. Portons $M\Phi = MF$ de M vers F'; le point Φ tombe entre M et F', puisque $M\Phi$ est inférieur à MF'. On a alors :

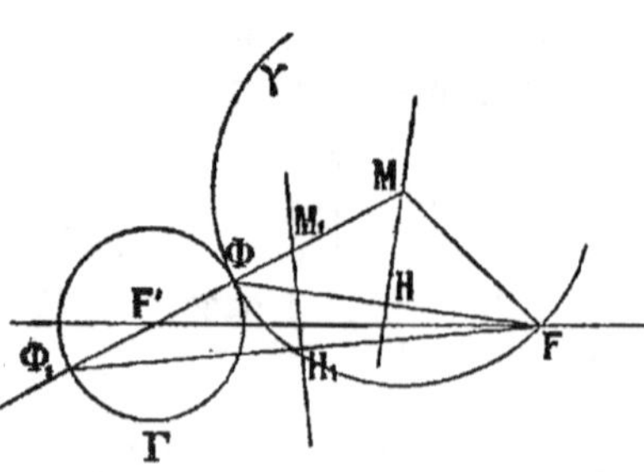

$$F'\Phi = F'M - FM = 2a$$

et le lieu du point Φ est une portion du cercle Γ décrit de F' comme centre avec $2a$ pour rayon; c'est le cercle directeur relatif au foyer F'.

Si MF est supérieur à MF', le point Φ se trouve sur le prolongement de MF'. En tout cas, M est le centre d'un cercle γ tangent à Γ et passant par le point F extérieur à Γ; le cercle γ est donc extérieur au cercle Γ (on peut convenir de dire qu'il est tangent extérieurement à Γ). Inversement, on pourrait établir que tout centre d'un cercle tangent à Γ et passant par le point extérieur F est un point de l'hyperbole définie primitivement. La construction des points de rencontre M et M_1 de l'hyperbole avec un diamètre $\Phi\Phi_1$ du cercle Γ résulte encore de là; HM et H_1M_1 sont les tangentes à l'hyperbole en ces deux points.

Supposons que la courbe étudiée soit une parabole; les distances MΦ et MF d'un point de cette courbe à la directrice Δ et au foyer F étant égales, le point M est le centre d'un cercle γ tangent à Δ et passant par F.

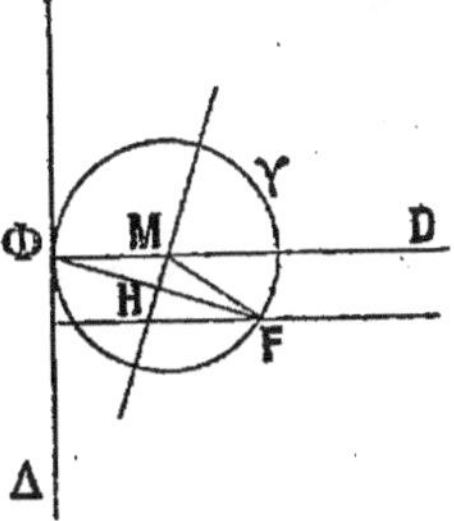

Inversement, tout centre d'un tel cercle est un point de la parabole qui a F pour foyer et Δ pour directrice. La construction du point de rencontre M de la parabole avec une parallèle D à l'axe résulte de là : on prend l'intersection de D avec la perpendiculaire menée à FΦ en son milieu; HM est la tangente à la parabole en M.

Ainsi, toute conique est le lieu des centres des cercles passant par un point F et tangents à un cercle Γ ou à une droite Δ.

Considérons une courbe Γ quelconque, ayant des tangentes, et un point F. A tout point Φ de cette courbe correspond un cercle γ qui est tangent à Γ en Φ et qui passe par F : le centre M de ce cercle est sur la perpendiculaire à FΦ en son milieu et sur la normale en Φ à Γ. A un point Φ' voisin de Φ correspond de même un cercle γ' de centre M', et le second point de rencontre Ψ des deux cercles γ et γ' est le symétrique de F par rapport à la droite MM'.

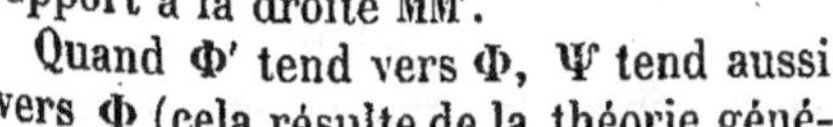

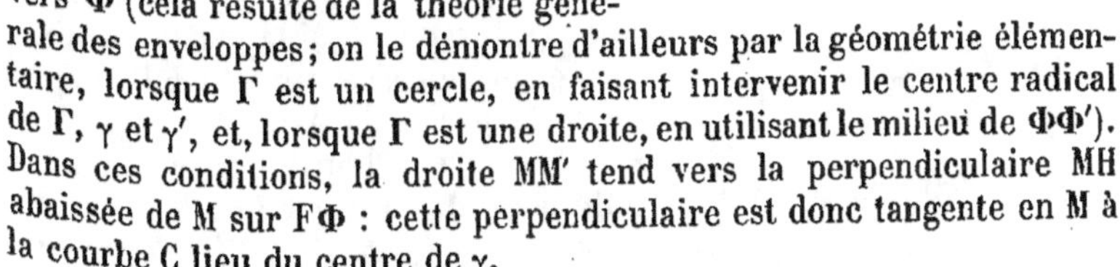

Quand Φ' tend vers Φ, Ψ tend aussi vers Φ (cela résulte de la théorie générale des enveloppes; on le démontre d'ailleurs par la géométrie élémentaire, lorsque Γ est un cercle, en faisant intervenir le centre radical de Γ, γ et γ', et, lorsque Γ est une droite, en utilisant le milieu de $\Phi\Phi'$). Dans ces conditions, la droite MM' tend vers la perpendiculaire MH abaissée de M sur FΦ : cette perpendiculaire est donc tangente en M à la courbe C lieu du centre de γ.

La courbe C' lieu de H est la podaire de C par rapport à F; C est l'antipodaire de C' par rapport au même point. C' est l'homothétique de Γ par rapport au centre F, le rapport d'homothétie valant $\frac{1}{2}$. La tangente MH à C en M est la bissectrice de l'angle $\widehat{\Phi MF}$; en supposant que Γ est un cercle, on retrouve la propriété classique de la tangente en un point M d'une ellipse ou d'une hyperbole et, si Γ est une droite, on trouve la propriété de la tangente en un point d'une parabole.

Si Γ est un cercle, C' est un cercle de rayon moitié dont le centre est le milieu de FF', c'est-à-dire le centre de C; nous voyons donc que la podaire d'un foyer d'une ellipse ou d'une hyperbole, par rapport à cette courbe, est un cercle décrit sur l'axe focal comme diamètre : cette podaire est la même pour les deux foyers.

Si Γ est une droite, C' est une droite parallèle à Γ et équidistante de Γ et de F; la podaire du foyer d'une parabole, par rapport à cette courbe, est donc la tangente au sommet.

Rappelons les constructions géométriques qui résultent de là pour les tangentes aux coniques. Soit C une ellipse de foyers F et F' et soit Γ le cercle directeur de centre F'. Le symétrique de F par rapport à une tangente à C, parallèle à une droite D donnée et menée par F', est à la rencontre de Γ et de la droite perpendiculaire à D, menée par F. Cette perpendiculaire ayant un point F intérieur à Γ coupe toujours ce cercle en deux points Φ et Φ'. Les parallèles à D menées par les milieux H et H' de FΦ et FΦ' sont

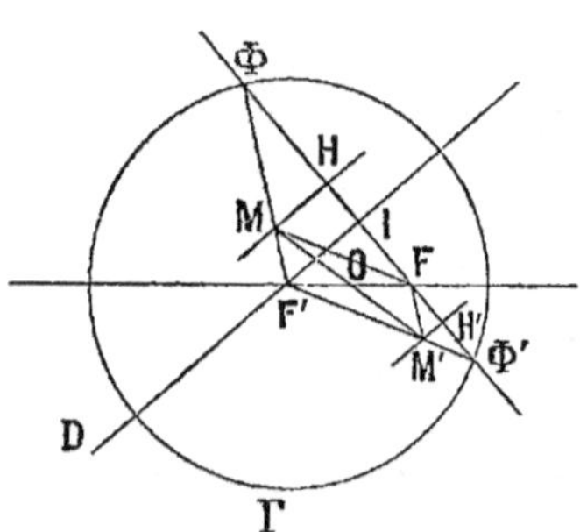

les tangentes cherchées; les points de contact M et M' de ces tangentes sont sur F'Φ et F'Φ'.

Remarquons que MF et F'Φ' sont symétriques de la droite F'Φ par rapport aux deux parallèles MH et D : MF et F'Φ' sont donc parallèles. Il en est de même de M'F et F'Φ. Les deux points M et M' sont donc symétriques par rapport au milieu O de FF' : ce sont deux points diamétralement opposés sur l'ellipse.

Au lieu de nous donner la direction d'une tangente à une ellipse, donnons-nous-en un point A et cherchons encore cette tangente. Le symétrique Φ de F, par rapport à la tangente AT, se trouve sur le cercle directeur Γ et sur le cercle Γ₁ décrit de A comme centre avec AF pour rayon; le point de contact M de cette tangente est sur F'Φ.

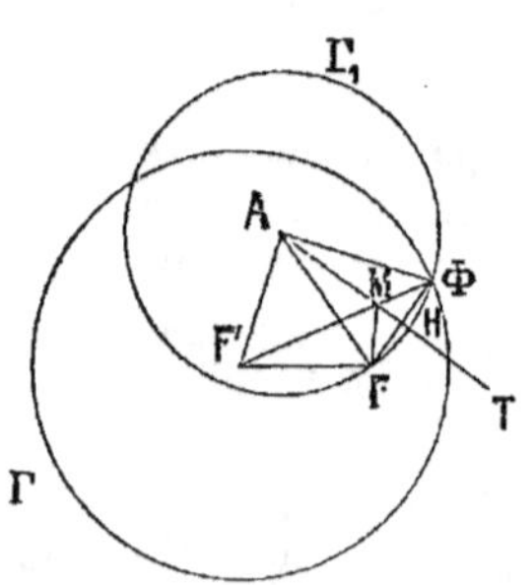

Les deux cercles Γ et Γ₁ se coupent en deux points tels que Φ, si l'on peut construire un triangle dont les côtés sont la distance AF' des centres et les deux rayons $2a$ et AF. Il faut et il suffit pour cela que l'on ait :

$$|AF' - AF| < 2a < AF + AF'.$$

Or, dans le triangle AFF', $|AF' - AF|$ est inférieur à FF' ou $2c$ et par suite inférieur à $2a$. Il faut et il suffit donc que l'on ait :

$$(5) \qquad\qquad AF + AF' > 2a.$$

Cette dernière inégalité impose une condition au point A. Si l'on fait

déplacer A, par exemple, sur une droite passant par F′ et coupant
l'ellipse en N et N_1, on constate aisément que l'inégalité (5) n'est pas
vérifiée quand A est entre N et N_1, et qu'elle l'est quand A est à l'extérieur du segment NN_1. La portion du plan balayée par ce segment
quand son support tourne autour de F′ est dite intérieure à l'ellipse;
celle qui est balayée par ses prolongements est dite extérieure. La
région extérieure est balayée par les tangentes à la courbe.

On peut traiter les problèmes correspondants pour l'hyperbole.

La construction des tangentes parallèles à une droite D menée par
F′ se ramène encore à la
recherche des points de rencontre de Γ et d'une per-
pendiculaire FI menée par
F à D.

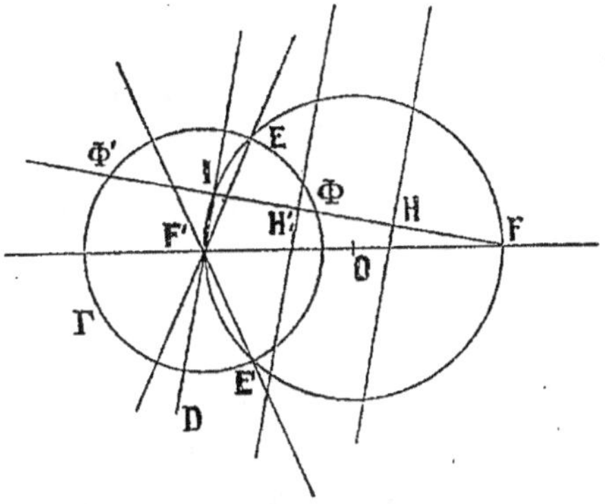

Soient E et E′ les points
de contact des tangentes
menées de F à Γ. Pour que
FI coupe Γ, il faut que I soit
sur l'arc EF′E′ du cercle
décrit sur FF′ comme dia-
mètre; il faut donc que D
soit à l'intérieur de l'angle
formé par F′E et par le pro-
longement de E′F′ et dans l'angle opposé. Dans ces conditions, il y a
deux tangentes à l'hyperbole, parallèles à D : ce sont des droites menées
par les milieux H et H′ de FΦ et de FΦ′. Ces tangentes sont encore
symétriques par rapport au milieu O de FF′.

Si D tourne autour de F′ et vient se confondre soit avec F′E, soit
avec F′E′, les deux tangentes viennent se confondre avec la perpendiculaire au milieu de FE ou de FE′, et leurs points de contact
venant au point de rencontre de F′E ou de F′E′ avec cette perpendiculaire s'éloignent à l'infini : les perpendiculaires à FE et FE′
en leurs milieux sont les asymptotes de l'hyperbole, définies comme
positions limites d'une tangente dont le point de contact s'éloigne
indéfiniment.

On effectue d'une façon analogue la recherche des tangentes menées
à l'hyperbole par un point donné A. Mais le problème se complique
ici, si l'on veut reconnaître *a priori*, non seulement l'existence des
tangentes, mais encore les positions respectives de leurs points de
contact sur les deux branches de l'hyperbole. On appelle encore région
extérieure à la courbe celle qui est balayée par ses tangentes; elle est
caractérisée par $|AF' - AF| < 2a$. On peut aller d'un point de cette
région au centre en suivant une courbe continue sans traverser l'hyperbole; c'est le contraire qui se produit avec l'ellipse. Nous retrouverons
plus loin, par une autre méthode, les résultats des discussions relatives aux différentes parties de ce problème.

Pour la parabole, le symétrique Φ de F, par rapport à une tangente
parallèle à D, se trouve sur la directrice Δ et sur la perpendiculaire à D

menée par F. Le point Φ existe chaque fois que D n'est pas confondue avec l'axe Fx de la parabole. La tangente cherchée est la perpendiculaire à FΦ en son milieu, et son point de contact M est sur la parallèle menée par Φ à l'axe de la parabole. Les directions de MF et MΦ étant symétriques par rapport à celle de D, le point M s'éloigne à l'infini dans la direction de l'axe lorsque D vient se confondre avec l'axe.

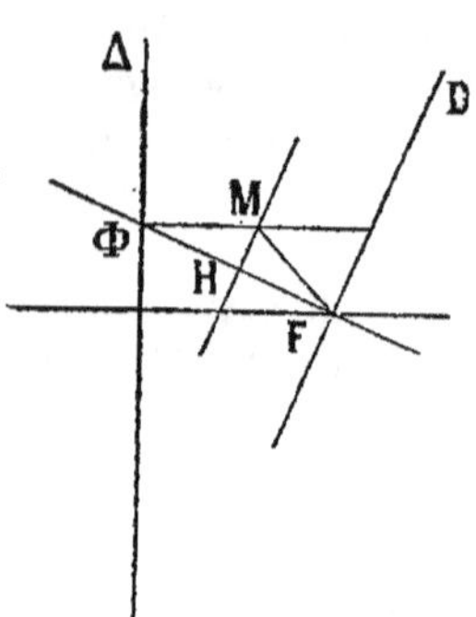

Supposons donné un point A d'une tangente inconnue AT. Le symétrique Φ de F, par rapport à cette tangente, est en un point de rencontre de la directrice Δ et du cercle décrit de A comme centre avec AF comme rayon. Ce cercle ne coupe Δ que si la distance AB de son centre à la directrice est inférieure à son rayon AF. Soit N le point de rencontre de la parabole avec la parallèle à l'axe, menée par A ; on vérifie sans difficulté que si A est sur la demi-droite Nx', AF est inférieur à AB et que, si A est sur la demi-droite Nx'', AF est supérieur à AB.

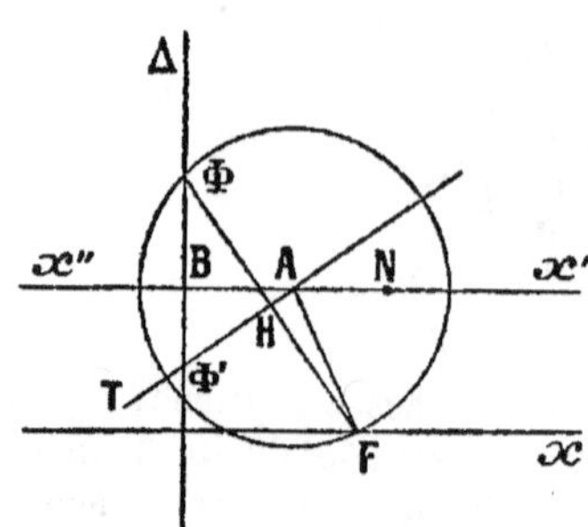

La région balayée par la demi-droite Nx'', dans son déplacement, est dite extérieure à la parabole, car c'est encore celle qui est balayée par les tangentes à la courbe.

La construction des tangentes menées d'un point A à une conique de foyers F et F' permet d'établir simplement un certain nombre de propriétés intéressantes.

Soient Φ et Φ' les points d'intersection du cercle directeur Γ relatif au foyer F' et du cercle $Γ_1$ décrit de A comme centre avec le rayon AF. Les tangentes AT et AT', issues de A, sont les perpendiculaires menées de ce point aux deux droites FΦ, FΦ'. Il en résulte que les bissectrices des angles de ces tangentes sont parallèles à celles des angles que forment les deux droites FΦ, FΦ'. Or, Φ et Φ' étant symétriques par rapport au diamètre AF', les bissectrices des

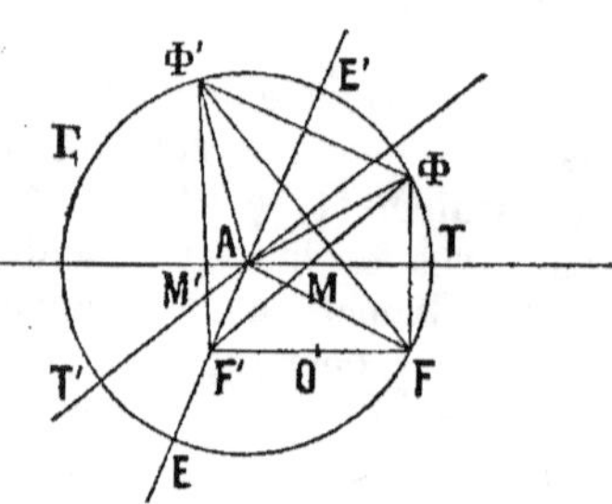

angles de FΦ et de FΦ' sont FE et FE', E et E' désignant les extrémités du diamètre AF' sur $Γ_1$. On voit aisément que ces bissectrices sont parallèles à celles des deux droites AF et AF'.

Ainsi, les tangentes issues de A à une conique de foyers F et F' ont les mêmes axes de symétrie que les deux droites AF et AF' : cette proposition est due à Poncelet.

Les points de contact M et M' de AT et AT' sont sur F'Φ et F'Φ'; les deux droites F'M et F'M' sont donc symétriques par rapport à AF'.

On peut rapprocher ces deux propriétés des propriétés correspondantes du cercle où le centre est le foyer unique de la courbe.

Soit T le milieu du plus petit arc $\widehat{F\Phi}$ sur le cercle Γ_1; le symétrique T' de ce point par rapport à la bissectrice intérieure de l'angle $\widehat{F'AF}$ est un point de la seconde tangente issue de A. De l'égalité des angles aigus $\widehat{FAT}$, $\widehat{TA\Phi}$, $\widehat{T'AF'}$ et de la disposition des éléments résulte l'égalité de l'angle $\widehat{T'AT}$ et de l'angle $\widehat{F'A\Phi}$. Soit θ cet angle. C'est l'angle opposé à un côté de longueur $2a$ dans le triangle F'AΦ dont les deux autres côtés ont pour longueurs respectives les distances ρ et ρ' du point A aux deux foyers. On a donc :

$$4\,a^2 = \rho^2 + \rho'^2 - 2\,\rho\rho'\cos\theta.$$

Cette équation, où l'on suppose θ constant, définit en coordonnées bipolaires le lieu des points d'où l'on peut mener à une conique deux tangentes faisant entre elles un angle donné. Ce lieu est, en général, une courbe du 4e degré. Si l'angle constant est droit, l'équation devient :

$$\rho^2 + \rho'^2 = 4\,a^2 = 2\,\overline{OA}^2 + 2\,c^2,$$

d'où

$$\overline{OA}^2 = 2\,a^2 - c^2.$$

Si la conique est une ellipse, on a $a^2 - c^2 = b^2$, et le lieu est un cercle dont le rayon vaut $\sqrt{a^2 + b^2}$; ce lieu passe par les points de rencontre des tangentes à l'ellipse en ses sommets.

Si la conique est une hyperbole, on a $a^2 - c^2 = -b^2$, d'où

$$\overline{OA} = a^2 - b^2.$$

Le lieu n'existe que si a est supérieur à b, c'est-à-dire si l'angle des asymptotes qui contient la courbe est un angle aigu; le lieu est alors un cercle concentrique à l'hyperbole. Dans le cas particulier où l'hyperbole est équilatère, ce cercle a un rayon nul et le centre de l'hyperbole est le seul point d'où l'on puisse lui mener deux tangentes rectangulaires.

Le théorème de Poncelet subsiste dans le cas de la parabole : on remplace les deux rayons vecteurs d'un point A par FA et par la parallèle Fx', menée par A, à l'axe de la parabole. La droite FA est encore bissectrice de l'angle $\widehat{MAM'}$. Le lieu des points d'où l'on peut mener à la parabole deux tangentes rectangulaires est la directrice.

Généralisation de la notion de foyers. — Une ellipse de foyers F et F' tournant autour de son axe focal engendre la surface lieu des points dont la somme des distances à F et à F' est constante. Ce lieu est un ellipsoïde de révolution allongé. La section de cet ellipsoïde par un plan Q quelconque est une ellipse et cette conique est, dans le plan Q, le lieu des points tels que la somme de leurs distances aux deux points F et F′, non situés dans Q, ait une valeur constante donnée. Une ellipse E donnée peut d'ailleurs toujours se placer sur un ellipsoïde allongé et les deux foyers F et F′ d'une méridienne quelconque de cet ellipsoïde peuvent être regardés comme deux foyers de E.

Une hyperbole de foyers F et F′ tournant autour de son axe focal engendre le lieu des points dont la différence des distances à F et à F′ est constante. Ce lieu est un hyperboloïde de révolution à deux nappes. Une section plane de cet hyperboloïde par un plan Q est soit une ellipse, soit une parabole, soit une hyperbole. Chacune de ces coniques est, dans son plan, le lieu des points tels que la différence de leurs distances aux deux points F et F′ ait une valeur constante donnée.

Une parabole P de foyer F et de directrice Δ engendre, en tournant autour de son axe, le lieu des points équidistants du point F et du plan Π engendré par la rotation de Δ. Ce lieu est un paraboloïde de révolution. Une section plane quelconque de ce paraboloïde est une ellipse ou une parabole. Chacune de ces coniques est, dans son plan, le lieu des points équidistants du point F et du plan Π.

EXERCICES

1º Trouver l'enveloppe des cercles qui ont leurs centres sur une conique donnée et qui sont tangents à un cercle ayant pour centre un foyer de cette conique.

2º Trouver le lieu des centres des cercles tangents à deux cercles donnés. Discuter.

3º Trouver le lieu des centres des cercles tangents à un cercle et à une droite.

4º Trouver le lieu des foyers des coniques qui ont un cercle directeur donné et qui passent par un point donné ou sont tangentes à une droite donnée.

5º Construire une conique, connaissant un cercle directeur et deux points, ou deux tangentes, ou une tangente et un point de cette conique.

6º Lieu des foyers des paraboles qui ont une directrice donnée et passent par un point donné, ou sont tangentes à une droite donnée.

7º Construire une parabole, connaissant la directrice et deux points, ou deux tangentes, ou une tangente et un point.

8º Construire une parabole, connaissant le foyer et deux tangentes, ou deux points, ou une tangente et un point.

9º Démontrer que le lieu des foyers des paraboles tangentes à trois droites est le cercle circonscrit au triangle dont ces droites sont les côtés. Montrer que les directrices de ces paraboles passent par l'orthocentre du triangle. Construire une parabole dont on connaît quatre tangentes.

10º Démontrer les propriétés de la sous-tangente et de la sous-normale à une parabole en partant de la définition élémentaire de cette courbe.

11º Lieu des foyers des coniques tangentes à deux droites données et ayant un foyer donné.

12º Construire une conique, connaissant un foyer et trois tangentes. Discuter le genre de la conique suivant la position du foyer.

13º Lieu des foyers des paraboles dont on donne un point et la tangente au sommet.

14º Construire une parabole, connaissant trois tangentes et la direction de l'axe.

15º Lieu des foyers des coniques dont on donne un foyer et deux points.

16º Lieu des foyers des coniques dont on donne un foyer, un point et une tangente.

17° La normale en un point quelconque M d'une conique de foyers F et F' rencontre l'axe focal en N et l'axe perpendiculaire en N'. Calculer la valeur de $\dfrac{FN'}{NN'}$.

18° Le cercle passant par F, F' et M passe aussi par N'. Appliquer le théorème de Ptolémée au quadrilatère FMF'N' et en déduire la valeur de $\dfrac{FN'}{MN'}$. Démontrer que le rapport $\dfrac{MN'}{NN'}$ a une valeur constante.

19° Un cercle qui a son centre sur une droite D et passe par un point F, passe aussi par le symétrique de F par rapport à D. Appliquer cette remarque à la construction géométrique des points de rencontre d'une droite et d'une ellipse ou d'une hyperbole donnée par ses foyers et la longueur de l'axe focal. Discuter.

20° Appliquer la même remarque à la construction des points de rencontre d'une droite et d'une parabole donnée par son foyer et sa directrice.

21° Démontrer que le produit des distances des foyers d'une ellipse ou d'une hyperbole à une tangente quelconque à cette courbe est constant. Réciproque.

22° On donne un triangle ABC et un point M. Démontrer que les droites symétriques de AM, BM, CM, par rapport aux bissectrices correspondantes des angles du triangle, concourent en un point M'. Faire voir que le produit des distances des points M et M' à un côté du triangle a une valeur indépendante du côté choisi.

23° On fait passer, par les deux foyers d'une ellipse, un cercle quelconque et on mène les tangentes communes aux deux courbes. Trouver le lieu des points de contact de ces tangentes et du cercle.

24° Une tangente variable à une conique donnée rencontre deux tangentes fixes en deux points M et M'; F désignant un foyer de cette conique, démontrer que l'angle des deux droites FM et FM' est constant. Réciproque.

25° Soient Γ le cercle circonscrit à un triangle T de sommets A, B, C, et F un point quelconque. Les droites FA, FB, FC rencontrent Γ en des points A', B', C' qui sont les sommets d'un triangle T'. Soit T″ le triangle dont les sommets sont les projections orthogonales de F sur les côtés de T. Démontrer que les deux triangles T' et T″ sont semblables. Démontrer que le rayon du cercle circonscrit à T″ vaut $\dfrac{1}{|P|}\,FA \cdot FB \cdot FC$, P désignant la puissance de F par rapport à Γ. Déduire de là la relation

$$a\,|P| = FA \cdot FB \cdot FC,$$

$2\,a$ étant la longueur de l'axe focal d'une conique qui a F pour foyer et qui est tangente aux côtés de T. Cas limite où les trois côtés de T se confondent suivant une tangente à une conique donnée en un point donné.

90e LEÇON

FOYERS ET DIRECTRICES

Soient $F(x_0, y_0)$ un point et D une droite d'équation $lx + my + n = 0$, les axes étant rectangulaires.

Le lieu des points M du plan dont le rapport des distances MF et MH au point et à la droite a une valeur constante e, est une conique.

La relation $MF = e \cdot MH$ équivaut en effet à $\overline{MF}^2 = e^2 \overline{MH}^2$, c'est-à-dire à

$$(1) \qquad (x - x_0)^2 + (y - y_0)^2 = e^2 \frac{(lx + my + n)^2}{l^2 + m^2}.$$

L'équation (1) définit une conique.

Nous verrons que le point F est un foyer de cette conique, au sens défini précédemment; D est la directrice qui correspond à ce foyer.

Nous démontrerons aussi que l'équation de toute conique peut se mettre sous la forme (1) qui est dite *équation focale*, c'est-à-dire que toute conique admet au moins un foyer et une directrice.

L'équation (1) peut aussi s'écrire

$$(1)' \qquad (x - x_0)^2 + (y - y_0)^2 = (\alpha x + \beta y + \gamma)^2.$$

Inversement, l'équation (1)' équivaut à la suivante :

$$(x - x_0)^2 + (y - y_0)^2 = (\alpha^2 + \beta^2) \left(\frac{\alpha x + \beta y + \gamma}{\sqrt{\alpha^2 + \beta^2}} \right)^2$$

qui est identique à (1) à condition de prendre :

$$l = \alpha, \qquad m = \beta, \qquad n = \gamma, \qquad e^2 = \alpha^2 + \beta^2.$$

Toute équation (1)' est donc l'équation focale d'une conique.

L'équation du couple de directions asymptotiques de cette conique est :

$$(2) \qquad (1 - \alpha^2) x^2 - 2 \alpha\beta xy + (1 - \beta^2) y^2 = 0.$$

Ces directions sont réelles si $\alpha^2\beta^2 - (1 - \alpha^2)(1 - \beta^2)$ est positif, c'est-à-dire si $\alpha^2 + \beta^2 - 1$ ou $e^2 - 1$ est positif. Le genre de la conique dépend donc de son excentricité : c'est une ellipse, une parabole ou une hyperbole suivant que e est inférieur à 1, égal à 1 ou supérieur à 1.

La conique ne peut être un cercle que si l'on a simultanément :

$$1 - \alpha^2 = 1 - \beta^2, \qquad \alpha\beta = 0,$$

ce qui entraîne $\alpha = \beta = 0$ et, par suite, $e = 0$. L'équation (1)' devient :

$$(x - x_0)^2 + (y - y_0)^2 = \gamma^2.$$

Le foyer est au centre du cercle et la directrice correspondante est à l'infini.

La conique est une hyperbole équilatère si la somme des coefficients de x^2 et y^2, dans l'équation (2), est nulle. On a alors $\alpha^2 + \beta^2 = 2$. L'excentricité d'une hyperbole équilatère vaut donc $\sqrt{2}$.

Enfin, la conique n'est un couple de droites que si les trois formes

$$x - x_0 z, \qquad y - y_0 z, \qquad \alpha x + \beta y + \gamma z$$

sont dépendantes. Ce fait se produit lorsque $\alpha x_0 + \beta y_0 + \gamma$ est nul, c'est-à-dire lorsque le foyer est sur la directrice.

Recherche des foyers et des directrices. — Soit $F(x_0, y_0)$ un foyer d'une conique définie en axes rectangulaires par l'équation

$$(3) \qquad f(x, y) = 0.$$

On doit pouvoir trouver des nombres α, β, γ tels que l'équation (3) et l'équation

$$(4) \qquad (x - x_0)^2 + (y - y_0)^2 - (\alpha x + \beta y + \gamma)^2 = 0$$

aient leurs coefficients proportionnels.

Il existe donc un nombre S tel que l'on ait identiquement :

$$f(x, y) \equiv S\left[(x - x_0)^2 + (y - y_0)^2 - (\alpha x + \beta y + \gamma)^2\right].$$

On est ainsi conduit à 6 équations aux 6 inconnues S, x_0, y_0, α, β, γ. La résolution de ces équations est possible en prenant pour $f(x, y)$ la forme générale. On voit de suite que le nombre S est tel que la forme $\varphi(x, y) - S(x^2 + y^2)$ soit un carré parfait, puisque cette forme est identique à $-S(\alpha x + \beta y)^2$. S est donc une racine non nulle de l'équation en S relative à la conique.

Nous nous bornerons à développer les calculs en prenant pour $f(x, y)$ les formes réduites.

Ellipse réelle. — Nous avons vu (leç. 84) que l'équation réduite d'une ellipse réelle est

$$(5) \qquad \frac{x^2}{a^2} + \frac{y^2}{b^2} - 1 = 0.$$

Supposons $a > b$.

Cette équation ne contient pas de terme en xy ; le coefficient correspondant dans (4) étant $-2\alpha\beta$, il faut que $\alpha\beta$ soit nul. Le problème se décompose donc.

1° Prenons $\beta = 0$. L'équation (5) ne contenant pas de termes du premier degré, on doit avoir :

$$(6) \qquad x_0 + \alpha\gamma = 0, \qquad y_0 = 0.$$

L'équation (4) devient alors :

$$(4)' \qquad (1 - \alpha^2) x^2 + y^2 + x_0^2 - \gamma^2 = 0.$$

En écrivant que $(4)'$ et (5) ont leurs coefficients proportionnels, on obtient :

$$(7) \qquad a^2(1 - \alpha^2) = b^2 = \gamma^2 - x_0^2.$$

La première des équations (7) donne :

$$a^2\alpha^2 = a^2 - b^2 = c^2,$$

d'où $\alpha = \pm\dfrac{c}{a}$. On peut se borner à prendre $\alpha = \dfrac{c}{a}$, l'équation (4) ne changeant pas lorsqu'on y remplace simultanément α, β, γ par les nombres symétriques.

La première des équations (6) devient alors :

$$\frac{x_0}{c} = \frac{\gamma}{-a}.$$

Prenons comme inconnue auxiliaire ρ la valeur commune à ces rapports; en portant les valeurs de x_0 et de γ dans la seconde des équations (7), on trouve :

$$\rho^2 = 1 \quad \text{d'où} \quad \rho = \varepsilon = \pm 1.$$

On a donc deux solutions données par les formules

$$x_0 = \varepsilon c, \qquad y_0 = 0, \qquad \alpha = \frac{c}{a}, \qquad \beta = 0, \qquad \gamma = -\varepsilon a,$$

et, par suite, deux foyers F et F' d'abscisses $\pm c$, placés sur Ox, et deux directrices D et D' d'équations $x = \pm\dfrac{a}{c}$.

Chacune de ces directrices est la polaire du foyer correspondant soit par rapport à l'ellipse, soit par rapport au cercle principal de diamètre AA'.

$2°$ Prenons $\alpha = 0$. Un calcul analogue au précédent donne les deux solutions

$$x_0 = 0, \qquad y_0 = \varepsilon ic, \qquad \alpha = 0, \qquad \beta = \frac{ic}{b}, \qquad \gamma = -\varepsilon b,$$

et, par suite, deux foyers imaginaires sur le petit axe de l'ellipse.

Les droites qui joignent les foyers réels aux foyers imaginaires sont isotropes. Nous verrons qu'elles sont tangentes à l'ellipse. On peut donc dire que les quatre foyers d'une ellipse sont les sommets à distance finie du quadrilatère ayant pour côtés les tangentes isotropes à cette conique; les diagonales du quadrilatère sont les axes de symétrie de la conique.

L'équation focale relative au foyer F est

$$(x - c)^2 + y^2 = \left(\frac{c}{a}x - a\right)^2.$$

Comme MH vaut $\left| x - \dfrac{a^2}{c} \right|$, cette équation montre que l'on a :

$$ \text{MF} = e\,\text{MH}, \qquad \text{avec} \qquad e = \dfrac{c}{a}. $$

On a de même :
$$ \text{MF}' = e\,\text{MH}', $$

d'où

$$ \text{MF} + \text{MF}' = e(\text{MH} + \text{MH}') = \dfrac{c}{a} \cdot 2\dfrac{a^2}{c} = 2\,a. $$

Les points F et F′ sont donc bien des foyers au sens de la géométrie élémentaire.

L'égalité des angles que fait la tangente MT avec les rayons vecteurs du point M se vérifie aisément. Le coefficient angulaire de MT vaut

$$ y' = -\frac{f'_x}{f'_y} = -\frac{b^2 x}{a^2 y}. $$

Celui de MF est $\dfrac{y}{x-c}$. Par suite

$$ \text{tg}(\text{MF}, \text{MT}) = \frac{-\dfrac{b^2 x}{a^2 y} - \dfrac{y}{x-c}}{1 - \dfrac{b^2 xy}{a^2 y(x-c)}} = \frac{-b^2 x(x-c) - a^2 y^2}{(a^2 - b^2)xy - a^2 cy}. $$

Remplaçons $b^2 x^2 + a^2 y^2$ par $a^2 b^2$ au numérateur et $a^2 - b^2$ par c^2 au dénominateur. Il vient :

$$ (8) \qquad \text{tg}(\text{MF}, \text{MT}) = \frac{b^2(cx - a^2)}{cy(cx - a^2)} = \frac{b^2}{cy}. $$

Il suffit de changer c en $-c$ pour obtenir :

$$ \text{tg}(\text{MF}', \text{MT}) = -\frac{b^2}{cy}. $$

On a donc :

$$ \text{tg}(\text{MF}, \text{MT}) = \text{tg}(\text{MT}, \text{MF}'), $$

ce qui démontre la proposition énoncée.

La formule (8) non simplifiée montre que l'expression de la tangente de l'angle de MF et de MT est indéterminée quand x vaut $\dfrac{a^2}{c}$, c'est-à-dire quand M est l'un des points de rencontre, imaginaires naturellement, de l'ellipse et de la directrice D. D'après ce que nous avons vu (leç. 73), MF et MT sont confondues suivant une droite isotrope ; on en conclut que les tangentes menées de F à l'ellipse sont isotropes et qu'elles la touchent sur la directrice D relative à ce foyer. Ceci démontre encore que D est la polaire de F.

De même, les tangentes menées de F′ à l'ellipse sont isotropes et touchent la conique sur D′.

La vérification du fait que la podaire de F, par rapport à l'ellipse, est le cercle principal de diamètre AA′, exige quelques précautions. L'équation de MT étant

$$(9) \qquad \frac{X\,x}{a^2} + \frac{Y\,y}{b^2} - 1 = 0,$$

celle de la perpendiculaire FK est

$$(10) \qquad (X - c)\frac{y}{b^2} - Y\frac{x}{a^2} = 0.$$

Si l'on cherche l'équation du lieu du point de rencontre de ces deux droites en éliminant x et y entre les équations (5), (9) et (10), on trouve une équation du 4e degré entre X et Y, exactement comme si F était un point quelconque. Or les droites définies par les équations (9) et (10) se confondent lorsque x et y vérifient les deux relations

$$\frac{b^2 x}{a^2 y} = -\frac{a^2 y}{b^2 x} = \frac{b^2}{cy}$$

et l'équation de l'ellipse. On constate aisément que cela a lieu lorsque le point $M(x,y)$ est sur la directrice D. Les deux droites isotropes issues de F font donc partie du lieu défini analytiquement, et l'équation du 4e degré signalée plus haut contient en facteur $(X - c)^2 + Y^2$.

D'ailleurs, en résolvant les équations (9) et (10) par rapport à X et Y, on vérifie sans difficulté que $X^2 + Y^2$ vaut a^2.

Pour établir le théorème de Poncelet, nous pouvons utiliser l'équation qui donne les coefficients angulaires des tangentes menées d'un point $M(x_0, y_0)$, à l'ellipse. Nous avons vu (leç. 79) que l'équation tangentielle d'une conique s'obtient en annulant la forme adjointe $\psi(u, v, w)$ de la forme ponctuelle correspondante $F(x, y, z)$. Or la forme adjointe de $\frac{x^2}{a^2} + \frac{y^2}{b^2} - z^2$ est $a^2 u^2 + b^2 v^2 - w^2$. L'équation tangentielle de l'ellipse est donc

$$a^2 u^2 + b^2 v^2 - w^2 = 0.$$

En écrivant que les coordonnées de la droite

$$y - y_0 - m(x - x_0) = 0$$

vérifient cette équation, on trouve la relation

$$a^2 m^2 + b^2 - (y_0 - m x_0)^2 = 0$$

qui définit les coefficients angulaires des tangentes menées de M à l'ellipse. Cette équation ordonnée est

$$(11) \qquad (a^2 - x_0^2) m^2 + 2 x_0 y_0 m + b^2 - y_0^2 = 0.$$

Soient m_1 et m_2 ses racines, c'est-à-dire les coefficients angulaires des tangentes MT_1 et MT_2. Soient μ_1 et μ_2 les coefficients angulaires de MF et de MF'. L'égalité $\operatorname{tg}(MT_1, MF) = \operatorname{tg}(MF', MT_2)$, qu'il faut démontrer, équivaut à

$$\frac{\mu_1 - m_1}{1 + m_1\mu_1} = \frac{m_2 - \mu_2}{1 + m_2\mu_2}$$

ou, sous forme symétrique,

$$(12) \qquad (\mu_1 + \mu_2)(1 - m_1 m_2) + (\mu_1\mu_2 - 1)(m_1 + m_2) = 0.$$

En tenant compte des relations

$$\mu_1 = \frac{y_0}{x_0 - c}, \quad \mu_2 = \frac{y_0}{x_0 + c}, \quad m_1 + m_2 = -\frac{2x_0 y_0}{a^2 - x_0^2}, \quad m_1 m_2 = \frac{b^2 - y_0^2}{a^2 - x_0^2},$$

on trouve rapidement :

$$\mu_1 + \mu_2 = \frac{2x_0 y_0}{x_0^2 - c^2}, \qquad \mu_1\mu_2 - 1 = \frac{y_0^2 - x_0^2 + c^2}{x_0^2 - c^2},$$

$$1 - m_1 m_2 = \frac{y_0^2 - x_0^2 + c^2}{a^2 - x_0^2}$$

et l'égalité (12) se vérifie de suite.

Ellipse imaginaire. — La recherche des foyers peut paraître sans intérêt. Les conclusions que nous en tirerons servent cependant à expliquer certains résultats relatifs aux foyers des sections planes des quadriques et aux focales. L'équation réduite de l'ellipse étant

$$\frac{x^2}{a^2} + \frac{y^2}{b^2} + 1 = 0, \qquad \text{(avec } a > b\text{)},$$

un calcul analogue à celui qui a été fait pour l'ellipse réelle donne les quatre solutions

$$x_0 = \varepsilon i c, \qquad y_0 = 0, \qquad \alpha = \frac{c}{a}, \qquad \beta = 0, \qquad \gamma = -\varepsilon i a;$$

$$x_0 = 0, \qquad y_0 = \varepsilon c, \qquad \alpha = 0, \qquad \beta = i\frac{c}{b}, \qquad \gamma = \varepsilon i b.$$

Les deux derniers foyers situés sur Oy sont encore réels ainsi que les directrices correspondantes, mais l'excentricité est imaginaire.

Hyperbole. — L'équation réduite étant

$$\frac{x^2}{a^2} - \frac{y^2}{b^2} - 1 = 0,$$

un calcul analogue à celui qui a été fait pour l'ellipse réelle, en posant, cette fois, $c^2 = a^2 + b^2$, donne les quatre solutions

$$x_0 = \varepsilon c, \qquad y_0 = 0, \qquad \alpha = \frac{c}{a}, \qquad \beta = 0, \qquad \gamma = -\varepsilon a;$$

$$x_0 = 0, \qquad y_0 = \varepsilon i c, \qquad \alpha = 0, \qquad \beta = i\frac{c}{b}, \qquad \gamma = \varepsilon b.$$

Les deux premières correspondent à des foyers réels sur Ox, c'est-à-dire sur l'axe transverse de l'hyperbole; les directrices associées sont encore les polaires des foyers par rapport à la conique. L'excentricité vaut $\dfrac{c}{a}$. L'ordonnée d'un point B, où la tangente au sommet A rencontre une asymptote, étant b, la longueur OB vaut c. Les deux foyers réels

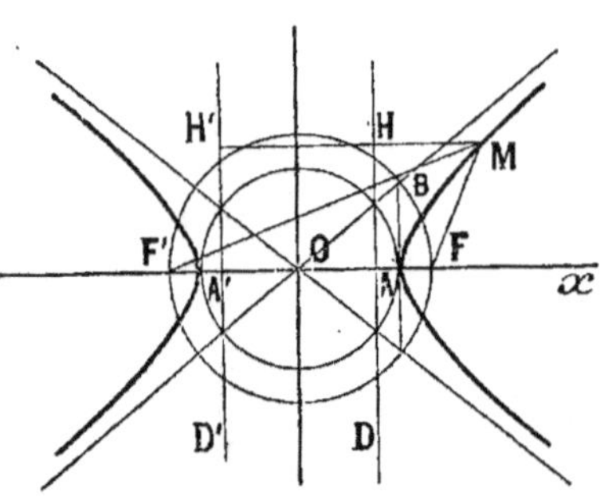

F et F′ sont donc à l'intersection de l'axe transverse et du cercle de centre O, passant par B. Les points de rencontre des asymptotes de l'hyperbole avec le cercle principal de diamètre AA′ ont pour abscisses $\pm\dfrac{a^2}{c}$; ces points sont donc sur les directrices.

Si l'on fait tendre a et b vers zéro, l'hyperbole tend vers ses asymptotes, les quatre foyers tendent vers le centre et les directrices tendent vers les axes de symétrie.

M désignant un point quelconque de l'hyperbole, on vérifie encore sans difficulté les relations

$$\text{MF}=\frac{c}{a}\text{MH}, \qquad \text{MF}'=\frac{c}{a}\text{MH}' \qquad \text{d'où} \qquad |\text{MF}-\text{MF}'|=\frac{c}{a}\text{HH}'=2\,a.$$

La vérification des propriétés angulaires des tangentes et des rayons vecteurs se fait comme pour l'ellipse.

La podaire d'un foyer est encore le cercle principal de diamètre AA′.

Parabole. — L'équation réduite étant

$$(13) \qquad\qquad y^2-2px=0,$$

l'équation focale correspondante ne doit contenir ni terme en x^2, ni terme en xy, ce qui entraîne les conditions

$$1-\alpha^2=0, \qquad \alpha\beta=0.$$

Les solutions sont

$$\beta=0, \qquad \alpha=\pm1.$$

On peut prendre $\alpha=1$. L'équation focale étant alors

$$(x-x_0)^2+(y-y_0)^2-(x+\gamma)^2=0,$$

on doit avoir encore :

$$y_0=0, \qquad x_0+\gamma=p, \qquad x_0^2-\gamma^2=0.$$

On en déduit :

$$\gamma = x_0 \qquad \text{et} \qquad x_0 = \frac{p}{2}.$$

Ainsi, la seule solution est

$$\alpha = 1, \qquad \beta = 0, \qquad x_0 = \frac{p}{2}, \qquad y_0 = 0, \qquad \gamma = \frac{p}{2}.$$

L'équation focale correspondante est

$$\left(x - \frac{p}{2}\right)^2 + y^2 = \left(x + \frac{p}{2}\right)^2.$$

Elle exprime que la parabole est le lieu des points équidistants du foyer $\left(\frac{p}{2}, 0\right)$ et de la directrice dont l'équation est $x + \frac{p}{2} = 0$. On retrouve la définition élémentaire. La directrice est encore la polaire du foyer. La podaire du foyer est la tangente au sommet : la vérification se fait sans difficulté.

Le coefficient angulaire de la tangente MT en un point $M(x, y)$ de la parabole étant

$$y' = -\frac{f'_x}{f'_y} = \frac{p}{y},$$

et celui de MF étant $\dfrac{y}{x - \dfrac{p}{2}}$, on a :

$$\text{tg}(MT, MF) = \frac{\dfrac{y}{x - \dfrac{p}{2}} - \dfrac{p}{y}}{1 + \dfrac{py}{y\left(x - \dfrac{p}{2}\right)}} = \frac{y^2 - p\left(x - \dfrac{p}{2}\right)}{y\left(x + \dfrac{p}{2}\right)}.$$

Remplaçons y^2 par $2px$ au numérateur, il vient :

$$(14) \qquad \text{tg}(MT, MF) = \frac{p\left(x + \dfrac{p}{2}\right)}{y\left(x + \dfrac{p}{2}\right)} = \frac{p}{y},$$

d'où

$$\text{tg}(MT, MF) = \text{tg}(Ox, MT),$$

ce qui démontre l'égalité des angles que fait la tangente avec le rayon vecteur du point de contact et la parallèle à l'axe menée par ce point.

En outre, on voit que si x vaut $-\dfrac{p}{2}$, l'expression de $\text{tg}(MT, MF)$ est indéterminée. On en conclut encore que les droites isotropes menées par le foyer sont tangentes à la parabole, aux points imaginaires où cette courbe rencontre sa directrice.

On peut d'ailleurs retrouver les propriétés géométriques d'une parabole et, en particulier, les propriétés focales, en regardant cette courbe comme la limite d'une ellipse ou d'une hyperbole dont les longueurs d'axes croissent indéfiniment dans certaines conditions.

Un procédé général consisterait à regarder les coefficients de l'équation d'une conique $f(x, y) = 0$, comme des fonctions d'un paramètre, et à faire tendre ce paramètre vers les valeurs particulières qui annulent $AC - B^2$. Nous allons indiquer quelques procédés particuliers qui ont une forme plus géométrique et qui s'appliquent fort bien aux équations réduites.

Considérons l'ellipse définie par l'équation (5) et transportons les axes parallèlement à eux-mêmes au sommet A' d'abscisse $-a$. Les formules de transformation sont

$$x = -a + X, \qquad y = Y,$$

et l'équation de la conique devient :

$$\frac{X^2}{a^2} + \frac{Y^2}{b^2} - 2\frac{X}{a} = 0 \qquad \text{ou} \qquad Y^2 = 2\frac{b^2}{a}X - \frac{b^2}{a^2}X^2. \qquad (15)$$

$\dfrac{b^2}{a}$ est ce qu'on appelle le *paramètre* de l'ellipse; on voit aisément que c'est la moitié de la corde menée par le foyer perpendiculairement à l'axe focal.

Posons $\dfrac{b^2}{a} = p$, et supposons que a et b grandissent indéfiniment, p restant fixe ainsi que le sommet A' et les directions des axes.

Alors $\dfrac{b^2}{a^2}$ vaut $\dfrac{p}{a}$ et tend vers zéro; l'équation (15) a pour limite l'équation $Y^2 = 2pX$. L'ellipse tend donc vers une parabole qui a le même paramètre.

On pourrait aussi supposer que les longueurs des axes de l'ellipse grandissent indéfiniment, le sommet A' et le foyer voisin F' restant fixes; soit l la longueur constante $a - c$. On en déduit :

$$b^2 = a^2 - c^2 = l(a + c) = l(2a - l).$$

L'équation (15) devient :

$$Y^2 = 2l\left(2 - \frac{l}{a}\right)X - \frac{l}{a}\left(2 - \frac{l}{a}\right)X^2.$$

L'équation limite est $Y^2 = 4lX$.

On pourrait de même regarder une parabole comme la limite d'une hyperbole dont un sommet et le foyer voisin restent fixes, la longueur de l'axe focal augmentant indéfiniment. Dans ces conditions, le second foyer s'en va à l'infini et le rayon vecteur correspondant tend vers la parallèle à l'axe de la parabole menée par le point pris sur la conique ; le cercle principal de diamètre AA′ devient la tangente en A′ à la parabole, etc.

L'équation (15) obtenue en rapportant la conique à sa tangente en un sommet et au diamètre perpendiculaire est de la forme

$$(16) \qquad Y^2 = 2pX + qX^2.$$

On peut l'obtenir d'autant de façons que la courbe a de sommets. On constate aisément que l'abscisse du centre de courbure à l'origine est p, de sorte que les rayons de courbure aux extrémités de l'axe focal d'une conique sont égaux au paramètre ; ceux d'une ellipse aux extrémités du petit axe valent $\dfrac{a^2}{b}$.

La signification géométrique du nombre q s'obtient aussi facilement, puisque ce coefficient vaut $-\dfrac{b^2}{a^2}$ ou $-\dfrac{a^2}{b^2}$ dans le cas d'une ellipse, et $\dfrac{b^2}{a^2}$ dans le cas d'une hyperbole.

EXERCICES

1° La distance d'un point M d'une conique à un foyer F de cette courbe est une fonction rationnelle des coordonnées du point ; il en est de même des cosinus directeurs de FM. Appliquer cette remarque à l'étude des problèmes suivants :

a) Trouver le lieu géométrique des points de rencontre d'un cercle de centre M, passant par F, avec un diamètre de ce cercle de direction fixe, quand M décrit la conique.

b) On fait tourner MF d'un angle donné autour du point M ; F vient en un point M′ dont on demande le lieu quand M décrit la conique.

2° Démontrer que si une conique et un cercle sont bitangents, le centre du cercle est sur un axe de symétrie de la conique.

3° On pose :

$$\Sigma \equiv x^2 + y^2 + 2ax + 2by + c, \qquad P \equiv \alpha x + \beta y + \gamma,$$

a, b, c, α, β, γ étant des nombres réels donnés.

L'équation $\Sigma - P^2 = 0$ définit une conique C. Démontrer que si le cercle Σ, d'équation $\Sigma = 0$, est réel, C est réelle et extérieure au cercle.

C est l'enveloppe du cercle variable défini par l'équation

$$(17) \qquad \Sigma + 2\lambda P + \lambda^2 = 0,$$

λ désignant un paramètre. Tous ces cercles sont bitangents à C ; on les nomme *cercles focaux* de la conique. Il en existe deux familles pour les coniques à centre et une famille pour la parabole. Etudier la réalité des cercles définis par l'équation (17) quand λ varie. Soient Σ_1 et Σ_2 deux cercles focaux réels ; démontrer que la somme ou la différence des longueurs des tangentes menées d'un point de la conique à ces deux cercles a une valeur constante. Réciproque.

Calculer les longueurs des axes de symétrie et le paramètre de C.

4° L'équation $\Sigma + P^2 = 0$, où Σ et P ont la même signification que dans l'exercice précédent, ne peut définir une conique C réelle que si le cercle Σ est réel. On suppose C et Σ réels : démontrer que C est une ellipse intérieure à Σ.

C est aussi l'enveloppe des cercles focaux définis par l'équation

(18) $$\Sigma + 2\lambda P - \lambda^2 = 0.$$

Étudier la réalité de ces cercles quand λ varie.

5° Lieu des points de contact des cercles focaux d'une même famille avec des tangentes parallèles à une direction fixe.

6° Étant donnée une ellipse réelle E, trouver, dans l'espace, le lieu géométrique d'un point M′ tel que la distance d'un point quelconque M de E à M′, soit une fonction linéaire des coordonnées de M.

Ce lieu se compose : 1° d'une hyperbole H qui a pour sommets les foyers réels de E et pour foyers réels les extrémités du grand axe de E; 2° d'une ellipse imaginaire E_1 qui a pour sommets les foyers imaginaires de E et pour foyers réels les extrémités du petit axe de E.

Démontrer que ces trois coniques sont réciproques, c'est-à-dire que la distance d'un point quelconque de l'une à un point quelconque de l'autre est une fonction linéaire des coordonnées de ces deux points. Elles sont dites *focales* l'une de l'autre.

Trouver la relation qui existe entre les distances d'un point variable de l'une à deux points fixes d'une autre.

Quelle est la surface engendrée par l'une de ces coniques lorsqu'on la fait tourner autour d'une corde d'une autre? Cas où la corde est une tangente.

7° Traiter les problèmes analogues à ceux de la question précédente quand on remplace l'ellipse par une parabole.

8° Trouver le lieu des centres des sphères de rayon nul passant par les cercles focaux d'une conique.

FOYERS ET DIRECTRICES (*Suite*)

Soient F un foyer et D la directrice correspondante d'une conique.

Une corde AB de cette conique rencontre la directrice en I. Menons FA, FB, et projetons A et B orthogonalement sur D en A′ et B′. En vertu des égalités

$$\frac{FA}{AA'} = e = \frac{FB}{BB'}$$

et

$$\frac{IA}{AA'} = \frac{IB}{BB'},$$

on voit que les deux rapports $\dfrac{FA}{FB}$, $\dfrac{IA}{IB}$ sont égaux.

Le point I est donc sur une bissectrice de l'angle AFB. Si A et B appartiennent à une même branche de la conique, ce qui arrive toujours quand cette conique est une ellipse ou une parabole, I est en dehors du segment AB et FI est la bissectrice extérieure de l'angle AFB. Si A et B appartiennent à deux branches différentes de la conique, ce qui peut arriver si cette conique est une hyperbole, FI est la bissectrice intérieure de l'angle AFB.

Dans tous les cas, la droite FP, qui joint F au pôle P de la corde AB, est aussi une bissectrice du même angle. Les deux bissectrices de l'angle AFB rencontrent AB en deux points I et I′ conjugués harmoniques par rapport à A et B; la droite FP est donc la polaire de I. Il en résulte que F est le pôle de D.

Les deux droites FP et FI sont deux droites conjuguées quelconques menées par F et sont rectangulaires; ce fait indique que les tangentes menées de F à la conique sont isotropes. Réciproquement, si un point F est tel que deux couples de droites conjuguées menées par ce point soient rectangulaires, les tangentes issues de F à la conique sont isotropes et ce point est un foyer de la conique.

Du fait que FI est une bissectrice de l'angle AFB, on peut déduire la solution graphique d'un problème intéressant et construire les éléments d'une conique dont on donne un foyer F et trois points A, B, C. En supposant que cette conique existe, on voit que sa directrice va couper AB en l'un des deux points I_1 et I_2 où cette droite est rencontrée par les bissectrices de l'angle AFB. De même, cette directrice va couper AC en l'un des deux points J_1 et J_2 où AC est rencontrée par les bissectrices de l'angle AFC.

Considérons alors la conique bien déterminée qui passe par A, qui admet F comme foyer et $I_1 J_1$, par exemple, comme directrice correspondante. Cette conique va rencontrer AB sur une droite symétrique de FA par rapport à FI_1; elle passe donc par B. On démontre de même qu'elle passe par C.

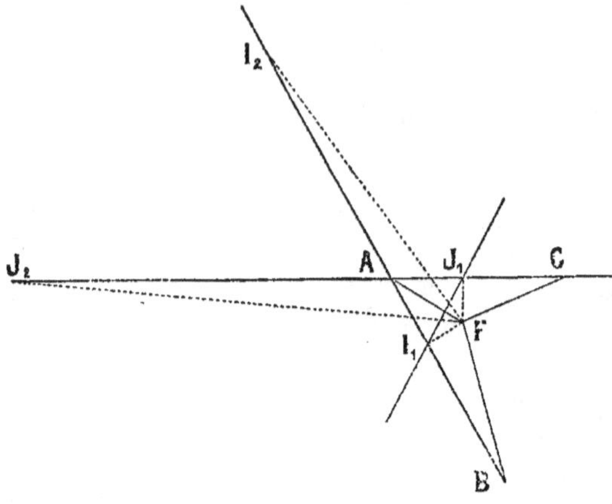

On obtient ainsi quatre coniques qui correspondent aux quatre directrices $I_1 J_1$, $I_1 J_2$, $I_2 J_1$, $I_2 J_2$. Les trois premières, ayant des points de part et d'autre d'une directrice, ont deux branches; ce sont des hyperboles. La dernière peut avoir un genre quelconque.

On voit, d'après cela, que deux coniques à une seule branche ayant un foyer réel commun n'ont pas plus de deux points réels communs.

Pour construire les éléments d'une conique, connaissant un foyer F, la directrice D et un point A, on peut remarquer que la droite conjuguée de FA, passant par F, est la perpendiculaire à cette droite; elle coupe D en I, et la tangente en A est AI. La droite qui joint A au symétrique Φ de F par rapport à AI passe par le second foyer F'. Ce foyer,

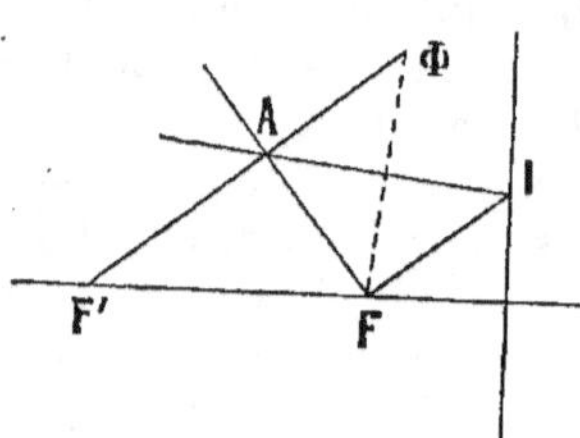

étant sur la perpendiculaire menée de F à D, est connu. Si F et F' sont d'un même côté de D, la conique est une ellipse; si $A\Phi$ est perpendiculaire à D, la conique est une parabole; si F et F' sont de côtés différents de D, la conique est une hyperbole.

Définition nouvelle des foyers. — La recherche des foyers nous a appris que tout foyer réel ou imaginaire d'une conique est le point de rencontre de deux tangentes isotropes et que, réciproquement, tout point de rencontre de deux tangentes isotropes est un foyer. Ce fait peut s'établir *a priori*.

Partons de l'équation focale

$$f(x, y) \equiv (x - x_0)^2 + (y - y_0)^2 - P^2 = 0, \quad P \equiv \alpha x + \beta y + \gamma,$$

et formons l'équation quadratique des tangentes issues du point (x_0, y_0) à la conique, savoir (14, leç. 79),

$$(1) \qquad \Phi(x, y) \equiv 4 f(x, y) f(x_0, y_0) - (x f'_{x_0} + y f'_{y_0} + f'_{z_0})^2 = 0.$$

On trouve facilement :

$$f(x_0, y_0) = -\,P_0^2, \quad f'_{x_0} = -\,2\alpha P_0, \quad f'_{y_0} = -\,2\beta P_0, \quad f'_{z_0} = -\,2\gamma P_0.$$

L'équation du couple des tangentes menées du foyer est donc

$$-\,P_0^2\left[(x-x_0)^2 + (y-y_0)^2 - P^2\right] - P_0^2\,P^2 = 0$$

ou

$$P_0^2\left[(x-x_0)^2 + (y-y_0)^2\right] = 0.$$

On suppose naturellement P_0 non nul, sans quoi le foyer serait un point double de la conique; les tangentes issues de F sont donc bien isotropes.

Réciproquement, si les tangentes menées d'un point $F(x_0, y_0)$ à la conique d'équation $f(x, y) = 0$ sont isotropes, on peut déterminer un nombre k non nul tel que l'on ait :

$$\Phi(x, y) \equiv 4f(x, y)f(x_0, y_0) - (xf'_{x_0} + yf'_{y_0} + f'_{z_0})^2$$
$$\equiv k\left[(x-x_0)^2 + (y-y_0)^2\right],$$

d'où l'on tire :

$$f(x, y) \equiv \frac{k\left[(x-x_0)^2 + (y-y_0)^2\right] + (xf'_{x_0} + yf'_{y_0} + f'_{z_0})^2}{4f(x_0, y_0)}.$$

L'équation $f(x, y) = 0$ est bien l'équation focale d'une conique dont F est un foyer, la directrice correspondante étant la polaire de ce foyer.

Cette propriété peut donc servir de définition aux foyers d'une conique. Cette définition s'applique à une courbe algébrique quelconque (Plücker). Elle peut servir à la recherche des foyers d'une conique définie par l'équation générale $f(x, y) = 0$.

Le coefficient angulaire m d'une tangente issue du point (x_0, y_0) est racine de l'équation obtenue en écrivant que les coordonnées homogènes $(1, m, 0)$, du point à l'infini de cette droite, vérifient l'équation (1) rendue homogène.

On obtient ainsi :

$$4f(x_0, y_0)(A + 2Bm + Cm^2) - (f'_{x_0} + mf'_{y_0})^2 = 0,$$

c'est-à-dire

$$(2) \qquad \left[4Cf(x_0, y_0) - (f'_{y_0})^2\right]m^2 - 2\left[4Bf(x_0, y_0) - f'_{x_0}f'_{y_0}\right]m$$
$$+ 4Af(x_0, y_0) - (f'_{x_0})^2 = 0.$$

Pour écrire que les racines de cette équation sont $\pm i$ (axes rectangulaires), il faut égaler les coefficients extrêmes et annuler le coefficient de m dans l'équation (2).

Cela place un foyer sur les deux courbes ayant pour équations

$$(3) \qquad 4(A - C)f(x, y) - (f'_x)^2 + (f'_y)^2 = 0.$$
$$(4) \qquad 4Bf(x, y) - f'_x f'_y = 0.$$

La première est le lieu des points pour lesquels les racines m_1 et m_2 de l'équation (2) correspondante sont liées par la relation $m_1 m_2 = 1$, c'est-à-dire que les deux tangentes issues de ces points à la conique donnée ont leurs bissectrices parallèles à celles des axes de coordonnées. La seconde est le lieu des points tels que les tangentes issues de l'un d'eux à la conique soient également inclinées sur les axes de coordonnées. Ces courbes dépendent donc du choix des axes, mais leurs points de rencontre n'en dépendent pas.

L'élimination de $f(x, y)$ entre (3) et (4) fournit l'équation

$$B\left[(f'_x)^2 - (f'_y)^2\right] + (C - A) f'_x f'_y = 0,$$

qui définit les axes de symétrie de la conique donnée.

La recherche de l'équation (2) est particulièrement commode lorsque la conique est définie par son équation tangentielle

$$\psi(u, v, w) \equiv au^2 + 2buv + cv^2 + 2duw + 2evw + fw^2 = 0.$$

Si l'on écrit que les coordonnées de la droite $y - y_0 = m(x - x_0)$ vérifient cette équation, on obtient :

$$am^2 - 2bm + c + 2dm(y_0 - mx_0) - 2e(y_0 - mx_0) + f(y_0 - mx_0)^2 = 0$$

ou, en ordonnant,

$$(2)' \qquad \begin{aligned} (a - 2dx_0 + fx_0^2) m^2 - 2(b - dy_0 - ex_0 + fx_0 y_0)\, m \\ + c - 2ey_0 + fy_0^2 = 0. \end{aligned}$$

En écrivant que les racines de cette équation sont celles de l'équation $m^2 + 1 = 0$, on voit que cela place le point (x_0, y_0) sur les deux courbes

$$(3)' \qquad f(x^2 - y^2) - 2dx + 2ey + a - c = 0,$$

$$(4)' \qquad fxy - ex - dy + b = 0.$$

Ce sont les courbes (3) et (4) déjà rencontrées.

Si f n'est pas nul, c'est-à-dire si l'enveloppe de seconde classe considérée n'est pas une parabole, les équations $(3)'$ et $(4)'$ représentent deux hyperboles équilatères dont le centre commun a pour coordonnées $\dfrac{d}{f}, \dfrac{e}{f}$; c'est donc le centre ω de l'enveloppe. Les asymptotes de la première sont parallèles aux bissectrices des axes de coordonnées et celles de la seconde sont parallèles aux axes. Il suffit de figurer ces hyperboles pour voir qu'elles se coupent en deux points réels et distincts, symétriques par rapport à ω. Toutes les coniques définies par l'équation

$$f(x^2 - y^2) - 2dx + 2cy + a - c + \lambda[fxy - ex - dy + b] = 0,$$

où λ désigne un paramètre, passent par les points communs aux hyperboles focales, c'est-à-dire par les foyers de l'enveloppe considérée, et elles ont pour centre le point ω.

Déterminons λ par la condition que la conique correspondante passe par ω; cette conique particulière est le couple des axes de symétrie de l'enveloppe.

L'examen des équations (3)′ et (4)′ montre que si l'on augmente a et c d'un même nombre arbitraire ρ, les hyperboles focales ne sont pas changées; les foyers restent donc les mêmes. Ce fait était prévu, car les tangentes isotropes de l'enveloppe de seconde classe définie par l'équation $\psi(u, v, w) + \rho(u^2 + v^2) = 0$ sont les mêmes que celles de l'enveloppe d'équation $\psi(u, v, w) = 0$. Nous verrons même, dans la suite, que l'équation $\psi(u, v, w) + \rho(u^2 + v^2) = 0$ est l'équation générale des enveloppes de seconde classe ayant les mêmes foyers ou *homofocales*.

Ce fait se vérifie aisément sur l'ellipse réduite $\dfrac{x^2}{a^2} + \dfrac{y^2}{b^2} - 1 = 0$.

Toute conique ayant les mêmes foyers que cette ellipse a les mêmes axes de symétrie et, par suite, une équation de la forme

$$\frac{x^2}{\alpha} + \frac{y^2}{\beta} - 1 = 0.$$

Les foyers de cette dernière, situés sur Ox, ont pour abscisses $\pm\sqrt{\alpha - \beta}$. En écrivant que ces abscisses valent $\pm\sqrt{a^2 - b^2}$, on obtient :

$$\alpha - a^2 = \beta - b^2.$$

Représentons par ρ la valeur commune aux deux membres de cette égalité; l'équation générale des coniques homofocales à l'ellipse donnée est donc

$$\frac{x^2}{a^2 + \rho} + \frac{y^2}{b^2 + \rho} - 1 = 0$$

ou, en coordonnées tangentielles,

$$(a^2 + \rho)u^2 + (b^2 + \rho)v^2 - w^2 = 0 = a^2 u^2 + b^2 v^2 - w^2 + \rho(u^2 + v^2),$$

ce qui vérifie bien la proposition énoncée.

Si f est nul, c'est-à-dire si la conique considérée est une parabole, les équations (3)′ et (4)′ se réduisent à

$$(3)'' \qquad\qquad dx - ey + \frac{c - a}{2} = 0,$$

$$(4)'' \qquad\qquad ex + dy - b = 0,$$

et le foyer unique à distance finie est le point de rencontre de ces deux droites rectangulaires.

Rappelons que l'équation du pôle de la droite de l'infini étant $du + ev = 0$, le coefficient angulaire de la direction asymptotique de la parabole est $\dfrac{e}{d}$; celui de la droite (4)″ étant $-\dfrac{e}{d}$, cette droite est symétrique de l'axe de la parabole par rapport à une parallèle à Ox menée par le foyer.

Si l'on augmente a et c d'un même nombre, les droites focales ne sont pas modifiées et le foyer ne change pas. Mais d'autres modifications pourraient altérer les droites focales sans changer le foyer.

Nous dirons que deux paraboles qui ont même foyer sont *confocales* et que deux paraboles qui ont même foyer et même point à l'infini sont *homofocales*.

On vérifie sans difficulté que l'équation tangentielle générale des paraboles homofocales est encore $\psi(u, v, w) + \rho(u^2 + v^2) = 0$.

Lieux de foyers de coniques dépendant d'un paramètre dans un plan. — La méthode précédente se prête bien à la recherche des lieux de foyers des coniques d'un faisceau. Les équations des hyperboles ou des droites focales dépendent du même paramètre que l'équation des coniques du faisceau et, si l'on veut obtenir l'équation du lieu des foyers, il faut éliminer ce paramètre entre les équations (3) et (4), ou (3)' et (4)', ou (3)'' et (4)''.

Dans la pratique, si les axes de symétrie se séparent, il y aura lieu de chercher séparément le lieu des foyers situés sur chaque axe : on regardera les foyers comme définis par l'intersection de chaque axe avec une hyperbole focale.

Dans certains cas, il est commode de prendre comme paramètres les coordonnées des foyers dont on demande le lieu, surtout lorsque les conditions géométriques imposées aux coniques du faisceau se traduisent aisément au moyen des foyers. Par exemple, si l'on veut le lieu des foyers des coniques tangentes à quatre droites, on peut utiliser le fait que le produit des distances algébriques de deux foyers à une tangente a une valeur indépendante de cette tangente. Soient (x_1, y_1), (x_2, y_2), les coordonnées des foyers, et

$$x \cos \alpha_1 + y \sin \alpha_1 - p_1 = 0, \qquad x \cos \alpha_2 + y \sin \alpha_2 - p_2 = 0,$$
$$x \cos \alpha_3 + y \sin \alpha_3 - p_3 = 0, \qquad x \cos \alpha_4 + y \sin \alpha_4 - p_4 = 0,$$

les équations des tangentes données. On a :

$$(x_1 \cos \alpha_1 + y_1 \sin \alpha_1 - p_1)(x_2 \cos \alpha_1 + y_2 \sin \alpha_1 - p_1)$$
$$= (x_1 \cos \alpha_2 + \ldots)(x_2 \cos \alpha_2 + \ldots) = \ldots$$
$$= (x_1 \cos \alpha_4 + \ldots)(x_2 \cos \alpha_4 + \ldots).$$

L'élimination de x_2, y_2, entre ces trois équations linéaires, donne la relation cherchée entre x_1 et y_1 ; il est commode d'égaler les quatre membres de ces égalités à une inconnue auxiliaire et on trouve alors sous forme symétrique l'équation du lieu

$$\begin{vmatrix} \cos \alpha_1, & \sin \alpha_1, & p_1, & \dfrac{1}{x \cos \alpha_1 + y \sin \alpha_1 - p_1} \\[2mm] \cos \alpha_2, & \sin \alpha_2, & p_2, & \dfrac{1}{x \cos \alpha_2 + y \sin \alpha_2 - p_2} \\[2mm] \cdots & & & \end{vmatrix} = 0.$$

C'est l'équation d'une cubique Γ.

On peut aussi prévoir certains résultats de la façon suivante : supposons que les coniques du faisceau ne soient qu'accidentellement des paraboles ; soient $\lambda_1, \lambda_2, \ldots \lambda_n$ les valeurs correspondantes du paramètre λ dont elles dépendent. Quand λ tend vers λ_1, les deux foyers imaginaires de la conique tendent vers les points cycliques et un foyer réel de la même conique s'en va à l'infini. Le lieu des foyers admet donc, en général, les points cycliques comme points multiples d'ordre n, et il a n autres points sur la droite de l'infini. Ce lieu paraît d'ordre $3n$. Par exemple, nous verrons qu'il y a une parabole parmi les enveloppes de seconde classe tangentes à quatre droites : le lieu des foyers de ces enveloppes est une cubique circulaire Γ. En outre, les sommets opposés du quadrilatère complet formé par les quatre droites constituent des enveloppes dégénérées du faisceau et sont, à ce titre, les foyers de ces enveloppes. Ces six sommets sont donc des points de Γ.

Soient aussi $\lambda'_1, \lambda'_2, \ldots \lambda'_p$ les valeurs du paramètre pour lesquelles les coniques d'un faisceau défini au point de vue ponctuel dégénèrent en un couple de droites. Quand λ tend vers λ'_1, les quatre foyers de la conique correspondante viennent se confondre sur deux droites rectangulaires qui sont les tangentes en un point double du lieu. Par exemple, parmi les coniques qui passent par quatre points, il y en a trois qui dégénèrent en couples de droites et deux qui sont des paraboles. On prévoit que le lieu des foyers de ces coniques est une sextique admettant les points cycliques comme points doubles et présentant trois autres points doubles avec tangentes rectangulaires.

Le cas où il y a un cercle parmi les coniques d'un faisceau donne lieu à des remarques analogues. Considérons par exemple le lieu des foyers des coniques tangentes à quatre droites qui sont tangentes à un cercle. Ce lieu est une cubique circulaire ayant comme point double, avec tangentes rectangulaires, le centre du cercle; nous verrons qu'une telle courbe est une strophoïde.

Foyers d'une conique définie dans l'espace. — Supposons la conique donnée comme intersection d'une quadrique Q et d'un plan P; soient

$$f(x, y, z) = 0, \qquad P \equiv ux + vy + wz + h = 0$$

les équations de ces deux surfaces.

Soit $F(x_0, y_0, z_0)$ un foyer de la conique; F est, dans le plan P, un point d'où l'on peut mener à la conique et, par suite, à la quadrique deux tangentes isotropes. Ces droites constituent l'intersection du plan P et du cône circonscrit à la quadrique ayant F pour sommet. Le plan P est donc un plan cyclique de ce cône.

Réciproquement, si P est un plan cyclique du cône circonscrit de sommet F, ce point F est un foyer de la conique. Nous avons vu (leç. 87, ex. 5) comment on écrit qu'un plan donné coupe une quadrique donnée suivant un cercle; nous pouvons donc traiter ce problème.

Si nous ne tenons pas compte du fait que F est dans le plan P, nous trouverons deux équations entre x_0, y_0, z_0. Ces équations définissent le lieu des foyers des coniques de la quadrique donnée, situées dans des plans parallèles à P. Ce lieu se compose en général de deux coniques : c'est l'intersection des deux cônes qui ont pour sommets les deux points cycliques du plan P et qui sont circonscrits à Q. Les points où ces deux coniques coupent P sont les quatre foyers de la section; on suppose que P n'est pas un plan de section parabolique.

On peut suivre une autre voie beaucoup plus commode lorsque la quadrique passant par la conique est une quadrique de révolution qui n'a pas cette conique comme méridienne. Nous avons vu (leç. 59) que l'équation d'une quadrique de révolution Q peut se mettre sous la forme $\Sigma + a P^2 = 0$, Σ désignant le premier membre de l'équation d'une sphère, P le premier membre de l'équation d'un plan et a une constante qu'on peut supposer égale à ± 1. La quadrique Q est aussi l'enveloppe d'une sphère variable

$$\Sigma + 2 a \lambda P - a \lambda^2 = 0,$$

qui la touche le long d'un parallèle. Parmi les sphères de ce faisceau, il y en a deux, en général, qui sont tangentes à un plan donné Π; soient Σ_1 et Σ_2 ces sphères particulières qui sont inscrites à Q le long de parallèles situés dans les plans P_1 et P_2. Le plan Π, tangent à Σ_1 en un point F_1, coupe cette sphère suivant deux droites isotropes qui touchent Q aux points où elles rencontrent P_1; ce sont donc deux tangentes isotropes à l'intersection C du plan Π et de Q, de sorte que F_1 est un foyer de C. La directrice relative à F_1 est la droite d'intersection de Π et de P_1. L'emploi de Σ_2 donne un second foyer F_2 et la directrice correspondante, qui est l'intersection de Π et de P_2.

D'ailleurs, les points F_1 et F_2 sont dans le plan Π' mené par l'axe de révolution perpendiculairement à Π ; ce plan Π′, qui est un plan de symétrie pour la figure, coupe bien Π suivant un axe de symétrie de C.

En prenant pour Q un cône ou un cylindre de révolution, on retrouve le théorème de Dandelin ; nous n'en reprendrons pas la démonstration donnée en géométrie élémentaire, pas plus que nous ne discuterons la réalité des résultats obtenus dans l'étude précédente.

EXERCICES

1º Trouver le lieu des foyers des coniques dont on donne une directrice et deux points. Construire une conique connaissant une directrice et trois points.

2º Trouver le lieu des foyers des paraboles tangentes à deux droites et dont la directrice ou la tangente au sommet passe par un point donné.

3º Trouver le lieu des foyers d'une ellipse dont on donne trois tangentes et la longueur du petit axe.

4º Trouver le lieu des foyers des ellipses de grandeur donnée, tangentes à à deux droites données.

5º Trouver le lieu des points d'où l'on peut mener à une enveloppe de seconde classe deux tangentes rectangulaires.

6º Trouver le lieu des points d'où l'on peut mener à une enveloppe de seconde classe donnée deux tangentes dont une bissectrice ait une direction donnée. Ce lieu est une conique qui fait partie d'un faisceau linéaire ponctuel quand on fait varier la direction donnée; étudier ce faisceau.

7º Montrer qu'il y a deux coniques homofocales à une ellipse donnée, passant par un point donné; voir leur nature. Montrer qu'elles se coupent à angle droit en tous leurs points communs.

8º Montrer qu'il y a deux paraboles homofocales à une parabole donnée, passant par un point donné.

9º On suppose qu'un plan P coupe une quadrique donnée suivant une conique à centre; on prend pour axes de coordonnées les axes de symétrie de la section centrale dont le plan est parallèle à P, et le diamètre conjugué de ce plan. Trouver, par rapport à ce système d'axes, le lieu des foyers des sections parallèles à P.

10º On suppose qu'un plan P coupe une quadrique donnée suivant une parabole; on prend pour axes de coordonnées l'axe et la tangente au sommet de cette parabole, et une droite perpendiculaire au plan P. Trouver, par rapport à ce système d'axes, le lieu des foyers des sections parallèles à P.

11º Trouver le lieu des points d'où l'on peut mener à une enveloppe de seconde classe donnée deux tangentes dont une bissectrice passe par un point donné. Qu'arrive-t-il si l'on remplace l'enveloppe donnée par une enveloppe homofocale ?
Trouver l'enveloppe de la seconde bissectrice.

12º Trouver le lieu des points de contact des tangentes menées d'un point donné à un faisceau de coniques homofocales.

13º Trouver le lieu des pieds des normales menées d'un point à un faisceau de coniques homofocales.

ÉTUDE DES CONIQUES SUR LES ÉQUATIONS RÉDUITES
ELLIPSE

Nous allons reprendre l'étude de l'ellipse en prenant comme axes de coordonnées deux diamètres conjugués quelconques. Lorsqu'il s'agira de propriétés métriques, nous rapporterons la courbe à ses axes de symétrie; nous appellerons $2a$, $2b$, les longueurs de ces axes et nous poserons, comme nous l'avons déjà fait, $c^2 = a^2 - b^2$, en supposant $a > b$.

Intersection avec une droite quelconque. — Considérons l'ellipse définie par l'équation

$$(1) \qquad f(x, y) \equiv \frac{x^2}{a'^2} + \frac{y^2}{b'^2} - 1 = 0.$$

Cherchons les points où elle rencontre la droite d'équation

$$(2) \qquad ux + vy + w = 0.$$

Supposons, par exemple, $v \neq 0$. L'équation (2) donne :

$$y = -\frac{ux + w}{v}$$

et, en substituant cette valeur dans (1), on trouve comme équation aux abscisses des points de rencontre

$$(3) \qquad \left(\frac{v^2}{a'^2} + \frac{u^2}{b'^2}\right)x^2 + \frac{2\,uw}{b'^2}x + \frac{w^2}{b'^2} - v^2 = 0.$$

Cette équation est toujours du second degré du moment que la sécante est réelle. Ses racines sont réelles si u, v, w vérifient l'inégalité

$$\frac{u^2 w^2}{b'^4} - \left(\frac{v^2}{a'^2} + \frac{u^2}{b'^2}\right)\left(\frac{w^2}{b'^2} - v^2\right) > 0$$

ou, en simplifiant,

$$(4) \qquad \psi(u, v, w) \equiv a'^2 u^2 + b'^2 v^2 - w^2 > 0.$$

On arriverait au même résultat en supposant $u \neq 0$ et formant l'équation aux ordonnées des points d'intersection.

L'équation $\psi(u, v, w) = 0$ exprime que les deux points de rencontre de la droite et de l'ellipse sont confondus, c'est-à-dire que la droite est tangente à l'ellipse; d'ailleurs $\psi(u, v, w)$ est la forme adjointe de

$$\frac{x^2}{a'^2} + \frac{y^2}{b'^2} - z^2.$$

L'inégalité $\psi(u, v, w) < 0$ exprime que la droite est extérieure à l'ellipse; elle est vérifiée, en particulier, par les coordonnées de la droite de l'infini.

Problèmes sur les tangentes. — En appliquant la forme générale

$$x f'_{x_0} + y f'_{y_0} + f'_{z_0} = 0$$

de l'équation de la tangente au point (x_0, y_0), on trouve :

$$(5) \qquad \frac{x x_0}{a'^2} + \frac{y y_0}{b'^2} - 1 = 0.$$

Cette équation est aussi celle de la polaire du point P (x_0, y_0) quand ce point est quelconque.

Plaçons-nous dans ce cas et cherchons les points de contact des tangentes menées de P à l'ellipse. Ces points sont à l'intersection de la polaire de P et de la conique. Ils sont réels si la droite (5) est sécante, c'est-à-dire si $\psi\left(\dfrac{x_0}{a'^2}, \dfrac{y_0}{b'^2}, -1\right)$ est > 0. Or, on a :

$$\psi\left(\frac{x_0}{a'^2}, \frac{y_0}{b'^2}, -1\right) \equiv \frac{x_0^2}{a'^2} + \frac{y_0^2}{b'^2} - 1 \equiv f(x_0, y_0).$$

Par suite, les tangentes issues de P sont réelles ou imaginaires suivant que $f(x_0, y_0)$ est > 0 ou < 0. Dans le premier cas, le point est extérieur à l'ellipse; dans le second, il est intérieur. Ce résultat peut s'établir *a priori* en utilisant la continuité.

Si l'on suppose que le point P se déplace d'une façon continue sur une courbe, $f(x_0, y_0)$ varie d'une façon continue et ne s'annule que si P vient sur l'ellipse. Cette expression conserve donc un signe constant tant que P ne traverse pas la conique. Si l'on place P très loin de l'origine, $f(x_0, y_0)$ est évidemment positif, et si l'on met P au centre, $f(x_0\, y_0)$ est négatif. On en conclut que tous les points placés du même côté que le centre par rapport à l'ellipse rendent $f(x_0, y_0) < 0$, ce qui justifie la dénomination de région intérieure. Ce mode de raisonnement s'appliquerait aussi bien à une ellipse définie par l'équation générale; la puissance algébrique du centre étant alors $\dfrac{\Delta}{\delta}$, on conclut que les points intérieurs à l'ellipse sont caractérisés par l'inégalité $\dfrac{\Delta}{\delta} f(x_0, y_0) > 0$ et, comme δ est > 0, on peut se borner à considérer l'inégalité $\Delta f(x_0, y_0) > 0$ ou encore $C f(x_0, x_0) < 0$, car $C\Delta$ est < 0.

On peut raisonner de même pour établir l'inégalité qui caractérise les droites sécantes, en remarquant que la droite de l'infini n'est pas sécante; la condition pour que la droite de coordonnées u, v, w, coupe l'ellipse dont l'équation tangentielle est

$$\psi(u, v, w) \equiv a u^2 + 2 b u v + c v^2 + 2 d u w + 2 e v w + f w^2 = 0,$$

est donc $f \psi(u, v, w) < 0$.

Nous avons déjà trouvé l'équation tangentielle de l'ellipse de plusieurs manières. On peut encore l'obtenir en écrivant qu'il existe une solution (x_0, y_0) de l'équation (1), telle que les deux droites

$$ux + vy + w, = 0, \qquad \frac{xx_0}{a'^2} + \frac{yy_0}{b'^2} - 1 = 0$$

soient confondues. On a ainsi :

$$\frac{x_0}{a'^2 u} = \frac{y_0}{b'^2 v} = -\frac{1}{w},$$

d'où
$$\frac{x_0}{a'} = -\frac{a' u}{w}, \qquad \frac{y_0}{b'} = -\frac{b' v}{w}$$

et, en portant ces valeurs dans (1), on retrouve la condition

(6) $$a'^2 u^2 + b'^2 v^2 - w^2 = 0.$$

L'équation de la tangente en fonction de son coefficient angulaire en résulte de suite, car si l'on écrit que les coordonnées de la droite $y = mx + n$ vérifient (6), on trouve :

$$a'^2 m^2 + b'^2 - n^2 = 0, \qquad \text{d'où} \qquad n = \pm \sqrt{a'^2 m^2 + b'^2}.$$

L'équation cherchée est donc

$$y = mx \pm \sqrt{a'^2 m^2 + b'^2}.$$

Il y a toujours deux tangentes parallèles à une direction donnée et ces deux droites sont symétriques par rapport au centre de l'ellipse.

On en déduit l'équation du couple de ces droites sous la forme rationnelle

$$(y - mx)^2 = a'^2 m^2 + b'^2,$$

et l'équation aux coefficients angulaires des tangentes issues d'un point P, en écrivant que les coordonnées x_0, y_0 de ce point vérifient l'équation précédente. Supposons l'ellipse rapportée à ses axes; on trouve ainsi :

$$(y_0 - mx_0)^2 - a^2 m^2 - b^2 = 0.$$

Les tangentes menées de P à l'ellipse sont rectangulaires si la somme du coefficient de m^2 et du terme indépendant, dans cette équation, est nulle, c'est-à-dire si le point est sur le cercle d'équation

$$x^2 + y^2 - a^2 - b^2 = 0.$$

Ce cercle s'appelle quelquefois *cercle orthoptique* de l'ellipse; il est évidemment circonscrit au rectangle dont les côtés sont tangents à l'ellipse en ses sommets.

Propriétés des diamètres. — L'équation du diamètre conjugué de la direction de coefficient angulaire m est $f'_x + m f'_y = 0$, c'est-à-dire

$$\frac{x}{a'^2} + \frac{my}{b'^2} = 0.$$

La condition pour que deux directions de cordes de coefficients angulaires m et m' soient conjuguées s'en déduit en écrivant que le diamètre conjugué de la première est parallèle à la seconde; c'est donc :

$$\frac{1}{a'^2} + \frac{mm'}{b'^2} = 0 \qquad \text{ou} \qquad mm' = -\frac{b'^2}{a'^2}. \qquad (7)$$

C'est aussi la relation qui exprime que les deux diamètres D et D' de coefficients angulaires m et m' sont conjugués. Elle montre que m et m' sont de signes contraires, c'est-à-dire que le couple de droites (D, D') et le couple (Ox, Oy) s'enchevêtrent. On en conclut que deux couples de diamètres conjugués quelconques s'enchevêtrent; d'ailleurs D et D' sont les rayons homologues de deux faisceaux en involution dont les rayons doubles sont les asymptotes de l'ellipse, c'est-à-dire deux droites imaginaires.

Considérons les droites joignant un point quelconque $M(x, y)$ de l'ellipse à deux autres points $A(x_0, y_0)$ et $A'(-x_0, -y_0)$ diamétralement opposés sur cette conique, Le produit des coefficients angulaires de ces droites vaut

$$\frac{y-y_0}{x-x_0}\frac{y+y_0}{x+x_0} \qquad \text{ou} \qquad \frac{y^2-y_0^2}{x^2-x_0^2}.$$

Or, des deux relations

$$b'^2 x^2 + a'^2 y^2 = a'^2 b'^2, \qquad b'^2 x_0^2 + a'^2 y_0^2 = a'^2 b'^2,$$

on déduit :

$$b'^2 x^2 + a'^2 y^2 = b'^2 x_0^2 + a'^2 y_0^2 \qquad \text{ou} \qquad \frac{y^2-y_0^2}{x^2-x_0^2} = -\frac{b'^2}{a'^2}.$$

Les deux cordes AM et A'M sont donc parallèles à deux diamètres conjugués de l'ellipse; on leur donne le nom de *cordes supplémentaires.*

On obtient les directions de tous les couples de diamètres conjugués de l'ellipse en joignant un point variable sur cette courbe à deux points fixes diamétralement opposés sur cette même conique.

Des raisonnements géométriques élémentaires permettent d'établir ces propositions.

Pour étudier les propriétés métriques des diamètres, rapportons l'ellipse à ses axes; soit

$$(8) \qquad f(x, y) \equiv \frac{x^2}{a^2} + \frac{y^2}{b^2} - 1 = 0$$

son équation.

Le carré de la longueur du demi-diamètre aboutissant en un point $M(x, y)$ de la conique est donné par la formule

$$\overline{OM}^2 = x^2 + y^2 = x^2 + b^2\left(1 - \frac{x^2}{a^2}\right) = b^2 + \frac{c^2}{a^2}x^2.$$

Cette longueur est d'autant plus petite que $|x|$ est plus petit; par suite, quand M décrit le quadrant AB de l'ellipse, la longueur OM décroît de a à b.

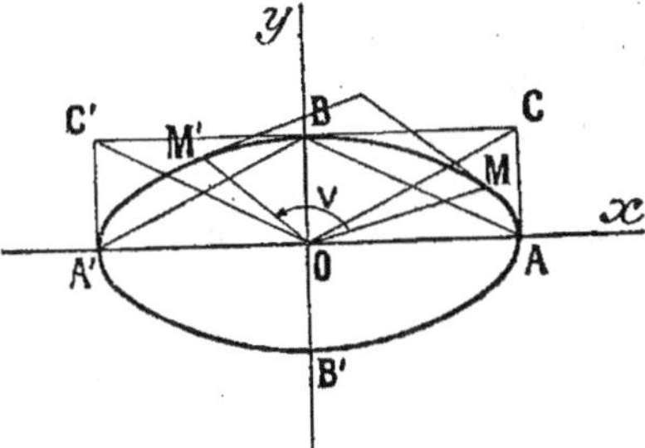

Soient $M(x, y)$ et $M'(x', y')$ deux extrémités de deux diamètres conjugués de l'ellipse (1). Les quatre nombres x, y, x', y' vérifient les relations

$$\frac{x^2}{a'^2} + \frac{y^2}{b'^2} - 1 = 0, \qquad \frac{x'^2}{a'^2} + \frac{y'^2}{b'^2} - 1 = 0, \qquad \frac{xx'}{a'^2} + \frac{yy'}{b'^2} = 0,$$

la dernière exprimant que les deux directions OM et OM' sont conjuguées.

On peut en déduire x' et y', par exemple, en fonction de x et y. On tire en effet de la dernière :

$$\frac{\dfrac{x'}{a'}}{\dfrac{y}{b'}} = \frac{\dfrac{y'}{b'}}{-\dfrac{x}{a'}}.$$

Prenons comme inconnue auxiliaire la valeur commune ρ de ces rapports, d'où

$$\frac{x'}{a'} = \rho\,\frac{y}{b'}, \qquad \frac{y'}{b'} = -\rho\,\frac{x}{a'}.$$

En portant ces valeurs dans la relation qui exprime que M' est sur l'ellipse, on trouve $\rho^2 = 1$. On en déduit $\rho = \varepsilon = \pm 1$, et

$$\frac{x'}{a'} = \varepsilon\,\frac{y}{b'}, \qquad \frac{y'}{b'} = -\varepsilon\,\frac{x}{a'}.$$

De ces formules dues à Chasles, on peut en déduire d'autres intéressantes; en particulier :

$$x^2 + x'^2 = x^2 + \frac{a'^2 y^2}{b'^2} = a'^2 \left(\frac{x^2}{a'^2} + \frac{y^2}{b'^2}\right) = a'^2.$$

On aura de même :

$$y^2 + y'^2 = b'^2 \qquad \text{et} \qquad x^2 + y^2 + x'^2 + y'^2 = a'^2 + b'^2.$$

Si l'on suppose l'ellipse rapportée à ses axes, cette dernière formule équivaut à

$$\overline{OM}^2 + \overline{OM'}^2 = a^2 + b^2,$$

c'est-à-dire que la somme des carrés des longueurs de deux diamètres conjugués quelconques est constante.

On a aussi :

$$xy' - yx' = \varepsilon\left(\frac{b'}{a'}x^2 + \frac{a'}{b'}y^2\right) = 2a'b'\left(\frac{x^2}{a'^2} + \frac{y^2}{b'^2}\right) = \varepsilon a'b'.$$

Si l'on suppose l'ellipse rapportée à ses axes, la valeur absolue du premier membre de ces égalités mesure l'aire du parallélogramme construit sur les deux demi-diamètres conjugués OM et OM'; cette aire est donc constante et vaut ab.

Ces deux propositions portent le nom de théorèmes d'Apollonius.

Supposons encore l'ellipse rapportée à ses axes et cherchons comment varie l'angle V d'un diamètre D de coefficient angulaire positif et du diamètre conjugué D'. On a :

$$\operatorname{tg} V = \frac{m' - m}{1 + mm'} = -\frac{\dfrac{b^2}{a^2 m} + m}{1 - \dfrac{b^2}{a^2}}.$$

L'angle V, compris entre o et deux droits, est donc un angle obtus, puisque m est $> o$.

La dérivée de $\operatorname{tg} V$ par rapport à m vaut $\dfrac{\dfrac{b^2}{a^2 m^2} - 1}{1 - \dfrac{b^2}{a^2}}$. Elle s'annule quand m atteint la valeur $\dfrac{b}{a}$, et passe du signe $+$ au signe $-$ quand m passe par cette valeur en croissant.

On en conclut que $\operatorname{tg} V$ passe par un maximum, ainsi que l'angle obtus V, quand D vient s'appliquer sur le diamètre OC; D' est alors sur OC'.

Remarquons encore que les deux diamètres conjugués correspondants ont la même longueur $\sqrt{\dfrac{a^2 + b^2}{2}}$, de sorte que l'équation de l'ellipse rapportée à ces deux diamètres est

$$X^2 + Y^2 = \frac{a^2 + b^2}{2}.$$

L'angle V_1 de ces diamètres est défini par la formule

$$\operatorname{tg} V_1 = -\frac{2\dfrac{b}{a}}{1 - \dfrac{b^2}{a^2}} = -\frac{2ab}{c^2}.$$

C'est aussi l'angle ABA'. La géométrie montre de suite que $\operatorname{tg} \dfrac{V_1}{2}$ vaut $\dfrac{a}{b}$.

Propriétés des normales. — L'ellipse étant rapportée à ses axes de symétrie, l'équation de la normale en un point $M(x_0, y_0)$ de la courbe est

$$\frac{x - x_0}{f'_{x_0}} = \frac{y - y_0}{f'_{y_0}},$$

c'est-à-dire

$$(9) \qquad \frac{x - x_0}{\dfrac{x_0}{a^2}} = \frac{y - y_0}{\dfrac{y_0}{b^2}}.$$

Cette droite rencontre l'axe focal en un point N dont l'abscisse X est donnée par la formule

$$\frac{X - x_0}{\dfrac{x_0}{a^2}} = \frac{- y_0}{\dfrac{y_0}{b^2}} = - b^2.$$

M_1 étant la projection du point M sur Ox et N' le point de rencontre de la normale avec Oy, la relation précédente peut s'écrire

$$\frac{\overline{NM_1}}{\overline{OM_1}} = \frac{b^2}{a^2} = \frac{\overline{NM}}{\overline{N'M}}.$$

Ainsi, le pied M de la normale partage le segment NN' dans un rapport constant.

Le rapport $\dfrac{\overline{OM_1}}{\overline{ON}}$ est aussi constant, de sorte que les deux points N et M_1 décrivent sur l'axe focal deux divisions homographiques dont l'un des points doubles est en O, l'autre étant à l'infini sur l'axe. Si l'ellipse se déforme de façon à tendre vers une parabole, le point O s'en va aussi à l'infini sur l'axe focal et l'homographie devient une translation. Le segment NM_1, dans la parabole, est donc constant en grandeur et sens; on retrouve ainsi la propriété de la sous-normale de la parabole.

L'équation (9) peut aussi s'écrire

$$(9)' \qquad \frac{a^2 x}{x_0} - \frac{b^2 y}{y_0} - c^2 = 0.$$

Cherchons à quelle condition la droite définie par l'équation

$$(10) \qquad ux + vy + w = 0$$

est normale à l'ellipse. Il faut qu'on puisse déterminer une solution (x_0, y_0) de l'équation (8), telle que les droites (9)' et (10) soient confondues. En écrivant que les coefficients de l'équation (10) sont proportionnels à ceux de (9)', on a :

$$\frac{ux_0}{a^2} = \frac{vy_0}{- b^2} = \frac{w}{- c^2},$$

d'où

$$\frac{x_0}{a} = - \frac{aw}{c^2 u}, \qquad \frac{y_0}{b} = \frac{bw}{c^2 v},$$

et, en portant dans (8) et simplifiant,

$$(11) \qquad \frac{a^2}{u^2} + \frac{b^2}{v^2} - \frac{c^4}{w^2} = 0.$$

Ceci nous montre que la développée de l'ellipse est de 4ᵉ classe, c'est-à-dire qu'on peut mener d'un point quatre normales réelles ou imaginaires à l'ellipse.

Nous allons étudier ce problème en cherchant les pieds des normales menées d'un point $P(x_1, y_1)$. En écrivant que la normale au point (x, y) de l'ellipse passe par P, nous obtenons l'équation

$$(12) \qquad \frac{x_1 - x}{\dfrac{x}{a^2}} = \frac{y_1 - y}{\dfrac{y}{b^2}}.$$

Les coordonnées des pieds des normales cherchées sont donc les solutions des équations (8) et (12).

L'équation (12) peut aussi s'écrire

$$c^2 xy + b^2 y_1 x - a^2 x_1 y = 0.$$

Elle définit une hyperbole H (hyperbole d'Apollonius) qui passe par P et par O, qui a ses asymptotes parallèles aux axes, et dont le centre, de coordonnées $\dfrac{a^2 x_1}{c^2}$, $\dfrac{-b^2 y_1}{c^2}$, est facile à construire. L'abscisse de ce centre a le même signe que x_1 et sa valeur absolue est plus grande que celle de x_1; l'ordonnée du centre et y_1 ont des signes différents. La construction de l'hyperbole d'Apollonius montre que la branche qui passe par P passe aussi par O. On peut s'en assurer d'ailleurs en expri-

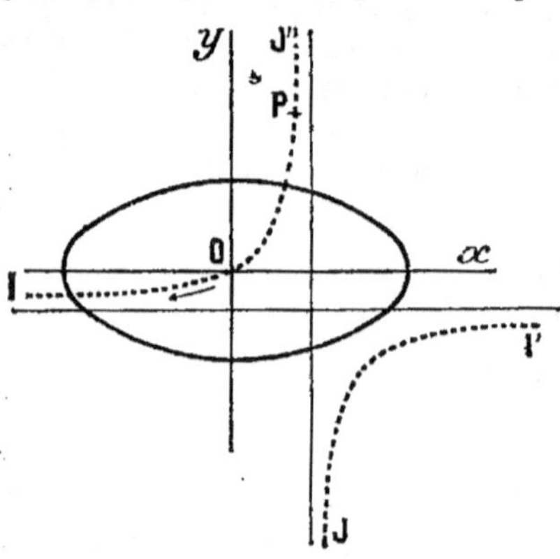

mant les coordonnées du point courant M sur l'hyperbole, au moyen d'un paramètre λ égal à chacun des rapports qui figurent dans (12).

On a ainsi :

$$x = \frac{a^2 x_1}{a^2 + \lambda}, \qquad y = \frac{b^2 y_1}{b^2 + \lambda},$$

expressions dont la variation est facile à suivre. Quand λ varie de $-\infty$ à $-a^2$, le point M décrit la portion de branche OI en se déplaçant dans le sens de la flèche. Quand λ varie de $-a^2$ à $-b^2$, M décrit la branche I′J et, quand λ varie de $-b^2$ à $+\infty$, M décrit la portion de branche J′O en passant par P pour $\lambda = 0$. La branche IJ′ rencontre forcément l'ellipse en deux points et la branche I′J peut la rencontrer en deux autres points. Il y a donc toujours au moins deux normales réelles issues d'un point P à l'ellipse.

Cherchons les valeurs de λ qui correspondent aux pieds des normales; on les obtient en exprimant que M est sur l'ellipse, ce qui donne l'équation du 4ᵉ degré

$$(13) \qquad R(\lambda) \equiv \frac{a^2 x_1^2}{(a^2 + \lambda)^2} + \frac{b^2 y_1^2}{(b^2 + \lambda)^2} - 1 = 0.$$

La discussion de cette équation est facile. D'abord $R(-a^2)$ et $R(-b^2)$ valent $+\infty$ tandis que $R(\pm\infty)$ vaut -1. Ceci indique que l'équation (13) a au moins une racine entre $-\infty$ et $-a^2$ et entre $-b^2$ et $+\infty$, c'est-à-dire que les deux portions de branche OI et OJ' de H rencontrent l'ellipse chacune en un point au moins.

De plus, la dérivée

$$R'(\lambda) = \frac{-2a^2x_1^2}{(a^2+\lambda)^3} - \frac{2b^2y_1^2}{(b^2+\lambda)^3}$$

s'annule pour une seule valeur de λ, soit λ', donnée par l'équation

$$(14) \qquad \frac{(ax_1)^{\frac{2}{3}}}{a^2+\lambda'} = \frac{-(by_1)^{\frac{2}{3}}}{b^2+\lambda'}.$$

λ' est comprise entre $-a^2$ et $-b^2$, puisque $\lambda'+a^2$ et $\lambda'+b^2$ sont de signes contraires.

Le tracé de la courbe définie par l'équation $z=R(\lambda)$ va nous permettre d'apercevoir les zéros de $R(\lambda)$. Quand λ varie de $-\infty$ à $-a^2$, $R(\lambda)$ croît de -1 à $+\infty$; quand λ varie de $-a^2$ à λ', $R(\lambda)$ décroît de $+\infty$ à $R(\lambda')$; quand λ varie de λ' à $-b^2$, $R(\lambda)$ croît de $R(\lambda')$ à $+\infty$; enfin, quand λ varie de $-b^2$ à $+\infty$, $R(\lambda)$ décroît de $+\infty$ à -1.

L'équation (13) a donc exactement une racine dans chacun des intervalles extrêmes; elle en a deux, une ou zéro dans l'intervalle $(-a^2, -b^2)$ suivant que $R(\lambda')$ est négatif, nul ou positif.

Le calcul de $\dfrac{1}{a^2+\lambda'}$ et $\dfrac{1}{b^2+\lambda'}$ s'effectue de suite, en remarquant que chacun des rapports qui figurent dans l'équation (14) est égal au rapport obtenu en les retranchant terme à terme. On a donc :

$$\frac{(ax_1)^{\frac{2}{3}}}{a^2+\lambda'} = \frac{-(by_1)^{\frac{2}{3}}}{b^2+\lambda'} = \frac{A}{c^2},$$

en posant :
$$A = (ax_1)^{\frac{2}{3}} + (by_1)^{\frac{2}{3}},$$

d'où
$$\frac{1}{a^2+\lambda'} = \frac{A}{c^2(ax_1)^{\frac{2}{3}}}, \qquad \frac{1}{b^2+\lambda'} = \frac{-A}{c^2(by_1)^{\frac{2}{3}}},$$

et
$$R(\lambda') = \frac{A^2}{c^4}\left[(ax_1)^{\frac{2}{3}} + (by_1)^{\frac{2}{3}}\right] - 1 = \frac{A^3}{c^4} - 1.$$

Ainsi, les quatre normales menées du point P sont réelles si A^3-c^4 est <0, c'est-à-dire si $A-c^{\frac{4}{3}}$ ou $(ax_1)^{\frac{2}{3}} + (by_1)^{\frac{2}{3}} - c^{\frac{4}{3}}$ est <0.

Cela place P du même côté que l'origine par rapport à la courbe Γ d'équation

$$(15) \qquad (ax)^{\frac{2}{3}} + (by)^{\frac{2}{3}} - c^{\frac{4}{3}} = 0.$$

Si le point P est du côté opposé, deux normales seulement sont réelles et si P est sur Γ, l'équation (13) a une racine double et deux normales sont confondues.

Γ n'est autre que la développée de l'ellipse, comme nous le verrons plus loin. On la construit aisément en résolvant son équation par rapport à y. Elle est symétrique par rapport aux axes; bornons-nous aux valeurs positives de x et de y. L'équation

$$by = \sqrt{\left(c^{\frac{4}{3}} - (ax)^{\frac{2}{3}}\right)^3}$$

montre que y n'est réel que si a^2x^2 est inférieur à c^4; x croissant de

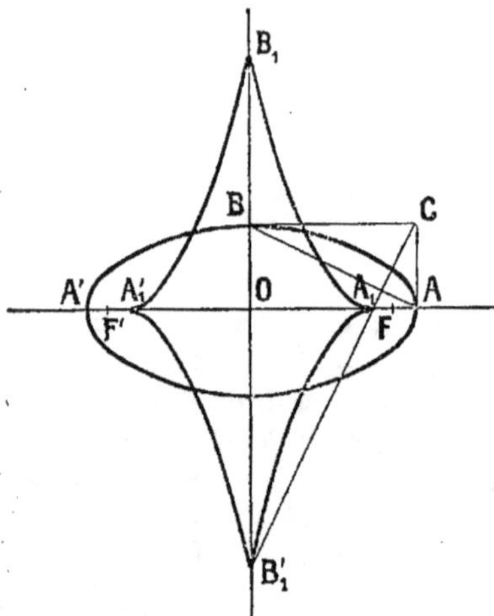

o à $\dfrac{c^2}{a}$, y décroît de $\dfrac{c^2}{b}$ à o. La courbe part d'un point B_1 sur Oy pour arriver à un point A_1 sur Ox. Le calcul de y' et de y'' montre que les tangentes en B_1 et en A_1 sont respectivement Oy et Ox, et que la branche considérée tourne sa concavité vers les y positifs.

Nous obtenons ainsi la représentation de la développée.

Les sommets A_1 et B'_1 sont à l'intersection des axes avec la perpendiculaire menée de C à la corde AB de l'ellipse; A_1 est entre F et O. B_1 et B'_1 peuvent être intérieurs ou extérieurs à l'ellipse.

La région intérieure à la développée est celle d'où l'on peut mener 4 normales réelles à l'ellipse.

Une élévation au cube des deux membres de l'équation

$$(ax)^{\frac{2}{3}} + (by)^{\frac{2}{3}} = c^{\frac{4}{3}},$$

en utilisant l'identité

$$(\alpha + \beta)^3 = \alpha^3 + \beta^3 + 3\,\alpha\beta\,(\alpha + \beta),$$

donne :
$$a^2x^2 + b^2y^2 + 3\,(abc^2xy)^{\frac{2}{3}} = c^4.$$

Une nouvelle élévation au cube, après séparation des termes rationnels et du terme irrationnel, conduit à l'équation

$$(a^2x^2 + b^2y^2 - c^4)^3 + 27\,a^2b^2c^4x^2y^2 = o.$$

La développée de l'ellipse est donc une courbe du 6e degré.

Enfin, l'équation (11) donne très simplement l'équation de la normale à l'ellipse en fonction de son coefficient angulaire. Si l'on écrit que les coordonnées de la droite $y = mx + n$ vérifient cette équation, on trouve :

$$\frac{a^2}{m^2} + b^2 = \frac{c^4}{n^2}, \qquad \text{d'où} \qquad n = \frac{\varepsilon c^2 m}{\sqrt{a^2 + b^2 m^2}}.$$

L'équation de la normale en fonction de son coefficient angulaire est donc

$$y = mx + \frac{\varepsilon c^2 m}{\sqrt{a^2 + b^2 m^2}}.$$

On voit qu'il y a toujours deux normales parallèles à une direction donnée; ce fait était prévu, puisque les tangentes à l'ellipse aux pieds de ces normales sont parallèles à la direction perpendiculaire et que ces tangentes existent toujours.

EXERCICES

1º Par les points où une normale quelconque à une ellipse rencontre ses axes de symétrie, on mène les parallèles à ces axes; ces deux droites se coupent en un point dont on demande le lieu.

2º Trouver le lieu géométrique des projections orthogonales du centre d'une ellipse sur les normales à cette courbe.

3º Trouver le lieu géométrique des projections orthogonales d'un foyer d'une ellipse sur les normales à cette courbe.

4º Trouver le lieu géométrique des points d'où l'on peut mener à une ellipse deux normales rectangulaires.

5º Trouver le lieu géométrique des points de rencontre de deux normales à une ellipse aux extrémités de deux diamètres conjugués.

6º Trouver le lieu géométrique des points d'où l'on peut mener à une ellipse quatre normales formant un faisceau harmonique.

7º On demande de calculer les coordonnées du point d'intersection Q des normales à une ellipse aux points où elle est rencontrée par une droite dont on se donne le pôle P par rapport à l'ellipse. On donne au point Q le nom de *pôle normal* de la droite, P étant le pôle tangentiel.

8º Trouver le lieu géométrique du pôle normal quand le pôle tangentiel décrit une droite donnée.

9º Trouver les points communs à une ellipse et à sa développée.

10º Calculer les coordonnées de tous les points multiples de la développée d'une ellipse.

11º On donne deux demi-diamètres conjugués OM et OM' d'une ellipse; soient a' et b' leurs longueurs. Soit T la tangente en M à l'ellipse. Deux diamètres conjugués quelconques découpent sur T deux divisions (N, N') en involution, dont le point central est M; démontrer que l'on a :

$$\overline{MN} \cdot \overline{MN'} = - b'^2.$$

Déduire de là une construction des points A et A' où les axes de symétrie de l'ellipse rencontrent T.

On porte sur la normale en M, de part et d'autre de M, deux longueurs MI et MI' égales à b'. Calculer OI et OI' en fonction de a et b; en déduire a et b.

12º On rapporte une ellipse à son axe focal et à la tangente en un sommet; voir ce que devient l'équation d'une normale à la courbe en fonction de son coefficient angulaire lorsque la conique se déforme de façon à devenir une parabole.

ÉQUATIONS RÉDUITES — ELLIPSE *(Suite)*

Représentation paramétrique de l'ellipse; applications. — Toutes les solutions réelles de l'équation $\dfrac{x^2}{a'^2}+\dfrac{y^2}{b'^2}=1$ donnent pour $\dfrac{x}{a'}$ une valeur comprise entre -1 et $+1$. On peut donc poser $x=a'\cos\varphi$ et on en déduit $y=\pm\,b'\sin\varphi$.

On peut se borner à prendre $y=b'\sin\varphi$, la seconde valeur se déduisant de celle-là en changeant φ en $-\varphi$, ce qui n'altère pas x. Les équations

$$(1)\qquad x=a'\cos\varphi,\qquad y=b'\sin\varphi,$$

où l'on fait varier φ dans un intervalle d'amplitude 2π, donnent tous les points de l'ellipse.

Si l'on pose $\operatorname{tg}\dfrac{\varphi}{2}=t$, on obtient la représentation paramétrique rationnelle

$$x=a'\,\frac{1-t^2}{1+t^2},\qquad y=\frac{2\,b't}{1+t^2}.$$

Les équations (1), lorsqu'on suppose l'ellipse rapportée à ses axes de symétrie, conduisent à des propriétés géométriques importantes. Considérons les deux cercles décrits sur les axes de symétrie AA' et BB' comme diamètres (cercles principaux). Menons un rayon qui fasse avec OA l'angle φ et soient M_1 et M_2 les extrémités de ce rayon sur les deux cercles.

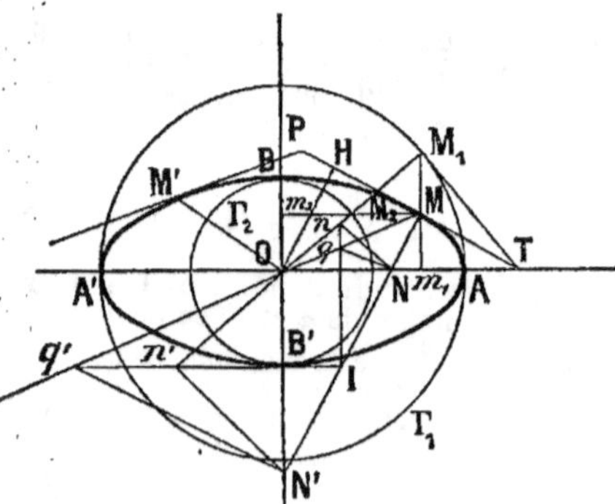

L'abscisse de M_1 vaut $a\cos\varphi$ et l'ordonnée de M_2 vaut $b\sin\varphi$, de sorte que la parallèle menée à Oy par M_1 et la parallèle menée à Ox par M_2 se coupent en un point M de l'ellipse.

M et M_1 ont même abscisse et le rapport de leurs ordonnées est $\dfrac{b}{a}$.

Si donc on fait tourner le grand cercle principal Γ_1, autour de AA',
d'un angle θ dont le cosinus vaut $\dfrac{b}{a}$, on obtient un cercle Γ'_1 qui se projette orthogonalement, sur le plan de l'ellipse E, suivant cette conique.

M_2 et M ont même ordonnée et le rapport de leurs abscisses est $\dfrac{b}{a}$;
si l'on fait tourner E du même angle θ, autour de BB', on obtient une
ellipse E' qui se projette orthogonalement, sur le plan du petit cercle
principal Γ_2, suivant ce cercle.

Une ellipse donnée peut donc être regardée, soit comme la projection
orthogonale d'un cercle, soit comme une section plane d'un cylindre
de révolution.

Nous développerons plus loin les conséquences de la première
proposition.

L'équation de la tangente au point $M\,(a'\cos\varphi,\ b'\sin\varphi)$ est

$$\frac{x\cos\varphi}{a'} + \frac{y\sin\varphi}{b'} - 1 = 0.$$

La condition pour que deux points M et M' correspondant aux angles
φ et φ' soient les extrémités de deux diamètres conjugués, est

$$\frac{b'^2}{a'^2}\operatorname{tg}\varphi\,\operatorname{tg}\varphi' = -\frac{b'^2}{a'^2} \qquad \text{ou} \qquad \operatorname{tg}\varphi\,\operatorname{tg}\varphi' = -1,$$

c'est-à-dire

$$\cos(\varphi' - \varphi) = 0, \qquad \text{d'où} \qquad \varphi' = \varphi \pm \frac{\pi}{2}.$$

On en déduit que les coordonnées des extrémités du diamètre conjugué de OM sont

$$\varepsilon a'\cos\left(\varphi + \frac{\pi}{2}\right), \quad \varepsilon b'\sin\left(\varphi + \frac{\pi}{2}\right) \quad \text{ou} \quad -\varepsilon a'\sin\varphi, \quad \varepsilon b'\cos\varphi.$$

Ces formules sont équivalentes aux formules de Chasles et peuvent
rendre les mêmes services.

L'équation de la normale au point $M\,(x_0 = a\cos\varphi,\ y_0 = b\sin\varphi)$ est

$$(2) \qquad \frac{ax}{\cos\varphi} - \frac{by}{\sin\varphi} - c^2 = 0.$$

Elle se prête fort bien à l'étude de la développée. Multiplions cette
équation par $\sin\varphi$ de façon à rendre le coefficient de y indépendant
de φ; il vient

$$ax\operatorname{tg}\varphi - by - c^2\sin\varphi = 0.$$

En dérivant par rapport à φ, on trouve que l'abscisse du point caractéristique I, sur la normale, vérifie l'équation

$$\frac{ax}{\cos^2\varphi} - c^2\cos\varphi = 0, \qquad \text{d'où} \qquad x = \frac{c^2}{a}\cos^3\varphi = \frac{c^2 x_0^3}{a^4}.$$

Un calcul analogue donne :

$$y = -\frac{c^2}{b}\sin^5\varphi = -\frac{c^2 y_0^5}{b^4}.$$

La comparaison de y et de y_0 montre que leurs signes sont différents, c'est-à-dire que le pied d'une normale, sur l'ellipse, et le point où cette normale touche son enveloppe sont de part et d'autre de l'axe focal.

Si l'on remarque que l'abscisse du point N, où la normale rencontre Ox, est précisément $\frac{c^2}{a}\cos\varphi$, on voit que le point I a même abscisse que la projection n de N sur OM_1; par analogie, son ordonnée est la même que celle de la projection n' de N' sur OM_1. La construction de I en résulte.

Mieux encore, la parallèle à la tangente en M, menée par N, rencontre le diamètre OM de l'ellipse en un point q dont l'abscisse est solution des deux équations

$$\left(x - \frac{c^2}{a}\cos\varphi\right)\frac{\cos\varphi}{a} + \frac{y\sin\varphi}{b} = 0, \qquad \frac{x}{a\cos\varphi} = \frac{b}{b\sin\varphi}.$$

Un calcul facile montre que cette abscisse est celle du point I.

De même, l'ordonnée du point q', où la parallèle à la tangente en M, menée par N', rencontre OM, est la même que celle du point I.

Nous avons vu (leç. 66) que le rayon de courbure MI vaut

$$\frac{1}{ab}\left(a^2\sin^2\varphi + b^2\cos^2\varphi\right)^{\frac{3}{2}}$$

ou

$$\frac{\overline{OM'}^3}{ab}.$$

Soit OH la distance du centre de l'ellipse à la tangente MT. L'aire du parallélogramme OMPM', construit sur les deux demi-diamètres OM et OM', valant ab, on a :

$$OM' \cdot OH = ab.$$

On en déduit :

$$MI = \frac{\overline{OM'}^2}{OH},$$

ce qui conduit encore à une construction facile du rayon et du centre de courbure; on vérifie ainsi sans difficulté que la perpendiculaire menée de P à M'H passe par I. Cette construction appliquée aux sommets de l'ellipse est classique.

Ellipse projection du cercle. — La correspondance qui existe entre un point quelconque M d'une ellipse et un point M_1 du cercle principal Γ_1, permet d'effectuer sur l'ellipse une série de constructions.

Une droite quelconque D du plan de l'ellipse est la projection d'une droite D' du plan du cercle Γ'_1 qui se projette suivant l'ellipse.

Cherchons le rabattement D_1 de D'. Ce rabattement passe par l'intersection C de D et de la charnière et par le rabattement d_1 du point d' où D' rencontre la droite projetée suivant AB. Cette dernière droite étant rabattue en AB_1, le point d_1 est donné par l'intersection de AB_1 et de la perpendiculaire à la charnière menée par d.

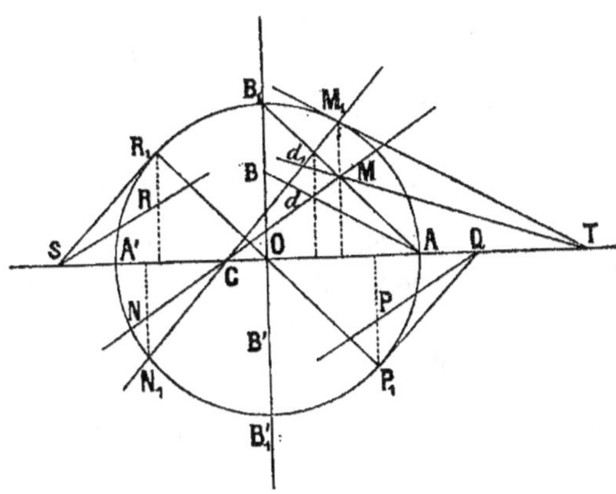

Le rabattement Cd_1 rencontre Γ'_1 en deux points M_1 et N_1 dont les relèvements projetés en M et N sont les points de rencontre de D et de l'ellipse.

La tangente à l'ellipse en M est la projection de la tangente à Γ'_1 rabattue suivant la tangente en M_1 à Γ_1; ces droites coupent la charnière en T et la tangente cherchée est MT.

Pour mener les tangentes à l'ellipse parallèlement à une droite donnée D, on mène les tangentes à Γ'_1 parallèlement à D_1. Ces tangentes rencontrent la charnière en Q et S; les parallèles à D, menées par Q et S, sont les tangentes cherchées.

Pour mener les tangentes par un point P, on cherche le rabattement P_1 du point projeté en P; on l'obtient en rabattant, par exemple, la droite projetée suivant PB. Par P_1, on mène les tangentes P_1Q et P_1R à Γ_1; les projections PQ et PR de leurs relèvements sont les tangentes menées de P à l'ellipse.

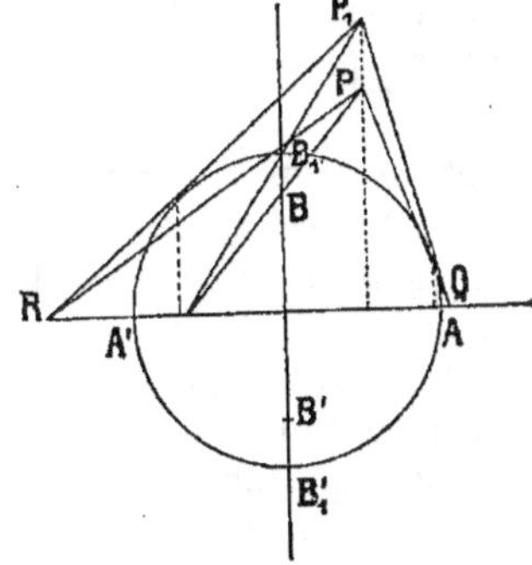

L'existence du diamètre conjugué d'une direction de cordes est évidente si l'on regarde l'ellipse comme la projection du cercle Γ'_1 : les milieux des cordes de l'ellipse parallèles à D sont les projections des milieux des cordes de Γ'_1 parallèles à D'; or, le lieu de ces derniers points est le diamètre Δ' du cercle, perpendiculaire à D'. Le lieu des milieux des cordes de l'ellipse est donc une droite Δ projection de Δ'.

Deux diamètres rectangulaires de Γ'_1 se projettent suivant deux diamètres conjugués de l'ellipse.

Une portion d'aire du cercle se projette suivant une portion d'aire de l'ellipse et les mesures de ces aires ont un rapport constant $\dfrac{a}{b}$. Par exemple, le carré construit sur deux rayons rectangulaires du cercle se projette suivant le parallélogramme construit sur deux demi-diamètres conjugués de l'ellipse ; l'aire du carré valant a^2, celle du parallélogramme vaut $a^2\dfrac{b}{a}$ ou ab. L'aire du cercle étant mesurée par πa^2, celle de l'ellipse a pour mesure $\pi a^2\dfrac{b}{a}$ ou πab.

On peut encore établir des propriétés métriques intéressantes. Considérons deux sécantes parallèles qui rencontrent un cercle en M, M' et N, N' ; prenons un point A sur la première et un point B sur la seconde. Le rapport $\dfrac{\overline{AM}\cdot\overline{AM'}}{\overline{BN}\cdot\overline{BN'}}$ conserve une valeur constante quand la direction commune aux deux sécantes varie, les deux points A et B restant fixes ; cette valeur constante est celle du rapport des puissances de A et B par

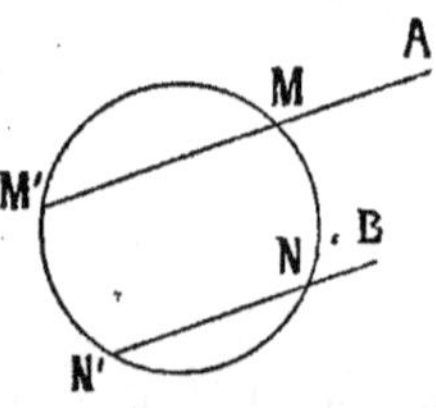

rapport au cercle. Effectuons une projection et soient a, b, m, m', n, n' les projections des points A, B, ... Les mesures des vecteurs am, am', bn, bn' sont égales aux mesures des vecteurs AM, AM', ..., multipliées par le paramètre de projection qui a une valeur bien déterminée, puisque les supports des vecteurs AM, ... sont parallèles. On en conclut que l'on a :

$$\frac{\overline{AM}\cdot\overline{AM'}}{\overline{BN}\cdot\overline{BN'}} = \frac{\overline{am}\cdot\overline{am'}}{\overline{bn}\cdot\overline{bn'}}.$$

Ce dernier rapport a donc aussi une valeur constante. On en déduit des propositions particulières en donnant aux points a et b des positions simples.

Génération cinématique de l'ellipse. — L'ellipse peut être rattachée à la catégorie des *hypocycloïdes*.

Imaginons qu'un cercle Γ' appelé *roulette* roule sans glisser à l'intérieur d'un cercle fixe Γ appelé *base*. Un point M de Γ' décrit sur le plan fixe une courbe qu'on appelle hypocycloïde.

Soient O et O' les centres de la base et de la roulette, r et r' leurs rayons respectifs. Dans le déplacement de Γ', le point M vient plusieurs fois sur Γ ; soit A l'une de ses positions particulières. I étant le point de contact de Γ et Γ', l'un des arcs AI, compté sur Γ, est égal à l'un des arcs MI, compté sur Γ', puisque le roulement a lieu sans glissement. Soient φ et φ' les angles AOI, MO'I mesurés en radians ; on a donc :

$$(3) \qquad\qquad r\varphi = r'\varphi'.$$

Si r vaut nr', n désignant un nombre naturel, le point M revient n

fois sur Γ aux sommets d'un polygone régulier convexe de n côtés inscrit dans la base. M décrit alors une courbe fermée composée de n arceaux égaux.

Si r vaut $\dfrac{p}{q} r'$, la fraction $\dfrac{p}{q}$ étant irré- 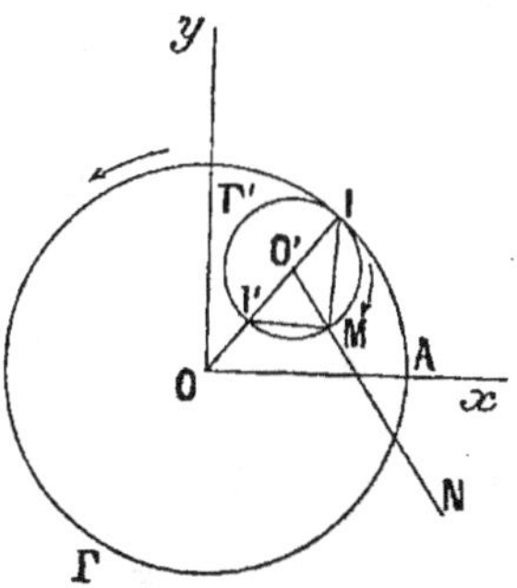
ductible et supérieure à 1, le point M re-
vient p fois sur Γ, aux sommets d'un polygone régulier étoilé de p côtés, inscrit dans
la base et obtenu en joignant les points de
division de q en q. M décrit encore une
courbe fermée, composée de p arceaux,
mais, cette fois, les arceaux se croisent au
lieu d'être juxtaposés.

Si r et r' n'ont pas de commune mesure,
la courbe décrite par M ne se ferme pas.

Dans tous les cas, les points tels que A sont des points de rebroussement de la courbe décrite par M; en vertu des propriétés générales du
déplacement d'un plan mobile sur un plan fixe, la normale à la trajectoire de M est MI et la tangente est MI′, le point I′ étant diamétralement
opposé à I sur la roulette, de sorte que si M vient en A, la tangente
correspondante est OA.

Cherchons une représentation paramétrique du lieu décrit sur le
plan fixe par un point quelconque N du plan entraîné avec Γ'. Prenons N sur le prolongement de O′M et posons O′N $= d$.

L'axe Ox étant placé suivant OA et l'axe Oy perpendiculaire, comme
l'indique la figure, la projection orthogonale du contour OO′N sur Ox
donne :

$$x = \overline{OO'} \cos \varphi + \overline{O'N} \cos (Ox,\, O'N),$$

c'est-à-dire

$$(4) \qquad x = (r - r') \cos \varphi + d \cos (\varphi' - \varphi).$$

On aura de même :

$$(5) \qquad y = (r - r') \sin \varphi - d \sin (\varphi' - \varphi).$$

Par exemple, si $r = nr'$, on a $\varphi' = n\varphi$ et

$$x = (n - 1)r' \cos \varphi + d \cos (n - 1)\varphi,$$
$$y = (n - 1)r' \sin \varphi - d \sin (n - 1)\varphi.$$

On en conclut aisément que la courbe décrite par le point N est uni-
cursale, car $\sin \varphi$, $\cos \varphi$, $\sin (n - 1)\varphi$, $\cos (n - 1)\varphi$ s'expriment rationnellement en fonction de $\operatorname{tg} \dfrac{\varphi}{2}$.

En particulier, si $n = 2$, on a :

$$x = (r' + d) \cos \varphi, \qquad y = (r' - d) \sin \varphi.$$

Si l'on suppose de plus $d = r'$, le point N confondu avec M décrit le diamètre AA' de la base; ce résultat est évident par la géométrie élémentaire.

Si d est différent de r', le point N décrit une ellipse dont les axes, placés suivant Ox et Oy, ont pour demi-longueurs respectives $r' + d$ ou NM' et $|r' - d|$ ou NM.

Le déplacement du plan mobile sur le plan fixe est alors défini par le glissement du segment MM' de longueur constante sur les deux droites rectangulaires Ox, Oy.

Cette remarque est constamment utilisée pour la construction par points d'une ellipse dont on se donne les axes en position et grandeur (procédé de la bande de papier). On pourrait d'ailleurs établir ces faits particuliers *a priori* et sans les rattacher à la théorie générale des hypocycloïdes.

On démontre sans difficulté que si r et r' ont une commune mesure, tous les points N du plan mobile décrivent sur le plan fixe des courbes unicursales.

Dans le cas où le rayon de la roulette est égal à celui de la base, le déplacement se réduit à une rotation autour du point O.

On pourrait supposer aussi que la roulette laisse la base à son intérieur, c'est-à-dire $r' > r$; dans ce cas, tous les points M de la roulette décrivent des courbes extérieures à la base. Un point M vient encore plusieurs fois sur la base; ce nombre de fois est limité si r et r' ont une commune mesure et, dans ce cas, tous les points N du plan mobile décrivent des courbes unicursales.

Le cas où r est infini donne comme roulette une droite; les points de cette droite décrivent des développantes du cercle base.

Enfin, on pourrait supposer que la roulette et la base sont extérieures l'une à l'autre; dans ce cas, les courbes décrites par les différents points de la roulette sont des *épicycloïdes*. Les points communs à ces courbes et à la base sont encore des points de rebroussement; si $r = r'$, il n'y en a qu'un et la courbe correspondante est une *cardioïde*. Dans tous les cas, si le rapport $\dfrac{r}{r'}$ est commensurable, les courbes décrites par les différents points du plan mobile sont des courbes unicursales.

Nous avons étudié (leç. 66) le cas où la base est une droite, la roulette étant un cercle.

EXERCICES

1º D'un point P, intérieur à la développée d'une ellipse, on mène les quatre tangentes à cette développée; chercher à reconnaître ceux des points de rencontre de ces droites avec l'ellipse qui correspondent à un maximum ou à un minimum de la distance du point P à un point M variable sur l'ellipse.

2º N et N' étant les points de rencontre de la normale en M à une ellipse avec les axes de symétrie, M' une extrémité du diamètre conjugué de OM, démontrer les formules

$$MN = \frac{b}{a} \cdot OM', \qquad MN' = \frac{a}{b} \cdot OM'.$$

Soit H la projection orthogonale du centre sur la normale, I le centre de courbure de l'ellipse en M; démontrer la relation

$$MH \cdot MI = MN \cdot MN' = \overline{OM'}^2.$$

Soit K le point de rencontre des perpendiculaires aux axes, menées par N et N'. Démontrer que KI est perpendiculaire sur OM.

3º On pose $\qquad x = a\cos\varphi, \qquad y = b\sin\varphi, \qquad \operatorname{tg}\frac{\varphi}{2} = t,$

et on forme l'équation du 4º degré qui admet comme racines les valeurs de t correspondant aux points de rencontre de l'ellipse, $\frac{x^2}{a^2} + \frac{y^2}{b^2} = 1$, avec un cercle quelconque. Les racines de cette équation sont liées par une relation que l'on demande de former. En déduire la relation qui existe entre les angles $\varphi_1, \varphi_2, \varphi_3, \varphi_4$ qui correspondent à quatre points de l'ellipse placés sur un même cercle. Appliquer à la recherche du point de rencontre d'une ellipse avec le cercle osculateur à cette ellipse en un point connu. Nombre des cercles osculateurs à une ellipse menés par un point de cette courbe?

4º Former la relation qui existe entre les quatre valeurs de t qui correspondent aux points de rencontre de l'ellipse précédente et d'une hyperbole équilatère H dont les asymptotes sont parallèles aux axes de l'ellipse; en déduire la relation qui existe entre les valeurs de φ correspondantes. Comparer cette relation à celle de l'exercice précédent, et montrer que, si quatre points d'une ellipse sont sur une hyperbole H, trois quelconques d'entre eux et le point symétrique du quatrième par rapport au centre de l'ellipse sont sur un même cercle. Hyperboles H osculatrices à l'ellipse?

5º Soient t_1, t_2, t_3 les valeurs du paramètre t qui correspondent à trois points de l'ellipse; trouver la relation qui doit exister entre ces valeurs de t pour que les normales aux points correspondants soient concourantes.

6º Soient M_1, N_1, P_1 les trois sommets d'un triangle équilatéral quelconque inscrit dans le grand cercle principal d'une ellipse. Démontrer que les normales aux points correspondants M, N, P de cette ellipse sont concourantes.

7º On pose :

$$x = x_0 + r\cos\varphi, \qquad y = y_0 + r\sin\varphi, \qquad z = e^{i\varphi}.$$

Trouver l'équation du 4e degré qui admet comme racines les valeurs de z correspondant aux points d'intersection de l'ellipse et du cercle de centre (x_0, y_0) et de rayon r. Écrire que le premier membre de cette équation admet un diviseur de la forme $z^3 - A$ et en déduire le lieu des orthocentres des triangles équilatéraux inscrits à l'ellipse.

8º Trouver le lieu des orthocentres des triangles équilatéraux circonscrits à une ellipse.

9º Démontrer que le rapport des longueurs des tangentes menées d'un point à une ellipse est égal au rapport des longueurs des diamètres parallèles à ces tangentes. Trouver le lieu des points d'où l'on peut mener à une ellipse deux tangentes égales.

10º On donne l'équation d'une conique, $f(x, y) = 0$, un point A (x_0, y_0) et les paramètres directeurs principaux (α, β) d'une droite menée par A.

Soient M et M′ les points d'intersection réels ou imaginaires de la droite et de la conique. Calculer le produit $\overline{AM} \cdot \overline{AM'}$. On suppose α et β fixes et le produit $\overline{AM} \cdot \overline{AM'}$ constant ; trouver, dans ces conditions, le lieu du point A.

11° Les côtés d'un triangle ABC rencontrent une conique aux points a, a' ; b, b' ; c, c'. Démontrer la relation

$$\overline{Ba} \cdot \overline{Ba'} \cdot \overline{Cb} \cdot \overline{Cb'} \cdot \overline{Ac} \cdot \overline{Ac'} = \overline{Ca} \cdot \overline{Ca'} \cdot \overline{Ab} \cdot \overline{Ab'} \cdot \overline{Bc} \cdot \overline{Bc'}.$$

Réciproque. Condition pour que six points soient sur une conique.

12° Vérifier, au moyen de la représentation paramétrique fournie par les équations (3), (4), (5), (leç. 93), que la normale à la trajectoire du point N passe par I.

13° Trouver la représentation paramétrique de l'hypocycloïde à trois rebroussements, son équation ponctuelle et son équation tangentielle. (Comparer leç. 82, ex. 1.)

14° Trouver l'enveloppe de l'axe de symétrie d'une parabole variable tangente à trois droites données.
Trouver l'enveloppe de la tangente au sommet de cette parabole.

15° Trouver la représentation paramétrique de l'hypocycloïde à quatre rebroussements, son équation ponctuelle, son équation tangentielle. Démontrer que cette courbe est l'enveloppe du support d'un segment de longueur constante glissant par ses extrémités sur deux droites rectangulaires.

16° Un segment MM′ de longueur constante glissant par ses extrémités sur deux droites rectangulaires Ox, Oy, la normale en N à l'ellipse E décrite par le point N fixé sur le segment va passer par le point de rencontre I de la parallèle à Oy menée par M et de la parallèle à Ox menée par M′. Démontrer la relation

$$\overline{OM}^2 + \overline{NI}^2 = \overline{NM}^2 + \overline{NM'}^2.$$

Déduire de là que NI est la moitié du diamètre conjugué de ON dans E. Quelle est la valeur de OI en fonction de a et b? Appliquer à la construction des axes de symétrie d'une ellipse dont on donne deux diamètres conjugués en position et grandeur. (Comparer ex. 11, leç. 92.)

17° Un segment de longueur constante glisse par ses extrémités sur deux droites rectangulaires D et D′, non situées dans un même plan. Trouver la courbe décrite par un point de ce segment. Trouver l'équation de la surface engendrée par le support de ce segment. Trouver le contour apparent H de cette surface sur un plan parallèle aux deux directrices. Démontrer que H est l'enveloppe d'une famille d'ellipses dont les axes sont parallèles à D et à D′ ; trouver la relation qui existe entre les longueurs des axes de ces ellipses.

94e LEÇON

ÉQUATIONS RÉDUITES — HYPERBOLE

L'équation réduite de l'hyperbole rapportée à deux diamètres conjugués est

$$(1) \qquad f(x, y) \equiv \frac{x^2}{a'^2} - \frac{y^2}{b'^2} - 1 = 0.$$

Elle ne diffère de l'équation correspondante de l'ellipse que par le changement de b'^2 en $-b'^2$ ou de b' en ib'. Il sera donc inutile de reprendre, pour cette courbe, les calculs faits à propos de l'ellipse; il suffira d'enregistrer les modifications apportées aux propriétés déjà étudiées, par le changement que nous venons de signaler. Toutefois, certaines questions nouvelles se posent, par suite de l'existence de deux branches distinctes qui s'en vont à l'infini.

Intersection avec une droite. — La droite définie par l'équation

$$(2) \qquad ux + vy + w = 0$$

coupe l'hyperbole en des points dont les abscisses sont racines de l'équation

$$(3) \qquad \left(\frac{v^2}{a'^2} - \frac{u^2}{b'^2} \right) x^2 - 2 \frac{uw}{b'^2} x - \left(v^2 + \frac{w^2}{b'^2} \right) = 0.$$

Ces points sont réels si les coordonnées de la droite vérifient l'inégalité

$$(4) \qquad \psi(u, v, w) \equiv a'^2 u^2 - b'^2 v^2 - w^2 < 0,$$

c'est-à-dire si elles rendent négatif le premier membre de l'équation tangentielle de l'hyperbole.

On peut retenir le sens de l'inégalité en utilisant le fait que Ox et la droite de l'infini sont des droites sécantes.

Les points d'intersection sont toujours réels si u, v vérifient l'inégalité

$$\frac{v^2}{a'^2} - \frac{u^2}{b'^2} > 0.$$

et, dans ce cas, les deux valeurs de x sont de signes différents.

Cette inégalité peut aussi s'écrire $m^2 < \frac{b'^2}{a'^2}$, m désignant le coefficient angulaire de la sécante. Le diamètre parallèle à cette droite est dans les angles des asymptotes qui contiennent la courbe; donc, toute droite parallèle à un diamètre sécant coupe chaque branche de l'hyperbole en un point.

Lorsque la droite est parallèle à un diamètre non sécant, les racines de l'équation (3) peuvent être imaginaires; si elles sont réelles, elles sont de même signe, et la sécante rencontre une seule branche de l'hyperbole.

En particulier, les tangentes à l'hyperbole sont parallèles à des diamètres non sécants.

Problèmes sur les tangentes. — L'équation de la polaire du point $P(x_0, y_0)$ est

$$\frac{xx_0}{a'^2} - \frac{yy_0}{b'^2} - 1 \equiv 0.$$

C'est aussi l'équation de la tangente lorsque le point P est sur l'hyperbole.

Les tangentes menées de P à la conique sont réelles si les coordonnées de ce point vérifient l'inégalité $f(x_0, y_0) < 0$. On dit, dans ce cas, que le point est extérieur à l'hyperbole.

Les points de contact des tangentes sont sur deux branches différentes si la polaire de P est parallèle à un diamètre sécant, c'est-à-dire si l'on a $\frac{y_0^2}{x_0^2} > \frac{b'^2}{a'^2}$. Cela revient à dire que le diamètre passant par le point n'est pas sécant, ou que le point est dans l'un des angles des asymptotes qui ne contiennent pas la courbe.

Si P est entre les asymptotes et la courbe, les points de contact des tangentes issues de P sont sur la branche de l'hyperbole contenue dans l'angle des asymptotes où est placé le point.

Si P est sur une asymptote, sa polaire est parallèle à cette asymptote et l'une des tangentes issues de P est cette asymptote même.

L'équation tangentielle de l'hyperbole étant $\psi(u, v, w) = 0$, l'équation d'une tangente en fonction de son coefficient angulaire est

$$y = mx + \varepsilon\sqrt{a'^2 m^2 - b'^2}.$$

Les tangentes dont le coefficient angulaire a une valeur absolue supérieure à $\frac{b'}{a'}$ sont seules réelles; elles sont parallèles à des diamètres non sécants.

L'équation aux coefficients angulaires des tangentes issues du point (x, y) est

$$(y_0 - mx_0)^2 - a'^2 m^2 + b'^2 = 0.$$

Le cercle orthoptique a pour équation

$$x^2 + y^2 = a^2 - b^2.$$

Il n'est réel que si $\frac{b}{a}$ est inférieur à 1, c'est-à-dire si le demi-angle des asymptotes contenant la courbe est inférieur à 45°, ou si l'angle lui-même est aigu.

Propriétés des diamètres. — L'équation du diamètre conjugué de la direction de coefficient angulaire m est

$$\frac{x}{a'^2} - \frac{my}{b'^2} = 0.$$

Elle est la même pour toutes les hyperboles définies par l'équation

$$\frac{x^2}{a'^2} - \frac{y^2}{b'^2} + \lambda = 0,$$

c'est-à-dire pour toutes les hyperboles qui ont les mêmes asymptotes que l'hyperbole donnée. Par suite, une hyperbole et ses asymptotes interceptent sur une sécante quelconque deux cordes ayant même milieu.

La condition pour que deux diamètres de coefficients angulaires m et m' soient conjugués est $mm' = \dfrac{b'^2}{a'^2}$. On en déduit que m et m' sont de même signe, c'est-à-dire qu'un couple de diamètres conjugués et le couple des axes de coordonnées, ou deux couples de diamètres conjugués quelconques, ne s'enchevêtrent pas.

Les rayons doubles des faisceaux en involution engendrés par deux diamètres conjugués sont les asymptotes.

En rapportant la conique à ses axes de symétrie, on trouve pour le carré de la longueur d'un demi-diamètre

$$\overline{OM}^2 = x^2 + y^2 = x^2 + b^2\left(\frac{x^2}{a^2} - 1\right) = \frac{c^2}{a^2}x^2 - b^2,$$

x et y étant les coordonnées de l'extrémité M.

Cette expression croît avec la valeur absolue de x, depuis a jusqu'à $+\infty$.

L'axe transverse est donc le diamètre qui a la plus petite longueur.

On peut aussi exprimer OM en fonction du coefficient angulaire du diamètre; on trouve :

$$\overline{OM}^2 = \frac{a^2 b^2 (1 + m^2)}{b^2 - a^2 m^2}.$$

Si $|m|$ est supérieur à $\dfrac{b}{a}$, le diamètre n'est pas sécant et on trouve une valeur négative pour $\overline{OM}^2$. Considérons alors sur la droite OM un point M' tel que l'on ait :

$$\overline{OM'}^2 = -\overline{OM}^2 = \frac{a^2 b^2 (1 + m^2)}{a^2 m^2 - b^2}.$$

Cette expression se déduisant de la précédente en changeant a^2 et b^2 en $-a^2$ et $-b^2$, le lieu géométrique du point M' a pour équation

$$\frac{x^2}{a^2} - \frac{y^2}{b^2} + 1 = 0.$$

Ce lieu est une hyperbole qui est dite conjuguée de la première. On voit de suite que tout diamètre transverse de la première ne coupe pas la seconde.

D'une façon générale, si l'équation d'une hyperbole rapportée à son centre est $\varphi(x, y) + F_1 = 0$, l'équation de l'hyperbole conjuguée est $\varphi(x, y) - F_1 = 0$.

Mieux encore, si l'équation d'une hyperbole rapportée à des axes quelconques est $f(x, y) = 0$, celle de l'hyperbole conjuguée est

$$f(x, y) - \frac{2\Delta}{\delta} = 0.$$

Les deux hyperboles étant rapportées à deux diamètres conjugués, les coordonnées x, y et x', y' des extrémités M et M' de deux diamètres conjugués quelconques, sur ces deux courbes, sont liées par les relations

$$\frac{x^2}{a'^2} - \frac{y^2}{b'^2} - 1 = 0, \qquad \frac{x'^2}{a'^2} - \frac{y'^2}{b'^2} + 1 = 0, \qquad \frac{xx'}{a'^2} - \frac{yy'}{b'^2} = 0,$$

la dernière exprimant que OM et OM' sont conjugués. Un calcul analogue à celui qui a été fait pour l'ellipse donne :

$$\frac{x'}{a'} = \varepsilon \frac{y}{b'}, \qquad \frac{y'}{b'} = \varepsilon \frac{x}{a'}.$$

On en déduit :

$$x^2 - x'^2 = a'^2, \qquad y^2 - y'^2 = -b'^2,$$
$$x^2 + y^2 - (x'^2 + y'^2) = a'^2 - b'^2, \qquad xy' - yx' = \varepsilon a'b'.$$

En supposant les axes rectangulaires, on conclut que l'on a :

$$\overline{OM}^2 - \overline{OM'}^2 = a^2 - b^2, \qquad 2 \text{ aire } OMM' = ab,$$

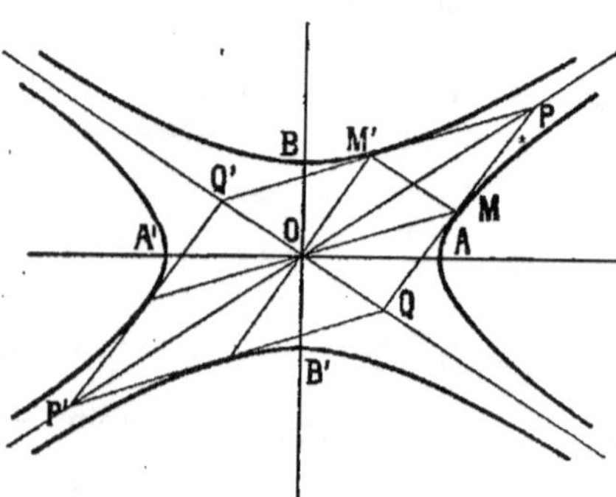

et on trouve les théorèmes d'Apollonius relatifs à l'hyperbole.

On peut énoncer le premier comme pour l'ellipse : la somme des carrés algébriques des longueurs de deux demi-diamètres conjugués est constante.

Remarquons que les tangentes à l'hyperbole donnée en M et à sa conjuguée en M' se coupent en un point P d'une asymptote ; la droite MM' est parallèle à l'autre asymptote, car M et M' sont les milieux de PQ et de PQ'.

Le second théorème d'Apollonius donne une propriété intéressante de l'hyperbole : l'aire du triangle OPQ, qui a pour base le segment intercepté sur la tangente en M par les deux asymptotes, est égale à celle du parallélogramme OMPM', puisque M est le milieu de PQ ; cette aire est donc constante. Il en est de même de l'aire OPQ' qui a même mesure que la précédente.

L'angle aigu MOM' de deux diamètres conjugués décroît de 90^0 à o quand OM tourne dans le sens direct et varie de la position OA à la position OP.

Propriétés des normales. — L'hyperbole étant rapportée à ses axes de symétrie, l'équation de la normale au point $M(x_0, y_0)$ est

$$(5) \qquad \frac{x - x_0}{\dfrac{x_0}{a^2}} = \frac{y - y_0}{-\dfrac{y_0}{b^2}}.$$

Le point N, où la normale en M rencontre Ox, a pour abscisse $\dfrac{a^2}{c^2} x_0$; si l'on remplace l'hyperbole par une autre qui a les mêmes asymptotes, $\dfrac{a}{c}$ n'est pas altéré, et, si l'abscisse de M reste la même, le point N reste fixe. Ainsi, les normales à une famille d'hyperboles homothétiques et concentriques, aux points situés sur une parallèle à Oy, rencontrent Ox au même point ; cela est vrai, en particulier, de la normale au couple d'asymptotes en M_1.

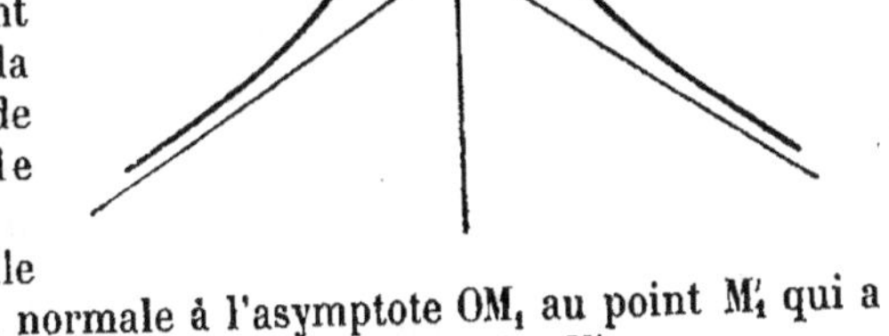

De même, la normale en M à l'hyperbole et la normale à l'asymptote OM_1 au point M_1' qui a même ordonnée que M, rencontrent l'axe Oy au point N'.

En outre M partage NN' dans un rapport constant.

Les pieds des normales menées d'un point $P(x_1, y_1)$ à l'hyperbole se trouvent sur l'hyperbole d'Apollonius

$$(H) \qquad c^2 xy - b^2 y_1 x - a^2 x_1 y = 0.$$

Cette hyperbole reste la même pour toutes les hyperboles qui ont mêmes asymptotes que l'hyperbole donnée ; c'est le lieu des pieds des normales issues de P à cette famille d'hyperboles. (H) passe donc par les pieds K et K' des perpendiculaires menées de P aux asymptotes. Un calcul facile montre que son centre est le milieu de KK' ; son tracé résulte de ces diverses

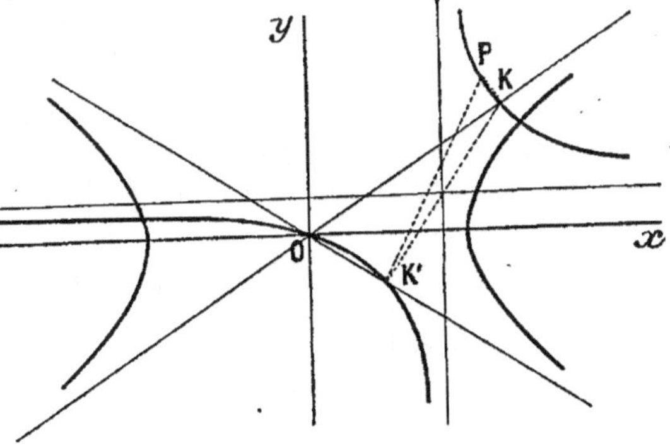

remarques. On voit cette fois que O et P sont sur deux branches différentes de (H), comme K et K′; chacune de ces branches rencontre
l'hyperbole donnée en un point au moins.

Les coordonnées du point courant de (H) étant mises sous la forme

$$x = \frac{a^2 x_1}{\lambda + a^2}, \qquad y = \frac{-b^2 y_1}{\lambda - b^2},$$

les valeurs de λ qui correspondent aux pieds des normales menées de
P à l'hyperbole donnée sont racines de l'équation

$$(6) \qquad R(\lambda) \equiv \frac{a^2 x_1^2}{(\lambda + a^2)^2} - \frac{b^2 y_1^2}{(\lambda - b^2)^2} - 1 = 0.$$

L'équation (6) a au moins une racine entre $-\infty$ et $-a^2$, et au
moins une entre $-a^2$ et b^2. De plus, $R'(\lambda)$, qui vaut

$$-\frac{2 a^2 x_1^2}{(\lambda + a^2)^3} + \frac{2 b^2 y_1^2}{(\lambda - b^2)^3},$$

s'annule pour une seule valeur réelle λ' racine de l'équation

$$\frac{(a x_1)^{\frac{2}{3}}}{\lambda' + a^2} = \frac{(b y_1)^{\frac{2}{3}}}{\lambda' - b^2} = \frac{(a x_1)^{\frac{2}{3}} - (b y_1)^{\frac{2}{3}}}{c^2} = \frac{A}{c^2}.$$

λ' est en dehors de l'intervalle $(-a^2, b^2)$, puisque $\lambda' + a^2$ et $\lambda' - b^2$ ont
le même signe.

La fonction $R(\lambda)$ tendant vers $+\infty$ quand λ tend vers $-a^2$, à gauche
ou à droite, vers $-\infty$ quand λ tend vers b^2, et vers -1 quand λ tend
vers l'infini, on voit que si λ' est inférieur à $-a^2$, $R(\lambda')$ constitue un
minimum de la fonction $z = R(\lambda)$ qui est décroissante dans l'intervalle
$(-a^2, b^2)$ et croissante dans l'intervalle $(b^2, +\infty)$. Le tracé correspondant montre que l'équation (6) a une racine dans chacun des intervalles $(\lambda', -a^2)$, $(-a^2, b^2)$.

Cette équation ne peut avoir quatre racines réelles que si λ' est
contenu dans l'intervalle $(b^2, +\infty)$ et si le maximum correspondant
de z est positif. $R(\lambda')$ valant $\dfrac{A^3}{c^4} - 1$, ces deux conditions équivalent à

$A > 0$ et $A > c^{\frac{4}{3}}$. La dernière suffit évidemment et c'est la seule condition pour que les quatre normales menées de P soient réelles.

Cela place le point P de côté différent de O par rapport à la courbe Γ
dont l'équation est

$$(7) \qquad (ax)^{\frac{2}{3}} - (by)^{\frac{2}{3}} - c^{\frac{4}{3}} = 0.$$

Cette courbe est la développée de l'hyperbole donnée; elle est symétrique par rapport aux axes. Bornons-nous à l'étude des valeurs positives de x et de y.

Nous pouvons écrire

$$(8) \qquad by = \sqrt{\left[(ax)^{\frac{2}{3}} - c^{\frac{4}{3}}\right]^3}.$$

y n'est réel que si x est supérieur à $\dfrac{c^2}{a}$ et y croît indéfiniment avec x.

L'équation (8) mise sous la forme

$$by = ax\left[1 - \left(\frac{c^2}{ax}\right)^{\frac{2}{3}}\right]^{\frac{3}{2}}$$

donne le développement de y suivant les puissances décroissantes de x, savoir

$$y = \frac{a}{b}x\left[1 - \frac{3}{2}\left(\frac{c^2}{ax}\right)^{\frac{2}{3}} + \cdots\right] = \frac{a}{b}x - \frac{3}{2b}c^{\frac{4}{3}}(ax)^{\frac{1}{3}} + \cdots.$$

On voit que $\dfrac{y}{x}$ tend vers $\dfrac{a}{b}$ et que $y - \dfrac{a}{b}x$ tend vers $-\infty$ quand x tend vers $+\infty$. La branche infinie correspondante de la développée est donc parabolique et reste au-dessous de la droite $y = \dfrac{a}{b}x$, c'est-à-dire de la perpendiculaire menée par O à l'asymptote OQ de l'hyperbole.

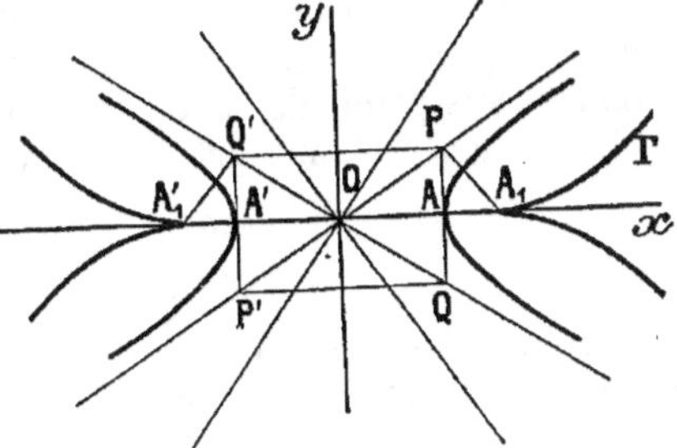

La perpendiculaire en P à l'asymptote OP coupe Ox en un sommet A_1 de la développée. Ce sommet est un point de rebroussement de Γ. On vérifie sans difficulté que Γ ne rencontre l'hyperbole en des points réels que si les angles des asymptotes qui contiennent cette conique sont aigus.

L'équation de la normale en fonction du coefficient angulaire est

$$y = mx + \frac{\varepsilon c^2 m}{\sqrt{a^2 - b^2 m^2}}.$$

Les seules normales réelles sont celles dont le coefficient angulaire a une valeur absolue inférieure à $\dfrac{a}{b}$.

Représentation paramétrique de l'hyperbole; applications. — Toutes les solutions réelles de l'équation $\dfrac{x^2}{a'^2} - \dfrac{y^2}{b'^2} - 1 = 0$ donnent à $\dfrac{x}{a'}$ une valeur absolue supérieure à 1. Si x est positif, on peut donc poser $x = a'\operatorname{ch}\varphi$ et il vient $y = \pm b'\operatorname{sh}\varphi$. On peut se borner à prendre $y = b'\operatorname{sh}\varphi$, la seconde valeur se déduisant de celle-là en changeant φ en $-\varphi$, ce qui n'altère pas x. Les équations

$$(9) \qquad\qquad x = a'\operatorname{ch}\varphi, \qquad y = b'\operatorname{sh}\varphi,$$

où l'on fait varier φ de $-\infty$ à $+\infty$ donnent tous les points M de la branche d'hyperbole pour laquelle x est > 0.

Pour obtenir l'autre branche, il faudra prendre les équations

$$x = -a'\,\mathrm{ch}\,\varphi, \qquad y = b'\,\mathrm{sh}\,\varphi.$$

Les équations

$$y = a'\,\mathrm{sh}\,\varphi, \qquad y = b'\,\mathrm{ch}\,\varphi$$

définissent les points M' de la branche de l'hyperbole conjuguée pour laquelle y est > 0, et il est facile de voir que deux points M et M' correspondant à la même valeur de φ sont deux extrémités de diamètres conjugués sur l'hyperbole donnée et sa conjuguée.

En posant $e^\varphi = t$, on trouve comme coordonnées du point M

$$x = a'\,\frac{t^2 + 1}{2t}, \qquad y = b'\,\frac{t^2 - 1}{2t}.$$

En donnant à t des valeurs positives, on retrouve les points de la branche pour laquelle x est > 0; les valeurs négatives de t correspondent aux points de l'autre branche.

L'équation de la normale en M est

$$\frac{ax}{\mathrm{ch}\,\varphi} + \frac{by}{\mathrm{sh}\,\varphi} - c^2 = 0.$$

Les coordonnées du point caractéristique I, sur cette normale, s'obtiennent par un calcul analogue à celui de l'ellipse et l'on trouve :

$$x = \frac{c^2}{a}\,\mathrm{ch}^3\varphi, \qquad y = -\frac{c^2}{b}\,\mathrm{sh}^3\varphi.$$

I et M sont encore de part et d'autre de l'axe focal.

On vérifiera, comme pour l'ellipse, que la parallèle à la tangente en M, menée par N, rencontre le diamètre OM en un point qui a même abscisse que I et que la parallèle à la tangente en M, menée par N', rencontre OM en un point qui a même ordonnée que I.

Le rayon de courbure MI vaut $\dfrac{\overline{OM'}^3}{ab}$ ou $\dfrac{\overline{OM'}^2}{\overline{OH}}$, OH étant la distance de O à la tangente en M.

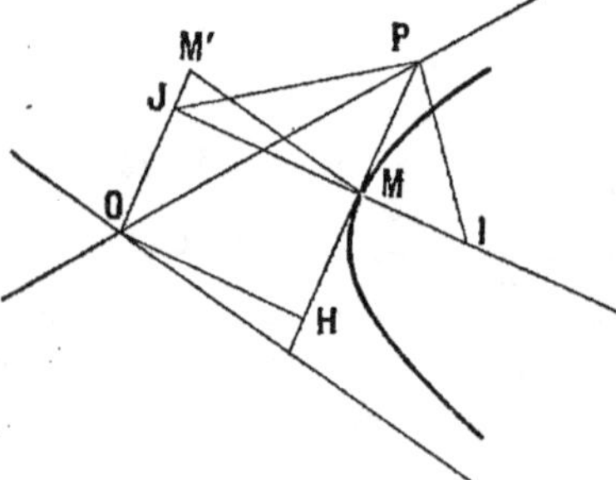

Soit J le point de rencontre de la normale en M et de la parallèle menée par O à la tangente. A cause des égalités

$$MP = OM', \qquad JM = OH,$$

on a :

$$MI = \frac{\overline{MP}^2}{JM}.$$

On obtient donc le point I en menant PI perpendiculaire sur PJ.

EXERCICES

1º Lieu des points de rencontre des normales menées à une hyperbole et à sa conjuguée aux extrémités de deux diamètres conjugués.

2º Un segment de droite AB se déplace de telle sorte que l'aire limitée par ce segment et par un segment AMB d'une courbe donnée Γ, ait une valeur constante. Trouver le point où le support de AB touche son enveloppe.

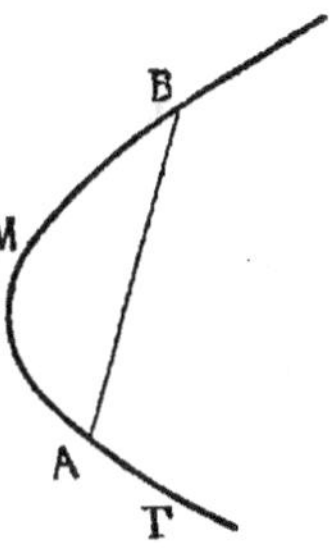

Réciproque. Appliquer à deux hyperboles qui ont les mêmes asymptotes.

3º Soit K le point de rencontre des perpendiculaires menées aux axes de symétrie d'une hyperbole par les points N et N′ où la normale en M rencontre ces axes. Vérifier que la perpendiculaire abaissée de K sur OM passe par le centre de courbure I.

4º Soit L le point de rencontre d'un rayon vecteur MF d'une conique avec la parallèle à la tangente en M, menée par le point N où la normale en M rencontre un axe de symétrie de la conique. Démontrer que la perpendiculaire à MF, menée par L, passe par le centre de courbure I.

5º Trouver le lieu géométrique du point où le diamètre OM est rencontré par la parallèle menée par N à la tangente en M.

6º Soient P_1 et P_2 les projections orthogonales d'un point P sur les axes d'une conique à centre. Démontrer que les asymptotes de l'hyperbole d'Apollonius relative au point P sont les droites joignant les pieds des normales menées de P_1 ou de P_2 à la conique donnée.

95ᵉ LEÇON

ÉQUATIONS RÉDUITES — HYPERBOLE *(Suite)*

Propriétés spéciales aux asymptotes; constructions géométriques. — Quand un point M décrit l'hyperbole d'équation

$$\frac{x^2}{a^2} - \frac{y^2}{b^2} - 1 = 0,$$

le produit $\left(\dfrac{x}{a} - \dfrac{y}{b}\right)\left(\dfrac{x}{a} + \dfrac{y}{b}\right)$ reste constant. On en conclut que le produit $MR \cdot MR'$ des distances d'un point M de l'hyperbole à ses asymptotes est indépendant de la position de ce point.

Menons par M une sécante de direction fixe; soient S et S' ses points de rencontre avec les asymptotes. Les segments MS et MS' sont respectivement proportionnels à MR et MR' : le produit $MS \cdot MS'$ est donc aussi indépendant de la position du point M; sa valeur ne dépend que de la direction de la sécante.

Si le diamètre OA, parallèle à cette sécante, est transverse pour l'hyperbole donnée, les deux segments MS et MS' sont de même sens et l'on a :

$$\overline{MS} \cdot \overline{MS'} = \overline{OA}^2.$$

Si le diamètre OB, parallèle à la sécante, est transverse pour l'hyperbole conjuguée, les deux segments MS_1 et MS_1' sont de sens contraires et l'on a :

$$\overline{MS_1} \cdot \overline{MS_1'} = -\overline{OB}^2.$$

On vérifie chacune de ces égalités en amenant M en A dans le premier cas, et en l'amenant à une extrémité du diamètre conjugué de OB dans le second.

Nous avons vu aussi que les milieux de MM' et de SS' coïncident.

Ces propriétés permettent, lorsqu'on connaît les asymptotes d'une hyperbole et un point de cette courbe, de construire ses points de rencontre avec une droite quelconque et, par suite, de résoudre de nombreux problèmes.

D'abord, une sécante menée par le point donné M rencontre l'hyperbole en un second point M′ symétrique de M par rapport au milieu E de SS′. Les deux vecteurs SM et S′M′ sont donc égaux et opposés, ce qui permet de construire le point M′; on aura ainsi autant de points de la courbe qu'on le voudra.

Si la sécante tourne autour de M jusqu'à devenir tangente, la propriété subsiste à la limite, et les deux vecteurs MG, MG′, déterminés sur la tangente en M par les asymptotes, sont symétriques par rapport au point M; la parallèle menée par M à OG′ passe par le milieu D de OG. La construction de la tangente en M en résulte. OM est le diamètre conjugué de GG′ et MG est la longueur du demi-diamètre conjugué de OM dans l'hyperbole conjuguée; on connaît donc deux demi-diamètres conjugués en position et grandeur.

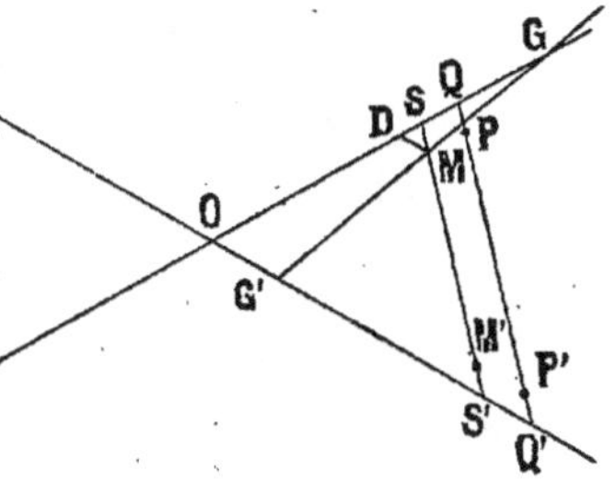

Soient P et P′ les points de rencontre inconnus de l'hyperbole et d'une sécante parallèle à MM′, Q et Q′ les points d'intersection des asymptotes et de PP′.

Si M et M′ sont sur une même branche de l'hyperbole, comme dans le cas de la figure, on a :

$$PQ + PQ' = QQ', \qquad PQ \cdot PQ' = MS \cdot MS'.$$

On obtient donc PQ et PQ′ en construisant deux segments dont on connaît la somme et le produit. Le problème n'est possible que si la longueur QQ′ est plus grande que celle du diamètre parallèle à QQ′ dans l'hyperbole conjuguée.

Si M et M′ sont sur deux branches différentes, on a cette fois :

$$|PQ' - PQ| = QQ', \qquad PQ \cdot PQ' = MS \cdot MS'.$$

On obtient PQ et PQ′ en construisant deux segments dont on connaît la différence et le produit; la sécante coupe toujours l'hyperbole dans ce cas.

Pour trouver les points de contact des tangentes menées d'un point P à l'hyperbole, il faut trouver l'intersection de cette conique et de la polaire de P. On connaît déjà la direction de cette polaire, qui est parallèle à la polaire de P par rapport aux asymptotes; on en construit un point en cherchant les points de rencontre de la conique et d'une sécante issue de P.

Signalons encore l'équation réduite de l'hyperbole rapportée à ses asymptotes. L'origine étant le centre de la conique, et les directions des axes de coordonnées étant les directions asymptotiques de la courbe, son équation est de la forme

$$(1) \qquad\qquad xy = k.$$

On peut toujours supposer $k > 0$ en orientant convenablement les axes; la courbe est alors placée dans le premier et le troisième angle des axes.

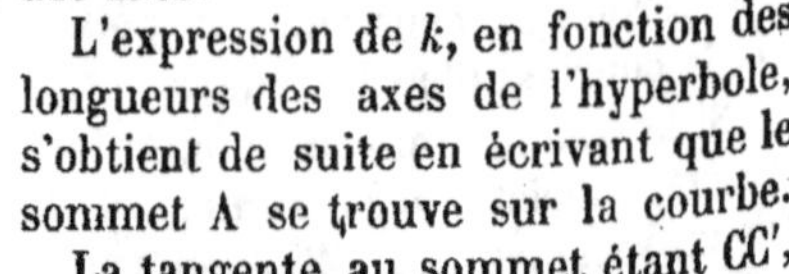

L'expression de k, en fonction des longueurs des axes de l'hyperbole, s'obtient de suite en écrivant que le sommet A se trouve sur la courbe.

La tangente au sommet étant CC', les coordonnées de A sont égales à la moitié de OC ou de OC', c'est-à-dire à

$$\frac{1}{2} \sqrt{a^2 + b^2} \text{ ou à } \frac{c}{2}.$$

Donc $k = \dfrac{c^2}{4}.$

La simplicité de l'équation (1) en rend l'emploi commode lorsque l'étude à faire n'exige pas des axes rectangulaires. En particulier, si $M_1(x_1, y_1)$ et $M_2(x_2, y_2)$ sont deux points de la courbe, on a :

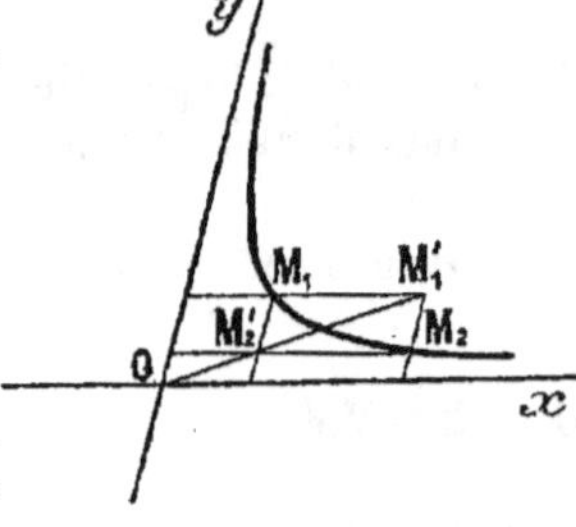

$$x_1 y_1 = x_2 y_2 \qquad \text{ou} \qquad \frac{y_1}{x_2} = \frac{y_2}{x_1}.$$

Cette égalité exprime que les deux points $M_1'(x_2, y_1)$ et $M_2'(x_1, y_2)$ sont alignés sur le centre.

On en déduit la construction des asymptotes d'une hyperbole dont on connaît les directions asymptotiques D et D' et trois points A, B, C : on mène par ces points des parallèles à D et à D'; les diagonales MM' et NN' de deux des parallélogrammes formés par ces droites se coupent au centre O de l'hyperbole.

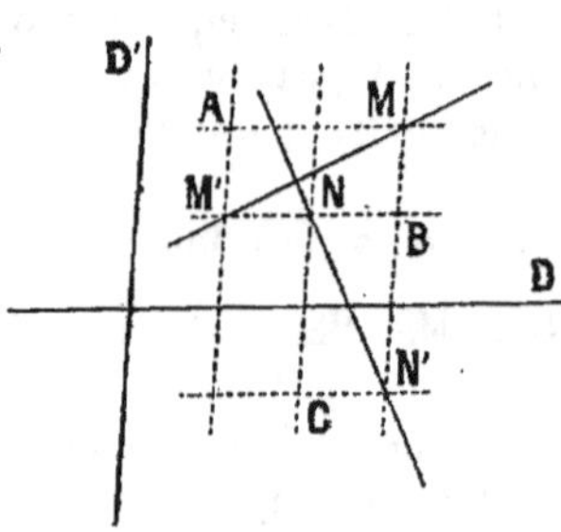

PARABOLE

L'équation réduite de la parabole rapportée à un diamètre Ox et à la tangente Oy, au point où ce diamètre rencontre la conique, est

$$(2) \qquad f(x, y) \equiv y^2 - 2p'x = 0,$$

et l'on peut toujours orienter Ox de sorte que p' soit positif.

Intersection avec une droite quelconque. — Une droite parallèle à Ox coupe la parabole en un point dont l'ordonnée est celle de cette droite; l'abscisse de ce point est donnée par l'équation (2).

Soit

$$(3) \qquad ux + vy + w = 0$$

l'équation d'une sécante quelconque. L'abscisse d'un point de la parabole s'exprimant rationnellement en fonction de y, il est naturel de prendre l'ordonnée comme inconnue principale. L'équation qui donne les ordonnées des points d'intersection est

$$(4) \qquad u\frac{y^2}{2p'} + vy + w = 0.$$

Ses racines sont réelles si les coordonnées de la droite vérifient l'inégalité

$$(5) \qquad \psi(u, v, w) \equiv v^2 - \frac{2\,uw}{p'} > 0.$$

L'équation $\psi(u, v, w) = 0$ est l'équation tangentielle de la parabole. On peut retenir le sens de l'inégalité (5) en remarquant que l'axe Ox, dont les coordonnées sont $0, 1, 0$, est une droite sécante.

Problèmes sur les tangentes. — L'équation de la polaire du point $P(x_0, y_0)$ est

$$(6) \qquad -p'x + yy_0 - p'x_0 = 0.$$

C'est aussi l'équation de la tangente en P lorsque ce point est sur la parabole.

On remarque que, dans tous les cas, l'abscisse du point M et celle du point où sa polaire rencontre Ox ne diffèrent que par le signe. En particulier, si P est sur la parabole, on voit que la sous-tangente relative à ce point est double de son abscisse.

D'une façon générale, on appelle sous-tangente en un point M d'une courbe le vecteur qui a pour origine le point de rencontre de la tangente en M et de Ox, et pour extrémité la projection du point M sur Ox parallèlement à Oy.

L'équivalent algébrique de ce vecteur est $\dfrac{y}{y'}$. Toute courbe dont la sous-tangente est double de l'abscisse est donc caractérisée par l'équation

$$2\frac{y'}{y} = \frac{1}{x}.$$

L'intégrale générale de cette équation est

$$y^2 = Cx$$

C désignant une constante arbitraire. Cette propriété de la sous-tangente est donc spéciale à la parabole.

Les tangentes menées d'un point P sont réelles si sa polaire est une droite sécante pour la parabole, c'est-à-dire si $\psi(-p', y_0, -p'x_0)$ est > 0. Cette inégalité équivaut à

$$(7) \qquad f(x_0, y_0) = y_0^2 - 2p'x_0 > 0.$$

L'inégalité (7) caractérise les points extérieurs à la parabole ; on peut en retenir le sens en remarquant qu'un point placé très loin, dans une direction quelconque autre que la direction asymptotique de la conique, est certainement à l'extérieur. En général, les points extérieurs sont caractérisés par l'inégalité $C f(x_0, y_0) > 0$, si C n'est pas nul.

L'équation de la tangente à la parabole, en fonction du coefficient angulaire, s'obtient en écrivant que les coordonnées de la droite $y = mx + n$ vérifient l'équation tangentielle. On trouve ainsi :

$$1 - \frac{2mn}{p'} = 0 \qquad \text{ou} \qquad n = \frac{p'}{2m}.$$

L'équation cherchée est donc :

$$y = mx + \frac{p'}{2m}.$$

On peut mener à la parabole une tangente parallèle à une direction arbitraire.

L'équation aux coefficients angulaires des tangentes menées du point (x_0, y_0) en résulte. C'est :

$$(8) \qquad 2m^2 x_0 - 2my_0 + p' = 0.$$

En particulier, supposons la parabole rapportée à son axe et à sa tangente au sommet, et cherchons le lieu des points P d'où l'on peut mener à la conique deux tangentes faisant un angle donné. Les coefficients angulaires m_1 et m_2 de ces tangentes vérifient les trois relations

$$\text{tg V} = \frac{m_1 - m_2}{1 + m_1 m_2}, \qquad m_1 + m_2 = \frac{y_0}{x_0}, \qquad m_1 m_2 = \frac{p}{2x_0}.$$

L'élimination de m_1 et m_2 se fait de suite en élevant les deux membres de la première équation au carré, ce qui donne :

$$\text{tg}^2 V = \frac{(m_1 + m_2)^2 - 4m_1 m_2}{(1 + m_1 m_2)^2},$$

et en y remplaçant $m_1 + m_2$ et $m_1 m_2$ par leurs valeurs. On trouve ainsi :

$$\text{tg}^2 V = \frac{y_0^2 - 2px_0}{\left(x_0 + \dfrac{p}{2}\right)^2}.$$

Cela place le point P sur la conique dont l'équation est :

$$y^2 - 2px = \text{tg}^2 V \cdot \left(x + \frac{p}{2}\right)^2.$$

Toutes les coniques correspondant aux diverses valeurs de V sont bitangentes à la parabole, aux points d'intersection imaginaires de cette courbe et de sa directrice. Le foyer et la directrice de la parabole sont donc foyer et directrice de toutes ces coniques. Un calcul facile montre que leur excentricité vaut $\dfrac{1}{\cos V}$; ce sont donc des hyperboles. Quand $V = \dfrac{\pi}{2}$, le lieu est la directrice.

Toutes ces propriétés se déduisent aisément de la construction (leç. 89) des tangentes issues d'un point à une parabole définie par son foyer et sa directrice.

Propriétés des normales. — L'équation de la parabole rapportée à son axe et à sa tangente au sommet étant

$$(9) \qquad f(x, y) \equiv y^2 - 2px = 0,$$

l'équation de la normale au point $M(x_0, y_0)$ de cette courbe est

$$\frac{x - x_0}{f'_{x_0}} = \frac{y - y_0}{f'_{y_0}},$$

c'est-à-dire

$$(10) \quad \frac{x - x_0}{p} + \frac{y - y_0}{y_0} = 0 \quad \text{ou} \quad \frac{x}{p} + \frac{y}{y_0} - \left(1 + \frac{x_0}{p}\right) = 0.$$

La recherche du point de rencontre N de la normale et de l'axe de la parabole montre que l'abscisse de ce point est donnée par la formule

$$x_1 - x_0 = p.$$

D'une façon générale, on appelle sous-normale d'une courbe, en axes rectangulaires, le vecteur ayant pour origine la projection d'un point de la courbe sur Ox, et pour extrémité l'intersection de la normale en ce point et de Ox.

La sous-normale est donc constante dans la parabole.

L'expression générale de la sous-normale relative à un point (x, y) étant yy', toute courbe dont la sous-normale est constante est caractérisée par l'équation

$$yy' = k.$$

L'intégrale générale de cette équation est :

$$y^2 = 2kx + C,$$

C désignant une constante arbitraire. Cette propriété de la sous-normale est donc spéciale à la parabole.

Cherchons à quelle condition la droite définie par l'équation

$$(11) \qquad ux + vy + w = 0$$

est normale à la parabole. Il faut qu'on puisse déterminer une solution (x_0, y_0) de l'équation (9), telle que les deux équations (10) et (11) représentent la même droite. En écrivant que les équations (10) et (11) ont leurs coefficients proportionnels, on a :

$$pu = y_0 v = \frac{-wp}{p + x_0},$$

d'où

$$x_0 = -p - \frac{w}{u}, \qquad y_0 = \frac{pu}{v}.$$

Portant ces valeurs dans l'équation (9) et simplifiant, nous avons :

$$(12) \qquad pu^3 + 2v^2(pu + w) = 0.$$

Cette équation montre que la développée de la parabole est une courbe de 3e classe, c'est-à-dire qu'on peut mener d'un point trois normales issues ou imaginaires à la parabole.

Nous allons étudier ce problème en cherchant les pieds des normales menées du point P (x_1, y_1).

En écrivant que la normale au point (x, y) de la parabole passe par P, nous obtenons l'équation

$$\frac{x_1}{p} + \frac{y_1}{y} - 1 - \frac{x}{p} = 0,$$

ou

$$(13) \qquad xy + (p - x_1)y - py_1 = 0,$$

qui définit l'hyperbole d'Apollonius relative au point P. Cette équation n'est pas modifiée si l'on remplace la parabole donnée par la parabole plus générale, d'équation

$$y^2 - 2px + \lambda = 0,$$

λ désignant un paramètre arbitraire. L'hyperbole d'Apollonius est donc le lieu des pieds des normales menées de P à toutes les paraboles qui se déduisent de la parabole donnée par une translation arbitraire le long de l'axe de cette courbe.

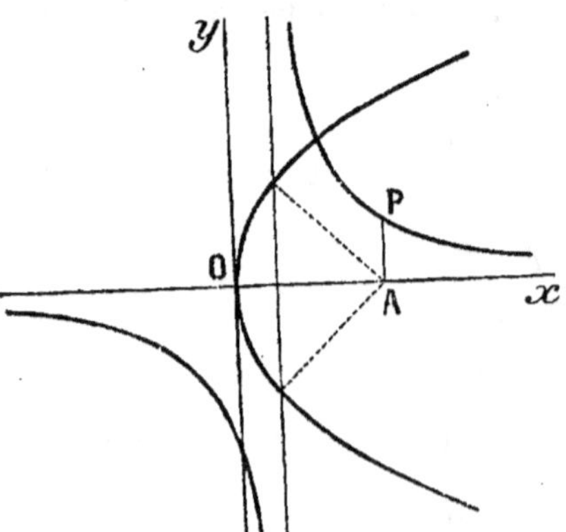

L'une des asymptotes de cette hyperbole est l'axe de la parabole ; l'autre joint les pieds des normales que l'on peut mener à la parabole de la projection A du point P sur l'axe.

La branche de l'hyperbole passant par P coupe toujours la parabole en un point ; l'autre branche peut la couper en deux points.

D'ailleurs, l'équation qui donne les ordonnées des pieds des normales s'obtient de suite en remplaçant x par $\dfrac{y^2}{2p}$ dans l'équation (13).

On trouve ainsi une équation du 3e degré

$$(14) \qquad \frac{y^3}{2p} + (p - x_1)y - py_1 = 0,$$

de forme réduite. Elle a ses trois racines réelles lorsque x_1 et y_1 vérifient l'inégalité

$$4\big(2p(p - x_1)\big)^3 + 27\,(2p^2 y_1)^2 < 0,$$

ou bien

$$(15) \qquad 8(p - x_1)^3 + 27\,py_1^2 < 0.$$

La courbe dont l'équation est

$$(16) \qquad 8(p - x)^3 + 27\,py^2 = 0,$$

est la développée de la parabole. On la construit aisément en résolvant l'équation par rapport à y. Bornons-nous à la valeur positive de y, en tenant compte de la symétrie par rapport à Ox; la fonction

$$y = \sqrt{\frac{8\,(x - p)^3}{27\,p}}$$

croît de o à $+\infty$ quand x croît de p à $+\infty$. Le calcul de y' et de y'' montre que la tangente au sommet $S\,(p, o)$ est Ox, et que la branche considérée tourne sa concavité vers les y positifs.

La branche infinie est parabolique et sa direction asymptotique est Oy.

Les points d'où l'on peut mener trois normales réelles à la parabole sont de côté différent du sommet de cette courbe par rapport à la développée.

Si l'on veut l'équation de la normale en fonction d'un paramètre, il

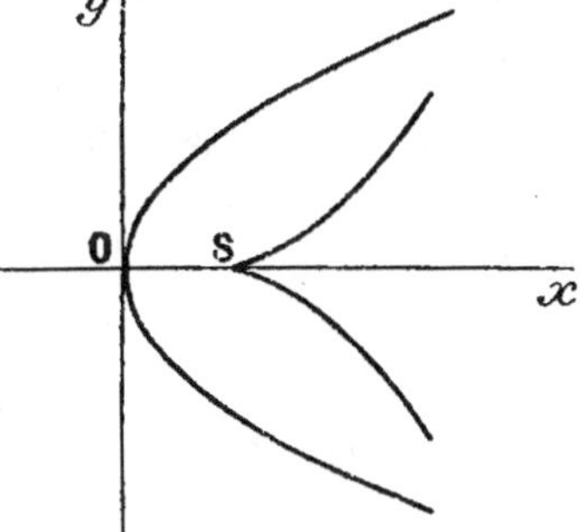

suffit de remplacer x_0 par $\dfrac{y_0^2}{2p}$ dans l'équation (10). On trouve ainsi :

$$(17) \qquad \frac{x}{p} + \frac{y}{y_0} - \left(1 + \frac{y_0^2}{2p^2}\right) = 0.$$

On obtient l'équation de la développée en exprimant que l'équation (17) a, par rapport au paramètre y_0, une racine double : c'est précisément le calcul qui a été fait plus haut après avoir remplacé x et y respectivement par x_1 et y_1.

L'ordonnée du point caractéristique sur la normale s'obtient en différentiant l'équation (17) par rapport à y_0; on trouve ainsi :

$$y = -\frac{y_0^3}{p^2}.$$

Si l'on multiplie les deux membres de l'équation (17) par y_0, avant de différentier, on obtient :

$$x = p + \frac{3\,y_0^2}{2\,p}.$$

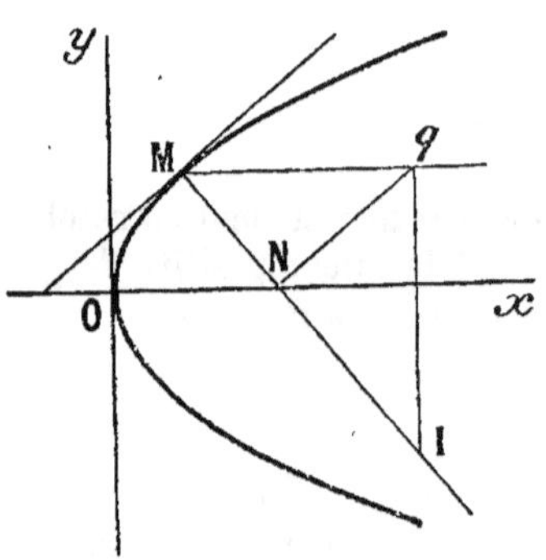

Cette dernière formule montre de suite que le centre de courbure I s'obtient, comme pour l'ellipse et l'hyperbole, en menant par N une parallèle à la tangente, prenant le point d'intersection q de cette parallèle et du diamètre passant par M, et menant par q une perpendiculaire à l'axe.

Nous avons déjà démontré (leç. 66) que le rayon de courbure est donné par la formule

$$\mathrm{MI} = \frac{1}{p^2}\left(y^2 + p^2\right)^{\frac{3}{2}} = \frac{\overline{\mathrm{MN}}^3}{p^2}.$$

On peut aussi trouver l'équation de la normale en fonction du coefficient angulaire, soit en utilisant l'équation tangentielle de la développée, soit en remarquant que le coefficient angulaire de la normale définie par l'équation (17) est

$$m = -\frac{y_0}{p}.$$

En remplaçant y_0 par $-mp$ dans l'équation (17), on trouve l'équation cherchée

$$y = m(x - p) - \frac{pm^3}{2}.$$

Constructions géométriques. — En dehors des constructions qui résultent des propriétés focales, on peut utiliser celles qui se déduisent de l'équation réduite de la parabole.

L'ordonnée d'un point dont on se donne l'abscisse x s'obtient en construisant une moyenne proportionnelle entre x et $2p$.

L'abscisse d'un point dont on se donne l'ordonnée y résulte de la construction de $\dfrac{y^2}{2p}$.

Cherchons les ordonnées des points de rencontre de la parabole et d'une droite quelconque D définie par l'équation

$$\frac{x}{\alpha} + \frac{y}{\beta} - 1 = 0,$$

où α et β représentent l'abscisse et l'ordonnée à l'origine de D.

Les ordonnées des points cherchés sont racines de l'équation

$$y^2 + 2\frac{\alpha}{\beta}py - 2\alpha p = 0.$$

La somme et le produit de ces racines se construisent aisément; on est ensuite ramené à construire deux longueurs dont on connaît le produit et la somme ou la différence suivant que α est < 0 ou > 0.

La construction de la tangente en un point se déduit de la propriété de la sous-tangente. Celle de la normale résulte aussi de la propriété de la sous-normale. La construction d'une tangente de direction donnée se relie aisément à celle d'une normale de direction donnée : on connaît le côté AN et l'angle en N du triangle ANM.

Pour obtenir la polaire d'un point P, on cherche le symétrique P′ de ce point par rapport au point de rencontre Q de la parabole et du diamètre passant par P, et on mène par P′ une parallèle à la tangente en Q.

Les points de rencontre de cette polaire et de la parabole sont les points de contact des tangentes issues de P.

EXERCICES

1º Démontrer que la diagonale $M'_1 M'_2$ du parallélogramme obtenu en menant par deux points M_1 et M_2 d'une hyperbole des parallèles aux asymptotes, passe par le centre; on s'appuiera sur les propriétés des pôles et des polaires.

2º Construire la seconde asymptote d'une hyperbole connaissant une asymptote et trois points de cette conique.

3º Trouver les points communs à une parabole et à sa développée.

4º Trouver le lieu des points d'où l'on peut mener à une parabole deux normales rectangulaires. Trouver les points d'intersection de ce lieu et de la développée.

5º Trouver la relation qui existe entre les ordonnées des pieds de trois normales concourantes de la parabole.

6º Trouver la relation qui existe entre les ordonnées des points de rencontre d'une parabole et d'un cercle quelconque. Démontrer que les pieds des normales menées d'un point P à la parabole sont sur un cercle passant par le sommet. Trouver le point d'intersection M′ de la parabole et du cercle osculateur en un point M de cette parabole.

7º Le pôle tangentiel d'une droite étant donné, calculer les coordonnées de son pôle normal par rapport à la parabole. Problème inverse. Former l'équation générale des coniques passant par les trois pôles tangentiels qui correspondent à un pôle normal donné; en déduire l'équation du cercle qui passe par ces trois points.

96e LEÇON

HOMOTHÉTIE (GÉOMÉTRIE)

On donne ce nom à une correspondance qui associe à un point quelconque M un autre point M′ tel que la droite MM′ passe par un point fixe O et que le rapport $k = \dfrac{\overline{OM'}}{\overline{OM}}$ soit constant. k s'appelle rapport d'homothétie; les points associés sont dits homologues. Si k est > 0, l'homothétie est directe; si k est < 0, l'homothétie est inverse. La symétrie par rapport à un point est une homothétie dont le rapport vaut — 1.

La correspondance est évidemment déterminée si l'on se donne le point O et le rapport d'homothétie.

Si k vaut 1, un point quelconque coïncide avec son homologue.

Si k n'est pas égal à 1, le seul point à distance finie confondu avec son homologue est le point O qu'on appelle centre ou point double de l'homothétie.

Si un point M s'éloigne à l'infini dans une direction déterminée, le point M′ homologue s'éloigne à l'infini dans la même direction : on peut donc regarder tous les points à l'infini comme des points doubles de la correspondance.

On peut déduire de la définition précédente de l'homothétie un certain nombre de propriétés caractéristiques de cette correspondance.

Propriété I. — *A et A′ étant deux points homologues déterminés, M et M′ deux points homologues quelconques, les deux segments homologues AM et A′M′ sont parallèles et toujours de même sens ou toujours de sens contraires; le rapport $\dfrac{\overline{A'M'}}{\overline{AM}}$ est constant et égal au rapport d'homothétie.*

Les deux triangles OAM et OA′M′ sont semblables comme ayant un angle égal compris entre côtés proportionnels, puisque l'on a :

$$\frac{OA'}{OA} = \frac{OM'}{OM} = |k|.$$

Les deux segments AM et A′M′ sont donc parallèles. En outre $\dfrac{A'M'}{AM}$ est égal à $\dfrac{OA'}{OA}$, c'est-à-dire à $|k|$.

Enfin, si k est > 0, AM et A'M' sont de même sens et si k est < 0, AM et A'M' sont de sens contraires. Dans tous les cas, on a :

$$\frac{\overline{A'M'}}{\overline{AM}} = k = \frac{\overline{OA'}}{\overline{OA}}.$$

Réciproquement, une correspondance qui possède ces propriétés est, en général, une homothétie. Supposons en effet que AM et A'M' soient parallèles et que $\dfrac{\overline{A'M'}}{\overline{AM}}$ ait une valeur constante k.

Si l'on excepte le cas particulier où ces deux vecteurs sont équipollents, c'est-à-dire où k vaut 1, les deux droites AA' et MM' concourent en un point O tel que l'on ait $\dfrac{\overline{OA'}}{\overline{OA}} = k$. Ce point O est donc fixe.

On voit de suite que $\dfrac{\overline{OM'}}{\overline{OM}}$ a la même valeur que $\dfrac{\overline{OA'}}{\overline{OA}}$ et la correspondance est bien une homothétie.

Lorsque k vaut 1, les deux vecteurs AA' et MM' sont équipollents comme AM et A'M'; une translation d'amplitude AA' amène donc M en M' et la correspondance est une translation.

Dans tous les cas, à des points M placés sur une droite D menée par A, correspondent des points M' situés sur une droite D' parallèle à D et menée par A'; la figure homologue d'une droite est donc une droite parallèle. D' ne coïncide avec D que si D passe par le centre d'homothétie. Deux droites parallèles D et D' sont homologues dans une homothétie dont le centre est un point quelconque de leur plan.

Si D se déplace autour du point A, dans un plan fixe P, la droite homologue D', parallèle à D et passant par A', engendre un plan P' parallèle à P; la figure homologue d'un plan est donc un plan parallèle. P' ne coïncide avec P que si P passe par le centre d'homothétie. Deux plans parallèles P et P' sont homologues dans une homothétie dont le centre est un point quelconque de l'espace.

Si A est le centre d'un cercle Γ et M un point quelconque de ce cercle, le vecteur A'M' a, comme AM, une longueur constante et, comme il se déplace dans un plan fixe, le lieu de M' est un cercle Γ' dont le centre est en A' et dont le plan est parallèle à celui de Γ; la figure homologue d'un cercle est donc un cercle.

Soient Γ et Γ' deux cercles dont les plans P et P' sont parallèles; soient A et A' leurs centres et M un point du premier. Le diamètre du second parallèle à AM rencontre Γ' en deux points M' et M'_1. L'homothétie définie par les deux couples de points homologues (A, A') et (M, M') fait correspondre à Γ un cercle dont le centre est en A', dont le plan est parallèle à P et qui passe par M'; ce cercle n'est autre que Γ'. De même, l'homothétie définie par les deux couples de points homologues (A, A') et (M, M'_1) fait correspondre Γ et Γ'. L'une de ces homothéties est directe, l'autre est inverse, et les rapports d'homothétie ne diffèrent que par le signe. L'une des correspondances peut être une translation; l'autre est alors une symétrie. Ce fait se produit lorsque les deux cercles sont égaux.

Si A est le centre d'une sphère S et M un point quelconque de cette sphère, le vecteur A'M' a une longueur constante et le lieu de M' est une sphère S' de centre A'. Inversement, deux sphères quelconques S et S' se correspondent dans deux homothéties. L'une de ces correspondances est une translation et l'autre une symétrie lorsque S et S' ont même rayon.

Propriété II. — *Le segment ayant pour extrémités deux points quelconques M et N, et le segment dont les extrémités sont les points homologues M' et N', sont parallèles et toujours de même sens ou toujours de sens contraires.*

Cette propriété résulte de la démonstration donnée pour la première.
Réciproquement, une correspondance qui possède cette propriété est, en général, une homothétie. Pour le montrer, supposons la propriété

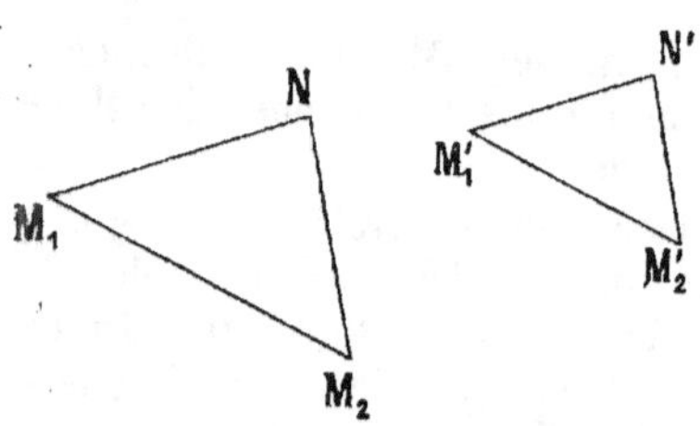

vraie pour deux positions particulières M_1 et M_2 du point M; soient M'_1 et M'_2 leurs homologues.

Supposons donc que, quel que soit N, les deux segments M_1N et M'_1N' soient parallèles ainsi que les deux segments M_2N et M'_2N'; supposons-les en outre de même sens deux à deux. Si l'on place N en M_1, N' vient en M'_1 et, par suite, M_2M_1 et $M'_2M'_1$ sont parallèles et de même sens. Les deux triangles M_1M_2N et $M'_1M'_2N'$ sont directement semblables et le rapport $\dfrac{M'_1N'}{M_1N}$ vaut $\dfrac{M'_1M'_2}{M_1M_2}$; il est donc constant et nous retombons sur la première propriété caractéristique.

Il en de même si les segments homologues sont tous de sens contraires. Sauf le cas particulier où M_1M_2 et $M'_1M'_2$ sont équipollents, la correspondance est donc une homothétie.

On doit se demander ce qu'est la correspondance résultant de plusieurs homothéties successives. Imaginons une première homothétie, directe par exemple, qui fait correspondre à deux points quelconques M et N les deux points M' et N', et une seconde homothétie inverse qui fait correspondre à M' et N' les deux points M'' et N''. Les deux segments MN et M'N' sont parallèles et de même sens; M'N' et M''N'' sont parallèles et de sens contraires; donc MN et M''N'' sont parallèles et de sens contraires. La correspondance résultant des deux homothéties est donc aussi une homothétie. Posons :

$$\frac{\overline{M''N''}}{\overline{M'N'}} = k, \qquad \frac{\overline{MN}}{\overline{M''N''}} = k', \qquad \frac{\overline{M'N'}}{\overline{MN}} = k'', \qquad \text{d'où} \quad kk'k'' = 1.$$

Si k et k'' sont de même signe, k' est positif; s'ils sont de signes contraires, k' est négatif, c'est-à-dire que l'homothétie résultante est directe ou inverse suivant que les homothéties composantes sont de même nature ou de natures différentes.

Le nombre des homothéties inverses est o ou 2.

Si k et k'' sont inverses l'un de l'autre, k' vaut 1 et l'homothétie résultante est une translation.

Le même raisonnement montre que si, à une figure F, on fait correspondre deux figures F' et F'' par des homothéties de même rapport et de centres différents, on peut passer de F' à F'' par une translation; F' et F'' sont égales. On obtient donc, en grandeur, toutes les figures homothétiques d'une figure donnée en fixant le centre d'homothétie et faisant varier le rapport d'homothétie.

Restons dans le cas général où deux quelconques des trois segments homologues MN, M'N', M''N'' ne sont pas équipollents; appelons O le centre de l'homothétie qui associe M' et M'', O' le centre de celle qui associe M'' et M, O'' le centre de celle qui associe M et M'. La droite O'O'' appartenant à l'espace E, lieu des points M, est sa propre homologue dans l'espace E', lieu des points M', puisqu'elle passe par le point double O'' de la correspondance qui associe E et E'. Il en est de même dans le passage de E'' à E, puisqu'elle passe par le point double O' de l'homothétie qui fait correspondre E à E''. Cette droite O'O'' est donc aussi sa propre homologue dans le passage de E' à E'' et elle passe par le point double O de l'homothétie correspondante.

Ainsi, les trois centres d'homothétie sont en ligne droite.

Cette proposition s'établit encore très simplement en remarquant que tous les plans MM'M'' passent par O, O' et O''.

Considérons le cas particulier où une figure F présente un centre de symétrie O et prenons la figure homothétique F' par rapport à un centre ω, le rapport d'homothétie étant k. Soit O' l'homologue de O; soient M et M_1 deux points symétriques par rapport au point O, et M', M'_1 les homologues de ces points dans l'homothétie considérée.

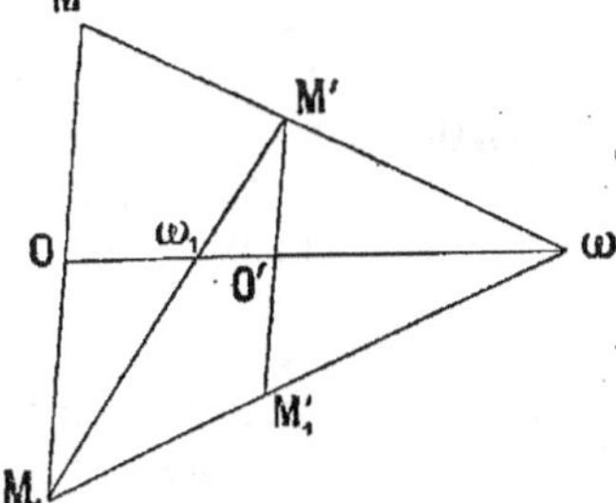

Les deux vecteurs OM et O'M' étant parallèles et ayant un rapport constant, il en est de même des vecteurs OM_1 et O'M'. F et F' se correspondent donc dans une seconde homothétie dont le rapport est $-k$; le centre ω_1 de cette homothétie est le conjugué harmonique de ω par rapport à O et O'. En outre, O'M' et $O'M'_1$ sont deux vecteurs égaux et de sens contraires comme OM et OM_1, de sorte que O' est un centre de symétrie de F'.

Ces faits pourraient être rattachés à la théorie précédente, en regardant la symétrie de F par rapport à O comme une homothétie qui fait correspondre F à elle-même.

Courbes homothétiques. — A deux points M et N d'une courbe C correspondent les points homologues M' et N' d'une courbe C' homothétique de C. Si N tend vers M, N' tend vers M' et le parallélisme constant de MN et M'N' entraîne le parallélisme des tangentes à C et à C' en M et M'. A deux courbes C et C_1 qui se coupent en un point M, correspondent deux courbes C' et C'_1 qui se coupent au point M' homologue de M, sous le même angle que les deux premières. Si C et C_1 sont tangentes, C' et C'_1 le sont aussi.

Toute courbe plane a pour homothétique une courbe plane.

Si le lieu des milieux des cordes de C, parallèles à une direction fixe D, est une droite Δ, le lieu des milieux des cordes parallèles à D, dans la courbe homothétique, est la droite Δ' homologue de Δ. Un axe de symétrie de C a pour homologue un axe de symétrie de C'.

Les m points de rencontre d'une courbe plane algébrique C et d'une droite arbitraire D ont pour homologues m points alignés de la courbe C' qui est aussi algébrique et d'ordre m. Si un point M de C s'éloigne indéfiniment, le point M' homologue sur C' s'éloigne indéfiniment dans la même direction que le point M. Deux courbes homothétiques ont donc mêmes directions asymptotiques.

Deux courbes planes homothétiques se projettent sur un plan quelconque suivant deux courbes homothétiques, car, à deux cordes homologues quelconques MN et M'N' de ces deux courbes correspondent, dans leurs projections, deux cordes mn et $m'n'$ qui sont parallèles comme MN et M'N'.

Réciproquement, si deux courbes C et C' situées dans des plans parallèles ont des projections c et c', sur un même plan, homothétiques, ces deux courbes sont homothétiques, car, à deux cordes homologues quelconques mn et $m'n'$ de c et c', correspondent des cordes MN et M'N' parallèles dans C et C'.

Deux ellipses homothétiques réelles ont des plans parallèles ainsi que des axes de symétrie parallèles, et les longueurs de ces axes sont proportionnelles. Réciproquement, deux ellipses qui présentent ces caractères sont homothétiques et elles le sont de deux façons différentes. Si les deux ellipses ont des plans différents, elles sont situées sur deux cônes du second degré qui ont pour sommets les centres d'homothétie.

Deux hyperboles homothétiques ont leurs asymptotes parallèles et leurs axes transverses sont homologues. Réciproquement, deux hyperboles qui présentent ces caractères sont homothétiques. Elles sont situées, comme les ellipses précédentes, sur deux cônes du second degré.

Deux paraboles homothétiques ont leurs plans parallèles et leurs axes parallèles. Réciproquement, deux paraboles qui présentent ces caractères sont homothétiques. Soient S et S' leurs sommets, F et F' leurs foyers; l'homothétie définie par les deux couples de points homologues (S, S') et (F, F') fait correspondre à la première parabole une parabole qui a même sommet, même plan et même foyer que la seconde. Le centre O de cette homothétie est le sommet d'un cône du second degré passant par les deux paraboles homothétiques.

L'homothétique d'une courbe gauche algébrique Γ est une courbe Γ'' de même ordre que Γ, car, aux m points d'intersection de Γ et d'un plan quelconque Π, correspondent les m points de rencontre de Γ'' et du plan Π' homologue de Π. Les tangentes à Γ et Γ'' en deux points homologues M, M' sont parallèles, et les plans osculateurs en ces points sont parallèles.

Surfaces homothétiques. — A une surface S l'homothétie fait correspondre une surface S'. A une courbe Γ passant par un point M de S, correspond sur S' une courbe Γ'' passant par le point M' homologue de M. Les tangentes MT et M'T' à Γ et Γ'' étant parallèles, les plans tangents à S et S' en M et M' sont parallèles.

A deux surfaces qui se coupent en M sous un certain angle, correspondent deux surfaces qui se coupent en M' sous le même angle que les deux premières. A deux surfaces tangentes en M, correspondent deux surfaces tangentes en M'.

Si le lieu des milieux des cordes de S, parallèles à une direction D, est un plan, le lieu des milieux des cordes de S', parallèles à D, est le plan homologue du premier.

Un plan de symétrie de S a pour homologue un plan de symétrie de S'. L'homologue d'un axe de symétrie de S est un axe de symétrie de S'.

A une surface algébrique d'ordre m correspond une surface algébrique d'ordre m.

Deux surfaces homothétiques ont les mêmes directions asymptotiques.

Les sections planes d'une quadrique par des plans parallèles ont les mêmes directions asymptotiques : ce sont donc des coniques homothétiques. Toutefois, pour que la correspondance soit réelle, il faut que ce soient des ellipses de même nature, ou des hyperboles placées dans les angles correspondants des asymptotes, ou des paraboles.

Les sections déterminées par un même plan ou par deux plans parallèles, dans deux quadriques homothétiques, ont aussi les mêmes directions asymptotiques et sont homothétiques. La restriction faite précédemment sur la réalité de la correspondance subsiste ici.

La surface homothétique d'un ellipsoïde réel est un autre ellipsoïde réel qui a des axes de symétrie respectivement parallèles à ceux du premier; de plus, les longueurs de ces axes sont proportionnelles. Réciproquement, deux ellipsoïdes qui présentent ces caractères sont homothétiques, car l'homothétie, qui fait correspondre à un demi-axe OA du premier un demi-axe parallèle O'A' du second, fait correspondre au premier un nouvel ellipsoïde dont les axes sont confondus deux à deux avec ceux du second. Les deux ellipsoïdes se correspondent dans deux homothéties.

La surface homothétique d'un cône est un autre cône qui se déduit du premier par une translation. Réciproquement, deux cônes résultant l'un de l'autre par une translation sont homothétiques, le centre d'homothétie ω étant un point arbitraire de la droite qui joint les sommets S et S' et le rapport d'homothétie étant $\dfrac{\overline{\omega S'}}{\overline{\omega S}}$.

La surface homothétique d'un hyperboloïde à une nappe est un autre hyperboloïde à une nappe qui a les mêmes directions asymptotiques que le premier ; les cônes asymptotes des deux quadriques sont donc parallèles. Réciproquement, deux hyperboloïdes à une nappe, dont les cônes asymptotes sont parallèles, sont homothétiques, car l'homothétie, qui fait correspondre à un demi-axe OA du premier un demi-axe parallèle O'A' du second, fait correspondre au premier un nouvel hyperboloïde à une nappe qui a même cône asymptote que le second et a un sommet commun avec le second ; ce nouvel hyperboloïde est donc confondu avec le second. Les deux hyperboloïdes se correspondent dans deux homothéties.

On démontrerait d'une façon analogue que deux hyperboloïdes à deux nappes dont les cônes asymptotes sont parallèles, sont homothétiques de deux façons différentes.

La surface homothétique d'un paraboloïde elliptique est un autre paraboloïde dont les plans de symétrie sont parallèles à ceux du premier. Soient S le sommet, F_1 et F_2 les foyers des paraboles sections principales du premier, S', F'_1, F'_2 les points homologues du second. On a :

$$\frac{SF_2}{SF_1} = \frac{S'F'_2}{S'F'_1},$$

c'est-à-dire que les paramètres des paraboles principales des deux paraboloïdes sont proportionnels.

Réciproquement, si deux paraboloïdes elliptiques ont des plans de symétrie parallèles deux à deux, et si les paramètres des paraboles principales du premier sont proportionnels aux paramètres des paraboles principales du second, ces deux paraboloïdes sont homothétiques. L'homothétie qui les fait correspondre est définie par les deux couples de points homologues (S, S') et (F_1, F'_1).

Deux paraboloïdes hyperboliques dont les plans directeurs sont parallèles deux à deux sont homothétiques.

Deux cylindres elliptiques sont homothétiques si leurs sections droites le sont ; ces sections droites sont donc des ellipses ayant des axes parallèles deux à deux, et les longueurs de ces axes sont proportionnelles. On peut associer à une section droite fixe de l'un des cylindres, une section droite quelconque de l'autre, si bien qu'il y a deux droites de centres d'homothétie, les rapports d'homothétie étant bien déterminés.

Deux cylindres hyperboliques sont homothétiques lorsque leurs plans asymptotes sont parallèles deux à deux. Il faut de plus, pour que la correspondance soit réelle, que ces deux cylindres soient situés dans les angles correspondants des plans asymptotes. Il y a encore deux droites de centres d'homothétie.

La surface homothétique d'un cylindre parabolique est un cylindre parabolique. dont le plan directeur et les génératrices sont respectivement parallèles aux éléments correspondants du premier. Réciproquement, deux cylindres paraboliques qui présentent ces caractères sont homothétiques; on peut associer à une section droite fixe du premier une section droite arbitraire du second, si bien qu'il y a une droite de centres d'homothétie, le rapport d'homothétie étant bien déterminé.

On traite aisément le cas où les quadriques homothétiques sont constituées par des couples de plans.

Similitude. — Deux figures planes sont dites semblables lorsque l'une provient d'une homothétique de l'autre par un déplacement. Il résulte immédiatement de là que deux ellipses sont semblables lorsqu'elles ont leurs axes proportionnels, car on peut déplacer l'une de sorte que ses axes deviennent respectivement parallèles aux axes proportionnels de l'autre. Deux hyperboles sont semblables lorsque l'angle des asymptotes de l'une est égal à l'angle des asymptotes de l'autre, pourvu que les deux courbes soient placées ensemble dans les angles obtus ou dans les angles aigus de leurs asymptotes.

Deux figures de l'espace sont dites semblables lorsque l'une résulte d'une homothétique *directe* de l'autre par un déplacement; si l'on prenait une homothétique inverse, aux angles polyèdres de l'une correspondraient dans l'autre des angles polyèdres symétriques.

Lorsque la figure donnée a un centre ou un plan de symétrie, on peut laisser de côté la restriction relative au sens de l'homothétie, car l'homothétique d'une figure à centre lui correspond dans deux homothéties dont l'une est directe et l'autre inverse; en outre, les symétries par rapport à un point et par rapport à un plan donnent des figures égales. Les quadriques ayant toutes un plan de symétrie au moins rentrent donc dans cette catégorie.

Deux ellipsoïdes sont semblables lorsque les longueurs de leurs axes sont proportionnelles.

Deux hyperboloïdes sont semblables lorsqu'ils sont de même genre et que les angles des sections principales réelles de leurs cônes asymptotes sont égaux deux à deux.

Deux paraboloïdes elliptiques sont semblables lorsque les paramètres de leurs sections principales sont proportionnels.

Deux paraboloïdes hyperboliques sont semblables lorsque l'angle des plans directeurs de l'un est égal à l'angle des plans directeurs de l'autre.

Deux cylindres elliptiques sont semblables lorsque les sections droites ont leurs axes proportionnels.

Deux cylindres hyperboliques sont semblables lorsque les angles de leurs plans asymptotes sont respectivement égaux et que les nappes de ces surfaces sont placées ensemble dans les angles obtus ou dans les angles aigus de leurs plans asymptotes.

Deux cylindres paraboliques sont toujours semblables.

Deux couples de plans ayant les mêmes dièdres sont semblables.

EXERCICES

1º Montrer que si deux coniques sont homothétiques, deux points M et M′ de ces coniques, où les tangentes sont parallèles, sont des points homologues.

2º Montrer que si deux quadriques sont homothétiques, deux points M et M′ de ces quadriques, où les plans tangents sont parallèles, sont des points homologues.

3º Dans un plan P, on fait correspondre à un point quelconque M, un point M′, par une homothétie dont le centre O est dans ce plan. D'un point de vue S, on projette les points du plan P sur un plan arbitraire p; M et M′ ont pour projections deux points m et $m′$ alignés sur le point o projection de O. Soient δ la perspective de la droite Δ à l'infini du plan P et μ la perspective du point à l'infini de MM′. Le rapport anharmonique $(o, \mu, m′, m)$ vaut $\dfrac{\overline{OM′}}{\overline{OM}}$; c'est donc un nombre constant.

Inversement, donnons-nous un point o et une droite δ dans un plan p; donnons-nous aussi un nombre k. À tout point m de p, nous pouvons associer un point $m′$ situé sur om et tel que l'on ait $(o, \mu, m′, m) = k$, μ désignant le point de rencontre de om et de δ. Cette correspondance s'appelle *homologie*. o est le point double ou centre, et δ la droite double ou axe de l'homologie. Démontrer que toute homologie plane est la perspective d'une homothétie plane. Cas où le point double est sur la droite double. Enoncer les propriétés de l'homologie qui correspondent aux propriétés caractéristiques de l'homothétie. Démontrer que deux coniques quelconques, situées dans un même plan, sont homologiques. Que sont les centres d'homologie, les axes de l'homologie? Que peut-on dire des tangentes aux points homologues?

4º Soient O un point, II un plan, k une constante donnée. A tout point m de l'espace, on peut associer un point $m′$ situé sur Om et tel que l'on ait $(O, \mu, m′, m) = k$, μ étant le point de rencontre de la droite Om et du plan II. Cette correspondance est une homologie. Cas où le point double O ou centre d'homologie est dans le plan double II ou plan d'homologie. Enoncer les propriétés qui correspondent aux propriétés caractéristiques de l'homothétie. Démontrer que deux quadriques qui ont une conique commune sont, en général, homologiques de deux façons différentes. Que peut-on dire des plans tangents aux points homologues?

HOMOTHÉTIE ET SIMILITUDE (CALCUL)

Soient $\omega(x_0, y_0, z_0)$ le centre d'homothétie, $\dfrac{1}{k}$ le rapport d'homothétie, $M(x, y, z)$ et $M'(x', y', z')$ deux points homologues quelconques.

La relation $\overline{\omega M} = k\,\overline{\omega M'}$ donne naissance, en projetant sur les axes de coordonnées, aux trois suivantes :

$$x - x_0 = k(x' - x_0), \qquad y - y_0 = k(y' - y_0), \qquad z - z_0 = k(z' - z_0),$$

d'où

$$x = x_0(1 - k) + kx', \qquad y = y_0(1 - k) + ky', \qquad z = z_0(1 - k) + kz'.$$

Supposons $k \neq 1$ et posons :

$$a = x_0(1 - k), \qquad b = y_0(1 - k), \qquad c = z_0(1 - k).$$

Les formules qui définissent la correspondance sont donc

$$(1) \qquad x = a + kx', \qquad y = b + ky', \qquad z = c + kz',$$

où a, b, c, k sont quatre nombres arbitraires. On retrouve facilement les coordonnées x_0, y_0, z_0 du point double, en y faisant :

$$x' = x = x_0, \qquad y' = y = y_0, \qquad z' = z = z_0.$$

Si k vaut 1, les formules (1) définissent une translation.

Plan. — HOMOTHÉTIE. — Soit $f(x, y) = 0$ l'équation d'une courbe donnée dans le plan xOy. L'équation générale des courbes homothétiques, dans le même plan, est donc $f(a + kx', b + ky') = 0$.

Bornons-nous au cas des coniques et remplaçons x' et y' par x et y. L'équation

$$f(a + kx, b + ky) \equiv f(a, b) + k(xf'_a + yf'_b) + k^2 \varphi(x, y) = 0$$

est l'équation générale des coniques homothétiques de la conique $f(x, y) = 0$.

On voit de suite qu'elles ont les mêmes directions asymptotiques.

Réciproquement, considérons deux coniques à centre qui ont les mêmes directions asymptotiques et cherchons si elles sont homothétiques. Prenons comme axes de coordonnées deux diamètres conjugués de l'une; leurs équations respectives sont

$$(2) \qquad Ax^2 + Cy^2 + F = 0,$$

$$(3) \qquad Ax^2 + Cy^2 + 2D_1 x + 2E_1 y + F_1 = 0.$$

L'équation générale des coniques homothétiques de la première est

$$(4) \qquad k^2(Ax^2 + Cy^2) + 2k(Aax + Cby) + Aa^2 + Cb^2 + F = 0.$$

La conique (3) est une homothétique de (2) si l'on peut déterminer a, b, k de telle sorte que les équations (3) et (4) aient leurs coefficients proportionnels. Il faut donc voir si les équations

$$k^2 = \frac{kAa}{D_1} = \frac{kCb}{E_1} = \frac{Aa^2 + Cb^2 + F}{F_1}$$

sont compatibles.

On en tire :

$$(5) \qquad a = \frac{kD_1}{A}, \qquad b = \frac{kE_1}{C} \quad \text{et} \quad k^2 F_1 = k^2\left(\frac{D_1^2}{A} + \frac{E_1^2}{C}\right) + F$$

ou

$$(6) \qquad k^2\left(F_1 - \frac{D_1^2}{A} - \frac{E_1^2}{C}\right) = F.$$

On reconnaît aisément que le transport de l'origine au centre de la conique (3) ramène l'équation de cette conique à la forme

$$AX^2 + CY^2 + F_2 = 0,$$

en posant :

$$F_2 = F_1 - \frac{D_1^2}{A} - \frac{E_1^2}{C}.$$

Si les deux nombres F et F_2 sont de même signe, c'est-à-dire si les coniques (2) et (3) sont deux ellipses imaginaires, ou deux ellipses réelles, ou deux hyperboles placées en même temps dans les angles obtus ou dans les angles aigus de leurs asymptotes, l'équation (6) donne deux valeurs réelles et symétriques pour k et les équations (5) des valeurs correspondantes de a et b. Les deux coniques se correspondent donc dans deux homothéties réelles.

Si F et F_2 sont de signes contraires, c'est-à-dire si les coniques (2) et (3) sont une ellipse réelle et une ellipse imaginaire, ou deux hyperboles dont l'une est placée dans les angles obtus et l'autre dans les angles aigus des asymptotes, la correspondance est imaginaire. Par exemple, une hyperbole et sa conjuguée sont homothétiques, le centre d'homothétie étant leur centre commun et le rapport d'homothétie étant $\pm i$.

Si l'un des deux nombres F et F_2 est nul, il n'y a plus de correspondance.

Si F et F_2 sont nuls, k est indéterminé : c'est le cas où les coniques (2) et (3) sont des couples de droites parallèles deux à deux.

Considérons maintenant deux paraboles d'axes parallèles ; prenons comme axes de coordonnées un diamètre de l'une et la tangente à l'extrémité de ce diamètre. Leurs équations sont :

$$(7) \qquad Cy^2 + 2Dx = 0,$$
$$(8) \qquad Cy^2 + 2D_1 x + 2E_1 y + F_1 = 0.$$

L'équation générale des coniques homothétiques de la première est

$$(9) \qquad k^2 Cy^2 + 2k(Dax + Cby) + Cb^2 + 2Da = 0.$$

En écrivant que les équations (8) et (9) ont leurs coefficients proportionnels, on a :

$$k^2 = \frac{k\mathrm{D}a}{\mathrm{D}_1} = \frac{k\mathrm{C}b}{\mathrm{E}_1} = \frac{\mathrm{C}b^2 + 2\mathrm{D}a}{\mathrm{F}_1}.$$

On en tire :

$$(10) \quad a = \frac{k\mathrm{D}_1}{\mathrm{D}_1}, \qquad b = \frac{k\mathrm{E}_1}{\mathrm{C}} \qquad \text{et} \qquad k^2\mathrm{F}_1 = \frac{k^2\mathrm{E}_1^2}{\mathrm{C}} + 2k\mathrm{D}_1.$$

La dernière équation donne $k = 0$ qui doit être rejeté, et

$$(11) \qquad k\left(\mathrm{F}_1 - \frac{\mathrm{E}_1^2}{\mathrm{C}}\right) = 2\mathrm{D}_1.$$

On constate aisément que $\mathrm{F}_1 - \dfrac{\mathrm{E}_1^2}{\mathrm{C}}$ s'annule lorsque la conique (8) est un couple de droites parallèles. Ce cas écarté, l'équation (11) donne la valeur de k et les équations (10) donnent a et b, de sorte que l'homothétie est unique.

Le cas où les deux coniques sont des couples de droites parallèles se traite facilement.

Similitude. — Considérons deux coniques à centre définies par les équations

$$f(x, y) = 0, \qquad g(x, y) = 0,$$

en axes rectangulaires. Leurs équations réduites sont respectivement

$$S_1 X^2 + S_2 Y^2 + \frac{\Delta}{\delta} = 0, \qquad S_1' X'^2 + S_2' Y'^2 + \frac{\Delta'}{\delta'} = 0,$$

S_1, S_2, S_1', S_2' désignant les racines des équations en S relatives à ces deux coniques, δ, Δ, ... ayant la signification habituelle.

L'équation générale des coniques homothétiques et concentriques à la première s'obtient en remplaçant X et Y par $\dfrac{X}{k}$ et $\dfrac{Y}{k}$; c'est donc :

$$S_1 X^2 + S_2 Y^2 + k^2 \frac{\Delta}{\delta} = 0.$$

En écrivant que cette conique est superposable à la seconde et supposant que la superposition amène OX sur O'X', on obtient les conditions

$$\frac{S_1}{S_1'} = \frac{S_2}{S_2'} = k^2 \frac{\Delta \delta'}{\Delta' \delta}.$$

Si on laisse de côté la restriction relative à la réalité de k, on a la seule condition

$$\frac{S_1}{S_2} = \frac{S_1'}{S_2'}.$$

Pour traduire cette condition analytiquement, on peut écrire que les deux équations

$$S^2 - (A + C)S + AC - B^2 = 0,$$
$$S'^2 - (A' + C')S' + A'C' - B'^2 = 0$$

ont leurs racines proportionnelles. Portons $S' = \rho S$ dans la seconde. Il faut écrire que l'équation

$$\rho^2 S^2 - (A' + C')\rho S + A'C' - B'^2 = o$$

a les mêmes racines que la première. On trouve ainsi les deux équations

$$\rho^2 = \rho \frac{A' + C'}{A + C} = \frac{A'C' - B'^2}{AC - B^2},$$

qui doivent être compatibles par rapport à ρ; l'élimination de ρ donne la condition

$$(12) \qquad \frac{AC - B^2}{(A + C)^2} = \frac{A'C' - B'^2}{(A' + C')^2}.$$

On peut rattacher cette condition, soit à celle qu'on obtient en écrivant que l'angle maximum de deux diamètres conjugués est le même pour les deux coniques, s'il s'agit d'ellipses, soit à celle qui se déduit de l'égalité des angles des asymptotes, quand il s'agit d'hyperboles.

On pourrait également écrire que l'une des coniques coïncide avec une courbe semblable à l'autre.

L'équation générale des courbes Γ' homothétiques d'une courbe Γ d'équation $f(x, y) = o$, par rapport à l'origine, est $f(kx, ky) = o$.

Supposons que les axes rectangulaires Ox, Oy se déplacent et prennent les nouvelles positions $O'x'$, $O'y'$ définies par les coordonnées x_0, y_0 du point O' et l'angle $(Ox, O'x')$ qui vaut α.

L'équation d'une courbe Γ' entraînée avec les axes devient $f(kx', ky') = o$, et, si l'on remarque que les coordonnées x', y' s'expriment en fonction des coordonnées x, y au moyen des formules

$$x' = \quad (x - x_0) \cos\alpha + (y - y_0) \sin\alpha,$$
$$y' = - (x - x_0) \sin\alpha + (y - y_0) \cos\alpha,$$

on trouve comme équation générale des courbes directement semblables à Γ

$$(13) \quad f\Big(k\big[(x - x_0) \cos\alpha + (y - y_0) \sin\alpha\big], k\big[-(x - x_0) \sin\alpha + (y - y_0) \cos\alpha = o\big]\Big).$$

Cette équation dépend des quatre paramètres x_0, y_0, α, k, le dernier seul influant sur la grandeur de la courbe.

Dans le cas où les deux courbes dont on désire réaliser la similitude sont des coniques, on est amené à écrire que cinq équations à quatre inconnues sont compatibles; on trouve ainsi une condition toujours vérifiée lorsque les coniques sont des paraboles.

Espace. — Homothétie. — Soit $f(x, y, z) = o$ l'équation d'une surface donnée. L'équation générale des surfaces homothétiques est

$$f(a + Kx, b + Ky, c + Kz) = o.$$

Bornons-nous aux surfaces du second degré. On a alors :

$$f(a + kx, b + ky, c + kz)$$
$$\equiv f(a, b, c) + k(xf'_a + yf'_b + zf'_c) + k^2\varphi(x, y, z),$$

de sorte que l'équation générale des quadriques homothétiques de la quadrique $f(x, y, z) = 0$ est

$$\varphi(x, y, z) + \frac{1}{k}(xf'_a + yf'_b + zf'_c) + \frac{1}{k^2}f(a, b, c) = 0.$$

On voit qu'elles ont les mêmes directions asymptotiques. Comme à tout centre de l'une correspond un centre de l'autre, on prévoit qu'elles sont de la même classe. Nous allons montrer que, réciproquement, deux quadriques de même classe qui ont les mêmes directions asymptotiques sont homothétiques. Pour simplifier les démonstrations, nous supposerons toujours l'une des équations ramenée à la forme réduite.

1re *classe*. — Soient

$$(14) \qquad A x^2 + A'y^2 + A''z^2 + D = 0,$$
$$(15) \qquad A x^2 + A'y^2 + A''z^2 + 2C_1 x + 2C'_1 y + 2C''_1 z + D_1 = 0$$

les équations des deux quadriques. L'équation générale des quadriques homothétiques de la première est

$$(16) \qquad A x^2 + A'y^2 + A''z^2 + \frac{2}{k}(A ax + A'b + A''cz)$$
$$+ \frac{1}{k^2}(A a^2 + A'b^2 + A''c^2 + D) = 0.$$

En écrivant que les équations (15) et (16) définissent la même quadrique, on a :

$$A a = kC_1, \quad A'b = kC'_1, \quad A''c = kC''_1, \quad A a^2 + A'b^2 + A''c^2 + D = k^2 D_1.$$

Les trois premières donnent :

$$(17) \qquad a = k\frac{C_1}{A}, \qquad b = k\frac{C'_1}{A'}, \qquad c = k\frac{C''_1}{A''},$$

et, en portant ces valeurs dans la dernière et posant :

$$D_2 = D_1 - \frac{C_1^2}{A} - \frac{C'^2_1}{A'} - \frac{C''^2_1}{A''},$$

on obtient :

$$(18) \qquad k^2 D_2 = D.$$

On constate aisément que D_2 est le terme constant de l'équation réduite de la quadrique (15), quand on transporte l'origine au centre.

L'équation (18) donne pour k deux valeurs réelles symétriques, chaque fois que D et D_2 sont de même signe, et les équations (17) donnent les valeurs correspondantes de a, b, c. Il y a alors deux homothéties réelles.

Si D et D_2 sont de signes contraires, c'est-à-dire si les surfaces sont deux ellipsoïdes dont l'un est réel et l'autre imaginaire, ou deux hyperboloïdes dont l'un a une nappe et l'autre deux, la correspondance est imaginaire.

Si l'un des deux nombres D ou D_2 est nul, il n'y a plus de correspondance.

Si D et D_2 sont nuls tous deux, il y a une infinité de correspondances et k est arbitraire. C'est le cas où les quadriques ont chacune un point double, et un calcul facile permet de vérifier que le lieu des centres d'homothétie est la droite qui joint ces points doubles.

2e *classe.* — Soient

$$(19) \qquad A x^2 + A' y^2 + 2 C'' z = 0,$$

$$(20) \qquad A x^2 + A' y^2 + 2 C_1 x + 2 C_1' y + 2 C_1'' z + D_1 = 0$$

les équations des deux paraboloïdes. L'équation générale des quadriques homothétiques du premier est

$$(21) \qquad A x^2 + A' y^2 + \frac{2}{k}(A a x + A' b y + C'' z)$$

$$+ \frac{1}{k^2}(A a^2 + A' b^2 + 2 C'' c) = 0.$$

En écrivant que les équations (20) et (21) définissent la même quadrique, on a les relations

$$A a = k C_1, \qquad A' b = k C_1'. \qquad C'' = k C_1'', \qquad A a^2 + A' b^2 + 2 C'' c = k^2 D_1.$$

La troisième donne k si C_1'' n'est pas nul, c'est-à-dire si la seconde quadrique est, comme la première, un paraboloïde véritable; les trois autres donnent a, b, c qui sont bien déterminés comme k. Il y a donc une seule correspondance.

3e *et* 4e *classe.* — Les surfaces étant des cylindres, supposons que l'axe Oz soit parallèle aux génératrices; c ne figure pas plus que z dans l'équation générale des quadriques homothétiques de l'un des cylindres : le coefficient c est donc arbitraire. Les calculs sont d'ailleurs identiques à ceux qui ont été faits pour deux coniques à centre ou deux paraboles et il suffit d'énoncer les conclusions.

Considérons deux cylindres à centre dont les plans directeurs sont parallèles deux à deux. Si ce sont deux cylindres elliptiques imaginaires, ou deux cylindres elliptiques réels, ou deux cylindres hyperboliques, leurs traces sur le plan xOy se correspondent dans deux homothéties réelles dont les centres sont ω et ω_1 et les rapports $\pm k$.

Les cylindres eux-mêmes se correspondent dans une infinité d'homothéties dont les centres sont les points de deux parallèles à Oz, menées par ω et ω_1, et dont les rapports sont aussi $\pm k$.

Deux cylindres paraboliques dont les plans directeurs sont parallèles ainsi que les génératrices, ont pour traces, sur le plan xOy, deux paraboles qui se correspondent dans une homothétie de centre ω et de rapport k.

Les cylindres eux-mêmes se correspondent dans une infinité d'homothéties dont les centres sont les points d'une parallèle à Oz, menée par ω, et dont le rapport est k.

Deux couples de plans sécants parallèles deux à deux se correspondent dans une infinité d'homothéties ; on peut prendre comme centre d'une homothétie particulière un point quelconque du plan passant par les droites doubles de chaque couple.

5e *classe*. — Deux couples de plans parallèles tels qu'un plan d'un couple soit parallèle à un plan de l'autre, se correspondent dans une infinité d'homothéties dont les rapports ont deux valeurs symétriques $\pm k$; k est le rapport des distances des plans de chaque couple. Les centres d'homothétie sont tous les points de deux plans parallèles aux plans considérés.

Similitude. — L'étude algébrique de la similitude présente des difficultés plus sérieuses que dans le plan. On pourrait, en suivant une voie analogue, former l'équation générale des surfaces semblables à une surface donnée ; la complication des calculs devient alors très grande.

Pour reconnaître si deux quadriques sont semblables, nous utiliserons encore leurs équations réduites en axes rectangulaires.

Considérons deux quadriques de la première classe définies par les équations

$$f(x, y, z) \equiv A x^2 + A'y^2 + \ldots + D = 0,$$
$$g(x, y, z) \equiv A_1 x^2 + A_1'y^2 + \ldots + D_1 = 0.$$

Leurs équations réduites sont respectivement

$$S_1 X^2 + S_2 Y^2 + S_3 Z^2 + \frac{H}{\Delta} = 0, \qquad S_1' X'^2 + S_2' Y'^2 + S_3' Z'^2 + \frac{H'}{\Delta'} = 0,$$

$S_1, S_2, S_3, S_1', S_2', S_3'$ désignant les racines des équations en S relatives à ces quadriques, H, Δ, ... ayant la signification habituelle.

L'équation générale des quadriques homothétiques et concentriques à la première est

$$S_1 X^2 + S_2 Y^2 + S_3 Z^2 + k^2 \frac{H}{\Delta} = 0, \qquad (k \gtrless 0).$$

En écrivant que cette quadrique est superposable à la seconde, avec correspondance des axes de même nom, l'on obtient :

$$\frac{S_1}{S_1'} = \frac{S_2}{S_2'} = \frac{S_3}{S_3'} = k^2 \frac{H\Delta'}{H'\Delta}.$$

Si on laisse de côté la restriction relative à la réalité de k, on a les conditions

$$\frac{S_1}{S_1'} = \frac{S_2}{S_2'} = \frac{S_3}{S_3'}.$$

Soit $\frac{1}{\rho}$ la valeur commune à ces rapports. Il faut écrire que les deux équations

$$S^3 - (A + A' + A'') S^2 + (a + a' + a'')S - \Delta = 0,$$
$$\rho^3 S^3 - (A_1 + A_1' + A_1'')\rho^2 S^2 + (a_1 + a_1' + a_1'')\rho S - \Delta' = 0$$

ont les mêmes racines, ce qui donne :

$$\rho^3 = \frac{A_1 + A_1' + A_1''}{A + A' + A''}\, \rho^2 = \frac{a_1 + a_1' + a_1''}{a + a' + a''}\, \rho = \frac{\Delta'}{\Delta}.$$

En écrivant que les trois valeurs de ρ tirées de ces équations sont égales, l'on obtient les deux conditions

$$(22) \qquad \frac{A_1 + A_1' + A_1''}{A + A' + A''} = \frac{(A + A' + A'')(a_1 + a_1' + a_1'')}{(A_1 + A_1' + A_1'')(a + a' + a'')}$$
$$= \frac{(a + a' + a'')\Delta'}{(a_1 + a_1' + a_1'')\Delta}$$

qui conviennent aussi bien au cas de deux cônes.

Considérons maintenant deux paraboloïdes définis par les équations

$$f(x, y, z) = 0, \qquad g(x, y, z) = 0,$$

et soient

$$S_1 X^2 + S_2 Y^2 + 2nZ = 0, \qquad S_1' X'^2 + S_2' Y'^2 + 2n'Z' = 0$$

leurs équations réduites. L'équation générale des quadriques homothétiques du premier, par rapport au sommet pris comme centre d'homothétie, est

$$S_1 X^2 + S_2 Y^2 + 2knZ = 0.$$

En écrivant que cette quadrique est superposable au second paraboloïde, avec correspondance des axes de même nom, l'on obtient :

$$\frac{S_1}{S_1'} = \frac{S_2}{S_2'} = \frac{kn}{n'}.$$

La seule condition indépendante de k est $\dfrac{S_1}{S_1'} = \dfrac{S_2}{S_2'}$.

La condition pour que les équations

$$S^2 - (A + A' + A'')S + a + a' + a'' = 0,$$
$$S'^2 - (A_1 + A_1' + A_1'')S' + a_1 + a_1' + a_1'' = 0$$

aient leurs racines proportionnelles est, comme on l'a vu plus haut,

$$(23) \qquad \frac{a + a' + a''}{(A + A' + A'')^2} = \frac{a_1 + a_1' + a_1''}{(A_1 + A_1' + A_1'')^2}.$$

Telle est la relation qui existe entre les coefficients des équations de deux paraboloïdes semblables. On pourrait l'obtenir aussi en exprimant que l'angle des plans directeurs de l'un est égal à l'angle des plans directeurs de l'autre.

Il est inutile de reprendre les raisonnements et les calculs pour les cylindres à centre, qui sont semblables en même temps que leurs sections droites. On est conduit à la condition que traduit la formule (23), et qui convient aussi bien dans le cas où les quadriques sont des couples de plans sécants.

Enfin, deux cylindres paraboliques sont semblables, deux couples de plans parallèles sont semblables.

Nous avons laissé de côté la restriction relative à la réalité de k pour les surfaces de classe impaire; k n'est réel que s'il s'agit d'ellipsoïdes de même nature, d'hyperboloïdes ayant le même nombre de nappes, de cylindres elliptiques de même nature ou de couples de plans parallèles de même nature.

EXERCICES

1º Démontrer, par le calcul, que le produit de deux homothéties est une homothétie et que les trois centres d'homothétie sont en ligne droite.

2º Trouver les formules qui expriment les coordonnées d'un point m' en fonction des coordonnées du point homologue m, dans une homologie du plan.

3º Soient $P(X, Y, Z)$, $Q(X, Y, Z)$, $R(X, Y, Z)$ trois fonctions linéaires et homogènes des variables X, Y, Z; supposons-les indépendantes. Les formules

$$\frac{x'}{P(x, y, z)} = \frac{y'}{Q(x, y, z)} = \frac{z'}{R(x, y, z)}$$

font correspondre à un point $M(x, y, z)$ d'un plan, un point $M'(x', y', z')$ du même plan ou d'un autre plan. Quelle est la figure homologue d'une droite, d'une courbe algébrique d'ordre m? Cette correspondance est dite *homographique*. Démontrer qu'elle conserve le rapport anharmonique de quatre points alignés, de quatre droites concourantes.

Supposons qu'elle associe les points d'un même plan. Démontrer qu'elle possède en général trois points doubles: x, y, z désignant les coordonnées d'un tel point, on prendra comme inconnue auxiliaire la valeur commune aux rapports

$$\frac{1}{x} P(x, y, z), \quad \frac{1}{y} Q(x, y, z), \quad \frac{1}{z} R(x, y, z).$$

Qu'est la correspondance lorsqu'il y a une droite de points doubles?

4º Trouver les formules qui expriment les coordonnées d'un point m' en fonction des coordonnées du point homologue m, dans une homologie de l'espace.

5º Soient $P(X, Y, Z, T)$, $Q(X, Y, Z, T)$, $R(X, Y, Z, T)$, $S(X, Y, Z, T)$ quatre fonctions linéaires, homogènes et indépendantes des variables X, Y, Z, T. Les formules

$$\frac{x'}{P(x, y, z, t)} = \frac{y'}{Q(x, y, z, t)} = \frac{z'}{R(x, y, z, t)} = \frac{t'}{S(x, y, z, t)}$$

font correspondre à un point quelconque $M(x, y, z, t)$ de l'espace un point $M'(x', y', z', t')$.

Quelle est la figure homologue d'un plan, d'une droite, d'une surface algébrique, d'une courbe algébrique? Montrer que cette correspondance *homographique* conserve le rapport anharmonique de quatre points alignés, de quatre plans passant par une même droite.

Démontrer qu'elle possède en général quatre points doubles.

Qu'est la correspondance lorsqu'il y a un plan de points doubles?

ÉQUATIONS RÉDUITES — ELLIPSOÏDE

Nous allons compléter l'étude de l'ellipsoïde en prenant comme axes de coordonnées trois diamètres conjugués quelconques. Lorsqu'il s'agira de propriétés métriques, nous rapporterons la surface à ses axes de symétrie et nous appellerons $2a$, $2b$, $2c$ les longueurs de ces axes en supposant $a > b > c$.

Intersection avec une droite quelconque. — Considérons l'ellipsoïde E défini par l'équation

$$(1) \qquad f(x, y, z) \equiv \frac{x^2}{a'^2} + \frac{y^2}{b'^2} + \frac{z^2}{c'^2} - 1 = 0.$$

Cherchons les points où il rencontre la droite d'équations

$$(2) \qquad \frac{x - x_0}{\alpha} = \frac{y - y_0}{\beta} = \frac{z - z_0}{\gamma}.$$

Fixons la position d'un point (x, y, z) sur cette droite, au moyen de la valeur commune aux rapports (2); soit ρ cette valeur. On en tire :

$$(3) \qquad x = x_0 + \alpha\rho, \qquad y = y_0 + \beta\rho, \qquad z = z_0 + \gamma\rho.$$

L'équation qui donne les valeurs de ρ correspondant aux points cherchés s'obtient en substituant les expressions de x, y, z dans (1). On trouve ainsi :

$$(4) \quad \left(\frac{\alpha^2}{a'^2} + \frac{\beta^2}{b'^2} + \frac{\gamma^2}{c'^2}\right)\rho^2 + 2\left(\frac{\alpha x_0}{a'^2} + \frac{\beta y_0}{b'^2} + \frac{\gamma z_0}{c'^2}\right)\rho + f(x_0, y_0, z_0) = 0.$$

La droite est sécante si l'on a :

$$\left(\frac{\alpha x_0}{a'^2} + \frac{\beta y_0}{b'^2} + \frac{\gamma z_0}{c'^2}\right)^2 - \left(\frac{\alpha^2}{a'^2} + \frac{\beta^2}{b'^2} + \frac{\gamma^2}{c'^2}\right) f(x_0, y_0, z_0) > 0.$$

Les droites tangentes sont caractérisées par l'équation

$$(5) \quad \left(\frac{\alpha x_0}{a'^2} + \frac{\beta y_0}{b'^2} + \frac{\gamma z_0}{c'^2}\right)^2 - \left(\frac{\alpha^2}{a'^2} + \frac{\beta^2}{b'^2} + \frac{\gamma^2}{c'^2}\right) f(x_0, y_0, z_0) = 0.$$

Si l'on fixe α, β, γ et si l'on regarde x, y, z comme des coordonnées courantes, cette équation définit le cylindre circonscrit à E et dont les génératrices ont α, β, γ comme paramètres directeurs.

Si l'on remplace dans (5) α, β, γ par $x - x_0, y - y_0, z - z_0$, et si l'on fixe x_0, y_0, z_0, on obtient l'équation du cône circonscrit ayant pour sommet le point (x_0, y_0, z_0).

Une forme plus réduite de l'équation de ce cône s'obtient en écrivant que la droite définie par les deux points (x_0, y_0, z_0), (x, y, z) rencontre la surface en deux points confondus : on met les coordonnées du point courant sur cette droite, sous la forme $\dfrac{x_0 + \lambda x}{1 + \lambda}$, $\dfrac{y_0 + \lambda y}{1 + \lambda}$, $\dfrac{z_0 + \lambda z}{1 + \lambda}$,

et l'on exprime que l'équation $f\left(\dfrac{x_0 + \lambda x}{1 + \lambda}, \ldots, \ldots\right) = 0$ admet une racine double par rapport à λ. On obtient ainsi :

$$(6) \qquad \left(\frac{xx_0}{a'^2} + \frac{yy_0}{b'^2} + \frac{zz_0}{c'^2} - 1\right)^2$$
$$- \left(\frac{x_0^2}{a'^2} + \frac{y_0^2}{b'^2} + \frac{z_0^2}{c'^2} - 1\right)\left(\frac{x^2}{a'^2} + \frac{y^2}{b'^2} + \frac{z^2}{c'^2} - 1\right) = 0.$$

Intersection avec un plan quelconque. — Coupons E par le plan dont l'équation est :

$$(7) \qquad ux + vy + wz + h = 0.$$

Nous pouvons, par exemple, chercher l'équation de la projection de la section sur le plan xOy en éliminant z entre les équations (1) et (7); nous obtenons :

$$(8) \qquad F(x, y) \equiv \frac{x^2}{a'^2} + \frac{y^2}{b'^2} + \frac{1}{c'^2 w^2}(ux + vy + h)^2 - 1 = 0.$$

La forme de cette dernière équation montre de suite que la projection est une ellipse.

Les coordonnées x_0, y_0 de son centre vérifient les deux équations

$$\frac{1}{2}F'_{x_0} = \frac{x_0}{a'^2} + \frac{u}{c'^2 w^2}(ux_0 + vy_0 + h) = 0,$$
$$\frac{1}{2}F'_{y_0} = \frac{y_0}{b'^2} + \frac{v}{c'^2 w^2}(ux_0 + vy_0 + h) = 0.$$

Prenons comme inconnue auxiliaire l'expression

$$z_0 = -\frac{1}{w}(ux_0 + vy_0 + h),$$

c'est-à-dire la cote du centre de la section. Ces équations s'écrivent

$$(9) \qquad \frac{x_0}{a'^2 u} = \frac{y_0}{b'^2 v} = \frac{z_0}{c'^2 w};$$

on aurait pu les écrire *a priori* en remarquant que le centre de la section est sur le diamètre conjugué de son plan.

Si l'on transporte l'origine au centre de la conique (8), le terme constant de l'équation réduite est

$$F_1 = \frac{h}{c'^2 w^2}(ux_0 + vy_0 + h) - 1 = -\frac{hz_0}{c'^2 w} - 1.$$

z_0 s'obtient en écrivant que le point de coordonnées

$$x_0 = \frac{a'^2 u}{c'^2 w}z_0, \qquad y_0 = \frac{b'^2 v}{c'^2 w}z_0, z_0,$$

est dans le plan (7). On trouve ainsi :

$$(a'^2 u'^2 + b'^2 v^2 + c'^2 w^2) z_0 + c'^2 wh = 0.$$

On en tire :

$$\frac{z_0}{c'^2 w} = \frac{-h}{a'^2 u^2 + b'^2 v^2 + c'^2 w^2} \qquad \text{et} \qquad F_1 = \frac{h^2}{a'^2 u^2 + b'^2 v^2 + c'^2 w^2} - 1.$$

La projection est une ellipse réelle si F_1 est négatif, c'est-à-dire si les coordonnées du plan vérifient l'inégalité

$$(10) \qquad a'^2 u^2 + b'^2 v^2 + c'^2 w^2 - h^2 > 0.$$

En particulier, les plans de coordonnées sont sécants, le plan de l'infini ne l'est pas.

On pourrait traiter le même problème sans particulariser les axes de coordonnées.

La section est une ellipse évanouissante et le plan est tangent si ses coordonnées vérifient l'équation

$$(11) \qquad \psi(u, v, w, h) \equiv a'^2 u^2 + b'^2 v^2 + c'^2 w^2 - h^2 = 0$$

qui est l'équation tangentielle de l'ellipsoïde. D'ailleurs, la forme $\psi(u, v, w, h)$ est la forme adjointe de $\dfrac{x^2}{a'^2} + \dfrac{y^2}{b'^2} + \dfrac{z^2}{c'^2} - t^2$.

Problèmes sur les plans tangents. — L'équation du plan polaire Π d'un point $P(x_0, y_0, z_0)$ est $xf'_{x_0} + yf'_{y_0} + zf'_{z_0} + f'_{t_0} = 0$, c'est-à-dire

$$(12) \qquad \frac{xx_0}{a'^2} + \frac{yy_0}{b'^2} + \frac{zz_0}{c'^2} - 1 = 0.$$

Le point P est dit extérieur à l'ellipsoïde, si l'on peut mener de ce point à la surface des plans tangents réels. Les points de contact de ces plans sont sur l'intersection de E et de Π; il y en a de réels si Π est un plan sécant, c'est-à-dire si ses coordonnées vérifient l'inégalité (10) ou si l'on a $\psi\left(\dfrac{x_0}{a'^2}, \dfrac{y_0}{b'^2}, \dfrac{z_0}{c'^2}, -1\right) > 0$. Or $\psi\left(\dfrac{x_0}{a'^2}, \dfrac{y_0}{b'^2}, \dfrac{z_0}{c'^2}, -1\right)$ est identique à $f(x_0, y_0, z_0)$. Par suite, le point P est extérieur ou intérieur à l'ellipsoïde suivant que $f(x_0, y_0, z_0)$ est > 0 ou < 0. Ce résultat peut s'obtenir *a priori* en utilisant la continuité (leç. 92).

L'équation (12) est celle du plan tangent en P lorsque ce point est sur la quadrique. On peut retrouver l'équation tangentielle de l'ellipsoïde en écrivant qu'il existe des valeurs de x_0, y_0, z_0 vérifiant l'équation (1), et telles que les plans (7) et (12) soient confondus. On a ainsi :

$$\frac{x_0}{a'^2 u} = \frac{y_0}{b'^2 v} = \frac{z_0}{c'^2 w} = -\frac{1}{h},$$

d'où
$$\frac{x_0}{a'} = -\frac{a' u}{h}, \qquad \frac{y_0}{b'} = -\frac{b' v}{h}, \qquad \frac{z_0}{c'} = -\frac{c' w}{h}$$

et, en portant ces valeurs dans (1), on retrouve la condition (11).

L'équation tangentielle résolue par rapport à h, en fonction de u, v, w, donne :

$$h = \varepsilon\sqrt{a'^2 u^2 + b'^2 v^2 + c'^2 w^2}, \qquad (\varepsilon = \pm 1).$$

L'équation d'un plan tangent, parallèle au plan d'équation

$$ux + vy + wz = 0,$$

est donc

$$(13) \qquad ux + vy + wz + \varepsilon\sqrt{a'^2 u^2 + b'^2 v^2 + c'^2 w^2} = 0.$$

Il y a toujours deux plans tangents à l'ellipsoïde parallèles à un plan donné, et ces deux plans sont symétriques par rapport au centre de la surface.

L'équation (13), où l'on remplace x, y, z par les coordonnées x_1, y_1, z_1 d'un point P, s'écrit, après élévation au carré :

$$(14) \qquad (ux_1 + vy_1 + wz_1)^2 - (a'^2 u^2 + b'^2 v^2 + c'^2 w^2) = 0.$$

C'est l'équation que vérifient les trois coordonnées u, v, w dont dépend la direction d'un plan tangent passant par P. C'est donc l'équation tangentielle de la conique à l'infini du cône qui est circonscrit à l'ellipsoïde et qui a ce point pour sommet. Si l'on voulait, par exemple, l'équation tangentielle de la trace du cône en question sur le plan xOy, il faudrait éliminer w entre les deux équations tangentielles du cône, savoir :

$$(15) \quad ux_1 + vy_1 + wz_1 + h = 0, \quad a'^2 u^2 + b'^2 v^2 + c'^2 w^2 - h^2 = 0.$$

Supposons les axes rectangulaires et menons par l'origine une perpendiculaire à chacun des plans tangents issus de P. Les équations de cette droite étant

$$(16) \qquad \frac{x}{u} = \frac{y}{v} = \frac{z}{w},$$

on obtient l'équation de son lieu en éliminant u, v, w entre les équations (16) et

$$(14)' \qquad (ux_1 + vy_1 + wz_1)^2 - (a^2 u^2 + b^2 v^2 + c^2 w^2) = 0.$$

On trouve ainsi :

$$(17) \qquad (x_1 x + y_1 y + z_1 z)^2 - (a^2 x^2 + b^2 y^2 + c^2 z^2) = 0.$$

Le cône circonscrit est capable d'un trièdre trirectangle circonscrit si le cône réciproque de sommet O, défini par l'équation (17), est capable d'un trièdre trirectangle inscrit.

En annulant la somme des coefficients des carrés dans l'équation (17), on trouve comme équation du lieu du point P

$$x_1^2 + y_1^2 + z_1^2 - (a^2 + b^2 + c^2) = 0.$$

Ce lieu est donc une sphère concentrique à E et tout entière extérieure.

Ainsi, le lieu des points d'où l'on peut mener à un ellipsoïde trois plans tangents rectangulaires et, par suite, une infinité de systèmes de tels plans, est la sphère circonscrite au parallélépipède dont les faces sont tangentes à l'ellipsoïde en ses sommets (sphère de Monge).

Propriétés des plans diamétraux et des diamètres. — L'équation du plan diamétral conjugué d'une direction de cordes de paramètres directeurs α, β, γ, est $\alpha f'_x + \beta f'_y + \gamma f'_z = 0$, c'est-à-dire

$$(18) \qquad \frac{\alpha x}{a'^2} + \frac{\beta y}{b'^2} + \frac{\gamma z}{c'^2} = 0.$$

Elle reste la même quand on remplace l'ellipsoïde par un ellipsoïde homothétique et concentrique.

La relation qui exprime que deux directions (α, β, γ), $(\alpha', \beta', \gamma')$ sont conjuguées est

$$(19) \qquad \frac{\alpha\alpha'}{a'^2} + \frac{\beta\beta'}{b'^2} + \frac{\gamma\gamma'}{c'^2} = 0.$$

Les équations du diamètre conjugué du plan (7) sont $\dfrac{f'_x}{u} = \dfrac{f'_y}{v} = \dfrac{f'_z}{w}$, c'est-à-dire

$$(20) \qquad \frac{x}{a'^2 u} = \frac{y}{b'^2 v} = \frac{z}{c'^2 w}.$$

Un système de trois diamètres conjugués d'un ellipsoïde possède des propriétés métriques analogues à celles que nous avons démontrées pour l'ellipse. Soient $M_1(x_1, y_1, z_1)$, $M_2(x_2, y_2, z_2)$, $M_3(x_3, y_3, z_3)$ les extrémités de trois diamètres conjugués quelconques. Les coordonnées de ces points vérifient les six relations

$$(I) \quad \begin{cases} \dfrac{x_1^2}{a'^2} + \dfrac{y_1^2}{b'^2} + \dfrac{z_1^2}{c'^2} = 1, \\[2mm] \dfrac{x_2^2}{a'^2} + \dfrac{y_2^2}{b'^2} + \dfrac{z_2^2}{c'^2} = 1, \\[2mm] \dfrac{x_3^2}{a'^2} + \dfrac{y_3^2}{b'^2} + \dfrac{z_3^2}{c'^2} = 1, \end{cases} \qquad (II) \quad \begin{cases} \dfrac{x_2 x_3}{a'^2} + \dfrac{y_2 y_3}{b'^2} + \dfrac{z_2 z_3}{c'^2} = 0, \\[2mm] \dfrac{x_3 x_1}{a'^2} + \dfrac{y_3 y_1}{b'^2} + \dfrac{z_3 z_1}{c'^2} = 0, \\[2mm] \dfrac{x_1 x_2}{a'^2} + \dfrac{y_1 y_2}{b'^2} + \dfrac{z_1 z_2}{c'^2} = 0, \end{cases}$$

obtenues, soit en écrivant que ces points sont sur l'ellipsoïde, soit en exprimant que les directions OM_1, OM_2, OM_3 sont conjuguées deux à deux.

Les relations (I) montrent que les trois systèmes de nombres $\left(\dfrac{x_1}{a'}, \dfrac{y_1}{b'}, \dfrac{z_1}{c'}\right)$, $\left(\dfrac{x_2}{a'}, \ldots, \ldots\right)$, $\left(\dfrac{x_3}{a'}, \ldots, \ldots\right)$ sont les cosinus directeurs de trois directions, par rapport à trois axes rectangulaires. Les relations (II) expriment que ces directions sont rectangulaires deux à deux.

Or, nous avons établi (leç. 16) un certain nombre de propriétés du déterminant

$$D = \begin{vmatrix} \dfrac{x_1}{a'}, & \dfrac{y_1}{b'}, & \dfrac{z_1}{c'} \\[2mm] \dfrac{x_2}{a'}, & \dfrac{y_2}{b'}, & \dfrac{z_2}{c'} \\[2mm] \dfrac{x_3}{a'}, & \dfrac{y_3}{b'}, & \dfrac{z_3}{c'} \end{vmatrix}$$

formé à l'aide de ces nombres. En particulier, la somme des carrés des éléments d'une colonne quelconque vaut 1. On a donc :

$$\frac{x_1^2}{a'^2} + \frac{x_2^2}{a'^2} + \frac{x_3^2}{a'^2} = 1 \qquad \text{ou} \qquad x_1^2 + x_2^2 + x_3^2 = a'^2,$$

relation dont l'interprétation géométrique est immédiate. De même

$$y_1^2 + y_2^2 + y_3^2 = b'^2, \qquad z_1^2 + z_2^2 + z_3^2 = c'^2.$$

En ajoutant ces relations membre à membre, on obtient :

$$(x_1^2 + y_1^2 + z_1^2) + (x_2^2 + y_2^2 + z_2^2) + (x_3^2 + y_3^2 + z_3^2) = a'^2 + b'^2 + c'^2.$$

Si l'on a rapporté l'ellipsoïde à ses axes de symétrie, cette équation s'écrit

$$\overline{OM_1}^2 + \overline{OM_2}^2 + \overline{OM_3}^3 = a^2 + b^2 + c^2.$$

La somme des carrés des longueurs de trois demi-diamètres conjugués quelconques est donc constante.

Nous savons aussi que la valeur du déterminant D est $\varepsilon = \pm 1$, c'est-à-dire que l'on a :

$$\begin{vmatrix} x_1, & y_1, & z_1 \\ x_2, & y_2, & z_2 \\ x_3, & y_3, & z_3 \end{vmatrix} = \varepsilon a'b'c'.$$

Si l'on suppose l'ellipsoïde rapporté à ses axes de symétrie, la valeur absolue du premier membre de cette égalité représente six fois le volume du tétraèdre $OM_1M_2M_3$, c'est-à-dire le volume d'un parallélépipède ayant pour arêtes OM_1, OM_2, OM_3. Le volume de ce parallélépipède est donc constant et vaut abc.

Enfin, nous savons qu'un mineur quelconque est égal au produit de ε par l'élément correspondant. En particulier, on a :

$$\frac{y_2 z_3 - z_2 y_3}{b'c'} = \varepsilon \frac{x_1}{a'}, \qquad \frac{y_3 z_1 - z_3 y_1}{b'c'} = \varepsilon \frac{x_2}{a'}, \qquad \frac{y_1 z_2 - z_1 y_2}{b'c'} = \varepsilon \frac{x_3}{a'}.$$

Ajoutons membre à membre les égalités qui s'en déduisent par une élévation au carré ; nous obtenons :

$$(21) \qquad (y_2 z_3 - z_2 y_3)^2 + (y_3 z_1 - z_3 y_1)^2 + (y_1 z_2 - z_1 y_2)^2$$
$$= \frac{b'^2 c'^2}{a'^2}(x_1^2 + x_2^2 + x_3^2) = b'^2 c'^2.$$

Si l'on suppose l'ellipsoïde rapporté à ses axes de symétrie et si l'on appelle S_1, S_2, S_3 les mesures des aires des parallélogrammes construits sur OM_2 et OM_3, OM_3 et OM_1, OM_1 et OM_2, puis S_{1x}, S_{1y}, S_{1z}, S_{2x}, ..., les mesures des aires de leurs projections sur les plans de symétrie, on a :
$$S_{1x} = |y_2 z_3 - z_2 y_3|, \quad S_{1y} = |z_2 x_3 - x_2 z_3|, \quad S_{1z} = |x_2 y_3 - y_2 x_3| \; ; \quad \text{etc.,}$$
de sorte que l'égalité (21) s'écrit

$$S_{1x}^2 + S_{2x}^2 + S_{3x}^2 = b^2 c^2.$$

L'interprétation géométrique de cette dernière est immédiate. On a de même :

$$S_{1_y}^2 + S_{2_y}^2 + S_{3_y}^2 = c^2 a^2,$$
$$S_{1_z}^2 + S_{2_z}^2 + S_{3_z}^2 = a^2 b^2.$$

Ajoutons ces égalités membre à membre, en remarquant que l'on a : $S_1^2 = S_{1_x}^2 + S_{1_y}^2 + S_{1_z}^2$, etc.

Il vient :

$$S_1^2 + S_2^2 + S_3^2 = b^2 c^2 + c^2 a^2 + a^2 b^2.$$

Ainsi, la somme des carrés des aires des parallélogrammes construits sur trois diamètres conjugués, associés deux à deux, est constante.

Proposons-nous de voir comment varie la longueur d'un diamètre OM. Un premier procédé consiste à étudier la variation de la fonction

$$\overline{OM}^2 = x^2 + y^2 + z^2,$$

x, y, z vérifiant l'équation

$$(22) \qquad \frac{x^2}{a^2} + \frac{y^2}{b^2} + \frac{z^2}{c^2} - 1 = 0.$$

Il est préférable de chercher le lieu des points M de l'ellipsoïde situés à une distance donnée r du centre. Les coordonnées de ces points vérifient l'équation (22) et l'équation

$$(23) \qquad x^2 + y^2 + z^2 - r^2 = 0.$$

Leur lieu Γ est la courbe d'intersection de la sphère (23) et du cône du second degré C dont l'équation s'obtient en multipliant (22) par $-r^2$ et ajoutant membre à membre à (23). On trouve ainsi :

$$(24) \qquad x^2 \left(1 - \frac{r^2}{a^2}\right) + y^2 \left(1 - \frac{r^2}{b^2}\right) + z^2 \left(1 - \frac{r^2}{c^2}\right) = 0.$$

Γ est réelle en même temps que C. Pour que C soit réel, il faut et il suffit que le plus grand, $1 - \dfrac{r^2}{a^2}$, et le plus petit, $1 - \dfrac{r^2}{c^2}$, des coefficients des carrés soient de signes contraires, c'est-à-dire que r^2 soit compris entre a^2 et c^2. Ainsi, la longueur OM varie de c à a.

Si r est compris entre c et b, la trace du cône (24) sur le plan $z = c$ est une ellipse réelle et l'axe Oz est à l'intérieur de C; Γ se compose alors de deux courbes fermées distinctes, symétriques l'une de l'autre par rapport au plan xOy et situées de part et d'autre de ce plan.

Si r est compris entre b et a, la trace de C sur le plan $x = a$ est une ellipse et Ox est à l'intérieur de C; Γ se compose de deux courbes fermées distinctes, symétriques l'une de l'autre par rapport au plan yOz et situées de part et d'autre de ce plan.

Le passage d'un cas à l'autre s'effectue lorsque r vaut b. La sphère est alors tangente à l'ellipsoïde aux deux extrémités de l'axe moyen. Le cône C se réduit au couple de plans définis par l'équation

$$\left(1 - \frac{b^2}{a^2}\right) x^2 = \left(\frac{b^2}{c^2} - 1\right) z^2,$$

et chacun de ces plans coupe la sphère et, par suite, l'ellipsoïde suivant un cercle de rayon b.

Propriétés des normales. — L'ellipsoïde étant rapporté à ses axes de symétrie, les équations de la normale au point $M(x_0, y_0, z_0)$ de la surface sont

$$\frac{x - x_0}{f'_{x_0}} = \frac{y - y_0}{f'_{y_0}} = \frac{z - z_0}{f'_{z_0}},$$

c'est-à-dire

$$(25) \qquad \frac{a^2(x - x_0)}{x_0} = \frac{b^2(y - y_0)}{y_0} = \frac{c^2(z - z_0)}{z_0}$$

Ces équations restent les mêmes si l'on substitue à l'ellipsoïde donné un ellipsoïde homothétique et concentrique, pourvu qu'on place M sur cette nouvelle quadrique.

Les coordonnées du point courant N, sur cette normale, sont de la forme

$$x = x_0\left(1 + \frac{\rho}{a^2}\right), \qquad y = y_0\left(1 + \frac{\rho}{b^2}\right), \qquad z = z_0\left(1 + \frac{\rho}{c^2}\right),$$

ρ étant proportionnel à l'équivalent algébrique du vecteur MN. En particulier, les deux points N_1 et N_2, où la normale perce les plans yOz et zOx, correspondent à $\rho_1 = -a^2$ et $\rho_2 = -b^2$. On en conclut l'égalité

$$\frac{\overline{MN_1}}{\overline{MN_2}} = \frac{a^2}{b^2}.$$

Ainsi, le pied d'une normale quelconque partage dans un rapport constant le segment déterminé sur cette normale par deux plans principaux de la surface.

Proposons-nous de trouver les pieds des normales menées d'un point $P(x_1, y_1, z_1)$ à E. En écrivant que la normale au point $M(x, y, z)$ passe par P, nous obtenons :

$$(26) \qquad \frac{a^2(x_1 - x)}{x} = \frac{b^2(y_1 - y)}{y} = \frac{c^2(z_1 - z)}{z}.$$

Ces équations, où l'on regarde x, y, z comme des coordonnées courantes, définissent une courbe Γ dont l'intersection avec E donne les points cherchés. Cette courbe n'est pas altérée si l'on substitue à E un ellipsoïde quelconque E' homothétique et concentrique; Γ est donc le lieu géométrique des pieds des normales menées de P à E'.

On peut aussi interpréter les équations (26) autrement : elles expriment que la perpendiculaire abaissée du point (x, y, z) sur son plan polaire par rapport à E passe par P.

Soit P_1 la projection de P sur le plan yOz et soit e_1 l'ellipse principale de E dans ce plan. La projection de Γ sur yOz est l'hyperbole d'Apollonius relative au point P_1 et à l'ellipse e_1. Des remarques analogues s'appliquent aux deux autres projections de Γ. On peut donc placer cette courbe sur trois cylindres hyperboliques dont les génératrices sont respectivement parallèles aux axes de E.

On peut faire aussi une étude algébrique de cette courbe et exprimer les coordonnées de son point courant en fonction de la valeur ρ commune aux rapports (26). On trouve ainsi :

$$(27) \qquad x = \frac{a^2 x_1}{a^2 + \rho}, \qquad y = \frac{b^2 y_1}{b^2 + \rho}, \qquad z = \frac{c^2 z_1}{c^2 + \rho}.$$

Une discussion analogue à celle que nous avons faite pour l'hyperbole d'Apollonius (leç. 92) montre que Γ se compose de trois branches différentes s'en allant chacune à l'infini dans la direction de deux axes de coordonnées; Γ a trois asymptotes parallèles aux axes. L'une des branches, celle qui correspond aux valeurs de ρ comprises dans les deux intervalles $(-\infty, -a^2)$, $(-c^2, +\infty)$, passe par O et par P; elle rencontre l'ellipsoïde en deux points réels, de sorte que l'on peut mener de tout point à l'ellipsoïde deux normales réelles au moins.

L'équation qui donne les valeurs de ρ relatives aux points de rencontre de Γ et d'un plan quelconque montre que cette courbe est une cubique gauche. Les valeurs de ρ correspondant aux pieds des normales cherchées sont racines de l'équation

$$\varphi(\rho) \equiv \frac{a^2 x_1^2}{(a^2 + \rho)^2} + \frac{b^2 y_1^2}{(b^2 + \rho)^2} + \frac{c^2 z_1^2}{(c^2 + \rho)^2} - 1 = 0,$$

obtenue en écrivant que le point (x, y, z) est sur E. $\varphi(-\infty)$ et $\varphi(-a^2 - \varepsilon)$ sont de signes contraires; il en est de même de $\varphi(-c^2 + \varepsilon)$ et $\varphi(+\infty)$. Cette équation a donc au moins une racine inférieure à $-a^2$ et au moins une supérieure à $-c^2$.

Comme elle est du 6e degré, on peut mener de P à l'ellipsoïde 6 normales réelles ou imaginaires.

La cubique des normales passant par P, un plan quelconque mené par ce point la coupe en deux autres points M_1 et M_2. Le cône de sommet P, qui a Γ comme directrice, est coupé par ce plan suivant les deux génératrices PM_1 et PM_2; c'est donc un cône du second degré. Les 6 normales menées de P à l'ellipsoïde sont sur ce cône. On obtient l'équation de ce dernier en écrivant que la droite définie par les deux points $M(x, y, z)$ et $P(x_1, y_1, z_1)$ rencontre la courbe en un point autre que P. Cela conduit aux trois équations

$$\frac{x + \lambda x_1}{1 + \lambda} = \frac{a^2 x_1}{a^2 + \rho}, \qquad \frac{y + \lambda y_1}{1 + \lambda} = \frac{b^2 y_1}{b^2 + \rho}, \qquad \frac{z + \lambda z_1}{1 + \lambda} = \frac{c^2 z_1}{c^2 + \rho}$$

qui doivent être compatibles par rapport à λ et ρ. On peut les écrire

$$a^2(x - x_1) + \rho x + \lambda \rho x_1 = 0, \text{ etc.}$$

et, en annulant le déterminant de ces trois équations linéaires en ρ et $\lambda\rho$, on trouve :

$$\begin{vmatrix} a^2(x - x_1), & x, & x_1 \\ b^2(y - y_1), & y, & y_1 \\ c^2(z - z_1), & z, & z_1 \end{vmatrix} = 0.$$

Ce cône est le lieu des normales menées de P à l'ellipsoïde variable E'.

On vérifie aisément qu'il reste le même lorsqu'on remplace a^2, b^2, c^2 respectivement par $a^2 + \mu$, $b^2 + \mu$, $c^2 + \mu$, μ désignant un paramètre, ce qui revient à substituer à E une quadrique quelconque, définie par l'équation

$$\frac{x^2}{a^2 + \mu} + \frac{y^2}{b^2 + \mu} + \frac{z^2}{c^2 + \mu} - 1 = 0 \qquad \text{(quadriques homofocales).}$$

EXERCICES

1° Trouver le lieu des points d'où l'on peut mener à un ellipsoïde trois tangentes rectangulaires deux à deux.

2° Démontrer que l'on peut trouver, dans un ellipsoïde, une infinité de systèmes de trois diamètres conjugués égaux.

3° Calculer l'aire de la section déterminée dans un ellipsoïde par un plan passant par le centre; on utilisera le volume du parallélépipède construit sur deux demi-axes de cette section et sur le diamètre conjugué, ainsi que la distance du centre à un plan tangent parallèle au plan sécant.

4° Un segment de longueur constante glisse par ses extrémités sur une droite D et sur un plan P non parallèle à D. Trouver la surface engendrée par un point de la droite qui porte ce segment. Etudier les sections faites dans la surface par des plans parallèles à P. Trouver les points d'intersection de la surface et de D. Chercher si un ellipsoïde quelconque peut être engendré de cette façon.

5° Une droite est mobile de telle sorte que trois points situés sur cette droite et faisant corps avec elle se déplacent respectivement sur les faces d'un trièdre. Trouver la surface engendrée par un point de cette droite.

6° Trouver la relation qui doit exister entre les six coordonnées plückériennes d'une droite pour que cette droite soit tangente à un ellipsoïde dont on donne l'équation réduite.

7° Déterminer les plans tangents menés à l'ellipsoïde dont l'équation tangentielle est $a'^2 u^2 + b'^2 v^2 + c'^2 w^2 - h^2 = 0$, par la droite d'intersection des deux plans

$$\Pi_0, \quad u_0 x + v_0 y + w_0 z + h_0 = 0; \qquad \Pi_1, \quad u_1 x + v_1 y + w_1 z + h_1 = 0.$$

Déduire de là la condition de contact de la droite et de l'ellipsoïde. Quelle est l'équation tangentielle de la conique d'intersection de l'ellipsoïde et du plan Π_0?

8° Démontrer qu'il y a trois quadriques homofocales à un ellipsoïde donné, passant par un point donné. Déterminer le genre de ces quadriques. Montrer qu'elles se coupent à angle droit deux à deux.

9° Trouver le lieu des centres des sections faites par un plan donné dans une famille de quadriques homofocales à un ellipsoïde donné.

10° Déterminer les directions principales du cône qui est circonscrit à un ellipsoïde donné et qui a pour sommet un point donné. Montrer que ces directions principales ne sont pas altérées si l'on remplace l'ellipsoïde par une quadrique homofocale.

11° Qu'est la surface définie par les équations

$$x = \frac{(a^2 + \mu)x_0}{a^2 + \lambda}, \quad y = \frac{(b^2 + \mu)y_0}{b^2 + \lambda}, \quad z = \frac{(c^2 + \mu)z_0}{c^2 + \lambda},$$

λ et μ désignant deux paramètres.

ÉQUATIONS RÉDUITES — ELLIPSOÏDE (*Suite*)

Détermination des éléments métriques d'une section plane. — Traitons d'abord le problème pour une section centrale dont le plan Π a pour équation

$$(1) \qquad ux + vy + wz = 0.$$

Soit e cette section. Imaginons un cercle γ concentrique à e et situé dans le même plan. Soient d_1 et d_2 les diamètres communs à e et à γ. Ces diamètres sont symétriques par rapport aux axes de e, et si l'on fait varier le rayon ρ de γ de sorte que d_1 et d_2 se confondent, leur position limite est un axe de symétrie de e, et la valeur limite de ρ est la longueur d'un demi-axe de cette ellipse.

Soit Σ une sphère dont γ est un grand cercle. Les diamètres communs à cette sphère et à E sont situés sur un cône du second degré C; d_1 et d_2 sont les génératrices de section de C par le plan Π. On obtiendra les cas limites cherchés en écrivant que Π est tangent à C.

Les équations de E et de Σ étant

$$\frac{x^2}{a^2} + \frac{y^2}{b^2} + \frac{z^2}{c^2} - 1 = 0, \qquad \frac{x^2 + y^2 + z^2}{\rho^2} - 1 = 0,$$

l'équation de C s'obtient en les retranchant membre à membre. On trouve :

$$(2) \qquad \left(\frac{1}{a^2} - \frac{1}{\rho^2}\right) x^2 + \left(\frac{1}{b^2} - \frac{1}{\rho^2}\right) y^2 + \left(\frac{1}{c^2} - \frac{1}{\rho^2}\right) z^2 = 0.$$

En écrivant que le plan Π est tangent à ce cône, on a de suite :

$$\frac{u^2}{\dfrac{1}{a^2} - \dfrac{1}{\rho^2}} + \frac{v^2}{\dfrac{1}{b^2} - \dfrac{1}{\rho^2}} + \frac{w^2}{\dfrac{1}{c^2} - \dfrac{1}{\rho^2}} = 0.$$

Les carrés des demi-longueurs d'axes de la section sont donc racines de l'équation

$$(3) \qquad \varphi(\rho^2) \equiv \frac{u^2}{\dfrac{\rho^2}{a^2} - 1} + \frac{v^2}{\dfrac{\rho^2}{b^2} - 1} + \frac{w^2}{\dfrac{\rho^2}{c^2} - 1} = 0.$$

La fonction $\varphi(\rho^2)$ est discontinue pour les valeurs c^2, b^2, a^2 de la variable. $\varphi(c^2 + \varepsilon)$ et $\varphi(b^2 - \varepsilon)$ sont de signes contraires; il en est de même de $\varphi(b^2 + \varepsilon)$ et $\varphi(a^2 - \varepsilon)$. L'équation (3) a donc une racine comprise entre c^2 et b^2 et une autre entre b^2 et a^2.

Les racines séparées par b^2 ne peuvent devenir égales que si elles se réduisent toutes deux à b^2. Cela exige d'abord que v soit nul et, en écrivant que b^2 est racine de l'équation du premier degré restante, on trouve :

$$\frac{a^2 u^2}{a^2 - b^2} = \frac{c^2 w^2}{b^2 - c^2},$$

ou

$$\frac{u}{c\sqrt{a^2 - b^2}} = \frac{w}{\varepsilon a \sqrt{b^2 - c^2}}.$$

Il y a donc deux plans réels passant par l'axe moyen de l'ellipsoïde et qui coupent la quadrique chacun suivant un cercle; ce sont les plans définis par l'équation

$$c\sqrt{a^2 - b^2}\, x + \varepsilon a \sqrt{b^2 - c^2}\, z = 0. \qquad \text{(voir leç. 98.)}$$

Pour avoir la position de l'axe de symétrie qui correspond à une racine ρ_1^2 de l'équation (3), utilisons le fait que le plan (1) est tangent en tous les points de cet axe au cône C_1 correspondant. Les coordonnées d'un point de l'axe étant x_1, y_1, z_1, l'équation du plan tangent à C_1 est

$$\left(\frac{\rho_1^2}{a^2} - 1\right) x x_1 + \left(\frac{\rho_1^2}{b^2} - 1\right) y y_1 + \left(\frac{\rho_1^2}{c^2} - 1\right) z z_1 = 0,$$

et, en écrivant que cette équation représente le plan II, on obtient :

$$(4) \qquad \left(\frac{\rho_1^2}{a^2} - 1\right)\frac{x_1}{u} = \left(\frac{\rho_1^2}{b^2} - 1\right)\frac{y_1}{v} = \left(\frac{\rho_1^2}{c^2} - 1\right)\frac{z_1}{w},$$

qui sont les équations de l'axe.

L'élimination de ρ_1^2 entre ces équations est facile; elle donne l'équation d'un cône du second degré :

$$(5) \qquad \begin{vmatrix} \dfrac{x}{a^2}, & x, & u \\[2mm] \dfrac{y}{b^2}, & y, & v \\[2mm] \dfrac{z}{c^2}, & z, & w \end{vmatrix} = 0,$$

qui est coupé par le plan II suivant les axes de symétrie de la section.

Supposons maintenant que le plan sécant ait pour équation

$$ux + vy + wz + h = 0.$$

Soit O' le centre de la section dont nous avons calculé les coordonnées x_0, y_0, z_0 (leç. 98).

Transportons les axes de coordonnées parallèlement à eux-mêmes en O'. Les formules de transformation

$$x = x_0 + X, \qquad y = y_0 + Y, \qquad z = z_0 + Z,$$

donnent, comme équations nouvelles du plan et de l'ellipsoïde :

$$u\,X + v\,Y + w\,Z = 0,$$

$$\frac{X^2}{a^2} + \frac{Y^2}{b^2} + \frac{Z^2}{c^2} + \frac{2\,x_0\,X}{a^2} + \frac{2\,y_0\,Y}{b^2} + \frac{2\,z_0\,Z}{c^2} + E_0 = 0,$$

en posant :

$$E_0 = \frac{x_0^2}{a^2} + \frac{y_0^2}{b^2} + \frac{z_0^2}{c^2} - 1.$$

Mais x_0, y_0, z_0 vérifient les relations

$$\frac{x_0}{a^2 u} = \frac{y_0}{b^2 v} = \frac{z_0}{c^2 w} ;$$

k désignant la valeur commune à ces rapports, on a :

$$\frac{x_0}{a^2} = ku, \qquad \frac{y_0}{b^2} = kv, \qquad \frac{z_0}{c^2} = kw$$

et l'équation de l'ellipsoïde devient :

$$\frac{X^2}{a^2} + \frac{Y^2}{b^2} + \frac{Z^2}{c^2} + 2\,k(u\,X + v\,Y + w\,Z) + E_0 = 0.$$

La section faite dans cet ellipsoïde par le plan donné est la même que dans l'ellipsoïde qui est défini par l'équation

$$\frac{X^2}{a^2} + \frac{Y^2}{b^2} + \frac{Z^2}{c^2} + E_0 = 0$$

et qui a pour centre O'. On est donc ramené au problème traité. En remplaçant a^2, b^2, c^2 respectivement par $-a^2 E_0$, $-b^2 E_0$, $-c^2 E_0$, dans l'équation (3), on obtient l'équation qui donne les carrés des demi-longueurs d'axes de la section

$$(6) \qquad \frac{u^2}{\dfrac{\rho^2}{a^2} + E_0} + \frac{v^2}{\dfrac{\rho^2}{b} + E_0} + \frac{w^2}{\dfrac{\rho^2}{c^2} + E_0} = 0.$$

Un calcul facile donne d'ailleurs :

$$E_0 = \frac{h^2}{a^2 u^2 + b^2 v^2 + c^2 w^2} - 1.$$

Les axes de symétrie de la section sont les génératrices d'intersection du plan sécant et du cône dont l'équation se déduit de (5) en y remplaçant x, y, z par $x - x_0$, $y - y_0$, $z - z_0$. Si l'on remarque en outre que u, v, w sont proportionnels à $\frac{x_0}{a^2}$, $\frac{y_0}{b^2}$, $\frac{z_0}{c^2}$, on voit rapidement que ce cône n'est autre que celui qui contient les six normales menées du centre de la section à la quadrique.

Complexe des axes d'une quadrique. — On peut relier les résultats obtenus dans les deux études relatives aux normales et aux axes de symétrie des sections planes; pour y arriver, nous allons étudier le complexe des droites perpendiculaires à leurs droites polaires par rapport à une quadrique donnée Q. Soient Δ et Δ' deux droites polaires non parallèles, et soit Π le plan mené par Δ parallèlement à Δ'. Ce plan coupe la quadrique suivant une conique C. Le plan polaire du point à l'infini sur Δ' coupe le plan Π suivant Δ. Mais il le coupe aussi suivant le diamètre conjugué des cordes parallèles à Δ' dans C; Δ est donc ce diamètre. La condition nécessaire et suffisante pour que Δ soit un axe de symétrie de C est donc que Δ et Δ' soient rectangulaires.

Les deux droites Δ et Δ' étant astreintes à une seule condition, réciproque d'ailleurs, font partie d'un même complexe qu'on appelle complexe des axes de Q.

Les équations de Δ étant

$$\frac{x - x_0}{\alpha} = \frac{y - y_0}{\beta} = \frac{z - z_0}{\gamma},$$

celles de Δ' sont

$$xf'_{x_0} + yf'_{y_0} + zf'_{z_0} + f'_{0} = 0, \qquad \alpha f'_x + \beta f'_y + \gamma f'_z = 0.$$

En écrivant que ces droites sont rectangulaires, on obtient l'équation du complexe

$$\begin{vmatrix} \alpha, & \beta, & \gamma, \\ \varphi'_\alpha, & \varphi'_\beta, & \varphi'_\gamma, \\ f'_{x_0}, & f'_{y_0}, & f'_{z_0} \end{vmatrix} = 0.$$

On voit de suite que le cône du complexe, dont le sommet est au point (x_0, y_0, z_0), est un cône du second degré. Le complexe est donc du second ordre et il n'est pas altéré si l'on substitue à la quadrique $f(x, y, z) = 0$ une quadrique Q' d'équation $f(x, y, z) + \lambda = 0$, qui a les mêmes plans tangents à l'infini.

Énumérons quelques catégories d'axes.

La droite polaire d'une normale à Q est située dans le plan tangent à Q au pied de cette normale; elle est donc perpendiculaire à cette normale et les normales à Q sont des axes. L'ensemble des normales à toutes les quadriques Q' est identique à l'ensemble des axes.

Toute droite D, située dans un plan de symétrie de Q, est un axe de la section faite dans Q par un plan mené par D perpendiculairement au plan de symétrie; la droite polaire de D est une perpendiculaire au plan de symétrie. Toutes les droites situées dans les plans principaux, ou parallèles aux directions principales de Q, sont des axes.

La droite polaire d'un diamètre de Q est à l'infini et réciproquement; on peut les regarder comme rectangulaires. Donc toutes les droites à l'infini et tous les diamètres de Q sont des axes.

Tout diamètre d'une section circulaire est un axe.

Le cône du complexe ayant son sommet en un point P est le lieu des normales menées de ce point aux quadriques Q'. Des génératrices particulières de ce cône sont les parallèles menées par P aux directions principales de Q, les axes de la section qui a P pour centre, le diamètre de Q passant par P, les diamètres menés par P dans les sections cycliques dont les plans passent par P; etc.

L'enveloppe du complexe, située dans un plan Π, est de seconde classe; des droites particulières sont les intersections de Π avec les plans de symétrie de Q et avec le plan de l'infini, ainsi que les axes de la conique C, intersection de Π et Q. Cette enveloppe est donc une parabole dont la directrice passe par le centre de C.

Elle dégénère chaque fois que Π est un plan cyclique.

Représentation paramétrique de l'ellipsoïde. — L'équation réduite de l'ellipsoïde étant

$$\frac{x^2}{a'^2} + \frac{y^2}{b'^2} + \frac{z^2}{c'^2} - 1 = 0,$$

si l'on pose :
$$\frac{x}{a'} = X, \quad \frac{y}{b'} = Y, \quad \frac{z}{c'} = Z,$$

on a :
$$X^2 + Y^2 + Z^2 - 1 = 0.$$

La connaissance des expressions de X, Y, Z, en fonction de deux paramètres, donne la solution du problème posé pour x, y, z. Or, nous avons vu (leç. 16) comment on obtient plusieurs représentations paramétriques de la sphère.

On peut d'ailleurs reprendre l'emploi de la projection stéréographique et effectuer la perspective de l'ellipsoïde sur le plan xOy en plaçant le point de vue au point $C'(x = 0, y = 0, z = -c)$, sur la surface. En appelant $a'\xi$, $b'\eta$, les coordonnées du point m du plan xOy correspondant à un point $M(x, y, z)$ de l'ellipsoïde, on obtient les deux séries de formules

$$x = \frac{2a'\xi}{\xi^2 + \eta^2 + 1}, \qquad y = \frac{2b'\eta}{\xi^2 + \eta^2 + 1}, \qquad z = \frac{(1 - \xi^2 - \eta^2)c'}{\xi^2 + \eta^2 + 1},$$

$$a'\xi = \frac{c'x}{z + c'}, \qquad b'\eta = \frac{c'y}{z + c'},$$

qui donnent les coordonnées de M rationnellement en fonction des coordonnées de m et réciproquement.

HYPERBOLOÏDES

L'équation réduite de l'hyperboloïde à une nappe rapporté à trois diamètres conjugués est

$$(7) \qquad \frac{x^2}{a'^2} + \frac{y^2}{b'^2} - \frac{z^2}{c'^2} - 1 = 0.$$

L'équation de l'hyperboloïde à deux nappes, qui a le même cône asymptote et dont le diamètre dirigé suivant Oz a $2c'$ pour longueur, est

$$(8) \qquad \frac{x^2}{a'^2} + \frac{y^2}{b'^2} - \frac{z^2}{c'^2} + 1 = 0.$$

On passe de l'équation de l'ellipsoïde à l'équation (7) en changeant c' en ic', et à l'équation (8) en changeant a' et b' en ia' et ib'.

Il sera donc inutile de reprendre, pour les deux hyperboloïdes, tous les calculs faits à propos de l'ellipsoïde; il suffira d'enregistrer les modifications apportées aux propriétés déjà étudiées par les changements que nous venons de signaler. Toutefois, certaines questions nouvelles se poseront, à cause de l'existence de nappes infinies sur les hyperboloïdes.

Intersection avec une droite quelconque. — Considérons l'hyperboloïde défini par l'équation

$$(9) \qquad f(x, y, z) \equiv \frac{x^2}{a'^2} + \frac{y^2}{b'^2} - \frac{z^2}{c'^2} + \varepsilon = 0, \qquad (\varepsilon = \pm 1).$$

La droite dont les équations sont

$$\frac{x-x_0}{\alpha}=\frac{y-y_0}{\beta}=\frac{z-z_0}{\gamma}=\rho,$$

coupe cette surface en des points qui correspondent aux valeurs de ρ racines de l'équation

$$(10)\quad \left(\frac{\alpha^2}{a'^2}+\frac{\beta^2}{b'^2}-\frac{\gamma^2}{c'^2}\right)\rho^2+2\left(\frac{\alpha x_0}{a'^2}+\frac{\beta y_0}{b'^2}-\frac{\gamma z_0}{c'^2}\right)\rho+f(x_0,\,y_0,\,z_0)=0.$$

Ces points sont réels et distincts si l'on a :

$$\left(\frac{\alpha x_0}{a'^2}+\frac{\beta y_0}{b'^2}-\frac{\gamma z_0}{c'^2}\right)^2-\left(\frac{\alpha^2}{a'^2}+\frac{\beta^2}{b'^2}-\frac{\gamma^2}{c'^2}\right)f(x_0,\,y_0,\,z_0)>0.$$

On en déduit, comme pour l'ellipsoïde, l'équation du cylindre circonscrit dont les génératrices sont parallèles à une direction donnée et l'équation du cône circonscrit de sommet donné.

Si α, β, γ vérifient l'équation $\dfrac{\alpha^2}{a'^2}+\dfrac{\beta^2}{b'^2}-\dfrac{\gamma^2}{c'^2}=0$, la droite est parallèle à une génératrice G du cône asymptote et ne rencontre plus l'hyperboloïde, en général, qu'en un point à distance finie. Si, de plus, la parallèle à G est située dans le plan Π_1 tangent au cône asymptote le long de G, c'est-à-dire si le coefficient de ρ dans l'équation (10) est également nul, cette parallèle ne rencontre plus la surface à distance finie ou est placée dessus. Dans le cas où ε vaut -1, la trace de Π_1, sur le plan xOy, coupe l'ellipse d'intersection de ce plan et de l'hyperboloïde à une nappe H_1 en deux points réels; Π_1 coupe H_1 suivant deux génératrices réelles parallèles à G.

Intersection avec un plan quelconque. — Coupons l'hyperboloïde (9) par le plan Π dont l'équation est

$$(11)\qquad ux+vy+wz+h=0.$$

La conique d'intersection Γ se projette sur le plan xOy suivant une conique γ qui a pour équation

$$F(x,\,y)\equiv\frac{x^2}{a'^2}+\frac{y^2}{b'^2}-\frac{1}{c'^2w^2}(ux+vy+h)^2+\varepsilon=0.$$

Le discriminant de l'ensemble des termes du second degré de $F(x,\,y)$ vaut

$$\delta=\frac{-1}{a'^2b'^2c'^2w^2}(a'^2u^2+b'^2v^2-c'^2w^2).$$

Or, la trace du cône asymptote, sur le plan $z=1$, est une ellipse e dont la projection, sur le plan xOy, a pour équation

$$\frac{x^2}{a'^2}+\frac{y^2}{b'^2}-\frac{1}{c'^2}=0.$$

La trace T du plan mené par le centre, parallèlement à II, sur le même plan $z = 1$, se projette suivant la droite

$$ux + vy + w = 0.$$

Si T coupe e, l'expression

$$\mu = a'^2 u^2 + b'^2 v^2 - c'^2 w^2$$

est positive, δ est < 0 ; γ est une hyperbole ainsi que Γ.

Si T est tangente à e, c'est-à-dire si μ est nul, la section est du genre parabole.

Si T ne coupe pas e, μ est < 0, δ est > 0, la section est une ellipse ; il y a lieu d'en étudier la réalité.

Les coordonnées x_0, y_0, z_0 du centre O' de Γ vérifient les deux équations

$$\frac{x_0}{a'^2 u} = \frac{y_0}{b'^2 v} = \frac{z_0}{-c'^2 w}$$

et l'équation (11). Transportons l'origine au centre de γ. Le terme constant de l'équation réduite de cette conique est

$$F_1 = \frac{h^2}{a'^2 u^2 + b'^2 v^2 - c'^2 w^2} + \varepsilon = \frac{h^2}{\mu} + \varepsilon.$$

Le coefficient de x^2 dans $F(x, y)$ vaut

$$\frac{1}{a'^2} - \frac{u^2}{c'^2 w^2} \qquad \text{ou bien} \qquad \frac{-\mu + b'^2 v^2}{a'^2 c'^2 w^2}.$$

Chaque fois que Γ est une ellipse, ce coefficient est positif, puisque μ est < 0.

Γ est réelle si F_1 est < 0. Or, cette condition est toujours réalisée si ε vaut $- 1$, c'est-à-dire lorsque l'hyperboloïde n'a qu'une nappe. Si ε vaut $+ 1$, F_1 n'est négatif que pour les valeurs de h vérifiant l'inégalité $h^2 > - \mu$.

Ainsi, lorsque l'hyperboloïde a deux nappes, les plans de section elliptique réelle, parallèles à un plan donné, sont en dehors du couple des plans qui correspondent à $h = \pm \sqrt{-\mu}$. Ces plans particuliers sont tangents à la quadrique H_2.

Dans le cas où la section est une hyperbole, il n'y a pas lieu de s'inquiéter de la réalité. Cette hyperbole dégénère en un couple de droites lorsque F_1 est nul. Or μ étant positif, ceci ne peut arriver que si ε vaut $- 1$, c'est-à-dire si la quadrique est un H_1. Les deux plans particuliers correspondant à $h = - \sqrt{\mu}$ sont tangents à H_1.

Remarquons encore qu'un plan quelconque est sécant pour H_1.

Il n'est sécant pour H_2 que si ses coordonnées vérifient l'inégalité

$$(12) \qquad a'^2 u^2 + b'^2 v^2 - c'^2 w^2 + h^2 > 0.$$

Propriétés des plans tangents. — L'équation du plan polaire d'un point $P(x_0, y_0, z_0)$ est

$$(13) \qquad \frac{xx_0}{a'^2} + \frac{yy_0}{b'^2} - \frac{zz_0}{c'^2} + \varepsilon = 0.$$

Tout plan étant sécant pour H_1, tout point P peut être regardé comme extérieur à cette surface, car on peut toujours mener de ce point à H_1 des plans tangents réels; cela tient à ce que H_1 est une surface réglée. Toutefois, dans certaines questions, on a besoin de savoir si un point P est placé du même côté que le centre ou de côté différent par rapport à la surface. Les points P placés du même côté que le centre sont caractérisés par l'inégalité $f(x_0, y_0, z_0) < 0 \, (\varepsilon = -1)$.

Le point P est extérieur à $H_2 \, (\varepsilon = +1)$ si le plan (13) est sécant; en écrivant que les coordonnées de ce plan vérifient l'inégalité (12), on trouve la condition $f(x_0, y_0, z_0) > 0$.

L'équation tangentielle des hyperboloïdes est

$$a'^2 u^2 + b'^2 v^2 - c'^2 w^2 + \varepsilon h^2 = 0.$$

L'équation de la sphère de Monge est

$$x^2 + y^2 + z^2 = \varepsilon (c^2 - a^2 - b^2).$$

Elle est réelle pour H_1 si l'on a $a^2 + b^2 > c^2$, et pour H_2 si l'on a $a^2 + b^2 < c^2$.

Elle est évanouissante pour tous deux lorsqu'on a $a^2 + b^2 = c^2$; dans ce cas, le cône asymptote est capable d'un trièdre trirectangle circonscrit.

Propriétés des plans diamétraux et des diamètres. — L'équation du plan diamétral conjugué d'une direction de cordes (α, β, γ) est

$$(14) \qquad \frac{\alpha x}{a'^2} + \frac{\beta y}{b'^2} - \frac{\gamma z}{c'^2} = 0.$$

Cette équation n'est pas altérée si l'on remplace l'hyperboloïde par un autre ayant même cône asymptote et, en particulier, par ce cône même.

On constate aisément que si la parallèle à la direction de cordes considérée, menée par le centre, est à l'intérieur du cône asymptote, le plan diamétral coupe l'hyperboloïde suivant une ellipse; etc.

La relation qui exprime que deux directions (α, β, γ), $(\alpha', \beta', \gamma')$ sont conjuguées est

$$\frac{\alpha \alpha'}{a'^2} + \frac{\beta \beta'}{b'^2} - \frac{\gamma \gamma'}{c'^2} = 0.$$

Les équations du diamètre conjugué du plan (11) sont

$$\frac{x}{a'^2 u} = \frac{y}{b'^2 v} = \frac{z}{-c'^2 w}.$$

Considérons un système de trois diamètres conjugués. Il résulte de ce qui précède que l'un de ces diamètres est intérieur au cône asymptote et les deux autres sont extérieurs; l'un est donc sécant pour H_2 et les deux autres pour H_1. Ce fait est d'ailleurs évident sur le système des axes de coordonnées employés.

Remarquons encore que les deux hyperboloïdes qui correspondent à $\varepsilon = \pm 1$ sont tels qu'à tout point (x, y, z) de l'un, on peut associer le point (ix, iy, iz) de l'autre; il en résulte que les valeurs algébriques des carrés des longueurs d'un même diamètre dans les deux surfaces ne diffèrent que par le signe : les deux hyperboloïdes sont dits conjugués.

Soient $M_1(x_1, y_1, z_1)$, $M_2(x_2, y_2, z_2)$, $M_3(x_3, y_3, z_3)$ les extrémités de trois diamètres conjugués, situées, les deux premières sur H_1, la dernière sur H_2. Les coordonnées de ce point vérifient les six équations

$$(\text{I})\begin{cases} \dfrac{x_1^2}{a'^2} + \dfrac{y_1^2}{b'^2} + \dfrac{(iz_1)^2}{c'^2} = 1, \\[2mm] \dfrac{x_2^2}{a'^2} + \dfrac{y_2^2}{b'^2} + \dfrac{(iz_2)^2}{c'^2} = 1, \\[2mm] \dfrac{(ix_3)^2}{a'^2} + \dfrac{(iy_3)^2}{b'^2} + \dfrac{(-z_3)^2}{c'^2} = 1, \end{cases} \quad (\text{II})\begin{cases} \dfrac{ix_2 x_3}{a'^2} + \dfrac{iy_2 y_3}{b'^2} + \dfrac{iz_2(-z_3)}{c'^2} = 0, \\[2mm] \dfrac{ix_1 x_3}{a'^2} + \dfrac{iy_1 y_3}{b'^2} + \dfrac{iz_1(-z_3)}{c'^2} = 0, \\[2mm] \dfrac{x_1 x_2}{a'^2} + \dfrac{y_1 y_2}{b'^2} + \dfrac{iz_1 \cdot iz_2}{c'^2} = 0. \end{cases}$$

Ces relations montrent que les trois systèmes de nombres

$$\left(\frac{x_1}{a'}, \frac{y_1}{b'}, \frac{iz_1}{c'}\right), \quad \left(\frac{x_2}{a'}, \frac{y_2}{b'}, \frac{iz_2}{c'}\right), \quad \left(\frac{ix_3}{a'}, \frac{iy_3}{b'}, \frac{-z_3}{c'}\right)$$

sont les cosinus directeurs de trois directions rectangulaires, par rapport à trois axes rectangulaires. Considérons alors le déterminant

$$D = \begin{vmatrix} \dfrac{x_1}{a'}, & \dfrac{y_1}{b'}, & \dfrac{iz_1}{c'} \\[2mm] \dfrac{x_2}{a'}, & \dfrac{y_2}{b'}, & \dfrac{iz_2}{c'} \\[2mm] \dfrac{ix_3}{a'}, & \dfrac{iy_3}{b'}, & \dfrac{-z_3}{c'} \end{vmatrix}$$

En écrivant que la somme des carrés des éléments d'une colonne quelconque vaut 1, on a :

$$x_1^2 + x_2^2 - x_3^2 = a'^2, \qquad y_1^2 + y_2^2 - y_3^2 = b'^2, \qquad z_1^2 + z_2^2 - z_3^2 = -c'^2$$

et, par addition,

$$(x_1^2 + y_1^2 + z_1^2) + (x_2^2 + y_2^2 + z_2^2) - (x_3^2 + y_3^2 + z_3^2) = a'^2 + b'^2 - c'^2.$$

En supposant les axes rectangulaires, on trouve :

$$\overline{OM_1}^2 + \overline{OM_2}^2 - \overline{OM_3}^2 = a^2 + b^2 - c^2.$$

Écrivons que D vaut $\varepsilon' = \pm 1$; nous obtenons :

$$\begin{vmatrix} x_1, & y_1, & z_1 \\ x_2, & y_2, & z_2 \\ x_3, & y_3, & z_3 \end{vmatrix} = -\varepsilon' a' b' c'.$$

En supposant les axes rectangulaires, nous voyons que le volume du parallélépipède construit sur OM_1, OM_2 et OM_3 vaut abc.

Remarquons au passage que le sommet opposé à O, sur ce parallélépipède, est sur H_1; on le constate de suite pour le parallélépipède construit sur trois diamètres conjugués pris comme axes de coordonnées.

Enfin, on vérifiera que la somme des carrés des aires des parallélogrammes construits sur OM_1 et OM_3, OM_2 et OM_3, diminuée du carré de l'aire du parallélogramme construit sur OM_1 et OM_2, vaut

$$a^2 c^2 + b^2 c^2 - a^2 b^2.$$

Pour étudier la longueur d'un demi-diamètre OM d'un hyperboloïde, nous pouvons employer la méthode qui nous a servi pour l'ellipsoïde. Nous constaterons que, si l'on a $a > b$, une sphère de rayon r, concentrique à H_1, ne coupe cette surface que si r est supérieur à b. Si r vaut a, l'intersection se compose de deux grands cercles de la sphère; les plans de ces cercles passent par le grand axe de l'ellipse principale.

L'hyperboloïde à deux nappes est coupé par toute sphère de rayon supérieur à c.

Normales. — Il n'y a pas de différence essentielle entre leur étude et celle que nous avons faite à propos de l'ellipsoïde. Remarquons seulement que les normales à une famille d'hyperboloïdes ayant même cône asymptote, en des points situés sur une parallèle à l'un des axes de symétrie, rencontrent le plan principal correspondant au même point.

Éléments métriques d'une section plane. — L'étude faite pour l'ellipsoïde subsiste dans ses grandes lignes lorsqu'il s'agit d'une section à centre, lors même que cette section dégénère en un couple de droites parallèles. Il y a lieu de faire une étude directe du cas où la section est une véritable parabole. Nous la ferons pour toutes les quadriques qui ont même cône asymptote, quadriques dont l'équation est

$$(15) \qquad f(x, y, z) \equiv \frac{x^2}{a^2} + \frac{y^2}{b^2} - \frac{z^2}{c^2} + \lambda = 0.$$

L'équation du plan sécant II étant

$$(16) \qquad ux + vy + wz + h = 0,$$

la section est du genre parabole si u, v, w vérifient l'équation

$$a^2 u^2 + b^2 v^2 - c^2 w^2 = 0.$$

Les paramètres directeurs de la direction asymptotique D de la parabole sont ceux de la direction conjuguée du plan, c'est-à-dire $a^2 u$, $b^2 v$, $-c^2 w$.

Faisons un changement d'axes de coordonnées en prenant comme directions des nouveaux axes OX, OY, OZ, la direction perpendiculaire

au plan, la direction D et la direction perpendiculaire à ces deux-là.
Les cosinus directeurs des nouveaux axes sont

$$\alpha = \frac{u}{\sqrt{u^2 + v^2 + w^2}}, \qquad \beta = \frac{v}{\sqrt{u^2 + v^2 + w^2}}, \qquad \gamma = \frac{w}{\sqrt{u^2 + v^2 + w^2}};$$

$$\alpha_1 = \frac{a^2 u}{\sqrt{a^4 u^2 + b^4 v^2 + c^4 w^2}}, \qquad \beta_1 = \frac{b^2 v}{\sqrt{\dots\dots\dots}}, \qquad \gamma_1 = \frac{-c^2 w}{\sqrt{}};$$

$$\alpha_2 = \beta\gamma_1 - \gamma\beta_1, \qquad \beta_2 = \gamma\alpha_1 - \alpha\gamma_1, \qquad \gamma_2 = \alpha\beta_1 - \beta\alpha_1.$$

En vertu des formules de transformation, le premier membre de l'équation de II se transforme identiquement en $\sqrt{u^2 + v^2 + w^2}\, X + h$, et $f(x, y, z)$ en :

$$AX^2 + A'Y^2 + A''Z^2 + 2BYZ + 2B'ZX + 2B''XY + \lambda.$$

Un plan d'équation $X = X_0$ coupant la quadrique suivant une parabole dont l'axe est parallèle à OY, les coefficients A' et B sont nuls, et l'équation de la projection de la parabole sur le plan YOZ est

$$A''Z^2 + 2B''X_0 Y + 2B'X_0 Z + AX_0^2 + \lambda = 0.$$

Son paramètre vaut $\left|\dfrac{B''X_0}{A''}\right|$; il est proportionnel à X_0 et indépendant de λ.

Un même plan II coupe donc la famille d'hyperboloïdes suivant des paraboles égales, résultant les unes des autres par une translation le long de l'axe de symétrie commun.

Si l'on revient aux axes primitifs, on trouve :

$$A'' = \frac{\alpha_2^2}{a^2} + \frac{\beta_2^2}{b^2} - \frac{\gamma_2^2}{c^2} = u^2 v^2 w^2 \cdot \frac{\dfrac{(b^2 + c^2)^2}{a^2 u^2} + \dfrac{(a^2 + c^2)^2}{b^2 v^2} - \dfrac{(a^2 - b^2)^2}{c^2 w^2}}{(u^2 + v^2 + w^2)(a^4 u^2 + b^4 v^2 + c^4 w^2)},$$

$$B'' = \frac{\alpha\alpha_1}{a^2} + \frac{\beta\beta_1}{b^2} - \frac{\gamma\gamma_1}{c^2} = \sqrt{\frac{u^2 + v^2 + w^2}{a^4 u^2 + b^4 v^2 + c^4 w^2}},$$

$$X_0 = \frac{-h}{\sqrt{u^2 + v^2 + w^2}},$$

et le paramètre de la parabole est la valeur absolue de

$$\frac{h(u^2 + v^2 + w^2)\sqrt{a^4 u^2 + b^4 v^2 + c^4 w^2}}{u^2 v^2 w^2 \left[\dfrac{(b^2 + c^2)^2}{a^2 u^2} + \dfrac{(a^2 + c^2)^2}{b^2 v^2} - \dfrac{(a^2 - b^2)^2}{c^2 w^2}\right]}.$$

L'axe de symétrie est l'intersection du plan II et du plan diamétral conjugué de la direction OZ, c'est-à-dire du plan d'équation

$$\frac{(b^2 + c^2)x}{a^2 u} - \frac{(a^2 + c^2)y}{b^2 v} + \frac{(b^2 - a^2)z}{c^2 w} = 0.$$

Représentation paramétrique. — On peut toujours appliquer aux deux hyperboloïdes et au cône la méthode qui consiste à projeter la surface sur un plan en prenant le point de vue sur la quadrique. Nous n'insisterons pas sur les formules auxquelles on est conduit.

Connaissant une courbe C d'une surface réglée S, et un système de génératrices de cette surface, on peut toujours exprimer les coordonnées du point courant M de S en fonction de deux paramètres dont l'un fixe la position du point M sur la génératrice G qui passe par ce point, et l'autre la position du point A où G rencontre C. Cette observation s'applique à toutes les surfaces réglées du second degré.

EXERCICES

1° Sur tout diamètre d'un ellipsoïde, on porte, à partir du centre, une longueur OM proportionnelle à l'aire de la section que fait, dans l'ellipsoïde, le plan perpendiculaire à OM mené par O. Trouver le lieu géométrique du point M.

2° Sur tout diamètre d'un ellipsoïde, on porte, à partir du centre, des longueurs OM et OM′ égales aux demi-axes de la section faite, dans l'ellipsoïde, par le plan diamétral perpendiculaire au diamètre. Trouver l'équation du lieu géométrique des points M et M′. Déterminer l'intersection de ce lieu et d'une sphère concentrique à l'ellipsoïde ; cette intersection peut-elle se composer de cercles ?

3° On donne un système de points matériels et un point O ; sur une droite quelconque passant par O, on porte une longueur OM dont le carré est inversement proportionnel au moment d'inertie du système par rapport à la droite. Trouver le lieu géométrique du point M quand la droite varie. Dans quel cas ce lieu a-t-il un point à l'infini ?

4° Trouver, en coordonnées plückériennes, la condition pour qu'une droite et sa droite polaire, par rapport à un ellipsoïde donné, soient rectangulaires. Vérifier que cette condition n'est pas altérée quand on substitue à l'ellipsoïde une quadrique homofocale. Trouver la directrice et le foyer de la conique du complexe des droites polaires rectangulaires, dans un plan donné.

5° Trouver, en coordonnées plückériennes, la condition pour que les perpendiculaires menées de deux points d'une droite sur les plans polaires de ces points, par rapport à un ellipsoïde donné, soient dans un même plan.

6° Trouver, en coordonnées plückériennes, la condition pour que les deux plans tangents menés par une droite à un ellipsoïde donné soient rectangulaires. Trouver le cône du complexe de ces droites, connaissant son sommet. Trouver la conique du complexe, connaissant son plan.

ÉTUDE DES GÉNÉRATRICES DE L'HYPERBOLOÏDE
A UNE NAPPE

Étude algébrique. — L'équation de la surface étant mise sous la forme

$$\frac{x^2}{a'^2} + \frac{y^2}{b'^2} - \frac{z^2}{c'^2} - 1 = 0,$$

on peut l'écrire aussi

$$\frac{x^2}{a'^2} - \frac{z^2}{c'^2} = 1 - \frac{y^2}{b'^2},$$

ou

$$\left(\frac{x}{a'} - \frac{z}{c'}\right)\left(\frac{x}{a'} + \frac{z}{c'}\right) = \left(1 - \frac{y}{b'}\right)\left(1 + \frac{y}{b'}\right).$$

Sous cette forme, on voit que la surface est le lieu de la droite

$$(\text{I}) \qquad \begin{cases} \dfrac{x}{a'} - \dfrac{z}{c'} = \lambda\left(1 - \dfrac{y}{b'}\right), \\[2mm] \dfrac{x}{a'} + \dfrac{z}{c'} = \dfrac{1}{\lambda}\left(1 + \dfrac{y}{b'}\right), \end{cases}$$

quand λ varie, car l'élimination de λ entre les équations (I) redonne l'équation de l'hyperboloïde. C'est aussi le lieu de la droite

$$(\text{II}) \qquad \begin{cases} \dfrac{x}{a'} - \dfrac{z}{c'} = \mu\left(1 + \dfrac{y}{b'}\right), \\[2mm] \dfrac{x}{a'} + \dfrac{z}{c'} = \dfrac{1}{\mu}\left(1 - \dfrac{y}{b'}\right), \end{cases}$$

quand μ varie.

Nous dirons que les droites $\lambda = C^{te}$ sont des génératrices du premier système et les droites $\mu = C^{te}$ des génératrices du second système.

A $\lambda = 0$ correspond la droite dont les équations sont

$$1 + \frac{y}{b'} = 0, \qquad \frac{x}{a'} - \frac{z}{c'} = 0.$$

A $\lambda = \infty$ correspond la droite

$$1 - \frac{y}{b'} = 0, \qquad \frac{x}{a'} + \frac{z}{c'} = 0.$$

On passe de (I) à (II) en changeant b' en $-b'$ et λ en μ.

Du fait que l'élimination de λ entre les équations (I), et de μ entre les équations (II), donne l'équation de l'hyperboloïde, il résulte que, par tout point de cette surface, passe une génératrice de chaque système. Il n'en passe d'ailleurs qu'une, puisque les équations (I), par exemple, où l'on fixe x, y, z, déterminent parfaitement λ. Par suite, les génératrices d'un même système ne se rencontrent pas.

Les génératrices de systèmes différents sont distinctes, quelles que soient les valeurs attribuées à λ et à μ. Si l'on cherche, en effet, les solutions communes aux équations (I) et (II), où λ et μ sont fixes, on est conduit à écrire que les valeurs de $\dfrac{x}{a'} - \dfrac{z}{c'}$ et de $\dfrac{x}{a'} + \dfrac{z}{c'}$, tirées de ces équations, sont égales deux à deux. On a ainsi :

$$\lambda\left(1 - \frac{y}{b'}\right) = \mu\left(1 + \frac{y}{b'}\right) \quad \text{et} \quad \frac{1}{\lambda}\left(1 + \frac{y}{b'}\right) = \frac{1}{\mu}\left(1 - \frac{y}{b'}\right),$$

équations qui se réduisent à

$$(1) \qquad (\lambda + \mu)\frac{y}{b'} = \lambda - \mu.$$

Si l'on suppose $\lambda + \mu \neq 0$, cette équation donne :

$$(2) \qquad \frac{y}{b'} = \frac{\lambda - \mu}{\lambda + \mu}$$

et l'on a :

$$\frac{x}{a'} - \frac{z}{c'} = \lambda\left(1 - \frac{y}{b'}\right) = \frac{2\lambda\mu}{\lambda + \mu}$$

$$\frac{x}{a'} + \frac{z}{c'} = \frac{1}{\lambda}\left(1 + \frac{y}{b'}\right) = \frac{2}{\lambda + \mu}$$

d'où, par addition et soustraction,

$$(3) \qquad \frac{x}{a'} = \frac{1 + \lambda\mu}{\lambda + \mu}, \qquad \frac{z}{c'} = \frac{1 - \lambda\mu}{\lambda + \mu}.$$

Écartons le cas où l'on aurait simultanément $\lambda + \mu = 0$, $\lambda - \mu = 0$, c'est-à-dire $\lambda = \mu = 0$. Dans ce cas particulier, l'équation (1) serait vérifiée identiquement, mais si l'on revient aux génératrices correspondantes dont les équations respectives sont

$$y = -b', \qquad \frac{x}{a'} = \frac{z}{c'} \qquad \text{et} \qquad y = b', \qquad \frac{x}{a'} = \frac{z}{c'},$$

on voit que ces génératrices sont aussi distinctes.

Enfin, si l'on suppose simplement $\lambda + \mu = 0$, l'équation (1) étant impossible, on prévoit que les génératrices (I) et (II) correspondantes sont parallèles. La recherche de leurs paramètres directeurs confirme cette prévision. Les paramètres directeurs de la droite (I) sont, en effet, constitués par une solution des équations

$$\frac{x}{a'} - \frac{z}{c'} = -\lambda\frac{y}{b'}, \qquad \frac{x}{a'} + \frac{z}{c'} = \frac{1}{\lambda}\frac{y}{b'}.$$

En ajoutant et retranchant membre à membre ces équations, on obtient :

$$\frac{2x}{a'} = \left(\frac{1}{\lambda} - \lambda\right)\frac{y}{b'}, \qquad \frac{2z}{c'} = \left(\frac{1}{\lambda} + \lambda\right)\frac{y}{b'}.$$

En donnant à y la valeur $2b'$, on trouve les paramètres directeurs

$$(\mathrm{I})' \qquad a'\left(\frac{1}{\lambda} - \lambda\right), \qquad 2b', \qquad c'\left(\frac{1}{\lambda} + \lambda\right).$$

On vérifie de suite que deux génératrices qui correspondent à deux valeurs distinctes de λ ne sont pas parallèles.

Les paramètres directeurs d'une génératrice du second système se déduisent des précédents par le changement de λ en μ et de b' en $-b'$. Ce sont donc :

$$(\mathrm{II})' \qquad a'\left(\frac{1}{\mu} - \mu\right), \qquad -2b', \qquad c'\left(\frac{1}{\mu} + \mu\right).$$

Deux génératrices de systèmes différents sont parallèles si leurs paramètres directeurs ne diffèrent que par le signe, ce qui conduit à la condition $\lambda + \mu = 0$.

Il résulte de cette analyse que deux génératrices de même système ne sont jamais dans un même plan et que deux génératrices de systèmes différents sont toujours distinctes, et toujours dans un même plan. En outre, deux génératrices de systèmes différents se coupent si $\lambda + \mu$ n'est pas nul ; elles sont parallèles si $\lambda + \mu = 0$.

Les équations (2) et (3) donnent une représentation paramétrique simple de l'hyperboloïde.

Trois génératrices quelconques, dont les directions sont distinctes, ne peuvent être parallèles à un même plan, sans quoi les parallèles à ces droites menées par le sommet du cône asymptote seraient situées sur ce cône et dans un plan qui couperait un cône du second degré suivant trois droites. Trois génératrices ne peuvent donc être parallèles à un même plan que si deux de ces droites sont parallèles, ce qui exige qu'elles soient de systèmes différents.

L'hyperboloïde n'a pas de droite en dehors des génératrices que nous venons de trouver. Supposons, en effet, qu'il en possède une, soit D. Prenons sur D deux points A et B ; menons par A la génératrice du système (I) qui y passe, et par B la génératrice du système (II). Ces deux génératrices sont dans un plan qui passe par D et qui couperait l'hyperboloïde suivant trois droites : la contradiction est évidente.

Tout plan mené par une génératrice de l'un des systèmes coupe l'hyperboloïde suivant cette droite et suivant une seconde droite qui fait nécessairement partie de l'autre système. Ces deux droites se coupent en un point à distance finie ou infinie et leur plan est tangent en ce point à l'hyperboloïde.

On obtient une représentation paramétrique tangentielle de la quadrique en identifiant l'équation d'un plan

$$ux + vy + wz + h = 0$$

et l'équation du plan tangent au point (λ, μ), savoir

$$\frac{x}{a'}\frac{1+\lambda\mu}{\lambda+\mu} + \frac{y}{b'}\frac{\lambda-\mu}{\lambda+\mu} + \frac{z}{c'}\frac{1-\lambda\mu}{\lambda+\mu} - 1 = 0.$$

On a donc :

$$(4) \qquad \frac{u}{\dfrac{1+\lambda\mu}{a'}} = \frac{v}{\dfrac{\lambda-\mu}{b'}} = \frac{w}{\dfrac{1-\lambda\mu}{c'}} = \frac{h}{-(\lambda+\mu)}.$$

Étude géométrique. — On peut montrer l'existence de deux systèmes de génératrices, sur l'hyperboloïde à une nappe, de la façon suivante : imaginons un plan Π qui passe par le centre O de la surface et qui la coupe suivant une ellipse E. Prenons ce plan comme plan horizontal de projection et projetons l'hyperboloïde, parallèlement au diamètre conjugué Oz du plan Π. La surface se projette à l'extérieur de E qui constitue son contour apparent.

Le plan tangent en un point A de E coupe l'hyperboloïde suivant deux droites qui passent par A et qui admettent comme diamètres conjugués la tangente en A à E et la parallèle à Oz, menée par A ; ces deux droites se projettent sur la tangente en A. Orientons E ainsi que ses tangentes.

Nous appellerons génératrice du premier système celle dont la partie située au-dessus de Π se projette sur la demi-tangente AT de sens direct, et génératrice du second système celle dont la partie supérieure se projette sur la demi-tangente AT' de sens inverse. Figurons la demi-tangente AT en trait plein et l'autre en points. Inversement, la portion inférieure de la génératrice du premier système se projette sur AT' et la portion inférieure de la génératrice du second système se projette sur AT.

Imaginons, sur la surface, un point quelconque M situé au-dessus de Π, par exemple. La projection m de ce point est en dehors de E. Menons par m les tangentes mA et mB à E ; l'un des vecteurs Am est de sens direct, l'autre Bm est de sens inverse.

La génératrice du premier système, passant par A, rencontre la projetante Mm en un point M_1 qui est sur l'hyperboloïde et au-dessus de Π ; M_1 est confondu avec M, puisque cette projetante rencontre l'hyperboloïde en deux points situés de part et d'autre de Π.

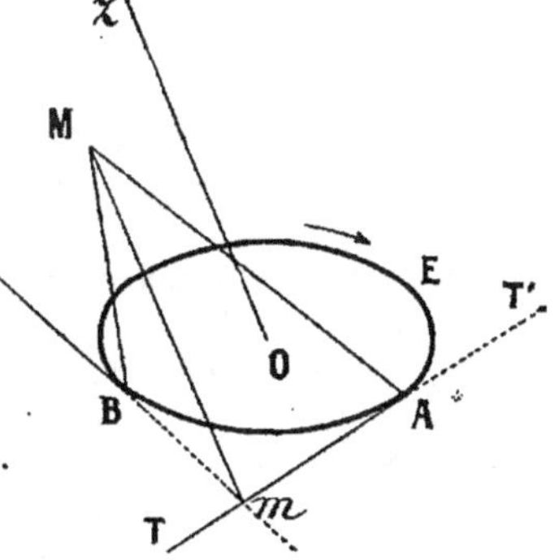

La génératrice du premier système, menée par A, passe donc par M. Il en est de même de la génératrice du second système, menée par B.

Ainsi, par tout point M de la surface passe une génératrice de chaque système.

Deux génératrices de même système ne se rencontrent jamais, car les projections de leurs parties supérieures n'ont pas de point commun, pas plus que les projections de leurs parties inférieures.

Elles ne sont pas non plus parallèles, car si les génératrices du premier système par exemple, menées par A et A_1, étaient parallèles, les projections AT et A_1T_1' de leurs parties supérieures seraient paral-

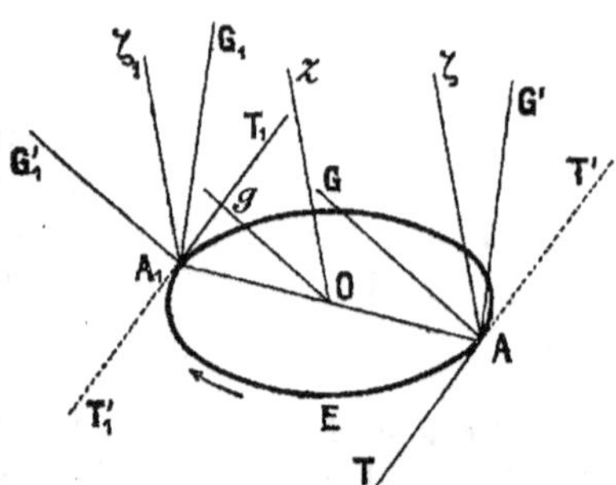

lèles et de même sens; A et A_1 seraient diamétralement opposés sur E. Or, les demi-tangentes directes AT et A_1T_1, en de tels points, sont parallèles et de sens contraires.

Deux génératrices de même système ne sont donc jamais dans un même plan.

Le plan mené par la génératrice AG du premier système et par le centre O coupe l'hyperboloïde suivant une génératrice du second système; cette droite, symétrique de AG par rapport au point O, n'est autre que la génératrice du second système A_1G_1' qui passe par A_1 et qui est parallèle à AG. Remarquons que le plan OAG est tangent au cône asymptote suivant une parallèle Og à AG.

Deux génératrices de systèmes différents sont toujours dans un même plan; c'est évident si les projections AT et A_1T_1' de leurs parties supérieures sont parallèles et de même sens, car ces deux génératrices sont alors parallèles. Supposons que les projections des parties supérieures par exemple aient un point commun m; la projetante menée par m rencontre l'hyperboloïde en un point M qui est situé au-dessus du plan II et qui appartient aux deux génératrices.

Il n'y a pas, sur l'hyperboloïde, d'autres droites que celles dont nous venons de parler; on l'a vu plus haut, dans l'étude analytique.

Tout plan mené par une génératrice est tangent à la surface.

Imaginons deux génératrices rectangulaires de systèmes différents MG et MG' qui se coupent en M; soit MN la normale à l'hyperboloïde en ce point. Les trois plans GMG', NMG, NMG' sont trois plans tangents perpendiculaires deux à deux. M est donc un point de la sphère de Monge.

Réciproquement, soit M un point commun à la sphère de Monge et à l'hyperboloïde. On peut mener par ce point une infinité de systèmes de trois plans tangents rectangulaires et on peut choisir arbitrairement l'un de ces plans. Prenons comme premier plan le plan GMG' des deux génératrices qui passent par M; les deux autres plans tangents, perpendiculaires sur celui-là et passant par M, contiennent la normale MN : l'un passe par MG, l'autre par MG'. Comme ils sont rectangulaires, le rectiligne GMG' de leur dièdre est droit, c'est-à-dire que MG et MG' sont rectangulaires.

De tels points n'existent évidemment que si la sphère de Monge est réelle, ce qui entraîne l'inégalité $a^2 + b^2 > c^2$, et si cette sphère coupe l'hyperboloïde. Cette dernière condition est réalisée si le cône de sommet O, qui passe par l'intersection des deux surfaces, est réel. Son équation étant

$$\frac{x^2}{a^2} + \frac{y^2}{b^2} - \frac{z^2}{c^2} - \frac{x^2 + y^2 + z^2}{a^2 + b^2 - c^2} = 0$$

ou

$$\frac{b^2 - c^2}{a^2}\, x^2 + \frac{a^2 - c^2}{b^2}\, y^2 - \frac{a^2 + b^2}{c^2}\, z^2 = 0,$$

il faut que l'une des deux différences $b^2 - c^2$, $a^2 - c^2$ soit positive. Cette condition est d'ailleurs suffisante, car sa réalisation entraîne celle de la première.

Considérons les demi-droites d'intersection d'une nappe du cône asymptote avec les plans de symétrie qui passent par l'axe Oz; la condition que nous venons de trouver exprime que l'angle de deux demi-génératrices situées dans un même plan principal est obtus. Ce résultat était à prévoir, car il n'y a de génératrices rectangulaires, sur l'hyperboloïde, que s'il y en a sur son cône asymptote, et il en existe sûrement s'il y a, sur une nappe de ce cône, deux demi-droites dont l'angle est obtus.

Appelons *directrices* les droites d'un système et *génératrices* les droites de l'autre. Toute génératrice rencontre toute directrice en un point à distance finie ou infinie. Le déplacement d'une génératrice est complètement défini si l'on se donne trois directrices. On montre aisément que toute droite qui se déplace en s'appuyant constamment sur trois droites fixes, dont deux quelconques ne sont pas dans un même plan et qui ne sont pas parallèles à un même plan, engendre un hyperboloïde. Soient D_1, D_2, D_3 les trois directrices en question. Menons, par chacune de ces droites, les plans parallèles à l'une des deux autres; nous obtenons ainsi six plans parallèles deux à deux. Ce sont les faces d'un parallélépipède dont les arêtes sont parallèles à D_1, ou à D_2, ou à D_3. Prenons l'origine au centre O de ce parallélépipède, l'axe Ox parallèle à D_1, Oy parallèle à D_2, Oz parallèle à D_3. Appelons $2a$, $2b$, $2c$ les longueurs des arêtes.

Nous pouvons toujours orienter les axes de telle sorte que les équations des directrices soient

$$D_1, \; y = b, \; z = -c; \quad D_2, \; z = c, \; x = -a; \quad D_3, \; x = a, \; y = -b.$$

Une génératrice G est l'intersection d'un plan passant par D_1, soit

$$y - b + \lambda(z + c) = 0,$$

et d'un plan passant par D_2, soit

$$z - c + \mu(x + a) = 0.$$

En écrivant que G rencontre D_3, on trouve comme coordonnées du point commun

$$x = a, \qquad y = -b, \qquad z = c - 2\mu a,$$

et comme condition

$$-b + \lambda(c - \mu a) = 0.$$

L'élimination de λ et μ entre cette équation et les équations de G, donne l'équation du lieu qui s'écrit, toutes réductions faites,

$$(5) \qquad \frac{yz}{bc} + \frac{zx}{ca} + \frac{xy}{ab} + 1 = 0.$$

C'est bien l'équation d'un hyperboloïde à une nappe dont le centre est à l'origine et qui a des génératrices parallèles aux axes de coordonnées.

Les faces du parallélépipède sont tangentes à l'hyperboloïde aux six sommets d'un hexagone gauche dont les côtés sont D_1, D_2, D_3 et les trois génératrices parallèles à l'une ou à l'autre des trois directrices.

Propriétés anharmoniques des génératrices. — Considérons quatre directrices D, D_1, D_2, D_3 et deux génératrices G et G' qui les rencontrent respectivement en $(A, A'), (A_1, A_1'), (A_2, A_2'), (A_3, A_3')$.

Les quatre plans DG', D_1G', D_2G', D_3G' sont rencontrés par G aux quatre points A, A_1, A_2, A_3 dont le rapport anharmonique est égal à celui des quatre plans. Comme ces plans sont fixes quand G se déplace, ce rapport anharmonique est constant. Ainsi, le rapport anharmonique des points d'intersection de quatre directrices fixes et d'une génératrice variable est constant.

Lorsque G vient prendre la position G', ce rapport anharmonique est celui des quatre points A', A_1', A_2', A_3' où les quatre plans considérés, passant par G', touchent la surface. On en conclut que le rapport anharmonique de quatre plans tangents à l'hyperboloïde, en quatre points d'une même génératrice, est égal à celui de leurs points de contact. Nous retrouvons une propriété établie pour une surface réglée quelconque (leç. 75).

Fixons maintenant les trois directrices D_1, D_2, D_3, ainsi que G et G', et faisons varier la directrice D. On a toujours :

$$(A, A_1, A_2, A_3) = (A', A_1', A_2', A_3').$$

On en conclut que les deux points A et A' décrivent sur G et G' deux divisions homographiques.

On peut donc regarder l'hyperboloïde à une nappe comme le lieu d'une droite D qui se déplace en découpant sur les deux droites fixes G et G', non situées dans un même plan, deux divisions homographiques où les points à l'infini ne sont pas homologues, car, D restant à distance finie, A et A' ne s'en vont pas simultanément à l'infini.

Réciproquement, soit D une droite qui se déplace en découpant sur deux droites fixes G et G', non situées dans un même plan, deux divisions homographiques où les points à l'infini ne se correspondent pas. Soient D_1, D_2, D_3, trois positions particulières de D; ce sont des droites non situées deux à deux dans un même plan et non parallèles à un même plan, sans quoi les points à l'infini sur G et G' se correspondraient dans l'homographie considérée.

Imaginons une droite mobile Γ qui s'appuie sur D_1, D_2, D_3 et dont G et G' sont deux positions particulières. Les droites Γ sont les génératrices d'un hyperboloïde H qui contient D_1, D_2 et D_5. Une directrice quelconque de cet hyperboloïde définit sur G et G' une homographie dont trois couples d'éléments sont (A_1, A_1'), (A_2, A_2'), (A_3, A_5'). Cette homographie coïncide donc avec celle que définit D, c'est-à-dire que toutes les droites D sont des directrices de H. Le lieu de D est donc cet hyperboloïde.

Faisons une perspective en prenant un point de vue quelconque O non situé sur la surface. Les perspectives des directrices et des génératrices de H, sur un plan quelconque Π, sont des droites qui enveloppent le contour apparent de H sur ce plan. La perspective d de D découpe sur les perspectives g et g' de G et G', deux divisions homographiques. Ainsi, une tangente mobile à une conique découpe sur deux tangentes fixes deux divisions homographiques; nous retrouverons cette proposition lorsque nous reprendrons l'étude des divisions homographiques de bases différentes dans un plan. On pourrait d'ailleurs, en suivant cette voie, arriver à la notion de rapport anharmonique sur une conique; nous n'en développerons pas davantage les conséquences.

Étude des courbes tracées sur un hyperboloïde à une nappe. — Si l'on regarde λ, μ comme les coordonnées d'un point dans un plan Π, à tout point $m(\lambda, \mu)$ de ce plan correspond un point $M(x, y, z)$ de l'hyperboloïde H au moyen des formules

$$(6) \qquad \frac{x}{a'} = \frac{1 + \lambda\mu}{\lambda + \mu}, \qquad \frac{y}{b'} = \frac{\lambda - \mu}{\lambda + \mu}, \qquad \frac{z}{c'} = \frac{1 - \lambda\mu}{\lambda + \mu}$$

et, inversement, à tout point M de l'hyperboloïde correspond, dans le plan Π, un point m dont les coordonnées sont

$$(7) \qquad \lambda = \frac{\dfrac{x}{a'} - \dfrac{z}{c'}}{1 - \dfrac{y}{b'}}, \qquad \mu = \frac{\dfrac{x}{a'} - \dfrac{z}{c'}}{1 + \dfrac{y}{b'}}.$$

On peut regarder chacun de ces points comme l'image de l'autre sur la surface qu'il décrit : l'hyperboloïde est donc représenté sur le plan.

Lorsque M décrit une courbe sur H, m décrit une courbe correspondante sur le plan et inversement.

La courbe d'intersection de H et d'une surface S définie, en coordonnées homogènes, par l'équation $F\left(\dfrac{x}{a'}, \dfrac{y}{b'}, \dfrac{z}{c'}, t\right) = 0$, a pour image sur le plan une courbe dont l'équation est

$$\Phi(\lambda, \mu) \equiv F(1 + \lambda\mu, \lambda - \mu, 1 - \lambda\mu, \lambda + \mu) + 0.$$

Si F est algébrique, il en est de même de Φ.

Il existe sur H des courbes algébriques qui ne sont pas l'intersection complète de l'hyperboloïde et d'une surface algébrique S, mais qui sont communes à H et à deux surfaces algébriques S et S'; leur image est aussi une courbe algébrique.

Réciproquement, à toute courbe définie par l'équation algébrique $\Phi(\lambda, \mu) = 0$ correspond, sur H, une courbe algébrique située sur la surface S, dont on obtient l'équation en remplaçant, dans Φ, λ et μ par les valeurs que donnent les formules (7).

Si l'image est unicursale, il en est de même de la courbe correspondante sur H.

Nous sommes conduits à chercher quelles sont les images de courbes simples définies *a priori* sur l'hyperboloïde, et quelles sont les courbes de H qui ont pour images des courbes simples du plan Π.

Les courbes les plus simples de l'hyperboloïde sont des droites; leurs images sur le plan Π sont aussi des droites $\lambda = C^{te}$ ou $\mu = C^{te}$.

Viennent ensuite les coniques. L'équation du plan d'une conique étant

$$(8) \qquad u\frac{x}{a'} + v\frac{y}{b'} + w\frac{z}{c'} + h = 0,$$

l'équation de l'image de cette conique est

$$(9) \qquad u(1 + \lambda\mu) + v(\lambda - \mu) + w(1 - \lambda\mu) + h(\lambda + \mu) = 0.$$

Elle est de la forme

$$(10) \qquad A\lambda\mu + B\lambda + C\mu + D = 0$$

et définit, dans le plan Π, une hyperbole dont les asymptotes sont parallèles aux axes.

Réciproquement, toute hyperbole du plan Π, définie par l'équation (10), est l'image d'une conique située dans le plan (8), pourvu que u, z, w, h vérifient les équations

$$\frac{u - w}{A} = \frac{v + h}{B} = \frac{-v + h}{C} = \frac{u + w}{D}.$$

En ajoutant et retranchant terme à terme les rapports médians ou les rapports extrêmes, on en déduit :

$$\frac{u}{A + D} = \frac{v}{B - C} = \frac{w}{D - A} = \frac{h}{B + C}.$$

L'hyperbole (10) est donc l'image d'une conique située dans le plan d'équation

$$(A + D)\frac{x}{a'} + (B - C)\frac{y}{b'} + (D - A)\frac{z}{c'} + B + C = 0.$$

L'hyperbole peut dégénérer en deux droites, il en est de même de la conique dont elle est l'image, et réciproquement. Le plan de la conique est alors tangent à l'hyperboloïde; on peut retrouver ainsi l'équation tangentielle de l'hyperboloïde.

Considérons maintenant l'intersection Γ de l'hyperboloïde et d'une surface du second degré dont l'équation est

$$(11) \qquad F\left(\frac{x}{a'}, \frac{y}{b'}, \frac{z}{c'}, t\right) \equiv A\frac{x^2}{a'^2} + A'\frac{y^2}{b'^2} + A''\frac{z^2}{c'^2}$$
$$+ 2B\frac{yz}{b'c'} + 2B'\frac{zx}{c'a'} + 2B''\frac{xy}{a'b'}$$
$$+ 2C\frac{xt}{a'} + 2C'\frac{yt}{b'} + 2C''\frac{zt}{c'} + Dt^2 = 0.$$

L'équation de l'image de Γ est

$$(12) \qquad \Phi(\lambda, \mu) \equiv F(1 + \lambda\mu, \lambda - \mu, 1 - \lambda\mu, \lambda + \mu)$$
$$\equiv \lambda^2(\alpha\mu^2 + \beta\mu + \gamma) + \lambda(\alpha_1\mu^2 + \beta_1\mu + \gamma_1)$$
$$+ \alpha_2\mu^2 + \beta_2\mu + \gamma_2 = 0,$$

$\alpha, \beta, \ldots, \gamma_2$ désignant 9 fonctions linéaires et homogènes des 10 coefficients $A, A', \ldots, D$.

Cette équation étant du second degré en λ et du second degré en μ, définit une courbe du 4e degré qui a un point double à l'infini dans la direction de chaque axe; c'est une biquadratique.

Des expressions des coefficients de (12) en fonction des coefficients de (11), on conclut de suite les égalités

$$\gamma_1 - \beta_2 = 4(B + B''), \quad \gamma_1 + \beta_2 = 4(C + C''), \quad \gamma_2 - \alpha = 4B',$$
$$\alpha_1 - \beta = 4(B - B''), \quad \beta + \alpha_1 = 4(C - C''), \quad \gamma - \alpha_2 = 4C',$$
$$\gamma_2 + \alpha = 2(A + A''), \quad \gamma + \alpha_2 = 2(A' + D), \qquad \beta_1 = 2A - 2A'$$
$$- 2A'' + 2D.$$

Les 6 premières donnent B, B', B'', C, C', C'' en fonction de $\alpha, \beta, \gamma, \alpha_1$, $\gamma_1, \alpha_2, \beta_2, \gamma_2$, c'est-à-dire en fonction des coefficients de (12), β_1 excepté.

Les trois dernières donnent une infinité de solutions pour A, A', A'', D, avec une inconnue arbitraire, connaissant $\alpha, \alpha_2, \beta_1, \gamma, \gamma_2$. Si l'on pose, par exemple, $A' - D = 2\rho$, les quatre équations

$$\gamma_2 + \alpha = 2(A + A''), \quad \beta_1 + 2\rho = 2(A + A''), \quad \gamma + \alpha_2 = 2(A' + D),$$
$$2\rho = A' - D$$

déterminent A, A'', A', D en fonctions linéaires de ρ.

On en conclut que toute biquadratique (12) est l'image d'une courbe Γ placée sur l'hyperboloïde donné et sur une infinité de surfaces du second degré dont l'équation dépend linéairement de ρ.

En achevant les calculs, on trouve que $F\left(\frac{x}{a'}, \frac{y}{b'}, \frac{z}{c'}, t\right)$ est de la forme

$$F_1\left(\frac{x}{a'}, \frac{y}{b'}, \frac{z}{c'}, t\right) + \rho\left(\frac{x^2}{a'^2} + \frac{y^2}{b'^2} - \frac{z^2}{c'^2} - t^2\right) = 0,$$

F_1 désignant une forme quadratique bien déterminée. Ce résultat était à prévoir.

Si la biquadratique (12) se décompose en courbes algébriques d'ordre moindre, droites, coniques, cubique, il en est de même de la courbe Γ dont elle est l'image; inversement, si Γ se décompose, il en est de même de son image. La biquadratique ayant un point double à l'infini sur chaque axe peut se résoudre en courbes d'ordre moindre, constituées de la façon suivante :

$$1^o \qquad \Phi(\lambda, \mu) \equiv (\lambda - \lambda_0)\big[\lambda(\alpha\mu^2 + \beta\mu + \gamma) + \alpha_1\mu^2 + \beta_1\mu + \gamma_1\big].$$

Au facteur $\lambda - \lambda_0$ correspond une génératrice de l'hyperboloïde; nous verrons qu'une cubique gauche correspond au second.

$$2^o \qquad \Phi(\lambda, \mu) \equiv (\mu - \mu_0)\big[\mu(\alpha\lambda^2 + \beta\lambda + \gamma) + \alpha_1\lambda^2 + \beta_1\lambda + \gamma_1\big].$$

La décomposition est analogue à la précédente.

$$3^o \qquad \Phi(\lambda, \mu) \equiv (\alpha\lambda\mu + \beta\lambda + \gamma\mu + \delta)(\alpha_1\lambda\mu + \beta_1\lambda + \gamma_1\mu + \delta_1).$$

L'intersection des quadriques se compose de deux coniques qui peuvent être confondues.

$$4^o \qquad \Phi(\lambda, \mu) \equiv (\lambda - \lambda_0)(\mu - \mu_0)(\alpha\lambda\mu + \beta\lambda + \gamma\mu + \delta).$$

Γ se compose de deux génératrices de systèmes différents et d'une conique.

$$5^o \qquad \Phi(\lambda, \mu) \equiv \alpha(\lambda - \lambda_0)(\lambda - \lambda_1)(\mu - \mu_0)(\mu - \mu_1).$$

L'intersection se compose de deux génératrices d'un système et de deux génératrices de l'autre; deux génératrices d'un même système peuvent d'ailleurs se confondre.

Nous allons dire quelques mots du problème général de la représentation des courbes algébriques situées sur l'hyperboloïde.

Nous appellerons directrices de la surface les droites $\lambda = C^{te}$ ou μ variable, et génératrices les droites $\mu = C^{te}$ ou λ variable.

Supposons que l'équation $\Phi(\lambda, \mu) = 0$ soit entière, de degré m en λ et de degré n en μ.

A une valeur quelconque de λ, soit λ_0, correspondent n valeurs de μ, et à une valeur quelconque de μ correspondent m valeurs de λ. Par suite, la courbe C, tracée sur l'hyperboloïde, et dont nous nous sommes donné l'image, rencontre les génératrices en m points et les directrices en n points; elle coupe donc le plan d'une génératrice et d'une directrice en $m + n$ points et elle est d'ordre $m + n$. Nous dirons qu'elle est d'espèce (m, n) et nous la représenterons par la notation $C_{m,n}$.

Énumérons quelques-unes des courbes les plus simples :

1° Courbes du premier ordre, d'espèce $(1, 0)$ ou $(0, 1)$; ce sont les directrices et les génératrices.

2° Courbes du second ordre, d'espèce $(2, 0)$ ou $(0, 2)$; ce sont des couples de directrices ou de génératrices, c'est-à-dire des droites non situées dans un même plan.

3° Courbes du second ordre, d'espèce $(1, 1)$; ce sont les coniques de l'hyperboloïde.

4° Courbes du troisième ordre, d'espèce $(3, 0)$ ou $(0, 3)$; ce sont des ensembles de trois directrices ou de trois génératrices.

5° Courbes du troisième ordre, d'espèce $(2, 1)$. Ce sont, en général, des cubiques gauches.

De l'équation de l'image on tire pour μ une valeur de la forme $\dfrac{\alpha\lambda^2 + \beta\lambda + \gamma}{\alpha_1\lambda^2 + \beta_1\lambda + \gamma_1}$ et, en substituant dans les formules (6), on obtient pour x, y, z des fonctions rationnelles de λ, du 3e degré. Ces courbes peuvent dégénérer en une directrice et une conique ou en deux directrices et une génératrice.

Des remarques analogues s'appliquent aux courbes d'espèce (1, 2) et nous voyons que les cubiques gauches d'un hyperboloïde se groupent en deux catégories, les unes rencontrant les génératrices en deux points et les directrices en un point, les autres rencontrant les directrices en un point et les génératrices en deux points.

Si l'on associe une génératrice à une cubique d'espèce (2, 1), on obtient une courbe du 4e ordre qui est l'intersection de l'hyperboloïde et d'une quadrique ayant en commun avec lui une génératrice.

6° Courbes du 4e ordre d'espèce (4, 0) ou (0, 4); ce sont des ensembles de quatre directrices ou de quatre génératrices.

7° Courbes du 4e ordre d'espèce (3, 1); on peut tirer μ de l'équation de l'image en fonction rationnelle de λ au 3e degré et, en portant dans les formules (6), on obtient pour x, y, z des fonctions rationnelles de λ, du 4e degré. Ces courbes sont donc unicursales.

Par exemple, si l'on fait passer une surface du troisième degré par deux génératrices $\mu = \mu_0$ et $\mu = \mu_1$ de l'hyperboloïde, on trouve que le polynome $\Phi(\lambda, \mu)$ correspondant à l'intersection des deux surfaces est de degré 3 en λ et du même degré en μ; il s'annule identiquement pour $\mu = \mu_0$ et $\mu = \mu_1$ et, après suppression du facteur $(\mu - \mu_0)(\mu - \mu_1)$, il reste un polynome $\Phi_1(\lambda, \mu)$ de degré 3 en λ et du premier degré en μ, c'est-à-dire que le reste de l'intersection est une courbe $C_{3,1}$. D'ailleurs, un raisonnement *a priori* montre que les génératrices rencontrent cette courbe en trois points et que les directrices la rencontrent en un point.

Des remarques analogues s'appliquent aux courbes d'espèce (1, 3).

Les courbes du 4e ordre d'espèce (3, 1) ou (1, 3) sont connues sous le nom de quartiques de Steiner.

8° Courbes du 4e ordre d'espèce (2, 2). Nous les avons rencontrées plus haut, dans l'étude de l'intersection de l'hyperboloïde et d'une quadrique quelconque, et nous en avons signalé les cas de décomposition.

Nous nous bornerons à ces exemples.

EXERCICES

1° La forme (5) de l'équation de l'hyperboloïde à une nappe n'est pas altérée lorsqu'on prend trois nouveaux axes parallèles à trois génératrices quelconques du cône asymptote, sans changer l'origine, et la forme $\dfrac{yz}{bc} + \dfrac{zx}{ca} + \dfrac{xy}{ab}$ se transforme en $\dfrac{y'z'}{b'c'} + \dfrac{z'x'}{c'a'} + \dfrac{x'y'}{a'b'}$.

A chaque système d'axes correspond un parallélépipède dont les faces sont tangentes à l'hyperboloïde, aux sommets d'un hexagone gauche.

Utiliser l'invariance du discriminant de la forme

$$2S\left(\frac{yz}{bc} + \frac{zx}{ca} + \frac{xy}{ab}\right) + x^2 + y^2 + z^2 + 2yz\cos\lambda + 2zx\cos\mu + 2xy\cos\nu,$$

λ, μ, ν désignant les angles des axes, pour démontrer des propriétés métriques du parallélépipède en question.

2° Trouver, sur un hyperboloïde, le lieu des pieds des perpendiculaires communes à deux génératrices rectangulaires de même système.

3° Étude géométrique de la perspective d'un hyperboloïde à une nappe sur un plan, lorsque le point de vue est sur la quadrique. Images des droites, des coniques, des cubiques de la surface; réciproques. Cas où le plan du tableau est parallèle au plan tangent au point de vue.

4° Étude géométrique du lieu des pieds des perpendiculaires communes à une génératrice fixe et aux génératrices de même système d'un hyperboloïde. Quelle est la surface engendrée par ces perpendiculaires communes?

5° Étudier l'image de l'intersection de l'hyperboloïde à une nappe et de la sphère de Monge correspondante.

6° Étudier les images des lignes de striction d'un hyperboloïde à une nappe.

7° L'équation réduite d'un hyperboloïde à une nappe conduit aux formules

$$\frac{x}{a'} = \cos\varphi + \varepsilon\frac{z}{c'}\sin\varphi, \qquad \frac{y}{b'} = \sin\varphi - \varepsilon\frac{z}{c'}\sin\varphi$$

qui fournissent une représentation paramétrique de la surface; les courbes $\varphi = C^{te}$ sont les droites. Etudier les lignes de striction dans ce système, en supposant les axes rectangulaires.

8° Montrer comment la décomposition en carrés du premier membre de l'équation d'une quadrique peut donner les génératrices de cette surface.

9° L'équation d'une sphère de rayon 1 étant mise sous la forme

$$(x - iy)(x + iy) = (1 - z)(1 + z),$$

on peut poser :

$$x - iy = \lambda(1 - z), \qquad x + iy = \mu(1 - z).$$

On en déduit :

$$x = \frac{\lambda + \mu}{\lambda\mu + 1}, \qquad y = \frac{i(\lambda - \mu)}{\lambda\mu + 1}, \qquad z = \frac{\lambda\mu - 1}{\lambda\mu + 1}.$$

Les courbes $\lambda = C^{te}$, $\mu = C^{te}$ sont les génératrices imaginaires de cette sphère. A des valeurs réelles de x, y, z, correspondent des valeurs imaginaires conjuguées de λ et μ. Si l'on pose :

$$\lambda + \mu = 2\alpha, \qquad \lambda - \mu = 2i\beta,$$

α et β sont réels. On obtient ainsi une représentation paramétrique de la sphère. Appliquer ces remarques à l'ellipsoïde et à l'hyperboloïde à deux nappes.

PARABOLOÏDE ELLIPTIQUE

L'équation réduite d'un paraboloïde elliptique, rapporté à deux plans diamétraux conjugués et au plan tangent à l'extrémité du diamètre d'intersection de ces plans, est :

$$(1) \qquad f(x, y, z) \equiv \frac{x^2}{p'} + \frac{y^2}{q'} - 2z = 0.$$

On en déduit pour z un polynome entier en x et y et on a une représentation de la surface sur le plan xOy.

Intersection avec une droite quelconque. — Cherchons les points où le paraboloïde elliptique rencontre la droite dont les équations sont

$$\frac{x - x_0}{\alpha} = \frac{y - y_0}{\beta} = \frac{z - z_0}{\gamma} = \rho.$$

Les valeurs de ρ correspondant aux points d'intersection sont racines de l'équation

$$(2) \qquad \left(\frac{\alpha^2}{p'} + \frac{\beta^2}{q'}\right)\rho^2 + 2\left(\frac{\alpha x_0}{p'} + \frac{\beta y_0}{q'} - \gamma\right)\rho + f(x_0, y_0, z_0) = 0.$$

Cette équation est toujours du second degré, si α et β sont réels et non nuls tous deux.

La droite est sécante si l'on a :

$$(3) \qquad \left(\frac{\alpha x_0}{p'} + \frac{\beta y_0}{q'} - \gamma\right)^2 - \left(\frac{\alpha^2}{p'} + \frac{\beta^2}{q'}\right) f(x_0, y_0, z_0) > 0.$$

Les droites tangentes sont caractérisées par l'équation

$$(4) \qquad \left(\frac{\alpha x_0}{p'} + \frac{\beta y_0}{q'} - \gamma\right)^2 - \left(\frac{\alpha^2}{p'} + \frac{\beta^2}{q'}\right) f(x_0, y_0, z_0) = 0.$$

Si l'on y regarde x_0, y_0, z_0 comme des coordonnées courantes, on obtient l'équation du cylindre circonscrit dont les génératrices sont parallèles à la direction (α, β, γ). L'ensemble des termes du second degré, dans l'équation de ce cylindre, est

$$\left(\frac{\alpha x}{p'} + \frac{\beta y}{q'}\right)^2 - \left(\frac{\alpha^2}{p'} + \frac{\beta^2}{q'}\right)\left(\frac{x^2}{p'} + \frac{y^2}{q'}\right) \qquad \text{ou} \qquad -\frac{1}{p'q'}(\beta x - \alpha y)^2.$$

Ce cylindre est donc parabolique.

L'équation du cône circonscrit, de sommet (x_0, y_0, z_0), se déduit de l'équation (4) en y remplaçant α, β, γ respectivement par $x - x_0,$ $y - y_0, z - z_0$. On l'obtient aussi en écrivant que l'équation

$$f\left(\frac{x_0 + \lambda x}{1 + \lambda}, \frac{y_0 + \lambda y}{1 + \lambda}, \frac{z_0 + \lambda z}{1 + \lambda}\right) = 0$$

a une racine double en λ; on trouve :

$$(5) \quad \left(\frac{xx_0}{p'} + \frac{yy_0}{q'} - z - z_0\right)^2 - \left(\frac{x^2}{p'} + \frac{y^2}{q'} - 2z\right)\left(\frac{x_0^2}{p'} + \frac{y_0^2}{q'} - 2z_0\right) = 0.$$

Intersection avec un plan quelconque. — Tout plan parallèle à Oz ayant une équation de la forme $ux + vy + h = 0$, l'équation de la projection de la section sur le plan yOz est

$$\frac{(vy + h)^2}{u^2 p'} + \frac{y^2}{q'} - 2z = 0.$$

Cette projection est une parabole dont la grandeur dépend seulement du rapport $\dfrac{v}{u}.$ La section est elle-même une parabole dont la grandeur dépend uniquement de l'orientation du plan sécant.

Considérons maintenant un plan quelconque, défini par l'équation

$$(6) \qquad ux + vy + wz + h = 0,$$

où w n'est pas nul.

L'élimination de z entre les équations (1) et (6) donne l'équation de la projection de la section sur le plan xOy, savoir :

$$(7) \qquad \frac{x^2}{p'} + \frac{y^2}{q'} + 2\frac{ux + vy + h}{w} = 0.$$

Cette projection est une ellipse dont les directions asymptotiques ne dépendent pas de la position du plan sécant: les projections de toutes les sections planes de la surface sur le plan xOy, parallèlement à l'axe du paraboloïde, sont donc des ellipses homothétiques.

Les coordonnées du centre de l'ellipse (7) sont $-\dfrac{p'u}{w}, \ -\dfrac{q'v}{w}$; en prenant ce point pour origine, l'équation devient :

$$\frac{X^2}{p'} + \frac{Y^2}{q'} - \frac{p'u^2 + q'v^2 - 2wh}{w^2} = 0.$$

L'ellipse de section est donc réelle si les coordonnées du plan sécant vérifient l'inégalité

$$(8) \qquad p'u^2 + q'v^2 - 2wh > 0.$$

Le plan est tangent si ses coordonnées vérifient l'équation

$$(9) \qquad \psi(u, v, w, h) \equiv p'u^2 + q'v^2 - 2wh = 0,$$

qui est l'équation tangentielle du paraboloïde. D'ailleurs, $\psi(u, v, w, h)$ est la forme adjointe de $f(x, y, z).$

Le sens de l'inégalité (8) se retient aisément en remarquant que le plan yOz est sécant.

Problèmes sur les plans tangents. — L'équation du plan polaire Π d'un point $P(x_0, y_0, z_0)$ est $xf'_{x_0} + yf'_{y_0} + zf'_{z_0} + f'_{t_0} = 0$, c'est-à-dire

$$(10) \qquad \frac{xx_0}{p'} + \frac{yy_0}{q'} - z - z_0 = 0.$$

Ce plan coupe Oz en un point Q dont la cote est symétrique de celle du point P. En particulier, si P est sur Oz, le point Q est le centre de la section faite dans le paraboloïde par le plan Π; P et Q sont alors symétriques par rapport au point O.

Le point P est extérieur au paraboloïde si l'on peut mener de ce point des plans tangents réels à la surface. Les points de contact de ces plans étant dans le plan Π, il faut que les coordonnées de ce dernier vérifient l'inégalité (8), c'est-à-dire que l'on ait :

$$\psi\left(\frac{x_0}{p'}, \frac{y_0}{q'}, -1, -z_0\right) > 0 \qquad \text{ou} \qquad f(x_0, y_0, z_0 > 0.$$

Ce résultat pourrait s'obtenir au moyen de la continuité, en utilisant le fait que tout point à l'infini, dans une direction autre que celle de l'axe du paraboloïde, est extérieur à la surface.

L'équation (10) est l'équation du plan tangent en P lorsque ce point est sur la quadrique.

On peut retrouver l'équation tangentielle du paraboloïde en écrivant qu'il y a des valeurs de x_0, y_0, z_0 vérifiant l'équation (1) et telles que les plans (6) et (10) soient confondus. On trouve ainsi :

$$\frac{x_0}{p'u} = \frac{y_0}{q'v} = -\frac{1}{w} = -\frac{z_0}{h},$$

d'où

$$x_0 = -\frac{p'u}{w}, \qquad y_0 = -\frac{q'v}{w}, \qquad z_0 = \frac{h}{w}.$$

En portant ces valeurs dans (1), on retrouve la condition (9).

Cette équation (9), résolue par rapport à h, donne :

$$h = \frac{p'u^2 + q'v^2}{2w}.$$

L'équation d'un plan tangent parallèle au plan $ux + vy + wz = 0$ est donc

$$(11) \qquad ux + vy + wz + \frac{p'u^2 + q'v^2}{2w} = 0.$$

Il n'y en a qu'un.

L'équation (11), où l'on remplace x, y, z par les coordonnées x_1, y_1, z_1 d'un point P, donne l'équation tangentielle de la conique à l'infini du cône circonscrit de sommet P; c'est :

$$(12) \qquad 2w(ux_1 + vy_1 + wz_1) + p'u^2 + q'v^2 = 0.$$

Supposons les axes rectangulaires et menons par l'origine une perpendiculaire à l'un des plans tangents issus de P; les équations de cette perpendiculaire étant

$$\frac{x}{u} = \frac{y}{v} = \frac{z}{w},$$

on obtient l'équation du lieu de cette droite en remplaçant u, v, w par x, y, z dans l'équation (12) où l'on a mis préalablement p et q à la place de p' et q'. On trouve :

$$(13) \qquad 2z(x_1 x + y_1 y + z_1 z) + px^2 + qy^2 = 0.$$

Le cône circonscrit, de sommet P, est capable d'un trièdre trirectangle circonscrit si le cône (13) est capable d'un trièdre trirectangle inscrit, c'est-à-dire si la somme des coefficients des carrés, dans l'équation de ce cône, est nulle. L'équation du lieu de P est donc

$$(14) \qquad 2z + p + q = 0.$$

Ce lieu est un plan perpendiculaire à l'axe du paraboloïde et tout entier extérieur à la surface.

Imaginons un ellipsoïde dont un sommet est fixe ainsi que les plans principaux passant par ce sommet; supposons que les paramètres p et q des sections principales correspondantes restent constants et que les longueurs des axes de l'ellipsoïde tendent vers l'infini, en satisfaisant aux conditions précédentes : la position limite de l'ellipsoïde est le paraboloïde elliptique dont l'équation est $\dfrac{x^2}{p} + \dfrac{y^2}{q} - 2z = 0$, et la position limite de la sphère de Monge correspondante est le plan (14).

Propriétés des normales. — Le paraboloïde étant rapporté à ses plans principaux et au plan tangent en son sommet, les équations de la normale en un point $M(x_0, y_0, z_0)$ sont

$$\frac{x - x_0}{f'_{x_0}} = \frac{y - y_0}{f'_{y_0}} = \frac{z - z_0}{f'_{z_0}},$$

c'est-à-dire

$$(15) \qquad \frac{p(x - x_0)}{x_0} = \frac{q(y - y_0)}{y_0} = -(z - z_0).$$

Ces équations restent les mêmes si l'on substitue au paraboloïde donné un paraboloïde dont l'équation est

$$(16) \qquad \frac{x^2}{p} + \frac{y^2}{q} - 2z + \lambda = 0,$$

paraboloïde qui se déduit du premier par une translation arbitraire le long de son axe.

Soient N_1 et N_2 les points de rencontre de la normale (15) avec les plans principaux yOz et zOx. La projection du vecteur MN_1, sur Oz, vaut p et celle du vecteur MN_2, sur le même axe, vaut q.

Cherchons les normales issues d'un point $P(x_1, y_1, z_1)$ au paraboloïde donné. En écrivant que la normale au point $M(x, y, z)$ passe par P, nous obtenons :

$$(17) \qquad \frac{p(x_1 - x)}{x} = \frac{q(y_1 - y)}{y} = z - z_1.$$

Ces équations, où l'on regarde x, y, z comme des coordonnées courantes, définissent une cubique gauche Γ dont les points à l'infini sont sur les axes de coordonnées, comme le montre la représentation paramétrique donnée par les formules

$$(18) \qquad x = \frac{px_1}{z + p - z_1}, \qquad y = \frac{qy_1}{z + q - z_1}.$$

L'une de ses asymptotes est l'axe du paraboloïde. Cette cubique passe par P. Elle coupe le paraboloïde en un point à l'infini sur l'axe et en 5 points à distance finie. Les cotes des pieds des normales sont racines de l'équation

$$(19) \qquad \frac{px_1^2}{(z + p - z_1)^2} + \frac{qy_1^2}{(z + q - z_1)^2} - 2z = 0.$$

Les normales menées de P à tous les paraboloïdes (16) ont pour lieu géométrique le cône du second degré dont le sommet est en P, la directrice étant Γ. C'est le cône du complexe des axes du paraboloïde, relatif au point P.

Éléments métriques d'une section plane. — Le paraboloïde étant rapporté à ses plans principaux et au plan tangent au sommet, la section par un plan Π quelconque, d'équation $ux + vy + wz + h = 0$, est une ellipse dont le centre (x_0, y_0, z_0) est défini par les équations

$$\frac{x_0}{pu} = \frac{y_0}{qw} = -\frac{1}{w}, \qquad ux_0 + vy_0 + wz_0 + h = 0.$$

On en tire :

$$x_0 = -\frac{pu}{w}, \qquad y_0 = -\frac{qv}{w}, \qquad z_0 = \frac{pu^2 + qv^2 - wh}{w^2}.$$

Le transport de l'origine en ce centre ramène l'équation du plan à la forme $uX + vY + wZ = 0$, et celle du paraboloïde devient :

$$\frac{X^2}{p} + \frac{Y^2}{q} + \frac{2x_0 X}{p} + \frac{2y_0 Y}{q} - 2z + \frac{x_0^2}{p} + \frac{y_0^2}{q} - 2z_0 = 0.$$

En tenant compte des valeurs de x_0, y_0, z_0, c'est :

$$\frac{X^2}{p} + \frac{Y^2}{q} - \frac{2}{w}(uX + vY + wZ) - \frac{pu^2 + qw^2 - 2wh}{w^2} = 0.$$

La section du paraboloïde par le plan Π est la même que celle du cylindre d'équation

$$(20) \qquad \frac{X^2}{p} + \frac{Y^2}{q} - \frac{pu^2 + qv^2 - 2wh}{w^2} = 0.$$

L'origine étant centre de ce cylindre, nous pouvons suivre la méthode utilisée pour une section centrale de l'ellipsoïde; les calculs s'achèvent sans difficulté.

Considérons maintenant une section du paraboloïde par un plan Π' parallèle à l'axe; soit $ux + vy + h = 0$ l'équation de ce plan.

La section est une parabole dont la grandeur ne dépend, comme nous l'avons déjà vu, que de la direction du plan. Faisons un changement d'axes, en prenant comme axes OX et OY la parallèle et la perpendiculaire menées par O à la trace de Π' sur le plan $x\,O\,y$, et conservant l'axe Oz. Les formules de transformation sont :

$$x = \frac{v\mathrm{X} + u\mathrm{Y}}{\sqrt{u^2 + v^2}}, \qquad y = \frac{-u\mathrm{X} + v\mathrm{Y}}{\sqrt{u^2 + v^2}}.$$

L'équation du plan devient :

$$\mathrm{Y}\sqrt{u^2 + v^2} + h = 0,$$

et celle du paraboloïde

$$\frac{1}{p}(v\mathrm{X} + u\mathrm{Y})^2 + \frac{1}{q}(u\mathrm{X} - v\mathrm{Y})^2 - 2(u^2 + v^2)\mathrm{Z} = 0.$$

Tout plan parallèle au plan XOZ coupe la quadrique suivant une parabole dont l'axe est parallèle à OX et dont le paramètre vaut :

$$\varpi = \frac{u^2 + v^2}{\dfrac{u^2}{p} + \dfrac{v^2}{q}} = \frac{1 + m^2}{\dfrac{1}{q} + \dfrac{m^2}{p}},$$

m désignant le coefficient angulaire de la trace du plan Π' sur $x\,O\,y$.

Si l'on suppose $p > q$, et si l'on fait croître m de 0 à $+\infty$, ϖ croît de q à p.

Les paraboles principales sont donc les paraboles de paramètre maximum ou minimum. Nous avons déjà utilisé ce fait (leç. 66).

L'axe de la parabole est l'intersection du plan Π' et du plan diamétral conjugué de la direction de la tangente au sommet; l'équation de ce plan diamétral est $\dfrac{x}{up} = \dfrac{y}{vq}$, car les paramètres directeurs de la tangente au sommet sont v, $-u$, 0.

PARABOLOÏDE HYPERBOLIQUE

L'équation réduite du paraboloïde hyperbolique est $\dfrac{x^2}{p'} - \dfrac{y^2}{q'} - 2z = 0$; elle ne diffère de celle du paraboloïde elliptique que par le changement de q' en $-q'$. Nous n'en reprendrons pas l'étude détaillée.

Un élément réel nouveau apparaît avec les plans directeurs de la surface. Ces plans ont pour équations

$$\frac{x}{\sqrt{p'}} \pm \frac{y}{\sqrt{q'}} = 0.$$

Les sections planes de la quadrique sont, en général, des hyperboles qui se projettent parallèlement à l'axe, sur un plan quelconque P, suivant des hyperboles; les asymptotes de ces hyperboles sont parallèles aux traces des plans directeurs sur le plan P : ce sont donc des hyperboles homothétiques.

Si le plan sécant est parallèle à l'axe de symétrie, la section est une parabole dont la grandeur dépend de l'orientation du plan sécant et non de sa position.

Si le plan sécant est parallèle à un plan directeur, la section n'a qu'une droite à distance finie.

Tout plan étant sécant pour le paraboloïde hyperbolique, tout point est extérieur à cette surface.

Le plan, lieu des points d'où l'on peut mener au paraboloïde trois plans tangents rectangulaires, a pour équation

$$(21) \qquad\qquad 2z + p - q = 0.$$

Il passe par le sommet si p et q sont égaux, c'est-à-dire si les plans directeurs sont rectangulaires; on dit alors que le paraboloïde est équilatère.

Génératrices rectilignes. — L'équation du paraboloïde étant mise sous la forme

$$\left(\frac{x}{\sqrt{p'}} - \frac{y}{\sqrt{q'}}\right)\left(\frac{x}{\sqrt{p'}} + \frac{y}{\sqrt{q'}}\right) = 2z,$$

on voit que la surface est engendrée par la droite

$$(I) \qquad \begin{cases} \dfrac{x}{\sqrt{p'}} - \dfrac{y}{\sqrt{q'}} = \lambda, \\[2mm] \dfrac{x}{\sqrt{p'}} + \dfrac{y}{\sqrt{q'}} = \dfrac{2z}{\lambda}, \end{cases}$$

quand λ varie. De même, la droite

$$(II) \qquad \begin{cases} \dfrac{x}{\sqrt{p'}} + \dfrac{y}{\sqrt{q'}} = \mu, \\[2mm] \dfrac{x}{\sqrt{p'}} - \dfrac{y}{\sqrt{q'}} = \dfrac{2z}{\mu}, \end{cases}$$

engendre le paraboloïde quand μ varie.

Nous dirons que les droites $\lambda = C^{te}$ sont les génératrices du premier système; elles sont parallèles au plan directeur d'équation

$$\frac{x}{\sqrt{p'}} - \frac{y}{\sqrt{q'}} = 0,$$

puisqu'elles sont dans des plans parallèles à celui-là. Les droites $\mu = C^{te}$ sont les génératrices du second système; elles sont parallèles à l'autre plan directeur.

A $\lambda = \infty$ et à $\mu = \infty$ correspondent des droites rejetées à l'infini.

On passe des génératrices du premier système aux génératrices du second en changeant λ en μ et $\sqrt{p'}$ en $-\sqrt{q'}$.

Par un point du paraboloïde passe une génératrice de chaque système et une seule, de sorte que deux génératrices d'un même système ne se rencontrent pas.

Deux génératrices de systèmes différents sont distinctes, quels que soient λ et μ. Si l'on cherche en effet les solutions communes aux équations (I) et (II) où λ et μ sont donnés, on est conduit à égaler deux à deux les valeurs de $\dfrac{x}{\sqrt{p'}} - \dfrac{y}{\sqrt{q'}}$ et de $\dfrac{x}{\sqrt{p'}} + \dfrac{y}{\sqrt{q'}}$ tirées de ces équations.

On a ainsi :

$$\lambda = \frac{2z}{\mu}, \qquad \mu = \frac{2z}{\lambda},$$

équations qui se réduisent à $z = \dfrac{\lambda\mu}{2}$. Les équations

$$\frac{x}{\sqrt{p'}} - \frac{y}{\sqrt{q'}} = \lambda, \qquad \frac{x}{\sqrt{p'}} + \frac{z}{\sqrt{q'}} = \mu,$$

donnent en outre :

$$\frac{x}{\sqrt{p'}} = \frac{\lambda + \mu}{2}, \qquad \frac{y}{\sqrt{q'}} = \frac{\mu - \lambda}{2}.$$

Deux génératrices de systèmes différents se coupent donc toujours en un point et un seul.

Les équations

$$(22) \qquad x = \sqrt{p'}\,\frac{\lambda + \mu}{2}, \qquad y = \sqrt{q'}\,\frac{\mu - \lambda}{2}, \qquad z = \frac{\lambda\mu}{2}$$

fournissent une nouvelle représentation paramétrique de la quadrique.

Les paramètres directeurs d'une génératrice du système (I) sont constitués par une solution des équations

$$\frac{x}{\sqrt{p'}} - \frac{y}{\sqrt{q'}} = 0, \qquad \frac{x}{\sqrt{p'}} + \frac{y}{\sqrt{q'}} = \frac{2z}{\lambda}.$$

On peut prendre $\sqrt{p'}$, $\sqrt{q'}$, λ. Ceux d'une génératrice du système (II) sont $\sqrt{p'}$, $-\sqrt{q'}$ et μ. Elles ne sont jamais parallèles.

Si l'on suppose les axes rectangulaires, deux génératrices de systèmes différents sont rectangulaires si l'on a :

$$(23) \qquad\qquad p - q + \lambda\mu = 0.$$

Le lieu de leur point de rencontre est l'intersection du paraboloïde et d'un plan dont l'équation se déduit de (23) en y remplaçant $\lambda\mu$ par $2z$. On retrouve l'équation (21). Le lieu en question est l'intersection du paraboloïde hyperbolique et du plan de Monge correspondant. La raison géométrique de ce fait est la même que pour l'hyperboloïde à une nappe. Dans le cas où le paraboloïde est équilatère, le lieu se compose des deux génératrices principales : la quadrique est alors, de deux façons différentes, un conoïde droit, et les deux génératrices principales sont des axes de symétrie du paraboloïde.

On pourrait reprendre une étude purement géométrique, analogue à celle que nous avons faite pour l'hyperboloïde à une nappe, en prenant comme conique de base orientée la parabole d'intersection du paraboloïde hyperbolique et d'un plan diamétral quelconque, et en effectuant une projection de la surface, parallèlement aux cordes conjuguées de ce plan diamétral.

Une génératrice variable d'un paraboloïde hyperbolique rencontre deux directrices de cette surface et reste parallèle à un plan fixe. Réciproquement, toute droite qui rencontre deux droites fixes D et D_1 non situées dans un même plan, et qui reste parallèle à un plan fixe, engendre un paraboloïde hyperbolique.

Prenons comme axe Oz la droite D, comme axe Oy une génératrice, comme plan xOz un plan parallèle à D_1 et comme plan xOy un plan parallèle au plan fixe, ce qui est possible à cause du choix de Oy. Les équations de D sont

$$x = y = 0,$$

et celles de D_1

$$y = a, \qquad z = mx.$$

Une génératrice G est l'intersection d'un plan passant par D et d'un plan parallèle à xOy; ses équations sont donc de la forme

$$y = \lambda x, \qquad z = \mu.$$

En écrivant que G rencontre D_1, on est amené à écrire que les équations

$$\lambda x = a, \qquad mx = \mu.$$

sont compatibles, ce qui donne la condition

$$\lambda\mu - am = 0.$$

L'élimination de λ et μ entre cette relation et les équations de G donne :

$$yz - amx = 0,$$

équation la plus réduite d'un paraboloïde hyperbolique.

On peut imaginer un mode de génération différent d'aspect, en remarquant que trois directrices d'un paraboloïde hyperbolique sont parallèles à un même plan : toute droite qui se déplace en s'appuyant sur trois droites fixes, parallèles à un même plan, et dont deux quelconques ne sont pas dans un même plan, engendre un paraboloïde hyperbolique. Prenons comme axe Oz une droite qui s'appuie sur les trois directrices D, D_1, D_2, comme axe Ox la directrice D et comme axe

Oy une parallèle à D$_1$. Dans ces conditions, les équations des directrices sont

$$\text{D, } y = z = o; \qquad \text{D}_1, \ x = o, \quad z = a; \qquad \text{D}_2, \ y = mx, \quad z = b.$$

Une droite G qui s'appuie sur D et D$_1$ a des équations de la forme

$$y = \lambda z, \qquad x = \mu(z - a).$$

En écrivant que G rencontre D$_2$, on trouve la condition

$$\lambda b = m\mu(b - a).$$

L'élimination de λ et μ entre cette relation et les équations de G donne :

$$by(z - a) = mxz(b - a),$$

ou

$$z\big[by + m(a - b)x\big] = aby.$$

C'est bien l'équation d'un paraboloïde hyperbolique dont les plans directeurs sont mis en évidence.

Des raisonnements analogues à ceux que nous avons faits pour l'hyperboloïde à une nappe montrent que le rapport anharmonique de quatre plans tangents, menés par une même génératrice, est égal à celui des quatre points de contact de ces plans; qu'une génératrice variable découpe sur deux directrices fixes des divisions homographiques dont les points à l'infini se correspondent; que, réciproquement, toute droite mobile qui découpe sur deux droites, non situées dans un même plan, des divisions homographiques semblables, engendre un paraboloïde hyperbolique, etc.

En effectuant une projection parallèle, on est conduit aux propriétés des tangentes à la parabole : une tangente mobile découpe sur deux tangentes fixes des divisions homographiques semblables, etc.

Enfin, on pourrait utiliser la représentation paramétrique pour une étude détaillée des courbes algébriques tracées sur le paraboloïde hyperbolique.

Cylindres. — Leur étude, sur les équations réduites, ne présente aucune difficulté spéciale. La recherche des éléments d'une section plane à centre se fait par la méthode qui nous a servi pour les quadriques de 1ʳᵉ et de 2ᵉ classe. Dans le cylindre parabolique, une section plane étant en général une parabole, c'est la méthode des changements d'axes, déjà utilisée pour les hyperboloïdes, qui nous servira.

Sections cycliques des quadriques. — Nous avons vu (leç. 87) comment la connaissance des racines de l'équation en S donne les plans cycliques d'une quadrique; cette méthode s'applique sans difficulté aux équations réduites en axes rectangulaires, puisque les coefficients des carrés, dans ces équations, sont les racines de l'équation en S.

On peut aussi utiliser une remarque déjà faite, d'après laquelle tout plan cyclique d'une quadrique est perpendiculaire à un plan de symétrie. En outre, comme des plans parallèles donnent, dans une même quadrique ou dans des quadriques homothétiques, des sections homothétiques, on peut chercher les plans cycliques passant par un point particulier ou choisir, parmi les quadriques homothétiques, celle qui se prête le mieux à cette recherche. Par exemple, dans les quadriques de la 1re classe, on cherchera les plans cycliques passant par le centre et, par suite, par un axe de symétrie.

Considérons un ellipsoïde dont les demi-axes sont OA, OB, OC, et supposons

$$OA > OB > OC.$$

Un plan passant par OA coupe la quadrique suivant une ellipse dont un demi-axe est OA, la demi-longueur de l'autre étant comprise entre OB et OC; cette section a toujours des axes inégaux et n'est jamais un cercle. Une raison analogue montre qu'un plan passant par OC ne coupe jamais l'ellipsoïde suivant un cercle. Au contraire, un cercle de centre O et de rayon OB, situé dans le plan AOC, a deux diamètres communs avec l'ellipse de ce plan. Les plans II et II′, passant par OB et par ces diamètres, coupent l'ellipsoïde suivant des cercles de rayon OB. On peut mener à l'ellipsoïde deux plans tangents parallèles à II et deux plans tangents parallèles à II′; ces plans tangents coupent l'ellipsoïde suivant des cercles de rayon nul. Les points de contact de ces plans sont des *ombilics* de l'ellipsoïde. Cette quadrique a donc quatre ombilics réels.

Considérons un hyperboloïde à une nappe dont les demi-axes transverses sont OA et OB; soit OC l'axe non transverse. Tout plan mené par OC coupe la quadrique suivant une hyperbole. Supposons $OA > OB$. Tout plan mené par OB coupe la surface suivant une hyperbole ou une ellipse dont OB est un demi-axe et dont l'autre demi-axe est plus grand que OA et, par suite, que OB. La section n'est donc jamais un cercle. Au contraire, un cercle de rayon OA, situé dans le plan BOC, a deux diamètres communs avec l'hyperbole principale de ce plan. Les plans II et II′, passant par OA et par ces diamètres, coupent l'hyperboloïde à une nappe et tous les hyperboloïdes qui ont le même cône asymptote suivant des cercles; ce sont des plans cycliques du cône asymptote lui-même. L'hyperboloïde à une nappe n'a pas d'ombilics réels, mais l'hyperboloïde à deux nappes en a quatre.

Considérons enfin un paraboloïde elliptique; un cylindre elliptique ayant pour section droite l'ellipse déterminée dans le paraboloïde par un plan perpendiculaire à l'axe a mêmes plans directeurs que ce paraboloïde. Il suffit donc de chercher les plans cycliques du cylindre. Soient ωA et ωB les demi-axes de sa section droite; supposons $\omega A > \omega B$. Les plans cycliques passant par ω contiennent ωA ou ωB. On voit de suite qu'un plan mené par ωB coupe le cylindre suivant une ellipse dont un demi-axe est ωB, l'autre demi-axe étant plus grand que ωA et, par suite, que ωB. Au contraire, le cercle de rayon ωA, situé dans le plan principal passant par ωB, a deux diamètres communs avec la section principale du cylindre contenue dans ce plan. Les plans II et II′, passant par ces diamètres et par ωA, coupent le cylindre et le paraboloïde suivant des cercles de rayon $\omega\lambda$. On peut mener au paraboloïde elliptique un plan tangent parallèle à Π et un plan tangent parallèle à Π'; cette quadrique a donc deux ombilics réels.

Le paraboloïde hyperbolique, le cylindre hyperbolique et le cylindre parabolique n'ont pas de véritables cercles réels; les plans parallèles à leurs plans directeurs les coupent suivant une droite à distance finie et une droite à l'infini : ce sont des sections cycliques limites.

EXERCICES

1º Démontrer que toute conique dont les directions asymptotiques sont parallèles aux plans directeurs d'un paraboloïde est la projection d'une conique de ce paraboloïde, parallèlement à l'axe.

2º Calculer les coordonnées du sommet et du foyer d'une parabole située sur un paraboloïde d'équation réduite. Démontrer que la surface lieu des foyers de toutes ces paraboles présente trois droites de points doubles qui ont un point commun à l'infini. Qu'est l'intersection de cette surface avec l'un quelconque de ses plans tangents? (Cas particulier de la surface de Steiner).

3º Trouver l'équation du complexe des axes du paraboloïde

$$\frac{x^2}{p} + \frac{y^2}{q} - 2z = 0.$$

Montrer que ce complexe reste le même si l'on substitue à ce paraboloïde un paraboloïde homofocal dont l'équation tangentielle est :

$$pu^2 + qv^2 - 2wh + \mu\,(u^2 + v^2 + w^2) = 0.$$

4º Trouver les lignes de striction d'un paraboloïde hyperbolique. Quelle est la projection orthogonale de l'une de ces lignes sur le plan directeur correspondant?

5º En trois points M_1. M_2, M_3 d'une génératrice G d'une surface réglée S, on mène à cette surface des tangentes D_1, D_2, D_3 parallèles à un plan Π donné. Ces trois droites sont des directrices d'un paraboloïde hyperbolique P qui touche S en trois points de G et qui, par suite, se raccorde avec S le long de G. Π est un plan directeur de P. Dans le cas où Π est perpendiculaire à G, le paraboloïde P est équilatère et s'appelle *paraboloïde de raccordement*. Démontrer que son sommet est le point central situé sur G.

Démontrer que le lieu des normales à S, le long de G, est un paraboloïde.

6º Trouver les éléments d'une section plane du cylindre parabolique $y^2 - 2px = 0$.

7º Calculer les coordonnées du foyer d'une section plane du cylindre parabolique. Trouver le lieu de ce foyer quand le plan de la section tourne autour d'une droite.

8º Condition pour que les plans cycliques d'un ellipsoïde soient parallèles à deux plans diamétraux conjugués de cet ellipsoïde.

9º Quelles sont les images des sections planes d'une quadrique, lorsque le point de vue est un ombilic de cette quadrique et que le plan du tableau est parallèle au plan tangent en ce point?

RAPPORT ANHARMONIQUE SUR UNE CONIQUE

Nous savons que les coordonnées du point courant sur une conique peuvent s'exprimer en fonction rationnelle d'un paramètre t au second degré. On arrive, en particulier, à ce résultat, en coupant la courbe par une droite variable, $y - y_0 = t(x - x_0)$, qui passe par un point fixe (x_0, y_0) arbitrairement choisi sur cette conique.

Considérons une représentation paramétrique définie, en coordonnées homogènes, par les équations

$$(1) \qquad \frac{x}{P(t)} = \frac{y}{P_1(t)} = \frac{z}{P_2(t)},$$

où l'on a :

$$P(t) \equiv at^2 + bt + c, \qquad P_1(t) \equiv a_1 t^2 + b_1 t + c_1,$$
$$P_2(t) \equiv a_2 t^2 + b_2 t + c_2.$$

Les trois formes quadratiques P, P_1, P_2 sont supposées linéairement indépendantes, sans quoi x, y, z seraient liés par une relation linéaire et homogène et les équations (1) fourniraient une représentation impropre d'une droite.

Le déterminant $\delta = \begin{vmatrix} a, & b, & c \\ a_1, & b_1, & c_1 \\ a_2, & b_2, & c_2 \end{vmatrix}$ n'est donc pas nul.

Désignons par ρ la valeur commune aux rapports (1). Les équations

$$at^2 + bt + c - \rho x = 0, \qquad a_1 t^2 + b_1 t + c_1 - \rho y = 0,$$
$$a_2 t^2 + b_2 t + c_2 - \rho z = 0$$

regardées comme équations du 1ᵉʳ degré en t^2, t, 1, donnent :

$$\delta t^2 = \rho(Ax + A_1 y + A_2 z), \qquad \delta t = \rho(Bx + B_1 y + B_2 z),$$
$$\delta = \rho(Cx + C_1 y + C_2 z).$$

A, B, C, ... désignant les éléments du déterminant adjoint de δ.

On en déduit :

$$(1)' \qquad t = \frac{Bx + B_1 y + B_2 z}{Ax + A_1 y + A_2 z} = \frac{Cx + C_1 y + C_2 z}{Bx + B_1 y + B_2 z}.$$

Ce calcul donne t en fonction rationnelle des coordonnées du point correspondant, ainsi que l'équation de la conique.

Il n'y a pas, sur la conique, de point auquel correspondent plusieurs valeurs de t; les coordonnées d'un tel point devraient annuler les trois formes

$$Ax + A_1 y + A_2 z, \quad Bx + B_1 y + B_2 z, \quad Cx + C_1 y + C_2 z,$$

ce qui exigerait que ces formes fussent dépendantes, et δ serait nul, puisque son adjoint le serait. La conique n'a donc pas de point double.

Si l'on effectue sur t une substitution homographique quelconque, on obtient une nouvelle représentation paramétrique propre. Réciproquement, étant données deux représentations paramétriques propres de la même conique, on peut passer de l'une à l'autre par une substitution homographique. Considérons en effet une seconde représentation paramétrique, donnée par les équations

$$(2) \qquad \frac{x}{Q(t')} = \frac{y}{Q_1(t')} = \frac{z}{Q_2(t')},$$

où l'on a :

$$Q(t') \equiv a't'^2 + b't' + c', \quad Q_1(t') \equiv a'_1 t'^2 + \ldots, \quad Q_2(t') \equiv a'_2 t'^2 + \cdots$$

Si, dans les équations $(1)'$, on remplace x, y, z par Q, Q_1, Q_2, on obtient :

$$t = \frac{S(t')}{S_1(t')},$$

S et S_1 étant des polynomes entiers par rapport à t'. Supposons la fraction $\dfrac{S}{S_1}$ irréductible ; ses termes sont alors du premier degré au plus par rapport à t', sans quoi deux valeurs de t' donnant à t la même valeur redonneraient le même point de la courbe et la seconde représentation serait impropre.

t et t' étant liés par une relation homographique, on voit que le rapport anharmonique des valeurs de t qui correspondent à quatre points M_1, M_2, M_3, M_4 de la conique est indépendant du mode de représentation utilisé. Nous dirons que ce rapport anharmonique est celui des quatre points et nous écrirons

$$(M_1, M_2, M_3, M_4) = (t_1, t_2, t_3, t_4).$$

On peut donner de ce rapport anharmonique diverses significations géométriques ; l'une d'elles apparaît de suite. On a pu prendre comme paramètre t le coefficient angulaire de la droite joignant le point variable M à un point fixe quelconque M' de la conique. Le rapport anharmonique en question est alors celui des droites $M'M_1$, $M'M_2$, $M'M_3$, $M'M_4$ et, d'après ce qui précède, *il est indépendant de la position du point M' sur la conique.*

Nous allons retrouver ce résultat en cherchant l'équation de la droite qui joint deux points $M(t)$, $M'(t')$ de la conique. La relation qui exprime qu'un point quelconque $A(x, y, z)$ et les deux points M et M' sont alignés, est du premier degré par rapport à t et par rapport à t', puisque M', par exemple, est déterminé quand A et M sont choisis ; en outre, elle est symétrique par rapport à t et t'. Elle est donc de la forme

$$(3) \qquad R(x, y, z) + (t + t')R_1(x, y, z) + tt'R_2(x, y, z) = 0,$$

R, R_1, R_2 étant des polynomes linéaires et homogènes par rapport à

x, y, z. On l'obtient d'ailleurs aisément. La droite générale, d'équation

$$(4) \qquad ux + vy + wz = 0,$$

coupe la conique en deux points; les valeurs de t correspondantes sont racines de l'équation

$$u\,\mathrm{P}(t) + v\,\mathrm{P}_1(t) + w\,\mathrm{P}_2(t) = 0,$$

ou

$$(ua + va_1 + wa_2)\,t^2 + (ub + vb_1 + wb_2)\,t + uc + vc_1 + wc_2 = 0.$$

En écrivant que les racines de cette équation sont t et t', on a :

$$
\begin{aligned}
ua + va_1 + wa_2 &= \rho \\
ub + vb_1 + wb_2 &= -\rho(t + t') \\
uc + vc_1 + wc_2 &= \rho\,tt'.
\end{aligned}
$$

L'élimination de u, v, w, ρ entre ces relations et l'équation de la sécante donne :

$$
\begin{vmatrix}
x, & y, & z, & 0 \\
a, & a_1, & a_2, & 1 \\
b, & b_1, & b_2, & -(t+t') \\
c, & c_1, & c_2, & tt'
\end{vmatrix} = 0
$$

dont le développement, par rapport aux éléments de la dernière colonne, constitue (3).

Fixons le point M', c'est-à-dire t'. L'équation (3), qui dépend linéairement de t, est l'équation générale des droites d'un faisceau linéaire de sommet M'. Le rapport anharmonique de quatre de ces droites est égal au rapport anharmonique des quatre valeurs de t correspondantes, c'est-à-dire au rapport anharmonique des quatre points M correspondants sur la conique.

Un cas particulier est celui du cercle où l'on prend M_1 et M_2 aux points cycliques : le rapport anharmonique des droites isotropes menées par un point M' du cercle et des droites joignant ce point à deux points fixes M_3 et M_4 de ce cercle est constant; l'angle des deux droites $M'M_3$, $M'M_4$ est donc constant en grandeur et sens.

Si nous supposons $t' = t$, dans l'équation (3), nous obtenons l'équation de la tangente T au point M à la conique; c'est :

$$(5) \qquad \mathrm{R}(x, y, z) + 2t\mathrm{R}_1(x, y, z) + t^2\mathrm{R}_2(x, y, z) = 0.$$

En écrivant que les équations (4) et (5) définissent la même droite, on obtiendrait une représentation paramétrique tangentielle de la conique.

L'équation de la tangente T_0 en un autre point M_0 étant

$$(6) \qquad \mathrm{R} + 2t_0\mathrm{R}_1 + t_0^2\mathrm{R}_2 = 0,$$

le point de rencontre N de ces deux tangentes se trouve sur la droite dont on obtient l'équation en retranchant (5) et (6) membre à membre et divisant par $t - t_0$, savoir

$$(7) \qquad 2\mathrm{R}_1 + (t + t_0)\mathrm{R}_2 = 0.$$

Supposons t_0 fixe et t variable; la droite (7) fait alors partie d'un faisceau linéaire. Le rapport anharmonique de quatre positions particulières de cette droite est égal au rapport anharmonique des valeurs de t correspondantes et à celui des points N correspondants : le rapport anharmonique des points de contact M_1, M_2, M_3, M_4 de quatre tangentes T_1, T_2, T_3, T_4 à la conique, est donc égal à celui des points N_1, N_2, N_3, N_4, où ces tangentes rencontrent la tangente T_0; en outre, il est indépendant de T_0. Ainsi, le rapport anharmonique des points de rencontre de quatre tangentes fixes à une conique avec une tangente mobile est constant.

Un cas particulier est celui de la parabole, lorsqu'on prend pour T_4 la droite de l'infini; alors le rapport $\dfrac{\overline{N_3 N_1}}{\overline{N_3 N_2}}$ est constant.

Les deux interprétations que nous venons de donner du rapport anharmonique sont corrélatives; on passe de l'une à l'autre, par exemple, en prenant la conique donnée comme conique directrice et effectuant une transformation par polaires réciproques.

Les conséquences sont nombreuses; en voici quelques-unes.

Théorème. — *Cinq points dont quatre ne sont pas en ligne droite, définissent une conique et une seule.*

Lorsque trois des cinq points sont alignés, la droite qui les joint fait nécessairement partie de la conique qu'elle rencontre en trois points; cette conique se compose alors de deux droites bien déterminées.

Lorsque quatre des cinq points sont sur une droite, la conique se compose de cette droite et d'une droite arbitraire passant par le cinquième point.

Lorsque les cinq points sont sur une droite, la conique se compose de cette droite et d'une droite complètement arbitraire.

Écartons ces cas particuliers. Soient A, B, C, D, E les cinq points dont trois ne sont pas alignés; deux au moins, D et E, par exemple, sont à distance finie. S'il existe une conique passant par les cinq points, un point quelconque M de cette conique vérifie la condition

$$(8) \qquad D(A,\ B,\ C,\ M) = E(A,\ B,\ C,\ M)$$

et, par suite, DM et EM engendrent deux faisceaux homographiques de sommets D et E.

Dans le cas général où nous nous sommes placés, l'homographie est bien définie par trois couples de rayons homologues (DA, EA), (DB, EB), (DC, EC), de sorte qu'il n'y a pas plus d'une conique.

Il y en a d'ailleurs une, car la condition (8) peut se traduire au moyen des coordonnées des six points A, B, C, D, E, M, en utilisant les coefficients angulaires des rayons des faisceaux; l'équation obtenue contient les coordonnées de M au second degré. Cette conique Γ passe bien par A, B, C; elle passe aussi en E, car on peut placer M en E à condition d'associer au rayon DE du premier faisceau celui qui lui correspond dans le second et qui est d'ailleurs la tangente en E à Γ. La conique considérée passe en D pour une raison analogue.

Ce raisonnement subsiste sans modification si A, B, C sont sur une droite, D et E étant en dehors de cette droite; mais, dans ce cas, les deux faisceaux homographiques ont un rayon homologue commun suivant DE (leç. 75).

Les deux rayons homologues DM, EM rencontrent une droite donnée Δ en deux points m, m' qui décrivent sur cette droite deux divisions homographiques définies par les trois couples de points homologues (a, a'), (b, b'), (c, c'). Les points doubles de ces deux divisions sont les points de rencontre de Δ et de Γ : nous savons donc construire les points de rencontre d'une droite et d'une conique définie par cinq points. En particulier, si Δ est à l'infini, nous serons ramenés à la construction des rayons doubles de deux faisceaux homographiques de même sommet et nous pourrons déterminer le genre de la conique.

Six points A, B, C, D, E, F donnés au hasard ne sont pas sur une conique, puisque cinq points A, B, C, D, E déterminent une conique. Pour que F soit sur cette conique, il faut et il suffit que l'on ait :

$$A(B, D, E, F) = C(B, D, E, F).$$

Or, la droite DE coupe les rayons du faisceau de sommet A aux points B', D' ou D, E' ou E, et F'; la droite EF coupe les rayons du faisceau de sommet C aux points B'', D'', E'' ou E, F'' ou F. Il faut et il suffit donc que l'on ait $(B', D, E, F') = (B'', D'', E, F)$.

Pour que cette dernière condition soit réalisée, il faut et il suffit que les droites B'B'', DD'' et FF' soient concourantes. Mais DD'' n'est autre que CD, FF' n'est autre que AF. Il faut et il suffit donc que le point de rencontre de AF et de CD soit sur B'B''.

Or, si nous considérons l'hexagone dont les sommets consécutifs sont A, B, C, D, E, F, le point B' est le point de rencontre des côtés opposés AB et DE, B'' est le point de rencontre des côtés opposés BC et EF; enfin AF et CD sont deux côtés opposés.

Donc, il faut et il suffit que les points de rencontre des côtés opposés de l'hexagone qui a pour sommets les six points donnés, pris dans un ordre arbitraire, soient en ligne droite. *Ce théorème est dû à Pascal.* Il subsiste à la limite lorsque deux des points donnés viennent se confondre, la droite qui les joint devenant tangente à la conique. On peut même supposer que les six points donnés viennent se confondre deux à deux; on obtient alors l'énoncé suivant : pour que les sommets d'un triangle T, choisis sur les trois côtés d'un triangle T', soient les points de contact de ces côtés et d'une conique, il faut et il suffit que les côtés correspondants des deux triangles se coupent en trois points alignés.

Remarquons encore que le lieu des points M, tels que l'on ait $M(A, B, C, D) = k$, A, B, C, D désignant des points fixes et k une constante, est une conique passant par les quatre points fixes. En particulier, si deux des points donnés sont les points cycliques, le lieu de M est un cercle passant par les deux autres. Si l'on traduit l'égalité précédente au moyen des coefficients angulaires des droites MA, MB, MC, MD, chacun de ces coefficients angulaires étant exprimé à l'aide des coordonnées des points, on trouve l'équation de la conique; quand k varie, on obtient toutes les coniques d'un faisceau linéaire ponctuel.

Les propositions corrélatives des précédentes peuvent s'établir en transformant par polaires réciproques. Nous allons les démontrer directement.

Théorème. — *Cinq droites dont quatre ne sont pas concourantes, définissent une enveloppe de seconde classe et une seule.*

Lorsque trois des cinq droites concourent en un point, l'enveloppe se compose de ce point et du point de rencontre des deux autres droites. Lorsque quatre des cinq droites concourent en un point, l'enveloppe se compose de ce point et d'un point arbitraire situé sur la cinquième droite. Lorsque les cinq droites concourent en un point, l'enveloppe se compose de ce point et d'un second point arbitraire.

Écartons ces cas particuliers. Soient A, B, C, D, E les cinq droites données dont trois quelconques ne sont pas concourantes. Nous allons montrer qu'il y a une conique véritable tangente à ces cinq droites. Deux au moins, D et E par exemple, ne sont pas parallèles et sont à distance finie. Soient a, b, c les points de rencontre de A, B, C avec D et a', b', c' leurs points de rencontre avec E. Une tangente quelconque M, à la conique cherchée, rencontre D et E en m et m' et l'on a :

$$(9) \qquad (a, b, c, m) = (a', b', c', m').$$

m et m' engendrent sur D et E des divisions homographiques. L'homographie est bien définie par trois couples de points homologues (a, a'), (b, b'), (c, c'), de sorte qu'il n'y a pas plus d'une enveloppe de seconde classe. Il y en a d'ailleurs une, car si l'on prend D et E comme axes de coordonnées et qu'on représente par a, b, c les abscisses des points de même nom, par a', b', c' les ordonnées des points de même nom, l'égalité (9) devient :

$$(10) \qquad \left(a, b, c, -\frac{w}{u}\right) = \left(a', b', c', -\frac{w}{v}\right),$$

en appelant u, v, w, les coordonnées de la droite M. Or l'équation (10) est homogène et du second degré en u, v, w.

La conique Γ trouvée est tangente aux trois droites A, B, C qui sont des positions particulières de M. Si m' vient au point de rencontre O de D et E, m vient en un point O_1 distinct de O, puisque A, B, C ne sont pas concourantes, et M vient sur D qui est tangente à Γ en O_1.

De même Γ est tangente à E au point O' homologue de O sur E.

Soit P un point quelconque du plan. Les droites Pm, Pm' engendrent deux faisceaux homographiques et lorsque M vient passer par P, les rayons homologues sont confondus. Les tangentes menées de P à Γ sont les rayons doubles de ces faisceaux.

Six droites A, B, C, D, E, F données au hasard ne sont pas tangentes à une même conique, puisque cinq tangentes A, B, C, D, E déterminent une conique. Pour que F soit tangente à cette conique, il faut et il suffit, par exemple, que les quatre droites B, D, E, F découpent sur A et C deux systèmes de points ayant même rapport anharmonique. Ces points sont b, d, e, f sur A et b', d', e', f' sur C. Joignons les premiers au point de rencontre O de D et E, et les derniers au point de rencontre O' de E et F. On doit avoir :

$$O(b,\ d,\ e,\ f) = O'(b',\ d',\ e',\ f').$$

Or, les deux rayons homologues Oe, $O'e'$ sont confondus avec E ; il faut donc que les points de rencontre de Ob et $O'b'$, de Od et $O'd'$ ou d', de Of et $O'f'$ ou f, soient alignés, c'est-à-dire que $d'f$ passe par le point de rencontre de Ob et de $O'b'$. Considérons l'hexagone dont les côtés successifs sont A, B, C, D, E, F : O et b sont deux sommets opposés de cet hexagone ; il en de même de O' et b', de d' et f. Il faut et il suffit que les droites joignant ces sommets opposés soient concourantes. *Ce théorème est dû à Brianchon.*

Il subsiste à la limite lorsque deux des droites données viennent se confondre, leur point de rencontre venant sur la conique. On peut même supposer que les six droites données viennent se confondre deux à deux ; on obtient alors l'énoncé suivant : pour que les sommets d'un triangle T', choisis sur les côtés d'un triangle T, soient les points de contact de ces côtés et d'une conique, il faut et il suffit que les droites joignant les sommets correspondants des deux triangles soient concourantes.

Remarquons encore que l'enveloppe des droites M, qui rencontrent quatre droites fixes A, B, C, D en quatre points dont le rapport anharmonique a une valeur constante k, est de seconde classe. En particulier, si une droite M rencontre trois droites fixes A, B, C en des points a, b, c, tels que l'on ait $\dfrac{\overline{ca}}{\overline{cb}} = k$, l'enveloppe de M est une parabole.

Quand on fait varier k, on obtient un faisceau linéaire tangentiel de coniques.

Application à la construction des coniques. — Le théorème de Pascal permet de construire, à l'aide de la règle seule, une infinité de points et de tangentes d'une conique définie par cinq points. Soient A, B, C, D, E ces cinq points. Une sécante menée par E coupe la conique en un second point M qui est le sixième sommet d'un hexagone inscrit dans la conique. Prenons cette sécante comme premier côté de l'hexagone et numérotons les côtés de façon que les points de rencontre des côtés opposés soient, autant que possible, dans les limites du dessin. Soient EB(2), BD(3), DA(4), AC(5), le côté CM(6) étant inconnu. Les côtés 1 et 4 se coupent en H, les côtés 2 et 5 en K. La droite HK coupe le côté 3 en L et CL rencontre 1 au point M cherché.

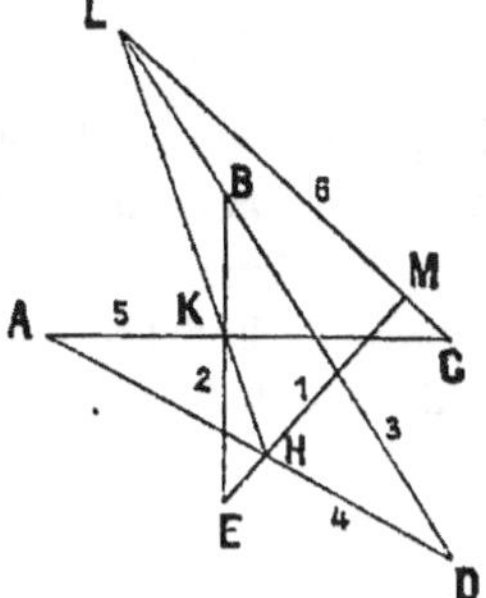

En faisant tourner la sécante autour du point E, on aura autant de points M qu'on voudra.

On peut supposer un ou deux des points donnés à l'infini.

Appliquons la même construction à la recherche de la tangente en A, regardée encore comme premier côté de l'hexagone de Pascal. Numérotons les côtés AB(2), BE(3), ED(4), DC(5), CA(6). Les côtés 2 et 5 se coupent en K, les côtés 3 et 6 en L. La droite KL rencontre le côté 4 en H qui est un point du côté 1. La tangente cherchée est HA.

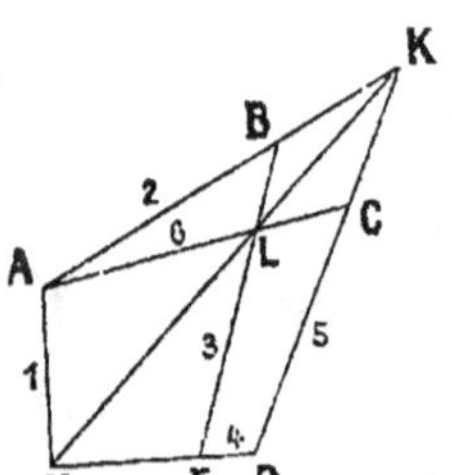

On construira ainsi autant de tangentes qu'on voudra.

Au lieu de se donner cinq points, on pourrait s'en donner quatre et la tangente en l'un d'eux. Cette tangente jouant le rôle de côté dans l'hexagone de Pascal, on pourra répéter les constructions précédentes; une conique est donc bien déterminée par quatre points et la tangente en l'un d'eux. Elle est de même bien définie par trois points et les tangentes en deux de ces points.

Nous pouvons toujours, soit en donnant cinq points, soit en donnant quatre points et la tangente en l'un d'eux, supposer connus trois points A, B, C et les tangentes AT, BT. La tangente en C est le côté nᵒ 5 d'un hexagone inscrit dont les autres côtés sont AT(1), AB(2), BT(3), BC(4), AC(6). La droite HL coupe AB en K et KC est la tangente en C.

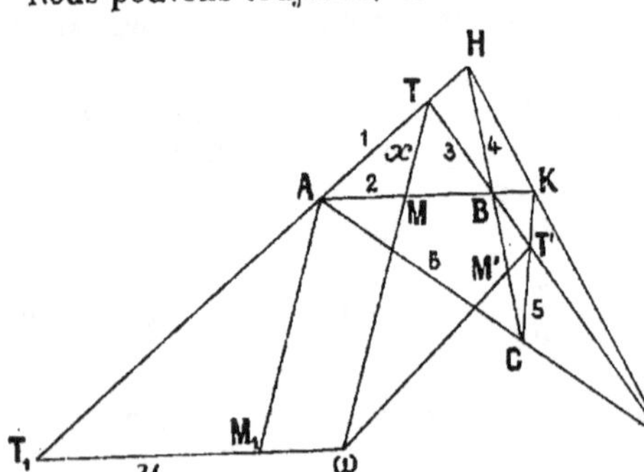

La droite TM, qui joint le milieu M de la corde AB au pôle T de cette droite, est un diamètre de la conique; T'M' en est un autre. Leur point de rencontre ω est le centre de la conique. S'il est à distance finie, le produit $\overline{\omega M} \cdot \overline{\omega T}$ donne le carré algébrique de la demi-longueur du diamètre ωx dirigé suivant ωT. Menons par ω le diamètre ωy parallèle à AB, et par A la corde AM_1 parallèle à ωx; la polaire du point T_1, où AT rencontre ωy, est AM_1. Le produit $\overline{\omega M_1} \cdot \overline{\omega T_1}$ donne le carré algébrique de la demi-longueur du diamètre ωy conjugué de ωx. On connaît donc deux diamètres conjugués de la conique en position et grandeur.

Si ω est à l'infini, la conique est une parabole. Les diamètres menés par A et B sont connus; les droites symétriques de ces diamètres, par rapport aux tangentes correspondantes, passent par le foyer, et la construction des éléments métriques s'achève aisément.

Le théorème de Brianchon permet de déterminer autant de tangentes et de points que l'on veut d'une conique définie par cinq tangentes ab, bc, cd, de, ea. Prenons sur ab un point quelconque m et cherchons la seconde tangente menée de ce point à la conique. Considérons l'hexagone de Brianchon ayant pour côtés cette tangente inconnue et les cinq droites données. Numérotons les sommets $m(1)$, $a(2)$, $e(3)$, $d(4)$, $c(5)$; le point de rencontre de bc et de la tangente cherchée a le n° 6. Les droites $md(1, 4)$ et $ac(2, 5)$ se coupent en o. La droite eo (3, 6) donne le point 6; $m6$ est la tangente issue de m et distincte de ab.

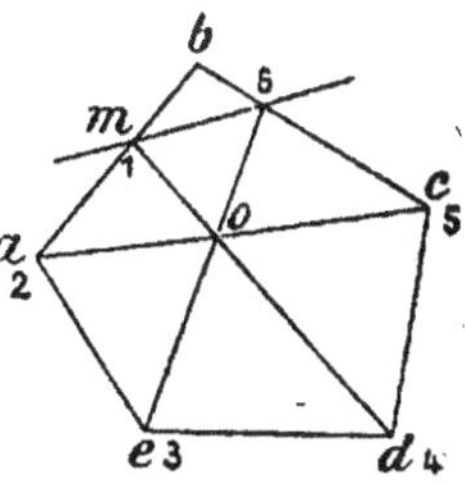

Le même théorème s'applique à la détermination du point de contact f du côté ab et de la conique tangente aux cinq droites. Ce point étant numéroté 1, numérotons les autres sommets de l'hexagone $a(2)$, $e(3)$, $d(4)$, $c(5)$, $b(6)$. Les droites $ac(2, 5)$ et $eb(3, 6)$ se coupent en o; la droite $do(1, 4)$ donne le point $f(1)$ où ab touche la conique.

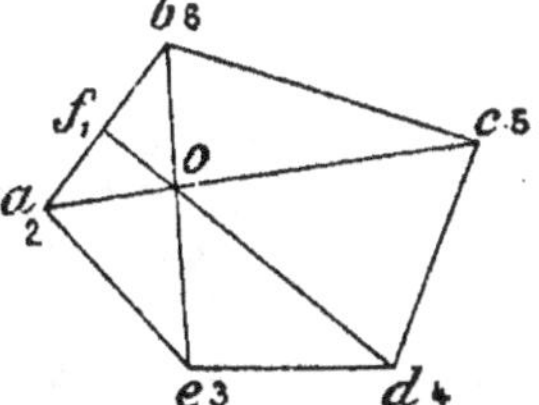

Cette construction peut être utilisée aussi bien lorsque l'une des droites est à l'infini; la conique est alors une parabole.

On peut aussi supposer qu'on se donne seulement quatre tangentes et le point de contact de l'une d'elles, ou trois tangentes et les points de contact de deux d'entre elles; le théorème de Brianchon s'applique aussi bien à ces cas limites. Dans tous ces cas, on pourra déterminer trois points de la conique et les tangentes en ces points et l'on sera ramené à un problème rencontré plus haut.

EXERCICES

1° Utiliser les propriétés du rapport anharmonique pour démontrer l'invariance de l'angle que font les droites joignant un foyer d'une conique aux points de rencontre d'une tangente mobile et de deux tangentes fixes.

2° Soit O le point de rencontre de deux droites rectangulaires OT, OT', tangentes à une conique; soient m et m' les points où une tangente mobile à cette conique rencontre deux autres tangentes fixes. Trouver la relation qui existe entre les tangentes des angles (OT, Om) et (OT', Om'.)

3° Lieu des points M tels que l'on ait M(A, B, C, D) $= k$, lorsque trois des points fixes A, B, C, D sont alignés ou lorsque ces quatre points sont alignés.

4° Construire les asymptotes d'une hyperbole, connaissant les deux directions asymptotiques et trois points.

5° Traiter la même question en supposant connus une direction asymptotique et quatre points. Cas où les quatre points sont les trois sommets et l'orthocentre d'un triangle.

6° Construire une parabole, connaissant trois points et la direction de l'axe, ou trois tangentes et la direction de l'axe.

DIVISIONS HOMOGRAPHIQUES SUR LES CONIQUES

Supposons que deux points M et M' se correspondent sur deux coniques Γ et Γ' de sorte que le rapport anharmonique de quatre positions de M soit égal au rapport anharmonique des quatre positions correspondantes de M'; nous dirons que M et M' décrivent sur les deux bases deux divisions homographiques. La correspondance est définie par trois couples de points homologues (A, A'), (B, B'), (C, C'). Soient O un point quelconque de Γ et O' un point quelconque de Γ'. Les droites OM et O'M' engendrent deux faisceaux homographiques de droites. Réciproquement, si l'on considère dans les plans de Γ et Γ' deux faisceaux homographiques de droites ayant leurs sommets sur ces coniques, les rayons homologues de ces faisceaux découpent sur Γ et Γ' des divisions homographiques.

Par exemple, si les coniques ne sont pas dans un même plan et si la droite OO' n'est pas la droite d'intersection de leurs plans, un plan variable mené par OO' découpe sur les deux coniques des divisions homographiques. Toutefois, on ne définit pas ainsi l'homographie la plus générale.

Un cas particulier intéressant est celui où les deux coniques sont des sections planes d'une même quadrique réglée. Si l'on prend pour O et O' les points de rencontre de ces coniques et d'une directrice de la quadrique, un plan passant par OO' coupe la quadrique suivant cette directrice et suivant une génératrice qui rencontre Γ et Γ' en deux points homologues de deux divisions homographiques. La droite d'intersection des plans des deux coniques perce la quadrique en deux points A et B (réels ou imaginaires) qui appartiennent à ces coniques. Ces points sont évidemment leurs propres homologues dans l'homographie de Γ et Γ'. Par exemple, si Γ et Γ' sont deux sections cycliques parallèles, leurs points communs sont les points cycliques, de sorte que les deux angles (OM_1, OM_2) et $(O'M'_1, O'M'_2)$ sont égaux et de même sens, quels que soient M_1 et M_2.

Réciproquement, considérons deux coniques Γ et Γ' qui se coupent en deux points A et B. Prenons arbitrairement un point C sur Γ et un point C' sur Γ'. Les trois couples (A, A), (B, B), (C, C') définissent sur les coniques deux divisions homographiques. Le plan tangent en A aux deux coniques rencontre la droite CC' en un point O; soit Δ la droite AO. Un plan qui tourne autour de AO coupe les deux coniques en deux points homologues M et M' de deux divisions homographiques : cette nouvelle homographie n'est autre que la précédente, puisqu'elle a en commun avec elle les trois couples (A, A), (B, B), (C, C'). Toutes les droites MM′ rencontrent Δ. On démontrerait de la même façon qu'elles rencontrent une droite Δ′ située dans le plan tangent en B aux deux coniques. La quadrique Q qui admet comme génératrices trois positions particulières CC′, DD′, EE′ de MM′ passe par A, car Δ est une directrice de cette quadrique; elle passe de même par B. La section de Q par le plan de Γ passe donc par les cinq points A, B, C, D, E et elle est confondue avec Γ; Q passe de même par Γ″. Les génératrices de Q découpent sur Γ et Γ″ deux divisions homographiques et la nouvelle homographie, ayant en commun avec la précédente les trois couples de points homologues (C, C′), (D, D′), (E, E′), coïncide avec elle. Les droites MM′ sont donc les génératrices de Q. Ainsi, une droite MM′ qui découpe sur deux coniques Γ et Γ′ non situées dans un même plan, mais sécantes en deux points A et B, deux divisions homographiques où A et B sont leurs propres homologues, engendre une quadrique.

Si Γ et Γ′ sont dans un même plan, une droite variable passant par un de leurs points de rencontre O découpe sur ces coniques deux divisions homographiques. Un angle de grandeur constante tournant autour de O découpe aussi sur les coniques deux divisions homographiques. Etc.

Supposons que les deux divisions homographiques soient portées par une même base Γ. On peut démontrer que la droite MM′ enveloppe, en général, une conique Γ″ bitangente à Γ. Supposons en effet que la correspondance ne soit pas réciproque. Un point P pris au hasard sur Γ peut être regardé comme appartenant à l'une ou à l'autre division et, chaque fois, il a un homologue; il y a donc deux droites MM′ passant par P et l'enveloppe est bien de seconde classe. Soient ω et ω′ les deux points doubles des divisions homographiques sur Γ. Les deux droites MM′ menées par ω sont confondues suivant la tangente en ω à Γ; ω est donc un point de l'enveloppe qui est tangente à Γ en ce point. Le même raisonnement s'applique au point ω′.

Le calcul permet de vérifier ce résultat; reprenons l'équation qui définit MM′$\big($(3), leç. 102$\big)$, et supposons que t et t' soient liés par la relation homographique

$$t' = \frac{\alpha t + \beta}{t + \gamma}.$$

L'équation de la sécante devient, après substitution de t' :

$$t^2\big[R_1 + \alpha R_2\big] + t\big[R + (\alpha+\gamma)R_1 + \beta R_2\big] + \gamma R + \beta R_1 = 0$$

et celle de son enveloppe est

$$(1) \quad \big[R + (\alpha+\gamma)R_1 + \beta R_2\big]^2 - 4(R_1 + \alpha R_2)(\gamma R + \beta R_1) = 0.$$

Or Γ est l'enveloppe de la droite définie par l'équation

$$R + 2tR_1 + t^2 R_2 = 0 \qquad \big((4), \text{leç. } 102\big).$$

L'équation de Γ est donc

$$(2) \qquad\qquad R_1^2 - RR_2 = 0.$$

On constate aisément que l'équation (1) peut se mettre sous la forme

$$4(\alpha\gamma - \beta)(R_1^2 - RR_2) + \left[R + (\alpha - \gamma)R_1 - \beta R_2\right]^2 = 0.$$

Le double contact des coniques (1) et (2) en résulte. La corde des contacts a pour équation

$$R + (\alpha - \gamma)R_1 - \beta R_2 = 0$$

et on vérifie facilement que c'est la droite $\omega\omega'$.

Le rapport anharmonique (ω, ω', M, M') est constant.

Réciproquement, considérons deux coniques Γ et Γ' tangentes en ω et ω'. Une tangente particulière à Γ' coupe Γ aux points A et A'. Considérons sur Γ l'homographie qui a ω et ω' comme points doubles et (A, A') comme points homologues. La droite MM' joignant deux points homologues quelconques de cette homographie enveloppe une conique tangente à Γ en ω et ω' et tangente à AA' : cette conique est donc confondue avec Γ'

On en conclut que les tangentes à Γ' coupent Γ en deux points M et M' tels que le rapport anharmonique (ω, ω', M, M') soit constant. Un cas particulier est donné par deux cercles concentriques ; les points de contact de ces cercles sont alors les points cycliques.

Lorsque les divisions homographiques sont définies, sur un cercle donné, par trois couples de points (A, A'), (B, B'), (C, C'), l'emploi de la règle seule permet de construire les points doubles.

Les deux droites AM, A'M' engendrent, en effet, deux faisceaux homographiques qui ont en commun le rayon AA' ; le point de rencontre m de ces droites décrit donc une droite qui passe par les points de rencontre b de AB et A'B', et c de AC et A'C'. La droite bc rencontre le cercle tracé aux points doubles ω et ω'.

Cette remarque peut être utilisée pour la construction des rayons doubles de deux faisceaux homographiques de même sommet O, connaissant trois couples de rayons homologues (Oa, Oa'), (Ob, Ob'), (Oc, Oc'). Les rayons homologues de ces faisceaux découpent, sur un cercle quelconque passant par O, deux divisions homographiques : les droites qui joignent au point O les points doubles de ces divisions sont les rayons doubles cherchés.

La construction des rayons doubles de deux faisceaux homographiques de même sommet permet de déterminer les points doubles de deux divisions homographiques portées par une même droite. En particulier, cela peut servir à la détermination des points de rencontre d'une droite et d'une conique définie par cinq points, ou des tangentes menées d'un point à une conique définie par cinq tangentes.

Divisions en involution sur une conique. — Deux divisions homographiques réciproques, situées sur une conique Γ, sont dites en involution. M et M' étant deux points homologues quelconques, et O un point fixe, arbitraire sur la conique, les deux droites OM et OM' engendrent deux faisceaux homographiques, réciproques, de même sommet ; ces deux faisceaux sont donc en involution. Réciproquement, deux faisceaux de droites en involution, ayant pour sommet un point O d'une conique, découpent sur cette conique deux divisions en involution. Par exemple, deux droites rectangulaires tournant autour de O, ou deux droites symétriques par rapport à une droite menée par O, déterminent sur la conique deux divisions en involution.

Corrélativement, les tangentes aux points homologues de deux divisions en involution, sur une conique, rencontrent une tangente fixe à cette conique en deux points qui décrivent deux divisions en involution. Réciproquement, si, par les points homologues de deux divisions en involution, sur une tangente fixe à une conique, on mène les tangentes à cette conique, les points de contact de ces tangentes décrivent sur la conique deux divisions en involution.

M et M' décrivant sur une conique deux divisions en involution, une seule droite MM' passe par un point choisi arbitrairement sur la conique; on peut donc prévoir que MM' passe par un point fixe. On peut établir ce fait de la façon suivante :

Soit I le point de rencontre de deux positions particulières AA' et BB' de la droite MM'. Faisons pivoter une sécante autour de I; cette sécante rencontre la conique en deux points N et N' et les deux droites AN', A'N se coupent en un point J sur la polaire de I.

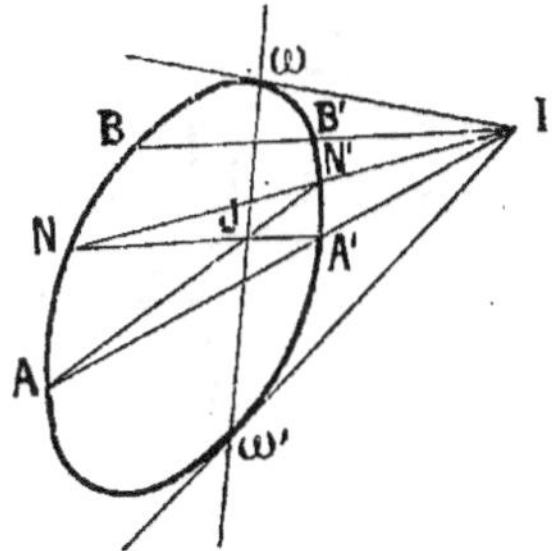

Le rapport anharmonique de quatre positions de N est égal au rapport anharmonique des droites A'N correspondantes, ou à celui des points J correspondants. Il en est de même pour le rapport anharmonique des quatre points N' associés. Les deux points N et N' engendrent donc sur la conique deux divisions homographiques; cette homographie est évidemment réciproque : c'est donc une involution. Comme elle a en commun, avec l'involution primitive, deux couples de points homologues (A, A') et (B, B'), ces deux involutions coïncident et toutes les droites MM' passent par I.

En particulier, une corde MM' d'une conique, vue d'un point fixe O de cette conique sous un angle droit, passe par un point fixe; si le point M vient en O, la droite OM devient tangente en O et sa perpendiculaire OM' devient normale à la conique en ce point. La normale en O étant une position particulière de MM', le point fixe se trouve sur cette normale (Frégier).

Corrélativement, les tangentes à une conique, en deux points homologues de deux divisions en involution sur la conique, se coupent sur une droite fixe qui est la polaire de I. Les points doubles de l'involution sont les points de rencontre ω, ω' de cette polaire et de la conique. En outre, le rapport anharmonique (ω, ω', M, M') vaut — 1.

Tous ces faits peuvent être mis en évidence par le calcul. Reprenons l'équation de la sécante joignant deux points M et M', savoir

$$\mathrm{R}(x, y, z) + (t + t')\mathrm{R}_1(x, y, z) + tt'\mathrm{R}_2(x, y, z) = 0.$$

Si nous écrivons que cette droite passe par un point fixe (x_0, y_0, z_0), nous obtenons une relation involutive entre t et t'.

Réciproquement, donnons-nous une telle relation

$$(3) \qquad \alpha + \beta(t + t') + \gamma tt' = 0.$$

Nous pouvons déterminer x_0, y_0, z_0 tels que l'on ait :

$$\frac{R(x_0, y_0, z_0)}{\alpha} = \frac{R_1(x_0, y_0, z_0)}{\beta} = \frac{R_2(x_0, y_0, z_0)}{\gamma}.$$

L'involution définie par la relation (3) et celle qui est déterminée par les sécantes issues du point (x_0, y_0, z_0) sont identiques.

Application aux divisions en involution sur une droite et aux faisceaux en involution autour d'un point. — Deux points m et m' décrivant deux divisions en involution sur une droite Δ, joignons ces points à un point fixe O d'une conique Γ. Les droites Om, Om' engendrent deux faisceaux en involution et les points M, M', où ces droites rencontrent Γ, décrivent sur la conique deux divisions en involution. Les éléments doubles de ces trois involutions se correspondent.

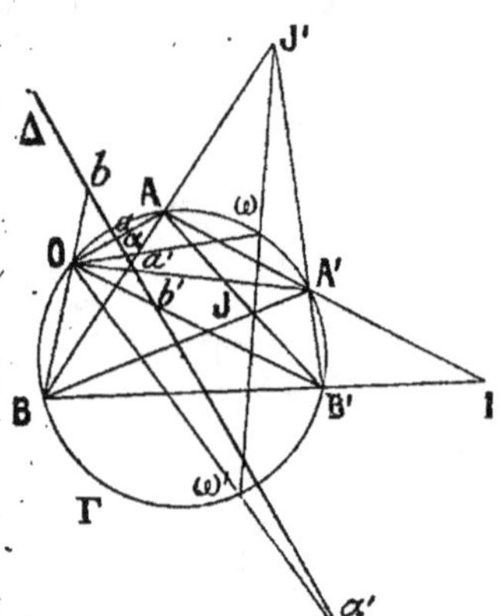

Or, si Γ est un cercle, la construction des éléments doubles, sur ce cercle, s'effectue sans difficulté. La droite MM' passe par un point fixe I où se coupent AA' et BB'. La polaire de I passe par l'intersection J de AB' et BA' et par l'intersection J' de AB et de A'B'. Cette polaire coupe Γ aux points doubles ω, ω' de l'involution sur le cercle. Les droites Oω, Oω' sont les rayons doubles des faisceaux en involution de sommet O. Les points α et α', où ces rayons doubles rencontrent Δ, sont les points doubles de l'involution définie sur cette droite par les deux couples de points (a, a'), (b, b').

Deux involutions distinctes, situées sur une conique, ont un couple de points homologues communs. Soient I le point fixe par lequel passent les droites joignant deux points homologues quelconques de la première involution, I' le point analogue de la seconde involution. La droite II' rencontre Γ aux points en question.

En associant, comme précédemment, à une involution sur une droite ou à une involution autour d'un point, une involution sur un cercle, au moyen d'une projection, on pourra construire les rayons homologues communs à deux séries de faisceaux en involution de même sommet et le couple des points homologues communs à deux systèmes de divisions en involution sur une droite.

Par exemple, deux faisceaux en involution de sommet O, définis par les deux couples de droites homologues (OA, OA'), (OB, OB'), ont deux rayons communs avec l'involution des droites rectangulaires passant par O. Menons par O un cercle quelconque et considérons les deux involutions correspondantes sur ce cercle. Le point fixe de la première involution est le point de rencontre I de AA' et BB'. Le point fixe de la seconde est le centre C du cercle. Le diamètre CI rencontre le cercle en M et M'; OM et OM' sont les rayons rectangulaires cherchés. Si I est en C, c'est-à-dire si les couples (OA, OA'), (OB, OB') sont rectangulaires, tous les couples de droites homologues de l'involution définie sont rectangulaires.

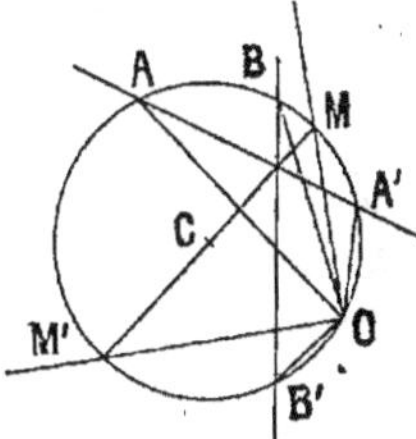

On peut appliquer cette construction à la recherche des directions des axes d'une conique dont on connaît deux couples de directions conjuguées, car les parallèles menées par un point, aux directions conjuguées d'une conique, engendrent deux faisceaux en involution dont les rayons rectangulaires sont parallèles aux directions principales de la conique. En particulier, si l'on connaît deux diamètres conjugués d'une ellipse en position et grandeur, on connaît un second couple de diamètres conjugués en position ; ce couple est constitué par les diagonales du parallélogramme formé par les tangentes à l'ellipse, parallèles aux diamètres donnés. On est donc ramené au problème précédent.

On peut même trouver dans une involution, autour d'un point O, deux rayons homologues faisant un angle donné. Soient M et M' les points de rencontre de deux rayons homologues quelconques et d'un cercle Γ passant par O. Si l'angle MOM' a une valeur donnée, la corde MM' est tangente à un cercle Γ' concentrique à Γ et que l'on sait construire. On mène par le point fixe I des tangentes à Γ'; ce sont les cordes MM' cherchées. Les solutions de ce problème peuvent être imaginaires.

En particulier, on sait construire deux diamètres conjugués d'une ellipse, faisant un angle donné, lorsqu'on connaît deux diamètres conjugués de cette ellipse en position et grandeur.

Si l'on regarde deux droites faisant un angle donné comme des rayons homologues des faisceaux homographiques engendrés par un angle de grandeur donnée, qui a pour sommet le point de rencontre des deux droites, le problème que nous venons de traiter est un cas particulier du suivant : étant données une involution et une homographie de droites autour d'un point O, trouver les rayons homologues communs à ces deux correspondances. Pour traiter ce problème, on prend les points de rencontre des droites passant par O avec un cercle Γ mené par ce point. On définit ainsi une involution et une homographie sur Γ.

Les sécantes MM' qui joignent deux points homologues de l'involution passent par un point fixe I. Celles qui joignent deux points homologues de l'homographie enveloppent une conique Γ' bitangente à Γ; en tout cas, on sait construire cinq tangentes particulières à Γ'. On sait aussi construire les tangentes menées de I à une conique définie par cinq tangentes. On pourra donc trouver les droites MM' qui passent par les points homologues communs à l'homographie et à l'involution sur le cercle. La solution du problème posé en résulte de suite.

En associant à des divisions en involution et à des divisions homographiques, sur une droite Δ, des faisceaux en involution et des faisceaux homographiques autour d'un point O, on pourra construire les points homologues communs aux deux premières correspondances. Par exemple, si les points doubles de l'homographie sur Δ sont imaginaires, cette homographie peut être engendrée par un angle de grandeur constante tournant autour d'un point que l'on sait construire. La recherche des points homologues communs à l'involution et à l'homographie, sur Δ, est alors ramenée à la recherche de deux rayons homologues faisant un angle donné, dans une involution autour de O.

Généralisation de l'homographie et de l'involution sur les courbes. — Considérons une courbe unicursale Γ, plane ou gauche. Supposons connues deux représentations paramétriques propres de cette courbe en fonction de deux paramètres t et t'. Une généralisation du raisonnement qui nous a servi pour les coniques permet d'établir que t et t' sont liés par une relation homographique, de sorte que le rapport anharmonique des valeurs de t qui correspondent à quatre points de Γ est égal au rapport anharmonique des valeurs de t' qui correspondent aux mêmes points : on l'appelle rapport anharmonique des quatre points de Γ.

Lorsque deux points M et M' se correspondent sur deux courbes unicursales Γ et Γ' de sorte que le rapport anharmonique de quatre positions de M soit égal au rapport anharmonique des quatre positions correspondantes de M', on dit que M et M' engendrent sur les deux courbes deux divisions homographiques.

Lorsque deux points M et M' se correspondent homographiquement sur une courbe unicursale Γ et que la correspondance est réciproque, on dit que M et M' engendrent sur Γ deux divisions en involution. Par exemple, deux droites rectangulaires tournant autour du point double d'une cubique plane rencontrent cette courbe en deux points homologues de deux divisions en involution; si, par une sécante double OO' d'une cubique gauche, on mène deux plans rectangulaires, ces plans rencontrent la cubique en des points M et M' qui engendrent sur la cubique deux divisions en involution.

Correspondances algébriques en général. — Au lieu d'une relation homographique entre deux variables t et t', on peut imaginer une relation algébrique générale $f(t, t') = 0$, de degré m par rapport à t et de degré n par rapport à t'. Cette correspondance admet, en général, $m + n$ éléments doubles, car, si l'on fait $t' = t$, on obtient une équation qui est, en général, de degré $m + n$ en t. Si $m = n = 2$, la correspondance est biquadrique et admet quatre éléments doubles.

Si l'on associe à t et t' des points de deux courbes unicursales, on établit entre les points de ces courbes une correspondance telle qu'un point de la première a n homologues sur la seconde et un point de la seconde a m homologues sur la première.

Dans le cas où les courbes de base sont confondues, il peut être intéressant d'étudier le rôle des points doubles.

EXERCICES

1° Sur une quadrique réglée Q, on considère deux coniques quelconques: soit S le pôle du plan de l'une. Les perspectives de ces coniques, en prenant S comme point de vue, sont des coniques bitangentes Γ et Γ': les perspectives des directrices et des génératrices de Q sont tangentes à la perspective Γ'' de la conique située dans le plan polaire de S. Étudier les correspondances déterminées sur Γ' et Γ'' par les tangentes à Γ'.

2° Sur une quadrique réglée Q, on considère deux coniques quelconques C et C'. Soit S un point de vue quelconque, C" la conique d'intersection de Q et du plan polaire de S. Les perspectives Γ et Γ' de C et C' sont bitangentes à la perspective Γ'' de C''. Les perspectives des directrices et des génératrices de Q sont tangentes à Γ''. Etudier les correspondances définies sur Γ et Γ' par les tangentes à Γ''.

3° Soient Γ et Γ' deux coniques bitangentes. D'un point M variable sur Γ, on mène les tangentes MA et MA' à Γ'. Démontrer que les points de contact A et A' de ces tangentes décrivent sur Γ' deux divisions homographiques.

4° D'un point M variable sur une tangente commune à deux coniques, on mène les tangentes MA et MA' à ces coniques. Démontrer que les points de contact A et A' de ces tangentes décrivent sur les deux coniques des divisions homographiques.

5° Soient P et P' deux paraboles qui résultent l'une de l'autre par une translation le long de leur axe de symétrie commun, P' étant intérieure à P. Les tangentes à P' rencontrent P en deux points M et M'. Etudier la correspondance qui relie les projections orthogonales de ces points sur la tangente au sommet de P.

6° Un angle de grandeur constante tourne autour de son sommet O situé sur une conique Γ. Les côtés de cet angle rencontrent la conique en M et M'. La droite MM' enveloppe une conique bitangente à Γ. On demande de préciser la situation du pôle de la corde des contacts par rapport à Γ.

7° Démontrer que les cordes d'une hyperbole équilatère, qui sont vues d'un point fixe de cette hyperbole sous un angle droit, sont parallèles à une direction fixe.

8° Une involution fait correspondre à un point M d'une conique un point M' de la même conique; une seconde involution fait correspondre au point M' un point M''. A quelle condition la correspondance des points M, M'' est-elle une involution?

9° Construire les rayons homologues communs à deux homographies autour d'un point.

10° Démontrer que si le rapport anharmonique de quatre points sur une conique vaut — 1, les droites joignant les couples de points homologues sont conjuguées par rapport à la conique.

11° Une droite et une conique se coupent en un point A. Deux points M et M décrivent sur la droite et la conique deux divisions homographiques et A est son propre homologue dans les deux divisions. Quelle est la surface engendrée par la droite MM'?

12° Une droite et une conique situées dans un même plan servent de bases à deux divisions homographiques; l'un des points de rencontre de la droite et de la conique est son propre homologue dans les deux divisions. Quelle est l'enveloppe de la droite qui joint deux points homologues quelconques?

13° Soit

$$t'^2 P + 2 t' Q + R = 0$$

la relation biquadratique générale, P, Q, R désignant trois polynomes du second degré en t. Les valeurs de t auxquelles correspondent deux valeurs égales de t' sont racines de l'équation du quatrième degré, $Q^2 - PR = 0$. Démontrer que la condition nécessaire et suffisante pour que la relation biquadratique se décompose est que le polynome $Q^2 - PR$ soit carré parfait, c'est-à-dire que les valeurs de t correspondant aux valeurs égales de t' soient égales deux à deux. Examiner les divers cas de décomposition.

14° On donne deux coniques dans un même plan. Une droite tournant autour d'un point fixe O, non situé sur ces coniques, rencontre chacune en deux points variables. Il existe entre un point de l'une et un point de l'autre une correspondance biquadratique; comment doit être placé le point O pour que cette correspondance dégénère en deux homographies?

15° Une droite variable, rencontrant deux droites quelconques Δ et Δ' et restant tangente à une quadrique fixe Q, découpe sur Δ et Δ' deux divisions dont la correspondance est biquadratique. Comment doivent être placées les deux droites, par rapport à la quadrique, pour que la correspondance dégénère en deux homographies? Lieu de la droite qui joint des points homologues des deux divisions.

16° Une droite variable, tangente à une quadrique donnée, rencontre deux autres tangentes fixes à cette quadrique. Quel est le lieu de son point de contact avec la quadrique?

INTERSECTION DE DEUX CONIQUES

Lorsque les deux coniques sont des couples de droites réelles ou imaginaires, le problème de leur intersection se résoud sans difficulté. La séparation des droites de chaque couple exige la résolution d'une équation du second degré; la recherche de leurs points de rencontre conduit à la résolution d'équations du premier degré. En général, les deux couples se coupent en quatre points; ces points ne sont pas toujours distincts. Si le point double de l'un des couples est sur une droite de l'autre, les coniques se coupent en deux points autres que ce point double. Si le point double de l'une est confondu avec le point double de l'autre, les coniques n'ont pas d'autre point commun que ce point double. Si l'un des couples est constitué par une droite double, les coniques n'ont que deux points communs. Les coniques peuvent avoir une droite commune; elles peuvent être confondues.

Lorsqu'une seule des deux coniques présente un point double, chacune des droites dont elle se compose rencontre la seconde conique Γ en deux points distincts ou confondus, de sorte que le nombre des points communs, réels ou imaginaires, à distance finie ou infinie, est quatre en général. Certains de ces points peuvent se confondre; cela arrive si l'une des droites du couple est tangente à Γ ou si le point double du couple est sur Γ, si les deux droites du couple sont tangentes à Γ ou sont confondues suivant une sécante à Γ, si le point double du couple est sur Γ et si la tangente en ce point à Γ est l'une des droites du couple, si les deux droites sont confondues avec une tangente à Γ. Dans ces divers cas particuliers, les nombres des points distincts d'intersection sont respectivement 3, 2, 2, 1.

Étudions maintenant le cas général où aucune des coniques Γ et Γ₁ n'a de point double. Soit

$$f(x, y, z) \equiv A x^2 + 2 B xy + C y^2 + 2 D xz + 2 E yz + F z^2 = 0$$

l'équation de Γ en coordonnées homogènes. Nous pouvons supposer que les coordonnées homogènes du point courant sur Γ₁ sont mises sous la forme

$$\frac{x}{P(t)} = \frac{y}{Q(t)} = \frac{z}{R(t)},$$

en posant :

$$P(t) \equiv at^2 + bt + c, \quad Q(t) \equiv a_1 t^2 + b_1 t + c_1, \quad R(t) \equiv a_2 t^2 + b_2 t + c_2.$$

Les valeurs de t qui correspondent aux points communs aux deux coniques, sont racines de l'équation

$$(1) \qquad F(t) \equiv f(P, Q, R) = 0$$

qui est du quatrième degré par rapport à t. A chaque racine de cette équation correspond un point commun aux deux coniques, point situé à distance finie ou infinie.

Si nous supposons la conique Γ_1 réelle, c'est-à-dire a, b, c, a_1, $\ldots$, réels, et la conique Γ d'équation réelle, les racines de l'équation (1) sont réelles ou imaginaires conjuguées; à une racine réelle correspond un point réel et à deux racines imaginaires conjuguées correspondent deux points imaginaires conjugués.

D'ailleurs, sans supposer autre chose que la réalité des équations de Γ et de Γ_1, on voit *a priori* que si ces deux coniques ont en commun un point imaginaire, elles passent toutes deux par le point imaginaire conjugué.

L'équation (1) peut avoir des racines multiples; ce fait est indépendant du choix des axes de coordonnées et de la représentation paramétrique utilisée pour Γ_1, pourvu que ce soit une représentation propre. Qu'arrive-t-il alors?

Supposons d'abord que t_0 soit une racine double de cette équation. $F'(t_0)$ est nul. Or, on a :

$$F'(t) \equiv P'(t) f'_P + Q'(t) f'_Q + R'(t) f'_R.$$

L'équation de la tangente au point $A(P_0, Q_0, R_0)$ de Γ, qui correspond à t_0, étant

$$x f'_{P_0} + y f'_{Q_0} + z f'_{R_0} = 0,$$

l'égalité $F'(t_0) = 0$ exprime que cette tangente passe par le point (P'_0, Q'_0, R'_0); or ce point est sur la tangente en A à Γ_1. Les deux coniques sont donc tangentes en A.

Ce raisonnement ne suppose nullement le point A réel, car nous avons établi la notion de tangente en un point imaginaire d'une courbe algébrique.

Un point A qui correspond à une racine triple t_0 est nécessairement réel, sans quoi le point imaginaire conjugué jouirait des mêmes propriétés, et l'équation (1), ayant deux racines triples, serait vérifiée identiquement; les deux coniques seraient confondues, cas que nous écartons. On peut donc prendre ce point comme origine, s'il est à distance finie, et comme axe Ox la tangente commune aux deux coniques en ce point. Les équations de Γ et Γ_1 étant

$$(2) \qquad y = ax^2 + bxy + cy^2,$$
$$(3) \qquad y = a_1 x^2 + b_1 xy + c_1 y^2,$$

posons $y = tx$. On tire de la seconde :

$$x = \frac{t}{a_1 + b_1 t + c_1 t^2}, \qquad y = \frac{t^2}{a_1 + b_1 t + c_1 t^2}$$

et, en portant dans la première, on a :

$$\frac{t^2}{a_1 + b_1 t + c_1 t^2} = \frac{at^2 + bt^3 + ct^4}{(a_1 + b_1 t + c_1 t^2)^2}.$$

Par suite,

$$(4) \qquad F(t) \equiv (a_1 + b_1 t + c_1 t^2) t^2 - (at^2 + bt^3 + ct^4) = 0.$$

Cette équation admet la racine double o qui correspond à l'origine. Elle l'admettra comme racine triple si l'on a : $a_1 - a = 0$.

Or, la différentiation des équations (2) et (3), appliquée au calcul des dérivées successives de y par rapport à x à l'origine, donne sur Γ :

$$y'_0 = 0, \qquad y''_0 = 2a, \qquad y'''_0 = 6ab, \qquad y^{IV}_0 = 24a(ac + b^2).$$

On aura de même sur Γ_1 :

$$y'_0 = 0, \qquad y''_0 = 2a_1, \qquad y'''_0 = 6a_1 b_1, \qquad y^{IV}_0 = 24a_1(a_1 c_1 + b_1^2).$$

Si l'équation (4) admet o comme racine triple, a et a_1 sont égaux, y'_0 et y''_0 ont les mêmes valeurs sur les deux coniques qui sont osculatrices en O.

Si o est une racine quadruple, on a : $a_1 = a$, $b_1 = b$, de sorte que y'_0, y''_0, y'''_0 ont les mêmes valeurs respectives sur les deux coniques qui sont surosculatrices en O.

On voit aussi que les deux coniques ne peuvent avoir un contact d'ordre supérieur à 3 sans être confondues.

Si le point A qui correspond à une racine triple ou quadruple est à l'infini, on convient de dire que Γ et Γ_1 sont osculatrices ou surosculatrices en ce point à l'infini.

Si Γ a un point double, Γ_1 n'en ayant pas, la formation de l'équation (1) et l'étude des ordres de multiplicité de ses racines renseignent encore sur la façon dont les droites de Γ se comportent par rapport à Γ_1. Si la racine double t_0 n'annule pas f'_P, f'_Q, f'_R, le point A correspondant est un point où une droite de Γ touche Γ_1 ; si la racine double t_0 annule f'_P, f'_Q, f'_R, le point A est un point double de Γ, situé sur Γ_1. Une racine triple t_1 annule nécessairement f'_P, f'_Q, f'_R, comme le montrerait un choix d'axes particuliers ; le point A correspondant est un point double de Γ, situé sur Γ_1, et la tangente en A à Γ_1 est une droite de Γ, etc.

Nous avons vu (leç. 31) que la résolution d'une équation du quatrième degré peut se ramener à la recherche d'une racine d'une équation du troisième degré et à la résolution d'équations du second degré.

Nous retrouverons ce résultat plus loin en nous appuyant sur ce que la recherche des points communs à deux coniques est un problème équivalent au précédent.

On pourrait aussi trouver les points d'intersection de deux coniques en résolvant, par rapport à x et à y, les équations de ces coniques données en coordonnées cartésiennes, savoir

$$f(x, y) \equiv A x^2 + 2B xy + C y^2 + 2D x + 2E y + F = 0,$$
$$f_1(x, y) \equiv A_1 x^2 + 2B_1 xy + C_1 y^2 + 2D_1 x + 2E_1 y + F_1 = 0.$$

L'élimination de y entre les deux équations

$$(5) \qquad \begin{cases} Cy^2 + 2Py + Q = 0, \\ C_1 y^2 + 2P_1 y + Q_1 = 0, \end{cases}$$

$\big[P(x) \equiv Bx + E,\ Q(x) \equiv Ax^2 + 2Dx + F,\ \text{etc.} \big]$, donne, en général, une équation du quatrième degré par rapport à x. C'est :

$$(6) \qquad F(x) \equiv (CQ_1 - C_1 Q)^2 - 4(CP_1 - C_1 P)(PQ_1 - P_1 Q) = 0.$$

Si l'on remplace x par un zéro simple x_0 de $F(x)$, dans les équations (5), on a deux équations en y qui ont une seule racine commune y_0 (ex. 8, leç. 30; ex. 3, leç. 31). Le point (x_0, y_0) est commun aux deux coniques.

Si x_0 est un zéro double de $F(x)$, les équations (5) correspondantes peuvent avoir une racine commune y_0 ou deux racines communes y_0 et y_1. On pourrait montrer que, dans le premier cas, le point (x_0, y_0) est un point de contact des deux coniques òu que c'est un point double de l'une appartenant à l'autre; dans le second cas, les deux coniques ont deux points communs (x_0, y_0), (x_0, y_1) qui ont même abscisse.

Des remarques plus complexes encore devraient être faites dans le cas où $F(x)$ a un zéro triple, deux zéros doubles ou un zéro quadruple; ces particularités peuvent provenir soit de propriétés spéciales des points communs aux deux coniques, soit de la situation exceptionnelle de ces points par rapport aux axes de coordonnées. Nous n'insisterons pas davantage.

Les coniques n'ont de points communs à l'infini que si elles ont une ou deux directions asymptotiques communes, auquel cas le degré de l'équation (6) s'abaisse, comme on le vérifie facilement.

Supposons qu'elles aient une seule direction asymptotique commune. Les directions asymptotiques de l'une sont forcément réelles et distinctes et on peut prendre comme axes de coordonnées les asymptotes de cette conique. Les équations des deux coniques sont alors

$$\begin{aligned} xy &= k, \\ x(ax + bx + c) + dy + e &= 0, \end{aligned}$$

la direction asymptotique commune étant parallèle à Oy. Les deux méthodes générales signalées plus haut se confondent dans ce cas, puisque la première équation, par exemple, donne y en fonction rationnelle de x. On trouve $y = \dfrac{k}{x}$, et, en portant dans la seconde équation, on a :

$$F(x) \equiv ax^3 + cx^2 + (bk + e)x + dk = 0.$$

Cette équation est toujours du 3e degré en x, sans quoi les deux coniques auraient les mêmes directions asymptotiques. A une racine x_0 non nulle correspond un point commun à distance finie. Les coniques ne peuvent avoir de nouveau point commun rejeté à l'infini que si $d = o$; les coniques ont alors une asymptote commune, Oy. C'est le cas du contact à l'infini.

Si l'on a :

$$d + o, \qquad bk + e = o,$$

les deux coniques sont osculatrices à l'infini sur Oy.

Enfin, si l'on a :

$$d = o, \qquad bk + e = o, \qquad c = o,$$

elles sont surosculatrices à l'infini.

Lorsque les deux coniques ont leurs directions asymptotiques communes, ce sont deux coniques à centre ou deux paraboles. Dans le premier cas, on peut supposer que l'une d'elles est rapportée à deux diamètres conjugués. Leurs équations sont alors

$$ax^2 + by^2 + e = o,$$
$$ax^2 + by^2 + cx + dy + e_1 = o.$$

Leurs points communs à distance finie sont sur la droite Δ dont l'équation est

$$cx + dy + e_1 - e = o.$$

Δ coupe la première conique, en général, en deux points à distance finie. Mais elle peut la couper en un point à l'infini si elle est parallèle à l'une de ses directions asymptotiques; ce fait se produit si $ax^2 + by^2$ est divisible par $cx + dy$. Les deux coniques ont alors comme asymptote commune la droite d'équation $ax + by = o$; elles se touchent à l'infini sur cette asymptote, elles ont un autre point commun à distance finie et un point à l'infini dans la seconde direction asymptotique commune. Δ peut être aussi une asymptote de la première conique; dans ce cas, les deux coniques sont osculatrices à l'infini sur Δ et ont un autre point commun à l'infini. Enfin Δ peut être rejetée à l'infini, ce qui se produit si l'on a :

$$c = d = o;$$

les deux coniques homothétiques sont alors concentriques et sont bitangentes à l'infini.

Supposons que les deux coniques soient des paraboles. Rapportons l'une à son axe et à sa tangente au sommet; leurs équations sont

$$y^2 - 2px = o,$$
$$y^2 + 2ax + 2by + c = o.$$

L'équation qui donne les ordonnées de leurs points de rencontre est

$$\left(1 + \frac{a}{p}\right)y^2 + 2by + c = o$$

de sorte que les deux paraboles se coupent, en général, en deux points à distance finie. Un troisième point est rejeté à l'infini si a vaut $-p$, auquel cas les deux paraboles sont égales et tournent leur concavité dans le même sens. Tous leurs points communs sont rejetés à l'infini dans la direction Ox si b est nul, c'est-à-dire si elles ont même axe de symétrie. On voit aisément d'après cela que deux paraboles qui n'ont qu'un point commun à distance finie résultent l'une de l'autre par une translation et que, si elles n'ont pas de point commun à distance finie, cette translation est parallèle à l'axe.

On conclut de cette analyse que, si deux coniques ont plus de quatre points communs à distance finie ou infinie, elles en ont une infinité et que, par suite, elles sont confondues ou ont une droite commune. Dans ce dernier cas, tous les points communs, sauf un, sont alignés. Il en résulte que par cinq points dont quatre ne sont pas alignés, on ne peut faire passer plus d'une conique.

EXERCICES

1° Ox étant une direction asymptotique commune à une parabole et à une hyperbole équilatère, démontrer que les ordonnées des points communs à ces deux coniques sont racines de l'équation la plus générale du troisième degré.

2° Démontrer que le centre de gravité des quatre points communs à deux coniques reste le même, quand on substitue à l'une quelconque d'entre elles une conique ayant les mêmes asymptotes.

3° Former l'équation aux abscisses des points de rencontre des deux coniques

$$x^2 - xy + 1 = 0, \quad y^2 + ay + b - 2 = 0.$$

FAISCEAUX LINÉAIRES PONCTUELS DE CONIQUES
CONIQUES SINGULIÈRES

Considérons deux coniques distinctes, Γ et Γ_1, définies par les deux équations

$$f(x,\, y,\, z) \equiv \mathrm{A}\,x^2 + 2\,\mathrm{B}\,xy + \mathrm{C}\,y^2 + 2\,\mathrm{D}\,xz + 2\,\mathrm{E}\,yz + \mathrm{F}\,z^2 = 0,$$
$$f_1(x,\, y,\, z) \equiv \mathrm{A}_1 x^2 + 2\,\mathrm{B}_1 xy + \ldots\ldots\ldots + \mathrm{F}_1 z^2 = 0.$$

L'équation

$$(1) \qquad\qquad f(x,\, y,\, z) + \lambda f_1(x,\, y,\, z) = 0,$$

où λ est un nombre qui peut prendre une valeur quelconque, définit un faisceau linéaire ponctuel de coniques. Γ correspond à $\lambda = 0$ et Γ_1 à $\lambda = \infty$; ce sont les coniques de base du faisceau.

Deux coniques qui correspondent à deux valeurs distinctes, λ_0 et λ_1, sont distinctes, car, si elles étaient confondues, on pourrait déterminer un nombre k tel que l'on ait :

$$f + \lambda_1 f_1 \equiv k(f + \lambda_0 f_1)$$

et, par suite,

$$(1 - k)f \equiv (k\lambda_0 - \lambda_1)f_1,$$

c'est-à-dire que Γ et Γ_1 ne seraient pas distinctes. On ne peut supposer en effet que l'on ait :

$$1 - k = 0, \qquad k\lambda_0 - \lambda_1 = 0,$$

puisque λ_0 et λ_1 sont distincts.

Posons :

$$f + \lambda_0 f_1 \equiv \mathrm{F}(x,\, y,\, z), \qquad f + \lambda_1 f_1 \equiv \mathrm{F}_1(x,\, y,\, z).$$

On en tire :

$$f \equiv \frac{\lambda_1 \mathrm{F}(x,\, y,\, z) - \lambda_0 \mathrm{F}_1(x,\, y,\, z)}{\lambda_1 - \lambda_0}, \qquad f_1 \equiv \frac{-\mathrm{F}(x,\, y,\, z) + \mathrm{F}_1(x,\, y,\, z)}{\lambda_1 - \lambda_0},$$

et l'équation (1) prend la forme

$$(1)' \qquad\qquad \mathrm{F}(x,\, y,\, z) + \mu \mathrm{F}_1(x,\, y,\, z) = 0,$$

en posant :

$$\mu = \frac{\lambda - \lambda_0}{\lambda_1 - \lambda}.$$

L'équation (1)' définit aussi un faisceau linéaire ponctuel dont les coniques de base sont deux coniques particulières quelconques du faisceau primitif; λ et μ se correspondent homographiquement. Ainsi, on peut prendre deux coniques quelconques d'un faisceau comme coniques de base de ce faisceau.

Il est évident que tout point commun aux coniques de base appartient à toutes les coniques du faisceau, puisque ses coordonnées annulent $f(x, y, z)$ et $f_1(x, y, z)$; tout point commun à deux coniques du faisceau est commun à toutes. Ces points s'appellent points de base du faisceau.

Lorsque les coniques de base ont quatre points distincts A, B, C, D et quatre seulement, l'équation (1) représente toutes les coniques passant par ces points. Soit en effet Γ' l'une d'elles. Prenons sur Γ' un point E distinct des points de base et déterminons λ de sorte que la conique (1) passe par ce point; soit Γ'_1 la conique correspondante. Quatre quelconques des cinq points A, B, C, D, E ne sont pas alignés, puisque trois quelconques des points de base ne le sont pas; dans ces conditions, Γ' et Γ'_1 sont confondues.

Dans ce cas, trois des coniques du faisceau sont des coniques singulières, c'est-à-dire des coniques à point double : ce sont les trois couples de droites (AB, CD), (AC, BD), (AD, BC).

Dans le cas où les coniques de base sont deux couples de droites ayant une droite commune, la droite d'équation $P = 0$, les équations de ces coniques sont

$$PQ = 0, \qquad PR = 0,$$

et l'équation (1) correspondante est

$$P(Q + \lambda R) = 0.$$

Elle définit, quel que soit λ, un couple de droites dont l'une est la droite commune et l'autre passe par le point de rencontre des droites non communes; elle représente d'ailleurs tous les couples de cette espèce et c'est encore l'équation générale des coniques passant par les points de base. Toutes les coniques du faisceau sont singulières dans ce cas.

Dans tous les autres cas, les coniques du faisceau ne sont pas les coniques les plus générales passant par les points de base, mais elles possèdent d'autres propriétés que nous allons énumérer.

Le cas où toutes les coniques du faisceau sont singulières étant écarté, nous pouvons supposer que Γ_1 est une conique véritable.

Soit A un point qui compte pour deux dans l'intersection de Γ et Γ_1. L'équation donnant les valeurs de t relatives aux points de base reste la même, quand on conserve Γ_1 et qu'on remplace Γ par une conique quelconque du faisceau, autre que Γ_1. Cette équation admet comme racine double la valeur t_0 correspondant au point A, de sorte que toute conique du faisceau est tangente à Γ_1 en A ou admet ce point comme point double.

Si les deux autres points de base B et C sont distincts, les seules coniques singulières du faisceau sont, d'après cela, le couple (AB, AC) et le couple constitué par BC et par la tangente en A à Γ_1.

Regardant ce cas comme un cas limite où deux points de base sont venus se confondre, on est amené à voir le couple (AB, AC) comme résultant de la réunion de deux autres couples.

Si les deux autres points de base sont aussi confondus en B, les seules coniques singulières sont constituées par les tangentes en A et B à Γ_1, et par un couple qui a un point double en A et un point double en B, c'est-à-dire par la droite double AB.

Supposons que A compte pour trois dans l'intersection de Γ et de Γ_1, c'est-à-dire que t_0 soit racine triple de l'équation en t relative à cette intersection. Toute conique du faisceau est osculatrice à Γ_1 en A, ou est constituée par la tangente en A à Γ_1 et par la droite qui joint A à l'autre point de base; ce couple de droites est la seule conique singulière du faisceau. Regardant ce cas comme un cas limite où trois des points de base sont venus se confondre, on est amené à voir le couple unique comme résultant de la réunion des trois couples du cas général.

Enfin, si A compte pour quatre dans l'intersection de Γ et de Γ_1, c'est-à-dire si t_0 est une racine quadruple, toute conique du faisceau est surosculatrice à Γ_1 en A, ou se compose d'une droite double confondue avec la tangente en A à Γ_1. Cette droite double est encore la seule conique singulière du faisceau.

Nous avons laissé de côté les cas où toutes les coniques du faisceau sont des couples de droites et nous avons signalé l'un de ces cas au passage. Nous allons chercher dans quelles conditions ce fait peut se présenter.

Les deux coniques de base étant singulières, on a :

$$f(x,\ y,\ z) \equiv PQ, \qquad f_1(x,\ y,\ z) \equiv RS,$$

P, Q, R, S étant des fonctions linéaires et homogènes de x, y, z.

Un premier cas est celui où P et Q seraient dépendantes ainsi que R et S; on peut alors supposer que l'on a :

$$f(x,\ y,\ z) \equiv P^2, \qquad f_1(x,\ y,\ z) \equiv R^2.$$

Le faisceau linéaire de coniques ayant pour équation $P^2 + \lambda R^2 = 0$ se compose uniquement de couples de droites dont le point double est fixe; les droites d'un même couple sont des rayons homologues de deux faisceaux en involution, et les coniques de base en sont les rayons doubles.

Ce cas écarté, on peut supposer indépendantes les formes R et S, par exemple. Comme les quatre formes ne sont pas indépendantes, on peut supposer soit que P et Q sont des fonctions linéaires et homogènes de R et S, soit que P est une fonction linéaire et homogène des formes indépendantes Q, R, S. Dans le premier cas, on a :

$$P \equiv \alpha R + \beta S, \qquad Q \equiv \alpha_1 R + \beta_1 S,$$

et l'équation

$$(\alpha R + \beta S)(\alpha_1 R + \beta_1 S) + \lambda RS = 0,$$

homogène en R et S, définit, quel que soit λ, un couple de droites dont le point double est fixe; les droites d'un même couple sont encore les rayons homologues de deux faisceaux en involution.

Dans le second cas, on a :

$$P \equiv \alpha Q + \beta R + \gamma S.$$

Si l'on écrit que le discriminant de la forme $Q(\alpha Q + \beta R + \gamma S) + \lambda RS$ est nul, afin que la conique correspondante ait un point double, on est conduit à l'équation

$$\alpha \lambda^2 - \beta \gamma \lambda = 0.$$

Cette équation n'est vérifiée, quel que soit λ, que si α et $\beta\gamma$ sont nuls, c'est-à-dire si P est de la forme γS ou de la forme βR. Dans ces deux cas, les coniques de base ont une droite commune et l'on retrouve un fait déjà étudié.

En résumé, toutes les coniques du faisceau sont singulières quand les coniques de base ont un point double commun ou une droite commune.

La connaissance d'une conique singulière d'un faisceau permet de ramener la recherche des points de base à celle des points communs à l'une des coniques de base et à deux droites. Si l'on connaît deux coniques singulières, on est ramené à trouver des intersections de droites.

Il y a donc intérêt à déterminer ces coniques singulières. Les valeurs de λ correspondantes sont racines de l'équation

$$(2) \quad \Delta(\lambda) \equiv \begin{vmatrix} A + \lambda A_1, & B + \lambda B_1, & D + \lambda D_1 \\ B + \lambda B_1, & C + \lambda C_1, & E + \lambda E_1 \\ D + \lambda D_1, & E + \lambda E_1, & F + \lambda F_1 \end{vmatrix} \equiv \Delta + \Theta\lambda + \Theta_1\lambda^2 + \Delta_1\lambda^3 = 0,$$

Δ et Δ_1 désignant les discriminants des formes $f(x, y, z)$, $f_1(x, y, z)$.

Appelons a, b, ..., les éléments du déterminant adjoint de Δ; a_1, b_1, ..., ceux du déterminant adjoint de Δ_1. On vérifie aisément les égalités

$$\Theta = A_1 a + 2B_1 b + C_1 c + 2D_1 d + 2E_1 e + F_1 f,$$
$$\Theta_1 = A a_1 + 2B b_1 + \ldots \ldots \ldots \ldots$$

Nous savons dans quels cas l'équation (2) est vérifiée quel que soit λ. Ces cas écartés, nous voyons qu'elle est du troisième degré en général; ce degré ne peut s'abaisser que si Γ_1 est une conique singulière.

On pourrait faire une étude directe des coniques singulières et démontrer les propriétés suivantes :

1° La conique singulière correspondant à une racine simple de l'équation (2) a un seul point double; ce point double n'appartient à aucune autre conique du faisceau.

2° La conique singulière correspondant à une racine double a un seul point double A ou est une droite double. Dans le premier cas, toutes les coniques du faisceau sont tangentes en A. Dans le second cas, toutes les coniques du faisceau sont bitangentes aux deux points de rencontre de la droite double et d'une conique de base.

3° La conique singulière correspondant à une racine triple a un seul point double A ou est une droite double. Dans le premier cas, toutes les coniques du faisceau sont osculatrices en A. Dans le second cas, toutes les coniques du faisceau sont surosculatrices au point où la droite double les touche.

Nous avons laissé de côté le cas où les deux formes $f(x, y, z)$ et $f_1(x, y, z)$ ne sont pas distinctes. Si l'on avait $f(x, y, z) \equiv kf_1(x, y, z)$, l'équation (2) admettrait la racine triple $-k$, et la forme correspondante serait identiquement nulle.

Cette étude directe ne présente pas de difficultés particulières, mais elle nous entraînerait trop loin. Nous remarquerons seulement que les propriétés que nous venons d'énoncer sont bien d'accord avec celles que nous avons rencontrées plus haut, quand nous avons cherché les couples de droites possibles et examiné les divers cas où les coniques de base se coupent en quatre points distincts, où elles sont tangentes, bitangentes, osculatrices ou surosculatrices.

Points ayant même polaire par rapport à toutes les coniques d'un faisceau linéaire ponctuel. — Si un point $M_0(x_0, y_0, z_0)$ a même polaire par rapport aux coniques de base, les deux formes linéaires

$$xf'_{x_0} + yf'_{y_0} + zf'_{z_0} \quad \text{et} \quad xf'_{1x_0} + yf'_{1y_0} + zf'_{1z_0}$$

ont leurs coefficients proportionnels, et le point a même polaire par rapport à toutes les coniques du faisceau.

Les égalités

$$f'_{x_0} = kf'_{1x_0}, \quad f'_{y_0} = kf'_{1y_0}, \quad f'_{z_0} = kf'_{1z_0}$$

montrent que M_0 est un point double de la conique qui correspond à $\lambda = -k$.

Réciproquement, tout point double d'une conique du faisceau a même polaire par rapport à toutes ces coniques ou est point double de toutes.

Deux points doubles M_0 et M_1 qui correspondent à deux valeurs distinctes, λ_0 et λ_1, sont d'ailleurs conjugués par rapport à toutes les coniques. Posons en effet :

$$P_0 = x_1 f'_{x_0} + y_1 f'_{y_0} + z_1 f'_{z_0}, \qquad P_1 = x_1 f'_{1x_0} + y_1 f'_{1y_0} + z_1 f'_{1z_0}.$$

Les égalités

$$f'_{x_0} + \lambda_0 f'_{1x_0} = 0, \quad f'_{y_0} + \lambda_0 f'_{1y_0} = 0, \quad f'_{z_0} + \lambda_0 f'_{1z_0} = 0,$$

multipliées respectivement par x_1, y_1, z_1 et ajoutées membre à membre, donnent :

$$P_0 + \lambda_0 P_1 = 0.$$

On aura de même :

$$P_0 + \lambda_1 P_1 = 0,$$

et, par suite,

$$P_0 = P_1 = 0.$$

La propriété énoncée en résulte. (Comparer : directions principales rectangulaires, leç. 86).

Dans le cas général où les trois racines de l'équation en λ sont distinctes, c'est-à-dire où les quatre points de base sont distincts, chaque conique singulière a un point double et le triangle $M_0 M_1 M_2$, qui a pour sommets les trois points doubles, est autopolaire par rapport à toutes les coniques du faisceau. C'est d'ailleurs ce que montre un raisonnement géométrique direct (leç. 82).

Si l'équation en λ a une racine double λ_0 et si la conique singulière correspondante n'a qu'un point double, il n'y a plus que deux points ayant même polaire par rapport à toutes les coniques du faisceau, et le triangle autopolaire du cas général dégénère en un triangle dont deux sommets sont confondus.

Si la conique singulière correspondant à la racine double λ_0 est une droite double, tout point de cette droite a même polaire par rapport à toutes les coniques du faisceau. Soient A et B les points de contact de toutes les coniques, M_0 et M_0' deux points divisant harmoniquement le segment AB, M_1 le pôle de AB : tous les triangles $M_0 M_0' M_1$ sont autopolaires par rapport à toutes les coniques du faisceau.

Enfin, si l'équation en λ a une racine triple, un seul point ou tous les points d'une droite ont même polaire par rapport à toutes les coniques du faisceau et il n'y a plus de triangle autopolaire.

Supposons que $f(x, y, z)$ et $f_1(x, y, z)$ soient des polynomes à coefficients réels. La réalité des points communs aux deux coniques Γ et Γ_1 peut être reliée à celle des racines de l'équation en λ. Bornons-nous au cas où les points de base A, B, C, D sont distincts. S'ils sont réels, les trois couples de sécantes communes aux coniques Γ et Γ_1 sont réels; les valeurs correspondantes de λ sont réelles. On ne peut en effet supposer qu'une valeur imaginaire $\alpha + i\beta$ de λ donne une conique d'équation réelle, sans quoi on aurait :

$$f(x, y, z) + (\alpha + i\beta) f_1(x, y, z) \equiv (\gamma + i\delta) f_2(x, y, z),$$

la forme $f_2(x, y, z)$ ayant des coefficients tous réels. On en conclurait que les deux formes f et f_1 ne diffèrent de f_2 que par un facteur constant et ces formes ne seraient pas distinctes.

Si A et B sont réels, C et D étant imaginaires conjugués, le couple (AB, CD) est réel; la valeur λ_0 correspondante est donc réelle. La droite AC est imaginaire, car, si elle était réelle, elle passerait par le point D imaginaire conjugué de C, et Γ et Γ_1 auraient en commun la droite ABC. De même BD est imaginaire. De plus, AC et BD ne sont pas imaginaires conjuguées, sans quoi elles se couperaient en un point réel et seraient réelles. La valeur λ_1 qui correspond au couple (AC, BD) est donc imaginaire. Le couple (AC, BD) est imaginaire conjugué du précédent et la valeur λ_2 qui lui correspond est imaginaire conjuguée de λ_1.

Enfin, si A et B sont imaginaires conjugués ainsi que C et D, la droite AB est réelle et CD aussi. Le couple (AB, CD) est donc un couple réel et la valeur correspondante λ_0 est réelle. La droite AC est imaginaire, sans quoi elle passerait par B et par D. La droite BD est imaginaire conjuguée de AC. Le couple (AC, BD) a donc une équation réelle et la valeur λ_1 correspondante est réelle. Les mêmes raisonnements s'appliquent au couple (AD, BC). Dans ce cas encore, l'équation en λ a toutes ses racines réelles. Toutefois, ce cas se distingue du premier en ce qu'un seul couple de sécantes est constitué par des droites réelles; on constate ce fait en coupant chaque couple par une droite particulière, par un des axes de coordonnées ou la droite de l'infini, par exemple.

Dans certains problèmes, comme celui des normales menées d'un point à une conique, on sait que les coniques dont on étudie l'intersection ont au moins un point commun réel; pour écrire qu'elles se coupent en quatre points réels, il suffit d'exprimer que l'équation en λ correspondante a ses trois racines réelles, ce qui conduit à une seule inégalité.

Pour écrire que deux coniques sont tangentes, il suffit d'exprimer que l'équation en λ a une racine double.

Lorsqu'on connaît, sur une sécante commune à deux coniques, un point I autre que l'un des points communs à ces coniques, on sait calculer une racine de l'équation en λ : c'est la valeur correspondante à la conique du faisceau qui passe par I.

Interprétation de l'équation $\Theta = 0$. — Le changement de coordonnées homogènes le plus général, avec transformation de z en Z, substitue à la forme $f(x, y, z) + \lambda f_1(x, y, z)$ une nouvelle forme $F(X, Y, Z) + \lambda F_1(X, Y, Z)$ dont le discriminant est égal au produit du discriminant de la première par le carré du module M de la substitution ; les racines de la nouvelle équation en λ sont les mêmes que celles de la première et les coefficients de la seconde sont égaux aux produits de ceux de la première par M^2. L'équation de condition $\Theta = 0$ a donc une signification indépendante du choix des axes.

Plus généralement, supposons que, dans un système de coordonnées trilinéaires, p, q, r, les équations ponctuelles des deux coniques soient

$$f(p, q, r) \equiv A p^2 + A' q^2 + A'' r^2 + 2 B qr + 2 B' pr + 2 B'' pq = 0,$$
$$f_1(p, q, r) \equiv A_1 p^2 + A_1' q^2 + \ldots\ldots\ldots\ldots\ldots\ldots = 0.$$

Un changement quelconque de coordonnées trilinéaires remplace p, q, r par des fonctions linéaires et homogènes des nouvelles coordonnées P, Q, R, et transforme $f(p, q, r) + \lambda f_1(p, q, r)$ en $F(P, Q, R) + \lambda F_1(P, Q, R)$. Les zéros des discriminants de ces deux formes sont les mêmes et la condition $\Theta = 0$, vérifiée avec un triangle de référence, l'est avec tous les autres. Or on a :

$$\Theta = a A_1 + a' A_1' + a'' A_1'' + 2 b B_1 + 2 b' B_1' + 2 b'' B_1''.$$

Θ est évidemment nul si a, a', a'' sont nuls ainsi que B_1, B_1', B_1''.
Il en est de même si A_1, A_1', A_1'' sont nuls ainsi que b, b', b''.
Pour interpréter ces conditions, supposons d'abord que Γ ne soit pas une conique singulière, de sorte que l'on peut la définir par son équation tangentielle

$$\psi(u, v, w) \equiv a u^2 + a' v^2 + a'' w^2 + 2 b vw + 2 b' uw + 2 b'' uv = 0.$$

Si a, a', a'' sont nuls, le triangle de référence est circonscrit à Γ.
Si b, b', b'' sont nuls, il est autopolaire par rapport à Γ.
Si A_1, A_1', A_1'' sont nuls, il est inscrit dans Γ_1.
Si B_1, B_1', B_1'' sont nuls, il est autopolaire par rapport à Γ_1.
Ainsi, Θ est nul lorsqu'il y a un triangle circonscrit à Γ et autopolaire par rapport à Γ_1 et lorsqu'il y a un triangle inscrit dans Γ_1 et autopolaire par rapport à Γ. Dans le premier cas, on dit que Γ est harmoniquement inscrite à Γ_1 ; dans le second, Γ_1 est harmoniquement circonscrite à Γ.

Nous allons montrer que, réciproquement, si Θ est nul, il y a une infinité de triangles circonscrits à Γ et autopolaires par rapport à Γ_1 (on suppose que Γ n'est pas une conique singulière), et une infinité de triangles inscrits dans Γ_1 et autopolaires par rapport à Γ.

Pour établir la première proposition, prenons comme côté du triangle de référence $(p = 0)$, une tangente quelconque à Γ, comme sommet opposé A le point dont cette droite est la polaire par rapport à Γ_1, et comme autres côtés les tangentes issues de A à Γ. On a alors :

$$\psi(u, v, w) \equiv 2 b vw + 2 b' wu + 2 b'' uv,$$
$$f_1(p, q, r) \equiv A_1 p^2 + A_1' q^2 + A_1'' r^2 + 2 B_1 qr$$

et
$$\Theta = 2 b B_1.$$

L'hypothèse $\Theta = 0$ entraîne $B_1 = 0$, b n'étant pas nul en vertu des hypothèses faites, et le triangle de référence est circonscrit à Γ et autopolaire par rapport à Γ_1.

Pour établir la seconde proposition, prenons comme sommet A du triangle de référence un point quelconque de Γ_1 et comme autres sommets les points où la polaire de A, par rapport à Γ, rencontre Γ_1. Dans ces conditions, on a :

$$f\,(p, q, r) \equiv A\,p^2 + A'\,q^2 + A''\,r^2 + 2\,B\,qr,$$
$$f_1\,(p, q, r) \equiv 2\,B_1\,qr + 2\,B'_1\,pr + 2\,B''_1\,pq$$

et
$$\Theta = 2\,B_1\,b.$$

Or
$$b = -\,AB,$$

donc
$$\Theta = -\,2\,ABB_1.$$

L'hypothèse $\Theta = 0$ entraîne $B = 0$, ou $A = 0$, ou $B_1 = 0$. Dans le premier cas, le triangle de référence, inscrit dans Γ_1, est autopolaire par rapport à Γ. Dans le second cas, Γ est un couple de droites dont le point double A est sur Γ_1; un triangle ayant pour sommet A et comme autres sommets les points où Γ_1 rencontre deux droites passant par A et conjuguées par rapport aux droites de Γ, peut être regardé comme autopolaire par rapport à Γ; on retombe sur la conclusion précédente. Dans le troisième cas, Γ_1 se compose de deux droites dont l'une est le côté opposé à A, l'autre passant par A : ces deux droites sont donc conjuguées par rapport à Γ. Un triangle ayant pour sommet A, comme autres sommets deux points quelconques conjugués par rapport à Γ et situés sur le côté opposé à A, peut être regardé comme inscrit dans Γ_1; on retombe encore sur la conclusion précédente.

La condition $\Theta_1 = 0$ s'interprète d'une façon analogue; il suffit d'échanger le rôle de Γ et Γ_1.

Rapprochement de l'équation en λ et de l'équation en S. — On peut rapprocher les résultats obtenus dans la recherche des directions principales d'une quadrique, de ceux que donne l'étude de l'équation en λ.

Étant donné un cône C dont l'équation réelle est, en axes rectangulaires :

$$\varphi\,(x, y, z) \equiv A\,x^2 + A'\,y^2 + A''\,z^2 + 2\,B\,yz + 2\,B'\,zx + 2\,B''\,xy = 0,$$

nous avons cherché des directions perpendiculaires à leur plan diamétral conjugué par rapport à ce cône. Les paramètres directeurs d'une semblable direction peuvent être regardés comme les coordonnées homogènes d'un point qui a même polaire par rapport aux deux coniques

$$\Gamma, \quad \varphi\,(x, y, z) = 0; \qquad \Gamma_1, \quad x^2 + y^2 + z^2 = 0.$$

De tels points sont les points doubles des sécantes communes à Γ et Γ_1; l'équation en λ relative à Γ et Γ_1 n'est autre que l'équation en $-$ S relative à C.

La conique Γ_1 étant imaginaire, ses points de rencontre avec Γ sont imaginaires conjugués deux à deux et l'équation en S a toutes ses racines réelles.

Si l'équation en S a une racine double S_0, Γ et Γ_1 sont tangentes en un point A; mais, comme ce point est imaginaire, les deux coniques sont aussi tangentes au point imaginaire A' conjugué du précédent. Γ et Γ_1 étant bitangentes, $\varphi\,(x, y, z) - S_0\,(x^2 + y^2 + z^2)$ est un carré parfait. Ceci explique pourquoi on a trouvé deux conditions lorsqu'on a écrit que l'équation en S a une racine double, et on est conduit à regarder une quadrique de révolution comme une quadrique dont la section par le plan de l'infini est bitangente à l'ombilicale.

Dans le cas général, un seul couple de sécantes communes à Γ et Γ_1 est composé de droites réelles; nous avons vu que c'est celui qui correspond à la racine moyenne de l'équation en S et qui fournit les plans cycliques réels de C.

La condition $\Theta = 0$ appliquée à Γ et Γ_1 est $a + a' + a'' = 0$; il y a alors une infinité de triangles circonscrits à Γ et autopolaires par rapport à Γ_1 c'est-à-dire une infinité de trièdres trirectangles circonscrits à C. Il y a aussi une infinité de triangles inscrits à Γ_1 et autopolaires par rapport à Γ, c'est-à-dire une infinité de trièdres dont les arêtes sont isotropes et conjuguées deux à deux par rapport à C.

La condition $\Theta_1 = 0$ est ici $A + A' + A'' = 0$; il y a, dans ce cas, une infinité de triangles inscrits dans Γ et autopolaires par rapport à Γ_1, c'est-à-dire une infinité de trièdres trirectangles inscrits dans C. Il y a aussi une infinité de triangles circonscrits à Γ_1 et autopolaires par rapport à Γ, c'est-à-dire une infinité de trièdres dont les plans des faces sont isotropes et conjugués deux à deux par rapport à C.

EXERCICES

1º Discuter la réalité des points communs à une ellipse et à l'hyperbole d'Apollonius relative à un point P, quand on fait varier ce point.

2º Traiter la même question en remplaçant l'ellipse par une parabole.

3º Écrire qu'une droite de coordonnées u, v, w est une sécante commune à deux coniques données.

4º La recherche des racines de l'équation

$$x^4 + ax^3 + bx^2 + cx + d = 0$$

équivaut à celle des abscisses des points communs aux deux coniques qui ont pour équations

$$y = x^2, \quad y^2 + axy + by + cx + d = 0.$$

Calculer les valeurs de λ qui annulent le discriminant de la forme

$$y^2 + axy + by + cx + d + \lambda(x^2 - y)$$

en fonction des racines de l'équation donnée. Comparer à la méthode de Ferrari pour la résolution de l'équation générale du 4e degré.

5º Trouver les sécantes communes à une conique à centre et à un cercle directeur de cette conique.

6º Trouver la condition de contact de deux cercles en écrivant que l'équation en λ correspondante a une racine double.

7º Démontrer que deux triangles conjugués par rapport à une conique ont leurs sommets sur une conique et leurs côtés tangents à une autre conique. (Voir ex. 6, leç. 88).

8º Démontrer que tout cercle harmoniquement circonscrit à une conique est orthogonal au lieu des points d'où l'on peut mener à cette conique deux tangentes rectangulaires.

9º Trouver la condition pour qu'il y ait un triangle inscrit dans une conique Γ et circonscrit à une autre conique Γ_1. Démontrer que, s'il y en a un, il y en a une infinité. Appliquer à deux cercles.

10º Par les deux points où une tangente à Γ_1 rencontre Γ, on mène les tangentes à Γ_1; quel est, en général, le lieu du point commun à ces deux tangentes? Trouver les points communs à ce lieu et à Γ. Rapprocher de l'exercice précédent.

11º Trouver la condition pour qu'il y ait un quadrilatère inscrit dans une conique Γ et circonscrit à une autre conique Γ_1. Démontrer que s'il y en a un, il y en a une infinité. Appliquer à deux cercles.

12º Les tangentes menées d'un point A de Γ à Γ_1 rencontrent Γ en deux nouveaux points B et C; par B et C on mène de nouvelles tangentes à Γ_1; ces tangentes se rencontrent en un point dont on demande le lieu. Trouver les points communs à ce lieu et à Γ. Rapprocher de l'exercice précédent. Généraliser.

13º La polaire d'un point A, par rapport à une conique Γ, rencontre cette conique en B et C. Une conique Γ_1 quelconque, passant par A, B, C, rencontre Γ en deux autres points B' et C'. Démontrer que le pôle de B'C', par rapport à Γ, se trouve sur Γ_1.

PROPRIÉTÉS GÉOMÉTRIQUES DES CONIQUES D'UN FAISCEAU LINÉAIRE PONCTUEL — CONIQUES PARTICULIÈRES

Les coniques d'un faisceau linéaire ponctuel possèdent une propriété géométrique importante.

L'équation aux abscisses ou aux ordonnées des points de rencontre de ces coniques et d'une droite fixe quelconque, Δ, dépend linéairement du même paramètre que l'équation du faisceau; il en résulte que ces points décrivent sur la droite deux divisions en involution (Desargues). Il en est de même si Δ est à l'infini, car l'équation aux coefficients angulaires des directions asymptotiques des coniques du faisceau dépend linéairement du même paramètre.

L'involution peut être singulière; cela se produit si Δ passe par un des points de base.

Soient ω et ω', en général, les points doubles de l'involution; les deux coniques du faisceau qui passent par ω ou par ω' sont tangentes à Δ en l'un de ces points.

Réciproquement, toute conique du faisceau, tangente à Δ, la touche en l'un des points doubles de l'involution; il y a donc deux de ces coniques.

En particulier, si Δ est à l'infini, toute conique du faisceau linéaire qui lui est tangente est une parabole. Il y a donc deux paraboles, en général, dans un faisceau linéaire.

Par quatre points A, B, C, D, on peut donc mener deux coniques tangentes à une droite donnée Δ; les points de contact sont les points doubles de l'involution définie sur Δ par les couples de droites (AB, CD), (BC, AD), par exemple.

Supposons que Δ soit à l'infini. Parmi les couples de droites passant par les quatre points donnés, il y en a au moins un dont le point double O est à distance finie. Les parallèles menées par O à BC et AD, rencontrent un cercle arbitraire Γ, passant par ce point, en deux autres points b et b'. Soient a et a' les

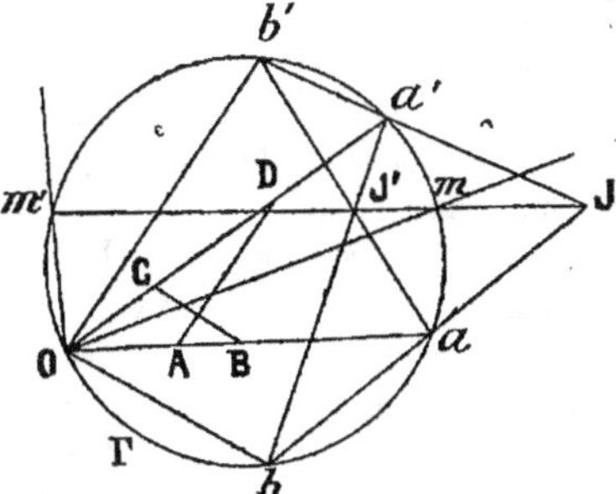

points de rencontre de OA et OC avec le même cercle. Les directions asymptotiques des paraboles du faisceau sont les rayons doubles des faisceaux en involution définis par les couples de rayons homologues

(Oa, Oa') et (Ob, Ob'). La construction usuelle donne ces rayons doubles Om, Om'. Ils ne sont réels que si les deux couples de droites (Oa, Oa') et (Ob, Ob') ne s'enchevêtrent pas.

Si les quatre points donnés sont sur deux droites parallèles, ces droites constituent l'une des paraboles du faisceau; si les quatre points sont les sommets d'un parallélogramme, les côtés opposés de ce parallélogramme constituent les deux paraboles du faisceau.

La solution analytique de cette question est également intéressante. Prenons pour axes Ox, Oy les droites OA, OC; soient a, b les abscisses de A et B, c et d les ordonnées de C et D. En écrivant que la conique générale

$$A x^2 + 2B xy + C y^2 + 2D x + 2E y + 1 = 0,$$

rencontre les axes aux points donnés, on a :

$$A x^2 + 2D x + 1 \equiv A(x - a)(x - b),$$

d'où
$$A = \frac{1}{ab}, \qquad 2D = -\left(\frac{1}{a} + \frac{1}{b}\right).$$

On trouve de même :

$$C = \frac{1}{cd}, \qquad 2E = -\left(\frac{1}{c} + \frac{1}{d}\right)$$

et l'équation du faisceau de coniques est, en remplaçant B par λ,

$$\frac{x^2}{ab} + 2\lambda xy + \frac{y^2}{cd} - x\left(\frac{1}{a} + \frac{1}{b}\right) - y\left(\frac{1}{c} + \frac{1}{d}\right) + 1 = 0.$$

Les valeurs de λ correspondant aux paraboles sont racines de l'équation

$$\lambda^2 - \frac{1}{abcd} = 0.$$

Elles ne sont réelles que si $abcd$ est positif. Si ab est > 0, il faut que cd soit > 0, c'est-à-dire que si A et B sont d'un même côté du point O, il faut que C et D soient aussi d'un même côté de O; les quatre points sont alors sommets d'un quadrilatère convexe. On arrive à la même conclusion si ab est < 0 ainsi que cd.

S'il n'y a pas de quadrilatère convexe ayant pour sommets les quatre points, le produit $abcd$ est < 0 et toutes les coniques du faisceau sont des hyperboles.

On voit encore que si A et B sont réels, C et D étant imaginaires conjugués, il faut que ab soit > 0, c'est-à-dire que A et B soient d'un même côté de O.

Si A et B sont imaginaires conjugués ainsi que C et D, les paraboles du faisceau sont toujours réelles. Ce fait se produit, en particulier, lorsque l'une des coniques de base du faisceau est une ellipse imaginaire.

Il est évident a priori que quatre points situés sur une parabole peuvent être regardés comme les sommets d'un quadrilatère convexe. Plus généralement, quatre points situés sur une même branche d'une conique quelconque sont les sommets d'un quadrilatère convexe. Plus encore, si deux points sont situés sur une branche d'une hyperbole et les deux autres sur la seconde branche, ce sont encore les sommets d'un quadrilatère convexe. Par suite, lorsque quatre points ne sont les sommets d'aucun quadrilatère convexe, toutes les coniques passant par ces points sont des hyperboles et trois des points sont sur une même branche. Dans le cas contraire, les coniques du faisceau sont des ellipses, des paraboles ou des hyperboles suivant la valeur attribuée à λ.

Le théorème de Desargues peut être présenté autrement. Les deux points M et M′, où une conique du faisceau rencontre une droite fixe Δ, définissent sur cette droite une involution ; ils sont conjugués harmoniques par rapport aux deux points doubles ω et ω' de cette involution. Les polaires de ω, par rapport à toutes les coniques du faisceau, passent donc par ω' et les polaires de ω' passent par ω.

Ce fait est évident *a priori*. L'équation de la polaire d'un point quelconque N dépend linéairement de λ; cette polaire passe donc par un point fixe N′ et les extrémités du segment NN′ sont conjuguées par rapport à toutes les coniques du faisceau. La droite NN′ est la tangente en N et en N′ aux deux coniques du faisceau linéaire qui passent par l'un ou l'autre de ces points.

Si N est l'un des points doubles des coniques singulières du faisceau, sa polaire, par rapport à toutes les coniques du faisceau, est fixe, et N′ est un point quelconque de cette polaire.

Soient N et N_1 deux points fixes quelconques. Les équations de leurs polaires, par rapport à une conique quelconque (λ) du faisceau, dépendent linéairement de λ; ces polaires se correspondent donc homographiquement et le lieu de leur point de rencontre, pôle de NN_1, est une conique γ qui passe par les sommets des deux faisceaux homographiques de droites, c'est-à-dire par les points N′ et N_1' conjugués de N et de N_1 par rapport à toutes les coniques du faisceau.

Si l'on fait déplacer N sur la droite fixe NN_1 (soit Δ), le point N′ varie, mais, comme γ reste fixe, N′ décrit γ. La correspondance (N, N′) associe donc à une droite Δ une conique γ; c'est une correspondance quadratique. On voit de suite certains points de γ. La polaire d'un point double d'une conique singulière étant indéterminée, le pôle de Δ par rapport à cette conique singulière est le point double considéré. La conique γ passe donc en général par les sommets du triangle autopolaire commun à toutes les coniques du faisceau.

Les points ω et ω', où les coniques du faisceau touchent Δ, sont aussi des points de γ.

Soit n le point de rencontre de Δ avec une corde AB commune à toutes les coniques du faisceau; les polaires de n par rapport à toutes ces coniques, passent par le conjugué harmonique n' de n par rapport aux points A et B; n' est donc un point de γ et nous faisons apparaître ainsi, en général, six nouveaux points de γ.

Dans le cas où les points de base sont distincts, toute conique γ' circonscrite au triangle autopolaire est une conique γ. Prenons en effet sur γ' deux points quelconques N' et N'₁; les conjugués respectifs N et N₁ de ces points, par rapport à toutes les coniques du faisceau, définissent une droite Δ. La conique γ qui correspond à Δ passe par N', N'₁ et par les sommets du triangle autopolaire : elle est donc confondue avec γ'.

Supposons que Δ soit à l'infini; son pôle, par rapport à une conique, est le centre de cette conique. Nous voyons donc que le lieu des centres des coniques d'un faisceau linéaire est une conique qui passe par les sommets du triangle autopolaire, par les milieux des segments limités aux points de base et dont les directions asymptotiques sont celles des paraboles du faisceau. Ce lieu est un cercle lorsque les paraboles du faisceau sont tangentes à la droite de l'infini aux points cycliques, c'est-à-dire lorsque les points cycliques sont conjugués par rapport à toutes les coniques du faisceau, qui sont alors des hyperboles équilatères. Dans ce cas, les deux droites constituant une conique singulière du faisceau sont rectangulaires, et trois points de base quelconques peuvent être regardés comme sommets d'un triangle dont le quatrième est l'orthocentre. Réciproquement, soient A, B, C, D quatre points tels que les deux couples de droites (AB, CD), (AC, BD) soient formés de droites rectangulaires. Les points cycliques, étant conjugués par rapport à ces deux coniques singulières, sont conjugués par rapport à toutes les coniques qui passent par les quatre points donnés; les coniques du faisceau sont donc des hyperboles équilatères. En particulier, le couple (AD, BC) est constitué par des droites rectangulaires; on démontre ainsi que les hauteurs d'un triangle sont concourantes. Le lieu des centres de ces hyperboles équilatères est le cercle des neuf points relatif à un triangle dont les sommets sont trois points de base.

Le théorème de Desargues permet de construire, à l'aide de la règle et du compas, les points de rencontre de deux coniques données, lorsqu'on connaît un point O qui a même polaire par rapport à ces coniques. Cherchons à construire les deux sécantes communes Od, Od', qui passent par O. Soient ω et ω' les points doubles de l'involution définie sur une droite arbitraire, Δ, par les points de rencontre (a, a'), (b, b') de cette droite et des coniques données.

Les deux droites Od, Od' sont conjuguées harmoniques par rapport à Oω et Oω'. En employant une autre droite Δ₁, on détermine un second couple de droites Oω₁, Oω'₁, par rapport auxquelles Od et Od' sont conjuguées. Od et Od' sont alors les rayons doubles d'une involution dont on connaît deux couples de rayons homologues.

Coniques particulières d'un faisceau. — Les coniques d'un faisceau dépendent d'un paramètre; elles sont donc définies lorsqu'on les astreint à une condition complémentaire. Nous avons déjà déterminé celles qui passent par un point ou qui sont tangentes à une droite. Cherchons celles qui divisent harmoniquement un segment dont les extrémités N et N₁ ne sont pas conjuguées par rapport à toutes les coniques du faisceau. Soient ω et ω' les points doubles de l'involution définie sur NN₁ par ces coniques. Les deux points M et M', où la conique cherchée rencontre NN_1, sont conjugués harmoniques par rapport aux deux couples de points (N, N_1), (ω, ω'); ce sont donc les points doubles de l'involution définie par ces deux couples.

Cette construction s'applique sans difficulté à la recherche des directions asymptotiques de l'hyperbole équilatère passant par quatre points, lorsque ces points n'offrent pas la configuration spéciale étudiée plus haut. Les directions asymptotiques cherchées sont conjuguées par rapport aux directions Om, Om' des axes des paraboles passant par les quatre points et elles sont rectangulaires : ce sont les bissectrices des angles de Om et Om'.

Les coniques d'un faisceau ne peuvent être assujetties à deux conditions distinctes de celles qui leur sont déjà imposées. Aussi, il n'y a pas de cercle, en général, parmi ces coniques. Pour qu'il y en ait un, il faut et il suffit que les points cycliques soient des points homologues de l'involution déterminée sur la droite de l'infini par les coniques du faisceau; il faut et il suffit donc que les paraboles du faisceau aient leurs axes rectangulaires.

On peut présenter cette condition autrement. Menons, par un point O, des parallèles Om, Om' aux directions asymptotiques d'une conique quelconque du faisceau; soient Op, Op' les parallèles aux axes des paraboles. Om et Om', étant conjuguées harmoniques par rapport à Op et Op', les admettent comme bissectrices, puisque ces droites sont rectangulaires. Il en résulte que toutes les coniques du faisceau ont leurs axes parallèles à Op et Op'. Réciproquement, si deux coniques Γ et Γ_1, qui ne sont pas des paraboles, ont leurs axes parallèles, les directions asymptotiques Om, Om' et Om_1, Om_1' de ces coniques ont les mêmes bissectrices Op et Op'; ces bissectrices sont parallèles aux axes des paraboles du faisceau défini par Γ et Γ_1 et, comme elles sont rectangulaires, il y a un cercle dans le faisceau.

Le calcul s'applique aussi bien à cette question. Les axes de coordonnées étant rectangulaires et l'équation du faisceau mise sous la forme

$$(A + \lambda A_1)x^2 + 2(B + \lambda B_1)xy + (C + \lambda C_1)y^2 + \ldots = 0,$$

la conique (λ) est un cercle si l'on a :

$$A + \lambda A_1 = C + \lambda C_1, \quad \text{et} \quad B + \lambda B_1 = 0.$$

L'élimination de λ entre ces équations donne :

$$\frac{A - C}{B} = \frac{A_1 - C_1}{B_1}.$$

Les coefficients angulaires des directions principales d'une conique ne dépendant que du rapport $\dfrac{A - C}{B}$, les deux coniques de base ont bien leurs axes parallèles.

Toutefois, on n'aura un véritable cercle que si les coefficients

$A + \lambda A_1, B + \lambda B_1, C + \lambda C_1$ ne sont pas tous nuls, c'est-à-dire si l'on ne peut vérifier en même temps les équations

$$-\lambda = \frac{A}{A_1} = \frac{B}{B_1} = \frac{C}{C_1}.$$

On suppose donc que les coniques n'ont pas les mêmes directions asymptotiques.

On peut appliquer cette propriété à la recherche du cercle osculateur en un point d'une conique. Considérons une ellipse rapportée à ses axes de symétrie et le cercle osculateur en un point $M(x_0, y_0)$ de cette courbe. Le seul couple de sécantes communes à ces deux coniques est constitué par la tangente en M

$$\frac{xx_0}{a^2} + \frac{yy_0}{b^2} - 1 = 0,$$

et par une droite qui passe en M et a un coefficient angulaire symétrique de celui de la tangente, puisque ces droites sont également inclinées sur les axes de symétrie de l'ellipse. L'équation de la seconde sécante est donc

$$\frac{x_0(x - x_0)}{a^2} - \frac{y_0(y - y_0)}{b^2} = 0.$$

et l'équation du cercle osculateur est de la forme

$$\lambda\left(\frac{x^2}{a^2} + \frac{y^2}{b^2} - 1\right) + \left(\frac{xx_0}{a^2} + \frac{yy_0}{b^2} - 1\right)\left(\frac{x_0(x - x_0)}{a^2} - \frac{y_0(y - y_0)}{b^2}\right) = 0.$$

Cette équation ne contient pas de termes en xy, puisque toutes les coniques du faisceau ont leurs axes parallèles à ceux de l'ellipse; en écrivant que les coefficients de x^2 et y^2 sont égaux, on a :

$$\frac{\lambda}{a^2} + \frac{x_0^2}{a^4} = \frac{\lambda}{b^2} - \frac{y_0^2}{b^4}, \qquad \text{d'où} \qquad \lambda = \frac{b^4 x_0^2 + a^4 y_0^2}{a^2 b^2 c^2}.$$

On constate facilement que le coefficient de x^2 vaut $\frac{1}{c^2}$. Après multiplication par c^2 et simplification, l'équation du cercle osculateur devient :

$$x^2 + y^2 - \frac{2 c^2 x_0^3}{a^4} x + \frac{2 c^2 y_0^3}{b^4} y + (a^2 - 2 b^2)\frac{x_0^2}{a^2} + (b^2 - 2 a^2)\frac{y_0^2}{b^2} = 0.$$

Les coordonnées de son centre, $\dfrac{c^2 x_0^3}{a^4}$, $-\dfrac{c^2 y_0^3}{b^4}$, sont bien celles que nous avons trouvées (leç. 93).

Coniques bitangentes. — Les coniques bitangentes à la conique $f(x, y, z) = 0$, aux deux points où elle est rencontrée par la droite d'équation

$$P \equiv ux + vy + wz = 0,$$

forment un faisceau linéaire. On peut prendre comme coniques de base la conique donnée et la droite P double. L'équation générale de ces coniques est donc

$$f(x, y, z) + \lambda P^2 = 0.$$

Si l'on fait varier la corde des contacts, on peut faire entrer le facteur λ dans P et l'équation générale des coniques bitangentes à la conique donnée est

$$f(x, y, z) + (ux + vy + wz)^2 = 0,$$

où u, v, w sont variables. Si la conique donnée a une équation réelle, les coniques bitangentes, d'équation réelle, correspondent à des valeurs de u, v, w, réelles ou imaginaires pures. En tout cas, ces coniques dépendent de trois paramètres.

Considérons deux coniques bitangentes à la conique $f(x, y, z) = 0$; leurs équations sont

$$f(x, y, z) + P^2 = 0, \qquad f(x, y, z) + Q^2 = 0.$$

L'équation obtenue en les retranchant membre à membre, savoir

$$P^2 - Q^2 \equiv (P - Q)(P + Q) = 0,$$

représente deux droites qui passent par le point de rencontre des cordes de contact et forment avec elles un faisceau harmonique. Ainsi, les cordes de contact d'une conique bitangente à deux coniques données passent par un point double de deux sécantes communes à ces dernières et sont conjuguées harmoniques par rapport à ces sécantes.

Il en résulte que si deux coniques Γ et Γ_1 se coupent en quatre points distincts, les coniques bitangentes à Γ et Γ_1 se groupent en trois familles correspondant chacune à une conique singulière du faisceau (Γ, Γ_1). Supposons les équations de Γ et Γ_1 données sous la forme

$$(\Gamma) \quad f(x, y, z) = 0, \qquad (\Gamma_1) \quad f(x, y, z) + PQ = 0,$$

qui met en évidence un couple de sécantes communes. L'équation d'une conique bitangente correspondante, γ, est de la forme

$$f(x, y, z) + \lambda(P + \mu Q)^2 = 0.$$

En retranchant de cette équation celle de Γ_1, on obtient :

$$(1) \qquad \lambda(P + \mu Q)^2 - PQ = 0.$$

L'équation (1) définissant un couple de droites qui passent par les points communs à γ et Γ_1, ces deux coniques sont bitangentes si les deux droites du couple sont confondues.

Il faut et il suffit pour cela que l'on ait :

$$(2\lambda\mu - 1)^2 - 4\lambda^2\mu^2 = 0 \qquad \text{ou} \qquad \lambda = \frac{1}{4\mu}.$$

Ainsi, l'équation

$$4\mu f(x, y, z) + (P + \mu Q)^2 = 0$$

définit un faisceau de coniques bitangentes à Γ et Γ_1. L'équation de ce faisceau ponctuel dépend du paramètre μ au second degré, de sorte qu'il y a deux de ces coniques passant par un point donné.

Réseaux linéaires ponctuels de coniques. — Soient Γ, Γ_1, Γ_2 trois coniques définies par les équations

$$f(x, y, z) = 0, \qquad f_1(x, y, z) = 0, \qquad f_2(x, y, z) = 0.$$

Supposons-les linéairement distinctes, c'est-à-dire supposons qu'elles n'appartiennent pas à un faisceau linéaire ponctuel. Les coniques définies par l'équation

$$f(x, y, z) + \lambda f_1(x, y, z) + \mu f_2(x, y, z) = 0,$$

où λ et μ sont deux paramètres, forment un réseau linéaire ponctuel; les coniques données en sont les coniques de base. Ces coniques ne passent pas, en général, par un point fixe, mais elles peuvent avoir 1, 2 ou 3 points fixes, suivant que les coniques de base ont 1, 2 ou 3 points communs; elles n'en pourraient avoir plus sans appartenir à un faisceau linéaire. Donnons-nous, par exemple, un triangle T par les équations de ses côtés

$$P = 0, \qquad Q = 0, \qquad R = 0.$$

Les couples de droites, définis par les équations

$$QR = 0, \qquad RP = 0, \qquad PQ = 0,$$

sont linéairement distincts, car le couple QR ne contient pas la droite P qui est commune aux deux autres. L'équation

$$QR + \lambda RP + \mu PQ = 0$$

définit un réseau ponctuel de coniques; ces coniques sont circonscrites à T.

Soient Γ et Γ_1 deux coniques qui se coupent en quatre points A, B, C, D, ; supposons connu l'un de ces points, A par exemple. Il est facile de former l'équation d'une conique Γ_2 qui passe par les trois points autres que A. Cette conique Γ_2 est linéairement distincte de Γ et de Γ_1; les coniques Γ, Γ_1, Γ_2 peuvent servir de bases, pour former l'équation du réseau des coniques qui passent par les points B, C, D.

Soient x_0, y_0 les coordonnées de A qu'on suppose à distance finie. On peut mettre les équations de Γ et de Γ_1 sous la forme

$$(2) \qquad (x - x_0)P + (y - y_0)Q = 0, \qquad (x - x_0)P_1 + (y - y_0)Q_1 = 0,$$

P, Q, P_1, Q_1 désignant des fonctions linéaires de x et y. Ce fait apparaît de suite pour une conique qui passe par l'origine, car on peut mettre son équation, d'une infinité de façons, sous la forme

$$xP + yQ = 0.$$

En écrivant que les équations (2) ont, par rapport aux inconnues $x - x_0$, $y - y_0$, une solution non nulle, on trouve l'équation $PQ_1 - QP_1 = 0$, qui est vérifiée par les coordonnées des points B, C, D et ne l'est pas par les coordonnées de A. Cette équation définit Γ_2.

Les coniques d'un réseau peuvent être assujetties à deux conditions complémentaires; il y a donc un cercle parmi elles, et on sait trouver l'équation de ce cercle quand on a l'équation du réseau. Dans l'espèce, c'est le cercle circonscrit au triangle BCD; ainsi, connaissant les coordonnées d'un point commun à deux coniques, on sait trouver l'équation du cercle passant par les trois autres.

Les équations des polaires d'un point M, par rapport aux coniques de base d'un réseau, étant

$$P = 0, \qquad Q = 0, \qquad R = 0,$$

l'équation de la polaire de ce point, par rapport à une conique quelconque du réseau, est

$$(3) \qquad P + \lambda Q + \mu R = 0.$$

Si les trois premières droites ne sont pas concourantes, on peut déterminer λ et μ de sorte que la droite (3) soit confondue avec une droite arbitraire du plan du réseau.

Mais il y a des points M dont les polaires, par rapport aux coniques de base, concourent en un même point M′; ce sont les points dont les coordonnées vérifient l'équation

$$\begin{vmatrix} f'_x, & f'_y, & f'_z \\ f'_{1x}, & f'_{1y}, & f'_{1z} \\ f'_{2x}, & f'_{2y}, & f'_{2z} \end{vmatrix} = 0.$$

Cette équation définit, en général, une courbe du 3e degré qu'on appelle *jacobienne* du réseau. Si les coniques de base ont deux points communs A et B, deux points quelconques, situés sur AB et conjugués harmoniques par rapport à A et B, sont conjugués par rapport à toutes les coniques du réseau : la jacobienne se décompose en la droite AB et une conique. Ce fait se produit pour trois cercles; la jacobienne se compose alors de la droite de l'infini et du cercle orthogonal aux trois cercles donnés. Si les coniques de base ont trois points communs, la jacobienne du réseau est constituée par les côtés du triangle qui a ces points pour sommets.

EXERCICES

1° Connaissant un point d'une sécante commune à deux coniques données, construire les points communs à ces coniques à l'aide de la règle et du compas.

2° Soient N et N′ deux points conjugués par rapport à toutes les coniques d'un faisceau linéaire ponctuel donné. Démontrer que si N se déplace sur une courbe unicursale, N′ décrit une autre courbe unicursale; en outre, N et N′ décrivent sur leurs lieux respectifs deux divisions homographiques.

Étudier plus particulièrement la correspondance (N, N′) quand le faisceau linéaire est composé de cercles, ou que ses points de base sont les foyers d'une conique à centre. Trouver l'enveloppe de la droite NN′ quand N décrit une droite quelconque; cas particulier où cette droite passe par l'un des points de base.

3° Trouver l'enveloppe des asymptotes des coniques d'un faisceau linéaire lorsque toutes ces coniques sont des hyperboles équilatères.

4° Trouver l'équation de la parabole surosculatrice à une ellipse donnée en un point donné. Déterminer l'axe, le sommet et le foyer de cette parabole.

5° Démontrer que trois des quatre points où une conique à centre Γ rencontre une hyperbole équilatère Γ_1 dont les asymptotes sont parallèles aux axes de Γ, et le point diamétralement opposé au quatrième sur Γ, sont sur un même cercle.

6° D'un point M d'une ellipse, on mène à cette courbe les trois normales autres que la normale en M; trouver l'équation du cercle qui passe par les pieds de ces normales.

7° Étudier les trois familles de coniques bitangentes à deux cercles donnés. Trouver les lieux géométriques de leurs centres, de leurs foyers, de leurs sommets.

8° Démontrer que deux réseaux linéaires de coniques n'ont pas, en général, de conique commune et que, s'ils en ont deux distinctes, ils en ont une infinité appartenant à un faisceau linéaire.

9° Si l'on établit entre les paramètres d'un réseau linéaire une relation linéaire, les coniques correspondantes constituent un faisceau linéaire qui est dit appartenir au réseau. Démontrer que deux faisceaux linéaires appartenant à un même réseau ont une conique commune.

107e LEÇON

PROPRIÉTÉS CORRÉLATIVES

Nous nous bornerons à une énumération rapide des propriétés corrélatives de celles qui ont été étudiées dans les leçons 104, 105 et 106.

Supposons donnée une équation tangentielle du second degré, qui ne
définit pas un couple de points ; on peut trouver, d'une infinité de
manières, trois polynomes entiers du second degré, à une variable, qui
soient proportionnels aux coordonnées des droites vérifiant cette équation tangentielle. On en conclut que deux enveloppes de seconde classe
ont quatre tangentes communes en général.

Lorsqu'une des enveloppes se réduit à deux points, les tangentes
communes sont les tangentes menées de ces points à l'autre enveloppe.

Lorsque les deux enveloppes sont des couples de points, les tangentes
communes sont les droites joignant un point quelconque d'un couple à
un point quelconque de l'autre.

Les deux enveloppes peuvent se réduire à des couples de points ayant
un point commun ; les tangentes communes sont toutes les droites
passant par le point commun et la droite qui joint les points non
communs.

Lorsque deux coniques ont deux tangentes communes confondues
suivant une droite Δ, elles sont tangentes en un point de cette droite.
Lorsqu'une conique et un couple de points ont deux tangentes communes confondues, la droite double du couple est tangente à la
conique. Lorsque deux couples de points ont deux tangentes communes
confondues suivant une droite, cette droite est la droite double de l'un
des couples et elle contient un point de l'autre couple.

Lorsque deux coniques ont trois tangentes communes confondues
suivant une droite Δ, elles sont osculatrices en un point de Δ. Lorsqu'une conique et un couple de points ont trois tangentes communes
confondues suivant Δ, l'un des points du couple est sur la conique
et l'autre est situé sur la tangente en ce point.

Lorsque deux coniques ont quatre tangentes communes confondues
suivant Δ, elles sont surosculatrices en un point de Δ.

Considérons deux enveloppes de seconde classe définies par les
équations

$$\psi(u,\ v,\ w) = 0, \qquad \psi_1(u,\ v,\ w) = 0.$$

L'équation

$$(1) \qquad \psi(u,\ v,\ w) + \mu\psi_1(u,\ v,\ w) = 0$$

définit un faisceau linéaire tangentiel ayant pour enveloppes de base les enveloppes données. Les tangentes communes à ces dernières sont les tangentes de base; elles sont tangentes à toutes les enveloppes du faisceau.

Lorsque les enveloppes de base ont quatre tangentes communes distinctes, l'équation (1) est l'équation générale tangentielle des enveloppes de seconde classe tangentes à ces quatre droites. Il y a parmi elles trois couples de points et la droite double d'un couple a comme pôle, par rapport à toutes les enveloppes du faisceau, le point de rencontre des droites doubles des deux autres couples; ces droites doubles sont donc les côtés d'un triangle autopolaire commun à toutes les enveloppes du faisceau. On en conclut que les points de rencontre des tangentes communes à deux coniques véritables sont situés deux à deux sur les côtés du triangle autopolaire commun à ces coniques.

Supposons que deux des quatre tangentes communes aux coniques de base soient confondues suivant une droite Δ, et soit A le point de contact de ces coniques sur Δ. L'équation (1) est l'équation générale tangentielle des enveloppes de seconde classe qui sont tangentes à Δ en A et sont en outre tangentes aux deux autres tangentes communes. Il n'y a plus, dans ce cas, de triangle autopolaire commun. Les enveloppes singulières sont constituées par un couple simple dont A fait partie et par un couple double dont Δ est la droite double.

Supposons les quatre tangentes communes confondues deux à deux suivant deux droites Δ et Δ' qui touchent toutes les coniques, l'une en A, l'autre en A'. L'équation (1) est l'équation générale des enveloppes de seconde classe qui sont tangentes à Δ en A et à Δ' en A'. Il y a une infinité de triangles autopolaires par rapport à toutes les enveloppes du faisceau; la droite AA' est un côté commun à tous ces triangles, les deux autres côtés étant deux droites conjuguées harmoniques par rapport à Δ et Δ'. Les enveloppes singulières sont constituées par le couple simple (A, A') et par un couple double de points confondus au point de rencontre de Δ et Δ'.

Supposons trois des quatre tangentes communes confondues suivant Δ; soit A le point de cette droite où les enveloppes sont osculatrices. L'équation (1) est l'équation générale des enveloppes de seconde classe qui sont osculatrices en A à une conique de base et sont en outre tangentes à l'autre tangente de base. Il n'y a plus de triangle autopolaire. La seule enveloppe singulière, comptant pour trois, est constituée par A et un point A' situé sur Δ.

Supposons les quatre tangentes communes confondues suivant Δ; soit A le point de cette droite où les enveloppes sont surosculatrices. L'équation (1) est l'équation générale des enveloppes de seconde classe surosculatrices en A. La seule enveloppe singulière, comptant pour trois, est constituée par deux points confondus en A. Il n'y a pas non plus de triangle autopolaire.

Lorsque les deux enveloppes de base sont singulières et qu'elles ont un point commun ou leur droite double commune, toutes les enveloppes du faisceau sont singulières.

La recherche des enveloppes singulières d'un faisceau linéaire tangentiel conduit, en général, à la résolution d'une équation du troisième degré en μ :

$$(2) \qquad \delta + \theta\mu + \theta_1\mu^2 + \delta_1\mu^3 = 0,$$

δ et δ_1 désignant les discriminants des formes $\psi(u, v, w)$, $\psi_1(u, v, w)$.

Soient

$$f(x, y, z) \equiv Ax^2 + 2Bxy + Cy^2 + 2Dxz + 2Eyz + Fz^2,$$
$$f_1(x, y, z) \equiv A_1x^2 + 2B_1xy + \ldots,$$

les formes ponctuelles de rang 3, dont les formes adjointes sont ψ et ψ_1, de sorte que l'on a :

$$\psi\ (u, v, w) \equiv \frac{1}{\Delta}(au^2 + 2buv + cv^2 + 2duw + 2evw + fw^2),$$

$$\psi_1(u, v, w) \equiv \frac{1}{\Delta_1}(a_1u^2 + 2b_1uv + \ldots),$$

$$\delta = \frac{1}{\Delta}, \qquad \delta_1 = \frac{1}{\Delta_1}.$$

En se reportant aux expressions trouvées (leç. 105) pour θ et θ_1, on obtient aisément :

$$\theta = \frac{a_1}{\Delta_1}\cdot\frac{A}{\Delta} + 2\frac{b_1}{\Delta_1}\cdot\frac{B}{\Delta} + \ldots = \frac{\Theta_1}{\Delta\Delta_1}.$$

On a de même :

$$\theta_1 = \frac{\Theta}{\Delta\Delta_1}$$

et l'équation (2) est, après multiplication des deux membres par $\Delta\Delta_1$,

$$(3) \qquad \Delta_1 + \Theta_1\mu + \Theta\mu^2 + \Delta\mu^3 = 0.$$

Les racines de (3) sont les inverses des racines de l'équation en λ, relative aux coniques du faisceau linéaire ponctuel qui a les mêmes coniques de base que le faisceau linéaire tangentiel considéré. Lorsque l'équation en λ a une racine multiple, l'équation en μ a une racine multiple du même ordre; ce fait peut être rapproché utilement des précédents.

Les conditions $\theta = 0$ et $\theta_1 = 0$ ont la même signification que les conditions $\Theta_1 = 0$ et $\Theta = 0$ auxquelles elles sont équivalentes si les enveloppes de base ne sont pas singulières. Si l'enveloppe $\psi(u, v, w) = 0$ est un couple de points, la condition $\theta = 0$ exprime que la droite qui joint ces deux points est tangente à l'autre enveloppe. Si l'enveloppe $\psi_1(u, v, w) = 0$ est un couple de points, la condition $\theta = 0$ exprime que ces points sont conjugués par rapport à l'autre enveloppe.

L'équation aux abscisses ou aux ordonnées à l'origine des tangentes menées d'un point fixe quelconque, A, aux enveloppes de seconde classe d'un faisceau linéaire tangentiel dépend linéairement du même paramètre que l'équation du faisceau. Ces tangentes engendrent donc deux faisceaux en involution de sommet A. Il en est encore de même si A est à l'origine. L'involution peut être singulière; cela se produit si A est sur l'une des tangentes de base du faisceau.

Deux enveloppes du faisceau passent par A, et leurs tangentes en ce point sont les rayons doubles de l'involution précédente. Il y a donc deux coniques tangentes à quatre droites et passant par un point.

Soient L et L′ les rayons rectangulaires des faisceaux en involution de sommet A; il y a une enveloppe du faisceau tangente à ces deux droites, c'est-à-dire que l'une des coniques du faisceau est vue de A sous un angle droit. Si deux enveloppes du faisceau sont vues de A sous un angle droit, toutes le sont.

Supposons que la droite de l'infini ne soit pas une droite de base du faisceau. Parmi les enveloppes considérées, il y a une seule parabole. La directrice de cette parabole rencontre le cercle orthoptique d'une autre enveloppe en deux points réels ou imaginaires, A et A′, d'où l'on voit sous un angle droit toutes les enveloppes du faisceau. Les cercles orthoptiques des enveloppes d'un faisceau linéaire tangentiel forment donc un faisceau linéaire ponctuel; l'axe radical de tous ces cercles est la directrice de la parabole du faisceau. Ces faits se vérifient sans difficulté sur l'équation du cercle orthoptique d'une conique définie par son équation tangentielle.

Soient (A, A′), (B, B′), (C, C′) les couples de sommets opposés d'un quadrilatère complet dont les côtés sont les droites de base d'un faisceau linéaire tangentiel; ces couples de points constituent les enveloppes singulières du faisceau. Les cercles orthoptiques correspondants sont les cercles ayant pour diamètres respectifs les segments AA′, BB′, CC′. Ces cercles appartiennent donc à un faisceau linéaire ponctuel; leurs centres, c'est-à-dire les milieux des diagonales du quadrilatère complet, sont sur une droite Δ perpendiculaire à l'axe radical du faisceau de cercles ou à la directrice de la parabole du faisceau tangentiel de coniques; Δ est donc parallèle à l'axe de la parabole en question.

Considérons les paraboles tangentes aux trois côtés d'un triangle ABC. Ces paraboles forment un faisceau linéaire tangentiel; les enveloppes singulières de ce faisceau sont constituées par un sommet quelconque du triangle et par le point à l'infini sur le côté opposé à ce sommet. Les tangentes menées de l'orthocentre H du triangle à ces coniques singulières sont donc rectangulaires; il en résulte que les tangentes menés de ce point à une parabole quelconque du faisceau sont rectangulaires et H est sur les directrices de toutes ces paraboles.

Le lieu des pôles d'une droite fixe, par rapport aux enveloppes de seconde classe d'un faisceau linéaire tangentiel, est, en général, une droite. En particulier, le lieu des centres de ces enveloppes est une droite; cette droite passe par les milieux des diagonales du quadrilatère complet qui a pour côtés les droites de base du faisceau. La droite des centres est naturellement parallèle à l'axe de la parabole du faisceau.

L'enveloppe des polaires d'un point fixe est de seconde classe en général; on en peut trouver 11 droites particulières lorsqu'on connaît les trois enveloppes singulières du faisceau.

Deux points A (x_0, y_0, z_0), A′ (x_1, y_1, z_1) et une enveloppe de seconde classe E, $\psi(u, v, w) = 0$, définissent un faisceau linéaire tangentiel dont l'équation est

$$\psi(u, v, w) + \lambda(ux_0 + vy_0 + wz_0)(ux_1 + vy_1 + wz_1) = 0.$$

Si les deux points A et A′ sont les points cycliques, cette équation devient :

$$\psi(u, v, w) + \lambda(u + vi)(u - vi) = \psi(u, v, w) + \lambda(u^2 + v^2) = 0.$$

C'est l'équation tangentielle générale des enveloppes de seconde classe qui sont homofocales à E.

Si les deux points Λ et Λ' sont confondus, l'équation devient :

$$\psi(u, v, w) + \lambda(ux_0 + vy_0 + wz_0)^2 = 0.$$

C'est l'équation générale des enveloppes de seconde classe bitangentes à E aux points où elle est touchée par les tangentes issues de Λ.

L'équation

$$\psi(u, v, w) + (\alpha u + \beta v + \gamma w)^2 = 0,$$

où α, β, γ sont des paramètres, est l'équation générale des enveloppes de seconde classe bitangentes à E.

Soient E_1 et E_2 deux enveloppes bitangentes à E, P_1 et P_2 les pôles des cordes de contact par rapport à E. L'une des enveloppes singulières du faisceau linéaire tangentiel (E_1, E_2) est constituée par deux points qui sont situés sur la droite $P_1 P_2$ et divisent harmoniquement le segment $P_1 P_2$.

Les coniques bitangentes à E_1 et E_2 se partagent en trois familles; l'équation tangentielle des coniques d'une famille dépend d'un paramètre au second degré.

Trois enveloppes de seconde classe, linéairement distinctes, définissent un réseau linéaire tangentiel. Par exemple, avec les trois points $A(x_0, y_0, z_0)$, $B(x_1, y_1, z_1)$, $C(x_2, y_2, z_2)$, on peut, en associant ces points deux à deux, constituer trois enveloppes singulières linéairement distinctes. Il en résulte que l'équation générale du réseau correspondant est

$$(ux_1 + vy_1 + wz_1)(ux_2 + vy_2 + wz_2)$$
$$+ \lambda(ux_2 + vy_2 + wz_2)(ux_0 + vy_0 + wz_0)$$
$$+ \mu(ux_0 + vy_0 + wz_0)(ux_1 + vy_1 + wz_1) = 0.$$

C'est l'équation tangentielle générale des coniques tangentes aux trois côtés du triangle ABC.

Détermination des coniques. — L'équation générale ponctuelle ou tangentielle d'une conique dépend linéairement de cinq paramètres; ces paramètres sont les rapports de cinq des coefficients de l'équation au sixième, supposé non nul. Il en résulte que cinq conditions distinctes sont nécessaires à la détermination d'une conique.

La donnée d'un point équivaut à une condition. La relation entre les coordonnées de ce point et les coefficients de l'équation ponctuelle de la conique est linéaire par rapport à ces coefficients; elle serait, au contraire, du second degré par rapport aux coefficients de l'équation tangentielle, car on peut prendre comme coefficients de l'équation ponctuelle des fonctions homogènes et du second degré des coefficients de l'équation tangentielle.

De même, la donnée d'une tangente conduit à une condition qui est linéaire par rapport aux coefficients de l'équation tangentielle et du second degré par rapport aux coefficients de l'équation ponctuelle de la conique.

La donnée d'un point et de la tangente en ce point fournit deux conditions qui sont linéaires par rapport aux coefficients de l'équation ponctuelle de la conique : on les obtient de suite en écrivant que la polaire du point est confondue avec la droite donnée. Ces deux conditions peuvent s'obtenir aussi, sous forme linéaire par rapport aux coefficients de l'équation tangentielle, en écrivant que le pôle de la tangente est confondu avec le point de contact.

La donnée d'une droite remarquable (axe de symétrie, tangente au sommet, directrice, etc.), ou d'un point remarquable (centre, sommet, foyer, etc.), c'est-à-dire d'une droite ou d'un point qui est déterminé en même temps que la conique, conduit à deux conditions distinctes. On les obtient en écrivant que les coordonnées de l'élément remarquable donné vérifient les deux équations auxquelles conduit sa détermination, lorsque la conique est donnée.

Les degrés des relations obtenues, par rapport aux coefficients de l'équation de la conique, dépendent naturellement de la nature des éléments donnés; ces degrés peuvent différer aussi, et ils diffèrent, en général, suivant qu'on utilise l'équation ponctuelle ou l'équation tangentielle de la conique. En principe, il faudra utiliser celle de ces deux équations qui conduit aux relations dont les degrés sont les plus faibles.

Par exemple, quand on cherche les coniques qui passent par 3 points et sont tangentes à 2 droites et qu'on utilise la forme ponctuelle, on est conduit à 3 conditions linéaires et 2 conditions du second degré, ce qui indique l'existence de 4 coniques; si l'on utilise la forme tangentielle, on trouve 3 conditions du second degré et 2 conditions linéaires, ce qui paraît indiquer 8 solutions. En fait, il y en a quatre.

Voici d'ailleurs la solution pratique d'un problème plus général. Cherchons les coniques qui sont bitangentes à la conique Γ, $f(x, y) = 0$, et qui passent par les trois points $A(x_0, y_0)$, $B(x_1, y_1)$, $C(x_2, y_2)$. L'équation générale des coniques bitangentes à Γ est

$$f(x, y) + (\alpha x + \beta y + \gamma)^2 = 0.$$

En écrivant que cette conique passe par les trois points donnés, l'on obtient les conditions

$$\alpha x_0 + \beta y_0 + \gamma = \varepsilon_0 \sqrt{-f(x_0, y_0)},$$
$$\alpha x_1 + \beta y_1 + \gamma = \varepsilon_1 \sqrt{-f(x_1, y_1)},$$
$$\alpha x_2 + \beta y_2 + \gamma = \varepsilon_2 \sqrt{-f(x_2, y_2)},$$

linéaires en α, β, γ. A deux systèmes de valeurs symétriques pour ε_0, ε_1, ε_2, correspondent deux systèmes de valeurs symétriques pour α, β, γ, et, par suite, la même conique. On en conclut que le nombre des cordes de contact distinctes et des coniques distinctes est $\frac{1}{2} 2^3$ ou 4.

La construction géométrique des cordes de contact peut s'effectuer, à l'aide de la règle et du compas, en remarquant que ces cordes partagent les segments BC, AC, AB dans des rapports connus. Soit a, par exemple, le point où une corde de contact rencontre le côté BC. On a :

$$\frac{\overline{a\,\mathrm{B}}}{\overline{a\,\mathrm{C}}} = \frac{\alpha x_1 + \beta y_1 + \gamma}{\alpha x_2 + \beta y_2 + \gamma} = \frac{\varepsilon_1}{\varepsilon_2}\sqrt{\frac{f(x_1,\,y_1)}{f(x_2,\,y_2)}}.$$

Menons par B et C deux sécantes parallèles, quelconques, qui coupent Γ, l'une en M_1 et N_1, l'autre en M_2 et N_2. On vérifie aisément la relation

$$\frac{f(x_1,\,y_1)}{f(x_2,\,y_2)} = \frac{\overline{\mathrm{BM}_1}\cdot\overline{\mathrm{BN}_1}}{\overline{\mathrm{CM}_2}\cdot\overline{\mathrm{CN}_2}}.$$

La construction du point a s'achève alors facilement.

Les conditions les plus intéressantes, auxquelles on puisse astreindre une conique, sont celles qui conduisent à des relations linéaires par rapport aux coefficients de l'équation ponctuelle ou de l'équation tangentielle. La donnée d'un point d'une conique Γ, ou d'un segment partagé harmoniquement par cette conique, donne une relation linéaire par rapport aux coefficients de l'équation ponctuelle. On peut se demander quelle est l'interprétation géométrique de la condition la plus générale de cette forme. Soit

$$(4) \qquad \mathrm{A}\,a_1 + 2\,\mathrm{B}\,b_1 + \mathrm{C}\,c_1 + 2\,\mathrm{D}\,d_1 + 2\,\mathrm{E}\,e_1 + \mathrm{F}\,f_1 = 0$$

cette relation. Supposons que le discriminant de la forme

$$\psi_1(u,\,v,\,w) \equiv a_1 u^2 + 2\,b_1 uv + c_1 v^2 + 2\,d_1 uw + 2\,e_1 vw + f_1 w^2$$

ne soit pas nul, et considérons la conique Γ_1 dont l'équation tangentielle est $\psi_1(u,\,v,\,w) = 0$.

La condition (4) équivaut à $\Theta_1 = 0$, Θ_1 désignant le coefficient de λ^2 dans l'équation en λ relative aux coniques Γ et Γ_1 (leç. 105). La relation (4) signifie donc que Γ est harmoniquement circonscrite à Γ_1.

Si le discriminant de la forme ψ_1 est nul, l'équation $\psi_1(u,\,v,\,w) = 0$ définit un couple de points conjugués par rapport à Γ.

Donnons-nous maintenant deux conditions linéaires, distinctes, par rapport à A, B, C.... Soient

$$\mathrm{X}_1(\mathrm{A},\,\mathrm{B},\,\ldots) \equiv \mathrm{A}\,a_1 + 2\,\mathrm{B}\,b_1 + \ldots = 0,$$
$$\mathrm{X}_2(\mathrm{A},\,\mathrm{B},\,\ldots) \equiv \mathrm{A}\,a_2 + 2\,\mathrm{B}\,b_2 + \ldots = 0.$$

Toute conique Γ qui satisfait à ces deux conditions satisfait aussi à la condition

$$\mathrm{X}_1 + \lambda \mathrm{X}_2 = 0,$$

où λ désigne un paramètre. On en conclut que toute conique Γ, qui est harmoniquement circonscrite aux deux enveloppes de seconde classe E_1 et E_2 dont les équations tangentielles sont $\psi_1(u,\,v,\,w) = 0$ et $\psi_2(u,\,v,\,w) = 0$, est harmoniquement circonscrite à toutes les enveloppes E du faisceau linéaire tangentiel que déterminent E_1 et E_2. En particulier, les coniques Γ partagent harmoniquement les trois diagonales du quadrilatère complet qui a pour côtés les droites de base de ce faisceau. Les coniques Γ divisant harmoniquement deux segments AA' et BB' divisent harmoniquement la troisième diagonale CC' du quadrilatère complet qui a pour sommets opposés A, A' et B, B'.

Un raisonnement analogue montrerait que les coniques Γ, qui sont harmoniquement circonscrites à 3 enveloppes de seconde classe E_1, E_2, E_3 linéairement distinctes, sont harmoniquement circonscrites à toutes les enveloppes E du réseau linéaire tangentiel défini par E_1, E_2, E_3. Il y a une simple infinité d'enveloppes E qui sont singulières. Par suite, les coniques Γ partagent harmoniquement une simple infinité de segments. D'ailleurs, si l'on résoud les trois équations

$$\mathrm{X}_1(\mathrm{A},\,\mathrm{B},\,\ldots) = 0, \qquad \mathrm{X}_2(\mathrm{A},\,\mathrm{B},\,\ldots) = 0, \qquad \mathrm{X}_3(\mathrm{A},\,\mathrm{B},\,\ldots) = 0$$

par rapport à trois des coefficients A, B, ..., on voit que l'équation ponctuelle de Γ dépend linéairement de deux paramètres. Les coniques Γ appartiennent donc à un réseau linéaire ponctuel qui est dit conjugué du réseau linéaire tangentiel formé par les enveloppes E.

Les coniques Γ, harmoniquement circonscrites à quatre enveloppes de seconde classe E_1, E_2, E_3, E_4 linéairement distinctes, sont harmoniquement circonscrites à toutes les enveloppes E d'une famille dont l'équation tangentielle dépend linéairement de trois paramètres. Il y a une double infinité de segments partagés harmoniquement par toute conique Γ; on en conclut qu'on peut choisir arbitrairement une extrémité A d'un tel segment et que les polaires de A par rapport aux coniques Γ passent par un point fixe A'. D'ailleurs, dans ce cas, on peut résoudre les équations

$$X_1(A, B, \ldots) = o, \quad X_2(A, B, \ldots) = o, \quad X_3(A, B, \ldots) = o, \quad X_4(A, B, \ldots) = o,$$

par rapport à 4 coefficients de $f(x, y, z)$, en fonctions linéaires et homogènes des deux autres, et les coniques Γ forment un faisceau linéaire ponctuel. On retrouve des résultats déjà rencontrés.

Enfin, toute conique Γ, harmoniquement circonscrite à cinq enveloppes de seconde classe E_1, E_2, ..., E_5 linéairement distinctes, partage harmoniquement une triple infinité de segments. On voit de suite que Γ est bien déterminée.

Les propriétés corrélatives des précédentes sont également intéressantes.

Remarque. — Lorsque nous avons dit que l'équation générale ponctuelle ou tangentielle d'une conique dépend de 5 paramètres, nous avons supposé cette équation réelle, sans quoi elle dépendrait de 5 paramètres imaginaires ou de 10 paramètres réels.

De même, lorsque nous avons dit que la donnée d'un point de la conique conduit à une condition, nous avons supposé ce point réel; s'il était imaginaire, on serait conduit à deux conditions. D'ailleurs, en se donnant un point imaginaire d'une conique d'équation réelle, on s'en donne en même temps le point imaginaire conjugué.

Des observations analogues s'appliquent à d'autres éléments. Il faudrait modifier en conséquence les raisonnements faits plus haut, lorsque certaines données sont imaginaires ou que la conique n'a pas une équation réelle. Remarquons qu'une conique d'équation imaginaire est encore bien définie par cinq points, puisque la donnée d'un point équivaut, dans ce cas, à deux conditions.

EXERCICES

1º Démontrer que les orthocentres des quatre triangles dont on obtient les côtés en associant quatre droites trois à trois sont en ligne droite.

2º Trouver l'enveloppe des droites qui coupent deux coniques données en des points conjugués harmoniques deux à deux. Démontrer que les huit tangentes à deux coniques, en leurs points communs, sont tangentes à une même conique; appliquer à deux cercles.

3º Lieu des points d'où l'on peut mener à deux coniques données des tangentes conjuguées harmoniques deux à deux; points particuliers de ce lieu.

4º Une conique qui passe par trois points et divise harmoniquement un segment donné passe en général par un quatrième point fixe. Construire ce point à l'aide de la règle seule. Appliquer à la construction d'une conique qui passe par quatre points et divise harmoniquement un segment donné, ou d'une conique qui passe par trois points et divise harmoniquement deux segments donnés.

5⁰ Une conique qui passe par deux points et divise harmoniquement deux segments donnés passe en général par deux autres points fixes. Construire ces points à l'aide de la règle et du compas. Appliquer à la construction d'une conique qui passe par deux points et divise harmoniquement trois segments donnés.

6⁰ Démontrer qu'une conique est bien déterminée lorsqu'on s'en donne quatre points et une direction principale. Construire le quatrième point de rencontre de cette conique et d'un cercle passant par trois des points donnés.

7⁰ Démontrer que les cercles orthoptiques des coniques d'un faisceau linéaire ponctuel sont orthogonaux à un cercle fixe. Appliquer cette propriété à la construction du cercle orthoptique d'une conique définie par cinq points. Construire les directrices des paraboles passant par quatre points.

8⁰ Trouver l'équation générale des coniques qui coupent orthogonalement une conique donnée en quatre points.

9⁰ Démontrer que la cubique plane la plus générale dépend de neuf paramètres. Démontrer que les cubiques passant par huit points forment un faisceau linéaire ponctuel et passent par un neuvième point fixe. Démontrer que si une conique rencontre une cubique en six points A, A', B, B', C, C', les droites AA', BB', CC', rencontrent la cubique en trois nouveaux points alignés. Démontrer que les tangentes à une cubique en trois points alignés rencontrent la courbe en trois nouveaux points alignés. Démontrer que toute droite qui passe par deux points d'inflexion d'une cubique la rencontre en un troisième point d'inflexion.

10⁰ Démontrer que toute conique qui passe par quatre points fixes d'une cubique donnée, la rencontre en deux autres points alignés sur un point fixe de la même courbe. Déduire de là une génération de la cubique, par l'intersection des éléments homologues de deux faisceaux linéaires homographiques de droites et de coniques (Voir leç. 75, ex. 13, la définition du rapport anharmonique de quatre courbes d'un faisceau linéaire ponctuel).

11⁰ Lieu des points de rencontre des éléments homologues de deux faisceaux linéaires ponctuels homographiques de coniques.

12⁰ Construire, à l'aide de la règle seule, la polaire d'un point par rapport à une conique définie par cinq points.

13⁰ On définit une conique C par cinq points et une conique C' par trois points et un sommet O du triangle autopolaire commun à C et à C'. Construire, à l'aide de la règle seule, deux couples de points conjugués par rapport aux deux droites D et D' qui passent par O et par les points communs à C et à C'. Déduire de là une construction des droites D et D', à l'aide de la règle et du compas.

INTERSECTION DE DEUX SURFACES DU SECOND DEGRÉ
CAS PARTICULIERS

Un plan quelconque coupe deux quadriques données, S et S_4, suivant deux coniques, C et C_4, qui se rencontrent en général en quatre points, mais qui peuvent aussi avoir une droite commune ou être confondues. Ce plan coupe donc la courbe d'intersection, Γ, des deux quadriques, en quatre points en général et, s'il en contient plus de quatre points, il passe par une droite ou par une conique commune aux deux surfaces. Nous avons vu d'ailleurs (leç. 87) que deux quadriques qui ont une conique commune se coupent encore suivant une conique distincte ou non de la première.

Écartons le cas où un plan quelconque coupe les deux quadriques suivant deux couples de droites ayant une droite commune ou suivant deux coniques confondues : dans le premier cas, les deux quadriques sont deux couples de plans ayant un plan commun ; dans le second, ce sont deux quadriques confondues.

Nous allons chercher rapidement dans quelles conditions la courbe Γ, du quatrième ordre, intersection de deux quadriques, peut se décomposer. Si elle se décompose, il en est évidemment de même de sa projection γ sur un plan quelconque Π. Cette courbe γ est du quatrième ordre si le point de vue O est quelconque, car un plan P passant par O coupe S et S_4 suivant deux coniques, et les projetantes des quatre points d'intersection de ces coniques percent Π en quatre points alignés sur la trace de P.

Si γ se décompose, les produits de sa décomposition sont une droite et une cubique ou deux coniques, ou deux droites et une conique, ou quatre droites; dans chacun de ces cas, γ présente au moins trois points doubles. Cherchons donc les conditions dans lesquelles γ possède un point double a. Les deux branches de γ passant par a peuvent être les projections de deux branches sécantes de Γ ou de deux branches non sécantes. Dans le premier cas, deux branches de Γ passant par un point A, le plan tangent aux deux quadriques est le même en A, ou bien ce point est un point double de l'une des quadriques qui est un cône de sommet A. Dans le second cas, la droite Oa perce les deux quadriques en deux points distincts A, A', et la droite AA' est une sécante double de Γ. Cherchons les sécantes doubles de Γ passant par O. Le conjugué harmonique O' de O, par rapport à A et A', est dans les plans polaires de ce point par rapport à S et S_4. O étant quelconque, ces deux plans ne sont pas confondus et ont une droite commune D. Le plan projetant D coupe S et S_4 suivant deux coniques C' et C'$_4$, et D est la polaire de O par rapport à chacune de ces coniques. Les points de rencontre de C' et C'_1 sont alignés deux à deux sur le point O et il y a, en général, deux sécantes doubles de Γ, menées par O ; γ présente donc en général deux points doubles.

Il résulte de là que Γ ne peut se décomposer que si un point A au moins de cette courbe est un point de contact des deux quadriques ou un point double de l'une d'elles.

Un plan quelconque, passant par un tel point A, coupe S et S_1 suivant deux coniques qui ont deux points communs confondus en A ; ces coniques se coupent en deux autres points et la perspective de Γ effectuée du point de vue A, sur un plan quelconque, est une conique c. Γ est sur le cône du second degré S_2 qui a cette conique pour base et A comme sommet. L'intersection de S_2 et de S, par exemple, n'est autre que Γ. A un point m de c correspond, sur S_2, une génératrice qui perce en général S en un point M distinct de O. Les deux points m et M se correspondent d'une façon univoque, sauf si la droite Om appartient à S, auquel cas tous les points de cette droite font partie de l'intersection et correspondent à un même point m. Ce fait peut se produire pour l'une des génératrices qui passent par A, ou pour toutes deux, s'il y en a deux.

Il résulte de là que Γ ne peut se décomposer que si les deux quadriques ont en commun une ou deux génératrices passant par A ou si c se décompose, ou si les deux faits se produisent ensemble.

1er *cas*. — c ne se décompose pas, mais une génératrice G de S, passant par A, est sur le cône S_2.

Supposons d'abord que S ne soit pas une développable. Le plan tangent à S_2, le long de G, coupe S suivant une génératrice distincte de G ; cette génératrice rencontre G en un point A' distinct en général du point A. S et S_2 sont tangentes en A' et ne sont pas tangentes en d'autre point sur G. Un plan quelconque, ne passant ni par A ni par A', coupe donc S et S_2 suivant deux coniques qui se coupent au point où ce plan rencontre G, mais ne sont pas tangentes en ce point ; ces deux coniques se coupent donc en général en trois autres points dont le lieu est une cubique Γ_1. La courbe Γ se compose de G et de cette cubique. D'ailleurs, un plan quelconque P, passant par G, coupe S et S_2 chacune suivant une droite distincte de G ; ces deux droites se coupent en un point M de Γ_1.

Si P se confond avec le plan tangent en A à S, le point M correspondant est en A et si P se confond avec le plan tangent à S en A', le point M est en A'. Γ_1 rencontre donc G aux deux points A et A' qui peuvent être confondus. Les génératrices de S, de système différent de G, sont des sécantes simples de Γ_1 ; les génératrices de même système en sont des sécantes doubles.

Les deux quadriques primitives S et S_1 sont tangentes en A et en A'. On sait d'autre part (leç. 75, ex. 2) que deux surfaces réglées qui ont une génératrice commune sont en général tangentes en deux points de cette génératrice.

Supposons que S soit une développable. Si les plans tangents à S et à S_2, le long de G, ne sont pas confondus, on peut reprendre le raisonnement précédent. Γ se compose de G et d'une cubique $Γ_1$ qui rencontre G en A et au sommet de S. Si les plans tangents à S et à S_2, le long de G, sont confondus, un plan quelconque, qui ne passe ni par A, ni par le sommet de S, coupe les deux développables suivant deux coniques tangentes au point où leur plan rencontre G ; ces coniques se coupent en deux autres points dont le lieu est une courbe du second ordre. Cette courbe ne se compose pas de droites, car nous écartons le cas élémentaire où les sommets de S et de S_2 seraient confondus. Dès lors, on peut trouver sur cette courbe trois points qui ne soient pas alignés. Le plan de ces trois points coupe S et S_2 suivant deux coniques qui passent par ces points et qui sont tangentes au point où le plan rencontre G : ces coniques sont donc confondues et Γ se compose d'une conique et de deux droites confondues.

Enfin, les deux génératrices de S, passant par A, peuvent être sur S_2. Les deux quadriques ont en commun une conique constituée par ces deux droites ; elles se coupent suivant une seconde conique qui rencontre les deux génératrices en A′ et A″. Les quadriques primitives sont tangentes en A, A′ et A″.

2e *cas.* — *c* se décompose en deux droites *d* et *d′*. La courbe Γ se trouve tout entière dans les deux plans A*d*, A*d′*. Soit D la droite commune à ces deux plans. En général, Γ se compose de deux coniques qui se coupent en A et au second point de rencontre de D et de S.

Il peut se faire que l'une de ces coniques se compose de deux droites ou que toutes deux soient des couples de droites. Dans ce dernier cas, Γ est constituée par deux génératrices d'un système et par deux génératrices de l'autre système sur chacune des quadriques primitives ; ces quatre génératrices sont les côtés d'un quadrilatère gauche et les quadriques primitives sont en général tangentes aux quatre sommets de ce quadrilatère. Dans un cas limite, les deux coniques singulières ont une droite commune suivant D. Γ se compose de trois droites (l'une est D) et les quadriques primitives se raccordent en général le long de D.

3e *cas.* — *c* se réduit à une droite double *d*. Γ est confondue avec la conique d'intersection de S et du plan A*d*. Les deux surfaces primitives sont en général tangentes en tous les points de Γ, car un plan quelconque coupe S et S_1 suivant deux coniques tangentes aux points où leur plan rencontre Γ. La conique de raccordement peut se réduire à deux droites.

On voit que, dans les cas où leur intersection se décompose, les quadriques données se touchent en 2, 3, 4, ou une infinité de points distribués sur une droite ou sur une conique.

Points à l'infini de l'intersection Γ de deux quadriques. — Ces points sont les points communs aux sections des quadriques par le plan de l'infini ; ce sont aussi les points à l'infini des génératrices communes à leurs cônes directeurs.

Dans le cas où ces cônes directeurs sont confondus, les deux quadriques se coupent en général suivant une conique à distance finie; les points à l'infini de cette conique s'obtiennent comme les points à l'infini d'une section plane quelconque d'une quadrique : ce sont les points où les quadriques se touchent à l'infini.

On vérifie aisément que si le plan de cette conique est rejeté à l'infini, les deux quadriques sont de même classe; si elles sont de classe impaire, elles sont homothétiques et concentriques; si elles sont de classe paire, l'une résulte de l'autre par une translation le long d'un axe de symétrie commun.

Dans tous ces cas, si l'équation de l'une est $f(x, y, z) = 0$, l'équation de l'autre est $f(x, y, z) + k = 0$.

Les coniques à l'infini peuvent avoir une droite commune; les cônes directeurs sont alors des couples de plans ayant un plan commun. Les deux quadriques ayant une droite commune à l'infini se coupent en général suivant une cubique à distance finie. Dans le cas particulier où elles se raccordent le long de la génératrice commune, elles se coupent suivant deux droites si ce sont des paraboloïdes, et suivant une conique si ce sont des cylindres.

Supposons que les coniques à l'infini aient quatre points communs distincts. Les cônes directeurs ont quatre génératrices communes, distinctes, réelles ou imaginaires Les trois couples de plans passant par ces génératrices ont trois droites doubles; les directions D, D' et D'' de ces droites sont conjuguées deux à deux par rapport aux quadriques données. Les quadriques ayant des équations réelles, ces trois directions sont réelles si les génératrices communes aux deux cônes directeurs sont toutes réelles ou toutes imaginaires. Si les plans diamétraux conjugués de D, par exemple, sont confondus, toute sécante de Γ, parallèle à D, est une sécante double et la projection de Γ sur un plan quelconque, parallèlement à D, est une conique. Si les deux quadriques sont concentriques, les projections de Γ sur un plan quelconque, parallèlement à D, ou à D', ou à D'', sont des coniques.

Les asymptotes de Γ sont les intersections des plans asymptotes correspondants.

Les plans parallèles à deux génératrices communes aux cônes directeurs coupent les quadriques suivant des coniques homothétiques.

Si les deux coniques à l'infini sont tangentes, les deux cônes directeurs sont tangents le long d'une génératrice g et se coupent suivant deux autres génératrices. Les plans tangents aux deux quadriques, au point m à l'infini sur g, sont parallèles en général et Γ est tangente en m au plan de l'infini; mais ces plans peuvent être confondus : dans ce cas, m est un point double de Γ. Les tangentes en ce point double peuvent être déterminées, comme les tangentes en un point double quelconque, en cherchant l'intersection du plan tangent commun en ce point et du cône du second degré (un cylindre dans l'espèce) qui a m pour sommet et passe par Γ. Dans ces divers cas, les quadriques sont coupées suivant des coniques homothétiques par des plans parallèles à quatre directions distinctes; les plans d'une famille donnent des paraboles.

Si les deux coniques à l'infini sont bitangentes en des points m et m', les deux cônes directeurs sont tangents tout le long de deux génératrices g et g'. Γ est en général tangente en m et m' au plan de l'infini. Par exemple, deux quadriques de révolution d'axes parallèles se coupent suivant une courbe bitangente à l'ombilicale, aux points où cette ombilicale est rencontrée par un plan perpendiculaire à la direction des axes de révolution. Γ peut admettre comme point double l'un des points m, m', ou tous deux; dans ce dernier cas, Γ se compose de deux coniques passant par m et m'. Il n'y a plus, dans ces divers cas, que trois directions de plans de sections homothétiques et les plans de deux familles donnent des paraboles.

Si les deux coniques à l'infini sont osculatrices en un point m, les traces des deux cônes directeurs sur un plan quelconque sont osculatrices. Le plan de l'infini est en général osculateur à Γ en m. Il n'y a plus que deux directions de plans de sections homothétiques et les plans d'une famille donnent des paraboles.

Si les coniques à l'infini sont surosculatrices en un point m, les traces des deux cônes directeurs sur un plan quelconque sont surosculatrices. Le plan de l'infini est en général un plan osculateur stationnaire de Γ. Il n'y a plus qu'une direction de plans de sections homothétiques et ces plans donnent des paraboles.

Quadriques d'un faisceau linéaire ponctuel. — Considérons deux quadriques S et S_1, distinctes, définies par les équations

$$(S) \quad f(x, y, z, t) \equiv A x^2 + A'y^2 + A''z^2 + 2Byz + 2B'zx + 2B''xy \\ + 2Cxt + 2C'yt + 2C''zt + D t^2 = 0,$$

$$(S_1) \quad f_1(x, y, z, t) \equiv A_1 x^2 + A'_1 y^2 + \dots\dots\dots\dots = 0.$$

Les quadriques définies par l'équation

$$(1) \qquad f(x, y, z, t) + \lambda f_1(x, y, z, t) = 0$$

forment un faisceau linéaire ponctuel dont les quadriques de base sont S et S_1. La courbe Γ, commune à S et S_1, est la courbe de base. Deux quadriques correspondant à deux valeurs distinctes de λ sont distinctes et peuvent être prises comme quadriques de base.

Supposons que Γ soit rencontrée en quatre points par un plan quelconque, ce qui exclut le cas où S et S_1 se raccordent le long d'une courbe (droite ou conique), le cas où l'une de ces quadriques est un couple de plans dont l'arête est sur l'autre quadrique, le cas où les quadriques ont un plan commun, le cas où ce sont des couples de plans ayant même arête. Ces cas écartés, l'équation (1) est l'équation générale des quadriques qui passent par Γ.

D'abord, toute quadrique du faisceau passe par Γ, puisque les coordonnées d'un point de Γ annulent f et f_1. Soit S' une quadrique passant par Γ; prenons sur S' un point quelconque M, non situé sur Γ, et soit S'' la quadrique du faisceau qui passe par M. Un plan Π quelconque, passant par M, coupe S' et S'' suivant deux coniques qui ont en commun les quatre points où ce plan rencontre Γ, ainsi que le point M. Quatre de ces cinq points ne sont pas alignés en général, sans quoi trois des points de rencontre du plan et de Γ seraient alignés et la droite qui les joint serait commune à S et S_1; les deux quadriques S et S_1 auraient une infinité de droites communes, ce qui est contraire à l'hypothèse. Un plan quelconque, mené par M, coupe donc S′ et S″ suivant la même conique; par suite, S′ et S″ sont confondues.

Si S et S_1 se raccordent le long d'une droite, l'équation (1) est l'équation générale des quadriques qui passent par le reste de leur intersection et qui se raccordent avec elles le long de cette droite, ou qui l'admettent comme droite de points doubles. On aboutit à une conclusion analogue si S_1 est un couple de plans dont l'arête est sur S.

Si S et S_1 se raccordent suivant une conique, l'équation (1) est l'équation générale des quadriques qui se raccordent avec elles le long de cette conique, ou qui admettent le plan de la conique comme plan double.

Lorsque S et S_1 ont un plan commun, l'équation (1) est l'équation générale des quadriques qui contiennent ce plan et la droite d'intersection des plans non communs, c'est-à-dire des quadriques qui passent par tous les points communs aux proposées.

Lorsque S et S_1 sont deux couples de plans ayant même arête, l'équation (1) est l'équation générale des couples de plans homologues de l'involution définie par les deux couples S et S_1.

Quadriques singulières d'un faisceau linéaire ponctuel. — Ce sont les quadriques ayant au moins un point double. On obtient les valeurs de λ correspondantes en annulant le discriminant de la forme $f + \lambda f_1$; l'équation qui les donne est en général du 4ᵉ degré. Elle est vérifiée identiquement si toutes les quadriques du faisceau ont au moins un point double : ce fait se produit si les quadriques de base ont au moins un point double commun. Ce cas écarté, il y a en général quatre quadriques à point double appartenant au faisceau, c'est-à-dire quatre cônes ou cylindres du second degré passant par la courbe de base Γ. Les points doubles qui correspondent à deux racines distinctes de l'équation en λ sont conjugués par rapport à toutes les quadriques du faisceau. Les sommets des quatre cônes sont les sommets d'un tétraèdre autopolaire par rapport à toutes ces quadriques. Trois de ces cônes peuvent être des cylindres : ce fait se produit si l'une des faces du tétraèdre autopolaire est le plan de l'infini, c'est-à-dire si les quadriques sont concentriques.

Si Γ présente un point double A, ce point est sommet d'un cône du faisceau; la valeur de λ correspondante est en général racine double de l'équation en λ. Il n'y a plus en général que trois cônes dont les sommets sont dans le plan tangent en A à toutes les quadriques du faisceau.

Si Γ se compose d'une droite et d'une cubique, il n'y a plus en général que deux cônes dont les sommets sont les points de rencontre de la droite et de la cubique.

Si Γ se compose de deux coniques, γ et γ', qui se rencontrent en A et B, le couple des plans de ces coniques constitue un cône singulier du faisceau; il y a deux autres cônes. Pour en obtenir les sommets, on mène un plan quelconque par la droite D d'intersection des plans tangents en A et B aux deux coniques, on cherche les points où ce plan rencontre γ et γ'; les droites joignant ces points se coupent sur D aux sommets cherchés. Etc.

Propriétés géométriques des quadriques d'un faisceau linéaire ponctuel. Quadriques particulières. — Les traces des quadriques du faisceau, sur un plan quelconque Π, sont les coniques d'un faisceau linéaire ponctuel. Les points de base de ce dernier faisceau sont les points où le plan Π rencontre la courbe de base, Γ, du faisceau de quadriques (F). Parmi ces coniques, il y en a trois, en général, qui ont un point double, de sorte que trois quadriques de (F) sont tangentes au plan Π. Mais, parmi les quadriques du faisceau, il peut y en avoir de singulières. Par exemple, si Γ est constituée par les côtés d'un quadrilatère gauche, les deux couples de plans qui contiennent ces côtés coupent Π suivant des couples de droites. Une seule quadrique de (F) est, dans ce cas, tangente à Π; son point de contact s'obtient sans difficulté.

Si l'on prend le plan de l'infini comme plan Π, on trouve en général trois paraboloïdes; la réalité et la nature de ces paraboloïdes se relient aisément à la discussion relative à l'intersection des cônes directeurs des quadriques de base.

Les quadriques d'un faisceau linéaire ponctuel découpent sur une droite fixe quelconque deux divisions en involution; la raison en est la même que dans le plan. Deux quadriques du faisceau sont tangentes à la droite, aux points doubles de l'involution en question.

Les plans polaires d'un point fixe A, par rapport aux quadriques d'un faisceau linéaire ponctuel, passent par une droite fixe; tous les points de cette droite sont conjugués du point A par rapport à toutes les quadriques du faisceau.

Les plans polaires de deux points fixes A et Λ', par rapport à une même quadrique (λ) du faisceau, se correspondent homographiquement; leur intersection, c'est-à-dire la droite polaire de $\Lambda\Lambda'$ par rapport à la quadrique (λ), engendre une quadrique.

Le lieu des pôles d'un plan fixe, par rapport aux quadriques d'un faisceau linéaire ponctuel, est, en général, une cubique gauche; cette cubique passe par les sommets du tétraèdre autopolaire relatif au faisceau et par les trois points où le plan est touché par des quadriques du faisceau.

Les quadriques d'un faisceau linéaire ponctuel dépendent d'un paramètre; elles peuvent être assujetties à une condition; nous en avons donné plusieurs exemples. On ne pourra les astreindre à plusieurs conditions que si ces conditions ne sont pas indépendantes de la courbe de base. Par exemple, si l'on veut qu'il y ait une sphère parmi ces quadriques, on est conduit à écrire que λ vérifie les équations

$$A + \lambda A_1 = A' + \lambda A_1' = A'' + \lambda \Lambda_1'',$$
$$B + \lambda B_1 = B' + \lambda B_1' = B'' + \lambda B_1'' = 0,$$

ce qui donne quatre conditions. On en déduirait aisément que les quadriques de base ont les mêmes plans cycliques. Ce fait est évident à priori, car la section de la sphère par le plan de l'infini doit faire partie du faisceau linéaire déterminé par les coniques à l'infini des quadriques de base. Cette condition est réalisée, en particulier, pour deux surfaces de révolution qui ont leurs axes parallèles.

Quadriques circonscrites. — Étant donnés une quadrique S et un plan P définis par les équations

$$(S)\quad f(x,\ y,\ z,\ t) = 0, \qquad (P)\quad ux + vy + wz + ht = 0,$$

l'équation générale des quadriques circonscrites à S, en tous les points de la conique d'intersection de cette quadrique et du plan P, est

$$f(x,\ y,\ z,\ t) + \lambda P^2 = 0.$$

Si l'on suppose u, v, w, h variables, on peut fixer λ et l'on a l'équation générale des quadriques circonscrites à S le long d'une conique; cette équation dépend de quatre paramètres.

Considérons deux quadriques S_1 et S_2 circonscrites à S; on peut toujours mettre leurs équations sous la forme

$$(S_1)\quad f + P^2 = 0, \qquad (S_2)\quad f + Q^2 = 0.$$

En retranchant ces équations membre à membre, on obtient l'équation

$$P^2 - Q^2 \equiv (P - Q)(P + Q) = 0$$

qui définit un couple de plans passant par l'intersection de S_1 et S_2. Ces plans contiennent la droite d'intersection des plans des coniques de raccordement et sont conjugués harmoniques par rapport à ces derniers.

Réciproquement, si deux quadriques S_1 et S_2 se coupent suivant deux coniques, il existe une famille de quadriques S qui se raccordent avec S_1 et S_2. La démonstration se fait comme pour les coniques bitangentes à deux coniques données et l'équation générale des quadriques S s'obtient de la même façon (Voir leç. 106).

Points communs à trois quadriques. — Trois quadriques se coupent en général en huit points. Soit en effet A un point commun à trois quadriques S, S_1 et S_2. Le cône qui a ce point pour sommet et qui a pour directrice la courbe Γ_2, intersection de S et S_1, est du 3ᵉ degré, car un plan quelconque, passant par A, coupe Γ_2 en trois points distincts du point A. De même, A est le sommet d'un cône du 3ᵉ degré qui a pour directrice la courbe Γ_1, intersection de S et S_2. Ces deux cônes du 3ᵉ degré ont en général 9 génératrices communes, car leurs traces sur un plan sont des cubiques qui se coupent en 9 points.

Les génératrices de S, passant par A, rencontrent S_1 sur Γ_2 et S_2 sur Γ_1; ce sont donc deux des 9 génératrices précédentes et elles ne coupent pas en général S_1 et S_2 aux mêmes points. Les 7 autres génératrices communes aux deux cônes rencontrent forcément Γ_1 et Γ_2 aux mêmes points, sans quoi elles auraient trois points distincts sur S et appartiendraient à cette quadrique. Nous montrons ainsi que Γ_1 et Γ_2 se coupent en général en 7 points distincts de A, c'est-à-dire que les trois quadriques ont 8 points communs. Si elles en ont 9, elles en ont une infinité, et elles ont alors une courbe commune (droite, conique, cubique ou quartique).

Réseau linéaire ponctuel de quadriques. — Soient

$$f(x, y, z, t) = 0, \qquad f_1(x, y, z, t) = 0, \qquad f_2(x, y, z, t) = 0,$$

les équations ponctuelles de trois quadriques linéairement distinctes, c'est-à-dire telles que l'une d'elles n'appartienne pas au faisceau linéaire ponctuel défini par les deux autres.

L'équation

$$f(x, y, z, t) + \lambda f_1(x, y, z, t) + \mu f_2(x, y, z, t) = 0$$

définit un réseau linéaire ponctuel de quadriques. Les quadriques du réseau passent par les points communs aux quadriques de base. Ces points sont en général au nombre de 8, mais ils peuvent être en nombre infini, car les quadriques de base peuvent avoir en commun une droite, deux droites, une conique, une droite et une conique, une cubique. Elles ne pourraient avoir une quartique en commun, puisqu'elles sont linéairement distinctes.

Les quadriques passant par une cubique gauche donnée appartiennent à un réseau linéaire ponctuel. En écrivant que les coordonnées homogènes d'un point de la cubique, mises sous forme de polynomes entiers du 3e degré par rapport à une variable, vérifient l'équation de la quadrique, on obtient une équation du 6e degré qui définit les valeurs de la variable correspondant aux 6 points de rencontre de la cubique et de la quadrique. La cubique est sur la quadrique si les sept coefficients de cette équation du 6e degré sont nuls; cela donne 7 équations linéaires et homogènes par rapport aux 10 coefficients de l'équation de la quadrique. En résolvant ces conditions par rapport à 7 coefficients, en fonctions linéaires et homogènes des trois autres, et transportant les valeurs ainsi obtenues dans l'équation de la quadrique, on voit bien que celle-ci fait partie d'un réseau linéaire ponctuel. Six points A, B, C, D, E, F déterminent une cubique gauche. En effet, toute cubique gauche passant par ces six points peut être prise comme directrice d'un cône du second degré de sommet A et d'un cône du second degré de sommet B. Ces deux cônes sont déterminés, puisqu'on connaît le sommet et cinq points de chacun d'eux. Ils se coupent d'ailleurs suivant une cubique gauche, puisqu'ils ont AB comme génératrice commune, et cette cubique passe bien par les six points.

La formation du réseau défini par une cubique gauche est facile lorsque cette cubique est déterminée par l'intersection de deux quadriques qui ont une génératrice commune. Soient $P = 0$, $Q = 0$ les équations de cette génératrice; on peut toujours supposer que les équations des quadriques sont mises sous la forme

$$PP_1 + QQ_1 = 0, \quad PP_2 + QQ_2 = 0.$$

En écrivant que ces équations ont d'autres solutions que celles qui annulent P et Q, on obtient l'équation

$$P_1 Q_2 - Q_1 P_2 = 0$$

qui définit une troisième quadrique passant par la cubique commune aux deux premières et ne passant pas par la génératrice commune. L'équation du réseau est donc :

$$P_1 Q_2 - Q_1 P_2 + \lambda(PP_1 + QQ_1) + \mu(PP_2 + QQ_2) = 0.$$

Les plans polaires d'un point fixe A, par rapport aux quadriques d'un réseau linéaire ponctuel, passent par un point fixe A′, puisque leurs équations dépendent linéairement de deux paramètres λ et μ. A tout point A, on peut donc en associer un autre A′ tel que le segment AA′ soit divisé harmoniquement par toutes les quadriques du réseau.

Le lieu des pôles d'un plan fixe Π, par rapport aux quadriques d'un réseau linéaire ponctuel, est une surface du 3ᵉ ordre qui est le lieu de A′ quand A décrit Π.

EXERCICES

1º Etant donnée une quadrique S, trouver toutes les quadriques S′ telles que S et S′ soient orthogonales en tous leurs points d'intersection.

2º Deux quadriques ont en commun deux génératrices de même système; quel est le reste de leur intersection?

3º Montrer qu'il y a en général deux droites s'appuyant sur quatre droites données.

4º Soit Γ la biquadratique commune à deux quadriques quelconques. Combien peut-on mener de plans osculateurs à Γ par un point arbitraire A de cette courbe, outre le plan osculateur en A? Comparer au nombre des points d'inflexion d'une cubique plane.

5º Enveloppe des plans bitangents à Γ.

6º Combien peut-on mener de plans tangents à Γ par une sécante double?

7º Combien y a-t-il en général de génératrices d'un système d'une quadrique tangentes à une autre quadrique?

8º Trouver l'équation générale des sphères bitangentes à une quadrique. (Pour exprimer que deux quadriques sont tangentes en deux points non situés sur une génératrice commune, on écrit que l'une des quadriques du faisceau qu'elles définissent a une droite double). Trouver le lieu des points de contact de ces sphères avec des plans tangents parallèles à un plan fixe.

9º Démontrer que les traces des plans cycliques d'une quadrique, sur un plan P, sont également inclinées sur les axes de la section déterminée par le plan dans la quadrique.

10º Démontrer que les tangentes à une cubique gauche appartiennent à un complexe linéaire. Trouver le nombre des plans osculateurs passant par un point A quelconque; démontrer que les points d'osculation sont dans un plan passant par A. Quel est le degré de la développable des tangentes? Quelle est la section de la développable par un plan osculateur de la cubique?

11º Trouver le lieu des centres des sphères tangentes en trois points à une cubique gauche.

PROPRIÉTÉS DES PLANS TANGENTS COMMUNS
A PLUSIEURS ENVELOPPES DE SECONDE CLASSE

Les plans tangents communs à deux enveloppes de seconde classe E et E_1, menés par un point quelconque A, sont les plans tangents communs aux deux cônes qui ont ce point pour sommet et qui sont circonscrits à ces enveloppes. Ces cônes, étant de seconde classe, ont quatre plans tangents communs en général. On peut donc mener par A, en général, quatre plans tangents à la développable enveloppe des plans tangents communs à E et E_1; cette développable est de 4ᵉ classe.

Nous n'étudierons pas les cas de décomposition; nous nous bornerons à signaler quelques cas particuliers.

Si E et E_1 sont des quadriques non développables, qui ont une génératrice commune, tous les plans passant par cette génératrice sont des plans tangents communs; la développable restante est alors de 3ᵉ classe, son arête de rebroussement est une cubique gauche.

Si E et E_1 sont des quadriques ayant deux coniques communes, ces quadriques sont inscrites dans deux cônes du second degré dont l'ensemble constitue la développable circonscrite.

Si E et E_1 sont des quadriques passant par les côtés d'un quadrilatère gauche, tous les plans passant par un de ces côtés sont des plans tangents communs.

Soient

$$\psi(u, v, w, h) = 0, \qquad \psi_1(u, v, w, h) = 0,$$

les équations tangentielles de deux enveloppes de seconde classe E et E_1, distinctes.

L'équation

$$\psi(u, u, w, h) + \mu\psi_1(u, v, w, h) = 0$$

définit un faisceau tangentiel linéaire dont les enveloppes de base sont E et E_1.

En général, quatre enveloppes de ce faisceau sont singulières, c'est-à-dire sont des coniques. Les plans tangents communs à deux enveloppes de seconde classe sont donc tangents en général à 4 coniques. Les plans de ces coniques sont conjugués deux à deux par rapport à toutes les enveloppes du faisceau linéaire (E, E_1) : ce sont donc les faces d'un tétraèdre autopolaire par rapport à ces enveloppes.

Par exemple, deux quadriques sans point double sont des enveloppes de seconde classe; si elles ne sont pas tangentes, elles ont un tétraèdre autopolaire dont les sommets sont les points doubles des cônes passant par leur intersection et dont les faces sont les plans des coniques inscrites dans la développable enveloppe de leurs plans tangents communs.

Supposons que E soit une quadrique sans point double, non tangente au plan de l'infini, et que E_1 soit l'ombilicale. L'équation du faisceau linéaire tangentiel (E, E_1) est, en axes rectangulaires

$$(1) \qquad \psi(u, v, w, h) + \mu(u^2 + v^2 = w^2) = 0.$$

Les plans tangents communs à E et à E_1 sont tangents à trois coniques F, F_1, F_2 distinctes de E_1 : ces coniques sont les *focales* de E et de toutes les quadriques du faisceau qui sont dites homofocales.

Les plans de ces coniques sont conjugués deux à deux par rapport à E et à E_1; ils sont aussi conjugués du plan de E_1 par rapport à E. Ce sont des plans diamétraux conjugués rectangulaires de E, c'est-à-dire les plans principaux de cette quadrique; ce sont aussi les plans principaux de toutes les quadriques homofocales. Supposons que ces plans soient les plans de coordonnées. L'équation ponctuelle de E étant

$$\frac{x^2}{a} + \frac{y^2}{a'} + \frac{z^2}{a''} - 1 = 0,$$

son équation tangentielle est

$$au^2 + a'v^2 + a''w^2 - h^2 = 0,$$

et l'équation des quadriques homofocales est

$$(2) \qquad (a + \lambda)u^2 + (a' + \lambda)v^2 + (a'' + \lambda)w^2 - h^2 = 0.$$

L'équation ponctuelle de ces quadriques est donc

$$(3) \qquad \frac{x^2}{a+\lambda} + \frac{y^2}{a'+\lambda} + \frac{z^2}{a''+\lambda} - 1 = 0.$$

Trois quadriques d'un faisceau tangentiel linéaire passent par un point; on le vérifie de suite sur l'équation (3) pour les quadriques homofocales. Supposons $a > a' > a''$. L'équation (3), où l'on a remplacé x, y, z par les coordonnées du point réel donné, rentre dans un type connu (leç. 34, ex. 7). Ses racines sont réelles et séparées par les nombres $-a, -a', -a''$. On en conclut aisément que les trois quadriques qui passent par un point sont un ellipsoïde réel, un hyperboloïde à une nappe et un hyperboloïde à deux nappes.

En annulant le discriminant du premier membre de l'équation (2), on obtient l'équation

$$(a + \lambda)(a' + \lambda)(a'' + \lambda) = 0.$$

Les équations tangentielles des focales sont donc

$$(F) \qquad (a' - a)v^2 + (a'' - a)w^2 - h^2 = 0,$$
$$(F_1) \qquad (a - a')u^2 + (a'' - a')w^2 - h^2 = 0,$$
$$(F_2) \qquad (a - a'')u^2 + (a' - a'')v^2 - h^2 = 0.$$

F est située dans le plan yOz et son équation ponctuelle est

$$\frac{y^2}{a'-a}+\frac{z^2}{a''-a}-1=0;$$

c'est donc une ellipse imaginaire.

F_1 est située dans le plan zOx et son équation ponctuelle est

$$\frac{x^2}{a-a'}+\frac{z^2}{a''-a'}-1=0;$$

c'est une hyperbole.

F_2 est située dans le plan xOy et son équation ponctuelle est

$$\frac{x^2}{a-a''}+\frac{y^2}{a'-a''}-1=0;$$

c'est une ellipse réelle.

L'axe transverse de F_1 est Ox, qui sert de support au grand axe de F_2; on vérifie sans difficulté que les foyers réels de F_2 sont les sommets de F_1 et que les sommets de F_1 sont les foyers de F_2, de sorte que chacune de ces coniques est le lieu des sommets des cônes de révolution qui passent par l'autre (leç. 90, ex. 6); les axes de ces cônes sont les tangentes aux focales. On pourrait montrer que, plus généralement, les quadriques de révolution Q, circonscrites à l'une des quadriques du faisceau (2), se groupent en trois familles; les axes de révolution des quadriques Q d'une même famille sont les droites du plan d'une focale; les foyers des méridiennes d'une quadrique Q sont les points de rencontre de son axe et de la focale correspondante.

Les cônes C qui sont circonscrits à une famille de quadriques homofocales et qui ont pour sommet un point arbitraire A sont tangents à quatre plans fixes dont les traces sur le plan de l'infini sont tangentes à l'ombilicale. Ces droites sont les côtés d'un quadrilatère ; les diagonales de ce quadrilatère forment un triangle qui est autopolaire par rapport à E_1 et par rapport aux traces des cônes C sur le plan de l'infini. Les droites qui joignent les sommets de ce triangle au point A sont les axes de symétrie communs aux cônes C. En particulier, les axes des cônes circonscrits aux trois quadriques homofocales qui passent par A sont les normales à ces trois surfaces en A, et ces surfaces sont orthogonales deux à deux.

Les plans tangents menés par une droite D aux enveloppes d'un faisceau linéaire engendrent deux faisceaux en involution; or, parmi les plans tangents menés par D à une famille de quadriques homofocales, figurent deux plans isotropes : les plans doubles Π et Π' de l'involution correspondante sont donc rectangulaires. Les plans tangents menés par D à des quadriques homofocales sont symétriques deux à deux par rapport aux plans Π et Π'; ces plans ne peuvent se confondre que suivant Π ou Π'. Il en résulte que deux quadriques du faisceau sont tangentes à D et que les plans tangents à ces quadriques, aux points A et A' où elles touchent D, sont rectangulaires.

Les pôles d'un plan fixe P, par rapport aux enveloppes d'un faisceau linéaire, sont situés sur une droite fixe d. Cinq points remarquables sont évidents sur cette droite : 1° le point de contact du plan avec l'enveloppe du faisceau qui lui est tangente; 2° les pôles de P par rapport aux enveloppes singulières. Dans le cas des quadriques homofocales, d est la normale à P au point où ce plan est touché par une des quadriques du faisceau.

Les pôles de deux plans fixes P et P', par rapport à une enveloppe quelconque d'un faisceau linéaire tangentiel, se correspondent homographiquement sur deux droites fixes d et d'. La droite polaire de l'intersection D des plans P et P' engendre donc une quadrique dont d et d' sont deux directrices. Supposons qu'il s'agisse d'un faisceau de quadriques homofocales. La droite polaire de D, par rapport à E_1, est la polaire du point à l'infini de D par rapport à l'ombilicale; la quadrique lieu des droites polaires de D est, dans ce cas, un paraboloïde dont un plan directeur est perpendiculaire à D.

Supposons maintenant que E soit tangente au plan de l'infini. L'équation du faisceau linéaire tangentiel qu'elle détermine avec l'ombilicale est encore l'équation (1). Mais, cette fois, l'ombilicale joue le rôle de deux enveloppes singulières confondues et il ne reste plus que deux coniques F et F_1 inscrites dans la développable circonscrite à E et E_1. Les plans de ces coniques sont encore les plans principaux de E et de toutes les quadriques homofocales. Prenons ces plans principaux comme plans xOz et yOz, le plan xOy étant le plan tangent au sommet de E. Le paraboloïde de base étant supposé elliptique, on a :

$$\psi(u,\ v,\ w,\ h) \equiv pu^2 + qv^2 - 2wh.$$

L'équation tangentielle du faisceau de quadriques homofocales est donc

$$(2')\qquad (p+\lambda)u^2 + (q+\lambda)v^2 + \lambda w^2 - 2wh = 0,$$

et son équation ponctuelle est

$$(3')\qquad \frac{x^2}{p+\lambda} + \frac{y^2}{q+\lambda} + 2z - \lambda = 0.$$

Trois quadriques de cette famille passent par un point. Supposons $p > q$.

L'équation $(3)'$, où l'on remplace x, y, z par les coordonnées du point, rentre dans un type connu; ses racines sont réelles et séparées par $-p$, $-q$, de sorte que deux des paraboloïdes sont elliptiques et le troisième hyperbolique.

En annulant le discriminant du premier membre de $(2)'$, on obtient :

$$(p+\lambda)(q+\lambda) = 0.$$

Les équations tangentielles des deux focales sont donc

$$(F)\qquad (q-p)v^2 - pw^2 - 2wh = 0,$$
$$(F_1)\qquad (p-q)u^2 - qw^2 - 2wh = 0.$$

La première est dans le plan yOz et son équation ponctuelle est

$$\frac{y^2}{q-p} - 2z + p = 0.$$

La seconde est dans le plan zOx et son équation ponctuelle est

$$\frac{x^2}{p-q} - 2z + q = 0.$$

Ce sont deux paraboles égales dont l'axe de symétrie commun est Oz; le foyer de chacune est le sommet de l'autre. Chacune est le lieu des sommets des cônes de révolution passant par l'autre.. Les quadriques de révolution circonscrites à une quadrique du faisceau (2)′ se groupent en deux familles. Les axes des unes sont des droites du plan de F, et les foyers de leurs méridiennes sont les points de rencontre de leurs axes et de F. Les quadriques de l'autre famille ont leurs axes dans le plan de F_1 et les foyers de leurs méridiennes sont sur F_1.

Deux enveloppes de seconde classe, circonscrites à une même troisième, sont inscrites dans deux cônes du second degré dont les sommets partagent harmoniquement le segment qui a pour extrémités les pôles des coniques de contact.

Trois enveloppes de seconde classe ont en général huit plans tangents communs.

Trois enveloppes de seconde classe linéairement distinctes, c'est-à-dire telles que l'une d'elles n'appartient pas au faisceau linéaire tangentiel défini par les deux autres, déterminent un réseau linéaire tangentiel. Les plans tangents communs aux enveloppes de base sont tangents à toutes les enveloppes du réseau. Le lieu des pôles d'un plan fixe par rapport aux enveloppes d'un réseau linéaire est un plan, etc.

Détermination des quadriques. — L'équation ponctuelle ou tangentielle d'une quadrique dépend de 9 paramètres qui sont les rapports de 9 des coefficients de cette équation au dixième, supposé non nul. Neuf conditions géométriques distinctes sont donc nécessaires à la détermination d'une quadrique.

La donnée d'un point fournit une condition linéaire par rapport aux coefficients de l'équation ponctuelle ou une condition de 3e degré par rapport aux coefficients de l'équation tangentielle.

La donnée d'un plan tangent conduit à une condition linéaire par rapport aux coefficients de l'équation tangentielle ou à une condition du 3e degré par rapport aux coefficients de l'équation ponctuelle.

La donnée d'un point et du plan tangent en ce point fournit trois conditions linéaires par rapport aux coefficients de l'équation ponctuelle; on les obtient en écrivant que le plan polaire du point considéré est confondu avec le plan donné. Si l'on écrit que le pôle du plan donné est confondu avec le point donné, on obtient trois conditions linéaires par rapport aux coefficients de l'équation tangentielle.

La donnée d'un centre d'une quadrique à centre unique, d'un sommet d'une quadrique qui n'est pas de révolution, d'un ombilic d'une quadrique qui n'est pas une sphère, fournit trois conditions. La donnée d'un plan de symétrie d'une quadrique qui n'est pas de révolution fournit trois conditions. Plus généralement, la donnée d'un point ou d'un plan remarquable, c'est-à-dire d'un point ou d'un plan qui est déterminé quand la quadrique est donnée, fournit trois conditions ; on les obtient en écrivant que les coordonnées du point ou du plan vérifient les trois équations qui lient ces coordonnées aux coefficients de l'équation de la quadrique.

La donnée d'une droite remarquable fournit quatre conditions.

Les équations qui traduisent les conditions imposées à une quadrique peuvent être plus ou moins simples, suivant qu'on utilise les coefficients de l'équation ponctuelle ou ceux de l'équation tangentielle, et on peut faire à ce propos des remarques analogues à celles qui ont été faites à propos des coniques.

Les conditions linéaires par rapport aux coefficients de l'équation ponctuelle ou de l'équation tangentielle sont naturellement les plus simples. La donnée d'un point d'une quadrique S, ou d'un segment divisé harmoniquement par cette quadrique, fournit une condition linéaire par rapport aux coefficients de son équation ponctuelle. On démontre, comme pour les coniques, que la donnée d'une telle condition équivaut à la donnée d'une enveloppe de seconde classe E_1 à laquelle S est harmoniquement circonscrite, c'est-à-dire que S est circonscrite à un tétraèdre autopolaire par rapport à F_1 ; il y a même une infinité de semblables tétraèdres. La donnée de deux conditions linéaires par rapport aux coefficients de l'équation ponctuelle de S fait connaître un faisceau linéaire tangentiel d'enveloppes de seconde classe auxquelles S est harmoniquement circonscrite ; parmi ces enveloppes, il y a quatre coniques en général, etc.

La donnée de sept conditions linéaires distinctes permet de calculer sept coefficients de l'équation ponctuelle en fonctions linéaires et homogènes des trois autres ; en portant leurs valeurs dans l'équation de S, on voit que cette quadrique fait partie d'un réseau linéaire et passe en général par huit points fixes. Les sept conditions en question peuvent provenir de la donnée de sept points quelconques de la quadrique ; on en conclut que les quadriques qui passent par sept points passent par un huitième ; ce dernier point est déterminé quand les sept autres sont donnés.

La donnée de huit conditions linéaires distinctes permet de calculer huit coefficients de l'équation ponctuelle en fonctions linéaires et homogènes des deux autres ; en portant les valeurs obtenues dans l'équation de S, on voit que cette quadrique fait partie d'un faisceau linéaire ponctuel et passe en général par une biquadratique. Les huit conditions en question peuvent provenir de la donnée de huit points quelconques de la quadrique ; on en conclut que les quadriques passant par huit points passent par une biquadratique qui est déterminée par les huit points.

La donnée de neuf conditions linéaires distinctes conduit à une seule quadrique; par exemple, neuf points quelconques déterminent une quadrique.

On peut faire des remarques analogues au sujet des enveloppes de seconde classe.

Lorsqu'on se donne une droite d'une quadrique, on se donne trois conditions : il faut que la quadrique contienne trois points de la droite pour la contenir tout entière. Si la quadrique est définie par son équation tangentielle, on peut écrire que les coordonnées de trois plans passant par la droite donnée vérifient cette équation.

Lorsqu'on se donne une conique d'une quadrique, on impose cinq conditions à cette quadrique : il faut que la quadrique contienne cinq points de la conique pour la contenir tout entière.

Deux droites données d'une quadrique fournissent cinq conditions ou six, suivant qu'elles sont ou non dans un même plan; dans le premier cas, cette donnée équivaut à celle d'une conique.

Trois droites données, dont deux quelconques ne sont pas dans un même plan, déterminent parfaitement une quadrique. Si l'une des droites données est dans un même plan avec chacune des deux autres, on écrit que celles-ci sont sur la quadrique, ce qui donne six conditions; on écrit ensuite qu'un point de la première droite est sur la quadrique; on obtient donc sept conditions en tout. Cela équivaut à la donnée d'une cubique. Si deux des droites données sont dans un même plan, la troisième étant quelconque, cela fournit huit conditions; on démontre aisément que la quadrique se compose du plan déterminé par les deux premières droites et d'un plan quelconque passant par la troisième.

Quatre droites formant les côtés d'un quadrilatère gauche donnent huit conditions.

Une conique et une droite donnent huit conditions si elles ne se rencontrent pas, et sept si elles se coupent en un point. Dans le premier cas, la quadrique se compose du plan de la conique et d'un plan quelconque passant par la droite; le plan de la conique a en commun, avec la quadrique, une conique et un point non situé sur la conique : ce plan fait donc partie de la quadrique. Dans le second cas, cela équivaut encore à la donnée d'une cubique.

Une conique et deux droites qui la rencontrent chacune en un point, sans être dans un même plan, déterminent parfaitement une quadrique; on peut mener, par chaque point de la conique, une droite qui s'appuie sur les deux droites données et qui engendre la quadrique.

Une conique et deux droites qui la rencontrent et sont situées dans un même plan fournissent seulement huit conditions; la donnée de ces éléments équivaut à celle de deux coniques qui se coupent en deux points. Les quadriques correspondantes font partie dans chaque cas d'un faisceau linéaire ponctuel.

La donnée d'une quadrique circonscrite à une quadrique inconnue impose à celle-ci cinq conditions.

Remarque. — On peut faire, à propos de la réalité des éléments donnés et de la réalité des coefficients de l'équation d'une quadrique, des observations analogues à celles qui ont été faites (leç. 107) à propos des coniques. Ainsi, l'équation ponctuelle ou tangentielle imaginaire d'une quadrique dépend de 9 paramètres imaginaires ou de 18 paramètres réels. La donnée d'un point imaginaire d'une quadrique fournit deux conditions, que l'équation de la quadrique ait ou non tous ses coefficients réels; deux points imaginaires conjugués sont en même temps sur une quadrique d'équation réelle, etc.

EXERCICES

1° Trouver le lieu des centres des sphères de rayon nul, bitangentes à une quadrique (foyers).

2° Quel est le nombre des conditions distinctes imposées à une quadrique lorsqu'on s'en donne deux axes de symétrie?

3° Quel est le nombre des conditions distinctes imposées à une quadrique lorsqu'on s'en donne deux ou trois ombilics?

4° On suppose qu'il existe un tétraèdre qui soit inscrit dans une sphère et autopolaire par rapport à une quadrique de la première ou de la seconde classe. Donner une interprétation géométrique élémentaire de la condition imposée à la quadrique.

5° Deux quadriques sans point double servent de bases à un faisceau linéaire ponctuel et à un faisceau linéaire tangentiel. Trouver la relation qui existe entre les valeurs de λ correspondant aux quadriques singulières du premier faisceau et les valeurs de μ correspondant aux enveloppes singulières du second.

6° Combien y a-t-il de quadriques circonscrites à une quadrique donnée et passant par quatre points donnés? On suppose connus les points de rencontre de la quadrique donnée et de quatre droites parallèles menées par les points donnés : construire les plans des coniques de contact. (Voir le problème correspondant pour les coniques, leç. 107).

7° Déterminer les quadriques de révolution dont on se donne quatre points et un foyer d'une méridienne.

8° Traiter la même question en remplaçant le foyer par une sphère inscrite

9° Déterminer les quadriques de révolution passant par une cubique gauche. Cas où cette cubique se décompose. (Comparer leç. 108, ex. 10).

10° Trouver l'équation d'une quadrique passant par les trois droites

$$P - jQ = 0, \quad R - j^2 S = 0,$$

j désignant l'une quelconque des racines cubiques de l'unité.

10° Une surface S, du 3ᵉ degré, passe par toute droite dont elle contient quatre points. Déduire de là que la surface générale du 3ᵉ degré possède un nombre limité de droites. On prend comme axe Oz une de ces droites, située à distance finie. Démontrer qu'il y a cinq plans P_i ($i = 1, 2, 3, 4, 5$) qui passent par Oz et coupent encore S suivant une conique à point double, c'est-à-dire suivant deux droites D_i, D_i'. La surface possède encore d'autres droites Δ; démontrer que toute droite Δ rencontre D_i ou D_i'. Sur quatre droites prises une à une dans quatre couples distincts (D_i, D_i'), on peut appuyer une droite autre que Oz; montrer que c'est une droite Δ. Déduire de là le nombre des droites situées sur S.

COORDONNÉES POLAIRES

Nous avons vu (leç. 12) la définition des coordonnées polaires d'un point M, dans un plan orienté, par rapport à un pôle O et un axe polaire Ox. Les angles polaires $\theta + 2k\pi$ et le rayon vecteur ρ définissent un point M qu'on obtient encore avec les angles polaires $\theta + (2k+1)\pi$ et le rayon vecteur $-\rho$.

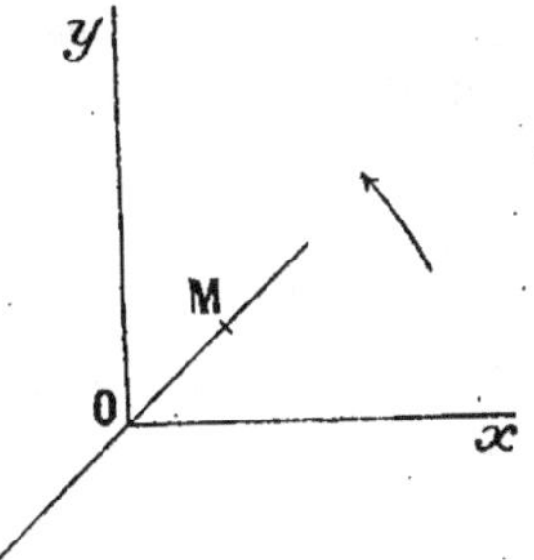

Soit Oy un axe qui se déduit de Ox par une rotation de $\dfrac{\pi}{2}$ dans le sens direct.

Les coordonnées rectilignes d'un point M, par rapport aux deux axes Ox et Oy, sont liées à ses coordonnées polaires par les équations

$$x = \rho \cos\theta, \qquad y = \rho \sin\theta,$$

d'où l'on déduit inversement :

$$\rho = \varepsilon \sqrt{x^2 + y^2}, \qquad \cos\theta = \frac{x}{\rho}, \qquad \sin\theta = \frac{y}{\rho}.$$

Si l'on connaît l'équation d'une courbe en axes rectangulaires, on en déduit de suite l'équation en coordonnées polaires en y remplaçant x et y par $\rho\cos\theta$ et $\rho\sin\theta$. Le passage inverse est plus compliqué; il est encore facile si θ ne figure, dans l'équation donnée en coordonnées polaires, que par ses lignes trigonométriques et celles de ses multiples.

Équation de la droite. — L'équation générale d'une droite en coordonnées rectilignes étant

$$A x + B y + C = 0,$$

son équation en coordonnées polaires est

$$\rho(A \cos\theta + B \sin\theta) + C = 0.$$

Si C n'est pas nul, on peut l'écrire

$$\frac{1}{\rho} = -\frac{A}{C}\cos\theta - \frac{B}{C}\cos\theta,$$

qui est de la forme

$$(1) \qquad \frac{1}{\rho} = a\cos\theta + b\sin\theta;$$

a et b sont des coefficients arbitraires.

Si C est nul, c'est-à-dire si la droite passe par le pôle, on a :

$$\operatorname{tg}\theta = -\frac{A}{B}.$$

Tous les points de cette droite peuvent être regardés comme ayant même angle polaire, pourvu qu'on donne à ρ une valeur quelconque.

La construction d'une droite définie par l'équation (1) est facile; on obtient les points sur Ox et sur Oy en donnant à θ la valeur 0 et la valeur $\dfrac{\pi}{2}$. Pour avoir tous les points de la droite, il suffit de faire varier θ dans un intervalle d'amplitude π, car si θ et ρ constituent une solution de l'équation, $\theta + \pi$ et $-\rho$ en constituent une autre, et le même point correspond à ces deux solutions.

Si l'on fait tendre θ vers une solution α de l'équation

$$a \cos\alpha + b \sin\alpha = 0,$$

ρ tend vers l'infini. La parallèle menée par l'origine à la droite a donc pour équation $\theta = \alpha$.

Supposons donnés deux points $M_0(r_0, \alpha_0)$, $M_1(r_1, \alpha_1)$ d'une droite. En écrivant que l'équation (1) est vérifiée par les coordonnées de ces points, on trouve les deux relations

$$\frac{1}{r_0} = a \cos\alpha_0 + b \sin\alpha_0,$$

$$\frac{1}{r_1} = a \cos\alpha_1 + b \sin\alpha_1,$$

qui déterminent a et b si $\sin(\alpha_1 - \alpha_0)$ n'est pas nul, c'est-à-dire si les deux points donnés ne sont pas alignés sur le pôle. En éliminant a et b entre ces relations et l'équation (1), on obtient l'équation de la droite cherchée, sous la forme

$$(2) \qquad \begin{vmatrix} \dfrac{1}{\rho}, & \cos\theta, & \sin\theta \\[2mm] \dfrac{1}{r_0}, & \cos\alpha_0, & \sin\alpha_0 \\[2mm] \dfrac{1}{r_1}, & \cos\alpha_1, & \sin\alpha_1 \end{vmatrix} = 0,$$

qui s'écrit aussi

$$\frac{1}{\rho} \sin(\alpha_1 - \alpha_0) + \frac{1}{r_0} \sin(\theta - \alpha_1) + \frac{1}{r_1} \sin(\alpha_0 - \theta) = 0.$$

L'interprétation de cette équation, au moyen des aires des trois triangles OM_0M_1, OM_1M, OMM_0, est immédiate.

Une parallèle à Oy a pour équation $x = d$, ou, en coordonnées polaires, $\dfrac{1}{\rho} = \dfrac{\cos\theta}{d}$. Si l'on fait tourner cette droite d'un angle α autour du point O, l'équation de la droite ainsi obtenue est

$$(1)' \qquad \frac{1}{\rho} = \frac{\cos(\theta - \alpha)}{d}.$$

On a ainsi une nouvelle forme de l'équation générale d'une droite; la position de cette droite est nettement définie par l'angle α et la distance d à l'origine, comptée sur le rayon vecteur $\theta = \alpha$.

Équation du cercle. — L'équation d'un cercle en coordonnées rectilignes étant

$$x^2 + y^2 - ax - by + c = 0,$$

son équation en coordonnées polaires est

$$(3) \qquad \rho^2 - \rho(a\cos\theta + b\sin\theta) + c = 0.$$

Un cas particulier intéressant est celui où le cercle passe au pôle. Alors $c = 0$, et l'équation devient :

$$(4) \qquad \rho = a\cos\theta + b\sin\theta.$$

La comparaison des équations (1) et (4) montre que la figure inverse d'une droite, par rapport au pôle, est un cercle passant par le pôle et que la figure inverse d'un cercle passant par le pôle est une droite.

On a de suite les deux points de rencontre du cercle avec Ox et Oy en donnant à θ les valeurs 0 et $\dfrac{\pi}{2}$.

Un raisonnement analogue à celui qui a été fait pour une droite, montre que l'équation d'un cercle passant par le pôle peut aussi s'écrire

$$(4)' \qquad \rho = d\cos(\theta - \alpha).$$

Les coordonnées polaires du centre sont alors α et $\dfrac{d}{2}$ et la longueur du diamètre du cercle est $|d|$. Cette équation, comme l'équation (1)', peut s'écrire de suite en partant de considérations géométriques.

Équations des coniques. — L'équation générale d'une conique en coordonnées rectilignes étant

$$Ax^2 + 2Bxy + Cy^2 + 2Dx + 2Ey + F = 0,$$

son équation en coordonnées polaires est :

$$(A\cos^2\theta + 2B\sin\theta\cos\theta + C\sin^2\theta)\rho^2 + 2(D\cos\theta + E\sin\theta)\rho + F = 0.$$

On peut la résoudre par rapport à ρ, mais il est plus simple de la résoudre par rapport à $\dfrac{1}{\rho}$.

Si le pôle n'est pas sur la conique, on a :

$$\frac{1}{\rho} = \frac{1}{F}\Big[-D\cos\theta - E\sin\theta$$

$$\pm \sqrt{(D\cos\theta + E\sin\theta)^2 - F(A\cos^2\theta + 2B\sin\theta\cos\theta + C\sin^2\theta)}\Big].$$

Cette expression est de la forme

$$(5) \qquad \frac{1}{\rho} = l\cos\theta + m\sin\theta \pm \sqrt{p\cos^2\theta + 2q\sin\theta\cos\theta + r\sin^2\theta}.$$

On peut donner diverses formes au polynome sous le radical, soit en tenant compte de la relation $\sin^2\theta + \cos^2\theta = 1$, soit en exprimant le tout en fonction de $\cos 2\theta$ et $\sin 2\theta$.

Un cas particulier intéressant est celui où l'on a :

$$q = 0, \qquad p = r = n^2.$$

L'équation de la conique est alors

$$(6) \qquad \frac{1}{\rho} = l\cos\theta + m\sin\theta \pm n.$$

On constate aisément, en revenant aux coordonnées rectilignes, que le pôle est un foyer de cette conique. Réciproquement, si l'on prend comme pôle un foyer d'une conique, son équation en coordonnées rectilignes étant

$$x^2 + y^2 = (\mathrm{L}x + \mathrm{M}y + \mathrm{N})^2,$$

son équation en coordonnées polaires se décompose et devient :

$$\pm \rho = (\mathrm{L}\cos\theta + \mathrm{M}\sin\theta)\rho + \mathrm{N}$$

ou encore

$$\frac{1}{\rho} = -\frac{\mathrm{L}}{\mathrm{N}}\cos\theta - \frac{\mathrm{M}}{\mathrm{N}}\sin\theta \pm \frac{1}{\mathrm{N}}$$

qui est de la forme (6).

Il est d'ailleurs inutile de conserver les deux équations (6) pour obtenir toute la courbe, car si ρ et θ constituent une solution de l'équation

$$\frac{1}{\rho} = l\cos\theta + m\sin\theta + n,$$

$-\rho$ et $\theta + \pi$ constituent une solution de l'équation

$$\frac{1}{\rho} = l\cos\theta + m\sin\theta - n,$$

et le même point de la conique correspond à ces deux solutions.

Si la conique n'a qu'une seule branche, la valeur de ρ donnée par l'une des équations conserve un signe constant, puisqu'elle ne s'annule pas et ne devient pas infinie; on peut alors choisir l'équation de sorte que la valeur de ρ soit positive.

Si la conique a deux branches, la valeur de ρ donnée par une équation devient infinie et change de signe, de sorte que si l'on ne garde que les valeurs positives de ρ vérifiant l'une des équations, on obtient les points d'une branche, et si l'on prend les valeurs positives de ρ vérifiant l'autre équation, on obtient les points de l'autre branche.

Nous allons retrouver ces résultats en suivant une voie géométrique.

F étant un foyer, prenons comme direction positive de l'axe polaire la direction de l'axe focal qui va du foyer vers la directrice correspondante D; soit d la distance du foyer à cette directrice.

Soit M un point quelconque de la branche qui entoure le foyer. Prenons comme direction positive, sur FM, la direction qui va de F vers M. Soit MH la perpendiculaire menée de M à D. La projection orthogonale du contour FMHI, sur Fx, donne :

$$\rho\cos\theta + MH = FI.$$

En remplaçant MH par $\dfrac{\rho}{e}$, on obtient :

$$\rho\left(\cos\theta + \frac{1}{e}\right) = d \qquad \text{ou} \qquad \frac{1}{\rho} = \frac{1 + e\cos\theta}{ed}.$$

En donnant à θ la valeur $\dfrac{\pi}{2}$, on trouve $\rho = p = ed$, p désignant le paramètre de la conique.

L'équation de la conique est donc

$$\frac{1}{\rho} = \frac{1 + e\cos\theta}{p}.$$

Si $e \leq 1$, les valeurs de ρ vérifiant cette équation sont positives quel que soit θ.

Supposons maintenant que la conique ait une deuxième branche et cherchons l'équation de cette branche en supposant encore $\rho > 0$. Cette fois, on a :

$$\rho\cos\theta - MH = FI.$$

Par suite,

$$\rho\left(\cos\theta - \frac{1}{e}\right) = d \qquad \text{ou} \qquad \frac{1}{\rho} = \frac{-1 + e\cos\theta}{p}.$$

Les valeurs de θ correspondant aux points de cette seconde branche vérifient l'inégalité $e\cos\theta > 1$.

Si l'on ne fait pas la distinction de $\rho > 0$ et de $\rho < 0$, l'une ou l'autre de ces équations définit toute l'hyperbole.

En mécanique, dans certains problèmes, il y a intérêt à utiliser des équations qui donnent à ρ des valeurs positives.

Tangente en un point d'une courbe. — La forme (1) de l'équation d'une droite nous conduit à prendre l'équation de la courbe sous la forme

$$\frac{1}{\rho} = f(\theta).$$

Soit $M(r, \alpha)$ un point de cette courbe et soit M' un point voisin, dont l'angle polaire $\alpha + \Delta\alpha$ donne à $\dfrac{1}{\rho}$ la valeur $\dfrac{1}{r} + \Delta\dfrac{1}{r}$. L'équation de la droite MM' est, en vertu de (2),

$$\begin{vmatrix} \dfrac{1}{\rho}, & \cos\theta, & \sin\theta \\[2mm] \dfrac{1}{r}, & \cos\alpha, & \sin\alpha \\[2mm] \dfrac{1}{r} + \Delta\dfrac{1}{r}, & \cos(\alpha + \Delta\alpha), & \sin(\alpha + \Delta\alpha) \end{vmatrix} = 0.$$

Retranchons les éléments de la seconde ligne de ce déterminant des éléments de la troisième et divisons par $\Delta\alpha$ tous les éléments nouveaux; l'équation de MM' devient :

$$\begin{vmatrix} \dfrac{1}{\rho}, & \cos\theta, & \sin\theta \\[2mm] \dfrac{1}{r}, & \cos\alpha, & \sin\alpha \\[2mm] \dfrac{\Delta\dfrac{1}{r}}{\Delta\alpha}, & \dfrac{\Delta\cos\alpha}{\Delta\alpha}, & \dfrac{\Delta\sin\alpha}{\Delta\alpha} \end{vmatrix} = 0.$$

En faisant tendre $\Delta\alpha$ vers zéro, on obtient :

$$\begin{vmatrix} \dfrac{1}{\rho}, & \cos\theta, & \sin\theta \\[2mm] \dfrac{1}{r}, & \cos\alpha, & \sin\alpha \\[2mm] \left(\dfrac{1}{r}\right)', & -\sin\alpha, & \cos\alpha \end{vmatrix} = 0,$$

ou bien

$$(7) \qquad \frac{1}{\rho} = \frac{1}{r}\cos(\theta - \alpha) + \left(\frac{1}{r}\right)' \sin(\theta - \alpha).$$

La parallèle menée par l'origine à cette droite a un angle polaire β défini par l'équation

$$\frac{1}{r}\cos(\beta - \alpha) + \left(\frac{1}{r}\right)'\sin(\beta - \alpha) = 0,$$

d'où

$$\operatorname{tg}(\beta - \alpha) = \frac{-\dfrac{1}{r}}{\left(\dfrac{1}{r}\right)'} = \frac{r}{r'}.$$

En faisant tourner la droite qui porte le rayon vecteur OM, autour du point M, d'un angle V défini par la formule $\operatorname{tg} V = \dfrac{r}{r'}$, on l'amène à coïncider avec la tangente.

Ce résultat peut s'obtenir sans passer par l'équation de la tangente et il pourrait servir à établir cette équation. Prenons comme axes de coordonnées rectilignes les axes Ox' et Oy' dont les directions positives sont définies respectivement par les angles polaires α et $\alpha + \dfrac{\pi}{2}$. Dans ce système les coordonnées du point M sont r, o; celles du point M' sont $(r + \Delta r)\cos\Delta\alpha$, $(r + \Delta r)\sin\Delta\alpha$.

Le coefficient angulaire de la droite MM', c'est-à-dire la tangente de l'angle dont il faut faire tourner le support de OM, autour du point M, pour l'amener sur MM' est donc

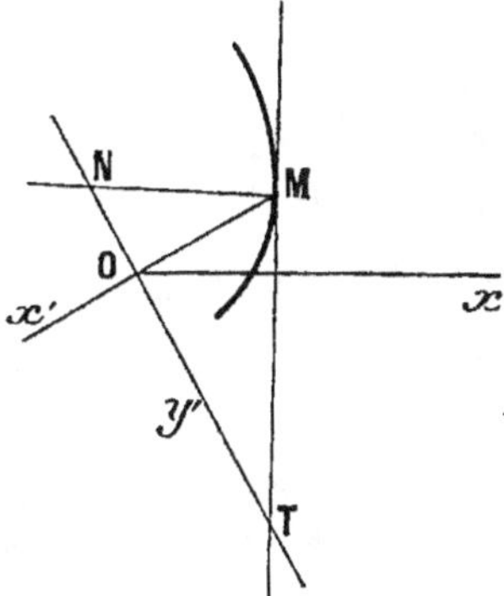

$$\mathrm{tg}\,U = \frac{(r + \Delta r)\sin\Delta\alpha}{(r + \Delta r)\cos\Delta\alpha - r}.$$

Si l'on remarque que $r\cos\Delta\alpha - r$ est un infiniment petit du second ordre par rapport à $\Delta\alpha$, on voit que le dénominateur est équivalent à Δr et le numérateur à $r\Delta\alpha$, de sorte que la limite est $\dfrac{r}{r'}$.

On a aussi :
$$\mathrm{tg}\,V = \frac{-\dfrac{1}{r}}{\left(\dfrac{1}{r}\right)'},$$

et on voit, d'après cela, les effets d'une inversion de pôle O sur l'angle V.

Soit T le point de rencontre de la tangente en M et de la perpendiculaire menée par O au rayon vecteur. OT est la sous-tangente relative au point M; ce vecteur est compté positivement, d'habitude, sur la direction définie par l'angle polaire $\alpha + \dfrac{\pi}{2}$, c'est-à-dire sur la direction Oy'. En faisant $\theta = \alpha + \dfrac{\pi}{2}$ dans l'équation de la tangente, on obtient l'équivalent algébrique s_t de la sous-tangente par la formule

$$\frac{1}{s_t} = \left(\frac{1}{r}\right)' = \frac{-r'}{r^2}.$$

Les courbes dont la sous-tangente a un équivalent algébrique constant k, sont telles que l'on ait :

$$\left(\frac{1}{\rho}\right)' = \frac{1}{k}, \qquad \text{d'où} \qquad \frac{1}{\rho} = \frac{\theta}{k} + C^{\text{te}}.$$

Une rotation de l'axe polaire permet de ramener cette équation à la forme

$$\frac{1}{\rho} = \frac{\theta}{k}.$$

A cause de la forme de cette équation et de l'allure de la courbe on donne à celle-ci le nom de *spirale hyperbolique*.

Cherchons aussi les courbes pour lesquelles V est constant. Soit $\operatorname{tg} V = \dfrac{1}{m}$. On a alors :

$$\frac{\rho'}{\rho} = m, \qquad \text{d'où} \quad \log|\rho| = m(\theta - \theta_0) \qquad \text{et} \quad \rho = \pm\, e^{m(\theta - \theta_0)}.$$

Une rotation de l'axe polaire permet de ramener cette équation à l'une des deux formes $\rho = \pm\, e^{m\theta}$; les deux courbes correspondantes sont symétriques par rapport au pôle.

La forme de l'équation et l'allure de la courbe ont fait donner à celle-ci le nom de *spirale logarithmique*. Le cercle en est un cas particulier et correspond à $V = \dfrac{\pi}{2}$.

Normale en un point d'une courbe. — L'équation générale d'une droite passant par le point $M(r, \alpha)$ est manifestement

$$\frac{1}{\rho} = \frac{\cos(\theta - \alpha)}{r} + \lambda \sin(\theta - \alpha),$$

λ désignant un paramètre. La parallèle menée par l'origine à cette droite a un angle polaire β' donné par l'équation

$$\operatorname{tg}(\beta' - \alpha) = -\frac{1}{\lambda r}.$$

En écrivant la relation

$$\operatorname{tg}(\beta - \alpha)\, \operatorname{tg}(\beta' - \alpha) = -1, \qquad \text{on trouve} \quad \lambda = \frac{1}{r'}.$$

L'équation de la normale en M est donc

$$(8) \qquad \frac{1}{\rho} = \frac{1}{r}\cos(\theta - \alpha) + \frac{1}{r'}\sin(\theta - \alpha).$$

Soit N le point de rencontre de la normale en M et de la perpendiculaire à OM menée par O, ON est la sous-normale relative au point M; on compte d'habitude ce vecteur positivement sur la direction définie par l'angle polaire $\alpha + \dfrac{\pi}{2}$, c'est-à-dire sur la direction Oy'. En faisant $\theta = \alpha + \dfrac{\pi}{2}$, dans l'équation de la normale, on obtient l'équivalent algébrique de la sous-normale par la formule

$$\frac{1}{s_n} = \frac{1}{r'}, \qquad \text{ou} \qquad s_n = r'.$$

Les courbes dont la sous-normale a un équivalent algébrique constant k, sont telles que l'on ait :

$$\rho' = k, \qquad \text{d'où} \qquad \rho = k\theta + C^{\text{te}}.$$

Si k n'est pas nul, une rotation de l'axe polaire permet de ramener cette équation à la forme

$$\rho = k\theta;$$

la courbe correspondante est une *spirale d'Archimède*. Si k est nul, on trouve l'équation d'un cercle de centre O ; nous voyons de nouveau que toute courbe dont les normales passent par un point fixe est un cercle qui a son centre en ce point.

Concavité, convexité, points d'inflexion. — On dit qu'une courbe tourne sa concavité vers le pôle, en un point $M(\alpha, r)$ distinct du pôle, lorsqu'on peut déterminer sur la courbe, de part et d'autre du point M, deux petits arcs tels que l'on ait $ON < OP$; N désigne un point quelconque de l'un ou l'autre de ces arcs et P le point où ON rencontre la tangente en M. La courbe tourne sa convexité vers le pôle si l'on a $ON > OP$, de part et d'autre du point M. Elle a un point d'inflexion en M si ON est supérieur à OP sur l'un des arcs et inférieur à OP sur l'autre.

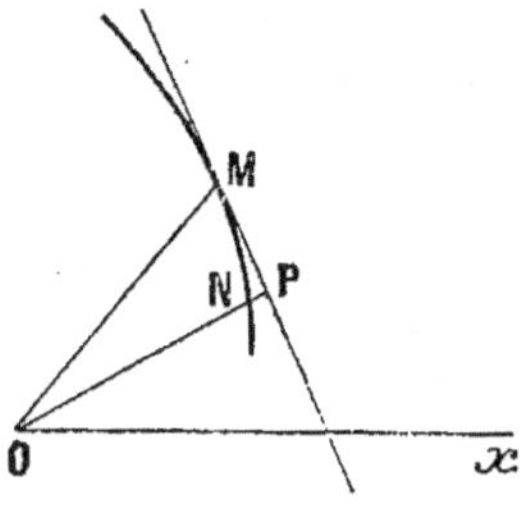

Au voisinage de M la différence $\dfrac{1}{ON} - \dfrac{1}{OP}$ est positive dans le premier cas et négative dans le second cas ; elle est de signes différents sur les deux arcs dans le troisième cas. C'est une fonction de l'angle polaire θ du point N ; cette fonction s'annule pour $\theta = \alpha$. Pour $\theta = \alpha$, elle passe par un minimum dans le premier cas, par un maximum dans le second cas et elle est croissante ou décroissante dans le troisième cas.

Réciproquement, si, pour $\theta = \alpha$, cette fonction passe par un minimum, la courbe tourne sa concavité vers le pôle en M ; si cette fonction passe par un maximum, la courbe tourne sa convexité vers le pôle, et si cette fonction est croissante ou décroissante, la courbe présente un point d'inflexion en M.

Quand θ est voisin de α, le rayon vecteur ρ de la courbe et le rayon vecteur R de la tangente sont voisins de r dont ils ont le signe. Si r est positif, l'équivalent algébrique de $\dfrac{1}{ON} - \dfrac{1}{OP}$ est $\dfrac{1}{\rho} - \dfrac{1}{R}$ et, si r est négatif, cet équivalent est $-\dfrac{1}{\rho} + \dfrac{1}{R}$.

Plaçons-nous dans le premier cas. Posons :

$$\delta = \frac{1}{\rho} - \frac{1}{R} = f(\theta) - f(\alpha)\cos(\theta - \alpha) - f'(\alpha)\sin(\theta - \alpha).$$

La dérivée première de cette fonction est

$$\delta' = f'(\theta) + f(\alpha)\sin(\theta - \alpha) - f'(\alpha)\cos(\theta - \alpha).$$

Elle s'annule pour $\theta = \alpha$, ce qui était à prévoir, puisque ρ et R prennent la même valeur en M ainsi que leurs dérivées premières. Si cette dérivée δ' est croissante pour $\theta = \alpha$, elle change de signe en passant de $-$ à $+$, δ passe par un minimum et la courbe tourne sa concavité vers le pôle. Si δ' est décroissante pour $\theta = \alpha$, elle change de signe en passant de $+$ à $-$, δ passe par un maximum et la courbe tourne sa convexité vers le pôle. Enfin si δ' passe par un maximum ou un minimum pour $\theta = \alpha$, il y a inflexion.

En général, l'étude du signe de δ'', pour $\theta = \alpha$, permettra de reconnaître ce qui se passe. Or

$$\delta'' = f''(\theta) + f(\alpha) \cos (\theta - \alpha) + f'(\alpha) \sin (\theta - \alpha),$$

et
$$\delta''(\alpha) = f''(\alpha) + f(\alpha).$$

La courbe tourne sa concavité ou sa convexité vers le pôle suivant que $f(\alpha) + f''(\alpha)$ est positif ou négatif. En général, si $f(\alpha) + f''(\alpha)$ est nul, il y a inflexion.

On arrive aux conclusions inverses si r est négatif. On peut réunir les résultats dans un même énoncé en disant que la courbe tourne sa concavité ou sa convexité vers le pôle, en un point (θ, ρ), suivant que

$$\frac{1}{\rho}\left(\frac{1}{\rho} + \left(\frac{1}{\rho}\right)''\right) \text{ est positif ou négatif en ce point.}$$

Branches infinies. — Soit C une branche infinie d'une courbe qui a une équation de la forme

$$\frac{1}{\rho} = f(\theta).$$

Lorsqu'un point M s'éloigne indéfiniment sur cette branche, la direction OM peut tendre vers une position limite qu'on appelle direction asymptotique de la branche C. Soit α l'angle polaire limite du point M. Quand ρ tend vers l'infini, θ tend vers α. On obtient donc les angles polaires des directions asymptotiques en cherchant les zéros de $(f\theta)$.

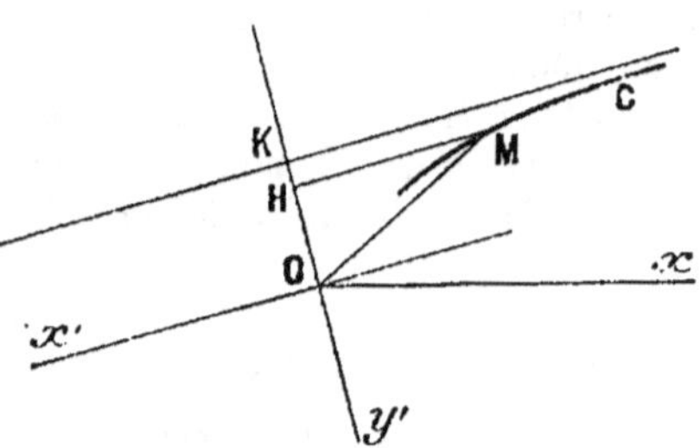

Soient Ox' et Oy' les deux directions définies respectivement par les angles polaires α et $\alpha + \dfrac{\pi}{2}$. Soit H le pied de la perpendiculaire abaissée de M sur Oy'. Quand θ tend vers α, $\overline{OH}$ tend vers l'ordonnée $\overline{OK}$ à l'origine (suivant l'axe Oy') de l'asymptote de C, lorsque cette asymptote existe. $\overline{OK}$ est la sous-asymptote. Si $\overline{OH}$ tend vers l'infini, la branche est parabolique. Si $\overline{OH}$ ne tend ni vers une limite, ni vers l'infini, la branche C n'admet pas d'asymptote et n'est pas parabolique.

Pour reconnaître si $\overline{OH}$ tend vers une limite, calculons son expression en fonction de θ. Il suffit de remarquer que c'est l'ordonnée du point M dans un système de coordonnées rectilignes correspondant à l'axe polaire Ox'. On a donc :

$$\overline{OH} = y' = \rho \sin \omega,$$

ω désignant l'angle polaire du point M dans le nouveau système. Comme θ vaut $\alpha + \omega$, on a :

$$y' = \rho \sin(\theta - \alpha) = \frac{\sin(\theta - \alpha)}{f(\theta)}.$$

Le numérateur de la fraction étant équivalent à $\theta - \alpha$ pour $\theta = \alpha$, et $f(\alpha)$ étant nul, on voit que la limite cherchée, quand θ tend vers α, est la même que celle de $\dfrac{\theta - \alpha}{f(\theta) - f(\alpha)}$. Si cette limite d existe, on a donc :

$$d = \frac{1}{f'(\alpha)}$$

et l'équation de l'asymptote est

$$\rho \sin(\theta - \alpha) = \frac{1}{f'(\alpha)} \qquad \text{ou} \qquad \frac{1}{\rho} = f'(\alpha) \sin(\theta - \alpha).$$

C'est ce que devient l'équation (7) de la tangente en un point lorsque $f(\alpha)$ s'annule. D'ailleurs la sous-asymptote d est alors la limite de la sous-tangente.

Pour trouver la position de la courbe par rapport à l'asymptote, il y a lieu de distinguer du cas général celui où l'asymptote passe par le pôle. Dans ce cas particulier, l'étude du signe de ρ, au voisinage de α, permet de placer la courbe. Dans le cas général, il faut chercher le sens du vecteur KH, c'est-à-dire le signe de $\delta = y' - d$, quand θ tend vers α.

δ est une fonction de θ qui s'annule pour $\theta = \alpha$. Pour en étudier le signe au voisinage de α, il peut être commode d'apprécier le signe de sa dérivée par rapport à θ. On peut aussi chercher le sens de la concavité de la courbe, quand θ est voisin de α, en remarquant que si la courbe tourne sa concavité vers le pôle, elle est du même côté que le pôle par rapport à l'asymptote, et que si elle tourne sa convexité vers le pôle, elle est de côté différent. On est donc conduit à apprécier le signe de $\dfrac{1}{\rho}\left(\dfrac{1}{\rho} + \left(\dfrac{1}{\rho}\right)''\right)$ quand θ est voisin de α ; comme $\dfrac{1}{\rho}$ est voisin de o, le signe de ce produit est en général celui de $\dfrac{1}{\rho}\left(\dfrac{1}{\rho}\right)''$ ou encore celui de $f(\theta)\,f''(\alpha)$.

Lorsque plusieurs directions asymptotiques ont des angles polaires $\alpha_0, \alpha_0 + \pi, \alpha_0 + 2\pi, \ldots$, on étudie toutes les branches infinies correspondantes en utilisant les axes Ox' et Oy' définis par les angles polaires α_0 et $\alpha_0 + \dfrac{\pi}{2}$.

EXERCICES

1º Quelle est la nature de la courbe définie par l'équation

$$\frac{1}{\rho} = \frac{a \cos 2\theta + b \sin 2\theta + c}{p \cos \theta + q \sin \theta}?$$

2º Une courbe étant définie par l'équation $\frac{1}{\rho} = f(\theta)$, trouver sur cette courbe les points où la tangente a une direction donnée.

3º Trouver la podaire du pôle par rapport à une courbe définie en coordonnées polaires. Appliquer à une spirale logarithmique et à une conique dont un foyer est au pôle.

4º Trouver les points de contact d'une conique et des tangentes menées par un point donné, en supposant que le pôle est un foyer de la conique.

5º Trouver l'équation d'une conique passant par trois points donnés et ayant le pôle pour foyer.

6º Les points de rencontre d'une courbe définie par l'équation $\frac{1}{\rho} = f(\theta)$ et de la sécante $\theta = \alpha$, menée par le pôle, correspondent à des angles polaires de la forme $\alpha + k\pi$. L'équation de la tangente en l'un de ces points est donc

$$\frac{(-1)^k}{\rho} = f(\alpha + k\pi) \cos(\theta - \alpha) + f'(\alpha + k\pi) \sin(\theta - \alpha),$$

k désignant un entier quelconque. C'est un cas particulier de l'équation

$$\frac{\varepsilon}{\rho} = f(\lambda) \cos(\theta - \alpha) + f'(\lambda) \sin(\theta - \alpha),$$

où λ désigne un paramètre. Les tangentes considérées sont donc tangentes à l'enveloppe E des droites définies par cette dernière équation, quand λ varie, α restant fixe.

Que peut-on dire de E quand α varie? Appliquer à la spirale hyperbolique et à la spirale d'Archimède.

7º Démontrer que les courbes définies par l'équation

$$\frac{1}{\rho} = a \cos m\theta + b \sin m\theta + c$$

ne présentent pas de points d'inflexion si a, b, c, m vérifient l'inégalité

$$c^2 > (a^2 + b^2)(m^2 - 1)^2.$$

8º Trouver l'équation d'un cercle qui passe par le pôle et qui est orthogonal à une courbe donnée en un point donné.

CONSTRUCTION D'UNE COURBE EN COORDONNÉES POLAIRES

Intervalle de variation de θ. — Le fait qu'un point a une infinité de coordonnées polaires a une importance capitale. L'équation de la courbe étant donnée, il faut reconnaître tout d'abord si, à une solution quelconque (θ, ρ) de cette équation, on peut en associer une autre de la forme $(\theta + 2k\pi, \rho)$ ou $\big(\theta + (2k+1)\pi, -\rho\big)$, ($k$ entier), qui redonne le même point. Dans le premier cas, il suffira de faire varier θ dans un intervalle d'amplitude $2k\pi$ et de prendre les solutions correspondantes pour obtenir tous les points de la courbe; dans le second cas, on fera varier θ dans un intervalle d'amplitude $(2k+1)\pi$.

Il n'y a évidemment lieu d'effectuer cette recherche que si l'équation de la courbe renferme l'angle θ par les lignes trigonométriques de ses multiples ou de ses sous-multiples. Nous allons étudier différents exemples.

1° L'angle θ ne figure que par les lignes trigonométriques de ses multiples.

Le changement de θ en $\theta + 2\pi$ donne aux lignes trigonométriques les mêmes valeurs et n'altère pas ρ; on retrouve donc le même point de la courbe et l'intervalle de variation est de 2π au plus.

Changeons θ en $\theta + \pi$. Si ρ est remplacé par $-\rho$, on retrouve le même point de la courbe et l'intervalle de variation de θ a pour amplitude π. Si ρ ne change pas, on trouve un point symétrique du premier par rapport au pôle; l'origine est un centre de symétrie. On peut encore se borner à faire varier θ dans un intervalle de π et on achève la courbe par symétrie par rapport au pôle.

2° L'angle θ ne figure que par les lignes trigonométriques de $\dfrac{\theta}{2}$.

En changeant θ en $\theta + 4\pi$, ces lignes trigonométriques ne sont pas modifiées et ρ reprend la même valeur. L'amplitude de l'intervalle de variation de θ est donc 4π au plus. Il convient de voir ce qui se passe quand on change θ en $\theta + 2\pi$: si ρ reprend la même valeur, l'intervalle est de 2π; si ρ reprend une valeur symétrique, le pôle est centre de symétrie. Dans ce dernier cas, on fait varier θ dans un intervalle de 2π, on construit les points correspondants de la courbe et on achève par symétrie par rapport au pôle. Bien que le changement de θ en $\theta + \pi$ ou en $\theta + 3\pi$ puisse donner le même point de la courbe ou un point symétrique du premier par rapport au pôle, il n'y a pas lieu d'effectuer ces changements en général, car ils remplacent $\sin\frac{\theta}{2}$ et $\cos\frac{\theta}{2}$ respectivement par $\cos\frac{\theta}{2}$ et $-\sin\frac{\theta}{2}$ ou par $-\cos\frac{\theta}{2}$ et $\sin\frac{\theta}{2}$; sauf dans des cas exceptionnels, ρ ne reprend ni la même valeur, ni une valeur symétrique.

3° L'angle θ ne figure que par les lignes trigonométriques de $\frac{\theta}{m}$. En changeant θ en $\theta + 2m\pi$, $\sin\frac{\theta}{m}$ et $\cos\frac{\theta}{m}$ reprennent les mêmes valeurs, ainsi que ρ, et l'on retrouve le même point de la courbe. On effectuera aussi en général le changement de θ en $\theta + m\pi$, afin de voir si l'on retrouve pour ρ soit la même valeur, soit une valeur symétrique, ce qui permettrait de réduire l'intervalle. Accidentellement, on cherchera l'effet du changement de θ en $\theta + k\pi$, k étant inférieur à $2m$.

Symétries. — Nous venons de voir comment on reconnaît, dans certains cas, la symétrie par rapport au pôle et comment on peut réduire l'intervalle de variation de θ quand cette symétrie existe. Signalons encore le cas où deux valeurs symétriques de ρ correspondraient à chaque valeur de θ.

Pour reconnaître une symétrie par rapport à l'axe polaire, on remarque que les coordonnées du point M' symétrique du point $M(\theta, \rho)$, par rapport à cet axe, sont $(2k\pi - \theta, \rho)$ ou $\big((2k+1)\pi - \theta, -\rho\big)$. On cherchera donc si le changement de θ en $2k\pi - \theta$ donne à ρ la même valeur; si cela est, Ox est un axe de symétrie. Si l'on retrouve pour ρ la valeur symétrique, le point M' correspondant est symétrique du premier par rapport à Oy. Dans les deux cas, l'intervalle de variation de θ peut être réduit de moitié en tenant compte de la symétrie constatée. La valeur θ_0, borne commune aux deux intervalles partiels qui constituent l'intervalle total, est donnée par

$$\theta_0 = 2k\pi - \theta_0, \qquad \text{ou} \qquad \theta_0 = k\pi.$$

On n'essaiera le changement de θ en $2k\pi - \theta$ que si les deux angles θ et $2k\pi - \theta$ sont en même temps dans l'intervalle total. Par exemple, si l'intervalle total a pour bornes $-\pi$ et $+\pi$, on changera simplement θ en $-\theta$.

On cherchera aussi si le changement de θ en $(2k+1)\pi - \theta$ donne à ρ une valeur symétrique; si cela est, Ox est un axe de symétrie. Si l'on retrouve pour ρ la même valeur, le point M' correspondant est symétrique du premier par rapport à Oy. Dans les deux cas, l'intervalle de variation de θ peut être réduit de moitié. La valeur θ_0, borne commune aux deux intervalles partiels qui constituent l'intervalle total, est donnée par

$$\theta_0 = (2k+1)\pi - \theta_0, \qquad \text{ou} \qquad \theta_0 = (2k+1)\frac{\pi}{2}.$$

On n'essaiera le changement de θ en $(2k+1)\pi - \theta$ que si les deux angles θ et $(2k+1)\pi - \theta$ sont en même temps dans l'intervalle total.

Par exemple, si l'intervalle total a pour bornes $-\dfrac{\pi}{2}$ et $\dfrac{3\pi}{2}$, on changera simplement θ en $\pi - \theta$.

Ayant le moyen de reconnaître si Ox est un axe de symétrie, nous savons reconnaître si une droite qui passe par le pôle et qui correspond à $\theta = \alpha$ est un axe; il suffit de prendre cette droite comme axe polaire en posant $\theta = \alpha + \omega$.

On pourrait procéder de cette façon pour Oy; on peut aussi remarquer que les coordonnées du point M' symétrique de $M(\theta, \rho)$, par rapport à cet axe, sont $\big((2k+1)\pi - \theta, \rho\big)$ ou $(2k\pi - \theta, -\rho)$.

On est donc conduit à effectuer les changements de θ en $(2k+1)\pi - \theta$ et en $2k\pi - \theta$; or ces changements ont été effectués dans la recherche des symétries par rapport à Ox. Une même étude donne donc les symétries par rapport à Ox et par rapport à Oy.

Points doubles. — Un point M est double s'il est obtenu pour plusieurs valeurs de θ comprises dans l'intervalle de variation. Si l'équation de la courbe est $\rho = F(\theta)$, on est donc amené à résoudre les deux équations

$$(1) \qquad F(\theta) = F(\theta + 2k\pi),$$

$$(2) \qquad F(\theta) = -F\big(\theta + (2k+1)\pi\big),$$

k désignant un entier tel que les deux angles θ, $\theta + 2k\pi$ ou θ, $\theta + (2k+1)\pi$ appartiennent à l'intervalle de variation.

Par exemple, si cet intervalle est de 2π, il suffira de résoudre l'équation

$$F(\theta) = -F(\theta + \pi).$$

Exemples. — 1° $\qquad \rho = e^{m\theta}.$

Supposons $m > 0$, par exemple. θ croissant de $-\infty$ à $+\infty$, ρ croît de 0 à $+\infty$ et prend la valeur 1 pour $\theta = 0$. La spirale logarithmique a une infinité de spires qui enveloppent le pôle et s'en rapprochent de plus en plus quand le rayon vecteur tourne dans le sens inverse; le pôle est dit *point asymptote* de la courbe. Les spires s'éloignent de plus en plus du pôle quand le rayon vecteur tourne dans le sens direct.

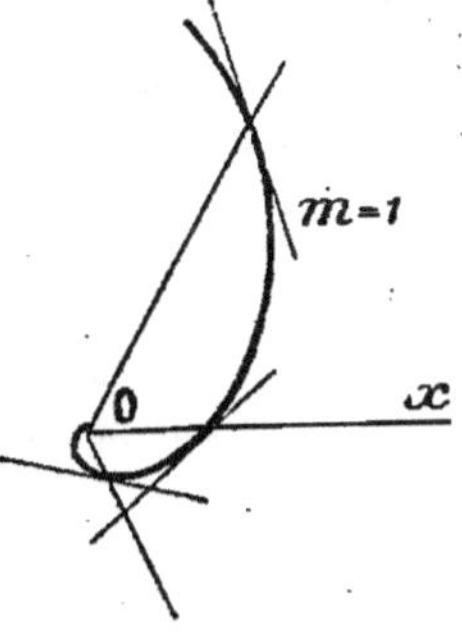

2° $\qquad \rho = a\theta.$

Le changement de θ en $-\theta$ remplace ρ par $-\rho$. La courbe est donc symétrique par rapport à Oy.

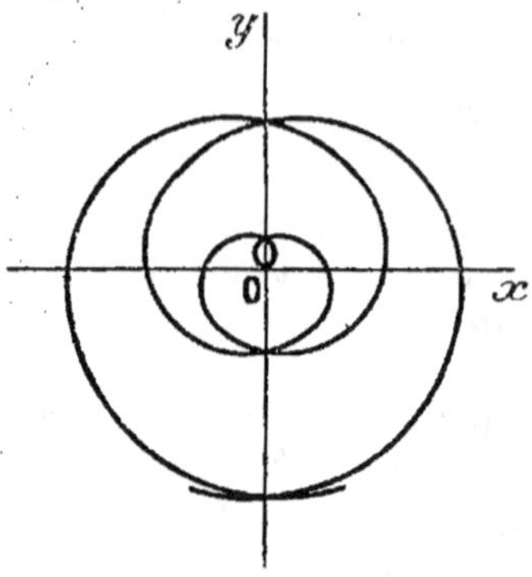

Il suffit de construire la courbe pour les valeurs positives de θ et de compléter par symétrie par rapport à Oy.

Supposons $a > 0$. Quand θ croît de 0 à $+\infty$, ρ croît de même.

ρ s'annulant pour $\theta = 0$, la courbe est tangente en O à l'axe polaire.

La spirale d'Archimède a aussi une infinité de spires. Elle a une infinité de points doubles sur Oy.

$3°$
$$\rho = \frac{a}{\theta}.$$

Le changement de θ en $-\theta$ remplace encore ρ par $-\rho$. Oy est un axe de symétrie et il suffit de donner à θ des valeurs positives en complétant par symétrie par rapport à Oy.

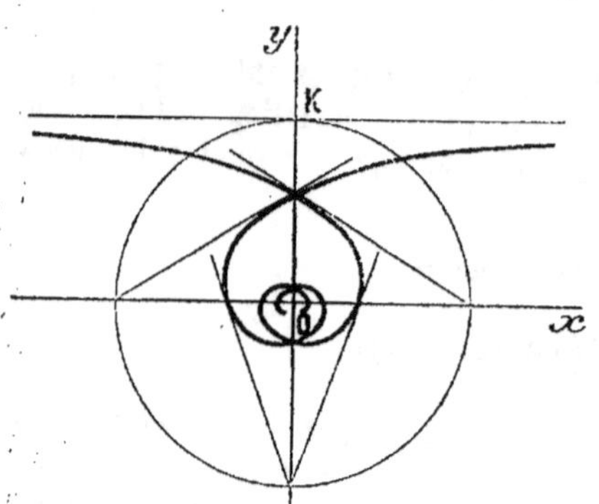

Supposons $a > 0$. θ croissant de 0 à $+\infty$, ρ décroît de $+\infty$ à 0; l'origine est un point asymptote. La direction asymptotique étant celle de l'axe polaire, étudions l'ordonnée

$$y = \rho \sin\theta = a\frac{\sin\theta}{\theta}.$$

Cette ordonnée tend vers a quand θ tend vers zéro. La droite $y = a$ est donc l'asymptote.

Le rapport $\dfrac{\sin\theta}{\theta}$ étant inférieur à 1, y est inférieur à a; cela place la courbe par rapport à son asymptote.

D'ailleurs, on a :

$$\frac{1}{\rho} = \frac{\theta}{a}, \qquad \left(\frac{1}{\rho}\right)'' = 0, \qquad \frac{1}{\rho}\left[\frac{1}{\rho} + \left(\frac{1}{\rho}\right)''\right] = \frac{1}{\rho^2},$$

de sorte que la courbe tourne constamment sa concavité vers le pôle.

La spirale hyperbolique a une infinité de points doubles sur Oy.

$4°$
$$\rho = a\frac{\theta^2}{\theta^2 - 1}.$$

Le changement de θ en $-\theta$ n'altérant pas ρ, la courbe est symétrique par rapport à l'axe polaire. Il suffit de donner à θ des valeurs positives en complétant par symétrie par rapport à Ox.

Supposons $a > 0$, ρ est négatif dans l'intervalle $(0, 1)$ et positif dans l'intervalle $(1, +\infty)$. La seule valeur positive de θ pour laquelle ρ est discontinu, est $\theta = 1$ qui rend ρ infini. Pour avoir l'asymptote correspondante, cherchons la limite de

$$y' = \rho \sin(\theta - 1) = a \frac{\theta^2}{\theta + 1} \frac{\sin(\theta - 1)}{\theta - 1}.$$

Cette limite est $\dfrac{a}{2}$. D'ailleurs, on a :

$$f(\theta) = \frac{\theta^2 - 1}{a\,\theta^2} = \frac{1}{a}\left(1 - \frac{1}{\theta^2}\right), \qquad f'(\theta) = \frac{2}{a\,\theta^3}, \qquad f''(\theta) = \frac{-6}{a\,\theta^4},$$

$$f(\theta) + f''(\theta) = \frac{\theta^4 - \theta^2 - 6}{a\,\theta^4}.$$

$f''(1)$ étant négatif, $f(\theta)$ et $f''(\theta)$ sont de même signe si θ est voisin de 1 et inférieur à 1 : la courbe tourne alors sa concavité vers le pôle et est entre l'asymptote et le pôle. Si θ est un peu supérieur à 1, c'est le contraire. La courbe coupe son asymptote en une infinité de points dont les angles polaires sont racines de l'équation $y' = \dfrac{a}{2}$, c'est-à-dire

$$2\,\theta^2 \sin(\theta - 1) = \theta^2 - 1.$$

Elle présente deux points d'inflexion qui correspondent à

$$\theta = \pm\sqrt{3}, \qquad \rho = \frac{3}{2}a.$$

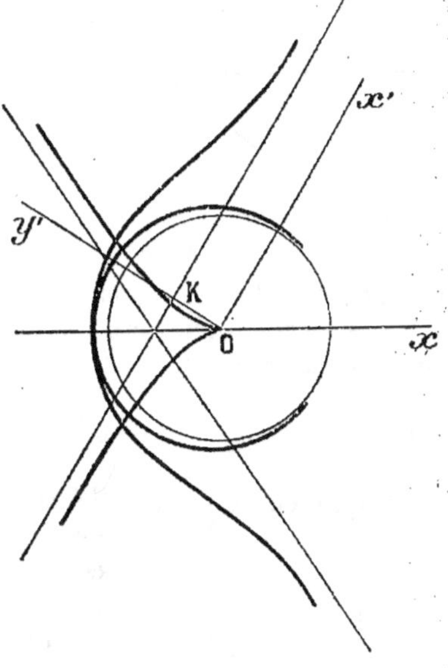

ρ décroissant constamment quand θ croît de 0 à $+\infty$, et tendant vers r quand θ tend vers l'infini, la courbe décrit, à partir de $\theta = 1$, une infinité de spires qui enveloppent le cercle $\rho = a$ et s'en rapprochent indéfiniment. Ce cercle est dit *cercle asymptote* de la courbe. Cette courbe présente une infinité de points doubles sur Ox. Le pôle est un point de rebroussement et la tangente en ce point est Ox.

$$5°. \qquad \rho = \frac{p}{1 + e\cos\theta}, \qquad e > 1, \quad p > 0.$$

Le changement de θ en $\theta + 2\pi$ n'altère pas ρ ; l'intervalle de variation de θ est de 2π.

Le changement de θ en $-\theta$ n'altère pas ρ ; donc Ox est un axe de symétrie, et il suffit de faire varier θ de 0 à π en complétant par symétrie.

ρ est infini pour une valeur α de θ, comprise entre $\dfrac{\pi}{2}$ et π, et telle que

$\cos\alpha = -\dfrac{1}{e}$. L'équation de l'asymptote est

$$y' = \rho\sin(\theta - \alpha) = \frac{1}{f'(\alpha)},$$

avec $\qquad f(\theta) = \dfrac{1 + e\cos\theta}{p}, \qquad f'(\alpha) = -\dfrac{e\sin\alpha}{p}.$

Or $\sin\alpha$ vaut $\sqrt{1 - \dfrac{1}{e^2}}$, ou $\sqrt{1 - \dfrac{a^2}{c^2}}$, ou $\dfrac{b}{c}$. On a donc :

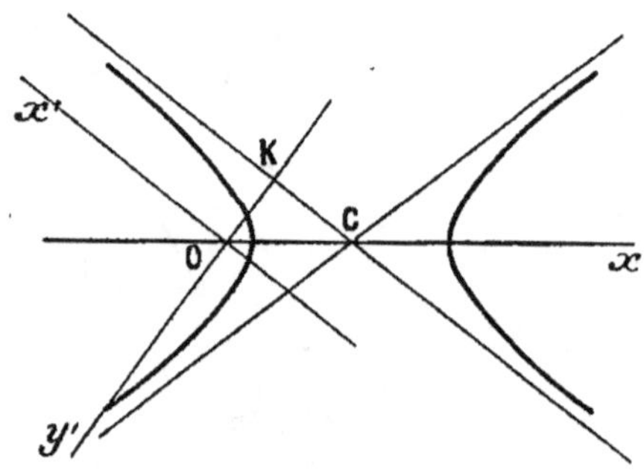

$$f'(\alpha) = -\frac{c}{a}\frac{a}{b^2}\frac{b}{c} = -\frac{1}{b}$$

et l'équation de l'asymptote est $y' = -b$.

On a aussi :

$$f''(\theta) = -\frac{e\cos\theta}{p},$$

$$f(\theta) + f''(\theta) = \frac{1}{p}.$$

La courbe tourne donc sa concavité vers le pôle quand ρ est positif et à l'opposé quand ρ est négatif.

En remarquant que ρ croît constamment avec θ dans l'intervalle $(0, \pi)$, on peut tracer la courbe. On reconnaît la forme de l'hyperbole.

$6°$ $\qquad\qquad \rho = a\,\dfrac{1 - \sin\theta}{\cos\theta}, \qquad a > 0.$

L'amplitude de l'intervalle de variation de θ est 2π. Le changement de θ en $\pi - \theta$ changeant le signe de ρ, la courbe est symétrique par rapport à Ox. La borne commune aux deux intervalles partiels correspondants est donnée par $\theta_0 = \pi - \theta_0$; c'est donc $\theta_0 = \dfrac{\pi}{2}$. Il suffit de faire varier θ de $-\dfrac{\pi}{2}$ à $+\dfrac{\pi}{2}$ et d'achever par symétrie par rapport à Ox. Dans cet intervalle, ρ est > 0.

ρ est infini pour $\theta = -\dfrac{\pi}{2}$ et indéterminé pour $\theta = \dfrac{\pi}{2}$.

La direction asymptotique étant Oy, étudions l'abscisse x. On a :

$$x = \rho\cos\theta = a(1 - \sin\theta).$$

Cette abscisse tend vers $2a$ par valeurs moindres quand θ tend vers $-\dfrac{\pi}{2}$. L'asymptote est donc la droite $x=2a$, et la courbe est entre l'asymptote et le pôle.

La vraie valeur de ρ, pour $\theta=\dfrac{\pi}{2}$, est celle du rapport des dérivées $\dfrac{-a\cos\theta}{-\sin\theta}$; elle est donc nulle et ρ tend vers o quand θ tend vers $\dfrac{\pi}{2}$. La courbe est tangente en o à Oy.

Si l'on transformait en coordonnées rectilignes, on aurait :

$$\rho=a\,\frac{\left(1-\dfrac{y}{\rho}\right)}{\dfrac{x}{\rho}},\quad\text{d'où}\quad \rho x=a(\rho-y),\quad\text{ou bien}\quad \rho(a-x)=ay.$$

Après élévation au carré, il vient :

$$(x^2+y^2)(a-x)^2=a^2y^2\quad\text{ou}\quad y^2\big[a^2-(a-x)^2\big]=x^2(a-x)^2,$$

c'est-à-dire

$$y^2x(2a-x)=x^2(a-x)^2.$$

La courbe se décompose en l'axe Ox et une cubique circulaire à point double $I(a,o)$, définie par l'équation

$$y^2(2a-x)=x(a-x)^2.$$

Nous retrouverons cette courbe plus loin.

$7°$ $$\rho=a\cos 3\theta,\qquad a>o.$$

Le changement de θ en $\theta+\pi$ donne le même point de la courbe. L'intervalle de variation de θ est donc d'amplitude égale à π. Le changement de θ en $-\theta$ donne à ρ la même valeur; Ox est un axe de symétrie. Il suffit de faire varier θ de o à $\dfrac{\pi}{2}$ et de compléter par symétrie.

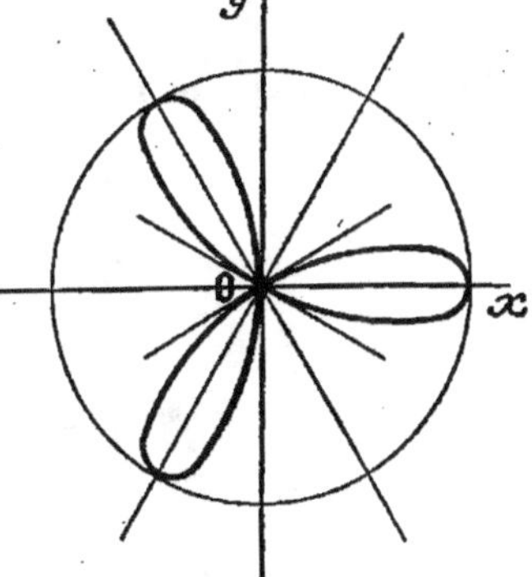

θ croissant de o à $\dfrac{\pi}{3}$, $\cos 3\theta$ décroît de 1 à -1 et ρ décroît de a à $-a$; puis, θ croissant de $\dfrac{\pi}{3}$ à $\dfrac{\pi}{2}$, $\cos 3\theta$ croît de 1 à o et ρ croît de $-a$ à o. Le tracé de la courbe correspondante en résulte.

La forme de la courbe permet de croire qu'elle admet comme axes de symétrie, non seulement la droite $\theta=o$, mais encore les deux droites $\theta=\pm\dfrac{\pi}{3}$; c'est ce qu'on vérifie aisément en faisant tourner l'axe polaire d'un angle correspondant.

$$8° \qquad \rho = a\,\frac{\sin\dfrac{\theta}{2}}{1 + 2\cos\dfrac{\theta}{2}}, \qquad a > 0.$$

Le changement de θ en $\theta + 4\pi$ donne à ρ la même valeur et aucun des changements de θ en $\theta + k\pi$, k étant un nombre naturel inférieur à 4, ne donne rien de remarquable ; l'intervalle de variation de θ a donc une amplitude égale à 4π.

Le changement de θ en $-\theta$ remplace ρ par $-\rho$; il suffit de faire varier θ de 0 à 2π et de compléter la courbe en tenant compte de la symétrie par rapport à Oy.

ρ s'annule aux bornes de l'intervalle $(0,\ 2\pi)$ et est infini pour les valeurs de θ vérifiant l'équation $\cos\dfrac{\theta}{2} = -\dfrac{1}{2}$, soit $\dfrac{\theta}{2} = \pm\dfrac{2\pi}{3} + 2k\pi$,

ou
$$\theta = \pm\frac{4\pi}{3} + 4k\pi.$$

La valeur $\alpha = \dfrac{4\pi}{3}$ est la seule qui soit à l'intérieur de l'intervalle utile.

L'ordonnée à l'origine de l'asymptote est donnée par la limite de

$$y' = \rho\sin\left(\theta - \frac{4\pi}{3}\right) = a\sin\frac{\theta}{2}\,\frac{\sin\left(\theta - \dfrac{4\pi}{3}\right)}{1 + 2\cos\dfrac{\theta}{2}}.$$

Le produit $a\sin\dfrac{\theta}{2}$ tend vers $a\sin\dfrac{\alpha}{2}$; le quotient qui constitue le dernier facteur est équivalent au quotient des dérivées et tend vers $-\dfrac{1}{\sin\dfrac{\alpha}{2}}$. Donc y' tend vers $-a$.

Étudions le sens de la concavité à l'infini. On a :

$$f(\theta) = \frac{1}{a}\,\frac{1 + 2\cos\dfrac{\theta}{2}}{\sin\dfrac{\theta}{2}}, \qquad f'(\theta) = -\frac{1}{2a}\,\frac{2 + \cos\dfrac{\theta}{2}}{\sin^2\dfrac{\theta}{2}},$$

$$f''(\theta) = \frac{1}{4a}\,\frac{1 + 4\cos\dfrac{\theta}{2} + \cos^2\dfrac{\theta}{2}}{\sin^3\dfrac{\theta}{2}}.$$

Le signe du produit $f(\theta)\,f''(\theta)$ est le même que celui du produit

$$\left(1 + 2\cos\frac{\theta}{2}\right)\left(1 + 4\cos\frac{\theta}{2} + \cos^2\frac{\theta}{2}\right).$$

Le second facteur tendant vers $-\dfrac{3}{4}$, quand θ tend vers α, est négatif

au voisinage de α; le premier est positif avant α et négatif après. Donc la courbe tourne sa convexité vers le pôle un peu avant α et sa concavité un peu après. En rapprochant ces résultats du signe de ρ, on place les branches infinies de la courbe par rapport à l'asymptote AB.

Les points sur Ox correspondent à $\theta = o$ et $\theta = \pi$; on trouve l'origine et le point d'abscisse $-a$.

Les points sur Oy correspondent à $\theta = \dfrac{\pi}{2}$ et $\theta = \dfrac{3\pi}{2}$; on trouve les points d'ordonnées

$$a\,\frac{2-\sqrt{2}}{2} \quad \text{et} \quad a\,\frac{2+\sqrt{2}}{2}.$$

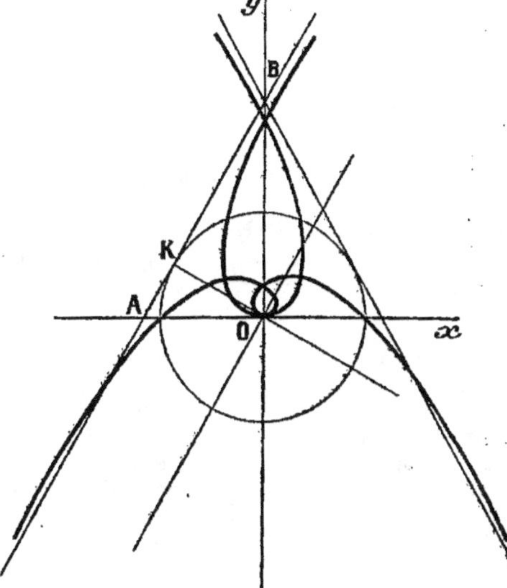

Le signe de $f'(\theta)$ montre que ρ croît constamment. L'asymptote AB rencontre nécessairement la courbe dans l'intervalle (π, α), puisque cette asymptote est à l'extérieur du cercle $\rho = a$.

D'ailleurs, en étudiant l'équation $f(\theta) + f''(\theta) = o$, on voit qu'elle admet une racine voisine de α et un peu inférieure à α. Les points où la courbe rencontre le cercle $\rho = a$ s'obtiennent en résolvant les deux équations $\rho = a$ et $\rho = -a$; on retrouve les points d'abcisses $\pm a$ sur Ox, puis deux points symétriques par rapport à Oy et tels que

$$\operatorname{tg}\theta = \pm\frac{24}{7}.$$

La courbe présente nécessairement des points doubles.

L'équation $F(\theta) = F(\theta + 2\pi)$ équivaut ici à $\sin\dfrac{\theta}{2} = o$ et conduit au pôle.

L'équation $F(\theta) = -F(\theta + \pi)$ équivaut à

$$\left[\sin\frac{\theta}{2} + \cos\frac{\theta}{2}\right]\left[1 + 2\left(\cos\frac{\theta}{2} - \sin\frac{\theta}{2}\right)\right] = o.$$

L'équation $\sin\dfrac{\theta}{2} + \cos\dfrac{\theta}{2} = o$ donne les points doubles sur Ox. L'équation

$$\sin\frac{\theta}{2} - \cos\frac{\theta}{2} = \frac{1}{2}$$

peut se mettre sous la forme $\sin\left(\dfrac{\theta}{2}-\dfrac{\pi}{4}\right)=\dfrac{\sqrt{2}}{4}=\sin\beta$, β désignant un angle positif et inférieur à $\dfrac{\pi}{6}$. Elle donne une seule solution, $\theta_1=\dfrac{\pi}{2}+2\beta$, comprise dans l'intervalle $(0,\ 2\pi)$.

La construction de l'angle θ_1 est facile, car on a $\sin\theta_1=\dfrac{3}{4}$. La valeur correspondante de ρ est $\dfrac{a}{2}$. On obtient ainsi deux points doubles symétriques par rapport à Oy.

L'équation $f(\theta)=-f(\theta+3\pi)$ ne donnerait pas d'autres points doubles que ceux déjà trouvés.

Les méthodes que nous venons d'exposer s'appliquent sans grande modification si l'on a affaire à une équation non résolue par rapport au rayon vecteur. Supposons cette équation entière par rapport à ρ. Après avoir déterminé l'intervalle de variation, qui peut résulter des considérations de périodicité ou de symétrie, on étudiera, dans cet intervalle, la réalité, la continuité et les signes des diverses valeurs de ρ. En particulier, en annulant le coefficient de la plus haute puissance de ρ, on aura les angles polaires des directions asymptotiques; soit $\theta=\alpha$, l'une d'elles. Il sera commode de prendre un nouvel axe polaire parallèle à cette direction en posant $\theta=\alpha+\omega$, puis $y'=\rho\sin\omega$. On formera l'équation qui lie y' et ω, et on cherchera la limite de y' pour $\omega=0$, ce qui donnera l'asymptote correspondante. La façon dont y' tend vers sa limite permet de placer la courbe par rapport à son asymptote : c'est encore l'équation de liaison entre y' et ω qui permettra de faire cette étude.

En annulant le coefficient de la plus basse puissance de ρ, on aura les angles polaires des tangentes à la courbe au pôle. En cherchant la limite de ρ pour θ infini, on aura les cercles asymptotes.

La recherche des points doubles s'effectuera par les considérations développées plus haut. Dans l'intervalle de variation de θ, on cherchera les solutions communes aux équations

$$f(\rho,\theta)=0,\qquad f(\rho\theta+2k\pi)=0,$$

ou aux équations

$$f(\rho,\theta)=0,\qquad f(-\rho,\theta+(2k+1)\pi)=0.$$

Mais d'autres points doubles M peuvent exister du fait que plusieurs valeurs de ρ sont égales pour la même valeur de θ, ce qui conduit à chercher les solutions communes aux équations

$$(1)\qquad\qquad f(\rho,\theta)=0,\qquad \frac{\partial f}{\partial\rho}=0.$$

L'équation qui définit $\dfrac{d\rho}{d\theta}$ étant

$$\frac{\partial f}{\partial\rho}\frac{d\rho}{d\theta}+\frac{\partial f}{\partial\theta}=0,$$

on voit qu'en un point M dont les coordonnées vérifient les équations (1), $\dfrac{d\rho}{d\theta}$ est en général infini et la tangente en M passe alors par le pôle. Pour que ce point soit singulier, il faut en outre que ses coordonnées vérifient l'équation $\dfrac{\partial f}{\partial\theta}=0$.

EXERCICES

Construire les courbes définies par les équations

1° $\rho = \dfrac{a}{\sin^2 \dfrac{\theta}{2}}$, $\rho = \dfrac{1 + \sin \theta}{\cos \dfrac{\theta}{2}}$, $\rho = \dfrac{\sqrt{1 - 2 \cos \theta}}{\sin \dfrac{\theta}{2}}$, $\rho = \dfrac{\sin^2 \theta}{\theta^2 - \alpha^2}$, $\dfrac{m}{\rho} = \theta^3 + p\theta + q$.

2°
$$\theta = \frac{4\rho^2 - 20\rho + 21}{\rho^2 - 1}.$$

3°
$$\rho = \frac{1 - 3t + 2t^2}{(1 + t)^2}, \qquad \operatorname{tg} \theta = \frac{1 - 2t}{t^2 - 4t + 3}.$$

4°
$$\rho^2(1 + 2\cos\theta) - 2\rho \cos \frac{\theta}{2} + 1 = 0,$$
$$\rho^3 \cos 2\theta - 4\rho \cos \theta + 2 = 0,$$
$$\rho^5 \operatorname{tg}\theta - 2\rho \cos^2\theta + \sin\theta = 0.$$

5° On suppose que la fonction $f(\theta)$ admet la période α. Qu'en résulte-t-il pour la construction de la courbe $\rho = f(\theta)$? On étudiera les deux cas où α est commensurable ou non avec π.

DÉFINITION GÉOMÉTRIQUE DE QUELQUES COURBES EN COORDONNÉES POLAIRES

L'emploi des coordonnées polaires permet de définir simplement des courbes assez compliquées, en partant de courbes simples connues.

Considérons, par exemple, deux courbes définies par les équations

$$\rho_1 = F_1(\theta), \qquad \rho_2 = F_2(\theta).$$

La courbe ayant pour équation $\rho = \rho_1 + \rho_2$ se construit immédiatement par points, dès l'instant qu'on sait construire les deux premières. La sous-normale de la courbe résultante est la somme géométrique des sous-normales des courbes composantes.

En particulier, si les deux premières courbes sont des cercles passant par le pôle, la courbe résultante est aussi un cercle passant par le pôle. On a en effet :

$$\rho_1 = a_1 \cos\theta + b_1 \sin\theta, \qquad \rho_2 = a_2 \cos\theta + b_2 \sin\theta,$$
$$\rho = (a_1 + a_2) \cos\theta + (b_1 + b_2) \sin\theta.$$

On voit de suite que si les centres des cercles sont respectivement C_1, C_2, C, le vecteur OC est la somme géométrique des vecteurs OC_1 et OC_2.

Lorsque l'une des courbes données est un cercle de centre O, la courbe résultante est dite *conchoïde* de l'autre courbe par rapport au point O ; la sous-normale de la conchoïde est égale à celle de la courbe donnée. Quelques conchoïdes sont particulièrement intéressantes, ce sont la conchoïde de droite ou conchoïde de Nicomède et la conchoïde de cercle lorsque le pôle est sur le cercle ; cette dernière courbe est aussi connue sous le nom de limaçon de Pascal.

Conchoïde de droite. — Prenons pour axe polaire la perpendiculaire OH abaissée du pôle sur la droite D et orientons cet axe du pôle vers la droite. L'équation de la droite étant

$$\rho = \frac{a}{\cos\theta},$$

celle de la conchoïde est

$$(1) \qquad \rho = \frac{a}{\cos\theta} + b,$$

b désignant la longueur ajoutée aux rayons vecteurs de la droite. Pour

obtenir toute la courbe, il faut faire varier θ dans un intervalle de 2π.
Le changement de θ en $-\theta$ n'altérant pas ρ, la courbe est symétrique
par rapport à Ox. Il suffit donc de
faire varier θ de o à π et d'achever
en tenant compte de la symétrie.

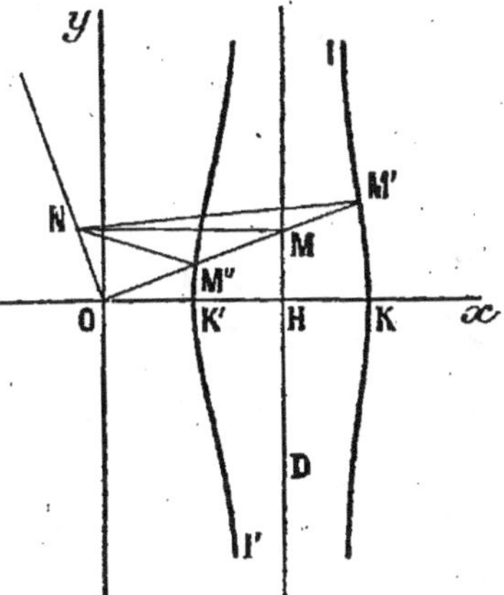

Quand θ croît de o à $\dfrac{\pi}{2}$, ρ croît
de $a+b$ à $+\infty$ et $x=\rho\cos\theta$
décroît de $a+b$ à a. La branche
infinie de courbe KI est donc asymptote à D et elle est séparée du pôle
par son asymptote.

Quand θ croît de $\dfrac{\pi}{2}$ à π, ρ croît
de $-\infty$ à $b-a$, x décroît de a à
$a-b$, et la branche infinie de conchoïde K'I' est, cette fois, du même
côté que O par rapport à D. ρ s'an-
nule ou non suivant que b est supérieur ou inférieur à a. Pour obtenir
les tangentes en O, aux deux branches de courbe qui y passent lorsque b
est supérieur à a, on joint ce point aux points d'intersection de D et du
cercle décrit de O comme centre avec le rayon b. A tout point M de D
correspondent deux points M' et M'' de la conchoïde.

On a trois formes de courbes distinctes, correspondant à $b < a$,
$b = a$, $b > a$.

L'équation de la conchoïde en coordonnées cartésiennes est

$$\rho = \frac{a\rho}{x} + b, \qquad \text{ou} \qquad \rho\left(1 - \frac{a}{x}\right) = b.$$

Une élévation au carré donne :

$$(x^2 + y^2)(x - a)^2 = b^2 x^2.$$

C'est donc une courbe du quatrième degré passant par les points
cycliques. L'origine est un point double de cette courbe; on vérifie
que O est aussi un foyer singulier, c'est-à-dire que les tangentes à la
conchoïde aux points cycliques passent par O. Le point à l'infini
sur Oy est un point de rebroussement et Ox est un axe de symétrie.
On peut démontrer que ces propriétés sont caractéristiques d'une conchoïde de droite.

Conchoïde de cercle. — Prenons pour axe polaire le diamètre
passant par le pôle et orientons-le positivement du pôle vers le centre.
a désignant la longueur du diamètre, l'équation du cercle est

$$\rho = a\cos\theta.$$

Celle du limaçon est donc

$$(2) \qquad\qquad \rho = a\cos\theta + b.$$

Cette équation donne lieu aux mêmes remarques que l'équation (1), en ce qui concerne l'intervalle de variation de θ et la symétrie par rapport à Ox. Le pôle est un point double de la courbe : les tangentes en ce point sont les rayons qui partent de 0 et aboutissent aux points de rencontre du cercle donné et d'un cercle qui a 0 pour centre et b pour rayon.

On a trois formes de courbes qui correspondent à $b > a$, $b = a$, $b < a$. La forme intermédiaire porte le nom de *cardioïde* et se rattache aux

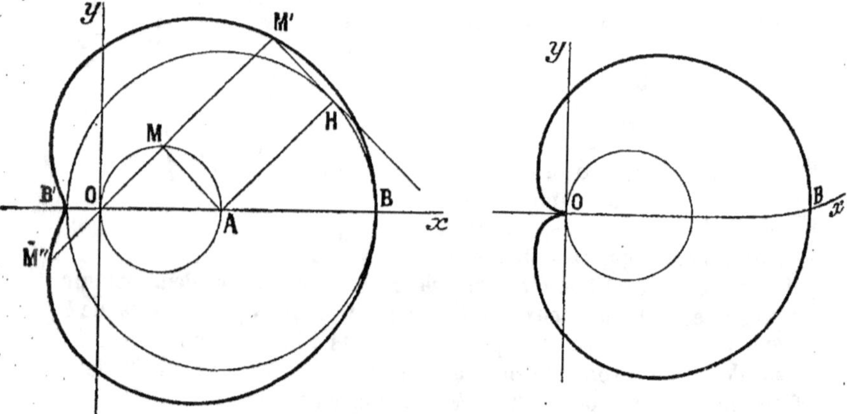

épicycloïdes : c'est la courbe engendrée par un point d'un cercle qui roule sur un cercle de même rayon.

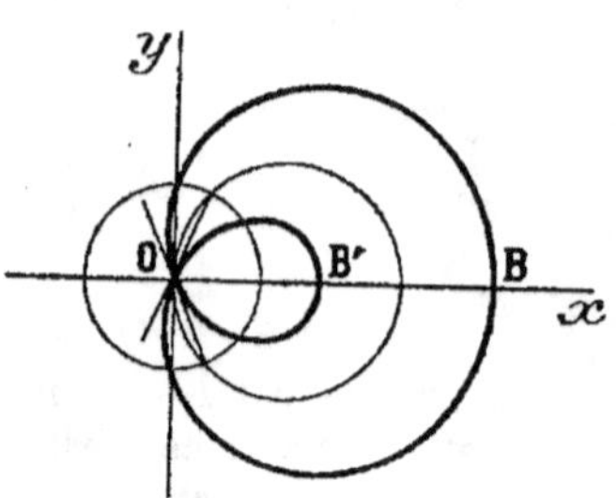

Deux points M′ et M″ du limaçon correspondent à un même point M du cercle. Les points d'inflexion correspondent aux valeurs de θ données par l'équation

$$2a^2 + b^2 + 3ab \cos\theta = 0 ;$$

ces points n'existent que si a et b vérifient l'inégalité

$$b^2 + 2a^2 < 3ab \qquad \text{ou} \qquad (b-a)(b-2a) < 0,$$

c'est-à-dire si b est compris entre a et $2a$

L'équation en coordonnées cartésiennes est

$$\rho = \frac{ax}{\rho} + b \qquad \text{ou} \qquad \rho b = \rho^2 - ax.$$

Une élévation au carré donne :

$$(x^2 + y^2)\,b^2 = (x^2 + y^2 - ax)^2.$$

C'est l'équation d'une courbe du quatrième degré qui a des points doubles aux points cycliques, un point double à l'origine et un axe de symétrie passant par ce point. On vérifie aisément que les tangentes au point cyclique $(1, i, o)$ sont confondues avec la droite $y = i\left(x - \dfrac{a}{2}\right)$.

Les deux points cycliques sont donc des points de rebroussement du limaçon et les tangentes de rebroussement sont les asymptotes du cercle donné. On peut démontrer que toute courbe du quatrième degré qui a des points de rebroussement aux points cycliques et un point double est un limaçon ; lorsque le point double à distance finie est un point de rebroussement, la courbe est une cardioïde.

Cherchons l'antipodaire du point double par rapport au limaçon. Les droites menées perpendiculairement à OM, en M et en M', sont parallèles. Or, la première de ces perpendiculaires passe par le point fixe A ; la seconde, qui est à une distance constante b de la première, enveloppe donc un cercle de centre A et de rayon b. Le limaçon est la podaire du point O par rapport à ce cercle.

On peut démontrer, plus généralement, que la podaire d'un point O, par rapport à une conique quelconque, est une quartique qui présente des points doubles aux points cycliques et un point double en O. Réciproquement, toute quartique qui possède ces caractères est la podaire de son point double par rapport à une conique.

Des courbes plus générales, du quatrième degré, sont celles qui admettent les points cycliques comme points doubles. On démontre que chacune de ces courbes est, de quatre manières différentes en général, une enveloppe de cercles bitangents. Les cercles d'une même famille sont orthogonaux à un cercle fixe Γ et leurs centres sont sur une conique fixe. Les quatre coniques lieux des centres des cercles admettent comme tangentes isotropes les asymptotes de la quartique considérée : elles sont donc homofocales. Une inversion ayant Γ pour cercle fondamental reproduit la quartique. Ces courbes sont appelées *anallagmatiques*.

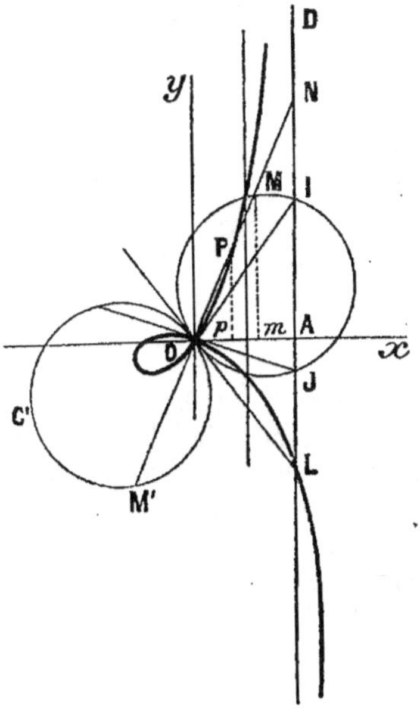

Cissoïdes. — Considérons un cercle C quelconque, passant par le pôle, et une droite D. Une droite arbitraire menée par O rencontre le cercle en M et la droite en N. Portons sur cette droite un vecteur OP tel que $\overline{OP} = \overline{ON} - \overline{OM}$, c'est-à-dire un vecteur équipollent à MN.

Le lieu du point P, quand la sécante OM tourne autour de O, s'appelle cissoïde.

La génération de cette courbe peut être rattachée aux précédentes, car, en prenant le point M' symétrique de M par rapport à O, on a $\overline{OP} = \overline{ON} + \overline{OM'}$. On considérera donc comme courbes composantes la droite D et le cercle C' symétrique de C par rapport à O.

Les deux vecteurs MN et OP étant équipollents, les vecteurs OM et PN le sont aussi, de même que les projections orthogonales Om, pA de ces derniers sur la perpendiculaire Ox menée à D. Quand OM devient parallèle à D, le point P s'en va à l'infini dans la direction de D et, comme Om tend vers zéro, pA tend vers zéro : la droite D est donc asymptote à la cissoïde. La position des branches infinies par rapport à D résulte aussi de l'équipollence des vecteurs Om et pA.

On vérifie sans difficulté que la courbe coupe son asymptote au point L où D est rencontrée par la tangente en O à C. La cissoïde coupe C aux points où ce cercle est rencontré par la parallèle à D, menée par le milieu de OA. Si D coupe C en I et J, P vient en O lorsque OM vient sur OI ou sur OJ : les droites OI et OJ sont donc tangentes en O à la courbe. Le point O est un point de rebroussement lorsque D est tangente à C. Si Ox est un diamètre de C, c'est un axe de symétrie de la cissoïde qui est dite droite.

Prenons Ox comme axe polaire. Les équations de la droite et du cercle sont

$$\rho_1 = \frac{a}{\cos\theta}, \qquad \rho_2 = b\cos\theta + c\sin\theta.$$

L'équation de la cissoïde est donc

$$\rho = \frac{a}{\cos\theta} - b\cos\theta - c\sin\theta.$$

Son équation en coordonnées rectilignes est

$$\rho = \frac{a\rho}{x} - \frac{bx}{\rho} - c\frac{y}{\rho},$$

ou

$$\rho^2 = \frac{a\rho^2}{x} - bx - cy,$$

c'est-à-dire

$$\rho^2\left(\frac{a}{x} - 1\right) = bx + cy,$$

ou enfin

$$(x^2 + y^2)(a - x) = x(bx + cy).$$

La cissoïde est donc une cubique qui passe par les points cycliques et possède un point double. Réciproquement, toute cubique circulaire à point double est une cissoïde.

Le calcul montre aisément que la perpendiculaire menée par P à OP enveloppe une parabole, de sorte que la cissoïde est la podaire du point O par rapport à cette parabole. Réciproquement, toute podaire de parabole est, en général, une cissoïde.

Dans le cas particulier où D passe par le centre de C, les tangentes au point double O sont rectangulaires : la cissoïde correspondante s'appelle aussi *strophoïde*. On peut en donner une autre génération élémentaire. Soit ω le centre de C, ω' le point symétrique de ω par rapport à O, Δ la droite menée par O parallèlement à D. La droite ω'P rencontre Δ en K. Les deux triangles ωMN, ω'OP sont égaux, car on a :

$$\omega M = O\omega', \qquad MN = OP \qquad \text{et} \qquad \widehat{\omega MN} = \widehat{\omega'OP},$$

ces deux angles étant respectivement supplémentaires des angles égaux $\widehat{\omega MO}$, $\widehat{\omega OP}$.

Les angles $\widehat{KPO}$, $\widehat{KOP}$, égaux tous deux à $\widehat{\omega NM}$, sont donc égaux et le triangle OKP est isocèle.

L'angle $\widehat{O\omega'P}$, égal à $\widehat{M\omega N}$, est aussi égal à

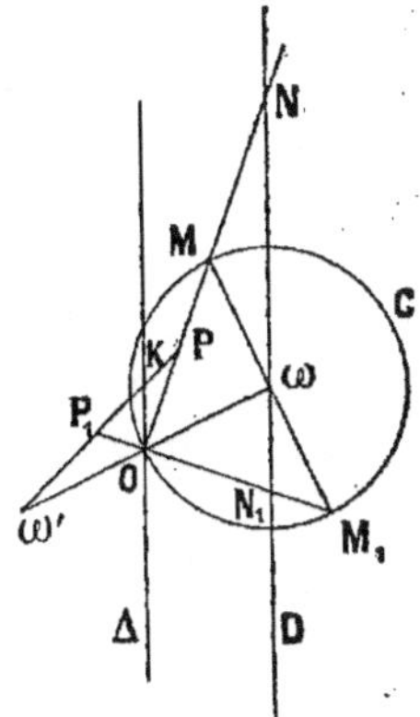

$\widehat{M_1\omega N_1}$, de sorte que le point P_1, qui correspond à M_1 comme P correspond à M, est situé sur $\omega'P$ et le triangle OKP_1 est aussi isocèle. Les deux points P et P_1 de la strophoïde sont donc les points de rencontre de $\omega'K$ et du cercle décrit de K comme centre avec KO comme rayon. Quand K se déplace sur Δ, P et P_1 engendrent la courbe considérée.

Propriétés infinitésimales des courbes définies en coordonnées polaires. — Aires. — Nous avons vu (leç. 67) que la différentielle de l'aire balayée par un rayon vecteur est $\frac{1}{2}\rho^2 d\theta$, en supposant que les aires balayées dans le sens direct sont mesurées par des nombres positifs. Nous avons vu aussi comment on pouvait appliquer ce résultat à l'évaluation de l'aire bornée par une courbe fermée. Considérons, par exemple, une lemniscate, c'est-à-dire la courbe lieu des points M tels que le produit $MA \cdot MA'$ des distances de ces points à deux points fixes A et A' soit égal à $\left(\dfrac{AA'}{2}\right)^2$.

Prenons la droite A'A comme axe Ox, la perpendiculaire au milieu de A'A comme axe Oy et posons $AA' = 2a$. L'équation de la lemniscate est

$$\overline{MA}^2 \cdot \overline{MA'}^2 = a^4,$$

ou
$$\left[(x-a)^2 + y^2\right]\left[(x+a)^2 + y^2\right] = a^4,$$

ou
$$(x^2 + y^2 + a^2 - 2ax)(x^2 + y^2 + a^2 + 2ax)^2 = a^4,$$

c'est-à-dire
$$(x^2 + y^2 + a^2)^2 - 4a^2x^2 = a^4.$$

Cette équation développée et simplifiée devient :

$$(x^2 + y^2)^2 = 2a^2(x^2 - y^2),$$

ou, en coordonnées polaires,

$$\rho^2 = 2a^2 \cos 2\theta.$$

La courbe se compose de deux boucles fermées, symétriques l'une de l'autre par rapport à l'origine; chacune de ces boucles est symétrique par rapport à Ox.

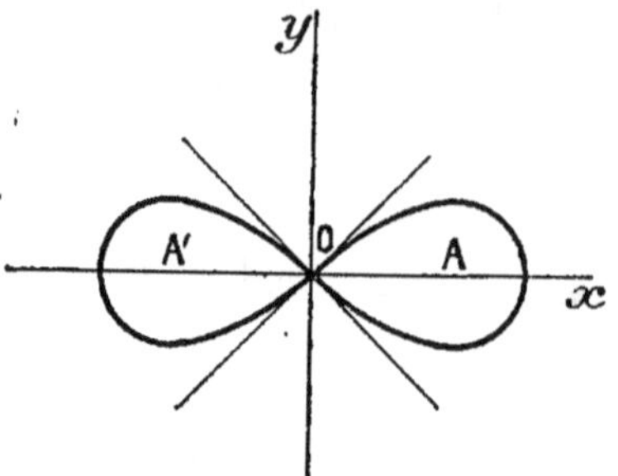

L'origine est un point double de la courbe et les tangentes en ce point sont les bissectrices des axes.

La lemniscate est la podaire de l'origine par rapport à l'hyperbole équilatère

$$x^2 - y^2 = 2\,a^2.$$

C'est aussi la courbe inverse de cette hyperbole par rapport au point O, le module d'inversion étant $2\,a^2$.

On a ici :
$$dA = \frac{1}{2}\rho^2 d\theta = a^2\cos 2\theta \cdot d\theta,$$

d'où
$$A = \frac{1}{2}a^2\sin 2\theta + C^{te}.$$

Pour obtenir l'aire d'une demi-boucle, il faut faire varier θ de 0 à $\frac{\pi}{4}$; on trouve ainsi $\frac{1}{2}a^2$. L'aire d'une boucle vaut donc a^2.

Longueur d'un arc de courbe. — De la formule $ds^2 = dx^2 + dy^2$ et de
$$dx = \cos\theta\,d\rho - \rho\sin\theta\,d\theta,$$
$$dy = \sin\theta\,d\rho + \rho\cos\theta\,d\theta,$$

on tire :

(3)
$$ds^2 = d\rho^2 + \rho^2 d\theta^2.$$

Cette formule s'obtient de suite par la géométrie. M et M′ désignant deux points voisins d'une courbe, le triangle OMM′ donne :

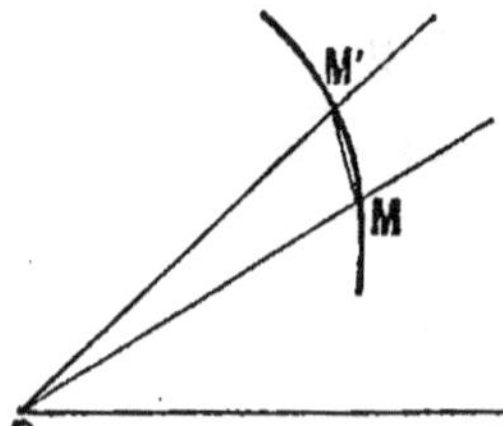

$$\overline{MM'}^2 = \overline{OM}^2 + \overline{OM'}^2 - 2\,OM.OM'\cos\widehat{MOM'},$$

ou bien

$$\overline{MM'}^2 = \rho^2 + (\rho + \Delta\rho)^2 - 2\rho(\rho + \Delta\rho)\cos\Delta\theta$$
$$= \overline{\Delta\rho}^2 + (2\rho^2 + 2\rho\Delta\rho)(1 - \cos\Delta\theta),$$

quel que soit le signe de ρ.

$1 - \cos\Delta\theta$ est équivalent à $\frac{1}{2}\overline{\Delta\theta}^2$ et le second membre est équivalent à $\overline{\Delta\rho}^2 + \rho^2\overline{\Delta\theta}^2$.

Comme MM′ et $|\Delta s|$ sont équivalents, on en conclut la formule (3).

Appliquons ce résultat à la spirale logarithmique dont l'équation est

$$\rho = e^{m\theta}, \qquad m > 0.$$

On trouve :

$$ds^2 = m^2 e^{2m\theta} d\theta^2 + e^{2m\theta} d\theta^2 = (1 + m^2) e^{2m\theta} d\theta^2.$$

Si l'on oriente la spirale positivement dans le sens des angles polaires croissants, on a :

$$ds = \sqrt{1 + m^2}\, e^{m\theta} d\theta,$$

$$s = \frac{1}{m} \sqrt{1 + m^2}\, e^{m\theta} + C^{te}.$$

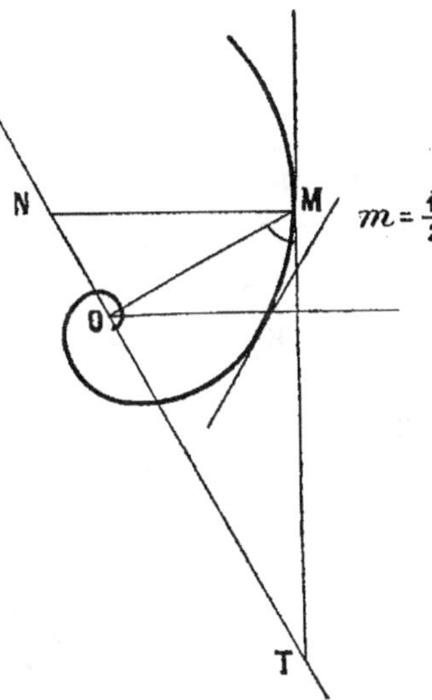

On voit que si θ tend vers $-\infty$, s reste limité. On peut alors compter les arcs à partir du point asymptote et l'on a :

$$s = \frac{1}{m} \sqrt{1 + m^2}\, \rho = \frac{\rho}{\cos V} = MT.$$

L'extrémité de la sous-tangente décrit donc une développante de la spirale donnée; cette développante est telle que $OT = OM \cdot \operatorname{tg} V$, et c'est aussi une spirale logarithmique.

Rayon de courbure, centre de courbure. — L'angle φ que fait l'axe polaire avec la tangente au point (θ, ρ) est $\theta + V$, d'où

$$d\varphi = d\theta + dV.$$

L'équation $\operatorname{tg} V = \dfrac{\rho}{\rho'}$ donne :

$$dV = \frac{\rho'^2 - \rho\rho''}{\rho^2 + \rho'^2} d\theta.$$

Donc

$$d\varphi = \frac{\rho^2 + 2\rho'^2 - \rho\rho''}{\rho^2 + \rho'^2} d\theta$$

et

$$(4) \qquad R = \left| \frac{ds}{d\varphi} \right| = \frac{(\rho^2 + \rho'^2)^{\frac{3}{2}}}{|\rho^2 + 2\rho'^2 - \rho\rho''|}.$$

On peut aussi exprimer le rayon de courbure en fonction de $\dfrac{1}{\rho}$ et de ses dérivées par rapport à θ. Si l'on pose $\dfrac{1}{\rho} = f(\theta)$, on trouve :

$$(5) \qquad R = \frac{(f^2 + f'^2)^{\frac{3}{2}}}{|f^3(f + f'')|}.$$

On pourrait d'ailleurs donner un signe au rayon de courbure en tenant compte du signe du produit $f(f+f'')$, c'est-à-dire du sens de la concavité de la courbe.

Le centre de courbure en un point M d'une courbe est le point caractéristique sur la normale MN à la courbe. Or, en regardant les points caractéristiques d'une courbe variable, définie par l'équation

$$(6) \qquad f(\theta, \rho, \alpha) = 0,$$

comme les positions limites des points communs à cette courbe et à une courbe voisine, on démontre, comme en coordonnées rectilignes, que les coordonnées des points caractéristiques vérifient l'équation (6) et l'équation $\dfrac{\partial f}{\partial \alpha} = 0$.

En appliquant ce résultat à la normale MN, nous voyons que les coordonnées du centre de courbure, en un point (α, r), vérifient les équations

$$(7) \qquad \frac{1}{\rho} = \frac{1}{r}\cos(\theta - \alpha) + \frac{1}{r'}\sin(\theta - \alpha),$$

$$(8) \qquad 0 = \left(\frac{1}{r'}\right)' \cos(\theta - \alpha) + \frac{1}{r}\sin(\theta - \alpha)$$
$$+ \left(\frac{1}{r'}\right)' \sin(\theta - \alpha) - \frac{1}{r'}\cos(\theta - \alpha).$$

L'angle polaire du centre de courbure est donc donné par l'équation (8) ou bien par

$$(9) \qquad \operatorname{tg}(\theta - \alpha) = \frac{r'(r^2 + r'^2)}{r(r'^2 - rr'')}.$$

Si l'on pose $\dfrac{1}{r} = f(\alpha)$, on a aussi :

$$(9)' \qquad \operatorname{tg}(\theta - \alpha) = \frac{f'(f^2 + f'^2)}{f(f'^2 - ff'')}.$$

La comparaison des formules (9) et (9)' montre que si deux courbes sont inverses par rapport au pôle, les centres de courbure relatifs à deux points correspondants sont alignés sur le pôle. Ce fait est évident par la géométrie. Soient M et N deux points voisins sur l'une des courbes, M' et N' les points correspondants sur la courbe inverse; le cercle, qui est tangent en M à la première et qui passe par N, a pour correspondant, dans l'inversion considérée, le cercle qui est tangent en M' à la seconde et qui passe par N'. Les centres de ces cercles sont donc alignés sur le pôle. En faisant tendre N vers M, on voit que les cercles osculateurs de deux courbes inverses, en deux points correspondants, se correspondent dans l'inversion; on retrouve la proposition précédente.

En appliquant la formule (9) à la spirale logarithmique, on constate que $r'^2 - r r''$ est nul; $\operatorname{tg}(\theta - \alpha)$ est infini. Le centre de courbure en M est donc l'extrémité N de la sous-normale; son lieu est encore une spirale logarithmique, à cause de l'égalité

$$ON = OM \operatorname{cotg} V.$$

EXERCICES

1° Trouver les points d'inflexion d'une conchoïde de droite.

2° On donne une courbe C et deux points A et B; soient Γ et Γ' les podaires de ces points par rapport à C. Démontrer que l'on peut passer de Γ à Γ' par les transformations suivantes : 1° on augmente chaque rayon vecteur de Γ, à partir du point A, du rayon vecteur correspondant d'un cercle convenable; on obtient ainsi une courbe Γ_1; 2° on fait subir à Γ_1 une translation d'amplitude AB. Appliquer cette proposition aux coniques.

3° Une strophoïde peut être regardée comme le lieu des points de rencontre d'un cercle variable, tangent à une droite fixe en un point fixe, et d'un diamètre qui passe par un point fixe. Le cercle et le diamètre associé se correspondent homographiquement. Démontrer que toute cubique circulaire est susceptible de générations analogues, c'est-à-dire qu'elle peut être obtenue par l'intersection des éléments homologues de deux faisceaux linéaires homographiques de droites et de cercles. (Voir leç. 107, ex. 10.)

4° Les courbes lieux des points d'un plan tels que le produit des distances de ces points à deux points fixes A et A' de ce même plan ait une valeur donnée k^2, s'appellent ovales de Cassini. La lemniscate en est un cas particulier. Trouver, en coordonnées cartésiennes, l'équation de ces courbes et étudier la variation de leur forme quand k^2 varie. Lieu des points de contact des tangentes parallèles à AA'.

5° Démontrer que l'équation d'une quartique bicirculaire peut toujours se mettre sous la forme

$$(x^2 + y^2)^2 - 4f(x, y) = 0,$$

en posant :

$$f(x, y) \equiv A x^2 + C y^2 + 2 D x + 2 E y + F.$$

Comment la conique $f(x, y) = 0$ est-elle placée par rapport à la quartique? Les tangentes isotropes à cette quartique se classent en deux catégories, suivant que leur point de contact est à distance finie ou infinie. Trouver les foyers singuliers de la courbe, c'est-à-dire les points de rencontre des asymptotes isotropes.

Les points de rencontre de la quartique et du cercle défini par l'équation

$$x^2 + y^2 - 2 P = 0, \quad P \equiv \alpha x + \beta y + \gamma,$$

sont sur la conique

$$f(x, y) - P^2 = 0.$$

On demande d'exprimer qu'une conique du faisceau linéaire défini par l'équation

$$F(x, y) \equiv f(x, y) - P^2 + \lambda (x^2 + y^2 - 2 P) = 0,$$

est une droite double, en écrivant que les trois équations

$$F'_x = 0, \qquad F'_y = 0, \qquad F'_z = 0$$

ont une infinité de solutions communes, donnant à P une valeur arbitraire. Montrer que α, β, γ, λ sont alors solutions des équations

$$\varphi(\lambda) \equiv \lambda^2 + F - \frac{D^2}{A + \lambda} - \frac{E^2}{C + \lambda} = 0,$$

$$\frac{\alpha^2}{A + \lambda} + \frac{\beta^2}{C + \lambda} - 1 = 0, \qquad \frac{\alpha D}{A + \lambda} + \frac{\beta E}{C + \lambda} - \lambda + \gamma = 0.$$

Déduire de là le lieu des centres des cercles bitangents à la quartique.

Montrer que les cercles d'une même famille sont orthogonaux à un cercle Γ_λ. Montrer que deux cercles Γ_{λ_0}, Γ_{λ_1} sont orthogonaux; en déduire la disposition des quatre centres des cercles Γ_λ. Montrer que ces centres sont sur l'hyperbole d'Apollonius relative à l'origine et à la conique $f(x, y) = 0$.

Une inversion quelconque transforme une quartique bicirculaire en une courbe de même nature. Qu'arrive-t-il si le pôle d'inversion est sur un cercle Γ_{λ_0}, sur deux cercles Γ_{λ_0}, Γ_{λ_1}, ou sur la courbe?

Appliquer ces considérations aux ovales de Cassini.

6° Etude des cercles bitangents à une cissoïde.

7° Démontrer que l'équation de toute surface, du quatrième degré, S, qui admet l'ombilicale comme courbe de points doubles, peut se mettre sous la forme

$$(x^2 + y^2 + z^2)^2 - 4 f(x, y, z) = 0,$$

en posant :

$$f(x, y, z) \equiv A x^2 + A' y^2 + A'' z^2 + 2 C x + 2 C' y + 2 C'' z + D.$$

Appliquer les méthodes de l'ex. 5 à la recherche des sphères bitangentes à S et à l'étude des sections cycliques de cette surface. Transformations de S sous l'influence d'inversions variées.

8° Etude des sphères bitangentes à une surface du troisième degré qui passe par l'ombilicale. Sections cycliques et droites de cette surface.

9° Calculer le rayon de courbure, en un point d'une lemniscate, en fonction du rayon vecteur de ce point.

10° Trouver la relation qui existe entre les rayons de courbure de deux courbes inverses aux points correspondants, le rayon vecteur de l'un de ces points et l'angle sous lequel le support de ce vecteur coupe les deux courbes.

11° Trouver les courbes telles que le segment de normale, limité au pied de cette normale et au centre de courbure, soit vu d'un point fixe sous un angle constant.

[1905]

Algèbre et trigonométrie. — I. Démontrer que l'égalité

$$\sin B = \frac{1}{5} \sin(2A + B)$$

entraîne la suivante :

$$\operatorname{tg}(A + B) = \frac{3}{2} \operatorname{tg} A.$$

II. Calculer la valeur de e^2 à un dix-millième près.
(On ne supposera pas connue la valeur du nombre e.)

III. 1º Trouver une série S ordonnée suivant les puissances entières et positives d'une variable x, et telle qu'on ait identiquement la relation :

$$x(1 + x)[2 + (2 - p)x] S'' + [(p^2 - p - 2)x^2 - 4x - 2] S'$$
$$+ 2p[1 + (2 - p)x] S = 0,$$

S' désignant la série des dérivées premières, et S″ la série des dérivées secondes des termes de la série S.

2º Etudier les conditions de convergence des séries S ainsi obtenues.

3º Examiner en particulier les solutions qui s'annulent pour $x = 0$.

4º Qu'arrive-t-il si p est un nombre entier et positif?

N.-B. — Les candidats pourront commencer par traiter les cas les plus simples où p a l'une des valeurs : 1, 2, ou — 1.

Géométrie analytique. — Étant donnés trois axes de coordonnées rectangulaires Ox, Oy, Oz, on considère deux cônes (S) et (T), se coupant à angle droit suivant Oz et dont les sommets S et T sont situés sur la partie *positive* de Oz, de façon que

$$OS = \gamma, \qquad OT = \gamma' \qquad\qquad (\gamma' > \gamma);$$

leurs bases dans le plan Oxy sont des circonférences dont les centres et les rayons sont A et a pour (S) et B et b pour (T) (A sur Ox, B sur Oy).

Les deux cônes ont ainsi en commun, outre l'axe Oz, une courbe (Γ).

1º Former l'équation de la cubique (C) projection de (Γ) sur le plan xOy, et construire cette cubique.

2º Soit PQ une corde quelconque de (Γ) [obtenue, par exemple, en la considérant comme située sur une génératrice (G) d'un hyperboloïde passant par l'intersection *complète* des cônes (S) et (T)] : soit pq la projection de PQ sur le plan xOy : cette projection rencontre la cubique (C), outre les points p et q, en un troisième point m.

On demande le lieu de la droite PQ dans les cas suivants :

I. Le point m est fixe.

II. Les droites Op et Oq font des angles égaux avec Ox.

III. La corde pq est vue de l'origine suivant un angle droit. Généraliser.

[1906]

Algèbre et trigonométrie. — I. Étudier la variation de la fonction $y = L\dfrac{x-1}{x-2}$, où L désigne un logarithme népérien.

II. Évaluer l'intégrale $\displaystyle\int_0^\alpha \frac{dx}{(2x^2+1)\sqrt{x^2+1}}$, et calculer sa valeur à $\dfrac{1}{100}$ près quand $\alpha = \dfrac{1}{\sqrt{2}}$.

III. L'équation $x^3 - \alpha x^2 + \beta x - \gamma = 0$ a pour racines les longueurs des côtés d'un triangle ABC.

Former l'équation ayant pour racines $\cos A$, $\cos B$, $\cos C$.

IV. — On donne une fonction $f(x)$.

Deux autres fonctions $\varphi(x)$ et $F(x)$ sont définies par les relations suivantes, où K est un nombre constant :

$$\varphi(x) = K \int \frac{dx}{f(x)}, \qquad F(x) = f(x)\,\varphi(x).$$

Démontrer qu'on a identiquement :

$$\frac{F''(x)}{F(x)} = \frac{f''(x)}{f(x)} + \frac{\varphi''(x)}{\varphi(x)} + \frac{2K}{f(x)\,\varphi(x)},$$

$$\frac{F'''(x)}{F(x)} = \frac{f'''(x)}{f(x)} + \frac{\varphi'''(x)}{\varphi(x)}.$$

Géométrie analytique et mécanique. — On considère un système d'axes rectangulaires fixes Ox, Oy, Oz, et, dans le plan xOy, un cercle (C) de rayon $\dfrac{1-m}{2}a$ animé d'un mouvement de translation, dans lequel son centre C décrit dans le sens de la flèche F, et avec une vitesse angulaire $(1-m)\omega$, un cercle de centre O et de rayon $\dfrac{1+m}{2}a$.

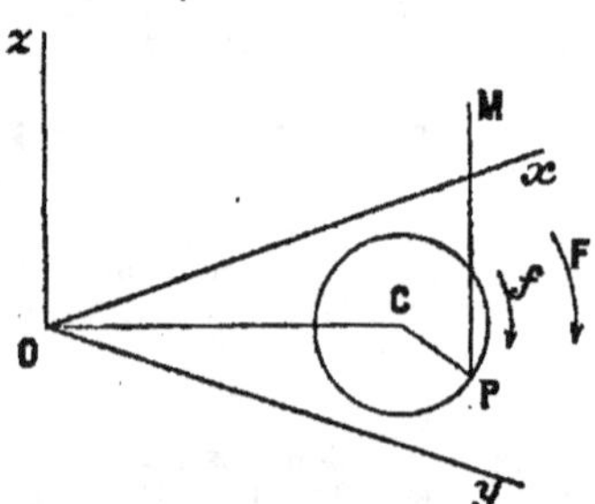

En même temps que ce cercle (C) se déplace, un point P est mobile sur sa circonférence, et la parcourt dans le sens de la flèche f, avec la vitesse angulaire $(1+m)\omega$. Il décrit ainsi une courbe (E) (Épicycloïde).

Les quantités a, ω, m sont trois constantes positives, dont la dernière est moindre que l'unité.

I. On demande d'exprimer en fonction du temps t, les coordonnées x, y du point P, sachant qu'à l'époque $t=0$ les points C et P sont tous deux sur la partie positive de Ox, P à la distance a du point O.

II. Le point P est la projection d'un point M, mobile dans l'espace : on demande d'exprimer sa cote z en fonction du temps t, sachant qu'elle est nulle à l'époque $t=0$, et que la vitesse v de M fait avec l'axe Oz un angle constant θ quelconque d'ailleurs.

On montrera que la trajectoire (K) du point M s'obtient en coupant le cylindre dont (E) est la section droite par un ellipsoïde de révolution autour de Oz : $\dfrac{x^2+y^2}{a^2} + \dfrac{z^2}{b^2} = 1$, où la longueur b varie avec θ.

On introduira, au lieu de θ, la constante b dans la représentation de la cote z du point M.

III. Calculer la grandeur et les cosinus directeurs α, β, γ de la vitesse v du point M, ainsi que l'arc de la courbe (K) parcouru par ce mobile pendant le temps t. Exprimer, en fonction du temps, le rayon de courbure R de la courbe (K), et vérifier que la vitesse lui est proportionnelle.

IV. Après avoir formé l'équation du plan osculateur de la courbe (K), on démontrera que, à une époque t, tous ceux de ces plans qui correspondent aux diverses courbes (K) qu'on obtient en faisant varier b, passent par une même droite Δ du plan xOy.

V. Montrer que, lorsque t varie, cette droite Δ enveloppe une épicycloïde (E') homothétique à celle que décrit le point P' diamétralement opposé au point P dans le cercle (C). Faire voir que la courbe (E') a pour développée l'épicycloïde (E).

[1907]

Algèbre et trigonométrie. — I. Soient $f(\theta)$ et $\varphi(\theta)$ deux fonctions de la variable θ et soient $f'(\theta)$ et $\varphi'(\theta)$ leurs dérivées. On pose :

$$x = f(\theta) - \varphi'(\theta), \qquad y = \varphi(\theta) + f'(\theta),$$
$$X = f'\sin\theta - \varphi'\cos\theta, \qquad Y = f'\cos\theta + \varphi'\sin\theta.$$

Démontrer que l'on a identiquement :

$$dx^2 + dy^2 = dX^2 + dY^2.$$

II. Former l'équation du troisième degré qui admet pour racines les longueurs des côtés d'un triangle, connaissant le périmètre $2p$, la somme des trois hauteurs $2h$ et l'aire S du triangle.

Application numérique. — Calculer les trois côtés en supposant :

$$2p = 16^m, \qquad 2h = 13^m,60, \qquad S = 12^{m2}.$$

III. On donne quatre quantités a, b, c, d réelles et différentes entre elles. Soit

$$f(x) = (x - a)(x - b)(x - c)(x - d).$$

1° Déterminer une fonction $\varphi_1(x)$, polynome du troisième degré, telle qu'on ait :

$$\varphi_1(a) = b, \qquad \varphi_1(b) = c, \qquad \varphi_1(c) = d, \qquad \varphi_1(d) = a.$$

2° Si l'on permute, dans $\varphi_1(x)$, a, b, c, d de toutes les manières possibles, on trouve six fonctions différentes : $\varphi_1(x)$, $\varphi_2(x)$, $\varphi_3(x)$, $\varphi_4(x)$, $\varphi_5(x)$, $\varphi_6(x)$. Soient F(x) la somme de ces six fonctions et

$$G(x) = f(x) + \frac{1}{2}x^5 F(x) :$$

former la fonction G(x) et étudier la variation de cette fonction.

3° Déterminer les deux intégrales indéfinies

$$\int G(x)\,dx, \qquad \int \frac{dx}{G(x)}.$$

Géométrie analytique et mécanique. — On considère trois axes de coordonnées rectangulaires Ox, Oy, Oz.

À tout point M (x, y, z) de l'espace on fait correspondre le point Q de coordonnées $\dfrac{a^2 x}{x^2 + y^2}$, $\dfrac{a^2 y}{x^2 + y^2}$, 0; a étant une constante.

Le point M, dont on suppose la masse égale à l'unité, est sollicité par une force MF, dirigée suivant MQ (et dans le sens MQ), et dont la grandeur absolue est égale au produit de MQ par un coefficient donné, K^2.

1° Évaluer les projections de la force MF sur les axes Ox, Oy, Oz.

2° Dans le champ de forces ainsi défini, déterminer les surfaces de niveau et les lignes de force.

3° Le point M se mouvant sous l'action de la force MF, chercher le mouvement de sa projection M' sur Oz.

4° On fera voir que l'on peut disposer des conditions initiales du mouvement du point M, de façon que la trajectoire de ce point se projette sur le plan des xy suivant un cercle donné, de centre O, et de rayon R supérieur à a. Exprimer, dans ce cas, les coordonnées du point M en fonction du temps. Tâcher d'interpréter cinématiquement ce mouvement.

5° En supposant toujours remplies les conditions initiales dont il s'agit au 4°, démontrer que la trajectoire du point M est une courbe algébrique si le rapport $\dfrac{R^2 - a^2}{R^2}$ est le carré d'un nombre rationnel.

[1908]

Algèbre et trigonométrie. — I. Construire la courbe qui représente la fonction

$$y = 4e\,\frac{\log\dfrac{x}{e}}{(\log x)^2}.$$

II. Soit (C) l'arc de cette courbe qui a pour origine le point A, où elle traverse l'axe des x, et pour extrémité le point B qui correspond au maximum de y. Calculer l'aire (Σ) comprise entre l'arc (C), l'axe des x et l'ordonnée BD de B.

III. Soit M un point quelconque de (C). Menons la perpendiculaire PM à l'axe des x; soit N le point où elle rencontre la corde AB. Menons par N la parallèle à l'axe des x qui coupe en R l'axe (C) et en Q la parallèle à l'axe des y menée par A. Portons sur le prolongement de PM une longueur MS égale à QR.

Lorsque M décrit (C), S décrit un arc de courbe (C'); cet arc passe au point A. Calculer, à un centième près, le coefficient angulaire de la tangente à cet arc (C') au point A.

IV. Soit (Σ') l'aire balayée par le segment de droite MS lorsque M décrit (C). Montrer qu'il existe entre (Σ) et (Σ') une relation numérique qui subsiste lorsqu'on remplace dans les constructions précédentes l'arc (C) par un autre arc de courbe quelconque ayant les mêmes extrémités A et B, pourvu toutefois que ce nouvel arc soit situé au-dessus de AB et ne soit pas rencontré en plus d'un point par une parallèle quelconque à l'un ou l'autre des axes de coordonnées.

Nota. — Le signe *log.* représente des logarithmes népériens dont la lettre e représente la base. Les axes de coordonnées sont supposés rectangulaires.

Géométrie analytique et mécanique. — On considère un plan P et un système (S) de forces appliquées à un solide invariable; ce système, par hypothèse, n'est équivalent ni à une force unique, ni à un couple, ni à zéro.

I. Démontrer sans calcul que le système (S) peut être en général remplacé par deux forces, l'une F_1 normale au plan P, l'autre F_2 située dans ce plan. Indiquer les conditions de possibilité du problème.

II. Soient Ox, Oy, Oz trois axes de coordonnées rectangulaires; X, Y, Z, L, M, N les six coordonnées du système (S), c'est-à-dire les projections sur les axes de la résultante générale et du moment résultant relatif au point O. Soit enfin

$$ux + vy + wz + h = o$$

l'équation du plan P.

On demande de calculer les coordonnées x_1, y_1, z_1 du point de rencontre A de la force F_1 avec le plan P, ainsi que l'équation du plan II mené perpendiculairement au plan P par la droite D qui porte F_2.

III. — On assujettit le plan P à passer par une droite fixe donnée Δ. Trouver le lieu géométrique [C] du point A, et le lieu géométrique $[\Sigma]$ de la droite D, quand le plan P pivote autour de la droite donnée Δ.

IV. — Former l'équation réduite de la surface $[\Sigma]$ et discuter la nature de cette surface suivant les positions diverses de la droite donnée Δ.

[1909]

Algèbre et trigonométrie. — Étant donnée la fonction $y = \sqrt[3]{x^2(x-6)}$ de la variable réelle x :

I. Étudier les variations de cette fonction, et les représenter par une courbe.

II. Calculer l'intégrale indéfinie $\int y\,dx$.

III. Soit $F(x)$ l'une quelconque des fonctions primitives de y :
Trouver trois constantes P, Q, R telles que la fonction

$$\Phi(x) = F(x) - Px^2 - Qx - R\log|x|$$

reste finie lorsque x devient infini. Et prouver qu'il n'y a qu'un seul système de valeurs des constantes P, Q, R satisfaisant à cette condition.

Nota. — La notation $\log|x|$ désigne le logarithme népérien de la valeur absolue de x.

IV. Les constantes P, Q, R étant celles qui satisfont à la condition précédente, et $F(x)$ désignant la fonction

$$F(x) = \int_3^x y\,dx,$$

déterminer, d'une manière précise, ce que devient la fonction $\Phi(x)$, lorsque x devient infini.

Géométrie analytique et mécanique. — On considère une hélice (H) tracée sur un cylindre de révolution ayant Oz pour axe. Soient a le rayon du cercle de base et h le pas réduit, c'est-à-dire que $2\pi h$ est la longueur interceptée par deux spires consécutives sur toute génératrice du cylindre.

Sur l'hélice (H) on prend deux points L et N, et l'on considère le centre de gravité G de l'arc LN supposé homogène.

I. On suppose que l'arc LN varie en conservant le même milieu M. Démontrer que, dans ces conditions, le point G décrit une droite rencontrant normalement Oz.

II. On demande le lieu du point G, quand l'arc LN varie de telle manière que la corde LN reste parallèle à un plan fixe quelconque.

III. Appelons (S) la surface lieu du point G lorsque L et N varient arbitrairement sur l'hélice. Montrer que le plan tangent en G à la surface (S) n'est autre que le plan Π mené par les extrémités L, N de l'arc et par son milieu M. Comment varie ce plan tangent lorsque l'arc varie en conservant le même milieu?

IV. On suppose que chaque élément ds de l'arc LN attire un point fixe P, proportionnellement à la distance r de ce point à l'élément, et proportionnellement à la longueur ds elle-même, en sorte que l'attraction exercée par l'élément ds sur le point P a pour expression $\mu.r ds$, où μ désigne une constante positive.

On demande de démontrer que les attractions exercées sur le point P par l'ensemble des éléments ds ont pour résultante une force finie F dirigée vers le point G.

Dire quelle est l'expression de cette résultante F.

V. Avec quelle vitesse faudrait-il lancer le point P à partir du point L pour qu'il décrive, sous l'influence de la force F, le cercle Ω qui a pour centre le point G et qui passe non seulement au point L, mais encore au point N.

[1910]

Algèbre et trigonométrie. — 1º Trouver une série entière en x qui satisfasse à l'équation différentielle

$$(\text{E}) \qquad 9(1-x^2)\frac{d^2 y}{dx^2} - 9x\frac{dy}{dx} + y = 0$$

et aux conditions initiales suivantes : pour $x = 0$, la série doit prendre la valeur 1 et sa dérivée doit prendre la valeur $-\dfrac{1}{3}$.

2º Déterminer l'intervalle de convergence de la série trouvée. La fonction de x que définit cette série dans son intervalle de convergence sera désignée par $f(x)$.

3º Montrer qu'il existe une infinité de changements de la variable indépendante, de la forme $t = \varphi(x)$, qui transforment identiquement l'équation (E) en une équation linéaire à coefficients constants; trouver tous ces changements de variables.

4º L'un des changements de variables précédents est $x = \cos 3t$. Partant de là, prouver que les formules

$$x = \cos 3t, \qquad y = \cos t + \sin t$$

définissent, en coordonnées cartésiennes rectangulaires, le même arc de courbe que l'équation $y = f(x)$, pourvu que t varie dans un intervalle qu'on déterminera.

5º Les équations paramétriques précédentes représentent, quand on n'y limite pas la variabilité du paramètre, une courbe (C). Montrer que cette courbe est coupée par une droite $y = h$ en deux points au plus et que ces points existent pour toutes les valeurs de la constante h qui sont comprises entre deux certains nombres α et β. Ces points seront désignés par M et M'.

6º On imagine qu'on divise le segment de droite MM' en trois parties égales; soient P et P' les points de division. Calculer l'aire comprise entre les arcs de courbe que décrivent P et P' quand h varie de α à β.

Géométrie analytique et mécanique. — Un point matériel de masse unité M(x, y, z) est soumis à une force MF qui a pour composantes

$$X = -ax, \qquad Y = -by, \qquad Z = -cz,$$

où a, b, c sont trois constantes positives données :

1º Calculer les coordonnées x, y, z en fonction du temps, connaissant la position initiale $M_0(x_0, y_0, z_0)$, ainsi que la vitesse initiale $M_0 V_0(x'_0, y'_0, z'_0)$. Conditions pour que le mouvement soit périodique.

2º Un second point matériel libre de masse 1 se trouve coïncider constamment avec l'extrémité F de la force MF.

Montrer que le point F obéit au même champ de force que le point M, et trouver la vitesse correspondante à la position initiale F_0 de ce point.

3º Plus généralement, montrer que tout point matériel N, de masse 1, placé initialement sur la droite $M_0 F_0$, peut recevoir une vitesse initiale $N_0 W_0$ telle qu'il reste constamment situé sur la droite MF. On examinera le cas particulier où la position initiale N_0 du point N serait dans l'un des plans de coordonnées.

4º La position initiale N_0 variant sur la droite $M_0 F_0$, trouver le lieu du point W_0 et le lieu de la droite $N_0 W_0$.

Calcul numérique. — L'élongation u d'une vibration amortie a pour expression, en fonction du temps t,

$$u = U\, \frac{e^{-st}}{\cos\varphi} \cos(rt - \varphi) \qquad \left(s = \frac{\sin\varphi}{\theta},\ r = \frac{\cos\varphi}{\theta},\ e = 2{,}718\right).$$

1º Quelles sont les valeurs de t qui donnent à u, soit une valeur nulle, soit une valeur maximum ou minimum?

2º Pour $U = 1^{cm}$, $\theta = 1^{sec}$, $\varphi = 45^0$, construire une table des valeurs de u en fonction de t, du premier maximum de u à son premier minimum et procédant par huitièmes de cet intervalle.

3º Comment cette table peut-elle être étendue à l'intervalle suivant?

[Nota. — Les calculs numériques devaient être effectués à la règle à calcul.]

[1911]

Algèbre et trigonométrie. — On donne l'équation différentielle

$$(1) \qquad a\frac{d^2y}{dx^2} - x\frac{dy}{dx} + by = 0,$$

où a et b désignent deux constantes réelles.

I. Trouver une série entière $\lambda_0 + \lambda_1 x + \lambda_2 x^2 + \ldots$, qui vérifie l'équation (1) et s'assurer qu'elle est convergente.

II. Constater :

1º Que les coefficients λ_0 et λ_1 demeurent arbitraires ;

2º Que la série peut s'écrire

$$\lambda_0 \varphi(x, a, b) + \lambda_1 \psi(x, a, b);$$

φ et ψ désignant deux séries entières en x dont les coefficients sont des fonctions de a et b;

3º Que ces fonctions satisfont à l'équation (1);

4º Que leurs dérivées φ'_x et ψ'_x satisfont chacune à une équation de même forme.

III. Exprimer $\varphi'(x, a, b)$ et $\psi'(x, a, b)$ en fonction de $\varphi(x, a, b-1)$ et $\psi(x, a, b-1)$.

IV. Quand b est un entier positif, suivant qu'il est pair ou impair, la série φ ou ψ devient un polynome.

V. Discuter, d'après le signe de a, la réalité des racines de ces polynomes, φ ou ψ suivant la parité de b.

Géométrie analytique et mécanique. — On donne trois axes de coordonnées rectangulaires Ox, Oy, Oz.

1º Trouver les équations de la parabole (P) qui satisfait aux conditions suivantes : son foyer a pour coordonnées $x = 1$, $y = 0$, $z = 0$; son axe est parallèle à Oy; elle passe par O; enfin elle tourne sa concavité vers les y positifs.

2º Montrer qu'à chaque point M de l'espace correspond, en général, un point R de l'axe Oz et un seul, autre que O, tel que la droite MR rencontre (P). Calculer OR en fonction des coordonnées de M.

$3°$. Parmi les droites MR ainsi définies, on considère celles qui sont parallèles au plan $z = lx$. Trouver et étudier leur lieu géométrique.

$4°$ On imagine que M soit la position d'un point matériel libre de masse égale à l'unité et que le vecteur MR représente la force unique qui agit sur lui.

Que peut-on dire du mouvement projeté sur le plan $x O y$?

Que peut-on dire du mouvement lui-même quand la vitesse initiale de M est dans le plan $MO z$?

$5°$ Faire l'étude complète du mouvement avec les conditions initiales suivantes :

Coordonnées du point M : $x_0 = -2$, $y_0 = 0$, $z_0 = 0$;

Projections de sa vitesse : $x'_0 = 0$, $y'_0 = 0$, $z'_0 = 3$.

Calcul numérique. — Application de la règle à calcul à la fonction $y = \dfrac{x}{\sin x}$, où x représente le rapport de l'arc au rayon.

$1°$ Dresser une table de la fonction en faisant croître x de o à 100 grades par échelons de 10 grades.

$2°$ Fournir un moyen d'étendre l'usage de la table en dehors de ses limites et calculer la table auxiliaire nécessaire à cet effet.

$3°$ Application : Calculer y pour un arc de 542 grades, au moyen des deux tables construites.

[1912]

Algèbre et trigonométrie. — I. On donne l'équation différentielle

$$\sin 2x \frac{dy}{dx} = (3 + 2\cos x - 2\sin x + \cos 2x)y + a\sin x + b\cos x + 6.$$

$1°$ Procéder à la recherche des intégrales de cette équation.

Déterminer les valeurs que doivent prendre les constantes a et b pour que toutes les fonctions y de la variable x qui vérifient cette équation soient des fonctions rationnelles de $\sin x$ et $\cos x$.

Dans ce cas seulement, achever la recherche de l'intégrale générale de l'équation différentielle proposée.

$2°$ Les fonctions y comprises dans la formule trouvée peuvent être représentées par des courbes K. Combien passe-t-il de ces courbes par un point quelconque du plan? Points exceptionnels. Montrer que certains de ces points jouissent de la propriété suivante : les courbes K qui passent en un tel point ont, pour ce point, le même centre de courbure.

II. Étudier la variation de la fonction $y = \dfrac{\sin x(1 - \cos x)}{1 + \sin x}$ et la représenter par une courbe. On déterminera les constantes A, B, C de manière que

$$y - \frac{A}{\left(x - \dfrac{3\pi}{2}\right)^2} - \frac{B}{x - \dfrac{3\pi}{2}} - C$$ tende vers zéro quand x tend vers $\dfrac{3\pi}{2}$.

On calculera, avec des erreurs inférieures à o,1, le maximum de y et la valeur correspondante de x comprise entre o et 2π.

N.-B. — Le dernier terme de l'équation différentielle proposée est le nombre six qu'il ne faut pas confondre avec la lettre b.

Les candidats sont autorisés à se servir de la règle à calcul dans toutes les compositions.

Géométrie analytique et mécanique. — *Première question.*

$1°$ Trouver l'équation de la surface réglée S qui admet les trois directrices :

$$\begin{cases} y = 0, \\ z = x \dfrac{1 + \sqrt{5}}{2}; \end{cases} \qquad \begin{cases} x = 0, \\ y^2 + z^2 + y = 0; \end{cases} \qquad \begin{cases} z = 0, \\ x^2 - y^2 - y = 0. \end{cases}$$

$2°$ Montrer que S est coupée par la surface S' qui a pour équation

$$z^2 - x^2 + y = 0$$

suivant la même courbe C que la surface qui a pour équation

$$x^2 + y^2 - z^2 - zx - y = 0.$$

Exprimer, en fonction du paramètre $t = \dfrac{x}{y}$, les coordonnées d'un point quelconque de cette courbe C.

3º Trouver toutes les quadriques Q ne passant pas par l'origine, ayant leurs axes parallèles aux axes de coordonnées et tangentes à la courbe C en quatre points.

Deuxième question.

Une sorte d'arbalète est formé d'un tube rectiligne et d'un fil élastique. Le fil CMD est fixé par ses extrémités à deux points C et D de l'arbalète. Il sert, par son élasticité, à lancer un projectile M guidé par le tube dont l'axe AOB est perpendiculaire au milieu O de CD.

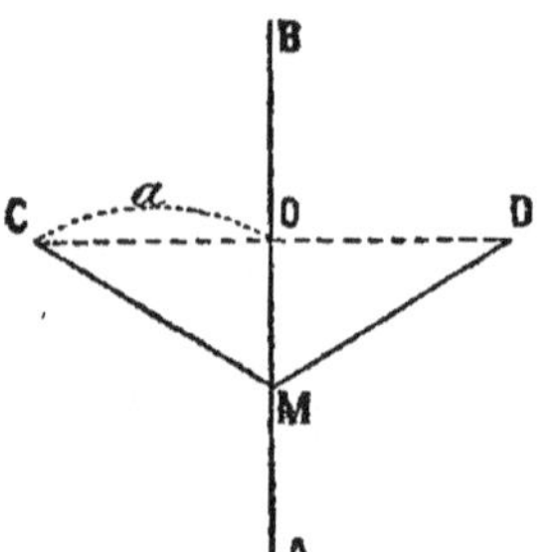

Ouvert en B, fermé en A, le tube est évidé latéralement de A en O, de façon à laisser libre passage au fil.

Pour lancer le projectile, on l'amène à l'extrémité A de sa course, de façon à tendre le fil élastique; puis on l'abandonne à la réaction du fil.

On donne $OB = OC = OD = a$; $OA = \dfrac{4}{3}a$. Le fil a une section et une masse négligeables. Non tendu, il a pour longueur naturelle CD.

Tendu suivant la ligne brisée CMD, il agit sur M, pendant le mouvement, comme la corde agit sur la poulie, dans l'étude statique de la poulie mobile.

Sa tension, proportionnelle à l'allongement, a pour expression $k\dfrac{CM - CO}{CO}$.

Le projectile est assimilé à un point matériel de masse m; l'action du tube sur lui est assimilée à celle d'un plan incliné qui aurait pour ligne de plus grande pente l'axe du tube, le coefficient de frottement f ayant la même valeur au départ et pendant le mouvement.

1º Déterminer k et f par les conditions suivantes : l'arme étant verticale, la masse m doit être portée à 112 gr. pour que son poids suffise à faire descendre le fil élastique jusqu'au point A. Cette masse demeure en A pour toutes les positions de BA faisant avec la verticale ascendante un angle θ inférieur à $\dfrac{\pi}{2}$;

mais elle part dès que θ dépasse $\dfrac{\pi}{2}$.

2º Avec les valeurs trouvées pour k et f, mais pour les diverses valeurs imaginables de m, étudier en fonction de θ la portée de l'arbalète, c'est-à-dire la distance du point B de l'arbalète au point de chute du projectile sur le plan horizontal du point B.

Calcul numérique. — La corde AB et la flèche CM d'un arc de cercle AMB ont pour longueurs $AB = 31^m,30$ et $CM = 1^m,16$.

1º Calculer la longueur l de l'arc AMB par les tables de logarithmes à cinq décimales, avec l'approximation que ces tables comportent.

2º Calculer l avec la même approximation, sans faire usage des tables.

[1913]

Algèbre et trigonométrie. — On considère la fonction θ de x définie par la relation arc $tg\, x = \dfrac{x}{1 + \theta x^2}$ où le premier membre représente un arc compris entre $-\dfrac{\pi}{2}$ et $+\dfrac{\pi}{2}$.

1º Déterminer les valeurs limites de θ pour
$$x = \pm\infty \quad \text{et} \quad x = 0.$$

2º Suivre les variations de la fonction $\theta(x)$ quand x croît de $-\infty$ à $+\infty$.

3º Dans cette fonction $\theta(x)$, on remplace x par n^t, n étant un entier variable et p un nombre positif donné; on considère la série dont le terme de rang n a pour valeur $\theta(n^p)$.

Pour quelles valeurs de p la série est-elle convergente?

4° Calculer $\int_a^\infty \dfrac{x}{1+x^2}\,\theta(x)\,dx$. Étudier la variation de cette intégrale quand a augmente de $-\infty$ à $+\infty$.

5° Calculer, à l'approximation de la règle à calcul, la valeur numérique de

$$\int_{\frac{1}{\sqrt{3}}}^\infty \frac{x}{1+x^2}\,\theta(x)\,dx.$$

Géométrie analytique et mécanique. — Dans le plan xOy du trièdre des coordonnées $Oxyz$, on donne le cercle de rayon r, tangent à Oy au point O, du côté de Ox; sur la circonférence, les points A et B situés à la distance r du point O.

I. Un point quelconque P de la circonférence est la projection d'un point M dont la cote est

$$z = PA + PB.$$

1° Calculer les coordonnées x, y, z du point M en fonction de l'angle polaire $POx = \omega$ du point P.

2° Le lieu du point M est une courbe Γ. En construire les projections sur les plans xOz, yOz.

II. Soit C le point d'abscisse $-r$ pris sur le prolongement de Ox; A, B, C sont les points d'appui sur le plan horizontal, supposé rigide, de trois pieds sphériques identiques fixés aux trois sommets d'une lame triangulaire homogène.

Sous l'action d'efforts horizontaux, la lame se met à tourner autour d'un certain axe vertical dont la trace I sur le plan xOy a pour coordonnées polaires f et ω.

1° Exprimer que la résultante des réactions de frottement du plan sur la lame est perpendiculaire à OI. (On désignera par a, b, c les longueurs IA, IB, IC; par α, β, γ les coefficients de frottement, supposés différents, aux trois points A, B, C.)

2° On suppose $\alpha = \beta$, γ étant rendu négligeable au moyen d'un lubrifiant. Former l'équation polaire du lieu des points I définis par la condition précédente. Étudier ce lieu.

3° Comment varie, avec la position du point I, le moment résultant des réactions de frottement par rapport à la verticale du point I?

Calcul numérique. — 1° Calculer une table des valeurs de 10^{-t^2} pour des valeurs de t croissant de 0 à 1 par échelons de 0,1.

2° De cette première table en déduire une deuxième qui donne les valeurs approchées de l'intégrale

$$u = \int_0^t 10^{-t^2}\,dt,$$

pour des valeurs de t croissant de 0 à 1 par échelons de 0,1.

3° Comment et dans quelles limites la deuxième table peut-elle servir à étudier la fonction de la variable x définie par la formule

$$y = \int_0^x e^{-x^2}\,dx \qquad (e = 2,718\ldots)?$$

4° En particulier, calculer la valeur de x qui correspond à

$$y = \frac{\sqrt{\pi}}{4} \qquad (\pi = 3,14\ldots).$$

[1905]

Sciences I. — On considère les trois surfaces du second degré définies par les équations

$$y = x^2, \qquad z = xy, \qquad zx = y^2.$$

I. Soit M le point d'intersection des plans polaires d'un point M_0 par rapport à ces trois surfaces : on demande d'exprimer les coordonnées x, y, z du point M au moyen des coordonnées x_0, y_0, z_0 du point M_0 et, inversement, x_0, y_0, z_0 au moyen de x, y, z.

II. Vérifier, sur les formules, que le point M n'est pas déterminé, quand le point M_0 se trouve sur la courbe (C) définie par les équations

$$y = x^2, \qquad z = x^3.$$

Où se trouve alors le point M ?

III. Pour que le point M_0 soit dans le plan des x, y, il faut que le point M soit sur une surface (S) du troisième degré.

Vérifier que cette surface contient la courbe (C) et qu'elle est réglée. Quel est le lieu du point M_0 quand le point M décrit une génératrice rectiligne de cette surface ?

IV. Quelle est, sur la surface (S), le lieu des points M tels que le point M_0 soit rejeté à l'infini dans le plan des x, y ?

V. Le point M est supposé se mouvoir sur la surface (S), de telle façon qu'il soit, à chaque instant t, sur la génératrice définie par les équations

$$y = tz, \qquad x = \frac{2}{3} t^2 z + \frac{1}{3t},$$

et que son accélération soit située dans le plan tangent en M à la surface. Montrer que la coordonnée z vérifie l'équation

$$t \frac{d \frac{1}{z}}{dt} - \frac{1}{z} - 2 t^3 = 0.$$

Intégrer cette équation et exprimer les trois coordonnées en fonction du temps. Vérifier que la courbe (C) est l'une des trajectoires possibles.

Sciences I et II. — I. Étudier la fonction

$$y = a \, \mathrm{L} \cos \frac{x}{a};$$

a désigne une constante positive, L le logarithme népérien.
Soit (C) la courbe représentative, les axes étant rectangulaires.

II. Calculer le rayon de courbure R de (C) en l'un quelconque M de ses points. Déterminer la développée de (C).

III. On suppose que M appartienne à la même branche de (C) que l'origine O. Calculer l'arc s de (C) limité par O et M. Exprimer R en fonction de s.

IV. Par les translations parallèles à Oy, on déduit de (C) une famille de courbes (Γ). Déterminer une famille de courbes (Γ′) telle que chaque courbe (Γ′) coupe à angle droit toutes les courbes (Γ). [On pourra former d'abord une relation entre l'abscisse d'un point quelconque d'une courbe (Γ′) et le coefficient angulaire de la tangente en ce point.]

V. Soit de même (Γ_1) la famille des courbes déduites de (C) par les translations parallèles à Ox. Trouver les courbes (Γ'_1) coupant à angle droit les courbes (Γ_1). [Former d'abord une relation entre l'ordonnée d'un point quelconque d'une courbe (Γ_1) et le coefficient angulaire de la tangente en ce point.]

VI. *Calcul numérique.* — Soient x_1, y_1 les coordonnées du point P de la courbe (C) tel que son abscisse x_1 soit positive, et que l'arc OP de (C) ait pour longueur $\dfrac{a}{2}$. Déterminer, avec trois chiffres exacts, les rapports $\dfrac{x_1}{a}$, $\dfrac{y_1}{a}$.

[1906]

Sciences I. — On considère, dans l'espace, les droites (D) dont les équations sont

$$ux + xy + z + 1 = 0, \qquad x + y + uz + v = 0;$$

on regarde les paramètres u, v comme les coordonnées d'un point A dans un plan (P); à chaque point A de ce plan correspond, en général, une droite (D) et une seule; par un point M de l'espace, il passe, en général, une droite (D) et une seule.

Où doit être le point M pour qu'il passe par ce point une infinité de droites (D)? Soit M_0 un tel point; quel est le lieu, dans le plan (P), des points A auxquels correspondent les droites (D), en nombre infini, qui passent par le point M_0? Quand, inversement, le point A décrit ce lieu, quelle est la surface décrite par la droite (D) qui correspond au point A?

Lorsque, dans le plan (P), le point A décrit la parabole dont l'équation est $v = au^2$, la droite correspondante (D) décrit une surface (Σ) qui est, en général, du quatrième degré; la précédente étude permet de mettre en évidence des valeurs du paramètre a pour lesquelles cette surface contient un plan.

Construire, en supposant $a = 1$, la courbe du troisième degré, intersection de la surface (Σ) et du plan des xy.

Évaluer l'aire limitée par cette courbe et la droite dont l'équation est $y = 3,5$.

Sciences I et II. — En supposant l'espace rapporté à un système de coordonnées rectangulaires Ox, Oy, Oz, on considère la courbe définie par les équations

$$y = 2x^3, \qquad z = x^4.$$

I. Montrer que l'arc de cette courbe, compté à partir de l'origine des coordonnées jusqu'au point dont l'abscisse est le nombre positif x, est compris entre $x + \dfrac{18}{5} x^5$ et $x + \dfrac{18}{5} x^5 + \dfrac{8}{7} x^7$ pour les valeurs suffisamment petites de x; on prouvera que cet arc est toujours inférieur à la seconde limite, et qu'il est certainement supérieur à la première pour $0 < x < \dfrac{2}{9}$.

II. Montrer qu'il existe sur cette courbe une infinité de points A, B tels que les plans (P), (Q), respectivement osculateurs à la courbe en A, B, se coupent suivant la droite qui joint ces deux points.

Soit V l'angle (moindre que deux droits) des directions, perpendiculaires aux plans (P), (Q), qui font des angles aigus avec la direction positive sur l'axe des z; comment varie cet angle quand l'abscisse x du point A croît de 0 à $+\infty$?

Calculer, à un demi-millième près, la valeur de x pour laquelle l'angle V est droit.

Montrer que les droites AB qui joignent deux points d'un même couple sont situées sur la surface dont l'équation est

$$Z = \dfrac{Y^2}{4X^2}.$$

Séparer cette surface en régions d'après le nombre de plans osculateurs à la courbe proposée qui passent par ses différents points.

III. Évaluer l'intégrale définie

$$\int_0^{\frac{1}{\sqrt{2}}} \tan \frac{V}{2}\, dx,$$

où V est la fonction de x qui a été définie plus haut.

[1907]

Sciences I. — 1º Ox, Oy, Oz étant trois axes de coordonnées rectangulaires, montrer que l'équation

$$y^2 z^2 + 2 kxyz + k^2 x^2 - 2 ak^2 y = 0,$$

où a et k désignent deux longueurs données, définit une surface réglée (Σ). Trouver les traces et les contours apparents de cette surface sur les plans de coordonnées. Indiquer une construction géométrique des génératrices rectilignes de la surface.

2º A quelle condition les coefficients de l'équation

$$Ax + By + Cz + D = 0$$

doivent-ils satisfaire, pour que le plan représenté par cette équation contienne une génératrice de la surface? Quelles sont, en supposant cette condition vérifiée, les coordonnées du point de contact du plan et de la surface?

3º L'intersection de la surface (Σ) et du cylindre dont l'équation est :

$$x^2 + y^2 - ay = 0$$

se compose de l'axe Oz et d'une courbe gauche (C); exprimer en fonction rationnelle d'un paramètre les coordonnées d'un point quelconque de (C). Une génératrice du cylindre rencontre la courbe (C) en deux points : lieu du milieu de ces deux points.

4º La section de (Σ) par un plan parallèle à xOy est une parabole (P); exprimer, en fonction de la cote de son plan, le paramètre de cette parabole; trouver le lieu de son foyer et celui de son sommet; construire les projections de ces courbes sur les plans de coordonnées.

5º La parabole (P) se projette sur xOy, suivant une parabole (Q); chercher les enveloppes de l'axe et de la directrice de (Q).

Indiquer, dans le plan xOy, une définition géométrique des paraboles (Q).

6º Il existe, sur chacune des paraboles (Q), un point M tel que le cercle osculateur en M passe par O : trouver le lieu du point M.

Sciences I et II. — I. Étudier la variation de la fonction

$$y = e^{-x} \sin x.$$

Représenter cette variation par une courbe rapportée à deux axes rectangulaires Ox et Oy. Déterminer les points d'inflexion de la courbe.
Calculer l'intégrale

$$I_k = \int_0^{k\pi} e^{-x} \sin x \, dx,$$

où k désigne un entier positif ($k = 1, 2, 3, \ldots$) et indiquer la signification géométrique de cette intégrale.
Déterminer la limite de I_k pour $k = +\infty$.

II. 1º Étant donnés deux axes rectangulaires Ox et Oy, on demande de trouver une courbe (C) possédant la propriété suivante. Si, en un point quelconque M de cette courbe, on mène la tangente MT qui rencontre Oy en T, et si l'on abaisse du point M la perpendiculaire MP sur Ox, l'aire du trapèze OTMP est équivalente à un carré donné de côté a.
On établira l'équation de la courbe en supposant que l'arc de courbe consi-

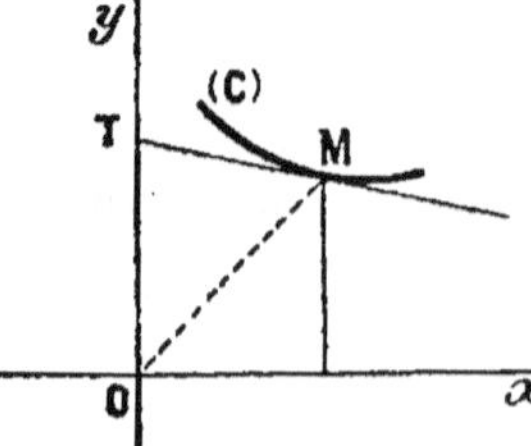

déré ait, par rapport aux axes, la disposition indiquée sur la figure; on tracera la courbe dont on aura obtenu ainsi l'équation et l'on énoncera la propriété géométrique qui remplace celle de l'énoncé pour les arcs qui présentent une disposition différente de celle de la figure.

2º Parmi les courbes trouvées on construira en particulier celle qui passe par le point $x = a$, $y = a$, et l'on calculera les rayons de courbure de cette courbe aux points d'abscisses $x = \pm a$.

III. Un fil élastique, de masse négligeable, est attaché à un point fixe A; quand ce fil pend librement sous l'action de la pesanteur, sans être tiré, il a une longueur $AB = l$ et une tension nulle.

Quand le fil est tiré, à son extrémité libre, de façon à prendre une longueur $AM = r$, plus grande que l, la tension F du fil est une force, dirigée de M vers A, ayant une intensité proportionnelle à l'allongement

$$F = k(r - l),$$

où k est une constante positive.

1° Ceci posé, on attache au bout du fil un point pesant; déterminer la masse m de ce point, de façon qu'il soit en équilibre sous l'action de son poids et de la tension du fil, dans la position O telle que $AO = 2l$.

2° On tire sur le fil portant à son extrémité ce point matériel m et l'on amène le point dans une position M_0 telle que $AM_0 = r_0$ ait une longueur supérieure à $2l$, puis on abandonne le système à lui-même sans vitesse initiale. Étudier le mouvement du point matériel m.

Quelle doit être la valeur de r_0 pour que le point m remonte jusqu'au point B, où la tension s'annule, et arrive au point B avec une vitesse nulle?

Quelle doit être la valeur de r_0 pour que le point m remonte jusqu'en A et arrive en A avec une vitesse nulle?

[1908]

Sciences I. — *Première question.*

1° On considère trois axes rectangulaires $Oxyz$ et, dans le plan Oxy, deux hyperboles (H) et (H′) et une droite (D) définies respectivement par les équations

$$(\text{H}) \begin{cases} z = 0, \\ x^2 - y^2 = m^2, \end{cases} \qquad (\text{H}') \begin{cases} z = 0, \\ 2xy = n^2, \end{cases} \qquad (\text{D}) \begin{cases} z = 0, \\ 2x = p. \end{cases}$$

Soient M et M′ deux points du plan Oxy satisfaisant aux trois conditions suivantes : ils sont conjugués par rapport à (H) et à (H′); le milieu de la droite qui les joint est situé sur (D).

Montrer que M décrit une courbe (C) et M′ une courbe (C′) qui coïncide avec (C).

2° On désigne par $O_1x_1y_1z_1$ un trièdre coïncidant avec le trièdre $Oxyz$; on suppose que ce trièdre peut se déplacer en entraînant avec lui la courbe (C′); on désigne par (C_1) et par M_1 les positions que prennent dans ce déplacement la courbe (C′) et le point M′; le trièdre $Oxyz$ reste fixe ainsi que la courbe (C).

On supposera dorénavant que le trièdre mobile $O_1x_1y_1z_1$ est toujours dans une position telle que l'angle des deux directions Oz, O_1z_1 soit égal à deux droits; dès lors, la position de ce trièdre est définie par les coordonnées a, b, c du sommet O_1, par rapport aux axes $Oxyz$, et l'angle φ des directions Ox, O_1x_1.

3° On demande d'écrire les relations qui doivent exister entre a, b, c, φ pour que le trièdre $O_1x_1y_1z_1$ soit symétrique du trièdre $Oxyz$ par rapport à une droite du plan Oxy, étant entendu que O_1x_1, O_1y_1, O_1z_1 doivent être respectivement les symétriques de Ox, Oy, Oz.

Une pareille position du trièdre $O_1x_1y_1z_1$ est définie si l'on se donne les valeurs a_0, b_0 des coordonnées a, b : on demande alors d'exprimer les coordonnées X, Y, Z du point M_1, par rapport aux axes $Oxyz$, en fonction des coordonnées du point M et de a_0, b_0.

4° On suppose que le trièdre $O_1x_1y_1z_1$ se déplace en partant de la position qu'on vient de définir; montrer que l'on peut faire varier a, b, c, φ de telle manière que, dans ce déplacement, la distance MM_1 d'un point quelconque M de la courbe (C) au point correspondant M_1 de la courbe (C_1) reste invariable.

Seconde question.

On considère trois axes rectangulaires et la surface ayant pour équation

$$z = \frac{y^3 + xy^2 + \lambda x^3}{y + x},$$

λ étant une constante.

Étudier la variation de la courbure à l'origine des sections de cette surface par les plans $y = mx$ lorsque le paramètre m varie.

On examinera particulièrement les cas suivants :

$$1° \ \lambda = \frac{4}{3}; \qquad 2° \ \lambda = -\frac{1}{9}.$$

Sciences I et II. — *Première question.*

1° Calculer la valeur de l'intégrale

$$\mathrm{I}_n = \int_0^\infty \frac{dx}{(1 + x^2)^n},$$

où n désigne un entier positif.

2° Calculer la valeur de l'intégrale

$$\mathrm{I} = \int_0^\infty \frac{ax^3 + bx^2 + cx + d}{(1 + x^2)^3}\, dx.$$

Deuxième question.

1° Intégrer l'équation différentielle

(1) $$y'' + a^2 y = \sin x,$$

où a désigne une constante positive, différente de *un*.

2° Déterminer une intégrale particulière de l'équation précédente par la condition que cette intégrale et sa dérivée première s'annulent pour $x = 0$.

3° Rechercher ce que devient cette intégrale particulière lorsque a tend vers *un* et en déduire l'intégration de l'équation (1) dans le cas particulier où $a = 1$.

Troisième question.

On donne trois axes rectangulaires $O\,xyz$ et le parallélépipède rectangle (P) dont les six faces ont pour équations

$$x = \pm 6, \qquad y = \pm 11, \qquad z = \pm 16.$$

Une sphère solide (S), de rayon 1, se meut à l'intérieur de (P).

Le mouvement du centre de (S) est rectiligne et uniforme tant que la surface de (S) ne vient pas en contact avec une face de (P); lorsqu'un tel contact se produit, la vitesse de ce centre conserve la même valeur absolue, mais sa direction se modifie suivant la loi physique de la réflexion, c'est-à-dire que la normale commune aux surfaces en contact est l'une des bissectrices de l'angle formé par les deux vitesses du centre, avant et après le contact.

A l'époque $t = 0$, le centre de (S) est l'origine des coordonnées. Les projections de sa vitesse sur les axes sont alors respectivement égales à 1, $\sqrt{2}$, $\sqrt{3}$. On demande :

1° Les coordonnées de ce centre à l'époque $t = 10$;

2° La coordonnée z à l'époque $t = 1000$.

On calculera les résultats à un centième près.

[1909]

Sciences I. — Les axes de coordonnées étant rectangulaires, on considère l'hyperbole (H) ayant pour équation

$$x^2 - y^2 = r^2$$

et les coniques (T) représentées par l'équation

$$x^2 + 3y^2 + 6rty - 3r^2 = 0,$$

où t est un paramètre variable.

1° Montrer qu'en leurs quatre points d'intersection A, B, C, D une courbe (T) et la conique (H) sont orthogonales.

2° Etudier les cercles passant par A, B, C, D. Lieu des foyers des coniques (T).

3° Trouver l'enveloppe des droites AB. Exprimer en fonction rationnelle d'un paramètre les coefficients de l'équation générale d'une de ces droites (non parallèle à $O\,x$).

4° Lieu du point de contact d'une conique (T) et d'une conique ayant mêmes foyers que (H).

5° Un champ de forces, dont les forces sont parallèles au plan $x\,O\,y$, est tel que les traces des surfaces de niveau sur ce plan soient les coniques (T). Trouver les lignes de force situées dans le plan $x\,O\,y$. Indiquer la forme et la disposition de ces lignes, les unes par rapport aux autres.

6° On considère un point E de coordonnées $x=0$, $y=l$ et celles des lignes de force qui coupent Ox en trois points réels M_1, M_2, M_3.

Calculer la somme

$$\frac{1}{\overline{EM_1}^2} + \frac{1}{\overline{EM_2}^2} + \frac{1}{\overline{EM_3}^2}.$$

Peut-on trouver une valeur réelle l telle que cette somme reste constante lorsque la ligne de force varie?

Sciences I et II. — *Première question.*

On laisse tomber, sans vitesse initiale, un point matériel pesant dont la masse est 1^g dans un milieu qui oppose à son mouvement une résistance proportionnelle à la vitesse; soit k le coefficient de proportionnalité; on compte le temps à partir du moment où le mouvement commence.

I. Quels sont, au bout du temps t, la vitesse de ce mobile et le chemin z qu'il a parcouru? Vérifier, sur les formules trouvées, que, lorsque k est très petit, le mouvement est, pendant quelque temps, à peu près le même que si le mobile tombait dans le vide.

II. On laisse tomber au même instant plusieurs points matériels pesants, ayant chacun une masse égale à 1^g, dans des milieux divers qui opposent tous une résistance proportionnelle à la vitesse, mais avec des coefficients k différents; on compare les mouvements de ces points au bout du temps t. Il est aisé de prévoir, d'après la nature même de la question, dans quel sens varient la vitesse et le chemin parcouru lorsque k augmente. Vérifier analytiquement ces prévisions.

III. Calculer le coefficient k par la condition suivante : Le point matériel, pour tomber sans vitesse initiale d'une hauteur égale à $2g$, met un dixième de seconde de plus que s'il tombait dans le vide.

On prendra $g = 981^{cm}$ et l'on se bornera à calculer le premier chiffre significatif de k.

Deuxième question.

On considère l'équation différentielle

$$(1) \qquad y' + Px + Q = 0,$$

où y est la fonction inconnue et où P, Q sont des fonctions de la variable x.

I. Montrer que toute solution de cette équation vérifie l'équation différentielle

$$(2) \qquad y'' + (P' - P^2)y + Q' - PQ = 0$$

(y' et y'' désignent les dérivées première et seconde de y, P' et Q' les dérivées de P et Q).

II. Déterminer P et Q de façon que l'on ait, en désignant par α et β des constantes données,

$$P' - P^2 = \alpha^2, \quad Q' - PQ = \beta.$$

III. En adoptant pour P, Q les fonctions ainsi trouvées, on intégrera les deux équations (1) et (2) et l'on calculera ce que devient le premier membre de l'équation (1) quand on y remplacera y par la solution générale de l'équation (2).

[1910]

Sciences I. — *Première composition.*

I. Soit (G) la courbe définie, en coordonnées rectangulaires, par les équations

$$x = \frac{1 + t^2}{t}, \quad y = 1 + t^2,$$

où t est un paramètre arbitraire.

1° Déterminer un polynome du second degré $f(x, y)$ (dans lequel le coefficient de y^2 est 1) tel qu'on ait une identité de la forme

$$t^2 f\left(\frac{1 + t^2}{t}, 1 + t^2\right) = (t^3 + \alpha t^2 + \beta t + \gamma)^2.$$

On montrera qu'une telle identité n'est possible que moyennant l'existence d'une relation entre les constantes α, β, γ. Cette relation se décompose en deux autres très simples.

2º Supposant successivement vérifiée chacune de ces deux relations, les coefficients de $f(x, y)$ se trouvent, dans chaque cas, exprimés au moyen de deux des paramètres α, β, γ. Pour l'une des solutions, le polynome $f(x, y)$ est le carré d'un polynome du premier degré en x, y.

Des résultats précédents on déduit immédiatement la réponse aux questions suivantes :

3º Ecrire la condition que doivent vérifier les paramètres t_1, t_2, t_3 de trois points de (G) pour que ces trois points soient en ligne droite.

4º Ecrire la condition que doivent vérifier les paramètres t_1, t_2, t_3 de trois points de (G) pour qu'il existe une conique (C) tangente à (G) en ces trois points.

5º Former l'équation générale des coniques (C).

En outre :

6º Trouver, lorsque la conique (C) se décompose en deux droites, le lieu du point de concours des deux droites.

7º Montrer que les tangentes aux trois points de contact de (C) et de (G) coupent encore la courbe (G) en trois autres points situés sur une même droite (D).

8º Trouver l'équation générale de la droite (D) en fonction des mêmes paramètres que ceux qui déterminent la conique correspondante (C).

9º Déterminer en fonction des mêmes paramètres le centre de gravité P du triangle formé par les points de contact de (C) et de (G).

10º Trouver l'enveloppe de la droite (D) lorsque P décrit une parallèle à l'axe des x.

II. Une surface (Σ), rapportée à des axes rectangulaires, est coupée par chaque plan parallèle au plan xOy suivant une courbe fermée. L'aire S de cette courbe est une fonction déterminée $[S = f(z)]$ de la cote z de tous ses points. On suppose la surface (Σ) continue et l'on suppose que la fonction $f(z)$ admet des dérivées continues jusqu'au cinquième ordre inclusivement.

Déterminer quelle doit être la forme la plus générale de la fonction $f(z)$ pour que le volume compris entre la surface (Σ) et les plans de cotes z_0 et z soit donné, quels que soient z_0 et z par la formule

$$V = \frac{z - z_0}{6}\left[f(z) + f(z_0) + 4f\left(\frac{z + z_0}{2}\right)\right].$$

Seconde composition.

I. Étant donnés trois axes rectangulaires Ox, Oy, Oz, et une fonction $f(z)$ qui admet une dérivée $f'(z)$, les équations

$$(I)\quad x = \rho x_0, \quad y = \rho y_0, \quad \int_{z_0}^{z}\frac{dz}{f(z)} = t, \quad \left(\rho = \sqrt{\frac{f(z_0)}{f(z)}}\right)$$

où t désigne le temps, définissent le mouvement d'un point $M(x, y, z)$, si l'on connait la position $M_0(x_0, y_0, z_0)$ de ce point à l'instant $t = 0$; quand on a fixé la valeur de t, les mêmes équations (I) définissent une transformation remplaçant le point M_0 par le point M.

1º Montrer que les projections de la vitesse du point $M(x, y, z)$ sur les axes Ox, Oy, Oz peuvent s'exprimer par des fonctions de x, y, z qui ne contiennent ni le temps t, ni les coordonnées initiales x_0, y_0, z_0.

2º A tous les points d'un cercle (C_0) ayant pour équations

$$(x_0 - a_0)^2 + y_0^2 = R_0^2, \quad z_0 = \text{const.} \quad (a_0, R_0 \text{ constants})$$

correspondent, à l'instant t, d'après les équations (I), des points M tous situés sur un cercle (C) dont le plan est parallèle au plan xOy. Calculer, en fonction du z de ce plan, le rayon R et l'abscisse a du cercle (C).

3º Soient (S) la surface engendrée par le cercle (C) quand t varie à partir de zéro, (T) le solide limité par la surface (S) et par les plans $z = z_1$, $z = z_2$.

Vérifier que le volume V de (T) ne dépend que de la différence des valeurs de t qui correspondent à z_2 et à z_1.

Effectuer jusqu'au bout les calculs et construire la trajectoire d'un point M dans les deux cas suivants :

Premier cas

$$f(z) = \frac{k^2}{2z} \quad (k \text{ constant});$$

Deuxième cas

$$f(z) = k\,\frac{z^2 + k^2}{z^2} \qquad (k \text{ constant}).$$

Calculer, dans chacun des deux cas précédents, les coordonnées (ξ, o, ζ) du centre de gravité du solide (T) supposé homogène, en se servant des formules

$$V\xi = \int_{z_1}^{z_2} a(z)A(z)\,dz \quad \text{et} \quad V\zeta = \int_{z_1}^{z_2} zA(z)\,dz$$

où $A(z)$ désigne l'aire et $a(z)$ l'abscisse du centre du cercle (C) de cote z.

II. Construire la courbe dont l'équation est

$$y = \operatorname{tg} x - x.$$

Trouver, avec deux décimales, la racine comprise entre 1 et 1,1 de l'équation

$$\tan g\, x - x = \frac{\pi}{4}.$$

Sciences II. — I. On donne deux axes coordonnés rectangulaires Ox, Oy et une droite (D) parallèle à l'axe Oy.

A chaque point M d'une courbe (C), situé dans le plan des deux axes, on fait correspondre un point M', de même abscisse que le point M, par la condition que la parallèle menée par l'origine à la tangente en M à la courbe (C) et la parallèle à l'axe Ox menée par le point M' se rencontrent sur la droite D. Soit (C') le lieu décrit par le point M' quand le point M décrit la courbe (C). Soit M″ le point qui se déduit du point M' comme le point M' du point M, en remplaçant toutefois la courbe (C) par la courbe (C').

Déterminer la courbe (C) :

1° De manière qu'elle passe par l'origine et que la longueur MM' soit égale à une ligne donnée;

2° De manière qu'elle passe par l'origine, qu'elle y soit tangente à la bissectrice de l'angle xOy et que la longueur MM″ soit égale à une ligne donnée.

II. On considère le mouvement défini par les équations

$$x = 3a\cos t - a^3\cos 3t, \qquad y = 3a\sin t + a^3\sin 3t,$$
$$z = 3a^2\cos 2t,$$

où t désigne le temps et a un paramètre constant. Déterminer la vitesse et l'accélération.

La trajectoire est une courbe fermée; quelle est sa longueur?

Déterminer a de façon que cette longueur soit égale à 3π.

(On se bornera à calculer deux décimales.)

III. Évaluer les deux intégrales définies

$$A = \int_0^{\frac{2\pi}{3}} \frac{\cos x}{\sin x + \cos x}\,dx, \qquad B = \int_0^{\frac{2\pi}{3}} \frac{\sin x}{\sin x + \cos x}\,dx.$$

[1911]

Sciences I. — On considère trois axes rectangulaires $Oxyz$ et la surface de révolution, appelée *tore*, dont l'équation est :

$$(x^2 + y^2 + z^2 + l^2\cos^2\theta)^2 = 4l^2(x^2 + y^2),$$

l étant un nombre positif et θ un angle aigu.

1° On coupe le tore par le plan $z = x\operatorname{tg}\theta$. Former l'équation de la section dans son plan et vérifier que cette section se compose de deux circonférences c et γ, ayant leurs centres sur Oy. Les projections de ces circonférences sur le plan xOy admettent le point O pour foyer.

On déduit facilement de là qu'il existe sur le tore, à part les parallèles et les méridiens, deux systèmes de circonférences : les circonférences C et les circonférences Γ. Montrer que deux circonférences d'un même système (C ou Γ) ne se coupent jamais, que deux circonférences de systèmes différents (C et Γ) ont toujours deux points communs.

2° Trouver les courbes K qui coupent tous les parallèles du tore sous un angle donné V. Construire la projection de ces courbes sur le plan xOy, d'abord pour $V = 0$, puis pour $\operatorname{tg} V = 2\operatorname{tg}\theta$. Comment peut-on déduire la seconde courbe de la première et, d'une manière générale, comment peut-on construire point par point les courbes K?

3º Former l'équation générale des sphères s passant par l'une des circonférences C, trouver le lieu des centres de ces sphères et montrer que chacune d'elles contient aussi une circonférence Γ.

Montrer que toutes les sphères s passant par un point a passent aussi par un point associé a'.

4º On donne deux points a et b non situés sur le tore; b est différent de a et de son associé a'. Soit C_0 l'une des circonférences C.

Par C_0 et a passe une sphère A_0 qui coupe le tore suivant une circonférence Γ_0. Par Γ_0 et b passe une sphère B_0 qui coupe le tore suivant une circonférence Γ_1. Par Γ_1 et b passe une sphère B_1 qui coupe le tore suivant une circonférence C_2, et ainsi de suite.

On étudiera dans deux cas particuliers à quelle condition la suite des circonférences C_0, C_1, C_2, …, est périodique.

Supposant d'abord a et b sur Oz, on montrera que les centres des sphères A_i et B_i sont alors dans deux plans dont on se donnera les équations sous la forme

$$z = l\cos\theta\, \tang\alpha, \qquad z = l\cos\theta\, \tang\beta.$$

Quelle relation doit-il y avoir entre α et β pour que C_0, C_1, …, C_{n-1} étant différentes, C_n soit identique à C_0? Calculer algébriquement le rapport

$$u = \frac{\tang\alpha}{\tang\beta}$$ dans le cas où $n = 10$.

En second lieu, on prendra les valeurs suivantes pour les coordonnées de a et b :

$$a(x = l\cos\theta\cos A, \quad y = l\cos\theta\sin A, \quad z = 0);$$
$$b(x = l\cos\theta\cos B, \quad y = l\cos\theta\sin B, \quad z = 0).$$

Montrer que si C_0 est identique à C_n pour un choix particulier de C_0, il en est de même quelle que soit C_0, et trouver la relation de position entre a et b pour laquelle cette circonstance se produit.

Sciences I et II. — On considère le point matériel M, de masse m, sur lequel un centre fixe S exerce une attraction F inversement proportionnelle au carré de la distance $r = $ SM $\left(\text{F} = -\dfrac{km}{r^2}\right)$.

1º Indiquer à quelles conditions doit satisfaire la vitesse initiale pour que la trajectoire de M soit une circonférence C; on calculera la durée T d'une révolution complète en fonction de la constante k et du rayon R de la circonférence C.

2º Un autre point matériel M', de masse m', décrit sous l'action du même centre de forces S (la force étant $\text{F}' = -\dfrac{km'}{r'^2}$ avec $r' = $ SM') une parabole P de paramètre p. Calculer le temps employé par M' pour décrire un arc AB de la parabole; on se donne les angles α et β de SA et SB avec l'axe Sx de la parabole.

3º La parabole P et la circonférence C étant supposées dans un même plan, à quelle condition se coupent-elles en deux points A et B? Cette condition étant remplie, calculer le temps T' pendant lequel le point M' reste à l'intérieur de C et étudier la variation du rapport $\dfrac{\text{T}'}{\text{T}}$ quand le paramètre p varie.

4º L'orbite de la Terre étant supposée circulaire, calculer le nombre maximum de jours durant lesquels une comète, décrivant une orbite parabolique, dans le plan de l'orbite terrestre, peut rester à l'intérieur de l'orbite terrestre.

[1912]

Sciences I. — *Première composition.*

On considère trois axes Ox, Oy, Oz, les axes Ox et Oy étant rectangulaires. On donne trois circonférences réelles (C_1), (C_2), (C_3) rencontrant l'axe Oz et situées dans des plans distincts, parallèles au plan xOy; on désigne par O_1, O_2, O_3 les centres de ces circonférences et par $(\alpha_1, \beta_1, \gamma_1)$, $(\alpha_2, \beta_2, \gamma_2)$, $(\alpha_3, \beta_3, \gamma_3)$ leurs coordonnées.

1º Former l'équation des quadriques passant par deux des courbes (C_1), (C_2), (C_3).

Toute conique rencontrant chacune des courbes (C_1), (C_2) en deux points à distance finie est située avec (C_4) et (C_2) sur une même quadrique. A quelles conditions doivent satisfaire les données pour que (C_4), (C_2), (C_3) soient situées sur une même quadrique?

On supposera dans la suite que ces conditions ne soient pas vérifiées.

2° Déterminer les plans P coupant chacune des trois courbes (C_4), (C_2), (C_3), en deux points à distance finie, les six points obtenus étant situés sur une même conique, soit (Σ).

Montrer que les plans P sont parallèles à une direction fixe.

Lorsqu'on assujettit les plans P à passer par un point donné R, la conique (Σ) engendre une surface cubique (S).

Pour quels points R la surface (S) est-elle décomposée, c'est-à-dire formée d'un plan et d'une quadrique?

Comment se coupent deux surfaces (S)?

3° Toute surface cubique passant par (C_4), (C_2), (C_3) peut-elle être obtenue d'après la génération précédente?

On formera l'équation de la surface et l'on cherchera à l'écrire à l'aide de surfaces cubiques décomposées vérifiant les conditions imposées.

4° On choisit les circonférences (C_4) et (C_2) de rayon nul (O_4 et O_2 étant alors sur Oz), les plans de ces circonférences étant symétriques par rapport au plan xOy, et le centre de la circonférence (C_3) dans le plan xOz.

On désigne par (S_4) la surface (S) correspondant à ces données et passant par les axes Oz et Oy.

Les sections de la surface (S_4) par les plans parallèles à xOy et par les plans passant par Oz comprennent des circonférences (C) et des hyperboles (H).

Indiquer la forme de la surface (S_4) en traçant ces sections.

5° Exprimer les coordonnées d'un point quelconque de la surface (S_4) à l'aide de deux paramètres fixant la position des plans des courbes (C) et (H) passant par ce point.

Les tangentes aux courbes de l'une des familles (C) ou (H) aux points de rencontre avec une courbe arbitrairement choisie dans l'autre famille engendrent une surface réglée. De quelle nature sont les surfaces réglées ainsi obtenues?

Comment sont constitués les cônes circonscrits à la surface (S_4) et dont les sommets sont sur Oz? les cylindres circonscrits dont les génératrices sont parallèles au plan xOy?

Deuxième composition.

Un point matériel M, de masse égale à un gramme, est attiré par un point fixe O avec une force mesurée en unités C. G. S. par $\frac{1}{r^3}$, r désignant la distance OM. (Force inverse du cube de la distance.)

1° Discuter la forme de la trajectoire T du point M, d'après la position et la vitesse de ce point en un instant particulier t_0, et caractériser sur cette courbe les deux arcs correspondant respectivement aux instants postérieurs et aux instants antérieurs à t_0.

2° Calculer les coordonnées de M en fonction du temps. Indiquer les circonstances essentielles du mouvement.

3° La valeur arithmétique de la vitesse à l'instant t_0 étant donnée, et supposée égale à v_0, déterminer le domaine où doit se trouver M à ce même instant pour que M décrive une spirale, quelle que soit la direction initiale du mouvement. M n'appartenant pas à ce domaine à l'instant t_0, dans quel angle doit être dirigée la vitesse v_0 pour que l'arc suivi par M appartienne à une spirale?

4° Déterminer, quand elles existent, les asymptotes de T. Pour une des branches τ de T, et son asymptote A, calculer l'aire comprise entre τ, A et deux rayons vecteurs issus de O.

5° Étant donnés deux points M_0 et M, déterminer les valeurs de v_0 telles que le mobile partant de M_0 avec une vitesse initiale égale à v_0 et perpendiculaire au rayon vecteur OM_0 passe en M dans le cours ultérieur de son mouvement.

Sciences II. — I. Intégrer l'équation différentielle
$$y'' - 2y' + (1 - \alpha^2)y = e^x + \sin^2 x,$$
dans laquelle α désigne une constante réelle donnée.

Discuter suivant les valeurs de α.

II. Une courbe plane (C) est rapportée à deux axes rectangulaires Ox, Oy; la normale au point M à la courbe (C) rencontre Ox en N et la parallèle à Oy menée par N rencontre au point T la tangente en M à la courbe (C):

1º Déterminer la courbe (C) de manière que la longueur NT soit égale à une longueur donnée $2a$;

2º Soit (C_0) celle des courbes (C) qui passe par O; désignons par O' celui des points de rencontre de cette courbe (C_0) avec Ox qui est le plus rapproché du point O. Démontrer que l'aire S, comprise entre l'arc OM de la courbe (C_0) et les segments rectilignes MN et NO, est proportionnelle à l'abscisse du pied M de la normale; calculer l'aire S_0 comprise entre l'arc OO' et la corde OO';

3º Déterminer la position du point M de manière que

$$S = \frac{1}{4} S_0$$

et calculer ses coordonnées avec deux décimales exactes en supposant, pour ce calcul, $a = 1$.

[1913]

Sciences I. — *Première composition.*
Etant donnés trois axes de coordonnées rectangulaires Ox, Oy, Oz, on considère la surface (S) définie par l'équation

$$z = xy + x^3,$$

et la droite (D) définie par les équations

$$y = b, \quad z = c$$

où b et c sont deux constantes données, la seconde n'étant pas nulle. Dans tout ce qui suit, cette droite (D) restera fixe.

1º Montrer que la surface (S) est réglée et trouver ses génératrices.

2º A chaque génératrice rectiligne (G) de la surface (S) on fait correspondre le plan (P) mené par la droite (D) et parallèle à la symétrique de (G) par rapport au plan xOy. Déterminer le lieu du point d'intersection de (G) et de (P), quand la droite (G) décrit la surface (S).

Montrer que ce lieu est une courbe (C) située sur une quadrique (Q) et déterminer cette quadrique.

3º Former l'équation du quatrième degré donnant les abscisses des points d'intersection de la courbe (C) avec un plan donné par son équation

$$ux + vy + wz + s = 0.$$

Calculer les fonctions symétriques élémentaires des racines en fonction de u, v, w, s. En déduire la relation à laquelle doivent satisfaire les abscisses x_1, x_2, x_3, x_4, de quatre points de la courbe (C) pour que ces quatre points soient dans un même plan.

Cette relation sera utile dans la plupart des questions qui vont suivre.

4º Déduire de la relation précédente les relations auxquelles doivent satisfaire les abscisses x_1, x_2, x_3 de trois points de la courbe (C) pour que ces trois points soient en ligne droite. Former l'équation générale du troisième degré dont les racines sont les abscisses de trois points en ligne droite de la courbe (C). Montrer que les droites qui coupent la courbe (C) en trois points engendrent l'une des familles de génératrices rectilignes de la quadrique (Q).

5º Montrer que la condition nécessaire et suffisante pour que les plans osculateurs à la courbe (C) en trois points donnés se coupent sur la courbe (C) est que ces trois points soient en ligne droite.

6º Par un point quelconque M de la courbe (C) il passe deux plans jouissant de la propriété d'être tangents à la courbe (C) au point M et en un autre point (c'est-à-dire d'être bitangents à la courbe). Soient M' et M'' les seconds points de contact de ces deux plans. Montrer qu'il existe un plan bitangent à la courbe (C) en M' et M''.

A quelles relations doivent satisfaire les abscisses de trois points M, M', M'' de la courbe (C) pour que deux quelconques d'entre eux soient les points de contact d'un plan bitangent à la courbe (C)?

7º Former l'équation générale du troisième degré dont les racines sont les abscisses de trois points M, M', M'', de la courbe (C) satisfaisant aux conditions précédentes. Exprimer les coefficients de cette équation au moyen de l'abscisse ξ du quatrième point d'intersection μ de la courbe (C) avec le plan (Π) déterminé par les points M, M', M''.

Calculer, en fonction de ξ, les coefficients de l'équation du plan (Π) et les coordonnées du point de concours A des tangentes à la courbe (C) aux points

M, M', M''. Ce point A sera dit le point *associé* au point μ de la courbe (C).

8° Montrer qu'il existe une infinité de quadriques, ne dépendant que de b et de c, par rapport auxquelles le point A est le pôle du plan (Π); déterminer ces quadriques et montrer que l'une d'elles est la quadrique (Q) déjà considérée. Déterminer le lieu (Γ') du point A, ainsi que l'enveloppe du plan (Π), quand le point μ décrit la courbe (C).

9° A trois points quelconques en ligne droite μ_1, μ_2, μ_3, pris sur la courbe (C), sont associés les trois sommets A_1, A_2, A_3, d'un triangle inscrit dans la courbe (Γ'). Déterminer, en supposant $b = 0$, l'enveloppe des côtés de ce triangle quand la droite μ_1, μ_2, μ_3 varie. Montrer que, dans la même hypothèse $b = 0$, le cercle circonscrit de ce triangle A_1 A_2 A_3 passe par deux points fixes.

Deuxième composition.

On donne deux axes rectangulaires et l'on considère l'équation différentielle

$$y - 2xy' + y^2 y'^3 = 0.$$

1° Montrer que cette équation admet une infinité de courbes intégrales C, dont l'équation est de la forme $y^2 = f(x)$, $f(x)$ désignant un polynome en x. Écrire l'équation générale des courbes C, et déterminer la région du plan où doit se trouver le point pour que le nombre des courbes qui y passent soit égal à trois; déterminer le lieu des points tels que deux des courbes C qui passent par l'un d'eux soit orthogonales.

2° On donne le point $A(x = 0,5; y = 0)$. Soit P celle des courbes C qui passe par A et tourne sa concavité vers la partie positive de l'axe Ox; soit B le point de la courbe P qui a pour ordonnée $\sqrt{6}$. Soit Q celle des courbes C passant par B et qui tourne sa concavité vers les x négatifs; soit enfin A' le point où cette courbe coupe l'axe Ox. Calculer l'aire limitée par les arcs de courbes AB, BA', et l'axe Ox.

3° Un point mobile, partant de A, parcourt successivement l'arc AB de P, puis l'arc BA' de Q. Son accélération tangentielle est constamment égale à sa vitesse, et sa vitesse initiale est égale à 1; au point B on supposera que la vitesse ne subit pas de changement de grandeur, mais seulement un changement de direction. Calculer à 0,1 près le temps mis par le mobile pour parcourir l'arc ABA'.

4° Au point B, l'accélération du mobile subit une discontinuité. Calculer par ses projections sur les deux axes de coordonnées la variation géométrique du vecteur accélération au point B.

Sciences II. — I. On considère dans un plan deux axes de coordonnées rectangulaires Ox, Oy. Un point matériel M, de masse égale à 1, est mobile dans ce plan sous l'action d'une force (F) dont les projections X et Y sur les axes sont :

$$X = x, \quad Y = y - 4x,$$

x et y désignant les coordonnées du point M.

1° Former et intégrer les équations différentielles du mouvement du point M.

2° Déterminer le mouvement du point M en supposant qu'à l'origine du temps ses coordonnées sont $(\alpha, 0)$ et que sa vitesse a pour projections sur les axes $(-\alpha, 2\alpha)$. Construire la trajectoire (T) correspondant à ce mouvement.

3° Évaluer le temps mis par le mobile pour aller d'un point quelconque M de sa trajectoire (T) au point M' où la tangente à la trajectoire est parallèle au rayon vecteur OM.

4° Démontrer que l'hodographe du mouvement est une courbe homothétique de la trajectoire (T) et calculer à 0,01 près le rapport d'homothétie.

5° La trajectoire (T) passe par le point O. Évaluer, en fonction de l'abscisse du point M, l'aire limitée par l'arc de courbe OM et la corde OM, ainsi que le volume engendré par cette aire tournant autour de Oy.

II. Évaluer à 0,01 près les intégrales

$$\int_0^\pi \frac{dx}{2\cos x + 3}, \qquad \int_0^\pi \frac{dx}{(2\cos x + 3)^2}.$$

SUJETS PROPOSÉS AU CONCOURS D'AGRÉGATION DES SCIENCES MATHÉMATIQUES (MATHÉMATIQUES SPÉCIALES)

[1905]

1º On donne les deux droites D, D' définies respectivement par les équations

$$(D) \qquad y = 0, \qquad z = h,$$
$$(D') \qquad x = 0, \qquad z = -h,$$

es axes de coordonnées Ox, Oy, Oz étant supposés rectangulaires.

Trouver l'équation ponctuelle de la surface S lieu du sommet d'un paraboloïde variable qui passe par ces deux droites.

Trouver l'équation tangentielle de la même surface S.

2º Calculer les coordonnées d'un point quelconque M de la surface S en fonction de l'abscisse α et de l'ordonnée β des deux points N et N' où une droite, menée par M, rencontre respectivement D et D'. Soit P le point de coordonnées α, β dans le plan xOy. Lieu du point M quand P décrit une droite quelconque du plan xOy. Étude de l'intersection de la surface S avec une quadrique quelconque qui passe par D et D'. Lieu correspondant du point P. Cas où cette intersection se décompose.

3º Démontrer que la surface S est sa propre polaire réciproque par rapport à une infinité de quadriques Q, dont on cherchera l'équation générale ponctuelle. On envisagera plus particulièrement parmi elles les paraboloïdes Q_1.

Trouver l'enveloppe des quadriques Q.

[1906]

I. On considère la courbe dont l'équation est, en coordonnées rectangulaires,

$$(x^2 + y^2)^2 - ax(x^2 + y^2) - a^2 y^2 = 0,$$

et l'on demande d'exprimer x et y en fonctions rationnelles d'un paramètre, de construire la courbe et de trouver les relations qui lient les valeurs de ce paramètre correspondant à quatre points situés, soit sur un cercle ne passant pas par l'origine, soit sur une droite ne passant pas par l'origine.

II. Soient M_1 le point où le cercle osculateur en un point M rencontre de nouveau la courbe, M_2 le point où le cercle osculateur en M_1 rencontre de nouveau la courbe, etc.; démontrer que, si quatre points M sont sur une droite D, les points M_1 correspondants sont, en général, sur un cercle orthogonal à un cercle fixe, si D varie. Si les points M_1 sont sur une droite D_1, les points M_2 sont sur une droite D_2, et ainsi de suite; trouver la position limite des droites D, D_1, D_2, ...

Si quatre points M sont sur un cercle C, les points M_1 correspondants sont, en général, sur un cercle C_1; démontrer que, s'ils sont sur une droite, il existe deux points fixes P et P' d'où l'on voit sous un angle droit les segments déterminés sur Ox par les cercles C. Dans le cas général, les points M_2 sont sur un cercle C_2, etc.; quelles conditions doit remplir le cercle C pour que les points M_p soient sur une droite; dans l'hypothèse où tous les points obtenus successivement sont sur des cercles C_1, C_2, ..., trouver vers quelles limites tendent les puissances, par rapport à ces cercles, des points de la courbe situés sur Ox; en déduire la limite de ces cercles.

III. Trouver le lieu d'un point A tel que quatre des points de contact des tangentes issues de ce point soient sur un cercle Γ; quel est le nombre des tangentes réelles menées de A?

Démontrer que le cercle Γ est orthogonal à un cercle fixe et trouver le lieu de son centre.

[1907]

On considère trois axes Ox, Oy, Oz formant un trièdre trirectangle et les paraboloïdes ayant pour équation, par rapport à ces axes :

$$x^2 + (y - az)^2 + 2\lambda z - R^2 = 0,$$

a et R étant des constantes et λ un paramètre variable.

I. Par chacun des points P, P′ où l'un de ces paraboloïdes rencontre Oz, on mène la sphère qui contient les sections circulaires réelles passant par ce point; trouver le lieu de l'intersection des deux sphères relatives à P et P′; montrer que le plan radical de ces deux sphères est parallèle à un plan fixe et passe par le milieu de PP′. Par chacun des points M communs à ces deux sphères passe une troisième sphère qui correspond à un autre paraboloïde; quel est le lieu de M si cette sphère est fixe?

II. Le lieu des sections circulaires rencontrant Oz se compose, en général, d'un cône du second degré et d'une surface du troisième degré; montrer que cette dernière peut être engendrée par un cercle assujetti à rencontrer l'axe Oz et deux autres droites réelles fixes D, D′ auxquelles il est constamment orthogonal.

III. Trouver les plans qui coupent la surface précédente suivant des cubiques circulaires; montrer que toute sécante menée dans un tel plan, par le point A où il rencontre Oz, coupe la cubique en des points S et S′ tels que le produit $\overline{AS} . \overline{AS'}$ soit constant si le plan est fixe.

Aux points S, S′, on mène les normales à la cubique; trouver le lieu de leur point de rencontre quand la sécante SAS′ varie ainsi que le plan de la courbe.

[1908]

Un contour convexe est formé des côtés parallèles AB, A′B′, de longueur $2l$ d'un rectangle ABB′A′ et des demi-cercles de rayon r décrits sur les deux autres côtés AA′ et BB′ comme diamètres. Il se déplace dans son plan d'une façon continue en restant tangent extérieurement à un demi-cercle fixe de rayon R et à la droite indéfinie D qui limite ce demi-cercle. On suppose que AB était sur D au début du mouvement et que A′B′ vient sur cette même droite à la fin du mouvement, après avoir touché le demi-cercle fixe.

1º Construire la trajectoire Γ du centre M du rectangle et reconnaître si elle est convexe;

2º Calculer l'aire limitée par Γ, dans l'hypothèse $R = r$, $l = r(\sqrt{3} - 1)$;

3º On suppose que l'angle dont tourne le contour est proportionnel au temps; on demande de placer le contour à un instant donné et de construire le vecteur vitesse du point M à cet instant.

4º Le côté A′B′ étant tangent au demi-cercle fixe, trouver à un instant donné l'enveloppe des tangentes aux trajectoires des différents points du contour. Examiner les différents cas qui peuvent se présenter en supposant $R = r = l$.

[1909]

On donne une parabole (P) et une droite (D) dont les équations, relatives à un système d'axes coordonnés rectangulaires, sont

$$(\text{P}) \begin{cases} y^2 - 2px = 0, \\ z = 0, \end{cases} \qquad (\text{D}) \begin{cases} y = 0, \\ z = a, \end{cases}$$

et l'on considère la surface (S) engendrée par une droite variable (Δ) assujettie à rencontrer (P) en un point A et (D) en un point B, de façon que la distance AB soit une constante l.

1º Construire la projection sur le plan xOy d'une section de la surface par un plan parallèle au plan xOy; construire la tangente en un point de cette projection et montrer que la courbe obtenue peut être regardée comme le lieu des milieux de cordes parallèles à Ox et limitées, d'une part à une parabole de sommet O et d'axe Ox, d'autre part à une ellipse dont les axes sont dirigés suivant Ox et Oy.

2º On peut distinguer deux sortes de droites Δ suivant que l'abscisse de A est supérieure ou inférieure à celle de B; séparer sur les sections précédentes les arcs qui correspondent aux génératrices de l'un ou de l'autre système et trouver le lieu des points qui limitent ces arcs.

3º On considère le solide limité par la surface (S) et par les plans $z + a = 0$, $z - 2a = 0$; trouver son volume et construire son contour apparent sur le plan zOx.

4º Déterminer les trajectoires orthogonales des droites (Δ). Par un point A, on peut mener deux droites (Δ), qui rencontrent une trajectoire orthogonale en deux points C et C'; montrer qu'on peut choisir cette trajectoire de façon que la somme $\overline{AC} + \overline{AC'}$ soit proportionnelle à l'abscisse de A.

Peut-on choisir les constantes données de façon qu'une seule trajectoire orthogonale rencontre toutes les droites (Δ) entre leurs points situés sur la parabole (P) et sur la droite (D)?

[1910]

On considère deux paraboloïdes hyperboliques équilatères égaux, P et Q, qui ont même axe et même sommet.

1º On demande de trouver toutes les droites D dont les conjuguées D' et D'' par rapport à P et Q sont dans un même plan (on ne considère que des droites réelles situées à distance finie). Montrer que deux droites D' et D'' qui correspondent à une même droite D sont à la même distance de l'axe des paraboloïdes, qu'elles font le même angle avec l'axe et que leurs projections sur un plan perpendiculaire à cet axe font un angle constant.

2º On considère une droite D particulière, que l'on désigne par D_1; on prend sa conjuguée D_2 par rapport au paraboloïde P, puis on prend la conjuguée D_3 de D_2 par rapport au paraboloïde Q, et ainsi de suite, de telle sorte qu'une droite D_{2p} soit conjuguée de la droite D_{2p-1} par rapport à P et qu'une droite D_{2y+1} soit conjuguée de la droite D_{2y} par rapport à Q; étudier la distribution de ces droites.

3º Une droite D se déplace en faisant un angle constant avec l'axe des paraboloïdes et de façon que les surfaces engendrées par D' et D'' fassent un angle constant au point commun à D' et D''; quelle surface engendre D; quelles surfaces engendrent D' et D'' et quel est le lieu du point commun à D' et D''; ce lieu peut-il être situé sur la surface engendrée par D? (On indiquera un mode de génération simple de ces diverses surfaces.)

[1911]

On considère dans un plan la parabole (P) et la droite (D) dont les équations sont, en coordonnées rectangulaires,

$$y^2 - 2px = 0, \qquad y - a = 0.$$

I. Une droite variable (Δ), issue de l'origine O, rencontre (P) en un point A, et (D) en un point B; trouver le lieu (C) des points M et M' symétriques par rapport à l'origine et conjugués harmoniques par rapport à A et B, M étant supposé constamment entre A et B.

Les tangentes en M et en M' à (C) rencontrent respectivement en I et I' la tangente en A à (P); construire le lieu (Γ) des points I et I' et distinguer sur ce lieu les arcs qui correspondent à I des arcs qui correspondent à I'.

Construire les tangentes en M à (C) et en I à (Γ).

II. D'un point I de (Γ) on peut mener à (C) trois tangentes, chacune d'elles rencontrant (C) en un point autre que le point de contact; montrer que les tangentes à (C) aux trois points ainsi définis concourent en un point J dont on exprimera les coordonnées en fonctions de celles de I; reconnaître si les tangentes menées de I ou de J à (C) sont réelles.

Du point (I) on mène à (P) une tangente autre que IA; soit T son point de contact; du point I on mène à (C) deux tangentes autres que IM; soient T_1 et T_2 les points autres que les points de contact, où elles rencontrent (C); trouver le lieu du centre de gravité du triangle TT_1T_2.

III. Par l'origine on mène deux droites également inclinées sur les axes et rencontrant une tangente en un point M de (C) en des points Q et Q'; l'axe OY rencontre cette même tangente en R; trouver le lieu des points Q' et Q tels que la somme des inverses des longueurs OQ, OQ' soit égale à l'inverse de la longueur OR. Ce lieu comprend une partie d'une branche d'une courbe algébrique; trouver l'aire comprise entre cette branche et son asymptote.

[1912]

I. Si, dans une équation du troisième degré

$$(1) \qquad z^3 - p_1 z^2 + p_2 z - p_3 = 0,$$

le coefficient p_1 est nul, la fonction

$$z_1^2 - z_2 z_3 = z_2^2 + z_2 z_3 + z_3^2$$

non symétrique par rapport aux lettres est équivalente à une fonction symétrique des racines de l'équation. Le cas où $p_1 = 0$ est-il le seul où il existe un polynome homogène du second degré à trois variables qui jouisse de la même propriété?

Le coefficient p_1 n'étant pas nul, former l'équation (2) qui a pour racines les valeurs que prend la fonction $x^2 + xy + y^2$ quand on y remplace x et y par deux racines quelconques de l'équation (1). L'équation (2) peut-elle être équivalente à l'équation (1) dont on l'a déduite?

II. Les médianes d'un triangle ABC se coupant en un point O, on fait tourner ce triangle de 60° autour de O dans un sens et dans l'autre; on obtient ainsi deux nouvelles positions A'B'C', A"B"C" du triangle (A' et A" étant les nouvelles positions du point A). Soient A_1', A_1'' les milieux de BA', BA"; B_1', B_1'' les milieux de CB', CB"; C_1', C_1'' les milieux de AC', AC"; A_2', A_2'' les milieux de CA', CA"; B_2', B_2'' les milieux de AB', AB"; C_2', C_2'' les milieux de BC', BC". Montrer que les angles $A_1' O A_1''$, $A_2' O A_2''$, $B_1' O B_1''$, $B_2' O B_2''$, $C_1' O C_1''$, $C_2' O C_2''$ ont même bissectrice et qu'il existe sur cette bissectrice deux points ω', ω'' symétriques par rapport à O, tels que les quadrilatères $\omega' \omega'' A_1' A_1''$, $\omega' \omega'' A_2' A_2''$, $\omega' \omega'' B_1' B_1''$, ... soient inscriptibles.

Démontrer qu'il existe un triangle $A_1 B_1 C_1$ homothétique du triangle ABC par rapport à O et tel que, si l'on prend les inverses A_2, B_2, C_2, des sommets A_1, B_1, C_1, le pôle d'inversion étant soit ω', soit ω'', le centre des moyennes distances des points A_2, B_2, C_2 est soit ω', soit ω''.

(On pourra représenter les différents points par leurs affixes, rapportées à un système d'axes rectangulaires ayant O pour origine, et utiliser la propriété indiquée au n° 1).

III. On considère les triangles ABC variables, tels que les points ω' ω'' qui leur correspondent soient fixes et pour lesquels le produit des longueurs des médianes est donné. Trouver le lieu des sommets de ces triangles. (On pourra se borner à construire ce lieu dans le cas où les données sont telles que l'un des triangles ABC ait deux sommets confondus.) Etant donné un point A du lieu, construire le triangle ABC qui lui correspond.

[1913]

I. Par deux points fixes A et A' (AA' = 2a), on fait passer un cercle variable de centre C; un cercle de rayon a passe par le point C et son centre C' est sur la perpendiculaire à AA' en son milieu, le vecteur $\overline{CC'}$ ayant toujours le même sens. Construire le lieu Γ des points communs aux deux cercles. (On pourra exprimer les coordonnées d'un point du lieu en fonctions d'un paramètre.)

II. Une droite variable D perpendiculaire à AA' rencontre Γ en quatre points M_1; M_1', M_2, M_2'; au point M_1 on peut associer un point M_1' tel que le milieu du segment $M_1 M_1'$ décrive un cercle Γ_1; montrer que les droites AM_1, $A'M_1'$ sont rectangulaires. Construire le lieu des milieux de tous les segments déterminés sur D par Γ.

III. Les hyperboles équilatères qui passent par A et A' rencontrent Γ en quatre points formant deux couples de points associés M_1 et M_1'; si l'on suppose un de ces couples constitué par deux points fixes, le lieu des centres des hyperboles correspondantes est un cercle; quel est le lieu du centre de ce cercle et quelle est l'enveloppe de ce cercle, quand on fait varier les points associés supposés fixes primitivement?

IV. Les hyperboles équilatères qui passent par A et A' et sont tangentes à

Γ se distribuent en plusieurs faisceaux ponctuels et une famille constituée par des hyperboles bitangentes à Γ.

On considère deux hyperboles H_1 et H_2 qui font partie de cette famille et sont tangentes à Γ, l'une en M_1 et M_1', l'autre en M_2 et M_2', ces quatre points étant en ligne droite: montrer que la droite qui joint le milieu de $M_1 M_1'$ au point de rencontre M des tangentes à Γ en M_1 et M_1' est tangente au cercle Γ_1.

H_1 et H_2 ont une corde commune qui ne passe par aucun des points A, A'; soit P le point où cette corde rencontre AA'; trouver l'enveloppe de MP.

TABLE DES MATIÈRES

BIBLIOTHÈQUE NATIONALE
B. N.
IMPRIMÉS

BIBLIOTHÈQUE NATIONALE R.F.

PARIS

IMPRIMERIE GÉNÉRALE LAHURE

9, RUE DE FLEURUS, 9

www.ingramcontent.com/pod-product-compliance
Lightning Source LLC
Chambersburg PA
CBHW070830160726
PP18578800001B/98